AF470375

DICTIONNAIRE

RAISONNÉ

D'AGRICULTURE

ET

D'ÉCONOMIE DU BÉTAIL

[illegible] Paris, imprimerie Guiraudet et Jouaust,
338, rue Saint-Honoré.

DICTIONNAIRE

RAISONNÉ

D'AGRICULTURE

ET

D'ÉCONOMIE DU BÉTAIL

SUIVANT LES PRINCIPES DES SCIENCES NATURELLES APPLIQUÉES

Par A. RICHARD (du Cantal)

Agriculteur, Docteur en médecine
Membre-Fondateur et Vice-Président de la Société zoologique d'acclimatation
Membre de plusieurs Sociétés d'agriculture et de sciences naturelles
Ancien Directeur de l'École des Haras et Professeur suppléant à l'Institut agronomique de Grignon
Ancien Membre des Assemblées constituante et législative

DÉFINITION DES TERMES TECHNIQUES D'AGRICULTURE ; ÉCONOMIE RURALE ; MULTIPLICATION PERFECTIONNEMENT, HYGIÈNE, ÉLEVAGE, ACCLIMATATION DES ANIMAUX DOMESTIQUES ; ÉTUDE DE LEUR BONNE ET MAUVAISE CONFORMATION ; CHOIX DES TYPES REPRODUCTEURS ; LEUR INFLUENCE SUR L'AMÉLIORATION DES RACES, ÉLÉMENTS D'ANATOMIE, DE PHYSIOLOGIE ANIMALE ET VÉGÉTALE, DE BOTANIQUE FOURRAGÈRE, DE ZOOLOGIE, DE PHYSIQUE, DE CHIMIE, D'ENTOMOLOGIE AGRICOLES, D'ART VÉTÉRINAIRE, ETC., ETC.

TOME I, A—H

PARIS
LIBRAIRIE CENTRALE D'AGRICULTURE ET DE JARDINAGE
QUAI DES GRANDS-AUGUSTINS, 41
Auguste GOIN, éditeur

1854

A Monsieur

ISIDORE GEOFFROY S.-HILAIRE

MEMBRE DE L'INSTITUT (ACADÉMIE DES SCIENCES),
CONSEILLER ET INSPECTEUR GÉNÉRAL HONORAIRE DE L'INSTRUCTION PUBLIQUE
PROFESSEUR ADMINISTRATEUR AU MUSÉUM D'HISTOIRE NATURELLE
PROFESSEUR DE ZOOLOGIE A LA FACULTÉ DES SCIENCES, ETC.

PRÉSIDENT DE LA SOCIÉTÉ ZOOLOGIQUE D'ACCLIMATATION

MONSIEUR LE PRÉSIDENT,

Vos expériences au Muséum d'histoire naturelle ont complété l'œuvre de votre illustre père, qui avait créé, dès le début de sa glorieuse carrière, la Ménagerie de cet utile établissement. Vos travaux ont fait renaître, pour l'agriculture, l'école pratique de Buffon, de Linnée et de Daubenton ; et la fondation de la Société zoologique d'acclimatation a été une heureuse conséquence de l'application que vous avez faite de la science de la nature à l'art de multiplier les animaux utiles.

Veuillez agréer la dédicace de ce livre, que j'ai fait pour concourir au but que vous vous proposez. Puisse ce témoignage de mon affection être digne de l'amitié dont vous m'honorez.

RICHARD (du Cantal).

Le progrès d'un art, d'une industrie, dépend du savoir spécial qui préside à sa marche. Cette règle n'a pas d'exception. Pour en être convaincu, nous n'avons qu'à consulter l'histoire des progrès de l'esprit humain, dans le passé comme dans le présent. En France, les sciences mathématiques, la mécanique, la physique, la chimie, appliquées, ont rapidement transformé l'industrie manufacturière. Nous avons obtenu, sous ce rapport, plus de perfectionnements depuis la fin du siècle dernier qu'on n'en avait réalisé depuis les siècles les plus reculés; il n'est pas un observateur sérieux qui conteste cette vérité. Les produits industriels de notre époque, comparés à ceux des temps antérieurs, nous en fournissent la preuve matérielle; et, dans les ateliers comme dans les expositions périodiques, nous admirons tous les jours des découvertes, des inventions nouvelles, qui facilitent les moyens de perfectionner encore nos procédés de fabrication.

Mais en agriculture, nous sommes loin d'avoir remarqué les mêmes changements, la même marche progressive, parceque nos agriculteurs n'ont pas été éclairés sur leur état comme nos industriels. Les bons résultats isolés que nous avons obtenus dans l'art d'exploiter le sol, avec le concours des sciences spéciales, ne permettent pas de doute à ce sujet. Les recherches de Daubenton sur le mérinos, celles de Parmentier sur les produits et les usages si variés de la solanée qui porte son nom (la parmentière ou pomme de terre); les travaux d'André Thouin, qui eut l'immortel Buffon pour guide et pour maître, sur l'horticulture, l'arboriculture fruitière, la naturalisation des végétaux; les principes développés par Olivier de Serres, par Mathieu de Dombasle, etc., en France; ceux qui ont été enseignés par Thaër en Allemagne, etc., ne sont-ils pas la preuve évidente des ressources immenses que nous devons attendre de l'application de la science de la nature à l'art de cultiver la terre?

Cependant nous entendons répéter chaque jour que les savants n'ont rendu aucun service à l'agriculture, et que les cultivateurs n'ont aucune confiance dans leurs livres. Cette assertion n'est pas rigoureusement exacte. Si certains écrits qui n'ont été que le produit de l'imagination sans l'appui des faits pratiques renferment des erreurs incontestables et ont été une source de déceptions, les ouvrages qui ne sont que le compte-rendu d'une pratique bien étudiée sur le terrain même des opérations agricoles ont rendu de grands services. Ainsi, l'étude de la physiologie végétale a éclairé la profession de l'horticulteur, celle du pépiniériste, du fleuriste, du viticulteur. Aussi, admirons-nous tous les jours, dans nos halles et nos marchés, de beaux légumes, de beaux fruits, mille variétés de fleurs qui décorent nos parterres; nous avons obtenu des vins exquis; nous avons naturalisé de nombreuses plantes utiles, des arbres d'ornement pour nos parcs, nos promenades, etc. L'extension de la culture de la betterave, cette récente richesse de notre sol, n'est-elle pas due à la chimie, qui nous a appris à en extraire le sucre d'abord, et dans ces derniers temps l'alcool? Peut-être sommes-nous à la veille du jour où cette précieuse racine nous fournira du vin.

Ces succès partiels de notre industrie agricole, obtenus, comme ceux de l'industrie manufacturière, par le concours des sciences spéciales, ne sauraient être niés; mais, si la production végétale a été ainsi éclairée sur quelques points isolés, il n'en est pas de même de notre production animale. A l'exception du mérinos, dont nous devons l'acclimatation et le perfectionnement à la science de Daubenton, et de quelques types de race préparés pour les concours par un petit nombre d'éleveurs instruits, nous pouvons dire que nos animaux domestiques n'ont pas été multipliés et perfectionnés suivant les exigences de notre consommation. Ce fait, que j'ai constaté partout en France, m'a engagé à m'occuper plus spécialement de l'étude des animaux, et à publier dans ce Dictionnaire le résumé de mes observations. Je cherche ainsi à vulgariser des idées que j'avais déjà développées dans l'enseignement, et que j'ai puisées dans des études pratiques faites depuis plus de trente ans sur l'élevage et l'amélioration des bestiaux.

Du reste, l'agriculture semble entrer aujourd'hui dans une voie nouvelle. La fondation de Roville par Mathieu de Dombasle, celle de Grignon et de Grand-Jouan par MM. Bella et Rieffel, ont attiré l'attention de la France par les succès des élèves sortis de ces établissements d'enseignement. Si la loi du 3 octobre 1848 est un jour appliquée dans tout son esprit, l'instruction spéciale se répandra en industrie agricole comme elle s'est répandue en industrie manufacturière, et les progrès désirés seront enfin en voie de se réaliser sérieusement.

D'un autre côté, la Société zoologique d'acclimatation, qui vient de se fonder, paraît appelée à jouer un rôle important dans la solution du problème de la multiplication des animaux utiles. Les travaux de cette société, composée de naturalistes éminents, d'agriculteurs, d'industriels et de grands propriétaires éclairés, et ses publications, ne sauraient manquer d'inspirer aux agriculteurs la confiance qu'ils méritent, et de concourir au but proposé depuis des siècles.

Ainsi secondée par les sciences naturelles et par le dévoûment des hommes qui ont compris l'importance et l'utilité pratique de leur étude, l'agriculture pourra enfin participer au mouvement général du progrès qui caractérise notre époque, en faveur de la richesse nationale et du bien-être de nos populations.

DICTIONNAIRE
RAISONNÉ
D'AGRICULTURE
ET

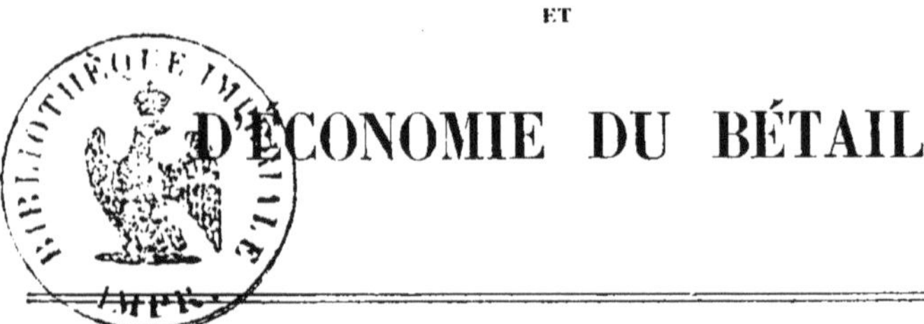

D'ÉCONOMIE DU BÉTAIL

A

ABAISSEMENT (*de température*). L'abaissement de température atmosphérique n'est pas favorable aux bonnes conditions de végétation; quelquefois il leur est nuisible. Suivant le degré de froid qu'il occasionne, et la saison, il produit la rosée, la gelée blanche, la neige, la glace; il fait même souvent périr des végétaux comme des animaux. — V. *Froid, Gelée, Glace, Neige*.

En économie du bétail, le mot *abaissement* s'applique à l'action des muscles abaisseurs de certains organes : l'abaissement des paupières, des mâchoires, de la tête, de la queue, etc., se fait par les contractions de muscles abaisseurs de ces parties du corps des animaux. — V. *Mouvement, Muscle*.

L'opération de la cataracte par abaissement consiste à abaisser le cristallin, devenu opaque, de manière à le déplacer et à l'empêcher d'intercepter les rayons lumineux qui se rendent au fond de l'œil pour y peindre l'image des corps, et produire la vue. Comme chez l'homme, on a voulu ainsi remédier à la cécité de quelques chevaux, mais ce moyen n'a pas encore réussi dans les animaux. — V. *Cataracte, Cristallin, Fluxion périodique.*

ABAISSEUR. On donne le nom d'abaisseurs aux muscles qui, par leurs contractions, abaissent certaines parties du corps des animaux. Les muscles releveurs sont leurs antagonistes. On coupe quelquefois les muscles abaisseurs de la queue des chevaux pour en faciliter le port horizontal. Les animaux ainsi opérés sont dits anglaisés, parceque ce sont les Anglais, dit-on, qui ont donné l'idée de cette opération dont les résultats ne sont pas toujours heureux. — V. *Anglaiser, Queue.*

ABAJOUE. Dilatation des joues qui, dans certains animaux, forment des espèces de poches. Plusieurs singes, et quelques rongeurs, ont des abajoues; elles servent à contenir momentanément les aliments dont se nourrissent ces animaux. On sait que les hamsters, dans quelques parties du nord de l'Europe, creusent des terriers dont ils font de véritables magasins de grains pour passer l'hiver. C'est au moyen de leurs abajoues que ces petits mammifères maraudeurs emportent leur butin dans leurs cachettes. On affirme que chaque abajoue de hamster peut contenir de trente-cinq à quarante grammes de grains, et qu'à chaque voyage ce rongeur emporte dans ses magasins environ 80 grammes de blé pendant la saison des récoltes. Chaque hamster, dit-on, ramasse de quarante à cinquante kilog. de grains de toute nature. Cette quantité nous paraît exagérée; mais, s'il en est ainsi, on conçoit que les agriculteurs doivent faire une guerre à outrance à de pareils ennemis de l'agriculture partout où ils existent. — V. *Hamster.*

ABANDONNER un animal malade; renoncer à le traiter, à cause de la nature de sa maladie, qui peut être incurable, ou à cause des frais relatifs qu'entraînerait son traitement. On abandonne souvent des animaux aux uniques soins de la nature, dans un pâturage; mais il ne faut pas qu'ils soient atteints de maladies contagieuses : s'il en était ainsi, on serait passible des peines infligées en pareil cas. — V. *Contagion.*

Un cheval s'abandonne (terme d'équitation) quand il bronche, qu'il s'abat, ou qu'il ralentit son allure.

ABATAGE (*des bois*). L'exploitation du bois est soumise à des règles de physiologie végétale et d'économie rurale qu'il faut toujours prendre en considération, s'il n'est pas toujours possible à l'agriculture de s'y soumettre. L'abatage du bois doit avoir lieu lorsque sa végétation est engourdie, et avant que la sève se mette en mouvement, c'est-à-dire pendant le fort de l'hiver. Il y a double avantage à opérer à cette époque. Pendant les grands froids de l'hiver, en effet, les bras sont généralement peu occupés dans les campagnes, et l'exploitation du bois est un moyen de leur donner de l'ouvrage. D'un autre côté, le bois profite, pour sa crue, de toute l'action de la sève de la saison suivante, ce qui est un grand avantage pour les taillis surtout.

L'abatage du bois de futaie exige des précautions que la pratique éclairée commande, tant pour prévenir les accidents que pour empêcher les arbres de se casser dans leur chute ou de briser d'autres sujets. Du reste, l'exploitation des bois, soit de futaie, soit de taillis, est subordonnée à des conditions de débouché, d'économie forestière et de nature de terrains, dont on doit toujours tenir compte. — V. *Coupe, Futaie, Taillis.*

Dans quelques circonstances, on abat des bois en sève. C'est ce que l'on fait lorsqu'on doit les écorcer pour livrer leur écorce au commerce. C'est ainsi qu'on traite quelquefois le chêne. En tout cas, cette opération doit avoir lieu le plus tôt possible, quand la quantité de sève suffit pour permettre l'écorcement. On laisse ainsi à son action le plus de temps convenable au bénéfice du bois qui doit pousser après la coupe.

ABATAGE (*d'animaux*). Par suite de circonstances impérieuses, on est quelquefois forcé d'abattre des animaux. L'autorité peut même intervenir, et ordonner leur abatage dans des cas de maladies contagieuses, locales ou générales. Dans de pareilles circonstances, toute mesure doit être prescrite et rigoureusement exécutée pour prévenir tout accident que pourrait causer un animal abattu. On fait taillader les peaux, pour qu'on n'aie pas l'idée de les vendre; on fait enfouir les cadavres, de manière à ce que les animaux carnassiers ne puissent pas les déterrer, etc.

Mais, lorsque les maladies qui ont nécessité l'abatage des animaux ne sont pas contagieuses, lorsqu'elles n'inspirent pas des craintes fondées sous ce rapport, on ne doit jamais manquer d'employer les débris des sujets abattus pour en faire des engrais, toujours très énergiques, ou d'en profiter sous d'autres points de vue d'économie rurale. —V. *Animaux morts*, *Équarissage*.

ABATARDIR. Dégrader, provoquer la dégénérescence d'un animal ou d'un végétal. On abâtardit une race par défaut de soins, d'alimentation suffisante, par excès de travail et par des appareillements ou croisements mal combinés ou mal adaptés. — V. *Appareillement*, *Croisement*, *Dégénérescence*, *Étalon*, *Reproducteur*.

ABATARDISSEMENT. Si les procédés hygiéniques bien dirigés, si une bonne nourriture, secondée par des appareillements et des croisements judicieux, sont les véritables moyens de perfectionner une race d'animaux, son abâtardissement résulte toujours du défaut d'alimentation suffisante, de soins convenables, ou de mauvais choix de reproducteurs. Un animal amélioré au moyen de combinaisons indiquées par la science et sanctionnées par la pratique dégénérera s'il est livré à de mauvais procédés d'élevage, surtout lorsqu'il y a insuffisance de nourriture. Toujours, et sans exception, tout animal élevé dans de bonnes conditions hygiéniques d'élevage et de perfectionnement de sa race s'abâtardira dans des conditions opposées. Ici la règle est sans exception. Nous en avons donné les raisons aux articles *Appareillement*, *Croisement*, *Perfectionnement*. — V. ces mots.

ABAT-FOIN. Dans certaines étables ou écuries, on ménage au dessus des crèches ou rateliers des animaux des ouvertures aux planchers pour faciliter la distribution des fourrages. Ces ouvertures devraient toujours être pourvues de trappes pour les fermer hermétiquement après le service. On préviendrait ainsi des accidents, et on empêcherait les miasmes des étables de monter dans les granges placées au dessus d'elles et d'altérer les fourrages.

ABAT-JOUR. Châssis ou tout autre appareil adapté aux croisées pour modérer l'effet de la lumière. Les abat-jour, convenablement disposés, augmentent les conditions de repos des animaux dans les étables ou écuries, et contribuent à les préserver des mouches, qui, pendant les chaleurs de l'été, les tourmentent jusque dans leurs habitations. — V. *Repos*.

ABATTEMENT. Accablement, affaissement des forces des animaux par suite de longues maladies, de perte de sang ou de travaux excessifs plus ou moins prolongés. L'abattement qui est la conséquence d'une maladie est généralement un symptôme grave : il indique une altération profonde de la santé. Les maladies appelées *adynamiques* provoquent toujours l'abattement des animaux. Le typhus, dans l'espèce bovine, est de ce nombre. — V. *Typhus*.

ABATTOIR. Lieu destiné à abattre les animaux de boucherie. On organise dans ce moment à Paris des abattoirs publics, où les cultivateurs pourront faire égorger leurs animaux et les vendre à la criée aux marchés spéciaux de la capitale. Ce système d'abattoirs et de vente devrait être pratiqué dans tous les grands centres de consommation. Les cultivateurs seraient ainsi moins souvent exposés aux refus combinés d achat de leurs bestiaux gras, dans les marchés d'approvisionnements, en vue de réduction des prix courants.

La création des abattoirs dans les grandes villes a été une heureuse innovation pour l'hygiène publique. La date de la construction des premiers établissements de ce genre en France est de 1810. Paris fut la ville qui en fut pourvue la première.

Avant l'usage des abattoirs, les animaux étaient égorgés dans les établissements des bouchers ; le sang s'écoulait dans les ruisseaux, et sa décomposition, comme celle de divers autres résidus de boucherie, était une cause d'insalubrité et d'infection dangereuse pour la santé des habitants. Aujourd'hui les boucheries ne sont plus que des dépôts de viande, et, à Paris surtout, ces établissements sont tenus avec une propreté remarquable. Les bouchers de détail mettent une sorte de coquetterie dans la tenue de leurs étaux.

ABATTRE. Renverser un animal pour le fixer de manière à lui faire une opération. Pour abattre un animal, on choisit un lieu convenable, le plus souvent couvert d'un lit de paille, afin qu'il ne puisse pas se blesser.

En terme d'hippiatrique, abattre du pied d'un cheval, c'est enlever de son sabot la quantité de corne nécessaire pour sa ferrure ou toute autre opération.

Le mot *abattre* est aussi quelquefois synonyme d'égorger, de tuer. — V. *Abatage*, *Abattoir*.

Lorsqu'un animal tombe, on dit qu'il s'est abattu. Les chevaux fatigués, usés des membres antérieurs, s'abattent souvent sur les genoux ; ils conservent quelquefois les traces des blessures qui en résultent. Les chevaux ainsi blessés sont dits *couronnés*. — V. *Couronner* (*se*).

ABAT-VENT. Appareil disposé pour garantir les plantes ou les animaux des vents ou du mauvais temps. Dans certains pays de montagnes, où les animaux sont parqués pendant toute la belle saison, comme dans les montagnes de l'Auvergne, du Rouergue, etc., on fait des abat-vent avec des fascines qu'on adosse aux claies des parcs. — V. *Parc*.

Les murs élevés, les haies, les plantations autour des herbages, forment des abat-vent derrière lesquels les animaux vont chercher un abri contre les vents, les pluies, le mauvais temps, et même l'ombre pendant les ardeurs du soleil.

Les abat-vent sont toujours très utiles pour les animaux qui passent les nuits dans les herbages, surtout pendant les mauvaises saisons. Les jardiniers s'en servent toujours aussi avec avantage pour protéger les végétaux, auxquels ils sont souvent indispensables.

ABCÈS. Dépôt, collection de pus formée accidentellement dans les tissus. Les abcès sont la conséquence d'une maladie à la suite de laquelle le pus est déposé dans les tissus mêmes qui l'ont fabriqué. On les observe dans toutes les parties du corps sujettes aux maladies inflammatoires. Lorsqu'ils se développent dans les organes contenus dans le sabot du cheval ou les onglons du bœuf, du mouton ou du porc, le pus, ne pouvant se faire jour au travers de la corne, la décolle des tissus auxquels elle adhère, et finit par sortir à la couronne après avoir produit dans le pied des ravages plus ou moins graves. Cet accident est dû souvent à une mauvaise ferrure, à la brûlure du pied par l'application mal raisonnée d'un fer trop chaud, quelquefois à une piqûre d'un ou plusieurs clous qui fixent le fer, ou d'un clou de rue.

Lorsqu'un animal boite, on doit s'assurer si la boiterie n'est pas causée par un abcès dans le pied; sa présence, dans ce cas, peut avoir des conséquences plus ou moins graves, auxquelles on peut facilement remédier lorsqu'on s'en aperçoit à temps pour les prévenir. — V. *Brûlure*, *Piqûre*.

ABDOMEN (*ventre*). Cavité splanchnique située entre la poitrine et le bassin des animaux. L'abdomen contient les principaux organes de la digestion; il est séparé de la poitrine par une cloison nommée *diaphragme*. — V. *Poitrine*, *Ventre*.

On donne aussi le nom d'*abdomen* à la partie du corps des insectes qui est unie au corcelet par un filet plus ou moins aminci, comme on l'observe notamment dans les guêpes.

ABDOMINAL, LE. Qui a rapport à l'abdomen. Muscle abdominal, cavité abdominale. Les muscles abdominaux sont ceux qui forment les parois de l'abdomen et soutiennent les intestins. Les viscères abdominaux sont tous les organes viscéraux contenus dans l'abdomen: tels sont l'estomac, les intestins, le foie, la rate, le pancréas, les reins, etc. Les fonctions de ces divers organes sont de la plus haute importance. — V. *Digestion, Sécrétion*.

Les membres postérieurs prennent aussi le nom de membres abdominaux.

ABDUCTEUR. D'un mot latin qui signifie écarter, éloigner. Nom donné, en anatomie, à tout muscle qui par sa contraction tend à éloigner, à écarter du centre du corps les parties auxquelles il s'insère. C'est par les contractions des muscles abducteurs que les animaux écartent leurs membres.

ABDUCTION. Mouvement par lequel un membre ou une partie du corps sont écartés, éloignés de leur position ordinaire et naturelle.

ABEILLE. Insecte de l'ordre des hyménoptères, soumis à la domesticité. L'éducation de cet admirable insecte est peu dispendieuse, très lucrative, et il est fâcheux qu'elle ne soit pas mieux comprise et plus répandue en France. « Pendant l'été, a dit le sa-» vant Réaumur, nos campagnes sont couvertes de fleurs pleines

» de miel et de cire; nous perdons ces revenus délicieux faute » d'avoir assez d'abeilles, qui seules savent faire cette récolte. Les » abeilles enfin sont une branche d'économie rurale d'autant plus » précieuse, qu'elle est à la portée des pauvres habitants des campagnes; elle ne demande ni engrais, ni labours, ni semences. » C'est dans ce genre qu'il est exactement vrai de dire que l'on » recueille sans semer. » D'énormes quantités de miel et de cire se perdent donc chaque année faute d'abeilles, ou plutôt faute de bonnes méthodes pour les élever et les propager. Ce genre d'industrie devrait d'autant mieux être encouragé et enseigné, que, comme l'a dit Réaumur, il n'y en a pas de plus lucratif et de moins dispendieux en économie rurale : la nature se charge de produire les matières premières à profusion, les abeilles les ramassent et les transforment dans leurs ateliers, d'ailleurs bien simples, en produits tout prêts à être livrés au commerce. On pourrait donc élever partout, et surtout dans les sols incultes, pierreux et montueux, ou ceux qui sont couverts de bruyères, d'arbres fruitiers ou de prairies de tout ordre, etc., des abeilles par millions. Ces insectes seraient autant d'ouvriers innombrables qui travailleraient pour notre compte, et presque sans rétribution de notre part; leur paye est facile à acquitter : on n'a qu'à leur laisser une faible partie du miel qu'elles fabriquent en si grande abondance pour se nourrir pendant la mauvaise saison. Moyennant cette condition et quelques soins peu dispendieux dirigés avec intelligence, on pourrait avoir presque partout de nombreuses ruches qui feraient la fortune des pays pauvres privés de toute ressource, et celle d'une infinité de familles indigentes. Mais malheureusement l'éducation raisonnée des abeilles est généralement ignorée. Chez nous, un rucher bien tenu, bien dirigé, est une rare exception, même aux lieux où il pourrait rendre les plus grands services. Nos cultivateurs qui ont quelques ruches les exploitent suivant une routine le plus souvent nuisible à leurs propres intérêts.

Une ruche est habitée par trois espèces d'abeilles bien distinctes, qui ont chacunes leurs fonctions, leur travail, leurs occupations spéciales. On y trouve toujours une mère, des ouvrières chargées des travaux de la ruche, et des mâles, ou faux-bourdons, qui n'ont d'autres fonctions que celles de féconder l'abeille-mère. On a considéré à tort celle-ci comme une reine :

elle ne gouverne rien, en effet, dans la colonie; au contraire, elle est quelquefois gouvernée, et, malgré tout le respect filial dont elle est toujours entourée, elle est souvent forcée de se soumettre à la volonté ferme et persévérante d'autres abeilles, comme nous le verrons plus tard.

L'abeille-mère, plus développée, plus grande que les autres mouches de la ruche, se reconnaît à son corps relativement plus allongé; son abdomen est plus gros, plus trapu, surtout pendant le temps de la ponte; ses ailes ne s'étendent que jusque vers le milieu de cette partie de son corps, quoiqu'elles soient aussi longues que celles des autres abeilles, ce qui est dû à l'excédant de sa longueur. Pendant le jeune âge, les pattes et l'abdomen de cette mouche ont une couleur dorée; cette couleur disparaît peu à peu avec l'âge, cependant les pattes en conservent toujours les traces et restent jaunâtres.

Abeille-Mère.

Les fonctions de l'abeille-mère sont de pondre des œufs pour la multiplication de l'espèce et sa conservation; elle seule a ce privilége dans toute la république : aussi ne quitte-t-elle le logis, un ou deux jours après sa naissance, que pour être fécondée, ce qui n'a jamais lieu dans la ruche. Elle en sort une ou plusieurs fois, s'élève dans les airs, suivie d'un ou plusieurs mâles. Ordinairement, après vingt-cinq minutes ou une demi-heure, sa fécondation a eu lieu, et elle rentre au milieu des siens; elle se promène alors accompagnée, fêtée, escortée par d'autres abeilles, pour passer l'inspection des rayons et des cellules qui doivent recevoir ses œufs, sa nombreuse progéniture.

Les cellules des rayons de cire sont de trois ordres. Les unes ont une dimension relative très grande; leur nombre est très restreint, on n'en trouve que sept à huit au plus dans chaque ruche. Leur direction est différente de celle des autres alvéoles; elles sont placées ordinairement sur les bords des rayons. Ces cellules sont destinées à recevoir les œufs qui doivent produire des mères, afin qu'elles puissent s'y développer à l'aise et sans être gênées par l'insuffisance d'ampleur de leur berceau. D'autres cellules, d'une dimension moyenne, doivent contenir les œufs qui donneront des mâles. Enfin, les alvéoles les plus petites sont réservées aux œufs qui devront produire les abeilles ouvrières, les plus nombreuses de la population des ruches. L'abeille-mère passe en revue toutes ces cellules, et elle ne se trompe pas sur la nature des œufs qu'elle doit pondre dans chacune d'elles. Elle place dans les cellules des mâles les œufs qui doivent les produire, elle pond les œufs des ouvrières dans les cellules les plus petites, et enfin ceux qui doivent donner des mères dans les plus grandes.

Le temps de la ponte n'est pas absolument limité. Dans les pays où la saison de l'hiver n'est pas rigoureuse, on trouve souvent des œufs dans les ruches à toutes les époques de l'année; mais la grande ponte a lieu depuis le printemps jusqu'en automne, et surtout depuis le mois de mai jusqu'à celui de septembre. Chaque abeille-mère peut pondre, assure-t-on, soixante mille œufs dans l'année. Le temps d'incubation de ces œufs est de trois jours dans les cas ordinaires; il peut y avoir un ou deux jours de retard, mais on n'observe ces exceptions que lorsque la température est basse. Quand la larve est sortie de l'œuf, les abeilles ouvrières lui apportent une gelée nutritive en rapport avec son âge, avec la force de ses organes digestifs. Cette nourriture consiste d'abord en une bouillie blanchâtre, dont la consistance et la richesse alimentaire est augmentée peu à peu, à mesure que le jeune sujet se développe et prend de la force. La nature n'opère-t-elle pas de la même manière dans les mammifères à la naissance du jeune sujet? Le lait est d'abord plus léger, moins corsé, moins riche en principes nutritifs; à mesure que le nourrisson prend de la force, le lait s'épaissit, il devient plus substantiel, pour mieux alimenter le nourrisson, dont les organes digestifs deviennent de plus en plus aptes à le bien digérer, jusqu'au moment où il peut supporter une autre alimentation.

Après cinq ou six jours de nourriture, si le mauvais temps ne s'y oppose pas, la larve de l'abeille a acquis tout son développement et n'a plus besoin d'aliment; elle passe alors à l'état de chrysalide, et les ouvrières ferment sa cellule pour qu'elle puisse y opérer tranquillement sa métamorphose et devenir insecte parfait.

Après douze jours environ, la transformation est opérée. La jeune abeille est formée; elle a assez de force pour percer ou briser la porte de sa cellule, d'où elle sort après quelques efforts. A peine rendue à la liberté, elle est l'objet de soins, de caresses, de la part de ses aînées. Elles l'entourent, elles la lèchent, la brossent, lui offrent de la nourriture pour prendre des forces à la suite d'une abstinence aussi longue. Enfin, vingt-quatre heures après, la jeune abeille peut se suffire à elle-même; elle se met au travail de la communauté et elle obéit à la loi qui régit son admirable gouvernement.

Dans l'espace de vingt jours environ, un œuf pondu donne une abeille en état de remplir les fonctions qui lui sont imposées par la nature; les cas contraires ne s'observent que lorsque les mauvaises conditions du temps retardent la marche ordinaire de la couvaison et des transformations de l'insecte.

Lorsqu'un œuf est pondu dans une cellule de mère, les ouvrières donnent à la larve qu'il produit une nourriture particulière qui fait développer ses ovaires. D'un côté ces grandes alvéoles favorisent par leur dimension l'accroissement de la jeune abeille; de l'autre, la nourriture qui lui est offerte fait développer ses organes de la génération. Des observations pratiques et des expériences ont fourni la preuve incontestée de ce singulier phénomène. Du reste, ces deux conditions d'élevage étaient indispensables pour faire des mères, sur lesquelles reposent la production, la multiplication, la conservation de l'espèce. Aussi, la nature a-t-elle pris toutes les précautions nécessaires pour que son but fût rempli. Cette propriété particulière de la substance alimentaire qui agit spécialement sur les organes de la génération des abeilles, afin de provoquer et d'activer leur développement, ne pourrait-elle pas nous mettre sur la voie des recherches à faire pour savoir si on ne découvrirait pas des substances alimentaires qui auraient la propriété de faire croître spécialement telle ou telle partie du corps des animaux?

Il n'y a pas à révoquer en doute l'action spéciale de la substance donnée aux abeilles-mères en vue du développement de leurs ovaires. Lorsque, par hasard, des parcelles de cette matière tombent dans les alvéoles des ouvrières, et que leurs larves en mangent, leurs ovaires se produisent aussi, et elles font des œufs comme les mères, mais ces œufs ne donnent que des mâles. La nature leur a refusé le privilége de faire des œufs de femelles.

L'abeille mère peut périr quelquefois, soit de maladie, soit par toute autre cause. Quand elle est morte, elle est remplacée par une des larves ou des jeunes mères qui sont détenues prisonnières dans leurs alvéoles. La nature, qui a prévu ce cas, a judicieusement cherché à y remédier par des individus supplémentaires, peu nombreux, il est vrai, mais suffisants pour parer à tout événement. Une ruche ne peut avoir qu'une seule mère libre. Celle-ci est extrêmement jalouse de conserver seule son privilége absolu. Si, par hasard, une autre mère se trouvait dans la colonie, il y aurait un duel qui se renouvellerait tant que l'une d'elles ne serait pas morte. Du reste, dans ce duel qui recommence souvent plusieurs fois, la nature a été encore si prévoyante pour la conservation de l'une des deux rivales, que, lorsqu'elles se sont rencontrées de manière à se transpercer réciproquement avec leurs aiguillons, d'où résulterait la mort simultanée des deux mères, elles se séparent précipitamment pour éviter ce désastre. De nouvelles rencontres ont lieu dans ce cas, et c'est le plus souvent par surprise que l'une perce l'autre de son dard et la fait mourir immédiatement.

Les mères attachent à être seules de leur espèce une importance telle, qu'elles cherchent toujours à détruire dans leurs alvéoles les jeunes mères qui y sont nourries comme prisonnières. Des factionnaires montent en permanence la garde auprès de celles-ci. Quand la mère libre en approche pour les mettre à mort avec son dard passé au travers de la petite ouverture de la cellule ménagée pour donner la nourriture à la jeune prisonnière, elle en est écartée, avec une respectueuse mais invincible fermeté, par les gardes vigilantes qui défendent comme un dépôt sacré les jeunes protégées. C'est sur elles, en effet, que repose l'avenir de la conservation de l'espèce et de sa multiplication en cas de mort de la mère libre. Elles permettent cependant quelquefois à celle-ci de mettre à mort leurs filles dans leurs berceaux; mais ce n'est que lorsque la conservation de l'espèce est garantie et qu'elle ne peut plus être compromise.

Si par hasard il n'y a pas d'œuf déposé dans une cellule de mère, pour prévenir tout événement de mort et y remédier les abeilles détruisent les cloisons d'une ou deux cellules ordinaires qui contiennent un œuf d'ouvrière, et font ainsi une grande alvéole artificielle; elles nourrissent la larve naissante de manière à en faire une mère, et, lorsqu'elle est sortie de son alvéole, elle prend ses fonctions après avoir été fécondée. Mais, pour obtenir une pareille mère, il faut que ce soit dans les trois jours qui précèdent la naissance de la larve; après cette époque, les abeilles ne peuvent plus satisfaire à leur désir. Une ruche où la pondeuse ne pondrait pas de quatre jours, et mourrait ensuite, ne pourrait plus avoir de mère; les abeilles périraient ou se disperseraient, ne pouvant pas exister sans elle.

Voilà un singulier instinct de ces admirable insectes: ils savent que l'abeille-mère assure seule l'avenir de la colonie, la conservation de l'espèce et sa multiplication. Si elle vient à périr, s'il leur est impossible d'en obtenir une autre, ils voient que tout est fini pour eux dans la ruche, et qu'il est inutile de traîner une existence qui n'a plus de raison d'être, puisque l'élément de la transmission de la vie n'existe plus dans leur république. Aussi, la ruche qui n'a pas de mère ne tarde pas à être inhabitée, soit par suite de la mort des abeilles, soit par leur désertion dans d'autres ruches, s'il leur est possible d'y pénétrer.

La ponte des mères, avons-nous dit, a généralement lieu surtout pendant la belle saison, c'est-à-dire du mois de mai au mois de septembre. Pendant les onze premiers mois de sa vie, cette mouche ne donne que des œufs d'ouvrières, et chaque année, à partir de cette époque, la ponte commence toujours par des œufs de cette nature; ceux de mâles ne sont pondus que plus tard. Mais, pour que la ponte soit régulière, il faut que la fécondation ait eu lieu régulièrement. Si elle avait été contrariée par des incidents, si elle ne s'était effectuée, par exemple, que seize jours après la naissance de la pondeuse, les œufs de mâles seraient aussi nombreux que ceux de femelles; fécondée vingt jours après, la mère ne donne plus que des œufs de mâles.

Dans certaines circonstances, la mère-abeille fait entendre un chant particulier, qui a de l'analogie avec celui de la cigale. Ce chant doit avoir une expression bien caractéristique pour la colonie, car chaque abeille, en l'entendant, reste immobile, semble être en quelque sorte paralysée; un profond silence se fait alors dans la ruche. Ce chant est entendu surtout quand un essaim se dispose à partir. D'un autre côté, on affirme que les jeunes mères, prisonnières dans leurs alvéoles, chantent quelquefois pour se plaindre de leur captivité et demander à en sortir.

Les mâles, dans les ruches, n'ont absolument d'autre ouvrage que de féconder la mère; or, comme un seul suffit pour cette fonction, on peut dire que la majorité de ces mouches n'a rien à faire et ne fait rien que manger les provisions. Leur corps, gros et court, est plus développé, plus trapu, que celui des ouvrières; leur abdomen est velu, et ils ne sont pas pourvus d'aiguillons. Cette prévoyance de la nature de ne pas armer les mâles d'un dard était nécessaire pour la fin proposée. En effet, comme ces individus sont au nombre de deux à trois mille dans une ruche, et qu'après la fécondation de la mère ils sont non seulement inutiles, mais à charge à la colonie qui les nourrit, ils sont impitoyablement mis à mort par les ouvrières à un signal donné, et quand le temps de leur massacre est arrivé. Sans armes, leur destruction est facile, parcequ'ils ne peuvent pas se défendre. S'ils avaient eu au contraire des aiguillons, comme les autres abeilles, ils se seraient battus à outrance pour défendre leur vie, et le nombre des morts aurait été inutilement augmenté.

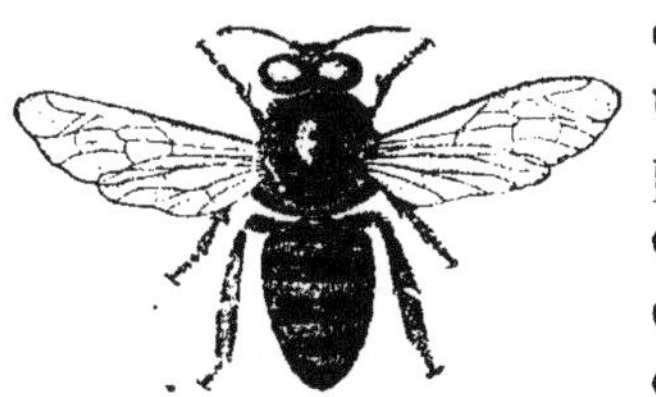
Abeille mâle ou Faux-Bourdon.

Cependant, si la mère était morte avant l'époque du massacre des mâles, les abeilles, sachant qu'elles en ont encore besoin pour féconder les jeunes mères qui sortiront de leurs alvéoles, les laissent vivre; leur existence se trouve ainsi prolongée, mais ils n'en sont pas moins condamnés à être sacrifiés; quand l'heure est venue, ils n'échappent pas à l'arrêt de mort qui est porté contre eux. Si par hasard les abeilles ouvrières les laissent vivre, ce n'est que pendant le temps qu'elles n'ont pas de reine, et dans l'espoir qu'un jour ils seront utiles pour féconder celles qu'elles pourraient avoir. Si elles ne peuvent pas en obtenir, les mâles ne sont pas massacrés; mais toute la colonie s'éteint peu à peu, parceque, comme nous l'avons dit déjà, elle ne saurait exister sans une mère.

Du reste, les mâles sont d'un caractère fort doux et très facile; leur vie est très paisible, et, comme ils ne vont pas aux provisions, ils sortent rarement du domicile.

Si l'étude des mœurs de l'abeille-mère est intéressante à faire, celle des ouvrières n'est pas moins digne de notre attention. Ce sont elles, en effet, qui vont aux provisions, qui construisent les rayons de cire, les cellules où doivent être déposées les provisions de toute nature, le miel, le pollen des plantes, les œufs de la mère. Ce sont elles qui prennent soin des jeunes élèves, préparent leur nourriture et la leur donnent. Elles entretiennent la propreté de l'habitation, veillent à sa conservation, à la sûreté des habitants; elles repoussent les ennemis de toute nature, défendent le domicile contre la violation des voleurs, des pillards de tout ordre, même de leur espèce; leur courage, sous ce rapport, est exemplaire. Pour la défense commune et celle de leurs droits de propriété, les ouvrières ne transigent pas : elles se précipitent sur leurs ennemis, quels que soit leur force et leur nombre, elles ne reculent jamais. La mort qui les frappe peut seule les arrêter, mais la crainte de la subir ne les empêche pas de l'affronter toujours.

Abeille ouvrière.

Les ouvrières sont aussi courageuses en toute occasion que laborieuses et prévoyantes. Pour mieux remplir les fonctions qui leur sont imposées, elles se divisent le travail de la manière suivante : les unes vont chercher le miel dans la campagne, rapportent le pollen des fleurs, la propolis qui sert à mastiquer les fentes, les ouvertures des ruches, et s'occupent d'autres travaux que nous signalerons plus tard. Ces abeilles sont dites nourricières ou pourvoyeuses. Les autres, nommées cirières, sont chargées des soins du ménage : elles balayent, nettoyent la ruche et y entretiennent la propreté. Elles fournissent les factionnaires qui montent la garde à la porte de la ruche et auprès des jeunes abeilles mères nourries dans leurs cellules, pour empêcher les mères libres de les mettre à mort. Elles préparent et administrent la nourriture aux jeunes individus qui ne peuvent pas la prendre eux-mêmes; elles fabriquent les gâteaux de cire, rangent les provisions dans leurs alvéoles, sont enfin chargées de tous les travaux intérieurs de la colonie, et des corvées que nécessite son entretien. Elles fournissent des escortes pour accompagner la mère-abeille dans toutes ses promenades dans la ruche. C'est donc aux ouvrières que nous devons le produit des ruches, le miel, d'une saveur si agréable, et la cire, si utile, d'un usage si répandu dans l'industrie, soit pour la confection des bougies, soit pour une infinité de petits ouvrages d'art.

Du reste, les ouvrières sont pourvues de palettes, de brosses, à leurs pattes, pour faire leurs travaux, d'une trompe pour sucer le miel dans le calice des fleurs, et d'un estomac qui sert de réservoir pour le contenir et le porter dans leurs magasins.

Nous avons vu qu'une mère abeille peut pondre jusqu'à soixante mille œufs dans une année. On conçoit que, si tous venaient à éclore, la ruche ne saurait contenir le grand nombre d'abeilles qui en naîtraient. Des émigrations périodiques sont donc nécessitées, et on donne le nom d'essaim à la quantité d'abeilles qui émigrent pour former une nouvelle colonie, à la tête de laquelle est toujours une mère. Nous traiterons au mot *Essaim* ce qui est relatif à l'essaimage. — V. *Essaim*.

Les abeilles ont des ennemis redoutables contre lesquels il faut les protéger. Les rats, les souris, les mulots, les campagnols, etc., s'introduisent quelquefois dans les ruches et mangent le miel comme les abeilles elles-mêmes. On doit prendre des précautions pour prévenir leurs ravages. Plusieurs oiseaux dévorent aussi les abeilles : les pies-grièches, tous les oiseaux insectivores, mangent celles qu'ils peuvent saisir. Les ruches sont aussi attaquées par des lézards, des crapauds, des escargots, des fausses-taignes, des guèpes, des frelons, des sphinx, etc. De leur côté, les abeilles se défendent à outrance contre toute violation de leur domicile; elles harcèlent leurs ennemis, les percent de leurs traits; elles en tuent plusieurs, dont elles jettent les cadavres hors de la ruche. Quand ces cadavres sont trop lourds pour être déplacés par elles, elles les couvrent avec la propolis, espèce de mastic résineux qu'elles récoltent. Par ce moyen, elles les embaument, empêchent ainsi leur décomposition, et préviennent les miasmes qui en résulteraient, comme les mauvaises odeurs qui infecteraient la ruche. Du reste, il importe d'aider les abeilles dans leurs moyens de défense. On doit visiter les ruches périodiquement et à des intervalles assez rapprochés, pour voir si elles ne renferment pas des animaux nuisibles, et si leur état est dans des conditions de défense capables de les empêcher d'y pénétrer.

Les abeilles paient largement les soins et les faibles déboursés avancés pour elles, par les récoltes de miel et de cire qu'elles nous donnent. Le temps de cette récolte varie selon les pays où elle est faite. Suivant le mode de ruches adoptées, on peut récolter le miel et la cire à plusieurs reprises dans le courant de la belle saison. Lorsque, par prévoyance, on a laissé beaucoup de miel aux abeilles dans la récolte d'automne, il est utile de châtrer les ruches au printemps. avant la grande ponte de la mère-abeille. Les abeilles alors forment des rayons de cire à la place des rayons de miel récoltés, pour que la mère puisse y déposer ses œufs. Cependant, comme on ne peut pas prévoir si le temps sera toujours beau, on agira avec prudence; on laissera, dans tout cas, aux abeilles, assez de miel pour se nourrir en cas de pluies qui les empêcheraient d'aller aux provisions. On agit, à plus forte raison, de la même manière, à la récolte d'automne. Celle-ci doit se faire au plus tard dans la première quinzaine de septembre; à cette époque, les abeilles trouvent encore dans la campagne assez de fleurs pour remplacer le miel et la cire qui leur ont été enlevés. Il ne faut jamais oublier que, si, d'une part, il faut de la place pour le couvain, de l'autre, il faut toujours de la nourriture en suffisante quantité pour la colonie, surtout pendant l'hiver.

La récolte qu'on fait au milieu de l'été; après l'essaimage et la grande ponte, exige moins de précautions sous ce rapport; les abeilles alors peuvent faire d'abondantes provisions, et la famine n'est pas à craindre pour elles. On s'assurera donc toujours que les abeilles ont des provisions suffisantes pour passer les temps pendant lesquels elles ne récoltent pas. Si elles en manquaient, on leur donnerait des sirops, du miel qu'on a eu soin de mettre en réserve, qu'on melange avec une petite quantité de vin nouveau, de cidre ou de poiré, pour le rendre tonique. —V. *Essaim, Miel, Rayon, Ruche, Rucher.*

ABLUTION. V. *Lotion.*

ABORNER. Placer des bornes, limiter un terrain, une propriété, par le bornage. — V. *Borne, Limite.*

ABORTIF (d'un mot latin qui signifie *naître avant terme*). Le mot *abortif* est synonyme d'*avorté.* Un fœtus né avant l'époque fixée par la nature est dit *abortif.*

On donne aussi le nom d'abortif aux substances, aux médicaments, qui provoquent l'avortement, soit par les troubles généraux qu'ils occasionnent dans les fonctions de la vie des femelles ou par leur action spéciale sur l'utérus; le seigle ergoté, par exemple, la sabine, la rue, agissent directement sur l'utérus, et pourraient, dans certaines conditions, causer des avortements. On sait d'ailleurs que, dans l'espèce humaine, ces substances végétales ont donné lieu à des actes criminels dont les résultats ont été quelquefois désastreux.

La gelée blanche est un abortif quand elle est dans les pâturages où les vaches vont paître avant que le soleil l'ait fait disparaître. — V. *Avortement*.

En terme de botanique, le mot *abortif* s'applique aux fleurs ou aux fruits qui ont avorté, qui ne sont pas parvenus à leur développement normal, et qui tombent souvent même avant de l'avoir atteint.

ABREUVOIR. Lieu où les animaux s'abreuvent. L'étude des eaux dont s'abreuvent les animaux est plus utile qu'on ne pense; pour l'avoir négligée, on a souvent vu, dans certaines localités, des maladies se déclarer et faire périr des animaux sans pouvoir déterminer les causes de ces désastres. Les eaux séléniteuses de certains puits, les eaux croupies, renferment des principes irritants, délétères, qui ne produisent d'abord aucun effet apparent; mais leur action prolongée altère peu à peu les organes digestifs, toute l'économie animale, et l'on voit tout à coup des propriétaires perdre leurs bestiaux sans en connaître la véritable raison. On a souvent vu des maladies meurtrières disparaître à la suite du changement pur et simple des eaux dont on avait longtemps abreuvé les animaux malades.

Les meilleurs abreuvoirs sont ceux qui ont une eau courante se renouvelant sans cesse, comme l'eau de source, l'eau de rivière. Les eaux de puits ne sont pas malfaisantes dans toutes les localités; mais elles sont généralement séléniteuses; elles ne cuisent pas les légumes et ne dissolvent pas le savon; de plus, ces eaux ne sont pas ordinairement pourvues de la quantité d'air utile à une bonne digestion. D'ailleurs leur température n'est pas en harmonie avec celle de l'atmosphère dans laquelle se trouvent les animaux. Lorsqu'on est obligé de se servir de ces eaux pour abreuver surtout les bestiaux de travail pendant les chaleurs de l'été, on doit les mettre dans les auges qui servent d'abreuvoir quelque temps avant d'y conduire les animaux, afin que la température en soit plus convenable. Il serait utile aussi d'agiter ces eaux, afin de leur donner l'air qui leur manque.

On a conseillé de précipiter les sels calcaires plus ou moins nuisibles contenus en dissolution dans les eaux de puits, par un procédé chimique très simple; mais les substances employées pour cette opération exigent des dépenses qui deviendraient considérables, surtout s'il s'agissait d'abreuver une grande quantité d'animaux : on y a renoncé.

Les eaux de source, de rivière, de pluie, sont celles qui forment les meilleurs abreuvoirs. On leur donnera donc toujours la préférence pour abreuver les animaux.

Dans nos possessions du nord de l'Afrique, les abreuvoirs contiennent souvent des sangsues, qui, avalées par les animaux, se fixent à leur gosier et remontent quelquefois dans leurs naseaux. Elles se développent dans ces cavités et y grossissent par groupes de manière à obstruer le passage de l'air et à causer l'asphixie. On est ordinairement averti de cet incident par un écoulement sanguinolent des naseaux ou de la bouche des sujets. On fait tomber ces sangsues avec des injections d'eau salée. On les détruit aussi dans les abreuvoirs en y mettant des tortues d'eau douce, communes en Algérie; ces tortues dévorent les sangsues, dont elles sont très friandes : on peut éviter ainsi les accidents qu'elles causent. J'ai été moi-même témoin de ce fait sur les lieux mêmes.

ABRI. Lieu disposé pour protéger les plantes ou les animaux du mauvais temps. On forme des abris avec des murs, des haies, des allées d'arbres, des paillassons, des fascines, des toitures; on abrite les plantes qui demandent de la chaleur pour se développer avec des cloches en verre, ou des châssis vitrés; on construit des serres, qui ne sont que des abris perfectionnés, pour procurer à certains végétaux précieux une température douce et uniforme, ou pour activer la maturation de certains fruits. On forme souvent des abris pour protéger les animaux contre les mauvais temps. Dans les montagnes d'Auvergne, on se sert de fascines pour abriter les parcs dans lesquels les vacheries passent les nuits. — V. *Montagne, Parc.*

ABRICOTIER. Arbre de la famille des rosacées. L'abricotier est cultivé avec beaucoup de soin dans divers pays, où il forme une branche d'industrie lucrative. Dans la Limagne d'Auvergne, son fruit sert à confectionner une pâte qui est expédiée dans toutes les parties de l'Europe. Le mouvement de fonds que provoque le commerce des abricots et de leurs conserves à Clermont-Ferrand est très étendu. On en fait des envois considérables à Paris, et les chemins de fer, qui vont faciliter leur transport, ne peuvent que faire augmenter la culture de cet arbre précieux dans le Puy-de-Dôme.

ABROUTI, IE. Un taillis est abrouti lorsque ses bourgeons ont été broutés par les animaux domestiques ou par le gibier. Tous les cultivateurs connaissent les dommages que cause à leurs bois, ou à leurs plantations, la dent des animaux, qui fait souvent périr les jeunes plantes. Les chèvres surtout font de grands ravages dans les pays boisés si elles sont mal gardées. Aussi l'autorité est-elle obligée d'intervenir pour prévenir les dégâts faits aux plantations et dans les forêts par ces ruminants indociles et dévastateurs.

ABROUTISSEMENT. Ravage fait aux taillis ou aux jeunes plants broutés par les animaux. L'abroutissement est toujours très meurtrier, dans nos bois comme dans les plantations. Les tiges dont les cimes sont dévorées, ainsi que les feuilles, languissent; leur croissance est contrariée; elles se rabougrissent souvent, et ne prennent pas l'accroissement auquel elles parviennent naturellement quand elles n'ont pas été maltraitées. Il est facile d'expliquer ce fait tout physiologique. Quand le travail de la sève a commencé à faire croître les pousses de printemps et leurs feuilles, la vie du végétal est dans toute son activité; il respire par ses feuilles, qui, comme de véritables poumons, élaborent le gaz acide carbonique pour en extraire le carbone, et les liquides végétaux qui charrient les éléments de nutrition des plantes déposés dans leurs tissus pour les faire croître. Lorsque les pousses et les feuilles sont dévorées, la respiration des plantes, comme la circulation de leurs liquides, n'ayant plus leur cours normal, ne peuvent plus exercer leur influence dans toute sa plénitude, et la végétation en souffre nécessairement. C'est ce qu'on observe toujours dans les cas d'abroutissement : aussi les forestiers attachent-ils une grande importance à l'empêcher et à le prévenir.—V. *Accroissement des végétaux, Nutrition, Respiration.*

ABSINTHE. Plante de la famille des composées. Cette plante vivace fleurit vers la fin de l'été. Elle croît communément en France; sa tige, qui atteint quelquefois la hauteur d'un mètre, est rameuse, dure; ses feuilles découpées sont blanchâtres; ses fleurs sont petites, nombreuses, de couleur jaunâtre et disposées en petites grappes à l'extrémité des rameaux. Elle répand une odeur aromatique très forte. Sa saveur est piquante, très amère, et laisse dans la bouche un sentiment de chaleur très caractérisé.

L'absinthe est une plante médicinale employée pour les animaux. On l'administre en poudre ou en infusion dans l'eau, dans le vin, ou dans l'alcool. Elle excite les organes digestifs comme ceux de la circulation; par son administration, elle stimule toute l'économie animale et lui donne du ton. Elle est donc employée avec succès dans le cas de débilité, par suite de maladie lente et de pourriture des moutons.

On emploie encore l'absinthe contre les vers intestinaux des animaux.

ABSORBANT. Corps absorbants, qui absorbent les liquides. Le charbon est un absorbant par excellence; les étoupes, la charpie, l'amadou, la chaux vive, l'alun calciné, etc., sont aussi des absorbants employés en art vétérinaire pour absorber le pus, le sang, les matières liquides, sur les plaies.

Les vaisseaux veineux et lymphatiques qui dans les animaux absorbent les liquides pour les verser dans le torrent de la circulation sont désignés sous le nom générique d'absorbants. — V. *Absorption, Digestion, Circulation.*

Pour absorber les engrais liquides, on emploie la litière végétale ou minérale, c'est-à-dire des pailles, des herbes sèches de toute nature, des mousses, des feuilles, de la terre, de la marne, de la chaux mélangée à la terre. Cette pratique n'est pas généralement appréciée comme elle mérite de l'être, dans nos campagnes surtout. Dans les neuf dixièmes des villages de France, et peut-être plus, on voit les étables, les rues, inondées d'immondices liquides, de purins, qui, en se dégageant, forment des miasmes, et vicient l'air. Les laboureurs ignorent qu'en laissant évaporer ces engrais précieux, ils perdent, d'une part, un des principaux éléments de leur richesse agricole, et, de l'autre, ils s'exposent, eux et leurs familles, à l'action de miasmes putrides qui peuvent causer des maladies graves. Si on n'a pas toujours des litières végétales en suffisante quantité, on a constamment de la terre, souvent des marnes, et on ne devrait jamais manquer de les employer comme absorbants des purins perdus pour la fertilité du sol.

ABSORPTION. Fonction en vertu de laquelle les corps liquides ou gazeux sont absorbés par les vaisseaux absorbants, chez les animaux ou chez les végétaux. Les animaux, comme les plantes, vivent et se développent par la nourriture, qui est distribuée à leurs organes divers, après la digestion et la respiration. C'est par l'absorption que les matériaux nutritifs de toute nature sont assimilés, rendus à leur destination naturelle, chacun dans sa spécialité, au moyen du système vasculaire.

Le travail varié d'absorption, dans les règnes végétal et animal, est un des plus admirables sujets d'étude que l'imagination puisse désirer. C'est ainsi que l'on voit les plantes absorber par leurs racines leurs aliments dans le sol, et dans l'atmosphère par leurs feuilles et leurs tiges herbacées. L'absorption, dans les animaux, se fait surtout par leurs vaisseaux chylifères, dans leurs intestins, qui ont digéré les aliments dont ils se nourrissent. — V. *Chylifère, Chyle, Circulation, Digestion, Nutrition, Respiration, Sang.*

ABSTERGENTS Corps employés à nettoyer, à dissoudre. En art vétérinaire on emploie les savons et la potasse en dissolution comme abstergents, pour nettoyer la peau des animaux dans des cas de maladie cutanée.

ACABIT. Expression vulgaire dont se servent quelquefois les agriculteurs pour caractériser la bonne ou mauvaise nature d'un animal ou d'un produit végétal. Un animal, un fruit, un fourrage, etc., sont d'un bon ou mauvais acabit, suivant qu'ils sont d'une bonne ou mauvaise qualité.

ACACIA. V. *Robinier.*

ACANTHACÉES. Famille de plantes, dont le type est l'acanthe. Les acanthacées sont des végétaux rares en Europe; elles croissent dans les pays chauds. Du reste, elles n'offrent aucun intérêt particulier à l'agriculture et à la médecine des animaux.

ACARE. Insecte très tenu qui vit dans la peau des hommes et des animaux galeux. Dans le cheval galeux, on peut voir l'acare à l'œil nu, soit sur la peau même des animaux, soit sur la poussière qu'on en obtient en les brossant. La présence de l'acare est sans doute la cause des démangeaisons insupportables que cause la gale. Il est probable que c'est par eux que se transmet cette maladie; mais l'expérience semble avoir confirmé que, si l'acare du cheval donne la gale à un autre cheval, il ne la communique pas à un animal d'une autre espèce, au mouton, au chien, par exemple.

On peut donc conclure que les acares varient dans les diverses races d'animaux, et que ceux d'un individu ne peuvent ni vivre sur la peau d'un autre qui n'est pas de son espèce, ni lui communiquer l'affection dont il caractérise l'existence. L'acare de la gale de l'homme a été long-temps ignoré; sa présence est confirmée aujourd'hui chez les galeux. Du reste, il était connu des paysans corses bien avant que la science l'eût découvert.

On détruit l'acare avec des onguents dans lesquels les préparations de soufre et le mercure semblent jouer un rôle spécial.

ACAULE. Privé de tige. Une fleur, une plante, sont acaules quand elles naissent au collet de la racine sans être supportées par des tiges. On trouve des variétés de primevères, de composées, qui sont acaules. Leurs fleurs, au lieu de s'élever, restent rez terre.

ACCÉLÉRATION (*du pouls, de la respiration*). Lorsque l'accélération de la respiration ou de la circulation d'un animal n'est pas la conséquence d'un travail ou d'une allure plus ou moins forcée, elle peut caractériser une indisposition ou une maladie. Il importe donc toujours de rechercher la cause de l'accélération du pouls ou du mouvement des flancs dans les animaux qui offriront ce symptôme physiologique anormal. — V. *Circulation*, *Maladie*, *Pouls*, *Respiration*.

ACCÈS. Mot employé pour indiquer le renouvellement de maladies, surtout lorsqu'elles sont périodiques. La fluxion périodique dans le cheval, l'épilepsie, etc., se renouvellent par accès. Les animaux enragés ont aussi des accès de rage par intervalles, c'est-à-dire des surcroîts de symptômes qui caractérisent l'hydrophobie. — V. *Épilepsie, Fluxion périodique, Rage.*

ACCESSOIRES. Nom donné par M. I. Geoffroy Saint-Hilaire, dans la division qu'il a faite des animaux domestiques ou acclimatés par l'homme, aux espèces qui ne sont utilisées, ni pour les travaux de l'agriculture, ni pour la boucherie, ni pour l'industrie. Ces animaux servent surtout d'ornements dans nos étangs, dans nos basses-cours, dans nos parcs, ou bien ils sont entretenus dans des cages ou volières : tels sont les cygnes, les perroquets et perruches, les serins et autres oiseaux chanteurs. Le paon, le canard de la Caroline, le canard mandarin, quoique alimentaires, n'ont encore été élevés jusqu'à ce jour en France, que comme accessoires. Un jour viendra peut-être où, d'après les études qui commencent en France sur l'acclimatation et la multiplication des animauxet dont la société zoologique d'acclimatation a pris l'heureuse initiative, ces beaux oiseaux augmenteront les ressources de nos substances animales.

ACCLIMATATION. Art de disposer un animal, ou une plante, de manière à les rendre aptes à vivre et à se produire dans les lieux où ils n'existaient pas, et où ils ont été importés. L'art d'acclimater les plantes a été porté à un degré de prospérité remarquable, depuis la fin du dernier siècle surtout. Nous avons aujourd'hui une nombre infini d'arbres, d'arbustes, de fleurs, d'ornement ou employés dans les arts ou l'industrie, ou pour notre alimentation ordinaire ou de luxe. La parmentière elle-même a été acclimatée; nous ne l'avions pas avant la découverte de l'Amérique. —V. *Parmentière, Perfectionnement.*

Mais, si nous avons eu des succès incontestables sur l'acclimatation des végétaux, il n'en est pas de même sur l'acclimatation des animaux, ce qui est dû au défaut de connaissances spéciales sur la matière. Pour acclimater un animal, en effet, pour bien comprendre l'art de le multiplier, de perfectionner une espèce, suivant de bonnes lois des principes en harmonie avec la nature des lieux où l'on opère, il ne suffit pas d'aller chercher au loin et à grands frais, des types reproducteurs au hasard. Si on ne veut pas être victime d'une déception, il faut savoir si ce type peut convenir à la nouvelle patrie qu'on lui destine, aux lois naturelles qui réagissent sur la production animale ou végétale des lieux où l'on se dispose d'opérer. C'est là ce qu'il importe d'étudier au point de vue théorique, comme au point de vue pratique, d'abord, avant d'expérimenter sur une grande échelle.

Si on consulte l'histoire écrite ou traditionnelle des importations des types améliorateurs de nos espèces, on verra que la science des lois de la nature a été complétement négligée, ou que c'est par très rare exception qu'on y a eu recours. Le grand naturaliste Buffon, avait parfaitement fait comprendre l'importance de cette science pour le perfectionnement comme pour la multiplication de la production animale de notre pays ; et si les vastes conceptions de son génie l'entraînèrent quelquefois loin de quelques détails de pratique isolée, il n'en avait pas moins fait comprendre l'indispensable nécessité de l'étude de la nature pour la culture raisonnée de ses produits. C'est sans doute sous l'inspiration de son génie que son ami, son compatriote et son collaborateur Daubenton, entreprit, sur l'invitation de l'intendant des finances Trudaine, en 1766, l'étude de l'éducation du mérinos, et plus tard celle de son acclimatation, vainement essayée en France depuis Colbert, c'est-à-dire depuis un siècle. La France était restée jusqu'à cette époque tributaire de l'Espagne pour les laines fines, à défaut d'études sérieuses sur l'acclimatation du mérinos; nous le serions peut-être encore, si le célèbre berger naturaliste n'avait pas éclairé son pays par ses savants travaux sur cette branche importante de notre richesse nationale.

Grâce donc à Daubenton d'abord, et plus tard au savant Gilbert, nous n'avons rien à envier à quelque nation que ce soit pour la finesse de nos laines.

Mais en France en est-il du cheval et du bœuf comme du mérinos ? Pouvons-nous dire sur ces animaux précieux, comme sur le mérinos, que nous n'avons rien à envier aux nations étrangères, surtout aux Anglais ? Malheureusement non, et si nous en cherchons la cause sérieusement, si nous voulons la découvrir, nous la trouverons dans le défaut de connaissance des lois de la nature sur l'acclimatation des espèces comme sur leur perfectionnement; et s'il est quelques exceptions, elles sont rares et n'infirment pas la règle. Nous en sommes aujourd'hui, en France, sur le bœuf et le cheval, au point où nous en étions sur le mérinos avant les travaux de Daubenton, malgré les efforts inouïs tentés pour le faire réussir, depuis Colbert surtout. Vienne un second Daubenton, que l'administration le comprenne comme l'administration de Trudaine le comprit, et le problème de l'acclimatation, comme celui du perfectionnement de nos races, se résoudra rapidement.

Cependant, si la question de l'acclimatation des animaux utiles a été très méconnue, très négligée, en France; si celle de la multiplication du perfectionnement de notre production animale n'a pas progressé suivant nos besoins, ce n'est pas à défaut du concours des gouvernements qui se sont succédé en France, depuis deux siècles surtout. On a fait, à différentes reprises, des importations d'animaux divers, qui n'ont pas toutes réussi; le temps où ils auraient rendu les services qu'on en attendait n'était sans doute pas encore venu.

Aujourd'hui une ère nouvelle semble s'ouvrir pour la partie de l'industrie agricole qui s'occupe de la production animale. Notre pays paraît être prêt à entrer dans la voie qui avait été tracée par Buffon et Daubenton au siècle passé. Ce qui nous autorise à avancer cette opinion, c'est la rapidité avec laquelle une réunion d'agriculteurs, de naturalistes et de grands propriétaires, vient de se former pour s'occuper, au point de vue théorique et pratique, de l'acclimatation, de la multiplication et du perfectionnement des animaux utiles. Cette société, déjà nombreuse à son début, a son siége à Paris; elle est présidée par M. Isidore Geoffroy Saint-Hilaire, membre de l'Institut, professeur de zoologie à la Faculté des sciences de Paris et au Muséum d'histoire naturelle. Plusieurs autres professeurs du même établissement, et des membres de l'Institut, font également partie de cette société, qui a pris le titre de Société zoologique d'acclimatation. La première séance préparatoire de cette société eut lieu le 20 janvier 1854. M. Isidore Geoffroy Saint-Hilaire, qui la présidait, prononça, pour bien préciser le but et l'utilité de cette réunion, une allocution que nous devons reproduire ici en entier, pour que l'on puisse bien saisir le plan que la nouvelle société se propose de suivre.

Voici cette allocution, publiée comme introduction au bulletin de la Société zoologique d'acclimatation, qui doit être publié tous les mois.

Allocution de M. Isidore Geoffroy-Saint-Hilaire, président de la Société zoologique d'acclimatation, dans la réunion préparatoire du 20 *janvier* 1854.

« Messieurs,

» Réunis ici par une pensée commune, vous désirez que je m'en fasse l'interprète, et que, dans cette première séance préparatoire, je résume les grandes questions dont la solution pratique va devenir l'objet de nos travaux.

» Nous voulons fonder, Messieurs, une association, jusqu'à ce jour sans exemple, d'agriculteurs, de naturalistes, de propriétaires, d'hommes éclairés, non seulement en France, mais dans tous les pays civilisés, pour poursuivre tous ensemble une œuvre qui, en effet, exige le concours de tous, comme elle doit tourner à l'avantage de tous. Il ne s'agit de rien moins que de peupler nos champs, nos forêts, nos rivières, d'hôtes nouveaux; d'augmenter le nombre de nos animaux domestiques, cette richesse première du cultivateur; d'accroître et de varier les ressources alimentaires, si insuffisantes, dont nous disposons aujourd'hui; de créer d'autres produits économiques ou industriels, et, par là même, de doter notre agriculture, si long-temps languissante, notre industrie, notre commerce, et la société tout entière, de biens jusqu'à présent inconnus ou négligés, non moins précieux un jour que ceux dont les générations antérieures nous ont légué le bienfait.

» Telle est l'œuvre, Messieurs, que vous n'avez pas craint d'entreprendre; et, je n'hésiterai pas à le dire, s'il en est peu de plus difficiles, il n'en saurait être, du moins, de plus grande et de plus digne de l'époque où nous vivons, et qui est, par excellence, celle des grandes applications des sciences au bien-être des peuples.

» Dans ce grand mouvement des esprits vers les travaux utiles, dans ces merveilles qu'il enfante chaque jour, et en présence desquelles on est tenté de croire que rien n'est plus ni au dessus des ressources de l'homme, ni au delà de ses légitimes espérances ; dans ces bienfaisants progrès qui, à tous les étages sociaux, font ressentir leur heureuse influence, et relient tous les peuples par les arts et l'industrie, quelle part revient à la science illustrée par les Linné, les Buffon, les Pallas, les Cuvier ? Il faut l'avouer, une bien faible part ; et, jusqu'à ce jour, on pourrait croire que cette belle science, cette *première des philosophies*, ainsi que l'a appelée un de nos plus illustres écrivains, ne saurait aspirer, en même temps qu'elle s'élève aux plus hautes vérités spéculatives, à nous enrichir de connaissances pratiquement utiles. Ce sont ces connaissances que nous voulons enfin obtenir ; c'est au règne animal que nous voulons demander à son tour des ressources, des forces, des richesses ignorées, afin que l'homme soit maître enfin de la nature entière, ou, comme on disait il y a quelques siècles, *roi de ses trois royaumes*, dont le plus vaste est précisément demeuré le moins exploité ; tellement qu'il nous reste, pour ainsi dire, à le conquérir dans plusieurs de ses parties principales.

» Quand je l'ai dit pour la première fois, et pourtant Buffon le disait déjà il y a un siècle, on s'en est étonné comme d'une nouveauté hardie et paradoxale. On nous trouvait assez riches pour n'avoir plus besoin de conquérir. Riches peut-être, si nous nous bornons à apprécier la valeur absolue des dons que nous ont transmis les générations antérieures ; mais assurément pauvres, si nous comparons ce que nous possédons à ce que nous pourrions posséder. J'essaierai de vous en faire juges.

» L'acclimatation d'une espèce dans une région très différente de celle de sa patrie originaire peut paraître difficile à réaliser ; la naturalisation dans un pays d'espèces de localités analogues au point de vue climatologique est, au contraire, manifestement exempte de très graves difficultés. Il est en Asie, en Amérique surtout, de vastes contrées dont le climat diffère peu de celui de la France, soit centrale, soit méridionale ; et de là vient que nos jardins, nos champs, nos forêts, sont en grande partie plantés de végétaux exotiques, aujourd'hui productions naturalisées de notre pays, qui le disputent non seulement en utilité, mais encore en vigueur à ses productions naturelles. Tandis qu'on a tiré du règne végétal tant de richesses nouvelles, qu'a-t-on obtenu du règne animal ? Presque rien. Nos forêts, nos montagnes, ne possèdent pas même un de ces mammifères industriellement utiles qui peuplent celles de l'Asie et de l'Amérique. Et qu'avons-nous ajouté à nos gibiers indigènes? Le lapin, le daim, le faisan, trois espèces en tout; c'est par centaines que se comptent nos nouvelles espèces végétales.

» Venons aux animaux domestiques, les plus précieuses conquêtes de l'homme sur la nature animale; à ces espèces, dont ce n'est pas assez dire qu'il en possède d'innombrables individus. Il les possède elles-mêmes, les ployant selon sa volonté à tous ses besoins, les multipliant autant qu'il lui plaît et où il lui plaît. Une espèce, une fois domestiquée, l'est ainsi pour tous les temps, richesse inépuisable, puisqu'elle se reproduit sans cesse; et, par cela même aussi, pour tous les pays. Les différences elles-mêmes des climats, les plus fortes barrières que la nature ait opposées à l'expansion indéfinie des espèces, ne sauraient arrêter l'homme dans la propagation graduelle d'une race domestique opérée par les soins lentement prudents de plusieurs générations successives. C'est ainsi qu'aujourd'hui, nous, hommes du dix-neuvième siècle, nous jouissons du fruit de travaux accomplis loin de notre pays, à une époque reculée, pour la plupart même dans les temps anté-historiques; travaux dont les auteurs inconnus, après avoir été les bienfaiteurs de nos pères, doivent l'être de nos descendants, jusque dans le plus lointain avenir.

» Admirable exemple donné à l'origine même de la civilisation, mais exemple trop peu suivi! Par une exception qui reste unique dans l'histoire des progrès sociaux, celle de la domestication des animaux nous montre l'homme restreignant de plus en plus ses pacifiques conquêtes à mesure qu'il a plus de moyens de les étendre. Tout ce qu'ont fait pour les hommes de tous les temps et de tous les pays civilisés ces antiques bienfaiteurs auxquels nous devons tous nos animaux les plus précieux, le chien, le cheval, l'âne, le bœuf, le mouton, la chèvre, le porc, la poule, le pigeon, le ver à soie, ils l'ont fait alors que les sciences n'existaient pas encore; ils l'ont fait alors que, du globe encore à demi désert, chaque peuple, peut-être chaque famille, isolé de tous les autres hommes, ne connaissait que sa patrie et ne pouvait compter que sur lui-même; ils l'ont fait, quand tout leur faisait défaut, tout, hors le sentiment religieux qui fut alors leur puissant mobile. Et nous, peuples modernes, éclairés de toutes les lumières et forts de toutes les ressources de la science, en possession d'une navigation perfectionnée et de communications internationales merveilleusement multipliées et rapides, si bien que la mer ne sépare plus, mais réunit tous les peuples, et que tous les mondes semblent se toucher; nous, qui n'avons pour ainsi dire qu'à vouloir pour pouvoir, qu'avons-nous fait pour étendre, pour achever une œuvre si admirablement et si utilement commencée?

» La réponse est triste; elle est celle-ci :

» Depuis l'époque où, de l'Amérique récemment découverte, les Espagnols importèrent en Europe trois espèces fort inégalement utiles, quelles acquisitions avons-nous faites? Quatre oiseaux de luxe ont pris place dans nos volières ou sur nos bassins; pas un seul animal utile dans nos fermes ou nos basses-cours. Dressez la liste des espèces auxiliaires, alimentaires, industrielles, que nous possédons aujourd'hui, et vous reconnaîtrez que Gesner et Belon eussent pu dresser cette même liste sans un seul nom de moins!

» Nous en sommes donc encore, à ce point de vue, où l'on en était au lendemain de la découverte de l'Amérique, presque où l'on en était dans l'antiquité! Sur plusieurs points, il serait facile de le montrer, nous avons même reculé depuis les Romains!

» Voilà ce que quelques uns ont appelé notre richesse! Comme si ce qui a pu suffire aux civilisations antérieures était au niveau des besoins de la nôtre! Comme si les sociétés humaines, quand elles progressent sur tous les autres points, pouvaient s'arrêter sur un seul!

» Notre richesse! la voici exprimée par quelques résultats numériques :

» Il en est un qui peut-être vous frappera comme il m'a frappé moi-même : le grand nombre des animaux qui nous sont connus, le petit nombre de ceux que nous possédons. L'ensemble des espèces animales est évalué par les naturalistes modernes à *cent quarante mille*. Assurément la grande majorité de ces espèces est destinée à rester toujours inutile à l'homme. Mais est-ce assez pour lui d'en avoir réduit en domesticité *quarante-trois?* Car tel est le nombre total des espèces jusqu'à ce jour conquises par nous sur la nature ; et encore, sur ces quarante-trois espèces, dix ne se trouvent-elles pas dans l'Europe occidentale.

» Le règne animal se compose de vingt-quatre classes. De combien d'entre elles avons-nous des représentants en domesticité? De quatre seulement.

» Il est des familles, des ordres presque entiers, remarquables par leur fécondité, la précocité de leur développement et l'excellence de leur chair : tels sont les gallinacés, tels surtout les rongeurs. A peine avons-nous dans nos basses-cours trois des premiers; nous ne possédons qu'un seul rongeur alimentaire : le lapin.

» A un autre point de vue, voici des résultats plus remarquables encore peut-être :

» De nos trente-trois espèces domestiques, *vingt-neuf* nous viennent des contrées suivantes : Asie, et particulièrement Asie centrale, Europe, Afrique septentrionale. Restent donc en tout *quatre* espèces pour toutes les autres régions du globe, c'est-à-dire pour un tiers de l'ancien monde, pour le nouveau tout entier, et pour ces terres australes, ce troisième monde, plus nouveau encore, dont Hartighs et Tasman ont été les Colombs; terres aussitôt conquises que connues, où s'élèvent aujourd'hui des cités européennes, où sont nos arts, notre civilisation, notre luxe; où nous avons transporté nos plus précieux animaux, mais qui ne nous a pas même donné *un seul* des leurs! Et pourtant, plus différente encore des deux autres mondes par la spécialité caractéristique de ses productions que ceux-ci ne le sont entre eux, l'Australie est la patrie des Kangurous, du Phascolome, des Phalangers, d'une foule d'oiseaux partout ailleurs inconnus! Et pourtant son climat ne diffère guère de celui d'une grande partie de notre Europe que par l'ordre inverse des saisons! Terre encore vierge, où la moisson sera aussi facile qu'abondante!

» Voilà où en est la domestication des animaux. Et maintenant, Messieurs, jugez si la nature a épuisé envers nous tous ses dons; s'il ne nous reste plus qu'à nous reposer sur nos trésors, ou si nous ne devons pas dire : Une moitié du globe a été seule exploitée, à nous d'exploiter l'autre.

» Messieurs, toutes les fois qu'on aborde une des grandes questions de l'histoire naturelle, il est un homme qu'on trouve devant soi, étonnant génie dans la destinée duquel il fut de prévoir et de préparer tous les grands progrès que devait réaliser notre siècle. Notre immortel naturaliste a été jusqu'ici ce qu'il est partout, aussi bien dans l'ordre pratique que dans l'ordre philosophique. C'est Buffon qui a rappelé les modernes à l'œuvre négligée de la domestication des animaux, signalant tous ceux qu'il jugeait utiles, toutes ces *espèces de réserve*, comme il les appelait. « Non, s'écriait-il dans un de ces magnifiques passages que non » seulement tous les naturalistes, mais tous les hommes éclairés, » devraient avoir présents à leur mémoire, non, l'homme ne sait » pas assez ce que la nature peut ni ce qu'il peut sur elle... Nous » n'usons pas à beaucoup près de toutes les richesses qu'elle nous offre; le fond en est bien plus immense que nous ne l'imaginons. »

» Il y a précisément un siècle que Buffon s'exprimait ainsi, et, quarante ans après, Daubenton, s'inspirant de son maître, passait de la parole à l'action, et, par la première, par la seule grande application de la zoologie à l'agriculture qui ait honoré le dix-huitième siècle, il enrichissait la France des moutons à laine fine d'Espagne. Pourquoi, depuis, la voix de Buffon n'a-t-elle pas été entendue? pourquoi l'exemple de Daubenton n'a-t-il pas été suivi?

» N'en accusons ni les naturalistes qui ont succédé à ces grands hommes, ni les gouvernements qui ont depuis lors régi le pays : le moment n'était pas venu, l'idée n'était pas mûre. Et cependant, parmi les naturalistes, plusieurs voix se sont élevées pour renouveler le vœu de Buffon, et, parmi les gouvernements, il n'en est pas un, quel qu'ait été son principe, qui n'ait fait quelques efforts pour le réaliser. Mais ces voix isolées n'ont pas eu assez de retentissement et de puissance, ces efforts pas assez de suite, et il n'en reste que le souvenir.

» Nous serons plus heureux, car, par notre institution même, nous aurons ce qui a manqué jusqu'à ce jour : l'esprit d'initiative uni à l'esprit de suite; l'effort individuel, l'action passagère de chacun, unis à l'action collective et durable de tous. Hommes d'études, de professions, de situations, de devoirs divers, nous nous complétons par cette diversité même; si bien que, là où l'on ne verrait peut-être que l'association de quelques amis du bien public, il faut voir aussi celle de ressources scientifiques, pratiques, matérielles, que nulle part encore on n'avait songé à réaliser.

» Voilà, Messieurs, où est notre force. Que peut chacun de nous? Presque rien. Tous ensemble nous pouvons, et nous ferons. »

ACCLIMATEMENT. V. *Acclimatation.*

ACCOLAGE. Fixation des ceps de vigne, des espaliers, aux murs, à des tuteurs, à un treillage; l'accolage se pratique au moyen de liens de toute nature, faits avec de l'osier, de la paille, du jonc, des fils de fer, des loques, etc.

ACCOLURE. Lien qui sert à l'accolage. Les tissus, tels que des morceaux de drap, de toile, de soie, sont de bonnes accolures, surtout pour les végétaux délicats qui craignent les blessures que font les liens durs, tels que les fils métalliques, etc., par les étranglements qu'ils occasionnent sur les branches.

ACCOUCHEMENT. Sortie naturelle d'un ou plusieurs fœtus à terme hors de la matrice des femelles. Nos grands animaux domestiques sont généralement unipares, et ce n'est que par exception que les femelles donnent quelquefois deux produits dans un même accouchement. Il n'en est pas de même de l'espèce canine, des chats, et surtout des lapins, qui sont presque toujours multipares.

L'accouchement des femelles de nos animaux domestiques est ordinairement naturel et facile; il se fait généralement sans le secours de l'art. — V. *Part.*

ACCOUPLE. Lien qui sert à accoupler les animaux pour les conduire avec plus de facilité. On conduit les chiens courants à la chasse et on les ramène avec des accouples, pour qu'ils ne s'éloignent pas les uns des autres et soient toujours à la disposition des chasseurs. On conduit aussi souvent des bestiaux avec des accouples.

ACCOUPLEMENT. Rapprochement de deux individus de sexe différent pour la copulation. Il ne faut pas confondre le mot *Accouplement*, qui s'applique à l'acte pur et simple de la génération dans tous les animaux, sauvages ou domestiques, avec *Appareillement*, qui comporte toujours l'idée d'un choix de reproducteurs, d'une combinaison de l'homme, pour le perfectionnement des races. — V. *Appareillement*.

ACCROISSEMENT (*des animaux*). Après sa naissance, tout être vivant croît jusqu'à son développement complet et normal. Son accroissement s'opère par la nourriture qu'il prend. Les végétaux, comme les animaux, ne se développent et ne vivent que par les aliments qu'ils s'assimilent, ceux-ci par leur canal intestinal, ceux-là par leurs racines, leurs feuilles et leurs tiges.

L'étude de l'accroissement des animaux domestiques surtout, est l'une des plus importantes que puisse faire le cultivateur qui se livre à l'industrie de l'élevage. Il s'agit de savoir, en effet, à quelle époque de leur vie les animaux paient le mieux, par leur produit, la nourriture qu'ils consomment. C'est certainement l'examen approfondi de cette question qui a déterminé les Anglais à créer des races précoces pour la boucherie. Pesez, en effet, journellement un bœuf, par exemple depuis sa naissance jusqu'à l'âge de trois ou quatre ans; estimez la quantité d'aliments qu'il reçoit; continuez la même opération de quatre à neuf ans, et vous serez convaincu qu'au point de vue de la production de la viande, le jeune bœuf aura payé les aliments beaucoup plus avantageusement que le bœuf adulte : la différence sera peut-être de moitié, ce qui est énorme. Il en sera de même relativement de tous les animaux élevés pour la boucherie. Cela s'explique par deux faits physiologiques que nul ne contestera : le premier de ces faits est que l'organisme d'un jeune animal *tout neuf*, plein de force, dont les organes ont une grande activité vitale, digère, élabore mieux les aliments et se les assimile d'une manière plus complète; il fait moins de résidus, moins de déchet; le deuxième est que la nature, lorsque la multiplication et la conservation des espèces sont assurées, s'occupe exclusivement du développement de l'individu jusqu'à l'époque où il est apte à la reproduction. Le jeune animal ne cherche donc instinctivement qu'à s'accroître. La nourriture qu'il consomme n'est employée qu'à cette fin, et l'on comprend qu'il en profite bien sous ce rapport. Plus tard, le sentiment de la reproduction se développe chez lui, et des déperditions de toute nature neutralisent une partie de l'effet de la nourriture, précédemment employée d'une manière absolue à son accroissement. On en a pour preuve la castration dans toutes les espèces et dans tous les sexes. Les individus châtrés, en effet, s'engraissent mieux, profitent mieux de leur nourriture, au point de vue de la production de la viande et de la graisse, que ceux qui, poussés par leurs instincts naturels de reproduction, vivent toujours sous l'influence de ces instincts, qui leur font éprouver des pertes nuisibles aux produits alimentaires pour lesquels ils sont élevés.

On comprendra donc l'avantage, encore trop méconnu des agriculteurs français, d'élever des races précoces pour la boucherie; avec elles, on pourra multiplier la production de la viande sans plus de frais de consommation; on renouvellera plus souvent les étables d'engraissement, et par conséquent le capital qu'elles contiennent. On pourrait peut-être faire ainsi, avec la même dépense, deux *récoltes* de viande au lieu d'une, ce qui change, comme on peut le voir, les conditions de prospérité de l'industrie de la production animale comme celle de nos subsistances.

C'est là une grande question d'économie rurale à résoudre en France, pour la richesse de l'agriculture comme pour le bien-être de nos populations, qui souffrent en général de la privation de la viande, faute d'en avoir en quantité suffisante et à bon marché.

Quant au cheval, s'il est mal nourri dans sa jeunesse, non seulement il ne prendra pas son développement normal, mais il n'aura jamais, dans le cours de sa vie, la vigueur que lui aurait donnée une nourriture bonne, substantielle, suffisante, pendant le temps de son accroissement.

Il y a donc toujours avantage à bien nourrir les jeunes animaux, tant pour faciliter leur accroissement rapide, que pour les rendre forts, robustes, capables de mieux résister aux fatigues exigées par leurs travaux, comme à toutes les influences qui tendent à altérer leur organisation et leur santé.

Du reste, la période d'accroissement des animaux a un temps limité dans chaque espèce. Quand cette période est passée, les individus ne croissent plus, quels que soient les soins qu'on leur prodigue et l'abondance des aliments qu'on leur donne. Les espèces qui sont nourries dans les landes, dans les pays arides, pauvres, où la végétation est dans de mauvaises conditions, prennent peu de développement; elles restent petites, rabougries, tandis que les races qu'on élève dans les pays riches, dans les terres fertiles, où les fourrages sont abondants et de bonne qualité, sont grandes, robustes et bien constituées. Ces exemples sont observés non seulement dans les animaux domestiques ou sauvages, mais encore dans l'espèce humaine, soumise aux mêmes lois d'accroissement que toute la création vivante. Les praticiens pourront se convaincre partout de cette vérité : les beaux animaux des pays fertiles se dégradent, se rabougrissent dans les pays arides; ceux de ces dernières contrées grandissent quand ils sont soumis à de bonnes conditions de nourriture. Ce fait incontestable se rattache d'une manière intime et directe au perfectionnement des races. — V. *Améliorations, Perfectionnement.*

ACCROISSEMENT (*des végétaux*). Comme les animaux, les végétaux naissent, se nourrissent, croissent, se multiplient et meurent; mais, si dans les règnes organiques les diverses fonctions en vertu desquelles les divers phénomènes de la vie s'opèrent ont souvent la plus grande analogie et se correspondent entre elles, elles ne procèdent pas toujours de la même manière. Les fonctions par lesquelles les plantes se nourrissent et croissent diffèrent en effet par le mode dont elles s'exécutent dans les végétaux et les animaux. Ceux-ci ont un tube intestinal dans lequel les aliments sont digérés d'abord avant de passer dans le torrent de la circulation. Les plantes n'ont pas de tube digestif; leurs vaisseaux absorbants prennent dans le sol ou l'atmosphère leur nourriture toute préparée par la nature; ils n'ont ni à se déplacer pour la chercher, ni à la digérer pour la rendre assimilable et se l'approprier. Mais, quels que soient les procédés par lesquels la nourriture est prise et assimilée dans le règne végétal ou animal, ils n'en ont pas moins pour conséquence l'accroissement, dans l'un comme dans l'autre, jusqu'au développement normal et complet des individus.

La marche de la croissance, comme le temps qu'elle met à s'effectuer, offre dans le règne végétal des différences infiniment plus tranchées que dans le règne animal. Dans le premier, elle est quelquefois si rapide qu'on pourrait presque voir pousser certaines plantes. L'agavé d'Amérique, par exemple, si commun en Algérie, donne une tige qui, en un mois de temps environ, croît de trois à quatre et même cinq mètres en hauteur, avec un diamètre souvent de quinze à vingt centimètres au collet de la racine : l'accroissement en hauteur de cette tige est donc de quinze à vingt centimètres chaque vingt-quatre heures, presque un centimètre par heure. On pourrait donc voir pousser cette tige. Dans les temps d'orage, l'action de l'électricité est telle sur la végétation commençante, qu'en quelques heures, l'accroissement des feuilles a pu se produire d'une manière très sensible et facile à constater. Du reste, la rapidité de l'accroissement semble en quelque sorte dépendre de la longévité des individus dans toute la nature organisée, dans les animaux comme dans les végétaux. L'agavé, dont je viens de parler, meurt après avoir fourni sa tige avec tant de rapidité, lorsque la graine est produite et que la multiplication de l'espèce est assurée. Le chêne, au contraire, dont la croissance est lente, dure plusieurs siècles, et on a calculé que le baobab peut vivre cinq à six mille ans; cet arbre gigantesque, observé au Sénégal, se développe rapidement dans les premières années de sa vie; mais son accroissement devient très lent quand l'arbre est parvenu à une certaine dimension. Les végétaux dont la vie est courte croissent donc rapidement, ce qui était indispensable à leur multiplication. Souvent, dans une saison très limitée, ils naissent, prennent tout leur développement, et produisent la graine qui doit perpétuer l'espèce; la rapidité de leur accroissement est donc une loi de rigueur. Les céréales nous en fournissent un exemple.

Quelle que soit la lenteur ou la rapidité de l'accroissement des végétaux, les botanistes ne sont pas encore rigoureusement d'accord sur la manière dont il s'effectue, et plusieurs théories ont été admises et soutenues à ce sujet. Tantôt on a supposé que la sève qui charrie les éléments du bois, les dépose entre l'écorce et le bois pour former le cambium, liquide qui se durcit peu à peu et forme l'aubier; d'autres physiologistes ont pensé et soutenu, avec Du Petit-Thouars et Gaudichaud, que chaque bourgeon d'un arbre devait être considéré comme un nouveau végétal, dont les racines, s'épanouissant sous l'écorce, formaient chaque année une nouvelle couche de bois, tandis que la tige, au contraire, s'élevait et croissait en hauteur suivant la loi naturelle à toutes les tiges.

Mais, quel que soit le mode d'accroissement d'un arbre, on n'en observe pas moins : 1° Que, lorsqu'une graine fournit sa tige, cette tige, à sa première année, est pourvue à son centre d'une moelle autour de laquelle se trouve une couche ligneuse qui la protége, et une écorce qui enveloppe le tout; 2° que la deuxième année une nouvelle couche ligneuse se superpose à la première; 3° que la troisième année une troisième couche se forme sur la seconde; et ainsi de suite chaque année, depuis le sommet des branches jusqu'aux racines. Il en résulte que les arbres sont formés de plusieurs couches superposées qui s'emboîtent les unes dans les autres, comme le feraient plusieurs cornets de papier placés les uns dans les autres. Cette disposition des couches ligneuses annuelles bien distinctes permet donc de pouvoir reconnaître l'âge des arbres; chaque couche indique une année d'âge, au collet de la racine, et c'est au moyen de ce signe que le célèbre botaniste Adanson a pu calculer que des baobabs avaient jusqu'à six mille ans, parcequ'il avait compté six mille couches de bois à leurs troncs, près de leurs racines. — V. *Baobab*.

Parmi les arbres de nos forêts, ceux qui ont le bois le plus tendre sont généralement ceux qui ont l'accroissemement le plus rapide; ainsi le peuplier, le saule, le tilleul, le sapin, le pin et l'aune croissent plus rapidement que le chêne, que le frêne, que l'orme, que le hêtre, etc. Cependant nous commençons à multiplier sur certains points du sol un arbre précieux qui fait exception à la règle générale, je veux parler du robinier (*pseudo-acacia*), qui croît très vite et qui est cependant d'une grande dureté. Les avantages offerts à l'agriculture par cet arbre précieux, ne sont pas assez appréciés. — V. *Robinier*.

L'accroissement des végétaux offre au cultivateur moins d'intérêt en général, surtout moins d'intérêt immédiat, que celui des animaux, qui sont plus directement sous sa dépendance; cependant, dans les uns comme dans les autres, la croissance dépend des soins et surtout de la nourriture reçue, nourriture qui chez les uns est représentée par les engrais, et chez les autres par les fourrages.

ACCRUS. Rejetons qui croissent sur les racines des arbres.

C'est surtout sur les racines traçantes que poussent les accrus. Les peupliers divers, le robinier, sont les arbres qui en donnent le plus. On se sert souvent des accrus pour multiplier les végétaux qui les produisent.

ACHE. Genre de plantes de la famille des ombellifères. Le genre ache comprend deux plantes cultivées dans nos jardins, ce sont le céleri et le persil. — V. *Céleri, Persil.*

ACÉPHALES. Nom donné aux fœtus monstrueux, mal conformés, qui manquent quelquefois de tête, de cou et d'autres parties du corps. — V. *Anomalie.*

ACÉPHALOCYSTES (*hydatides*). Les acéphalocystes sont des parasites vésiculeux qui se développent et croissent dans diverses parties du corps des animaux, notamment dans les cavités splanchniques. Lorsqu'ils sont dans le cerveau du mouton, ces hydatides compriment sa substance et occcasionnent le tournis. Leur présence sous les os du crâne cause l'amincissement de ces corps durs jusqu'à les rendre flexibles sous la pression du doigt. Dans ce cas on perce ces os, ce qui est devenu facile, et on retire le parasite. C'est un moyen curatif employé contre le tournis quand il est indiqué. — V. *Tournis.*

ACÉRINÉES. Famille de plantes qui comprend les érables. Ces arbres en forment le type. — V. *Erable.*

ACÉTATES. Sels formés par l'acide acétique et les bases avec lesquelles il peut se combiner. Les acétates fournissent plusieurs médicaments usités en art vétérinaire. Tels sont l'acétate d'ammoniaque liquide, l'acétate de chaux, l'acétate de cuivre, l'acétate de plomb, celui de fer; les acétates de soude, de potasse, etc. Ces sels sont généralement astringents et toniques; ils sont employés contre les plaies de mauvaise nature, et quelquefois contre des maladies dont la marche est lente et, par conséquent, le traitement plus ou moins onéreux aux cultivateurs. L'acétate de plomb liquide, connu sous le nom d'extrait de Saturne, est très usité en médecine des animaux, surtout contre les inflammations des yeux. — V. *Extrait de saturne.*

ACÉTIQUE. Acide acétique. — V. *Vinaigre.*

ACHILLE (*tendon d'*). Corde du jarret des animaux. — V. *Jarret*, *Tendon*.

ACHILLÉE. Plante de la famille des composées, connue sous le nom vulgaire de millefeuilles. Cette plante, commune partout, a été considérée à tort dans les campagnes comme ayant des propriétés médicinales; elle n'est employée sous ce rapport, ni en médecine humaine, ni en art vétérinaire. Comme fourrage, elle est de médiocre qualité et peu recherchée par les bestiaux.

ACIDE. Nom donné à des corps solides, liquides ou gazeux, qui ont une saveur aigre, acerbe et quelquefois caustique. C'est à la présence de l'acide acétique que le vinaigre, d'un usage si répandu, doit sa saveur. Les acides sont très nombreux et se combinent avec une grande quantité de bases salifiables pour former des sels, et notamment avec les alcalis. Ils sont très utilisés dans les arts, et surtout en pharmacie; ils fournissent une infinité de médicaments employés tant pour les hommes que pour les animaux. Mélangés à l'eau ou à d'autres boissons, ils les rendent rafraîchissantes, acidulées. Employés au dehors, ils ont une propriété astringente; on s'en sert aussi comme caustiques pour brûler, corroder des plaies ulcéreuses ou fongueuses, des excroissances charnues qu'on ne veut pas enlever par le fer ou le feu.

Les acides les plus employés en art vétérinaire sont l'acide acétique (vinaigre radical), l'acide arsénique (arsenic, mort aux rats), l'acide azotique (acide nitrique, eau forte), l'acide chlorydrique (muriatique oxygéné), l'acide gallique, l'acide sulfurique (huile de vitriol, etc.).

ACIDIFIABLE. Corps acidifiable, susceptible de devenir acide : tels sont le vin, l'alcool, etc.

ACIDIFICATION. Conversion d'un corps simple ou composé en acide. — V. *Acide*.

ACIDIFIÉ. Corps acidifié, converti en acide. — V. *Acide*.

ACIDULE. Corps acidule, qui a une saveur aigrelette. Il y a des boissons naturellement acidules, telles que celles qui contiennent de l'acide carbonique à l'état de nature, comme beaucoup d'eaux minérales. Un grand nombre de plantes et de fruits sont acidulés. Telles sont les oseilles, les groseilles sauvages surtout, etc., etc.

Les corps acidulés sont employés aux mêmes usages que ceux qui sont acidulés par des acides étendus d'eau. Administrés à l'intérieur, ils sont affraîchissants, toniques. A l'extérieur, ils sont astringeants, réfrigérants.

ACIDULÉ. Corps acidulé, rendu acidule.

ACIDULER. Rendre acidule. On acidule souvent l'eau dans nos campagnes, surtout pendant les grandes chaleurs de l'été. A l'époque des travaux, on peut la rendre plus rafraîchissante, plus agréable, et aussi moins nuisible à la santé, quand elle n'est pas de bonne qualité. C'est ordinairement le vinaigre qui est employé dans ce cas, parcequ'il est le plus commun de tous les acides et celui dont le prix est le moins élevé. On s'est servi quelquefois avec avantage de l'acide sulfurique dans les mêmes circonstances, mais en quantité infiniment moindre.

ACIER. L'acier ne diffère du fer que par le carbone et la silice qui entrent dans sa composition. Le fer est un corps simple avec lequel on peut faire l'acier en y mélangeant du carbone et du silicium par un procédé chimique. L'acier, dont l'aspect physique est comme celui du fer, est très employé en agriculture pour aciérer les outils et surtout les instruments tranchants. Par sa plus grande dureté, il les rend non seulement plus aptes aux usages auxquels ils sont destinés dans les différentes opérations agricoles, mais encore il prolonge leur durée de service; l'emploi de l'acier offre aux cultivateurs économie de temps et d'argent, malgré la première mise de fonds exigée par son emploi.

ACIÉRER. Garnir d'acier les tranchants des instruments pour les rendre plus durs, plus coupants et prolonger leur durée. — On acière les instruments tranchants, les socs des charrues, les tranchants des haches, des ciseaux, des hoyaux, des serpes, des houes, etc.

ACONIT. Genre de la famille des renonculacées. Toutes les

espèces du genre aconit sont vénéneuses. Elles agissent comme poisons, de la même manière que presque toutes les renonculacées, par les sucs âcres qu'elles contiennent. Les préparations pharmaceutiques de l'aconit employées en médecine humaine sont d'un usage peu connu en art vétérinaire. L'aconit donne de belles fleurs disposées sur ses tiges pyramidales, ce qui le fait souvent cultiver pour l'ornement de nos parterres. Les fleurs de l'Aconit napel, fig. 4, sont d'un beau bleu foncé. Ses feuilles sont profondément découpées. Sa tige prend jusqu'à 1 mètre et plus de hauteur. Considérée comme très vénéneuse, cette plante aime les lieux humides.

Fig. 4. Aconit napel.

ACOTYLÉDONES. Végétaux dépourvus de cotylédons. — (V. *Cotylédon.*) Les champignons, les algues, les lichens, etc., sont des acotylédones. — V. ces mots.

ACOUSTIQUE. Science physique qui traite de la théorie des sons et explique les phénomènes de l'audition. Le mot *acoustique* est aussi employé comme adjectif dans l'étude des animaux pour désigner certains de leurs organes. Ainsi on nomme cornet acoustique le cornet formé par l'oreille externe. On nomme conduits acoustiques les canaux qui donnent passage aux sons pour être perçus. Les nerf acoustiques sont ceux qui transmettent au cerveau l'impression des sons sur les organes de l'ouie. — V. *Oreille, Ouïe.*

ACRE. Mesure agraire usitée en Angleterre et en Normandie. L'acre varie d'étendue suivant les pays, comme toutes les mesures agraires anciennes. En Normandie, les acres variaient de

60 à 80 ares et avec des fractions d'ares. En Angleterre, l'acre est de 40 ares 46 centiares environ. Cette mesure varie encore en Écosse comme en Irlande, ce qui est loin de simplifier le système de mesure agraire. En France, le système décimal, si heureusement adapté aux poids et mesures, a fait justice de toutes ces causes de confusion générale.

ACRE. Nom donné, en économie du bétail, aux substances minérales, végétales ou animales, qui causent de l'irritation dans les tissus par leur contact. Ainsi l'arsenic, le sublimé corrosif, les euphorbes, les renoncules, les cantharides, sont des substances âcres, qui irritent, et souvent même corrodent, les tissus avec lesquels elles sont en rapport.

Il y a dans nos pâturages et prairies, surtout dans les lieux humides, un grand nombre de plantes âcres qui empoisonnent les animaux. Tels sont le colchique d'automne, les renoncules, les euphorbes, les clématites, le garou. Ces plantes perdent le plus souvent toutes leurs propriétés vénéneuses en totalité ou en partie par la dessiccation; mais quand les animaux les consomment vertes, elles produisent des accidents plus ou moins graves et même la mort. — V. *Empoisonnement, Poison.*

ACROMION. Nom donné en anatomie des bestiaux à la crête osseuse qui divise la surface externe du scapulum en deux parties. Cette crête fait quelquefois saillie sur l'épaule des animaux.

ACTÉE. Plante de la famille des renonculacées. On cultive quelquefois l'actée comme plante d'ornement pour ses belles fleurs; mais elle n'est d'aucun intérêt pour l'agriculture.

ACTIF. Dans les organes de la locomotion des animaux, on reconnaît les organes actifs et les organes passifs. Les premiers sont les muscles, qui, en se contractant, déterminent le mouvement; les seconds sont les tendons et les os, qui le transmettent ou l'exécutent. — V. *Locomotion, Mouvement, Muscle, Os.*

On donne encore le nom d'actifs à un régime ou aux médicaments qui agissent avec activité. Un régime, et des remèdes toniques, excitants, sont actifs. — V. *Excitant, Tonique.*

ACTION. Le mot action en physiologie, signifie activité, mouvement général dans toutes les fonctions vitales des corps organisés. C'est par l'action vitale que les animaux comme les végétaux naissent, se nourrissent, se reproduisent et meurent, après avoir rempli leur destinée.

Le mot *action* s'applique non seulement à l'idée de la marche générale des organes et de la vie dans l'ensemble de ses phénomènes, mais encore aux fonctions des organes en particulier. Telles sont l'action du cœur, l'action des poumons, de l'estomac. Ce mot devient donc, dans ce cas, presque synonyme de fonction. — V. *Circulation, Digestion*, *Respiration*.

Dans le commerce des animaux, intenter une action, c'est attaquer en justice un individu à propos de vente, d'achat ou d'échange d'animaux. — V. *Vice rédhibitoire*.

ACTUEL. Cautère actuel, qui agit instantanément. On donne le nom de cautère actuel, en art vétérinaire, à un instrument en fer, rougi au feu pour cautériser, brûler des tissus dans lesquels il provoque une inflammation plus ou moins violente, suivant l'action du calorique. — V. *Cautère, Feu*.

ACUITÉ. Expression employée pour caractériser l'état d'une maladie aiguë, pour indiquer la nature de son intensité et de sa marche. — V. *Aigu*.

ACUPONCTURE. Opération qui consiste à faire pénétrer à travers les tissus des aiguilles déliées, afin de guérir des animaux de paralysie ou d'autres maladies. On a employé cette opération en médecine vétérinaire, et on n'est pas encore bien d'accord sur l'efficacité de son action. Elle est à près abandonnée aujourd'hui.

ADDUCTEUR. Nom donné à un muscle qui, par sa contraction, rapproche un membre ou une partie du corps de l'axe de ce dernier. Ces muscles sont naturellement les antagonistes des abducteurs. — V. ce mot.

ADDUCTION. Mouvement par lequel une partie du corps est rapprochée de son axe par la contraction musculaire ou par tout autre moyen.

ADHÉRENCE. Union de deux parties du corps séparées à l'état de nature. Cette union s'opère par suite d'une maladie ou d'une lésion des tissus. L'adhérence de la peau sur les côtes d'un animal indique généralement un état de souffrance ou de maladie. Dans les affections de poitrine, il est rare qu'il ne se forme pas des adhérences sur quelques points des organes malades, tels que les poumons, les plèvres, etc. — V. *Peau, Phthisie, Pneumonie, Pommelière.*

ADIPEUX. A mesure que la graisse se forme dans les animaux, elle se dépose molécule à molécule dans des tissus particuliers qui la reçoivent. Ce sont ces tissus qu'on nomme adipeux ou graisseux. La graisse est répandue dans presque toutes les parties du corps, à l'exception de quelques organes auxquels elle serait nuisible par l'augmention de volume qui en résulterait. Ainsi, on ne trouve pas la graisse, quel que soit l'état adipeux d'un animal, dans ses tendons, dans ses ligaments, dans ses yeux, dans ses paupières, pas plus que dans les organes génitaux, dans les conduits auditifs, ni dans la cavité du crâne : sa présence dans ces organes aurait été nuisible à leur action. On la trouve entassée autour des reins (rognons), au péritoine, à l'épiploon, dans les orbites, pour servir en quelque sorte de coussinet aux yeux, autour des articulations, dans le canal médullaire des os dont elle forme la moëlle.

La graisse ne se trouve pas répartie de la même manière dans le corps des animaux. Chez les vieux sujets, elle se concentre vers l'abdomen, tandis que, chez les jeunes, elle se répand plus également dans les différents tissus, et surtout dans les muscles (la chair). C'est ce qui explique pourquoi la chair, d'ailleurs plus tendre, des jeunes animaux engraissés pour la boucherie, est plus juteuse, plus succulente. Les vieux animaux ont plus de suif, mais leur viande est plus sèche, moins savoureuse. Aussi les bouchers préfèrent-ils les sujets âgés aux jeunes, parcequ'ils leur donnent plus de bénéfice par la plus grande quantité de suif qu'ils en retirent; mais leur clientèle n'en est pas plus satisfaite.

Il est une autre considération qui fait que les sujets âgés ont les sympathies des bouchers dans les marchés : la graisse, se distribuant plus également dans les diverses parties du corps chez les animaux jeunes, les fait paraître plus arrondis, plus potelés, plus gras qu'ils ne sont réellement; leur vente est plus facile, plus avantageuse pour le cultivateur; les vieux sujets, au contraire, ayant la graisse concentrée dans le ventre, ne la montrent pas au dehors, et paraissent toujours plus maigres qu'ils ne le sont au fond.

Les animaux jeunes ont donc l'avantage sur les animaux âgés pour la qualité de la viande comme pour les bénéfices de l'éleveur. — V. *Engraissement, Graisse.*

ADOPTION. Lorsqu'on donne à une femelle domestique un nourrisson dont elle n'est pas la mère et qu'elle l'adopte, on se sert du mot *adoption* pour caractériser le fait. Pour nos espèces bovines surtout, on ne comprend pas assez l'importance de l'adoption. Tous les ans on conduit à la boucherie des quantités prodigieuses de veaux de races précieuses qu'on pourrait si facilement faire adopter, dans nos pays d'élevage, par les vaches de nos vacheries qui ne sont pas de bonne qualité. Ce serait un moyen aussi rapide qu'assuré de perfectionner nos races. Il s'agirait tout simplement de livrer à la boucherie les mauvais types, et de les remplacer, sous les mères, par les bons qu'on égorge. Ces échanges seraient d'autant plus faciles dans nos campagnes, que les vaches adoptent assez facilement un nourrisson étranger, porté sur les marchés et vendu souvent à des prix très modérés. On ne saurait assez recommander ce mode de perfectionnement de race aux éleveurs, qui ne le pratiquent généralement que par bien rares exceptions.

ADONIDE (*adonis*). Genre de la famille des renonculacées. Les adonides fournissent quelques fleurs d'ornement et sont quelquefois cultivées dans nos parterres. La plus remarquable, comme la plus communément adoptée, est l'adonis à fleur rouge pourpre, connue sous le nom de *Goutte de sang.*

ADOS. Disposition d'une bande de terre en talus, soit pour l'égoutter, soit pour lui donner une exposition convenable à un but proposé. On laboure ordinairement les terres humides en ados, de manière à faciliter l'écoulement des eaux et empêcher ainsi les semis d'être soulevés par les gelées. — V. *Billon, Labour, Planche.*

Les jardiniers font des ados dans les jardins afin de mieux exposer au soleil les plantes qui ont le plus besoin de chaleur pour croître rapidement.

ADOUCISSANT. Substance adoucissante, qui adoucit, qui

calme ou diminue la douleur causée par une maladie. Un régime, des aliments, peuvent aussi être adoucissants, propres à calmer ou prévenir des maladies inflammatoires. Les boissons, les bains émollients, le cataplasmes, les substances gommeuses, mucilagineuses, les poudres de réglisse, de guimauve, le miel, administrés à l'intérieur, sont des adoucissants employés contre les maladies inflammatoires des animaux comme des hommes.

ADULTE. Ce mot désigne l'état d'un individu parvenu à son développement normal. Un animal est adulte lorsqu'il a acquis, avec son accroissement, les facultés physiques qu'il comporte. Ce n'est que lorsque les animaux de travail sont adultes que l'on doit exiger d'eux tous les services qu'ils peuvent rendre Malheureusement, il n'en est généralement pas ainsi, et l'on voit souvent de pauvres animaux, jeunes encore, déjà ruinés par les fatigues auxquelles ils ont été soumis avant que leur constitution fût en état de les supporter. — V. *Accroissement, Courses, Repos, Travail, Usure.*

ADUSTION. D'un mot latin qui signifie brûler. Cautérisation, brûlure faite sur une partie du corps de l'animal pour le guérir d'une maladie. — V. *Cautère, Cautérisation, Feu.*

ADVENTICES. Les plantes qui croissent spontanément dans les champs sont appelées plantes adventices. Dans quelques pays, et sur certains sols, ces plantes poussent si facilement, qu'elles fournissent sans frais d'excellents pâturages aux animaux. Dans les terrains volcaniques de l'Auvergne, il suffit souvent de laisser pendant une année un champ cultivé en jachère, pour lui voir fournir des plantes adventices, surtout des graminées, qui donnent un excellent pâturage aux bestiaux.

ADYNAMIE. État de faiblesse. L'adynamie des animaux est la conséquence de l'action de maladies lentes qui épuisent peu à peu leurs forces, ou celle de certaines affections graves, quelquefois épizootiques, telles que le typhus dans l'espèce bovine. — V. *Abattement, Maladie, Typhus.*

ADYNAMIQUE. Maladie adynamique. — V. *Adynamie.*

AÉRAGE. Les animaux enfermés dans les étables et les écuries en ont bientôt vicié l'air, s'il n'est pas renouvelé. Les procédés d'aérage, d'aération ou ventilation, varient suivant les ouvertures ménagées pour le renouvellement de l'air, dont la pureté est si nécessaire à la santé du bétail. Des croisées bien disposées, ouvertes à temps opportun, et les portes ordinaires, suffisent quelquefois dans beaucoup d'écuries pour un bon aérage. On fait souvent des cheminées en bois, ou toute autre ouverture au plancher, et communiquant au dehors, soit par le toit, soit par le mur. Une trappe permet d'ouvrir ou fermer ces ouvertures à volonté ; on dispose encore quelquefois des fenêtres en bascule, de manière à pouvoir, au moyen de poulies, graduer leur ouverture pour renouveler l'air. On pratique aussi dans le mur, au niveau du sol, des ouvertures qu'on nomme barbacanes ; on doit disposer ces ouvertures de telle sorte que l'on puisse les ouvrir et les fermer suivant les besoins.

Le renouvellement de l'air est une condition d'hygiène indispensable à la santé des animaux. Les miasmes qui s'exhalent des fumiers, comme l'air expiré, causent souvent des maladies graves, surtout pour les animaux qui sont en stabulation permanente. On voit des maladies de poitrine, la phthisie, se déclarer dans les vacheries des nourrisseurs qui négligent, par spéculation, de renouveler l'air de leurs étables. — V. *Désinfection, Hygiène, Nourrisseur, Pommelière, Stabulation.*

AÉRÉ, ÉE. Lieu aéré, où l'air est renouvelé dans de bonnes conditions pour la santé des animaux. — V. *Aérage, Désinfection.*

AÉRER. Donner de l'air ou le renouveler dans un lieu. Aérer l'eau, lui donner l'air nécessaire à une bonne digestion. — V. *Abreuvoir, Aérage, Désinfection.*

AÉRIEN. On nomme voies aériennes, ouvertures aériennes, dans les animaux, les canaux qui donnent passage à l'air pour l'acte essentiel de la respiration. Ces ouvertures doivent toujours être libres, très grandes, très dilatées, pour faciliter la circulation de la plus grande quantité d'air possible. La capacité des organes de la respiration est l'une des premières conditions d'une bonne hématose, principe essentiel de vigueur, de force et de santé des animaux ; or la dimension des ouvertures aériennes, dans le cheval surtout, qui ne peut respirer que par les naseaux, est un caractère important qu'il ne faut pas négliger d'observer. — V. *Naseaux*, *Respiration*, *Thorax*, *Trachée*.

AÉRIFÈRE. Organe aérifère, qui sert à conduire l'air : les cavités nasales, la bouche, la trachée-artère, sont des organes aérifères, qui servent à conduire l'air dans les poumons. — V. *Naseaux*, *Trachée*, *Poumons*.

AÉRIFORME. Corps aériforme, qui a de la ressemblance avec l'air : tels sont les gaz, les vapeurs. — V. *Gaz*, *Vapeur*.

AÉROLITHES. On donne le nom d'aérolithes à des pierres plus ou moins grosses qui tombent des hauteurs de l'atmosphère sur le sol. On en a vu dont le poids était de 100 kilog. et plus. On n'est pas d'accord sur leur origine; quelques savants pensent que ces pierres peuvent être lancées par l'explosion des volcans de la lune ou de quelque autre masse céleste au delà de la sphère d'attraction de l'astre d'où elles partent. Elles tomberaient ainsi sur notre planète, dont la sphère d'attraction se trouverait plus rapprochée de ces corps lancés dans l'espace.

On a remarqué la chute de ces pierres, à plusieurs époques, sur divers points du globe. Le 15 juin 1821, il en tomba une dans l'Ardèche qui pesait 91 kilog.; on lisait dernièrement dans les journaux qu'un aréolithe de 200 kilog. venait de tomber dans le Var.

AÉROMÈTRE. Instrument de physique propre à mesurer la densité de l'air ou des gaz.

AÉROSTAT. On donne le nom d'aérostat à un ballon rempli d'un gaz plus léger que l'air, ce qui détermine son élévation dans l'atmosphère.

Pour faire enlever un ballon, ordinairement fait avec un tissu de soie gommé, on le remplit de gaz hydrogène, ou bien on rend l'air qu'il contient plus léger en le dilatant par le calorique. Le ballon s'élève alors comme le fait un liége, qui, plus léger que l'eau, monte toujours à sa surface lorsqu'il est plongé dans ce liquide. La théorie de ces deux phénomènes physiques est absolument la même.

L'invention des aérostats ne remonte pas bien loin : c'est à Montgolfier qu'elle est due. La première expérience publique qui fut faite sur le moyen de voyager dans les airs ne date que du 5 juin 1783 : elle eut lieu près d'Annonay. Aujourd'hui on a perfectionné les aérostats ; mais, malgré les efforts faits jusqu'à ce jour, on n'a pas encore pu parvenir à les diriger dans les airs de manière à leur faire suivre la direction désirée ; les aéronautes sont encore à la discrétion des vents, qui les poussent dans le sens de leurs courants. Peut-être un jour finira-t-on par pouvoir voyager dans l'atmosphère comme sur la terre : cela dépend de la découverte des moyens de diriger les ballons.

AFFAIBLISSEMET. Diminution des forces d'un animal par suite de maladies, de perte de sang, de mauvais régime ou de fatigues excessives. Le repos, une bonne alimentation, des soins hygiéniques bien entendus, sont les moyens ordinaires employés pour rétablir les forces des animaux et combattre leur affaiblissement. — V. *Alimentation*, *Hygiène*.

AFFANURES. Salaire donné en nature aux ouvriers cultivateurs pendant les travaux des moissons. Dans certains pays, on paie en blé ou en tout autre produit des récoltes, les journées des travailleurs employés dans les exploitations. Ce moyen, assez commode dans certaines campagnes où l'argent est rare, est aussi simple que naturel. Au lieu d'acheter son blé ou autres produits, l'ouvrier les reçoit en échange de son travail. Ce moyen de rétribution est cependant peu usité aujourd'hui.

AFFECTION. — V. *Maladie*.

AFFENAGE. Administration du fourrage aux animaux. — V. *Affourrager*.

AFFINITÉ. Propriété qu'ont certains corps de se rapprocher et de se combiner entre eux pour former un composé nouveau, ayant des propriétés spéciales, le plus souvent différentes de celles des éléments qui ont servi à le former. Tous les corps composés sont une réunion de corps simples, combinés entre eux en vertu de leur affinité réciproque. La chimie est la science qui s'occupe des affinités des corps et des conséquences de leur action. — V. *Chimie, Combinaison.*

AFFLUX. Terme de médecine qui rend l'idée de l'abondance anormale de sang qui se porte sur une partie du corps à la suite d'une inflammation. L'afflux détermine un gonflement plus ou moins considérable partout où il a lieu. — V. *Inflammation, Phlegmon.*

AFFOUAGE. L'affouage est le droit acquis à certaines communes ou à certains villages de s'approvisionner de bois pour leur chauffage, ou certaines constructions, dans des forêts communales ou de l'état. Ordinairement la distribution du bois se fait par ménage, après des coupes régulières dirigées par l'administration forestière afin de prévenir les abus. Ces précautions sont indispensables pour empêcher les dégâts que pourraient faire les affouages s'il n'y avait pas d'ordre et de surveillance, tant pour les coupes que pour la distribution des quantités de bois qui reviennent à chaque usager. Les frais d'exploitation du bois sont à la charge des preneurs, qui doivent payer au percepteur la part des frais incombant à chacun d'eux. Le bois, du reste, ne peut être enlevé qu'après l'acquittement des frais et après autorisation spéciale.

AFFOURRAGER. Administrer le fourrage aux animaux. Pour bien affourrager il importe que la nourriture soit donnée régulièrement aux bestiaux, et en suffisante quantité. Un bon rationnement et la régularité des repas sont deux conditions essentielles pour l'entretien des animaux, notamment pour celui des animaux d'engrais. L'engraisseur qui sait bien affourrager son bétail l'engraisse mieux avec moins de frais que celui qui néglige les petits moyens que la pratique fait connaître et que l'esprit d'observation fait employer avec succès. — V. *Engraissement, Fourrage.*

AFFRICHER (S'). Un terrain s'affriche lorsqu'il est abandonné à lui-même après sa culture. Dans certains pays de bruyères où l'on pratique des écobuages, on laisse affricher les sols après en avoir obtenu une ou deux récoltes par l'écobuage. — V. *Écobuage, Friche.*

AFFUSION. Opération qui consiste à verser de l'eau pure ou chargée de substances médicamenteuses sur une partie du corps d'un animal. On fait des affusions d'eau froide sur des contusions, des entorses, pour agir comme astringent et arrêter le gonflement qui résulterait de l'inflammation de la partie lésée; on fait aussi des affusions avec de l'eau tiède rendue quelquefois émolliente, pour ramollir les tissus, calmer leur irritation, et par conséquent la douleur qu'elle peut faire éprouver aux animaux.

AFFUT. Guet que l'on fait des animaux sauvages pour les tuer. Les sangliers, qui ravagent pendant la nuit les récoltes et surtout les semis de pommes de terre, les bêtes fauves, sont attendus à l'affût. On tâche de les détruire ainsi, soit sur les bords des champs quand ils s'y rendent, soit sur les bords des forêts quand ils y rentrent.

AGAMI. Oiseau de l'ordre des échassiers. L'agami, originaire de l'Amérique méridionale, a été signalé comme susceptible d'attachement. Il paraîtrait avoir sur les oiseaux la même influence que le chien sur les autres animaux en général lorsqu'il est dressé : Daubenton et Bernardin de S.-Pierre disaient que l'agami conduisait un troupeau de volailles, et même de moutons, et savait s'en faire obéir, quoiqu'il ne fût pas plus gros qu'une poule.

« Je ne l'ai pas vu, dans la basse-cour, dit M. Isid. Geoffroy
» S.-Hilaire, moins utile qu'on nous le dépeint dans les champs;
» il y maintient l'ordre, protége les faibles contres les forts, se
» fait volontiers, vis-à-vis des poussins et des jeunes canards,
» le dispensateur d'une nourriture qu'il sait défendre contre tous
» et à laquelle lui-même se garde bien de toucher; nul animal
» peut-être n'est plus facile à apprivoiser, plus naturellement
» affectueux pour l'homme. »

AGAVÉ. Plante de la famille des amaryllidées. L'agavé, très robuste, croît spontanément et en abondance dans nos possessions d'Afrique. Ses feuilles, radicales, charnues, étroites, ont jusqu'à un mètre et plus de longueur; elles se terminent par une pointe ligneuse très aiguë et très dure. Ces feuilles fournissent des filaments fibreux très résistants avec lesquels on fait des cordes, des hamacs et divers petits ouvrages que l'on trouve dans le commerce. La tige de cette plante acquiert quatre à cinq mètres de hauteur. Elle ressemble pendant sa croissance à une immense asperge. C'est à tort qu'on a dit que l'agavé fleurissait périodiquement à des époques plus ou moins éloignées. Il ne fleurit qu'une fois, et il meurt quand il a produit sa graine. En Afrique cette plante met trois ou quatre ans à se développer et à fournir sa tige. Elle demande un temps infiniment plus long dans les pays froids, où elle ne peut être élevée que dans des serres.

AGARIC. Genre de champignons dont le caractère distinctif est d'avoir, à la surface inférieure de son chapeau, des lames disposées en feuillets divergeant du centre à la circonférence, comme des rayons. Les variétés de champignons qui composent le genre agaric sont très nombreuses. Plusieurs d'entre elles sont comestibles; les autres sont plus ou moins dangereuses par leurs propriétés vénéneuses. Les agarics comestibles sont: le mousseron; le champignon de couche (agaric comestible), cultivé aux environs des grandes villes pour les approvisionnements des marchés; l'oronge, excellent champignon assez commun dans le centre et le midi de la France; mais il ne faut pas le confondre avec la fausse oronge, qui est un poison violent. Ces deux oronges se distinguent par une couleur rouge bien caractérisée et ont ensemble beaucoup d'analogie, mais la fausse oronge diffère de l'oronge comestible en ce qu'elle a des taches blanches sur la surface rouge de son chapeau. Dans tous les cas on ne saurait être assez prudent sur le choix des agarics que l'on veut consommer dans les ménages des campagnes, et on ne doit manger que ceux dont on connaît absolument bien la nature et les qualités.

On a nommé à tort agaric un champignon qui croît sur les arbres, tels que le chêne, le hêtre, le bouleau, etc., et dont on se sert pour faire l'amadou. Ce champignon est un bolet connu sous le nom d'amadouvier. —V. *Amadouvier*.

AGE (*des animaux*). L'étude des moyens de juger de l'âge des animaux domestiques en général est d'une grande utilité pour apprécier leur valeur intrinsèque; on n'y ajoute peut-être pas assez d'importance, surtout lorsqu'il s'agit des animaux de travail.

Un animal trop jeune, soumis à des fatigues qui ne sont pas en harmonie avec ses forces, est rapidement usé. Non seulement il subit une grande dépréciation actuelle, mais encore l'usure dans son jeune âge, réagit sur tout le reste de sa vie et sur les services qu'il doit rendre plus tard. A conditions égales d'ailleurs, jamais un jeune animal dont on a abusé n'acquiert la force, la vigueur, l'énergie de celui qui a été ménagé jusqu'à l'époque où son organisation est en état de supporter tout ce qu'on peut raisonnablement exiger de lui. C'est toujours une mauvaise spéculation que de faire travailler un jeune animal avant qu'il soit en état de répondre aux services qu'on lui demande : les cultivateurs devraient être plus pénétrés de cette vérité. Dans les mots ***Travail***, ***Usure*** et ***Repos***, nous reviendrons sur cette importante question d'économie rurale.

D'un autre côté, un animal destiné à la boucherie s'engraisse mal lorsqu'il est vieux, surtout lorsqu'il est fatigué par excès de travail. Ses organes de nutrition, dans ce cas, ne sont pas dans de bonnes conditions pour transformer en produits animaux les aliments qu'il consomme.

On reconnaît l'âge des animaux à la marche de l'éruption des dents incisives et aux changements qui s'opèrent dans la configuration de ces organes à mesure qu'ils vieillissent. Dans le bœuf, l'examen de la corne est un puissant auxiliaire de plus pour déterminer l'époque de sa vie ; mais, dans cet animal, la marche de l'éruption des dents est loin d'être aussi régulière que chez le cheval. Ce fait donne lieu à des contestations dans les foires et marchés, comme dans les concours de bestiaux.

AGE DU CHEVAL.

Dans le cheval, l'étude des dents donne une connaissance assez exacte de l'âge, surtout pendant sa jeunesse. Voici à quels caractères on le reconnaît :

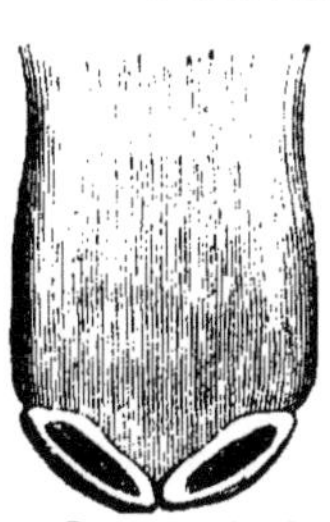

Le poulain, en naissant, n'a généralement pas de dents ; mais six ou huit jours après on voit sortir de ses gencives le bord tranchant et élargi des deux premières incisives (les pinces).

Fig. 5. Poulain de 6 jours.

Quarante ou cinquante jours après, environ, deux autres dents (les mitoyennes) poussent à côté des premières.

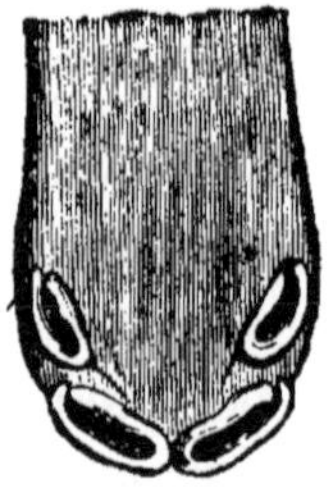

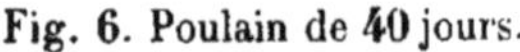

Fig. 6. Poulain de 40 jours.

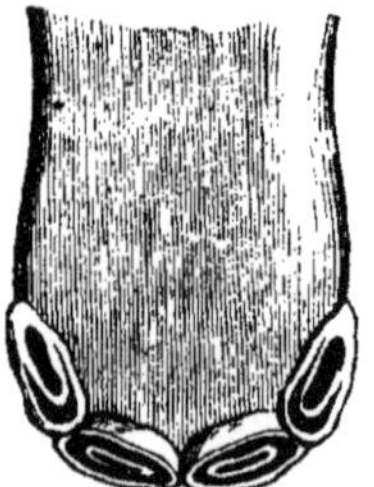

Fig. 7. Poulain de 6 mois.

Enfin les dernières incisives (les coins) sortent des gencives de quatre à sept ou huit mois.

Une fois sorties de leurs alvéoles, les dents incisives, dont la marche d'éruption n'est pas toujours absolument régulière et peut varier de quelques jours et même de quelques mois, croissent à la mâchoire supérieure comme à l'inférieure, et se mettent en rapport les unes avec les autres. Bientôt leurs bords tranchants s'usent par leur frottement réciproque; la petite cavité qu'on remarque vers le milieu de la table de chaque dent diminue de largeur et de profondeur dans les premières incisives, vers l'âge de huit à dix mois. Le même travail s'opère de dix mois à un an dans les mitoyennes, et de seize mois à deux ans dans les coins.

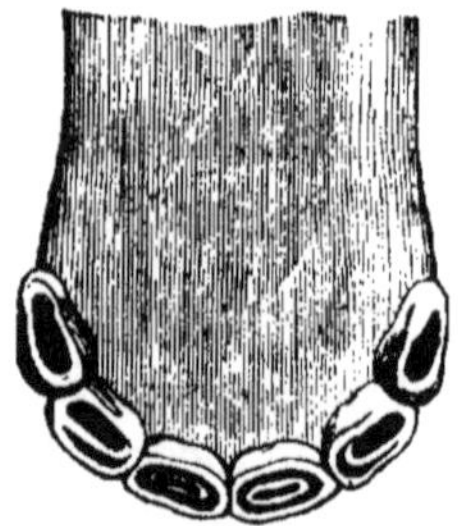

Fig. 8. Poulain de 18 mois.

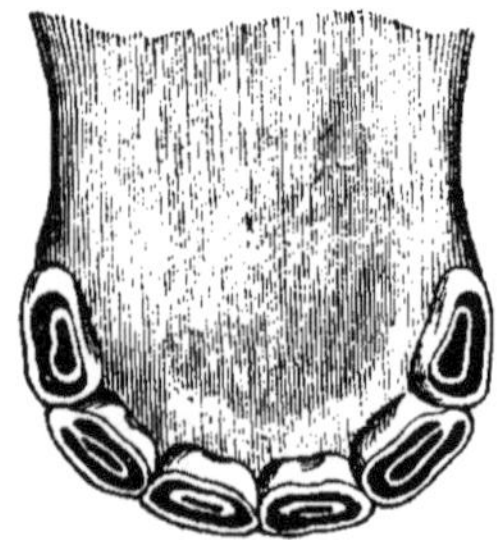

Fig. 9. Poulain de 30 mois.

Tels sont les changements survenus dans les incisives de lait du cheval depuis sa naissance jusqu'à deux ans, et on n'en observe pas d'autres bien tranchés jusqu'à l'âge de trente mois environ.

Vers cette dernière époque, le travail de renouvellement des incisives se prépare; les dents de lait, nommées caduques, doivent être remplacées par les dents de cheval appelées permanentes. Les pinces poussent les premières et remplacent celles qui tombent de trente à trente-six mois. De trois ans et demi à quatre ans, les mitoyennes d'adulte sortent de la même manière

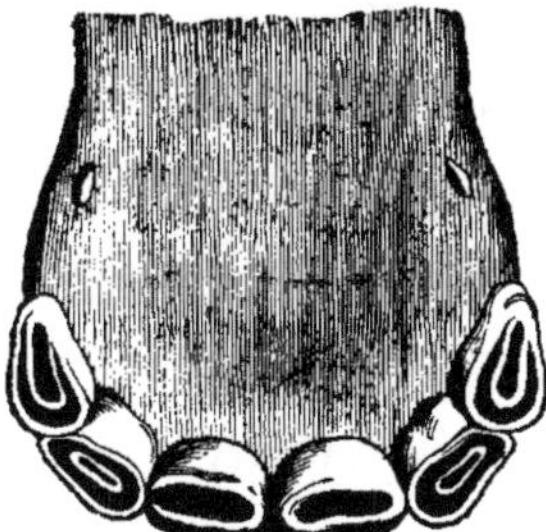

Fig. 10. Poulain de 3 ans.

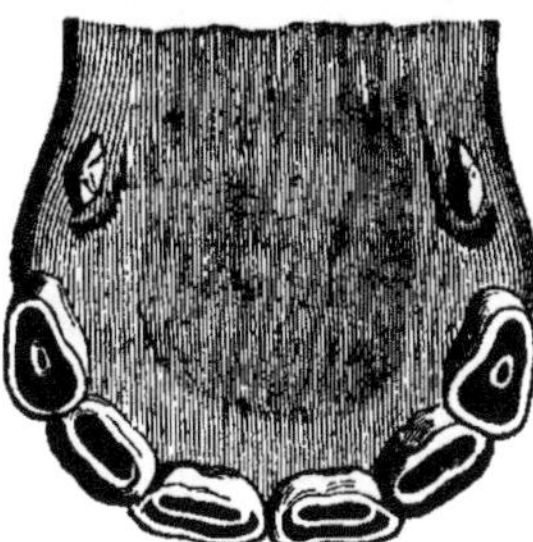

Fig. 11. Cheval de 4 ans.

Enfin, de quatre ans et demi à cinq ans, les coins de cheval remplacent les coins de poulain.

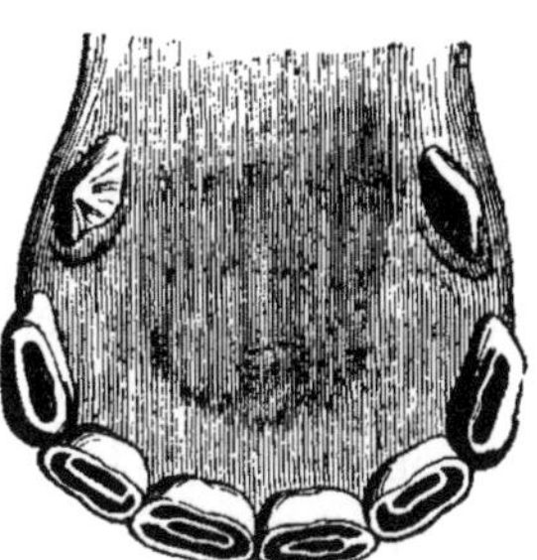

Fig. 12. Cheval de 5 ans.

Les crochets ou dents canines qu'on observe dans les chevaux, et très rarement dans les juments, ne sont d'aucun secours pour reconnaître l'âge avec certitude; il percent les gencives et se développent de quatre à cinq ans, quelquefois plus tôt.

Telle est la marche générale de l'éruption des incisives du cheval; à très peu d'exceptions près, on peut se guider sur elle pour juger de l'âge des animaux jusqu'à cinq ans.

De cinq à six ans, les coins poussent. Ceux de la mâchoire inférieure parviennent à toucher ceux de la supérieure. Ce caractère bien tranché indique six ans. Du moment où les bords tranchants commencent à s'user par le frottement, l'animal a six ans faits, et il entre dans sa septième année.

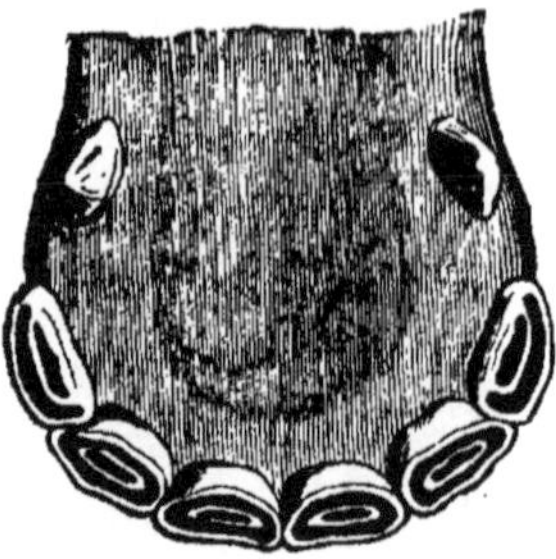

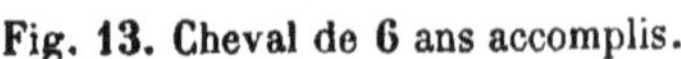

Fig. 13. Cheval de 6 ans accomplis.

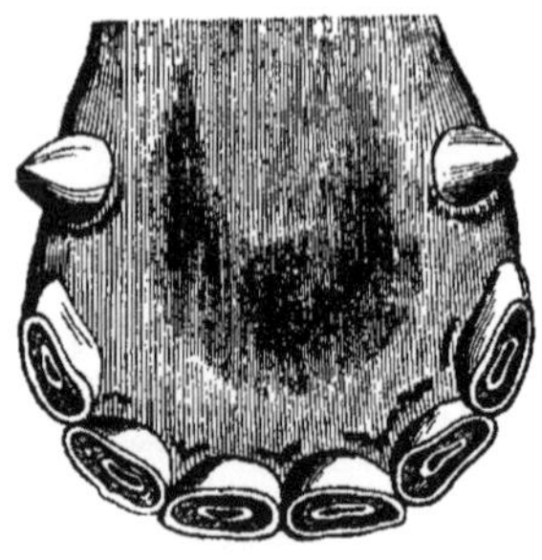

Fig. 14. Cheval de 7 ans.

Pour reconnaître l'âge de sept ans révolus il est un moyen toujours certain, quand il existe. La surface de la table du coin de la mâchoire inférieure est quelquefois plus petite que celle de la table du coin correspondant de la mâchoire supérieure. Il en résulte pour ce dernier un défaut de frottement partiel caractérisé par un petit talon qui forme une espèce de cran en arrière de la surface de sa table. Quand ce talon existe et qu'il a la longueur de deux millimètres environ, l'animal a sept ans au moins. On ne le remarque jamais avant cet âge. Les dents incisives s'usent, par le frottement, de deux millimètres environ par an. Les coins commencent à frotter l'un contre l'autre lorsque l'animal entre dans sa septième année : il en résulte rigoureusement qu'à sept ans révolus, ils doivent être usés de la quantité que nous venons d'indiquer, et s'est en se basant sur ce fait que l'on peut à coup sûr déterminer l'âge de sept ans.

On le voit donc, jusqu'à sept ans révolus, l'âge du cheval est facile à distinguer par les indices que nous venons de reconnaître. Passé cet âge, nous devons recourir à d'autres caractères qui nous sont fournis par les changements de forme qui s'opèrent sur la table des dents à mesure qu'elles s'usent par le frottement.

Lorsqu'on examine les dents incisives une à une, on voit qu'elles ont la forme d'un coin dont la base est à la table et la pointe

Fig. 15. Forme des dents disposées en coin, et mode de leur éruption.

à l'extrémité de la racine. Il en résulte que, plus la dent s'use, et plus la table se rétrécit d'un côté à l'autre, comme le ferait un coin que l'on couperait par fragments en commençant par le gros bout.

A partir de sept ans, la table des incisives est élargie d'un côté à l'autre et étroite d'avant en arrière. A son milieu on remarque une petite cavité surmontée d'un rebord formé par l'émail qui la garnit. Cette table commence à changer de configuration à dater de sept ans. C'est ce changement qui nous fixera sur l'étude que nous faisons jusqu'à un âge très avancé de la vie des animaux.

Quand on a bien présente à la mémoire la forme de la table des pinces d'un cheval de sept ans révolus, âge que nous avons reconnu par des caractères de dentition bien tranchés, on remarque que la table des incisives d'un animal de huit ans tend à se rétrécir d'un côté à l'autre, à s'arrondir vers son bord postérieur et à s'élargir d'avant en arrière. Ici, il n'y a pas de caractère fixe, comme nous l'avons vu pour les années précédentes. La pratique et l'habitude peuvent seules servir de guide à l'observateur, qui ne se trompe pas s'il est exercé.

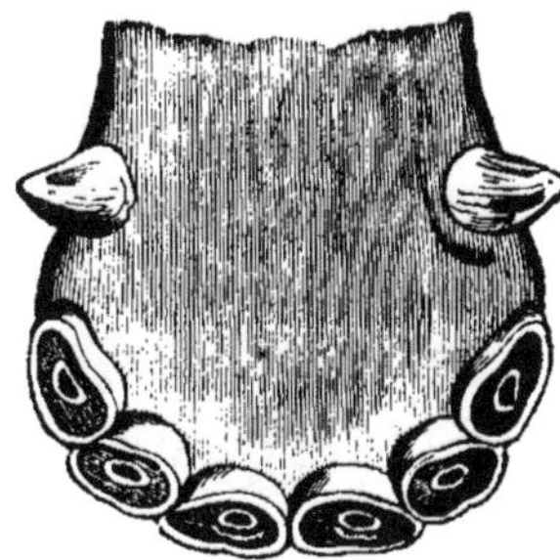
Fig. 16. Cheval de 8 ans.

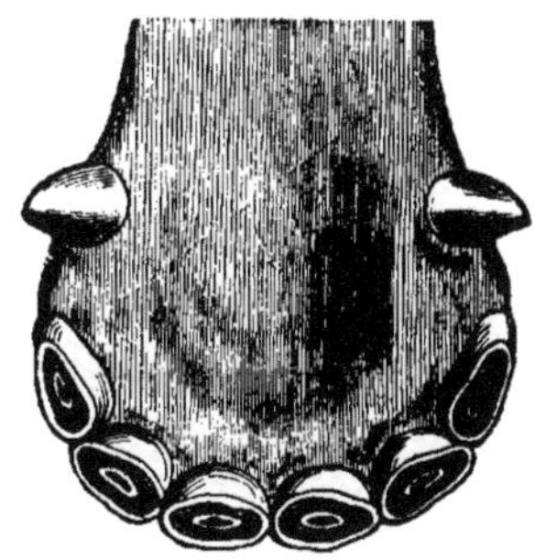
Fig. 17. Cheval de 9 ans.

A neuf ans les pinces s'arrondissent. Elles prennent la forme ovale, surtout à leur bord postérieur, et les mitoyennes commencent à s'arrondir à leur tour.

A dix ans, l'arrondissement des pinces est bien marqué; les mitoyennes commencent à prendre cette forme ovalaire. La petite cavité centrale (cornet externe) se rapproche beaucoup du bord postérieur de la dent, pour s'éloigner de son bord antérieur.

Fig. 18. Cheval de 10 ans.

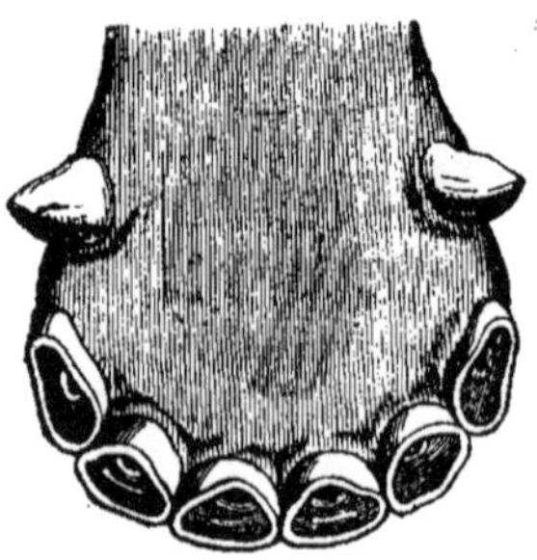

Fig. 19. Cheval de 11 ans.

A onze ans, la cavité centrale est sur le point de disparaître. Elle touche le bord postérieur de la table de la dent, qui s'arrondit de plus en plus, ainsi que les mitoyennes.

A douze ans, la cavité centrale a disparu, ainsi que le rebord d'émail qui la couronnait: ce caractère est un point de repère assez certain à cet âge.

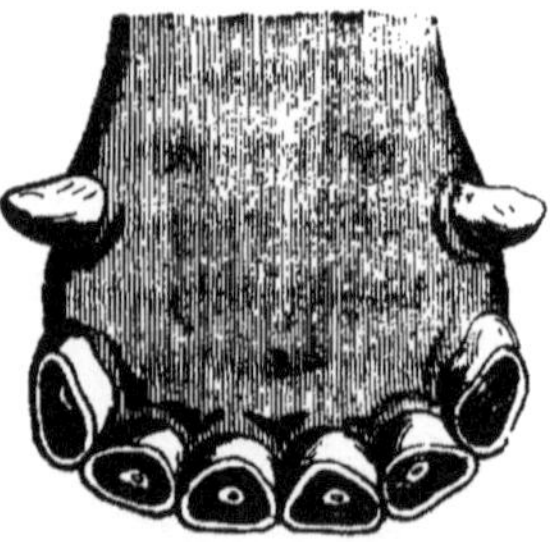

Fig. 20. Cheval de 12 ans.

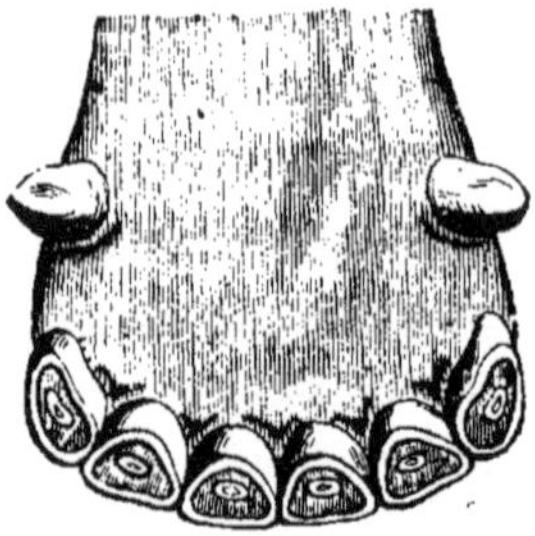

Fig. 21. Cheval de 13 ans.

A treize ans les pinces s'arrondissent de plus en plus, et leur table tend à former un angle à son bord postérieur.

A quatorze ans l'angle du bord postérieur des pinces est plus marqué; il commence à se dessiner dans les mitoyennes.

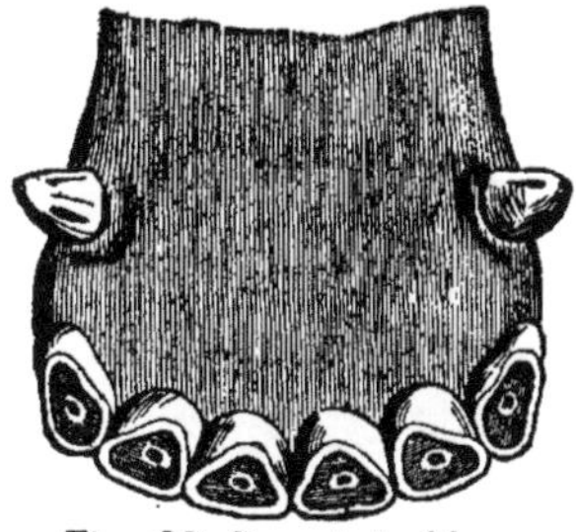
Fig. 22. Cheval de 14 ans.

Fig. 23. Cheval de 15 ans.

A quinze ans l'angle qui s'est formé au bord postérieur des pinces rend leur table triangulaire, et les mitoyennes tendent à prendre cette forme.

A seize ans la triangularité des pinces et des mitoyennes est bien dessinée; elle commence à se faire remarquer à la table des coins.

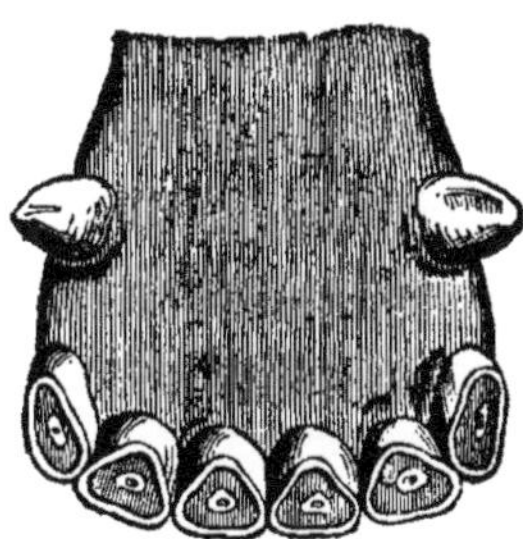
Fig. 24. Cheval de 16 ans.

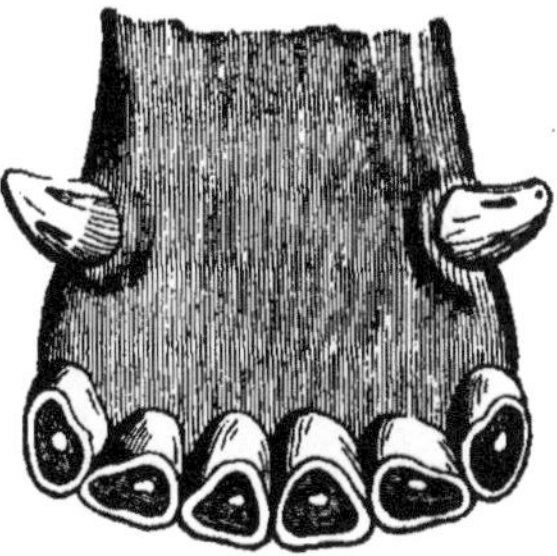
Fig. 25. Cheval de 17 ans.

A dix-sept ans, la table de toutes les incisives est triangulaire; les pinces commencent à se rétrécir d'un côté à l'autre.

A dix-huit ans, le rétrécissement des pinces est plus caractérisé; il augmente à dix-neuf ans.

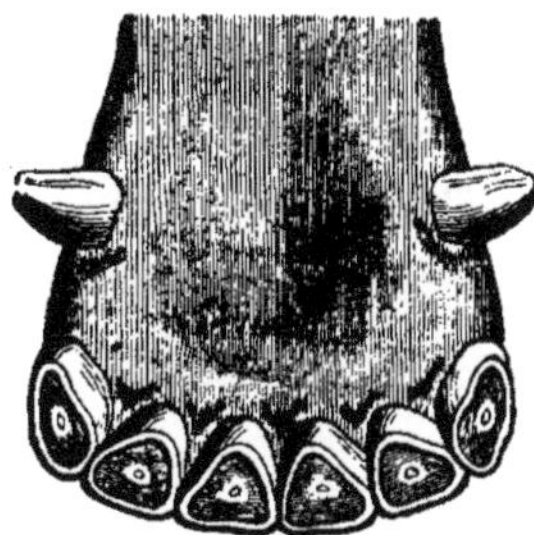
Fig. 26. Cheval de 18 ans.

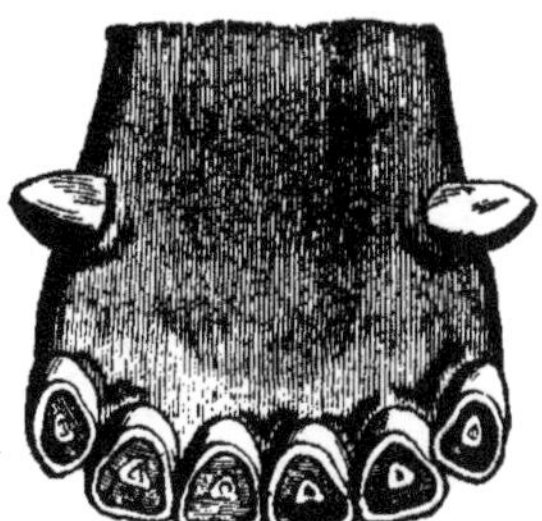
Fig. 27. Cheval de 19 ans.

A vingt ans, les incisives s'aplatissent entre les mitoyennes.

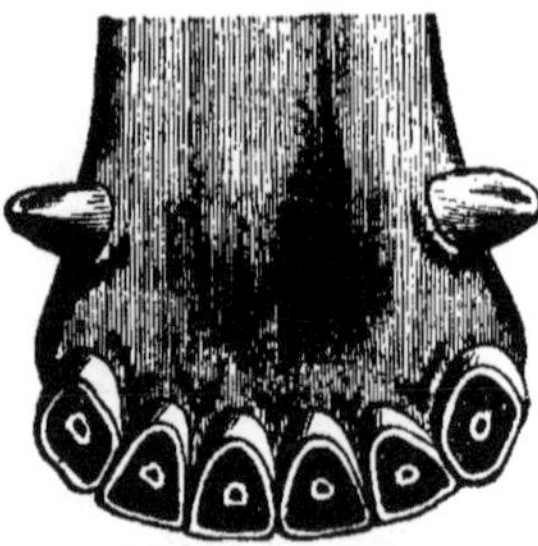
Fig. 28. Cheval de 20 ans.

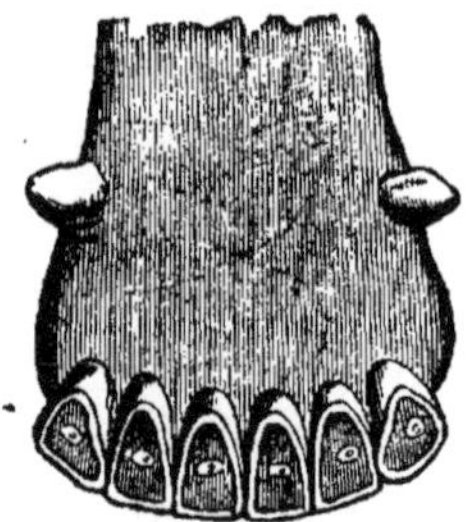
Fig. 29. Cheval de 25 ans.

Enfin, à vingt et un ans, l'aplatissement des mitoyennes suit celui des incisives. De vingt-deux à vingt-cinq ans, ce caractère se remarque de plus en plus dans toutes les incisives, et, à cette époque de la vie, et même avant, il n'est plus possible de déterminer d'une manière précise l'âge des animaux.

Le dessin ci-dessous présente une dentition de trente ans; mais, dans la pratique, il serait impossible de déterminer cet âge d'une manière rigoureuse.

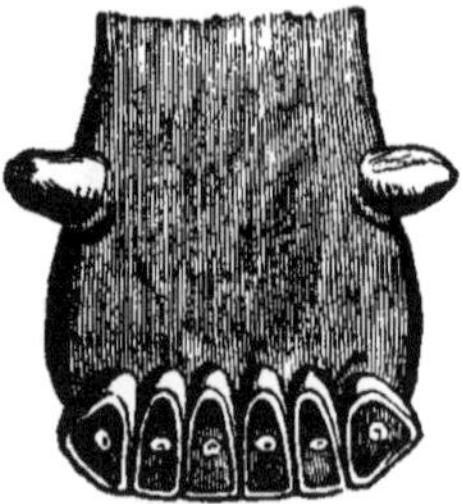
Fig. 30. Cheval de 30 ans.

Tels sont les indices fournis par les dents incisives du cheval pour déterminer son âge. On peut le reconnaître jusqu'à une époque fort avancée de la vie. Cependant, après onze ans, quand le cornet externe de la dent a disparu, les signes de l'âge deviennent de plus en plus difficiles à reconnaître, parcequ'on ne peut avoir, pour se guider, que les changements de forme de la table des incisives. Il faut donc beaucoup d'étude, d'attention et de pratique, pour baser un jugement satisfaisant.

Les dents présentent quelquefois des anomalies, soit dans leur éruption, soit dans leur disposition. Les caractères qu'elles offrent sont alors plus incertains. Il faut, dans ce cas, beaucoup de pratique et d'habitude pour apprécier l'âge des sujets.

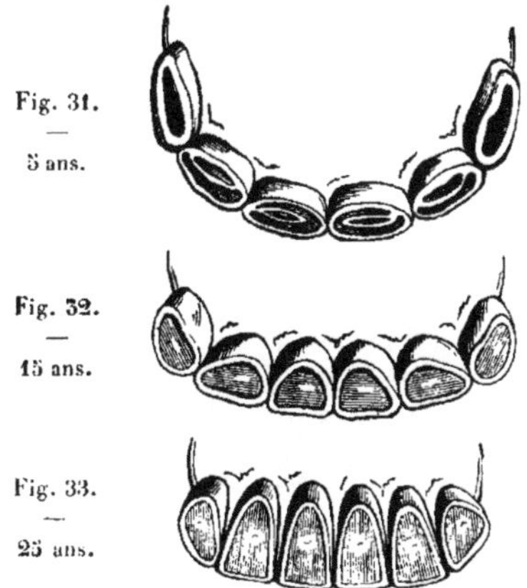

Fig. 31. — 5 ans.

Fig. 32. — 15 ans.

Fig. 33. — 25 ans.

Nous plaçons ici trois modèles de dentition de 5, 15 et 25 ans, pour qu'on puisse bien saisir, au premier coup d'œil, les différences de caractères que la table des dents incisives offre, et qui sont la conséquence de leur usure à dix ans d'intervalle.

AGE DU BOEUF.

A sa naissance, le veau a souvent deux ou quatre incisives, quelquefois plus. Les autres incisives sortent à des époques indéterminées. De quinze à vingt-cinq jours, le veau est généralement pourvu de ses incisives de lait, qui ont acquis leur croissance vers six mois.

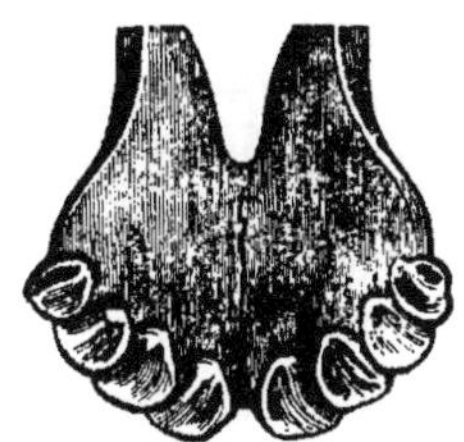

Fig. 34. Veau de 6 mois.

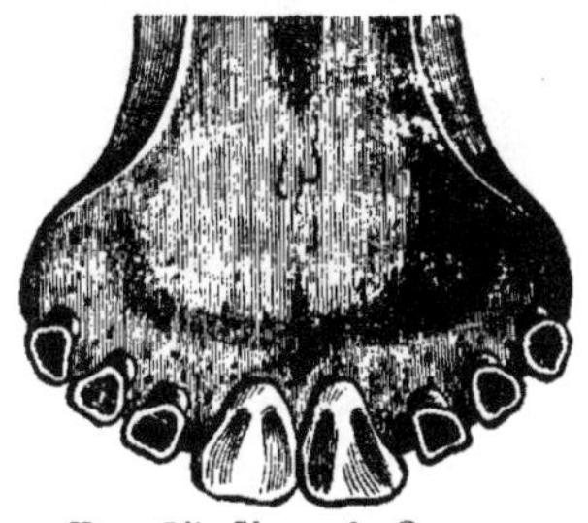

Fig. 35. Veau de 2 ans.

Jusqu'à l'âge de dix-huit ou vingt mois, les praticiens ne se dirigent guère sur l'inspection des dents pour juger de l'âge des animaux. L'époque de la saison, le degré de développement de la corne et du corps du veau, comparé à son état d'embonpoint et à son espèce, font rapidement juger de son âge par un cultivateur exercé. De dix-huit à vingt-deux mois environ, suivant que les animaux sont plus ou moins bien nourris et selon les races, les pinces de lait sont remplacées par celles d'adulte, beaucoup plus larges et plus fortes. Quand ces deux dents ont poussé, l'animal est appelé doublon.

De trente à trente-six mois, les premières mitoyennes permanentes remplacent les caduques; les animaux prennent alors le nom de tersons.

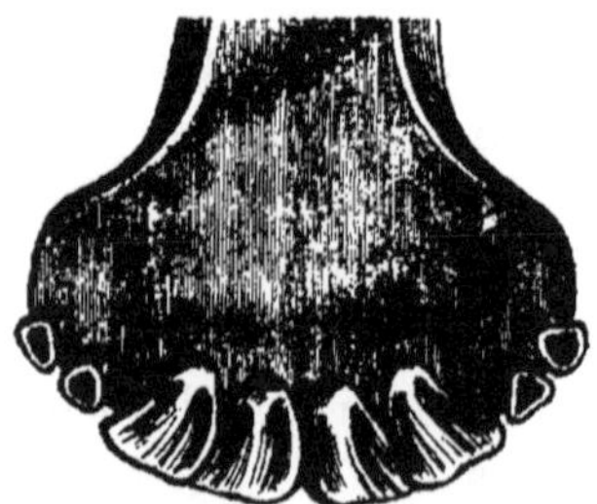

Fig. 36. Bœuf de 3 ans.

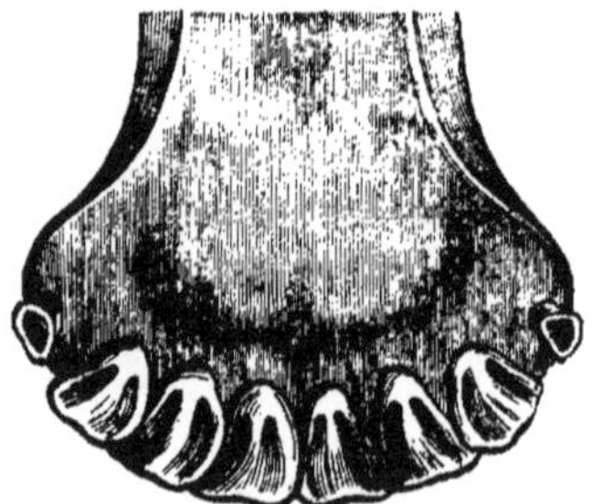

Fig. 37. Bœuf de 4 ans.

De trois ans et demi à quatre ans, les secondes mitoyennes sont remplacées.

De quatre ans et demi à cinq ans, les coins d'adulte remplacent ceux de lait et les bords des pinces commencent à s'user.

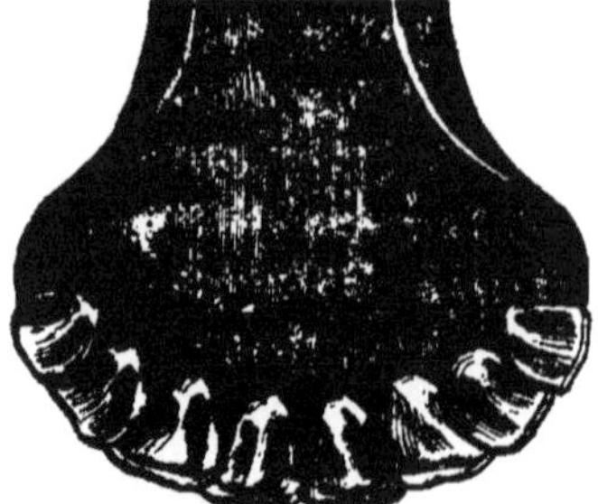

Fig. 38. Bœuf de 5 ans.

Fig. 39. Bœuf de 6 ans.

A six ans, l'usure des pinces est plus marquée. Cette usure augmente graduellement à mesure que l'animal avance en âge.

Vers douze à quinze ou dix-huit ans, la dent est usée jusqu'au collet de sa racine en général. Les dents alors offrent l'aspect de chicots arrondis et un peu isolés les uns des autres.

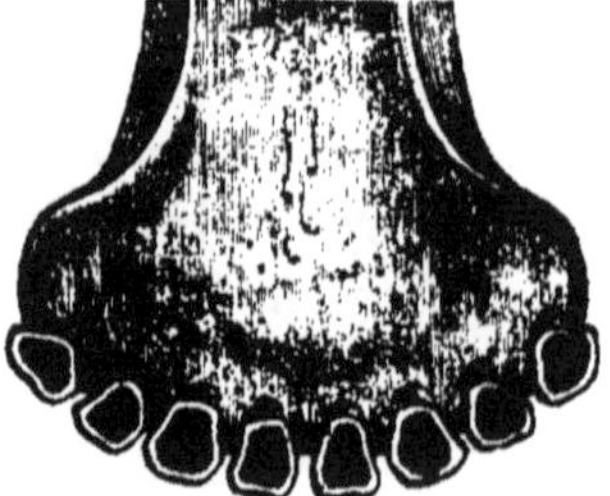

Fig. 40. Bœuf de 12 ans.

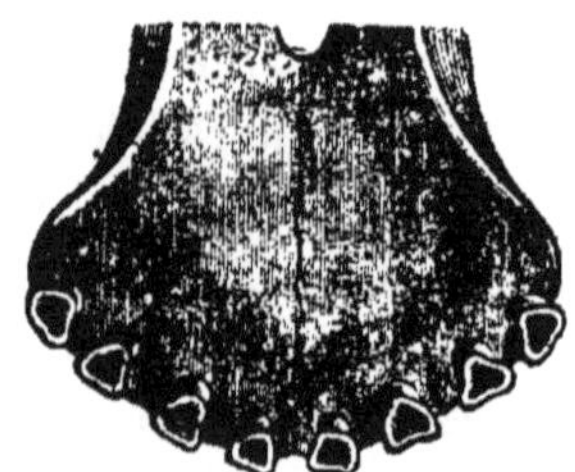

Fig. 41. Bœuf de 18 ans.

Mais, dans le bœuf, il ne faut pas toujours s'en rapporter à l'examen des dents pour juger de l'âge des jeunes animaux. On voit souvent des individus de deux ans avancer la dent, comme on dit vulgairement; elle marque quelquefois alors trois ans, et des animaux de quatre ans n'ont quelquefois plus de dents de lait.

Dans les concours de bestiaux on devrait toujours avoir égard à cette particularité. Dans le concours régional de Limoges en 1852, un taureau de trois ans qui méritait le premier prix de la race d'Aubrac, d'après l'opinion des éleveurs présents, marquait quatre ans à la dent. Malgré l'affirmation du délégué du propriétaire qui l'avait élevé (c'était moi-même qui l'avais élevé et qui en étais le propriétaire, je devais donc savoir son âge), le jury décida, en toute conscience d'ailleurs, que l'animal serait considéré comme ayant quatre ans révolus et traité comme tel. Ce taureau, d'ailleurs très beau, très fort, très développé, pouvait parfaitement autoriser, en apparence, la décision prise à son égard; mais le jury n'en commit pas moins une erreur et une injustice, sans le savoir, au préjudice de l'éleveur du taureau et de la vérité. Ce taureau n'eut que le deuxième prix régional, par la seule raison que sa dent de quatre ans avait été précoce.

Cette circonstance est essentielle à noter pour le perfectionnement des races. Si l'on veut améliorer, il faut bien soigner, bien nourrir les jeunes animaux. Dans ce cas, ils avancent presque toujours la dent; et, si dans les concours on repoussait un animal, si on le dépréciait, parceque sa dent marque plus que son âge réel, on découragerait les éleveurs, on commettrait des injustices, et avec les meilleures intentions on agirait contre le but proposé.

Nous avons dit que l'examen de la corne du bœuf était un puissant auxiliaire pour la connaissance de son âge. On remarque, en effet, à sa base, des anneaux et des sillons circulaires qui se forment chaque année. Le premier sillon circulaire bien apparent est appréciable à trois ans faits. L'année suivante on observe deux sillons et entre eux un anneau : l'animal alors a quatre ans. A cinq ans, le bœuf a trois sillons et deux anneaux à sa corne. A six, sept, huit ans, etc., la corne offre trois, quatre, cinq sillons, et ainsi de suite, jusqu'à un âge avancé. Il arrive alors que la trace des sillons et des anneaux, qui se confondent, n'est pas bien distincte, et il faut une grande habitude pour les reconnaître.

AGE DU MOUTON.

L'âge du mouton se reconnaît de la même manière que chez le bœuf. L'éruption de ses dents suit à peu près la même marche; la seule différence qu'on y remarque est dans l'époque de la vie à laquelle les dents permanentes remplacent les dents caduques. De vingt à vingt-cinq jours de sa naissance, l'agneau a toutes les incisives de lait; vers quinze mois, les pinces de lait sont remplacées par celles d'adulte, l'agneau est appelé antenois. De vingt-deux à vingt-quatre mois, les premières mitoyennes permanentes poussent.

Fig. 41. Agneau d'un mois.

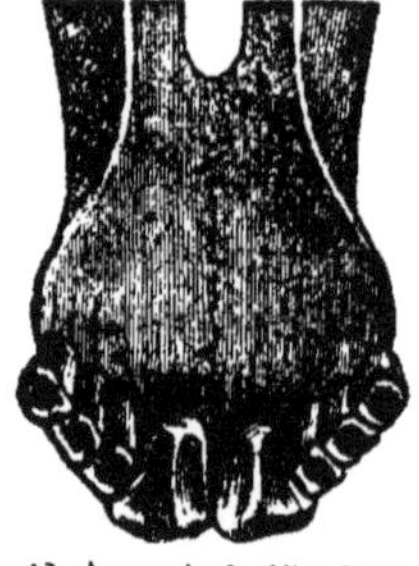

Fig. 42. Antenois de 15 à 18 mois.

Fig. 43. Mouton de 26 mois.

A trois ans, les secondes mitoyennes se présentent à leur tour, et, à quatre ans environ, le mouton n'a plus de dents de lait, mais ses coins sont encore frais; à cinq ans, les coins du mouton ont tout leur développement, l'usure des pinces, comme celle des premières et secondes mitoyennes, a commencé.

Fig. 44. Mouton de 3 ans.

Fig. 45. Mouton de 4 ans.

Enfin, de dix à douze ans, l'usure des pinces du mouton s'est rapprochée de leur collet, et les dents n'ont plus leur forme de pelle; elles sont rétrécies d'un côté à l'autre, au lieu d'être élargies comme dans le jeune âge.

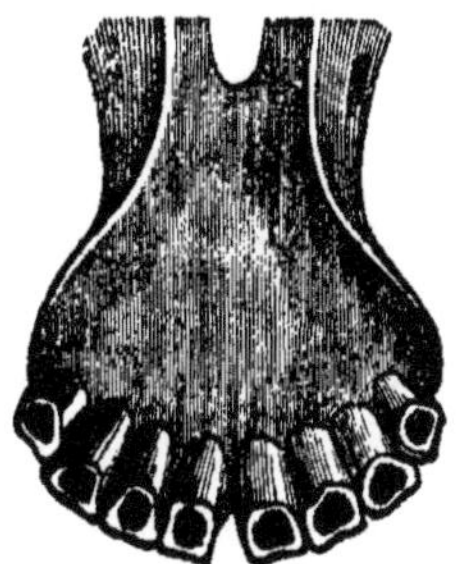

Fig. 46. Mouton de 10 ans.

AGE DU PORC.

Les dents du porc peuvent encore, au besoin, servir à déterminer son âge, bien qu'on n'y ait généralement pas recours. Il n'est donc pas inutile de mentionner leur marche d'éruption. De trois à quatre mois, le jeune porc est pourvu de toutes ses incisives caduques. Vers six mois, les coins de la mâchoire inférieure tombent et ne tardent pas à être remplacés. Les mêmes dents se comportent de la même manière à la mâchoire supérieure, vers dix mois. De vingt mois à deux ans, les pinces de lait sont remplacées par celles d'adulte, et enfin les mitoyennes tombent et sont remplacées de trente mois à trois ans.

AGE DU CHIEN.

On reconnaît aussi l'âge du chien par les dents, pendant les premières années de sa vie; mais à un âge avancé, cela devient impossible. En naissant, ou peu de jours après, le petit chien a toutes ses incisives. Vers trois mois, suivant l'espèce et la force des animaux, les incisives de lait commencent à tomber sans que les remplaçantes sortent en même temps; mais bientôt elles paraissent, et, à l'âge de huit mois environ, le chien a toutes les incisives comme les canines d'adultes.

Les incisives, dans l'espèce canine, sont formées par trois petits lobes dont le central est le plus grand, ce qui donne à la dent une espèce de ressemblance avec une fleur de lis. Cette configuration est bien dessinée jusqu'à l'âge de deux ans environ. A cette époque, les lobes des pinces s'usent et n'offrent plus les caractères de fleurs de lis. A trois ans, les mitoyennes éprouvent le même changement, et, de quatre à cinq ans, les lobes disparaissent dans les coins.

Tels sont, en général, les caractères auxquels on peut reconnaître l'âge du chien ; cependant ils sont loin d'être constants et absolus. Comme ces caractères dépendent du degré d'usure des dents, les animaux qui rongent des os usent leurs incisives plus vite que ceux qu'on ne nourrit qu'avec du pain ou de la soupe. Ceux-ci ont souvent toutes les fleurs de lis à un âge où les autres n'en ont plus de trace. Un chien qui use peu ses incisives conserve long-temps leurs lobes, qui disparaissent rapidement chez les chiens rodeurs vivant avec les os des rues.

GAE (*des végétaux*). Si, parvenus à un âge avancé, les animaux sont loin d'offrir toujours des caractères bien tranchés pour pouvoir déterminer d'une manière absolue l'époque de leur vie, il n'en est pas de même dans les végétaux ligneux qui appartiennent à la classe nombreuse des dicotylédones. Dans les arbres de nos forêts, par exemple, dans ceux qui embellissent nos promenades, il n'est pas bien difficile de reconnaître l'âge. On sait que, chaque année, une nouvelle couche de bois parfaitement distincte se superpose à la couche de l'année précédente, et l'emboîte comme un cornet de papier placé sur un autre. Il en résulte une succession de couches plus ou moins épaisses, concentriques, et dont le centre est la moëlle de la tige. Chaque couche est ainsi disposée depuis le sommet des branches jusqu'aux racines. Il en résulte que, lorsqu'un arbre est scié à l'extrémité de sa base, c'est-à-dire au point qui sépare les racines de son tronc, chaque couche circulaire indique une année, quelles que soient d'ailleurs son épaisseur et sa régularité. Le bois dont la croissance est rapide, par exemple, a des couches plus épaisses, plus faciles à distinguer et à compter.

Les couches observées dans le bois sont quelquefois plus épaisses d'un côté que d'un autre. Ainsi, sur les bords d'une forêt, la partie des couches qui se trouve en dehors, celle qui est du côté où les racines ont pu le mieux s'étendre et où les branches se sont développées avec plus d'avantage, est toujours mieux nourrie, plus épaisse. Cela tient à ce que l'arbre a pu recevoir plus d'éléments nutritifs de ce côté que de l'autre.

D'autre part, comme la chaleur du soleil favorise la végétation, le côté des arbres, du nord surtout, exposé au midi, prend plus d'accroissement : les couches du bois de ce côté sont donc plus épaisses. Ce phénomène physiologique a pu même quelquefois servir pour reconnaître et déterminer les points cardinaux des lieux où l'on a pu se trouver égaré.

On le voit donc, l'âge des végétaux ligneux n'est pas difficile à déterminer. Mais celui des végétaux herbacés ne peut pas se reconnaître de la même manière, ce qui d'ailleurs était peu utile. On sait que les végétaux annuels, comme les céréales, etc., ne vivent qu'un an ; que les bisannuels durent deux ans, etc.

Le sapin et le pin offrent encore des caractères qui, dans leur jeune âge, peuvent guider pour juger de l'époque de leur vie. On sait que, dans ces arbres, chaque année des branches latérales partent du sommet de la pousse centrale de l'année précédente; il en résulte que, même sans qu'un arbre de pin soit coupé, on peut savoir combien il a d'années à ses pousses, que l'on peut compter, parcequ'elles sont marquées soit par des branches latérales, soit par leurs tronçons qui restent encore. — V. *Accroissement des végétaux*.

AGE. Tige en fer ou en bois qui forme la principale pièce de la charrue. L'age sert à fixer le coutre, à contenir l'appareil régulateur, la chaîne, le crochet d'attelage des araires et les mancherons.

AGENAIS. Bœuf agenais, race agenaise. La race de bœufs agenais est estimée pour le travail comme pour la boucherie. On distingue deux variétés de cette race. L'une d'elles est dans le bassin de la Garonne, depuis Agen jusqu'à Bordeaux. On l'emploie pour les charrois du port de cette ville. Le développement du corps de cette variété est considérable, mais proportionnellement un peu trop allongé, ce qui n'est pas un indice de résistance pour le travail; la taille varie d'un mètre quarante-cinq à un mètre soixante-dix centimètres; la robe est froment; les cornes, généralement assez fortes, sont portées bas et ne coiffent pas bien les animaux de cette espèce; le ventre est arrondi; la croupe et les jarrets sont assez bien musclés; les membres sont forts; la poitrine est bien constituée; la peau est un peu épaisse, quoique souple. L'autre variété de la race se trouve dans les environs de Villeneuve; elle diffère peu de la première. Sa conformation est plus régulière et sa taille un peu moins élevée.

La race agenaise est forte, robuste, assez sobre. Elle peut être classée au nombre de nos bonnes races françaises de travail et de boucherie; mais elle n'est pas bonne laitière, ce qui est d'ailleurs très bien indiqué par ses caractères physiques.

AGENT. Expression vague qui s'applique à tout ce qui agit d'une manière favorable ou défavorable sur les végétaux comme sur les animaux. La grêle, les épizooties, sont des agents destructeurs. On reconnaît des agents physiques, des agents chimiques, des agents thérapeutiques, hygiéniques, etc., suivant la nature de leur action et ses conséquences dans l'organisation des corps bruts ou des corps animés.

AGGLOMÉRÉ. Réuni. On donne ce nom à des fruits ou à des fleurs réunis ensemble sur les végétaux. Ainsi les fleurs de l'obier sont agglomérées en boules de neige, les fruits de la vigne sont agglomérés en grappes.

AGGLUTINATIF. Substance collante dont on se sert pour appliquer des remèdes sur la peau des animaux dans certains cas de maladie. Dans les fractures des membres, par exemple, on fixe les appareils de réduction avec des agglutinatifs; on se sert ordinairement de la poix noire et de Bourgogne, de la térébenthine, de la résine, etc.

AGGLUTINATION. Réunion de parties séparées qui se collent ensemble dans les animaux. On provoque l'agglutination des lambeaux de peau ou de chair des blessures au moyen des agglutinatifs. — V. *Agglutinatif*.

AGGLUTINÉ, ÉE. Corps réunis par agglutination. — V. ce mot.

AGGRAVÉE. Maladie survenue aux pieds des animaux qui ont long-temps marché sur un terrain dur ou graveleux. Lorsque l'aggravée se déclare chez des chiens, leurs pattes sont chaudes, tuméfiées, souvent crevassées; quelquefois elles sont empoulées entre les doigts ou sous la peau de la plante des pieds. La même maladie se remarque dans les moutons, surtout quand ils sont gras et qu'ils font de longs voyages sur les routes. Les porcs et les bœufs, soumis aux mêmes causes, ont aussi l'aggravée.

Le remède de cette maladie est simple, il consiste dans le repos, d'abord, pour détruire la cause de la maladie. Lorsque celle-ci a exercé des ravages graves, on fait prendre des bains aux animaux et on panse les plaies, s'il en existe, avec des émollients.

AGITATION. Activité anormale de la circulation du sang. L'agitation du pouls indique l'accélération de ses pulsations. Un animal est dans l'agitation lorsque, par suite d'une maladie ou d'une douleur, il se tracasse, s'agite sans cesse de toute manière, comme pour se soustraire à ses souffrances.

AGNEAU. Le jeune produit de la brebis prend le nom d'agneau en naissant, et ne le quitte que lorsqu'il perd ses premières dents de lait, vers quinze mois; on le nomme alors antenois s'il est mâle, antenoise, s'il est femelle. Lorsque l'agneau est né, on doit veiller avec soin à ce que d'autres agneaux ne tettent pas sa mère, ce qui arrive quelquefois : il est alors privé du lait dont il a besoin. S'il est chétif, on peut le faire adopter par une autre brebis dont l'agneau plus fort pourrait commencer à être nourri avec des aliments farineux, des grains concassés et ramollis, ou toute autre nourriture substantielle et d'une digestion facile. Les agneaux naissants ne doivent point être exposés au froid ni à l'humidité. On les retient à la bergerie lorsque leurs mères vont aux pâturages.

Lorsque les agneaux commencent à manger, on doit leur donner de bons aliments et en abondance. C'est pendant leur jeune âge qu'ils se développent rapidement s'ils sont bien nourris; c'est à cette époque qu'ils profitent le mieux et qu'ils paient le plus les fourrages qu'ils consomment.

Dans les pays où l'éducation du mouton de boucherie est bien comprise, non seulement on nourrit bien les agneaux, mais on châtre les mâles de bonne heure. Leur chair devient alors plus délicate, et ils s'engraissent plus facilement. On peut les châtrer lorsque les testicules sont descendues dans les bourses, ce qui arrive très peu de temps après la naissance. L'opération est très facile alors, et elle est sans danger. Elle consiste à inciser la peau du scrotum, à faire sortir les testicules et à les arracher. Il n'y a point d'hémorragie ; le jeune animal guérit promptement et sans en paraître indisposé.

Il serait très heureux, tant pour notre industrie agricole que pour la consommation de la viande, de voir nos éleveurs préparer des agneaux d'un an pour la boucherie. La bergerie de la Charmoise a prouvé que c'était possible en France. M. Malingié a présenté au concours de Poissy, plusieurs lots d'agneaux d'un an qui ne laissaient rien à désirer sous le rapport du volume et de la graisse. On leur aurait volontiers donné deux ans à leur apparence, si on n'avait pas examiné la dent. Il y aurait un grand avantage pour les cultivateurs à procéder ainsi, et à ne pas garder les animaux deux ans pour les engraisser. Il en résulterait double profit pour eux, et en voici la raison : l'agneau consomme moins depuis sa naissance jusqu'à l'âge d'un an que d'un an à deux. Si on livrait les sujets engraissés à un an à la boucherie, il s'ensuivrait qu'avec la nourriture consommée par un individu de deux ans on ferait deux engraissements de sujets d'un an , c'est-à-dire double produit de viande, sinon double produit de laine, et avec moins de dépenses.

Ce point est important; il mérite d'être examiné de près par nos éleveurs. L'étude de l'élevage de l'agneau, comme du mouton, n'est point assez avancée chez nous sous le rapport de la consommation de la viande; elle est cependant de la plus haute importance au double point de vue de la production et de la consommation. V. *Accroissement*.

AGNELAGE. La brebis porte cinq mois et met bas après cette époque. L'agnelage a lieu vers février et mars. Il est généralement facile et sans accident. On remarque souvent le matin dans la bergerie plusieurs nouveaux-nés bien portants, et qui out augmenté le troupeau pendant la nuit. On doit avoir soin de bien dégager le pis des mères des mèches de laine qui pourraient être saisis par l'agneau ; ils causeraient chez lui des accidents graves s'il les avalait, ou ils l'embarrasseraient pour prendre le mamelon.

La brebis fait quelquefois deux petits, rarement trois. Si on tient à les conserver tous, on doit, ou leur donner une autre nourrice, ou les allaiter arficiellement. Une même brebis ne peut pas très bien nourrir deux agneaux.

On doit à la mère, et à l'agneau naissant, les soins indiqués par une bonne hygiène raisonnée en pareil cas. Ces animaux seront préservés du mauvais temps et du froid. Pendant l'agnelage comme pendant l'allaitement des agneaux, les brebis seront bien soignées et surtout bien nourries.

AGRÉGAT. Réunion de corps de même nature ou hétérogènes formant accidentellement des masses informes et agglutinées. Le sol offre souvent l'exemple d'agrégats de roches ou de terres de nature différente connus dans beaucoup de lieux sous le nom de tufs. — V. *Tuf.*

AGRÉGATION. Assemblage de corps divers mêlés ensemble sans combinaison chimique, superposés ou juxtaposés. Les roches sont souvent une agrégation des différents corps qui les composent, quelle que soit leur disposition. Leur désagrégation forme les sols de nos diverses exploitations.

AGRÉGÉ. Expression adoptée en botanique pour exprimer la réunion de fleurs partant d'une même tige, ou de fruits réunis ensemble et provenant de fleurs distinctes. Les composées offrent des exemples de fleurs agrégées.

AGRESTE. Les plantes agrestes sont celles qui croissent sans culture dans les champs. V. *Adventice.*

AGRICOLE. Art agricole, industrie agricole, science agricole. V. *Agriculteur, Agriculture.*

AGRICULTEUR. Propriétaire ou fermier qui cultive lui-même ou dirige la culture d'une propriété. Si les agriculteurs comprenaient bien toute la noblesse, tous les avantages moraux et physiques qui se rattachent à leur art bien exercé, ils seraient moins empressés d'élever leurs enfants de manière à déserter les campagnes comme ils le font. Ils n'iraient pas demander des places, solliciter des faveurs qu'ils sont souvent loin d'obtenir, ou qu'ils obtiennent quelquefois à un prix qui peut coûter bien cher à leurs goûts, à leur dignité, ou à leur conscience. Je comprends que jusqu'ici la vie d'agriculteur a été dure. Son métier a été peu lucratif; mais le temps où sa position paraît devoir changer est venu.

l'instruction professionnelle de l'agriculture l'éclairera par de meilleures méthodes culturales qui augmenteront nécessairement ses produits dans des proportions raisonnables et en harmonie avec son travail et les capitaux qu'il engage. Il trouvera le bien-être, la liberté et l'indépendance, dans ses occupations, car ses produits ne dépendent que de Dieu, qui les lui donne. Maître absolu chez lui, il ne craindra ni destitutions, ni perte de places salariées. Se livrant à un exercice salutaire, dans une atmosphère pure et saine, il conservera sa santé, souvent compromise ou perdue ailleurs que dans les champs où il est né. Heureux encore quand il ne perd pas le souveni rdes principes d'honnêteté, de moralité, dans lesquels il a été élevé par ses parents. — V. *Agriculture*.

AGRICULTURE. Art de cultiver la terre, le premier des arts, le plus noble, le plus digne de l'homme libre, comme l'a dit Cicéron. L'agriculture a mérité tous ces titres, car c'est elle qui nourrit l'humanité par son travail persévérant et honnête. C'est elle qui fournit à l'homme la matière première indispensable à la vie comme à son bien-être, à ses besoins essentiels. De tous temps, dans tous pays, pendant la paix comme pendant la guerre, les hommes de tous les rangs, de toutes les classes de la société, ont compris la nécessité de bien cultiver la terre. Ils ont de plus proclamé la supériorité de cet art sur tous les autres.

On a défini l'agriculture l'art de faire produire à la terre la plus grande quantité possible de produits. Si on avait bien réfléchi à l'esprit de cette définition, on aurait été convaincu que la science de l'agriculture est immense : elle est en effet le rendez-vous plus ou moins direct de toutes les connaissances humaines. Il n'en existe pas une seule qui n'y ait une application plus ou moins directe et étendue.

Pour faire produire à la terre tout ce qu'elle peut donner, ne faut-il pas d'abord étudier, apprendre à connaître sa nature, sa composition, que nous dévoilent la minéralogie et la chimie ? Ne faut-il pas étudier, apprécier tout ce qu'elle produit, les plantes diverses, les animaux de tout ordre, c'est-à-dire la botanique, la zoologie, la zootechnie, dans leurs applications à la production, l'hygiène, l'économie du bétail, son élevage, l'art de traiter ou prévenir ses maladies, et enfin toutes les richesses minérales du sol, pour qu'il puisse être amendé de manière à être plus fertile? Ne faut-il pas connaître tous les phénomènes qui peuvent réagir sur les produits si nombreux et si variés que nous cultivons, c'est-à-dire la physique, la météorologie, les phénomènes atmosphériques, dont l'action est si puissante sur la production végétale, comme sur la production animale?

Si on admet que pour bien traiter une question il ne faut pas l'ignorer, comment peut-on admettre qu'on peut bien cultiver la terre sans l'étudier, sans la connaître, sans se douter de ce qu'il faut savoir pour comprendre ses ressources, celles de ses produits variés? Linnée avait défini l'agriculture *la connaissance des trois règnes de la nature spécialement appliquée à la grande tâche de rendre la vie humaine plus commode et plus douce à passer*. Le grand naturaliste suédois ne pouvait pas trouver une définition plus juste.

Un cultivateur qui ignore les règnes de la nature sur lesquels il opère est comme le négociant qui ne connaît pas les matières qu'il achète et qu'il vend, comme l'ouvrier qui ne se doute pas des principes de son métier, comme l'ingénieur, l'architecte, qui ne connaissent ni dessin, ni géométrie, ni mathématiques; un tel agriculteur ne peut agir qu'au hasard, sans règles, sans principes, sans raisonnement dans ses opérations, dont il ne peut comprendre ni les difficultés ni les moyens de les vaincre. Il cultive comme la routine lui a appris à cultiver, et, comme il n'est point éclairé par les sciences, il se défie de tout procédé nouveau comme un aveugle se défie d'un chemin sur lequel il n'est jamais passé, et qui lui est inconnu. Aussi, sans science, point de progrès en agriculture ni dans la manière d'exploiter le sol, ni dans les assolements, ni dans la confection et l'emploi des instruments perfectionnés, ni dans les végétaux à importer, les animaux à multiplier, à perfectionner, à domestiquer, à acclimater; on fait comme le castor, qui construit toujours ses galeries de la même manière, comme l'oiseau, qui ne change rien à la confection de son nid, comme l'abeille, qui ne saurait apporter le moindre changement à la construction de son gâteau de cire; le cultivateur dans cet état d'ignorance est hors la loi des progrès de l'humanité; on dirait qu'une puissance surnaturelle lui a dit: « *Tu n'iras pas plus loin.* » L'immense majorité de nos ouvriers cultivateurs est soumise à cette condition antichrétienne. Le métier de laboureur n'a fait aucun progrès depuis des siècles dans la plus grande partie de notre territoire. L'araire de Virgile est encore l'unique charrue d'une infinité de nos provinces ; sous ce rapport, le Bedouin de l'Atlas est plus avancé que nous. Le soc de sa charrue, que j'ai étudiée sur les lieux, est bien supérieur à la broche en fer, soc de la mauvaise araire qui forme l'unique instrument de labourage d'une infinité de nos contrées cultivées.

L'instruction professionnelle de l'agriculture, telle qu'elle est indiquée par la loi du 3 octobre, affranchira seule nos cultivateurs de la position malheureuse qui leur est imposée par leur défaut d'instruction sur leur honorable métier. — V. *Ecole, Fabrique, Ferme régionale, Institut.*

AGRIPAUME. De deux mots latins qui signifient champ et main (*leonurus*). Plante de la famille des labiées, dont les feuilles inférieures à cinq divisions imitent la forme de la main. Cette plante offre peu d'intérêt, tant sous le rapport agricole que médicinal.

AGRONOME. Nom donné aux savants qui s'occupent, qui traitent de l'agriculture théorique.

AGRONOMIE. Science qui traite de l'agriculture, qui développe les théories de cet art. – V. *Agriculture.*

AGROSTÈME (*Agrostema gitago*). Nom botanique de la nielle des blés. On cultive quelquefois dans nos parterres des agrostèmes pour leurs belles fleurs d'ornement.

Les agrostèmes salissent quelquefois les moissons, dont on les purge par le sarclage et par des assolements bien combinés. — V. *Nielle.*

AGROSTIS (*Agrostide*). Plante de la famille des graminées. Le genre agrostis contient plusieurs espèces qui donnent un bon fourrage. On trouve l'agrostis surtout dans les prairies et les pâturages de bonne qualité.

AIDE. En équitation on donne le nom d'aide à tout moyen employé pour faire comprendre au cheval la volonté du cavalier, et le faire obéir. La question des aides est une des plus délicates de l'équitation, en ce qu'elle demande non seulement une étude théorique, mais, ce qui est plus difficile, une étude pratique que peu d'écuyers comprennent bien. Il y a là quelque chose de plus que de l'étude, il y a une question d'instinct, de finesse, de tact naturel, de jugement et d'esprit d'observation, qui peut se développer par le travail, mais qui ne s'acquiert pas quand elle n'est pas un don particulier de la nature. On voit très souvent tel cavalier qui, malgré son travail, malgré son amour de l'équitation, ne sera jamais bon écuyer, parcequ'il n'est pas moralement organisé pour bien saisir tous les détails et les secrets de l'art. Nous avons tous les jours la preuve de ce fait incontestable dans les manéges comme dans les régiments de cavalerie. La finesse des aides, au moyen de laquelle on tire un si grand parti du cheval même le plus difficile, est donc naturelle et instinctive en quelque sorte; et ce n'est pas seulement sur le dressage du cheval que cette finesse de tact exerce son influence; celui qui la possède sait réduire tous les animaux et se faire obéir comme il veut.

AIGADE. Nom des parcours des vacheries sur les montagnes de la Haute-Auvergne. Un herbage, pour une vacherie, se nomme montagne, il est divisé en deux parties : l'une, parquée par les vaches et fumée par elles, se nomme fumade; l'autre sert de parcours, et se nomme aigade. — V. *Montagne*.

AIGATADE. Le département de l'Aude élève encore, comme celui des Bouches-du-Rhône, des chevaux par petits troupeaux pour le dépiquage des grains. Ces petits haras, qui se nomment manades dans la Camargue, prennent le nom d'aigatades dans l'Aude. Aujourd'hui leur nombre tend à se borner de plus en plus, par suite de l'adoption du rouleau employé au dépiquage. Depuis que l'usage de cet instrument, dont le travail est très économique, se répand, plusieurs propriétaires ont cessé d'avoir des aigatades, et le nombre des têtes de celles qui restent est borné à quelques individus. Mais, si la quantité des chevaux des aigatades a de beaucoup diminué, leur qualité paraît avoir augmenté dans de grandes proportions. Dans son instruction sur l'amélioration des chevaux en France, publiée en 1802, Huzard père disait, en parlant du département de l'Aude : « L'arrondissement de Carcassonne n'a que deux étalons, l'un normand et l'autre métis » espagnol ; l'arrondissement de Narbonne a quelques haras particuliers qui fournissent des chevaux robustes et infatigables,

» mais petits et mal conformés, ce qui tient à l'insouciance des » propriétaires, accoutumés depuis long-temps à ne se servir que » des étalons du pays, sans discernement et sans choix. »

Cet état de l'industrie chevaline dans l'Aude a changé aujourd'hui. Nous nous sommes assuré, par des études faites sur les lieux mêmes, que ce pays est maintenant en progrès, comparativement à l'époque citée par Huzard. Aujourd'hui, en effet, les propriétaires de l'Aude voient dans leurs chevaux autre chose que de simples machines à dépiquer. L'expérience leur a démontré que, sans nuire aux travaux du dépiquage, une bonne nourriture, des soins bien entendus, peuvent faire produire à leurs aigatades des chevaux légers propres à la cavalerie. Du reste, les éleveurs de l'Aude, favorisés par l'état de leur agriculture assez avancée, nous ont paru disposés à entrer résolument dans la voie des améliorations de leurs chevaux. Mais, je dois le dire ici, si, mieux nourris, mieux soignés que les chevaux des manades de la Camargue, ceux des aigatades de l'Aude ont pris plus de taille, plus de développement, on ne remarque pas chez eux la même uniformité, caractère de race, le même cachet de famille, qui font distinguer le cheval camargue partout où il est, soit isolé, soit en troupeau. La cause de ce fait incontestable est facile à saisir. Les propriétaires éleveurs de l'Aude ont compris le progrès et ont voulu le provoquer, mais ils manquent, comme on le voit presque partout en France, soit de connaissances suffisantes en histoire naturelle pour façonner leurs produits suivant de bonnes lois de mécanique animale et de physiologie, soit d'éléments matériels pour combiner leurs moyens de perfectionnement indispensables à une bonne solution : de là des types variés dissemblables, offrant des caractères divers, des différences de conformation, de taille, de développement, dans les aigatades comme dans les divers sujets isolés; de là, point de race distincte. Il n'en est pas de même dans la Camargue : là les caractères de race sont tranchés. Tous les chevaux des manades ont des caractères communs de conformation, de taille, même de robe; ils sont, en général, d'un gris plus ou moins clair. Dans l'Aude, au contraire, on ne reconnaît pas le cheval de l'Aude plus que d'ailleurs; on y trouve le cheval léger sans cachet de patrie. C'est le cheval de tout pays, le cheval des rues, pour me servir de l'expression de Buffon au sujet des chiens sans race. On observe, du reste, les mêmes résultats sur toutes les races d'animaux, partout où l'on a voulu les croiser et les métisser sans observer les règles prescrites par l'étude approfondie de la nature. — V. *Appareillement*, *Croisement*.

Quand on se propose de faire une race, il faut d'abord étudier le pays qui doit l'élever ; il faut connaître ses ressources, sa nature, son climat, l'état de son agriculture, de sa végétation ; il faut apprécier l'aptitude comme le goût des agriculteurs, leur industrie, leurs débouchés, etc. Après cette étude, il faut faire celle des types que l'on veut adopter, pour être bien assuré qu'ils conviennent non seulement à la localité, mais au service pour lequel on veut les élever, et cette étude a été trop négligée, non seulement dans l'Aude, mais dans toute la France. Ce fait nous explique les incertitudes, les tâtonnements, les essais infructueux, les déceptions des éleveurs, les erreurs en matière d'importations, les hésitations que nous voyons encore aujourd'hui, surtout sur nos races de chevaux légers. — V. *Courses*, *Perfectionnement*.

Du reste, si les chevaux des aigatades de l'Aude ne se sont généralement pas améliorés comme nous pourrions le désirer, et comme les besoins du pays l'exigeraient, nous ne devons pas en être surpris, d'après les frais faits quelquefois pour leur élevage. Voici des chiffres qui nous furent donnés, il y a quelque temps, sur les lieux mêmes, par un propriétaire expérimenté. On verra qu'à ce prix il est impossible de faire des chevaux tels que nous les voudrions. Une aigatade de dix têtes, qui comprenait quelquesindividus d'un assez bel avenir, coûtait par an :

Frais de dépaissance	120 fr.
Luzerne consommée en hiver.	70
Paille.	70
Frais de garde	350
Total.	600 fr.
Bénéfice produit par le travail de huit chevaux pour le dépiquage, à 60 fr. l'un	480 fr.
Dépense réelle pour dix chevaux	120 fr.

par an, sanscompter la valeur de deux poulains et celle des fumiers, qui, dans l'Aude, ont beaucoup de valeur; peut-être valent-ils les 120 fr. signalés comme dépense de l'aigatade de dix têtes, qui, dans ce cas, n'aurait rien coûté à nourrir et à entretenir.

Mais toutes les aigatades de l'Aude ne sont pas traitées de la même manière; nous en avons visité qui étaient bien soignées et qui avaient de bons types de chasseurs et de hussards.

L'Aude et la Camargue sont les seuls pays de France qui nous ont paru pouvoir élever aujourd'hui le cheval léger à meilleur marché, parcequ'ils sont les seuls où cet animal gagne une partie de sa nourriture par le travail modéré du dépiquage. Partout ailleurs ce cheval dépense toujours jusqu'à sa vente, sans rien produire, ce qui porte la dépense de son élevage à un prix trop élevé pour le commerce en général; aussi tend-il de plus en plus à être remplacé par la production du mulet. — V. *Baudet, Camargue*.

AIGRE. Corps qui a une odeur et une saveur acerbe, acide; tels sont certains fruits, les acides liquides ou solides. On appelle voix aigre celle de certains animaux dont le son est criard. Le fer qui n'est pas malléable, qui est cassant et présente un grain grossier et brillant, est appelé aigre en terme de forgeron. — V. *Acide*.

AIGRELET. Légèrement acide. Plusieurs fruits sont aigrelets, leur saveur est souvent agréable; ces fruits sont généralement rafraîchissants: tels sont l'orange, les groseilles, les citrons, dont on fait des limonades, les baies d'airelle, d'épine-vinette.

AIGREMOINE. Plante de la famille des rosacées. On a attribué à l'aigremoine des propriétés toniques et astringentes; elle est cependant peu employée en art vétérinaire.

AIGRETTE. Houppe formée par une réunion de petits poils que l'on remarque sur certains fruits, surtout sur les graines de quelques composées. C'est au moyen de leur aigrette que les graines de pissenlit sont disséminées. Les graines de chardon, notamment, sont portées au loin et ensemencées dans les champs voisins des lieux envahis par elles. Le chardon est une peste pour l'agriculture, et l'administration devrait être très sévère pour l'échardonnage. — V. *Echardonnage*.

AIGRETTÉ. Surmonté d'une aigrette. — V. *Aigrette*.

AIGU. Nom donné aux maladies qui parcourent rapidement leurs périodes, dans l'homme comme dans les animaux. Les bestiaux qui périssent peu de temps après qu'ils sont malades ont généralement succombé à la suite d'une affection aiguë. C'est surtout sur les animaux jeunes, forts et vigoureux, que l'on observe ce genre de maladie, combattue ordinairement par des saignées, la diète, et un régime émollient.

AIGUILLE. Instrument employé en art vétérinaire pour pratiquer certaines opérations. Suivant leur forme ou leurs usages, on distingue des aiguilles à séton, des aiguilles à sutures, à inoculation, etc.

AIGUILLONNÉ. Nom donné aux blés dont les épis sont tombés par suite des ravages de l'aiguillonnier. Cet insecte fait quelquefois des dégâts considérables dans les céréales, notamment dans les froments. — V. *Aiguillonnier*.

AIGUILLONNIER (*Saperde des blés*). Insecte dont M. Guérin-Méneville à étudié les mœurs aux environs de Barbezieux (Angoumois).

La femelle de ce petit longicorne perce la paille près de l'épi et y dépose un œuf qui ne tarde pas à éclore; cet œuf donne naissance à un petit ver qui ronge le parenchyme de la paille autour de lui, près de l'épi. Il descend ensuite le long du chaume en perçant ses nœuds, et il va se loger au bas de la tige à six ou sept centimètres du sol. Là, il passe l'hiver, pour sortir à l'état d'insecte parfait au printemps suivant; à cette époque il s'accouple et va déposer ses œufs sur d'autres tiges de blé, qui perdent aussi leurs épis au plus léger coup de vent.

Cette chute des épis donne lieu, dans le pays où on l'observe, à un maraudage qu'il ne serait pas difficile de prévenir : des maraudeurs vont couper, pendant la nuit, des épis avec des ciseaux, et les cultivateurs croient ainsi leurs blés aiguillonnés. On peut s'apercevoir du vol en ouvrant un chaume : si on ne trouve pas l'insecte dans l'une des parties de son tuyau, si l'on ne remarque pas dans son intérieur les détritus du parenchyme de la paille rongée par la larve, cette paille ne sera point réellement aiguillonnée, et l'épi aura été coupé.

AIGUILLONS. Épines qui croissent sur l'écorce de certains végétaux sans adhérer au bois. Les rosiers, les ronces, etc., ont des aiguillons qui se détachent facilement de l'écorce où ils semblent collés. — V. *Épine*.

AIL. Genre de plante de la famille des liliacées. Le genre ail comprend les diverses variétés d'oignons et de poireaux cultivées dans nos jardins, et dont l'usage est si répandu

On trouve dans les champs l'ail sauvage, que l'on reconnaît facilement à son odeur particulière. Cet ail croît dans nos céréales, et lorsque ses graines sont mélangées au blé, non seulement elles donnent une mauvaise odeur à la farine, mais elles nuisent à la mouture en empâtant les meules. On devra toujours purger les grains de l'ail sauvage avant les ensemencements, comme avant de les apporter au moulin.

L'ail cultivé dont on se sert dans l'art culinaire, et notamment dans le Midi, a une action tonique sur l'économie animale. Il est quelquefois employé comme vermifuge.

AILE. Membre thoracique des oiseaux, appendice membraneux de certains végétaux, de quelques graines. Les graines d'érable, d'ormeau, etc., ont des ailes; on voit quelques fleurs qui ont sur les côtés des pétales disposées en forme d'ailes ouvertes. Les légumineuses offrent notamment cette disposition, et elle leur a fait donner le surnom de papillonnacées, par rapport à l'espèce d'analogie qu'ont leurs fleurs ailées avec les papillons.

Dans les animaux, on nomme ailes du nez les plis de la peau qui sont mobiles et élargissent les ouvertures des naseaux en se dilatant. Les ailes du nez du cheval sont très mobiles, surtout dans les chevaux de race distinguée. — V. *Naseaux*.

AILÉ. Animal ou insecte, végétal, fruit ou fleur pourvus d'ailes. La consoude, le bouillon blanc, etc., ont les tiges ailées.

AILERON. Extrémité de l'aile des oiseaux.

AIMANT. L'aimant est un minerai de fer oxydé que l'on trouve en masses plus ou moins considérables en Norvége, en Suède, et dans diverses autres parties du globe. En physique, le nom d'aimant est donné en général à tout corps métallique qui a la propriété d'attirer le fer. L'aimant est naturel ou artificiel. Il est naturel lorsqu'il attire naturellement et sans préparation le fer qu'on en approche ; il est artificiel quand cette propriété est donnée au moyen de l'aimant naturel, qui peut la communiquer par le frottement.

La propriété magnétique dont jouissent les aimants naturels ou artificiels les a fait employer pour combattre certaines affections appelées nerveuses. L'expérience n'a pas prouvé jusqu'à ce jour leur efficacité dans le traitement des maladies des animaux domestiques.

AIMANTATION. On peut aimanter artificiellement des barres de fer ou d'acier, en les frottant, à plusieurs reprises, dans le même sens, avec de l'aimant naturel ou artificiel. On voit souvent cette opération fort simple se pratiquer sur des lames de couteau sur nos places publiques.

AINE. Pli profond formé par la réunion du ventre et de la cuisse dans les animaux ; dans le mouton, la peau de l'aine, dépourvue de laine, dénudée, est grasse et onctueuse par suite de la sécrétion de la matière sébacée qui s'y forme.

AIR. Fluide qui environne la terre sur laquelle nous vivons, et forme l'atmosphère, dont l'épaisseur est de quinze à seize lieues. L'air est un principe vital de tout corps organisé. Sans lui, le règne végétal comme le règne animal ne sauraient exister. A l'état pur, il est composé par deux gaz, qui sont l'oxygène et l'azote, mélangés dans des proportions différentes. L'oxygène entre dans ce mélange pour vingt-une parties, et l'azote pour soixante-dix-neuf sur cent.

Telle est la composition de l'air dégagé de tout autre corps. Mais dans l'atmosphère il contient des vapeurs, des miasmes ou des gaz, qui le rendent plus ou moins insalubre, suivant leurs proportions. Cette condition d'insalubrité est de la plus haute importance à étudier, tant pour la santé des hommes que pour celle des animaux, dans les campagnes surtout. Les corps étrangers à l'air pur contenus dans l'atmosphère sont : la vapeur d'eau, l'acide carbonique, le calorique, la lumière, l'électricité, etc. On conçoit donc que son action sur l'économie animale, comme sur les végétaux, doit être modifiée suivant la prédominance de l'acide carbonique, du calorique, de la lumière, suivant sa densité, son humidité, sa sécheresse, etc. Nous signalerons les influences que la présence de ces corps exerce sur les animaux comme sur les végétaux, en traitant de chacun d'eux. — V. *Acide carbonique, Azote, Calorique, Électricité, Humidité, Lumière, Miasmes, Oxygène, Sécheresse.*

L'air est incolore en apparence; il a cependant, en masse, une nuance bleue qualifiée par le nom de *bleu de ciel.* Il est inodore quand il n'est pas chargé d'essences odorantes; il est sans saveur, toujours gazeux et très élastique; il est donc compressible; sa pesanteur spécifique est d'environ huit cent fois moindre que celle de l'eau, c'est-à-dire que le poids d'un litre d'eau égale à peu près celui de huit cents litres d'air. C'est par cette pesanteur de l'air que s'explique l'ascension des aérostats, remplis d'un gaz plus léger que lui. — V. *Aérostat.*

La composition chimique de l'air pur ne varie pas; elle est toujours de vingt-une parties d'oxygène et soixante-dix-neuf d'azote, dans les diverses parties du globe comme dans toutes les hauteurs de l'atmosphère où il a été examiné; mais il varie de température, d'humidité ou de sécheresse. La quantité d'acide carbonique, de miasmes, de gaz étrangers, qu'il contient, varie aussi suivant les lieux, suivant les climats, suivant les hauteurs, la nature des lieux où on l'étudie; l'air est chaud dans la zone torride, au niveau de la mer, et sa température diminue à mesure qu'on se rapproche des pôles ou qu'on s'élève dans les hauteurs de l'atmosphère; il est brûlant au niveau de la mer à l'équateur; il est glacial sur les hautes montagnes couvertes de neiges, de glaciers éternels; il est plus pur sur les montagnes et dans les campagnes où le terrain est sec, que dans les villes, où il est chargé du gaz des immondices, et que dans les lieux marécageux, chargés souvent d'exhalaisons miasmatiques provenant de substances végétales et animales en décomposition; il contient de l'acide carbonique dans les logements insalubres, où la quantité d'air respirée est insuffisante aux animaux qui les habitent. — V. *Désinfection, Respiration.*

L'air s'introduit quelquefois par accident dans des veines ouvertes pour la saignée. On a vu des personnes malades mourir entre les mains du médecin au moment d'une opération par suite de ce malheureux incident. Le même fait a été observé chez les animaux, et notamment dans le cheval. On peut facilement se convaincre de ces fâcheux résultats sur un animal destiné à être abattu. On lui ouvre la jugulaire avec une flamme ou une lancette, on y insuffle de l'air au moyen d'un tuyau de plume ou d'un chalumeau, et bientôt l'animal tombe et meurt. Sa chute est quelquefois instantanée, comme sa mort, ce qui peut dépendre sans doute de la quantité d'air introduit dans la veine. Dans les cas de saignée des animaux, on prendra donc garde de ne pas laisser béante l'ouverture faite par l'instrument; sans cette précaution on aurait à craindre cet accident.

AIRE. Emplacement destiné au battage des grains. On choisit pour battre le blé une surface unie et plane; si elle est gazonnée on coupe l'herbe le plus près possible du sol; si elle est terreuse, on bat la terre de manière à la rendre dure et unie. L'aire à battre est quelquefois pavée avec des dalles en pierre. Quand le terrain n'est pas propice à l'établissement d'une aire, on en forme quelquefois temporairement avec des madriers et des planches ajustées en forme de plancher.

AIRELLE (*myrtille*). L'airelle est une plante de la famille des bruyères. Elle pousse dans les bois, à l'ombre, dans les lieux couverts et montagneux. Elle fournit un petit fruit noir qui lui a fait donner le nom de raisin des bois. Ce fruit, qui est une baie très colorée, a une saveur aigrelette et très agréable. Les enfants et les bergers le recherchent beaucoup et en apportent sur les marchers.

AIRS. Les écuyers appellent airs de manége les différents mouvements artificiels qu'ils font exécuter aux chevaux dressés à cet effet. A l'époque du triomphe de l'équitation, on attachait beaucoup d'importance à ce genre d'amusement et de dressage du cheval. Aujourd'hui on ne s'en occupe guères que dans les cirques, pour amuser les spectateurs.

AISANCES (*Fosses d'*). — V. *Latrines*.

AJONC. Plante ligneuse de la famille des légumineuses (papillonnacées). Cette plante, qui croît spontanément dans les landes, dans les terrains de médiocre qualité, est employée avec avantage pour la nourriture des animaux. On la cultive en Bretagne et dans quelques contrées de la Normandie; on la donne aux animaux après l'avoir hachée et broyée, et elle a été considérée comme nourriture de bonne qualité pour eux. Les épines dont l'ajonc est hérissé le rendent propre à former des haies de clôture. Dans tous les cas, il offre de grandes ressources par sa rusticité et la facilité avec laquelle il se développe dans les mauvais fonds, peu propres à la culture des autres végétaux. Sous ce rapport il pourrait donc rendre de grands services, dans les pays de landes surtout, où les fourrages sont rares et les animaux chétifs, parcequ'ils sont mal nourris, faute d'alimentation suffisante.

ALAMBIC. Appareil employé pour la distillation. L'alambic est composé de plusieurs pièces distinctes. La chaudière ou cucurbite contient le liquide à distiller; cette partie est exposée à l'action directe du feu; elle est surmontée du chapiteau, qui s'y ajuste hermétiquement et fait communiquer la chaudière au serpentin, espèce de tuyau en spirale plongé dans l'eau froide pour faire condenser les vapeurs qui partent de la cucurbite. Le vase qui contient l'eau froide traversée par le serpentin se nomme réfrigérant. Les vapeurs condensées se rendent, à l'état liquide, dans le vase nommé récipient, ainsi que tous les produits distillés.

Les alambics sont employés dans les laboratoires de chimie et de pharmacie. Leur forme comme leur volume peuvent varier; mais on y remarque toujours les pièces que nous venons d'énumérer. Dans le midi, comme dans tous les pays où on distille les liquides spiritueux, on se sert d'alambics pour obtenir les alcools, les eaux-de-vie, etc.

C'est encore au moyen de ces instruments qu'on distille les différentes essences ou huiles essentielles fournies par les fleurs ou les plantes qui en sont pourvues.

ALBINISME. État de certains individus appartenant à toutes les races, et résultant de l'absence de la matière colorante de la peau et des poils. Les animaux atteints d'albinisme sont blancs; l'iris de leurs yeux est rougeâtre, ce qui fait paraître ces organes rouges, comme ceux des lapins blancs, des souris blanches. Les animaux généralement colorés, comme les lièvres, les lapins, les rats, les oiseaux, peuvent être atteints d'albinisme. Ce phénomène physiologique est considéré comme une dégénérescence.

L'albinisme est quelquefois incomplet et partiel. Alors le pelage des animaux offre, avec sa couleur naturelle, des plaques blanches plus ou moins étendues.

ALBINOS. Nom donné aux animaux atteints d'albinisme. Il y a des races qui semblent se perpétuer à l'état d'albinos, comme le lapin blanc. Parmi nos animaux domestiques on n'en voit pas d'autre exemple. On ne peut pas considérer le cheval gris comme albinos, pas plus que le blanc, qui n'est généralement qu'un gris très clair. Dans tout cas, un cheval qui serait blanc et qui n'aurait pas les yeux d'un albinos ne pourrait jamais être considéré comme tel, pas plus qu'un bœuf ni un mouton. La couleur rouge de l'iris semble être un caractère spécial aux albinos, comme on l'observe chez les lapins, les rats, les souris, blancs.

ALBUGINÉ, ÉE. On nomme albuginés, en anatomie, les tissus animaux qui ont une couleur blanche plus ou moins nacrée. Les tendons, les ligaments, les aponévroses, sont des tissus albuginés. Le blanc de l'œil est formé par la sclérotique, qui est une membrane albuginée. Les tissus albuginés forment, dans l'économie animale, des cordons, des toiles ou des bandes plus ou moins larges, des ligaments d'une force de résistance extraordinaire. Cette force de résistance aux ruptures était indispensable à leurs usages, qui sont de transmettre les forces des puissances musculaires, d'unir quelquefois les muscles eux-mêmes comme le feraient des ligatures, de fixer les os du squelette de manière à prévenir et empêcher leur luxation. — V. *Aponévrose, Ligament, Tendon.*

ALBUGO. On donne le nom d'albugo à des taches blanches plus ou moins étendues qu'on observe sur la vitre de l'œil. Cette tache peut être le résultat d'une contusion ou d'une maladie de l'œil, notamment de la fluxion périodique. Dans le premier cas, elle peut disparaître facilement; dans le second, elle n'est que l'effet dont la cause peut compromettre la vue de l'animal. On fera bien de porter toute son attention sur ces taches, et de consulter les hommes expérimentés sur la matière.

Lorsque l'albugo se trouve en face de la pupille, il peut empêcher les rayons lumineux de pénétrer dans l'œil d'une manière directe. Dans ce cas, la vue est nuageuse, et l'animal est souvent ombrageux, parcequ'il ne peut pas bien voir les objets pour les distinguer. Lorsqu'au contraire la tache blanche est sur les côtés de la vitre, la vue n'en souffre pas; mais on doit toujours se rendre compte de son origine pour pouvoir juger de sa gravité. Si un accès de fluxion périodique en est la cause, le cas peut être sérieux; si l'albugo n'est que la conséquence d'une contusion, il peut disparaître facilement, sans que la vue en soit jamais altérée.

ALBUMINE (*albumen*). On donne ce nom au blanc de l'œuf, et aux autres substances qui ressemblent à ce corps, dans les animaux comme dans les végétaux. L'albumine existe dans le sérum du sang, dans le chyle, dans la synovie, dans la chair musculaire, dans les humeurs de l'œil, dans la lymphe. On la trouve aussi dans beaucoup de graines farineuses ou oléagineuses, et dans quelques racines.

L'albumine est incolore, insipide et visqueuse. Battue à l'air, elle mousse, comme on peut s'en convaincre lorsque nos cuisinières préparent les œufs à la neige. Cette substance est sans odeur. Elle est soluble dans l'eau, et elle se coagule, comme le blanc de l'œuf, à une température de 75 à 76 degrés. Elle est mucilagineuse, adoucissante et nutritive. Dans l'œuf, elle sert de nourriture au jeune poulet qui se développe avant son éclosion. On l'emploie souvent comme agglutinatif pour fixer, affermir des bandages, dans des cas de fracture des membres des animaux.

ALBUMINEUX. Un liquide est albumineux quand il contient de l'albumine; il a pour caractère d'être mucilagineux et de mousser lorsqu'il est vivement agité. Les albumineux sont souvent employés comme émollients.

ALBUMINURIE. Lorsque l'urine des animaux est gluante, albumineuse, elle indique une maladie vaguement désignée par le nom d'albuminurie. Les maladies des reins, celles de la vessie, occasionnent des albuminuries, lorsqu'elles rendent les urines gluantes.

ALCALESCENT. Un corps solide, liquide ou gazeux, est alcalescent lorsqu'il contient des alcalis, en plus ou moins grande quantité. — V. *Alcali*.

ALCALI. Corps solide, liquide ou gazeux, qui, mis en contact avec le sirop de violette, le fait devenir vert, et ramène à sa nuance bleue naturelle la teinture de tournesol qui a été rougie par les acides. Les alcalis ont une saveur âcre, amère et urineuse. Ils se combinent avec les acides pour former des sels. Les principaux alcalis sont la potasse, la soude, la chaux, la magnésie, l'ammoniaque, etc.

En art vétérinaire, on se sert des alcalis pour plusieurs usages, et notamment dans les météorisations des ruminants. L'ammoniaque étendu d'eau est celui qu'on emploie le plus généralement dans ces cas. — V. *Tympanite.*

ALCALI VOLATIL. V. *Ammoniaque.*

ALCALI VOLATIL CONCRET. — V. *Carbonate d'ammoniaque.*

ALCALIN. Corps qui a des propriétés analogues à celles des alcalis, à des degrés divers. Les sels alcalins qui ont pour base la soude, la potasse ou l'ammoniaque, sont employés, en art vétérinaire, à l'intérieur, comme diurétiques résolutifs, contre les tympanites des animaux, et, à l'extérieur, contre certaines maladies de la peau, et des engorgements chroniques.

ALCARAZAS. Vase de terre cuite, poreuse, laissant suinter l'eau. En se volatilisant par la chaleur, l'eau qui transsude au travers des parois des alcarazas les rafraîchit. Dans les pays chauds on peut ainsi se procurer de l'eau fraîche. Pour activer l'évaporation à la surface des alcarazas, on suspend ces vases à une longue corde, et on leur imprime un balancement qui équivaut à un courant d'air rafraîchissant, même pendant les plus grandes chaleurs. En Afrique, j'ai souvent employé moi-même ce moyen pour avoir de l'eau fraîche.

ALCÉE (*Rose trémière*). — V. *Tremière.*

ALCHIMIE. Nom d'une science qui s'attachait, dans les temps reculés, à des recherches chimériques. L'alchimie paraît dater de la plus haute antiquité; elle s'occupait de l'étude des corps, et notamment des métaux, qu'on cherchait à changer en or. L'alchimie avait aussi pour but de découvrir *la pierre philosophale*, dont les merveilleuses propriétés devaient transformer les conditions du genre humain, sous le rapport moral comme sous le rapport physique. A force de temps et de recherches incessantes, l'alchimie eut pour résultat quelques principes généraux qui servirent de point de départ à la chimie moderne, dont les progrès ont été immenses, depuis la fin du siècle passé surtout. — V. *Chimie*.

ALCHIMISTE. Savant philosophe qui s'occupait de l'alchimie dans l'antiquité. — V. *Alchimie*.

ALCOOL. Liquide incolore, plus léger et plus fluide que l'eau. Sa saveur est chaude, brûlante; son odeur est agréable; il s'enflamme au contact d'une bougie allumée, et il donne une flamme bleuâtre. L'alcool n'a pas encore été congelé, ce qui l'a rendu propre à faire des thermomètres pour indiquer les degrés de froid et de chaleur. Exposé à l'air, ce liquide en absorbe l'humidité. On l'obtient par la distillation des vins et des cidres. Dans le Midi de la France, il donne lieu à un commerce considérable.

L'alcool a la propriété de dissoudre plusieurs corps, plusieurs substances médicamenteuses employées en art vétérinaire. Celui qui contient du camphre, et qui est connu sous le nom d'alcool camphré, est d'un usage très fréquent contre les engorgements douloureux des membres des animaux, notamment aux articulations. On emploie aussi, sous le nom de teinture de cantarides, l'alcool qui contient de la poudre de ces insectes. Dans ce cas il agit comme révulsif puissant sur la peau, et comme résolutif.

ALCOOLIQUE. Nom donné à toute liqueur qui contient de l'alcool (liqueurs alcooliques, spiritueuses): tels sont les vins, les cidres, les bières, les poirés. Les alcooliques ont des propriétés toniques; ils sont d'un usage assez fréquent en art vétérinaire. On les administre surtout à l'intérieur, pour activer la digestion et la circulation, et pour donner de la force aux animaux languissants et faibles.

ALCOOMÈTRE. Instrument propre à mesurer le degré de concentration de l'alcool. — V. *Aréomètre*.

ALDERNEY. Nom donné à une race de vaches élevées dans les îles de la Manche. Cette race, délicate, petite, aux formes anguleuses, exige un climat tempéré. Son lait est exquis, et c'est pour cette raison que la vache de la race alderney est importée régulièrement en Angleterre, pour y former des vacheries qui fournissent du lait aux classes opulentes.

ALEZAN. Le mot *alezan* sert à caractériser la couleur rouge des poils et des crins du cheval et du bœuf. Un cheval est toujours alezan quand ses poils comme ses crins sont rouges. Suivant sa nuance plus ou moins foncée, l'alezan se distingue en alezan brûlé, clair, doré, foncé, cerise, marron, etc.

ALGUES. Plantes qui croissent généralement dans l'eau douce ou l'eau de mer. Les algues forment une famille de plantes très nombreuse et d'une structure particulière très variée. Quelques unes d'entre elles servent d'aliment à l'homme : telles sont plusieurs espèces d'ulva. D'autres servent à la nourriture des bestiaux. Il en est qui sont vermifuges; on les connaît sous le nom de mousse de Corse. Sur les bords de la mer, on ramasse les algues pour servir comme engrais.

ALIBILE. On nomme alibile toute substance qui peut être digérée et assimilée à l'économie animale. — V. *Aliment*, *Digestion*.

ALIMENT. Toute matière qui sert à la nourriture des animaux est un aliment. Les aliments sont fournis par les règnes végétal et animal. Ils doivent donc être distingués en aliments végétaux et en aliments animaux. Les premiers, qui consistent en fourrages de toute nature, en fruits, en racines, en graines, servent à alimenter nos animaux domestiques herbivores, tels que le bœuf, le cheval, l'âne, le mouton, la chèvre, les lapins. Le porc, le chien et le chat peuvent aussi vivre et se développer avec des aliments végétaux qui ont subi une certaine préparation. Le porc peut se nourrir avec des aliments animaux ; on en élève très bien avec de la viande et les détritus des cuisines. La volaille se nourrit aussi avec des aliments végétaux et animaux; les canards, les oies, et même les dindons, sont très voraces, et mangent avec avidité les substances animales, les vers. les limaces, les insectes, etc. Cependant il est généralement reconnu que les animaux destinés à la consommation doivent être soumis à une alimentation végétale avant d'être égorgés. On doit finir de les engraisser sans substances animales, qui communiquent un mauvais goût à leur chair. La viande des animaux carnivores a toujours une odeur forte particulière. Celle des animaux nourris avec des aliments végétaux n'offre pas ce caractère.

Le choix des aliments exige une attention particulière, suivant une infinité de circonstance dépendantes de l'âge des sujets, de leur état de santé, de la nature de leur travail, etc. On n'a pas assez attaché d'importance à cette grave question de l'hygiène des animaux. — V. *Fourrage*, *Nourriture*.

ALIMENTAIRE. Substance qui alimente. On nomme bol alimentaire la portion de nourriture qui, après avoir subi la mastication, est disposée en pelotte pour être déglutie. Le canal alimentaire est le long tube que parcourent les aliments depuis la bouche jusqu'à l'anus. C'est dans ce canal que s'opèrent les différents phénomènes de la digestion. — V. *Digestion*.

M. Isidore Geoffroy Saint Hilaire a donné le nom d'alimentaires aux animaux qui servent à l'alimentation de l'homme. Les végétaux qui ont la même destination devraient naturellement porter le même nom.

ALIMENTATION. Ce mot est généralement admis comme synonyme de nourriture. Une alimentation est abondante, suffisante, bonne ou mauvaise, végétale ou minérale, tonique ou débilitante, suivant sa nature. — V. *Nourriture*.

ALISIER. Arbre de la famille des rosacées. L'alisier fournit un bois dur et très liant. Les agriculteurs s'en servent pour faire des manches de fouet, des bâtons et des verges de fléau. Les tourneurs estiment beaucoup ce bois pour faire divers ouvrages, parcequ'il se travaille bien au tour. Les pâtres et les enfants recherchent son fruit pâteux, dont la saveur n'a d'ailleurs rien d'attrayant.

ALISMACÉES. Familles de plantes qui croissent dans les lieux humides et marécageux. Les alismacées donnent ordinairement une herbe grossière, dure, peu recherchée par les animaux.

ALLAITEMENT. Mode d'alimentation d'un jeune animal après sa naissance, par le lait qu'il tette, ou celui qu'on lui fait boire. L'allaitement a une grande influence sur l'amélioration des races. Un jeune sujet mal allaité reste rabougri; il se ressent toute sa vie de l'insuffisance de l'alimentation pendant les premiers mois de son existence. Lorsqu'il est bien allaité, bien nourri, au contraire, sa croissance est rapide, et tout son organisme acquiert les conditions physiques qui doivent en faire, plus tard, un animal robuste, fort, capable de bien répondre au but proposé, au service qu'on en exigera. C'est toujours un très mauvais calcul que de laisser souffrir les jeunes animaux au moment où ils sont le plus aptes à bien profiter des soins qui leur sont donnés. Que l'on compare la valeur d'un jeune animal de six mois bien soigné, bien allaité, bien nourri, en bon état, avec celle d'un sujet du même âge chétif, maigre, rabougri, par suite des privations dont il a souffert : l'on verra que l'économie qu'on a cru faire est une perte réelle; on le prouvera par la différence du prix des deux individus.

L'allaitement est dit naturel quand le jeune sujet tette sa mère; il est artificiel quand on lui fait boire le lait dans un vase. Dans un élevage bien compris, ce dernier mode l'emporte sur le premier, surtout dans l'espèce bovine, pour deux raisons : d'abord on peut mesurer la quantité de lait qu'on veut administrer, et l'allaitement est ainsi plus régulier : on ne sait jamais bien quelle est la quantité de lait prise par le jeune animal quand il tette sa mère; en second lieu, on peut mettre dans le lait des substances alimentaires, telles que de la farine, des bouillons, pour mieux nourrir les jeunes animaux. Ce n'est pas possible quand ils tettent.— V. *Accroissement.*

ALLANTOIDE. L'allantoïde est l'une des membranes qui concourent à former les enveloppes du fœtus dans le sein de la mère.

ALLANTOIDIEN. Nom du liquide contenu dans l'allantoïde.

ALLEMAND (*Cheval*). On nomme généralement cheval allemand tout cheval qui vient de l'autre côté du Rhin ou des bords de ce fleuve. Cette dénomination s'applique à toutes les races de l'Allemagne, quelle que soit la différence des caractères qui les font distinguer. Une grande quantité d'attelages de luxe en France sont formés avec des chevaux allemands; notre gendarmerie se remonte aussi en partie avec eux.

ALLONGE. Claudication causée, dans le cheval, par une distension des muscles ou des ligaments, à la suite d'efforts violents. Les animaux affectés d'allonge semblent traîner le membre qui en est le siége; on dirait que les muscles n'ont pas la force de le porter en avant. Des lotions émollientes d'abord, et des frictions toniques ensuite, quand le premier moyen n'a pas réussi, sont le traitement ordinaire qu'on applique aux allonges.

ALLURE. Mouvement de progression. On distingue plusieurs allures dans le cheval : tels sont le pas, le trot, le galop, l'amble, le pas relevé, l'aubin et le traquenard.

Les allures sont naturelles ou artificielles. Les premières, telles que le pas, le trot, le galop, sont celles que l'animal exécute naturellement; les autres sont la conséquence du dressage, de la fatigue ou de l'usure des animaux.

Les allures sont lentes ou rapides, douces, bonnes, défectueuses, régulières, etc., suivant les bonnes ou mauvaises conditions de leur exécution. — V. *Amble, Galop, Pas, Saut, Trop.*

ALLUVION. Terrain déposé par les eaux. Les terrains d'alluvion sont les plus fertiles. On les remarque dans les bassins et sur les bords des fleuves, des rivières et de la mer. Ils se forment dans les lieux où les eaux ralentissent leur cours pendant les inondations. Lorsqu'il est possible de détourner les eaux limoneuses qui entraînent les terres et les engrais des montagnes pour les faire déposer sur les sols, comme on le fait sur les bords du Nil, on fait toujours une bonne opération. — V. *Colmatage, Limon.*

ALOÈS. Plante de la famille des liliacées qui croît dans les contrées chaudes de différentes parties du globe. L'aloès fournit un suc du même nom qui a des propriétés purgatives très énergiques; il est employé en art vétérinaire. On s'en sert aussi pour des usages externes comme tonique et fortifiant, en le faisant dissoudre dans l'alcool; on donne le nom de teinture d'aloès à cette dissolution, qui est employée en frictions dans les rengorgements, et pour panser des plaies de mauvaise nature.

Administré en petite dose à l'intérieur, l'aloès est tonique pour les animaux et facilite la digestion.

M. Raspail a publié tout récemment dans les journaux une note dans laquelle il faisait mention d'une propriété nouvelle qu'il avait découverte dans l'aloès, pour préserver les végétaux des insectes et les animaux de la vermine et des mouches qui les tourmentent. Du reste, le procédé de M. Raspail est aussi simple qu'économique. Il fait dissoudre l'aloès dans de l'eau, à raison d'un gramme au plus par litre. Les insectes, comme la vermine, ont pour cette dissolution amère une telle aversion que, d'après les expériences faites par M. Raspail, ils n'attaquent jamais les corps qui ont été lotionnés avec elle. Un pinceau grossier ou une brosse peuvent servir à humecter soit les tiges des végétaux, soit le corps des animaux. Il serait facile de faire l'essai de ce moyen; si, comme l'affirme M. Raspail, il réussit bien, son emploi rendrait les plus grands services dans nos campagnes.

ALOPÉCIE. Chute partielle ou totale du poil des animaux. L'alopécie se remarque à la suite de certaines maladies de la peau, surtout dans quelques cas de gale ancienne et opiniâtre. Pour combattre l'alopécie, il faut traiter la maladie dont elle n'est que la conséquence. — V. *Gale.*

ALOUETTE. Oiseau de l'ordre des passereaux. L'alouette, très commune, comprend plusieurs variétés bien connues. Cet oiseau inoffensif est plus utile que nuisible à l'agriculture, par la destruction qu'il fait d'une infinité d'insectes dont il se nourrit; on devrait donc favoriser sa multiplication. L'alouette fournit un très bon gibier; on la chasse au filet ou au fusil, surtout pendant l'hiver.

ALPACA. Animal ruminant originaire d'Amérique. M. I. Geoffroy Saint-Hilaire s'est occupé de l'acclimatation de l'alpaca en France. D'après les expériences de ce savant naturaliste, l'élevage de ce ruminant pourrait réussir en France. Sa laine est très fine et abondante, et sa naturalisation pourrait être une utile conquête pour notre agriculture comme pour notre industrie. L'Angleterre fait tous les ans de grandes importations de laine d'alpaca. — V. *Lama.*

ALPESTRE. Nom des plantes des montagnes. — V. *Montagne.*

ALTÉRATION. Le mot *altération* s'applique aux avaries des diverses substances employées dans l'économie domestique, les arts ou l'industrie. Ainsi les grains, les fourrages, le pain, la farine, le bois, les médicaments, etc., etc., subissent des altérations qui déprécient plus ou moins leurs qualités et leur valeur commerciale.

En médecine vétérinaire, on donne le nom d'altération aux changements survenus dans les corps solides ou liquides de l'économie animale, et qui en détériorent la nature. On reconnaît l'altération du sang, d'un organe. — V. *Maladie.*

ALTERNE. Feuilles alternes, culture alterne. On nomme feuilles, alternes, en botanique, celles qui naissent à des hauteurs indéterminées sur une tige. En agriculture, le mot alterne s'applique à la succession de végétaux de nature différente, sur un sol cultivé. Culture alterne. — V. *Assolement*.

ALTERNER. Cultiver successivement sur un sol des plantes différentes. — V. *Assolement*.

ALTISE. Insecte de l'ordre des coléoptères. Les altises comprennent plusieurs variétés nuisibles à l'agriculture. Leurs corps ont des couleurs diverses. C'est surtout dans les jardins qu'elles exercent leurs ravages. Elles dévorent les raves, les navets à leur naissance, et une infinité d'autres légumes fournis surtout par les crucifères. Pour les détruire, on a employé les cendres, la chaux pulvérulente. Cette dernière substance paraît avoir produit de bons effets. La quantité des altises est quelquefois si grande dans les potagers et les semis des champs, surtout des plantes crucifères, telles que les colzas, les camélines, les raves, etc., qu'il est impossible de s'en défendre et de se soustraire à leur voracité.

ALUCITE. Insecte de la famille des lépidoptères. L'alucite est un des fléaux de l'agriculture, par les ravages qu'elle fait sur les grains. Elle fut étudiée la première fois aux environs d'Angoulême, en 1760. Depuis cette époque, elle s'est multipliée d'une manière désastreuse ; et si on n'y porte remède, il n'est pas douteux qu'elle se répandra dans tous nos pays producteurs de céréales. Bornée d'abord dans l'Angoumois, il y a un siècle à peine, elle est aujourd'hui dans le Limousin, dans la Touraine, le Berry, le Bourbonnais, la Sologne, etc. La chenille de l'alucite vit et croît dans les grains, dont elle dévore la farine. Elle est si abondante, que les tas de grains qui en sont infestés dans les greniers prennent tout à coup une température élevée qui se développe lorsque sa chenille va devenir papillon. Le pain provenant du blé qui contient l'alucite est malsain et de mauvaise qualité ; il donne des maux de gorge à ceux qui le consomment.

Les blés attaqués par l'alucite perdent quinze à vingt pour cent et plus de leur poids. Ce déficit, joint à la mauvaise qualité du pain que fait sa farine, rendue âcre et irritante par la présence de l'insecte, fait subir au grain une dépréciation ruineuse.

On a indiqué divers moyens de détruire l'alucite. Duhamel et Tillet conseillaient de faire chauffer le blé dans des fours, jusqu'à une température de soixante-huit à soixante-dix degrés. L'insecte périt à cette température. M. Herpin (de Metz) a employé un tarare qui, imprimant au grain un choc violent, brise celui qui contient l'alucite et détruit ses larves. Plusieurs expérieuses faites à ce sujet ont été favorables à ce procédé, qui mérite d'être étudié et appliqué. M. Doyère, ancien professeur de zoologie à l'institut agricole de Versailles, paraît avoir répété ces expériences avec succès, et a fait subir à l'appareil employé pour détruire l'alucite des modifications utiles.

ALUMINE. L'alumine forme la base de l'argile, et lui donne la ductilité, la ténacité qu'on lui connaît. Elle se durcit considérablement au feu, ce qui a fait employer les terres argileuses à la confection des briques, des tuiles et des poteries grossières. L'alumine est très avide d'eau, qu'elle conserve long-temps; aussi les terres alumineuses, argileuses, sont-elles généralement humides, et sont favorables à la végétation quand leur mélange est dans de bonnes proportions; elles sont donc propres à favoriser l'établissement des prairies et des herbages, dont l'herbe demande de la fraîcheur pour croître dans de bonnes conditions.

Les terres alumineuses sont quelquefois employées comme amendement dans les sols légers et graveleux. — V. *Argile.*

ALUN. Sulfate d'alumine et de potasse. L'alun est un composé d'alumine et d'acide sulfurique, avec un mélange de potasse ou d'ammoniaque. Ce sel se trouve tout formé dans la nature; il a une saveur astringente. L'alun calciné est fréquemment employé, en art vétérinaire, sur les plaies de mauvaise nature, et pour corroder des bourgeons charnus qui se développent surtout aux pieds des animaux à la suite de blessures ou d'opérations. Il est facile de faire calciner l'alun : on le met sur une pelle exposée à des charbons ardents; bientôt ce sel se liquéfie et se boursoufle; puis il se durcit, et devient blanc, poreux et léger. On le réduit en poudre alors, et on l'emploie dans cet état.

ALVÉOLAIRE. Les bords des mâchoires dans lesquels sont

creusées les alvéoles qui contiennent les dents des animaux sont appelés bords alvéolaires. — V. *Dent, Maxillaire.*

ALVÉOLES. Cavités des os maxillaires qui reçoivent les dents. On nomme aussi alvéoles les petites cellules des gâteaux de cire qui contiennent le miel dans les ruches, ou les œufs de l'abeille mère et le couvain. On donne encore le nom d'alvéoles aux cellules du tissu cellulaire des animaux. — V. *Cellulaire, Cire, Maxillaire, Os.*

ALVÉOLO-LABIAL. Nom donné au muscle qui, dans les animaux, forme une partie de la base des joues sous la peau. Ce muscle a pour usage de ramener de dehors en dedans, sous les dents, les aliments qui tendent à s'en écarter pendant la mastication. La langue opère la même fonction de dedans ou dehors. — V. *Mastication.*

AMADOU. Production végétale préparée au moyen d'un bolet qui croît sur divers arbres, notamment sur le chêne, le bouleau, et qui prend souvent des proportions très considérables. La préparation de l'amadou est fort simple : on coupe par tranches le champignon qui le produit, on le fait cuire dans l'eau, puis on le bat, pour le rendre souple. On le trempe dans une dissolution de sel de nitre, on le fait ensuite sécher, et l'opération est terminée.

On s'est long-temps servi de l'amadou dans nos campagnes pour allumer du feu avec un briquet et une pierre à fusil. Les allumettes chimiques le remplacent aujourd'hui dans beaucoup de cas.

En médecine des animaux, on se sert quelquefois de l'amadou pour arrêter de petites hémorragies ; on s'en sert pour le même usage dans l'homme.

AMADOUVIER. Champignon dont on extrait l'amadou. — V. *Bolet.*

AMAIGRISSEMENT. Diminution d'embonpoint, condition d'un animal qui commence à maigrir.

AMALGAME. Nom donné en chimie à tout alliage de mercure avec un autre métal.

AMANDE. Fruit de l'amandier. On donne aussi le nom d'amande à la graine contenue dans les noyaux.

AMANDIER. Arbre de la famille des rosacées, cultivé dans quelques pays méridionaux pour son fruit. La floraison de l'amandier, très hâtive, en fait un des arbres d'agrément des jardins; il donne les premières fleurs de printemps, fleurs qui se développent même avant les feuilles.

AMARANTHACÉES. Famille de plantes dont le type est l'amaranthe. Cette famille fournit diverses espèces d'ornement.

AMARANTHE. Plante de la famille des amaranthacées. L'amaranthe offre peu d'intérêt à l'agriculture, mais elle fournit une infinité de variétés cultivées comme plantes d'agrément; l'amaranthe passe-velours est une des plus belles plantes d'ornement que puissent posséder nos parterres.

AMARYLLIDÉES. Famille de plantes qui fournit plusieurs fleurs d'agrément. Les narcisses, les amaryllis, etc., sont de ce nombre.

AMAUROSE (*goutte sereine*). On nomme amaurose une maladie qui a causé la perte de la vue sans symptôme apparent, sans que l'œil paraisse altéré. L'amaurose, qui se déclare quelquefois spontanément et sans cause connue, est caractérisée par l'insensibilité des yeux à la lumière; la pupille est dilatée et immobile. Pour s'assurer de l'existence de l'amaurose, observée surtout dans le cheval, on place les animaux dans un lieu peu éclairé, on observe l'état de dilatation ou de rétrécissement de la pupille. Si elle conserve la même dimension à une clarté vive comme dans un lieu sombre, l'animal pourra être atteint de l'amaurose: on l'examinera donc avec attention.

Un cheval aveugle par l'amaurose a les yeux en apparence comme à l'état naturel, et on ne peut reconnaître sa cécité que par l'immobilité de la pupille à la clarté comme à l'obscurité.

L'amaurose est généralement reconnue incurable, et elle n'entraîne pas la rédhibition de l'animal, parcequ'on a pu s'assurer de son existence. Dans les acquisitions d'animaux, on aura donc soin d'examiner l'état de la vue.

AMAUROTIQUE. Affection de l'œil qui a des caractères d'amaurose. — V. *Amaurose.*

AMBIANT. Qui entoure. L'air ambiant, dans lequel vivent tous les corps organisés, joue un grand rôle dans l'économie animale comme dans la production végétale. Il fait subir aux animaux comme aux végétaux des influences plus ou moins fâcheuses ou favorables à leurs produits. — V. *Acclimatation, Air, Respiration.*

AMBLE. Allure des animaux exécutée par la progression alternative des bipèdes latéraux. On voit des chiens qui vont l'amble. Cette allure paraît naturelle au chameau et à la girafe. Certains chevaux vont aussi l'amble, qui rend les réactions très douces pour le cavalier. C'est pour cette raison que cette allure est souvent recherchée.

AMBLEUR. Cheval qui marche à l'allure de l'amble. — V. *Amble.*

AMÉLIORANTE. Culture améliorante. On nomme culture améliorante tout procédé cultural qui améliore la terre et la rend plus apte à la production. Un bon assolement, bien raisonné, est toujours une méthode de culture améliorante, parceque son emploi dispose le sol à donner la plus grande quantité de produits possible avec le moins de frais d'exploitation et le moins d'épuisement de la terre. — V. *Amélioration*, *Assolement.*

AMÉLIORATION. Action de perfectionner, d'améliorer le sol ou ses produits. Les améliorations foncières sont une des questions les plus graves de l'art de cultiver la terre. Non seulement l'avenir du perfectionnement de notre production végétale repose sur elles, mais encore celui de notre production animale, qui a tant de progrès à réaliser pour bien répondre aux besoins de notre consommation. Les améliorations foncières bien comprises, bien raisonnées et bien exécutées, sont la cause, la source du perfectionnement des divers produits du sol, qui n'en sont que la conséquence. En effet, si on améliore un terrain quelconque suivant ses besoins, soit par un bon système d'irrigation, soit par des défoncements, des amendements, des fumures, des colmatages ou attérissements, des nivellements, des assainissements, etc., nécessaires et fructueux, on obtient naturellement des récoltes plus abondantes, qui non seulement doivent couvrir l'intérêt du capital engagé, mais encore amortir ce capital par annuités, si ces opérations sont dirigées avec intelligence et savoir. Nous disons avec intelligence et savoir, parceque nous avons vu malheureusement des propriétaires se ruiner en prétendues améliorations dont ils n'avaient compris ni calculé les conséquences, parcequ'ils ne connaissaient pas leur métier de cultivateur. Pour faire des améliorations foncières, il faut trois capitaux indispensables : il faut d'abord le capital du savoir et de l'intelligence; en second lieu, il faut le capital numéraire, et enfin le capital du temps, avec lequel il faut compter, quoi qu'on fasse. Quand on se décide à opérer, à traiter avec la nature, il faut commencer par se résigner et prendre patience; elle ne modifiera pas sa marche pour nous. Si nous voulons la presser, la forcer dans son allure uniforme et constante, nous saurons ce qui nous en coûtera dans le cas même où nous arriverions au but que nous nous sommes proposé. Il ne faut donc pas s'attendre, en améliorations agricoles, à jouir le lendemain du fruit semé la veille, il faut savoir espérer, agir avec prudence, après de mûres réflexions et l'étude sérieuse des conditions dans lesquelles on se trouve pour opérer. Un praticien consciencieux et éclairé vous dira toujours que, malgré tous les soins apportés à l'examen d'une opération exécutée, la réflexion et l'expérience ultérieures démontrent qu'on aurait pu mieux faire et avec plus d'économie. Nous signalons ce fait comme exact pour l'avoir constaté nous-même plus d'une fois à nos dépens, et pour l'avoir vérifié partout où nous avons pu étudier les résultats de travaux exécutés.

Les améliorations foncières, avons-nous dit, sont la source des autres améliorations d'une exploitation. On conçoit qu'un sol bien assaini, bien fumé, bien préparé, donne une plus grande quantité de produits. Mais cette plus grande quantité de produits végétaux n'entraîne-t-elle pas naturellement l'amélioration des produits animaux qui les consomment? Voyez les animaux élevés dans des pays riches en produits culturaux : ils sont en bon état, bien développés, robustes et nombreux. Dans les pays pauvres au contraire, dont le sol en mauvais état, maigre et mal cultivé, ne donne que des produits végétaux médiocres et en petite quantité, vous ne voyez que des animaux rares, maigres et rabougris.

On recommande généralement aux cultivateurs de se procurer de belles et fortes races de bestiaux; c'est un triste conseil à donner à ceux qui ne sont pas en mesure d'entretenir de plus belles races que celles qu'ils élèvent. Les animaux, qu'on ne l'oublie pas, ne sont qu'un effet. La cause des conditions de leur développement est dans la nature et la quantité des produits dont on les alimente. Si ces produits sont riches et abondants, les animaux qui en résultent sont beaux et forts; si au contraire ils sont maigres et rares, les animaux seront rares, chétifs, maigres, comme les aliments qu'on leur a administrés avec une parcimonie forcée. Etudions partout, examinons dans les diverses contrées de l'Europe les produits végétaux et animaux; partout on sera convaincu de l'exactitude du fait que nous avançons ici; on peut le donner comme une règle générale et sans exception.

Il nous sera donc facile de tirer une conclusion de ce qui précède au sujet de l'amélioration des races de bestiaux; on devra, avant de songer à s'en occuper pratiquement, améliorer le sol, qui améliorera ses produits directs; le perfectionnement des animaux qui les consommeront en sera une conséquence rigoureuse au point de vue de leur développement, de leur volume.

Il se présente ici une autre question qui se rattache naturellement à celle de l'amélioration des produits. Nous venons de voir que les améliorations foncières entraînent comme conséquence les améliorations des récoltes quant à la quantité et au développement des végétaux qui les composent; mais, comme la quantité ne comporte pas toujours la qualité, et que le mot amélioration s'applique à l'action de perfectionner un produit dans toutes les conditions de sa perfectibilité, nous ne devons pas négliger d'en parler. Lorsque le sol a été amélioré et que l'expérience a démontré ce fait par ses récoltes, il s'agit d'améliorer la nature des végétaux, si cela est nécessaire. S'ils ont des qualités à acquérir et qu'il soit possible de les leur donner, on peut y parvenir par le choix de la semence faite sur les produits mêmes du sol exploité, ou en se procurant une semence étrangère, sans oublier de procéder toujours avec réserve. Il serait imprudent, en effet, de changer brusquement une nature de semences d'une localité sans avoir expérimenté, sans savoir si la graine importée réussira comme on le désire. On fera donc toujours quelques essais, dont on étudiera bien les effets sous tout rapport, avant d'opérer sur une grande échelle. On ne doit pas oublier de signaler ici un fait malheureusement trop commun dans nos campagnes. La majorité des cultivateurs sont peu disposés à faire autre chose que ce qu'ont fait leurs devanciers; ils ne veulent pas changer leurs procédés, parcequ'ils se défient d'un procédé nouveau pour eux, et dont ils ne peuvent pas toujours saisir tous les avantages. Lorsqu'une expérience pratiquée sur une échelle étendue ne réussit pas, outre la perte qu'elle cause, elle provoque les lazzis et même les sarcasmes des voisins, ce qui est toujours d'un mauvais effet pour le progrès agricole. Il ne faut pas négliger de dire cependant que, quand une semence nouvelle a réussi et qu'elle est adoptée, on n'est pas toujours assuré du succès d'une manière absolue. On observe souvent que les nouvelles conditions où se trouve cette semence modifient peu à peu ses produits et tendent à la rapprocher du type local. Dans ce cas, on la renouvelle aux époques plus ou moins éloignées qui en font sentir la nécessité, et on entretient ainsi, à coup sûr, l'amélioration désirée; et ce fait n'est pas observé seulement dans la production végétale, la production animale nous offre absolument les mêmes phénomènes; on devra donc agir avec la plus grande circonspection dans l'un et l'autre cas, pour opérer avec fruit. — V. *Appareillement, Croisement, Perfectionnement.*

AMÉLIORER. Perfectionner un objet, lui donner plus de valeur, le rendre plus apte à sa destination, plus propre à atteindre le but proposé. — V. *Amélioration.*

AMÉNAGEMENT. Exploitation des bois ou forêts suivant des méthodes, des principes indiqués par la science et subordonnés à des circonstances données. Un bon aménagement d'une forêt dépend de la nature du terrain exploité, de celle du bois qu'il fournit, comme des débouchés offerts pour les ventes. Le temps ne saurait être limité au sujet des coupes, pas plus pour l'exploitation des taillis que pour celle des futaies. En général, un arbre doit être coupé quand il ne gagne plus à rester sur pied, et à plus forte raison quand il n'a plus qu'à y perdre. Qu'un bois soit en taillis ou en futaie, il a un degré de développement qui dépend de la nature du sol, tant sous le rapport de la rapidité ou de la lenteur de la croissance, que sous celui de la quantité des produits. Un terrain qui n'est pas fondé peut permettre au bois de pousser rapidement jusqu'au degré de croissance que comportent sa nature et les ressources nutritives du sol. Après ce développement normal à la localité, le bois ne croît plus. S'il n'est pas exploité, le temps qui s'écoule est une pure perte pour l'exploitant, puisque le produit n'augmente plus et ne peut plus rien gagner. Cela explique pourquoi il y a des taillis qui doivent être coupés à dix ans d'intervalle, les autres à quinze, à vingt, etc.

La même théorie s'applique aux futaies. Il en est qui, après un développement donné, ne croissent plus. Les arbres se couronnent, et il faut les exploiter après un certain nombre d'années, qui varie suivant les ressources nutritives du sol.

L'étude des aménagements est donc multiple. Elle s'attache d'un côté au commerce, à l'industrie, et de l'autre à la minéralogie et à la physiologie végétale.

AMÉNAGER. Exploiter un bois ou une forêt d'après des règles qui paraissent le mieux répondre aux exigences de l'exploitant ou à celles de la consommation. — V. *Aménagement.*

AMENDEMENT. On donne généralement le nom d'amendement, en agriculture, à un corps qui tend, par son mélange, à augmenter les conditions de fécondité d'un terrain cultivé. Mon honorable ami le professeur Caillat, qui est un des savants qui se sont le plus occupés de l'étude des amendements, les divise en trois classes. La première comprend les amendements minéraux, subdivisés en modifiants et en assimilables : tels sont les marnes, les argiles, le sable, la chaux, le plâtre, les cendres, etc.; la deuxième classe comprend les amendements organiques ou engrais, subdivisés 1° en engrais animaux, 2° en engrais végétaux, 3° en engrais mixtes, tels que les divers fumiers qui contiennent des substances animales et végétales mélangées; enfin, la troisième classe comprend les amendements minéro-organiques. Les composts, les engrais composés de substances minérales, végétales ou animales mélangées, sont de ce nombre. Voici le tableau que donné M. Caillat sur les amendements, dans son ouvrage sur l'application des sciences à l'agriculture, t. 4, p. 17.

AMENDEMENTS.					
Ire CLASSE. AMENDEMENTS MINÉRAUX.		IIme CLASSE. AMENDEMENTS ORGANIQUES OU ENGRAIS.			IIIe CLASSE. AMENDEMENTS
MODIFIANTS.	ASSIMILABLES.	ENGRAIS ANIMAUX.	ENGRAIS VÉGÉTAUX.	ENGRAIS MIXTES.	MINÉRO-ORGANIQUES.
I. Le sable. II. L'argile calcinée. III. L'argile non calcinée. IV. Les marnes.	I. Le plâtre. II. La chaux. III. Les cendres: 1° *Cend. neuves*, 2° *Charrées*, 3° *Cendres div.* IV. La suie. V. Amendements salins : 1° *Le sel ordin.*, 2° *Les nitrates de potasse*, *id. de soude*, 3° *Chlorhydrate de chaux*, 4° *Sulfate de soude*, 5° *Lignites pyriteux* (1), etc.	1° Le sang. 2° Les chairs ou boyauderies. 3° Les excréments divers : D'hommes, D'animaux, D'oiseaux, colombine, Le guano, L'urine, le purin, Le lisier, 4° La laine, les poils, crins, etc. 5° La corne. 6° Les os pilés.	1° Le seigle, Le sarrasin, La spergule, Les lupins. Les vesces, pois, Les trèfles, etc. 2° Les tourteaux de colza, navette, etc., Les huiles avariées. 3° Les plantes marines, fucus, varechs, algues, Le goëmon. 4° Les touraillons, Le tan, etc.	Fumiers divers : De chevaux, De bêtes à cornes, De porcs, etc.	Noir animal. Noir animalisé. Noir sang. Poudrette ordinaire. Poudrette inodore Composts divers : Engrais Jauffret, Engrais Lainé. Engrais normal chimique, Engrais per-azoté, Boues des rues, Sable ou limon de mer avec herbes marines et coquillages, etc., Tourbes, etc., etc.

(1) Cet amendement pourrait être placé dans la troisième classe des amendements minéro-organiques, si l'on considère les débris de lignites comme substances organiques.

On voit, d'après la distinction et la composition des amendements, combien leur action peut varier. Les uns modifient la texture, la composition du sol, pour le rendre plus perméable aux éléments qui doivent favoriser la végétation, tels que l'air, la chaleur, l'humidité. D'autres fournissent au sol des éléments minéraux qui augmentent sa fécondité. Enfin il en est qui servent de nourriture aux plantes mêmes, tout en modifiant les conditions de texture de la terre. Chacun d'eux a donc ses propriétés spéciales. — V. *Argile*, *Chaux*, *Compost*, *Fumier*, *Marne*, *Noir animal*, *Os*, *Plâtre*, *Sang*.

AMENDER. Modifier un sol par des amendements. — V. *Amendements*.

AMENTACÉES. Famille de végétaux qui comprend le micoulier, le hêtre, l'orme, le noisetier, le chêne, le châtaignier, les saules, etc. La famille des amentacées, qui est une des plus intéressantes pour l'agriculture par les essences qui lui appartiennent, a été divisée en trois ordres principaux, qui sont : 1° les copulifères, 2° les bétulacées, et les salicinés. — V. ces mots.

AMER. On donne le nom d'amers, en économie du bétail, à des médicaments qui se distinguent par l'amertume de leur saveur. Ces médicaments, fournis en grande partie par le règne végétal, ont des propriétés toniques, astringentes, fortifiantes. Les plantes le plus généralement employées comme médicaments amers sont le quinquina, le houblon, la gentiane, l'aloès, la rhubarbe, plusieurs labiées, la camomille, l'absinthe, etc., etc. On administre les amers aux animaux languissants qui manquent d'appétit. On les donne surtout à ceux qui sont disposés à la cachexie, aux moutons menacés de la pourriture.

AMEUBLIR. Rendre la terre meuble, légère, perméable; la mettre dans de bonnes conditions de production. On ameublit le sol par des labours, des hersages, des binages, et par le mélange d'amendements bien appropriés. Lorsque la terre est bien ameublie, bien disposée à recevoir la semence, on dit qu'elle est *amoureuse*, expression des Allemands, qui rend bien l'idée des bonnes conditions dans lesquelles elle a été mise pour produire.

AMEUBLISSEMENT. — V. *Ameublir*.

AMIDON. L'amidon, qu'on nomme aussi fécule amilacée, ou fécule, est une substance blanche pulvérulente, composée de petits grains sphériques. L'amidon se rencontre dans une grande quantité de végétaux, et surtout dans beaucoup de graines. Toutes les graines des céréales, les châtaignes, les marrons, la pomme de terre, le topinambour, plusieurs graines des légumineuses, telles que les haricots, les fèves, les lentilles, etc., contiennent l'amidon ou fécule. Cet élément, entrant dans la composition d'un grand nombre de végétaux dont on alimente les animaux, joue donc un rôle important dans leur nutrition.

On extrait la fécule de la pomme de terre et de différents blés pour les usages domestiques comme pour les arts et l'industrie. On la mélange aussi à la farine pour en faire du pain très bon, et d'une grande blancheur; on en met jusqu'à quarante-cinq parties sur cent de farine. Après avoir subi certaines préparations, on se sert de l'amidon pour faire des potages variés connus sous différents noms, tels que potages de sagou, de tapioca, etc., etc.

En art vétérinaire, l'amidon est employé comme médicament émollient à l'état de cataplasme, ou dissous dans l'eau. On l'utilise aussi comme agglutinatif pour fixer certains bandages dans des cas de fractures. Il agit alors comme colle très tenace. En suspension dans l'eau tiède, il sert comme lavement adoucissant pour combattre les coliques des animaux.

AMMONIAQUE (*alcali volatil*). L'ammoniaque est un gaz incolore, d'une odeur vive et suffocante, et d'une saveur caustique et irritante; il se forme par la décomposition de matières animales, notamment des urines. Les latrines mal tenues en dégagent, pendant les chaleurs de l'été surtout, d'assez grandes quantités qui provoquent le larmoîment par leur action irritante sur les yeux.

Le gaz ammoniaque, dissous dans l'eau, forme l'ammoniaque liquide, dont l'usage est si fréquent dans nos campagnes, sous le nom d'alcali volatil. On l'emploie contre la morsure des vipères, contre la piqûre des abeilles, et surtout contre les météorisations des ruminants qui ont mangé avidement du trèfle ou de la luzerne mouillés. On en donne, dans ce cas, de vingt à trente grammes, étendus dans un litre d'eau, qu'on fait avaler aux bœufs météorisés. Ce remède peut suffire souvent pour les guérir et les préserver de la mort. — V. *Tympanite*.

AMNIOS. Nom donné à l'une des membranes qui composent les enveloppes du fœtus. L'amnios contient le liquide dans lequel est plongé le jeune sujet. C'est ce liquide, nommé amniotique, qui s'écoule de l'utérus pendant la parturition, et facilite la sortie du nouveau-né. — V. *Parturition.*

AMNIOTIQUE. On nomme amniotique le système vasculaire de l'amnios, ainsi que le liquide que contient cette membrane du fœtus. — V. *Amnios.*

AMODIER. Expression reçue en agriculture, dans quelques pays, comme synonyme d'affermer. Amodier une propriété, c'est la donner à bail. V. *Bail.*

AMORPHE. Nom donné à tout corps informe qui n'a pas une configuration distincte et déterminée. La plupart des minéraux sont amorphes. — V. *Minéral.*

AMPHIARTHROSE. Articulation qui a lieu au moyen de ligaments fixés sur les surfaces articulaires mêmes de l'os. Les vertèbres offrent des exemples d'amphiarthrose. — V. *Articulation.*

AMPHIBIE. (De deux mots grecs qui signifient de part et d'autre et vie.) Animal qui peut vivre dans l'eau et hors de l'eau. La grenouille, le crapaud, etc., sont des amphibies.

AMPLEXICAULE. Nom donné, en botanique, aux feuilles qui embrassent la tige et semblent traversées par elle.

AMPOULE. Petite poche remplie de sérosité qui se forme sous l'épiderme des animaux. Les brûlures, les vésicatoires, etc., causent des ampoules. On nomme aussi ces petites tumeurs cloches ou phlyctènes. Elles se développent quelquefois à la langue du bœuf atteint d'une maladie grave qu'on a appelée glossanthrax. Cette affection se déclare spontanément avec le caractère épizootique, et fait périr beaucoup d'animaux, si on ne prend pas les précautions nécessaires pour l'arrêter. — V. *Glossanthrax.*

AMPUTATION. Opération qui consiste à enlever, avec un instrument tranchant, une partie du corps d'un animal, soit pour cause de maladie, soit pour tout autre motif. On pratique l'amputation de la queue dans le cheval et le chien, pour des raisons qui ne sont pas toujours fondées. On ne devrait jamais couper la queue aux juments poulinières ni aux chevaux dans les pâturages, parcequ'ils s'en servent pour chasser les mouches qui les tracassent, dans les temps de chaleurs surtout. On ampute généralement la queue aux moutons, surtout aux mérinos. Cette pratique facilite, chez les brebis, la saillie du bélier. Du reste, dans l'espèce ovine, la queue n'est pas utilisée comme chasse-mouche, la laine préservant leur peau des piqûres des insectes.

AMULETTES. Objets, substances ou écrits de natures diverses, suspendus au cou des animaux pour les préserver de certains maléfices. Partout où il y a superstition, on trouve des amulettes. Les Arabes les suspendent au cou de leurs chevaux; chez eux ce sont des écrits placés entre deux petites plaques de cuirs cousues ensemble. Ils croient ainsi préserver leurs montures de maladies, des balles de l'ennemi, etc., etc.

AMILACÉ, E. Corps végétal contenant de l'amidon; ex. : les blés, la parmentière, les fèves, les lentilles. — V. *Amidon*.

ANAL. Orifice anal, glandes anales. — V. *Anus*.

ANALEPTIQUE. Nom donné aux médicaments ou aux aliments qui relèvent les forces des animaux épuisés par de longues fatigues ou des maladies. — V. *Tonique*.

ANANAS. Plante de la famille des broméliacées. L'ananas cultivé dans nos serres donne un fruit très recherché par les gourmets. Sa culture demande des soins tout particuliers. Le fruit de l'ananas est un des plus exquis que l'on puisse obtenir; mais, dans nos serres, il est loin d'avoir les qualités de celui que l'on récolte dans sa patrie originaire, où il acquiert un volume relatif énorme. C'est sous les tropiques, où ils croissent à l'état de nature, qu'on récolte les plus beaux ananas, comme les meilleurs.

ANASARQUE. Hydropisie générale de toutes les parties du corps par suite de l'infiltration d'une énorme quantité de sérosité dans les mailles du tissu cellulaire. L'anasarque, qui a été surtout observée chez le cheval, commence par envahir les membres, le dessous du ventre, et gagne ensuite tout le corps. Lorsque cette maladie se borne au tissu cellulaire sous-cutané, on peut sauver les malades; mais lorsque l'infiltration est générale, quand elle gagne tout le corps, elle est souvent mortelle.

ANASTOMOSE. (De deux mots grecs qui signifient *ensemble* et *bouche.*) Réunion de vaisseaux artériels veineux ou lymphatiques qui s'abouchent entre eux, et permettent ainsi le mélange des liquides qu'ils contiennent. L'anastomose est un moyen de communication d'un vaisseau à l'autre. Le mot *anastomose* s'applique aussi à la réunion de deux nerfs.

ANATOMIE. (De deux mots grecs qui signifient *à travers* et *couper.*) Science qui a pour but l'étude détaillée de chacune des parties qui composent un corps organisé. L'anatomie est donc la science de l'organisation des instruments de la vie.

L'anatomie est distinguée en générale et spéciale. La première s'occupe de tous les tissus qui entrent dans la composition générale des animaux. La deuxième se borne à l'étude particulière de la configuration et de la texture de chaque organe. On distingue aussi l'anatomie humaine et l'anatomie vétérinaire, suivant que cette science s'occupe de l'homme ou des animaux. L'anatomie comparée embrasse l'étude de l'organisation de tous les animaux de la création, pour examiner les modifications des organes correspondants dans les divers individus.

ANATOMISTE. Savant qui s'occupe spécialement d'anatomie et qui connaît cette science.

ANCHOIS. Petit poisson de mer du même genre que le hareng, et pêché dans plusieurs mers, notamment dans la Méditerranée et l'Océan. La pêche de l'anchois donne lieu à une grande industrie. Après l'avoir préparé et salé pour le conserver, il est expédié dans tous les pays, où il est consommé plutôt comme assaisonnement sur les tables, que comme aliment isolé. C'est surtout pour la table des riches que l'anchois est réservé.

ANCOLIE. Plante de la famille des renonculacées. L'ancolie croît dans les prairies élevées et dans les bois; sa fleur, d'un beau bleu foncé, est très belle. Elle est cultivée dans nos jardins comme plante d'agrément.

ANDALOU. Le cheval andalou est un joli cheval, aux formes gracieuses, potelées et arrondies, qui en font un beau type de manége. On distingue facilement la race andalouse. Sa robe est généralement noire. Son corps est arrondi, son encolure est forte et rouée; sa tête est un peu développée; ses avant-bras sont courts et ses paturons longs, ce qui ne favorise ni sa vitesse ni sa force; il a les pieds petits, les talons hauts et les jarrets ordinairement coudés. Le cheval andalou a beaucoup de souplesse et d'élégance sous le cavalier, mais ses allures sont raccourcies; comme il n'est propre qu'à la selle, sa race devient de plus en plus rare. Aujourd'hui l'élevage du cheval de trait léger et de cabriolet borne partout celui des chevaux qui ne sont propres qu'à la selle, et qui ne sont guères employés maintenant que dans nos régiments de cavalerie légère.

ANDROGYNE. — V. *Hermaphrodite*.

ANE. L'âne est classé dans l'ordre des pachydermes et dans le genre cheval. Originaire d'Asie ou d'Afrique, où il vit encore à l'état sauvage, il s'est répandu dans le monde entier, où il est employé comme bête de somme surtout. Sa sobriété, sa rusticité, sa force et sa durée le rendent précieux à tous les services auxquels il est employé. Sa santé est robuste, et le met à l'abri des maladies nombreuses dont le cheval est atteint sous l'influence de la domesticité. Sa vue surtout est excellente, et ses yeux sont exempts d'affections, notamment de la fluxion périodique qui cause la cécité de tant de chevaux. Je dois citer un fait remarquable sous ce rapport. On sait que la fluxion périodique est héréditaire, et que tout poulain provenant d'une mère ou d'un père fluxionnaires est menacé d'y être soumis. Jamais un mulet provenant de jument fluxionnaire ne devient fluxionnaire lui-même, ce qu'il doit à la puissance d'organisation de la vue de son père. Les juments aveugles par suite de la fluxion sont sans crainte livrées au baudet. Les faits ont prouvé de tout temps que la cécité n'est pas à craindre pour le mulet, lorsque pour le cheval elle est presque assurée. C'est surtout dans les pays de montagnes escarpées, où les sentiers pierreux sont difficiles, que l'âne prouve sa force, sa résistance et son adresse. Dans les montées comme dans les descentes rocailleuses et à pic, il a le pied toujours sûr. On lui voit rarement faire un faux pas. Ses allures ne sont pas rapides, mais il marche toujours, et il supporte à merveille les privations et la chaleur. Cependant son tempérament sec et nerveux le rend irritable, et, lorsque par hasard il est malade, ses maladies ont généralement toujours le type aigu. Elles font périr rapidement le malade, ou elles guérissent vite. L'âne peut travailler très jeune. Dès l'âge de dix-huit à vingt mois, on commence à le charger au moulin; il peut durer jusqu'à vingt-cinq et trente ans. La corne de son pied est très dure; elle résiste assez, le plus souvent, pour se passer de ferrure, même dans les plus mauvais chemins. Certains ânes travaillent toujours dans nos campagnes, et ne sont jamais ferrés. Toute proportion de dépense gardée, l'âne peut être considéré comme celui de nos animaux domestiques actuels qui rend le plus de services avec le moins de frais; aussi est-il toujours l'animal de prédilection du pauvre, et des pays montueux et peu fertiles.

L'âne, à l'état sauvage, est souvent connu sous le nom d'onagre. — V. *Onagre*.

ANÉANTISSEMENT. Excès de prostration des forces. Dernier degré d'abattement des animaux, à la suite de maladies graves, ou dont l'action débilitante a été longue. — V. *Maladie*.

ANÉMIE (privation de sang). Etat maladif causé par le défaut de quantité suffisante de sang chez les animaux. Les hémorrhagies peuvent provoquer l'anémie. L'épuisement causé par une nourriture insuffisante, qui ne répare pas les pertes naturelles faites par les animaux de travail surtout, a le même résultat. Une bonne alimentation et le repos sont les meilleurs remèdes contre l'anémie.

ANÉMONE. Plante de la famille des renonculacées. Cette plante comprend plusieurs espèces. L'anémone des bois est une des fleurs qui se font remarquer les premières, au printemps, dans les tertres ou sous les fourrés des bois. Les anémones, très nombreuses et très variées, sont cultivées dans les jardins comme plantes d'ornement.

ANESSE. Femelle de l'âne. L'ânesse a toutes les précieuses qualités du mâle de son espèce. Si elle est moins forte, elle est plus docile, plus facile à conduire. Son lait est précieux pour les poitrines délicates. Elle est souvent nourrie au voisinage des grandes villes pour ce produit. On rencontre souvent dans les rues de Paris des ânesses qui vont porter leur lait dans leurs pis aux portes mêmes des malades. Croisée avec le cheval, l'ânesse donne un mulet appelé bardeau. Cet animal, qui se rapproche plus du cheval par sa conformation que le mulet ordinaire, est généralement plus petit que ce dernier; mais il ne lui cède rien en qualités, en rusticité, en force, comme en santé. — V. *Ane*, *Mulet*.

ANETH. Plante de la famille des ombellifères. On cultive quelquefois l'aneth pour sa graine, qui a le goût de celle de l'anis. Cette culture, du reste, est assez bornée.

ANÉVRISME. Dilatation accidentelle et partielle d'une artère. Le cœur n'est pas exempt de cet accident, toujours très grave, dans les animaux comme dans l'homme. Un cheval atteint d'un anévrisme au cœur ne peut plus rendre de service qui paie convenablement sa dépense; il est donc sans valeur, et il doit être abattu.

ANGÉIOLOGIE. (De deux mots grecs signifiant *vaisseau* et *traité*). Science qui traite des vaisseaux d'un animal; qui s'occupe de l'étude des artères, des veines et des lymphatiques. — V. *Circulation*, *Vaisseau*.

ANGÉLIQUE. Plante de la famille des ombellifères. L'angélique est cultivée dans quelques pays, comme produit de commerce pour les confiseurs. On affirme que dans le nord de l'Europe, en Irlande, en Laponie, etc., elle est utilisée comme aliment recherché par ces populations.

On a employé l'angélique comme médicament tonique et comme stimulant la digestion chez les animaux. Consommée verte par les vaches laitières, elle donne à leur lait une légère odeur aromatique.

ANGINE. Esquinancie, étranguillon. Tous les animaux domestiques sont sujets à cette maladie. Le bœuf, et notamment le cheval, le porc, le chien et le mouton, en offrent de fréquents exemples. L'angine se fait remarquer par un engorgement plus ou moins considérable de la gorge. Les animaux ont le cou raide, tendu; ils toussent, ils éprouvent de la difficulté pour boire et avaler les aliments. Leur bouche est chaude et rend une grande quantité de salive gluante. Leur respiration devient quelquefois difficile, et les animaux témoignent de l'anxiété. Souvent des abcès se forment à la gorge: il est utile de les percer pour donner écoulement au pus et dégorger ainsi les parties tuméfiées. On applique ordinairement à la gorge des onguents émollients, et on y fixe une peau de mouton pour y entretenir une douce chaleur. On injecte aussi dans la bouche des malades de l'eau tiédie, édulcorée avec du miel et des substances émollientes. Lorsque l'angine est très intense, que la respiration est difficile par suite de l'épaississement des membranes muqueuses du larynx ou de l'arrière-bouche, les animaux sont quelquefois menacés d'être asphyxiés. Dans ce cas on pratique quelquefois la trachéotomie, pour les préserver de la mort. — V. *Asphyxie, Trachéotomie.*

ANGLAIS. (Animaux anglais.) Il n'est pas de pays au monde qui se soit occupé de la multiplication et du perfectionnement des divers animaux domestiques avec plus d'intelligence et de succès que les Anglais. Qu'on examine avec attention leurs diverses races de chevaux, suivant leur destination spéciale; leurs races de bœufs, de moutons, de porcs, de chiens, de volailles, et l'on trouvera dans chacune d'elles un but proposé et atteint. Etudiez leurs chevaux de vitesse confectionnés pour les luttes d'hippodrôme, vous leur trouverez une conformation commandée pour obtenir la plus grande somme de vitesse possible dans un temps donné. Ce sont de véritables *levriers* de l'espèce chevaline. Les chevaux de chasse, de trait, anglais, ont aussi une conformation et des qualités qui répondent au but pour lequel ils ont été élevés. Leurs races de bœufs, Durham, Devon, etc.; leurs moutons, Dishley, Southdown, etc., ont des qualités spéciales bien tranchées, soit pour la production de la viande, soit pour celle de la laine. Leurs porcs sont admirablement fabriqués pour la production de la graisse. Leurs races diverses de chiens ne sont pas moins admirables par l'aptitude avec laquelle elles répondent aux services pour lesquels elles ont été confectionnées. Peut-on voir un animal mieux disposé pour le combat que le boule-dogue créé exprès pour le triste amusement de lui voir étrangler son adversaire; sa mâchoire est un étau qui, une fois fermé, ne s'ouvre que par l'emploi d'un puissant moyen mécanique. Le coq de combat anglais meurt en combattant plutôt que de céder.

En France, nous ne devons pas envier la création de races propres à s'exterminer réciproquement; mais ce que nous désirons bien sincèrement c'est le perfectionnement obtenu par les Anglais dans leurs races diverses. Nous avons tous les éléments physiques propres à nous conduire au même résultat; ce qui nous manque, c'est la science des animaux, qu'on pourra acquérir dans nos établissements d'enseignement de l'agriculture; mais tant que nos éleveurs opéreront comme ils ont fait jusqu'ici, nos races d'animaux seront ce qu'elles ont été, ce qu'elles sont encore aujourd'hui; nous les aurons telles que la nature nous les donne, l'art n'y aura produit quelques effets désirables que par rares exceptions. — V. *Amélioration, Croisement, Perfectionnement.*

ANGLAISER. Pratiquer une opération qui consiste à couper les muscles abaisseurs de la queue d'un cheval. Les muscles releveurs se trouvent alors sans antagonistes, et la queue est portée horizontalement. Cette opération n'est pas sans danger; on a souvent vu des maladies des os coxigiens, des accidents consécutifs qui ont fait périr les animaux. Aujourd'hui la mode d'anglaiser les chevaux est moins répandue; il serait utile qu'elle fût tout à fait abandonnée, car elle ne remplit jamais bien le but qu'on se propose par l'opération qu'elle nécessite. Le port horizontal de la queue doit être naturel; quand il est forcé il n'est jamais gracieux.

ANGORA (Chèvre d', lapin, chat d'). Au commencement de ce siècle, lorsque notre industrie, éclairée par les sciences appliquées, prit un essort inconnu jusque alors, nos industriels les plus éminents comprirent la nécessité de multiplier la production indigène de toutes les matières premières qu'ils employaient. Ils avaient l'exemple de l'acclimatation récente du mérinos; ils voulurent essayer la naturalisation des chèvres de Cachemire et celle des chèvres d'Angora. Ternaux, encouragé par le gouvernement, s'occupa surtout de la première de ces espèces, mais sans succès marqué. Il ne nous reste ni traité spécial pour l'élevage de ces précieux animaux, ni renseignements qui puissent nous dire exactement ce que nous pouvons espérer de leur importation. Nous ne sommes guère plus heureux sur la chèvre d'Angora. A l'époque où les industriels faisaient leurs expériences sur ces animaux, la France n'avait plus son Daubenton pour l'éclairer sur l'intéressante question des chèvres de Cachemire et d'Angora, comme elle l'avait été par ce grand naturaliste au sujet des mérinos à la fin du siècle passé. Cependant la tradition des essais tentés par nos devanciers n'a point été totalement oubliée. Un membre de la Société zoologique d'acclimatation, M. Sacc, professeur d'histoire naturelle de Neufchâtel, proposa à la Société de faire des études sur l'acclimatation de la chèvre d'Angora. La proposition fut accueillie avec empressement, et une commission fut nommée immédiatement pour examiner la question. Le rapport de la commission, présenté en son nom par M. Ramon de la Sagra, concluait en faveur de la proposition de M. Sacc. Déjà des démarches sont commencées en Orient pour avoir des renseignements sur les moyens de se procurer des types de chèvres d'Angora. Il en sera fait une étude pratique sérieuse au point de vue des ressources que ces animaux précieux peuvent offrir à notre agriculture et à notre industrie.

Les Anglais, si habiles dans la recherche de tout ce qui peut concourir à la prospérité de leur industrie, fabriquent dans ce moment avec le poil de chèvre d'Angora des tissus très recherchés par le luxe surtout, et qui sont d'ailleurs très remarquables. Depuis 1848, l'Angleterre étend la fabrication de cette nature dans de grandes proportions. Un seul fabricant de l'Eeds, MM. Smith et fils, a employé, en 1850, 13,000 balles de poil de chèvre d'Angora pour la fabrication des tissus qu'il livre à la consommation. Cette industrie paraît du reste offrir un avenir tel, qu'un autre manufacturier anglais, M. Titus Salt, de Bradford, a introduit, pour les acclimater et les élever, un troupeau de chèvres d'Angora qu'il a fait venir de Constantinople.

L'Angleterre n'est pas la première nation qui ait fait des essais sur l'acclimatation de la chèvre d'Angora. Alstrœmer, auquel la Suède doit des études sérieuses sur le mérinos, s'était occupé de la chèvre que nous signalons à notre agriculture comme à notre industrie. En Italie, le marquis Ginori s'était aussi livré à l'élevage de cet animal, et, en France, M. de Latour-d'Aigues en avait fait autant avec succès dans l'Isère, quelque temps avant la révolution française.

Plus tard, des introductions partielles de chèvres d'Angora furent faites par divers propriétaires. L'école vétérinaire d'Alfort en possédait quelques individus d'une beauté remarquable vers 1824 ou 1825. M. Polonceau, ingénieur, qui contribua à fonder l'institut agricole de Grignon, fit quelques essais de croisement de la chèvre d'Angora avec celle du Thibet; mais nous avons vainement cherché les notes ou travaux relatifs à cette expérience généralement inconnue, et par conséquent sans fruit pour notre industrie.

Il s'agit donc aujourd'hui de reprendre ces essais d'une manière suivie et sérieuse. Ceux qui ont eu lieu jusqu'ici ont manqué de suite; ils ont été abandonnés après la mort des hommes de dévoûment qui les avaient commencés. La Société zoologique d'acclimatation va donc se mettre à l'œuvre. Ses nombreuses relations, la présence des Français en Orient, lui faciliteront, nous en sommes assuré, les moyens d'arriver à son but, et nous la félicitons de son dévoûment aux progrès de notre agriculture et de notre industrie, comme de l'initiative qu'elle prend pour les provoquer.

On élève aussi en France une variété de lapins et de chats à longs poils soyeux, et qui sont connus sous les noms de lapins et chats d'Angora. Le poil des lapins d'Angora pourrait être utilisé dans l'industrie. Ils sont d'une finesse remarquable. Quant aux chats de cette espèce, ils sont surtout élevés pour la beauté de leur fourrure, d'ailleurs sans utilité dans le commerce.

ANGUILLE. Poisson très recherché qui se trouve dans nos rivières. On élève l'anguille dans les étangs, où elle se multiplie facilement. Ce produit est d'un écoulement toujours assuré; on pourrait le multiplier plus qu'on ne le fait dans les pays qui se livrent à l'industrie de l'élevage du poisson, surtout au voisinage des grandes villes. — V. *Pisciculture.*

ANGULEUX, SE. Corps qui offre des angles en saillie. On voit souvent des animaux dont les formes anguleuses paraissent disgracieuses à l'œil. Ces formes leur donnent une apparence de maigreur qu'ils n'ont pas réellement. Elles sont la conséquence du développement des éminences osseuses, qui, loin d'être un défaut, sont au contraire une qualité, pour les animaux de travail surtout. Ces éminences forment des bras de levier qui favorisent mieux, par leur plus grande longueur, l'action des puissances musculaires. Beaucoup de chevaux de sang ont les formes anguleuses. Les bœufs d'Auvergne, ceux du Morvan, si renommés par leur aptitude au travail et leur énergie, ont aussi les formes anguleuses.

ANIMAL. Être vivant pourvu de la faculté de sentir et de se mouvoir. L'animal diffère donc du végétal, qui est aussi un être vivant, par le mouvement et la sensibilité, propriétés dont ne jouissent pas les plantes. — V. *Animaux domestiques, Corps.*

ANIMAL, E. Règne animal, fonction animale. Le règne animal comprend l'ensemble de tous les êtres qui sentent et se meuvent. La vie animale est la conséquence de toutes les fonctions de la vie physique des animaux, telles que la digestion, l'absorption, la circulation, la respiration, les sécrétions, etc. La chimie animale s'occupe de la composition moléculaire des animaux. La chaleur animale est la température naturelle aux animaux. — V. *Corps, Chaleur, Fonctions, Respiration.*

ANIMALCULE. Animal microscopique, qu'on ne peut apercevoir qu'à l'aide du microscope. Les animalcules sont innombrables dans la création. — V. *Infusoires.*

ANIMALISÉ. Engrais animalisé, qui contient des substances animales, comme du sang, des débris de chairs provenant de cadavres d'animaux. Le noir animalisé est le charbon animal produit par les os brûlés. — V. *Noir animal.*

ANIMALITÉ. Attributs propres aux animaux, conditions particulières à un animal. — V. *Animal.*

ANIMAUX DOMESTIQUES. Nom donné à tous les animaux que l'homme a réduits à l'état de domesticité pour son utilité ou ses plaisirs. Les animaux domestiques sont soumis à des services divers suivant leur aptitude. Ainsi, le cheval est exclusivement destiné à servir comme locomotive, soit qu'il traîne une voiture ou qu'il porte un fardeau. Le bœuf est élevé pour sa viande, et le lait que fournit sa femelle pour la nourriture de l'homme; il est aussi employé au labour et aux transports des produits agricoles. Le mouton nous donne sa laine et sa chair; la chèvre, son lait, sa chair et sa peau. Le porc nous fournit de la graisse pour préparer nos aliments, et de la viande pour notre consommation. Le lapin augmente nos provisions de bouche. Le chien garde nos troupeaux, surveille nos maisons, chasse le gibier, fait la guerre aux animaux nuisibles, défend son maître; et le chat nous délivre des petits rongeurs qui dévorent nos provisions. Nos basses-cours et nos colombiers sont peuplés d'oiseaux domestiques variés qui nous offrent des ressources immenses par leur chair, leurs œufs ou leurs plumes. Enfin, l'homme a formé des étangs, des ruchers et des magnaneries, pour utiliser le travail d'insectes qu'on pourrait regarder comme domestiques, et pour la multiplication de poissons, qui pourraient être compris dans la même catégorie.

Les animaux domestiques sont la conquête la plus utile faite par l'homme sur la création. Les peuples civilisés leur doivent le degré de bien-être dont ils jouissent, et ils ne peuvent l'entretenir que par eux. Ce sont les animaux domestiques qui forment la base de leurs richesses, comme celle de leur force et de leur puissance. Supposons aujourd'hui la France privée tout à coup de ses animaux domestiques. Son agriculture est anéantie avec eux, et par conséquent ses produits végétaux, comme ses produits animaux. La conséquence rigoureuse de ce fait serait la famine, la mort. Que le globe entier soit dépourvu de ces précieux auxiliaires, et il n'y a plus pour l'homme d'autre état que l'état sauvage, dont il ne pourra sortir qu'avec de nouveaux animaux domestiques. Le sauvage seul peut se passer d'eux, et l'on pourrait peut-être mesurer le degré de civilisation d'un peuple à la quantité des animaux qu'il élève, à leur nature, et surtout à leur qualité.

Nous sommes encore loin en France d'avoir compris, d'avoir exploité toutes les ressources que le règne animal offre à la domestication. Nous aurons occasion d'y revenir en traitant de cette question importante et si peu étudiée des connaissances humaines.

Les animaux domestiques doivent être considérés chacun comme une petite usine isolée et vivante, chargée de procurer à l'homme les denrées dont il a besoin. Le cheval sert de locomotive pendant sa vie, et entretient les ressorts, les rouages de son admirable machine animée, avec un peu de foin ou d'herbe et quelques grains de céréales. Il fabrique en même temps, avec ces simples éléments, du cuir, des poils, du crin, de la corne, de la graisse, des os, de la chair, de la colle, etc., substances utilisées dans les arts après sa mort et vendues sous mille formes diverses après avoir alimenté une infinité de métiers aussi variés que nombreux. Dans quelques contrées on consomme aussi la viande du cheval; le préjugé seul y met obstacle en France. Un jour viendra peut-être où elle sera vendue sur nos marchés comme celle des autres animaux.

Le bœuf fabrique les mêmes substances que le cheval, par les mêmes procédés et avec la même alimentation ; mais sa spécialité, après sa mort, est de nous donner sa viande si savoureuse, avec laquelle on fait de si délicieux bouillon. Sa femelle nous procure de plus des veaux, son lait : souvent consommé en nature et sous des formes si variées, nous fournit le beurre et le fromage.

Le mouton fabrique la laine qui sert à confectionner nos draps de toute qualité. Nous n'avons que la peine de la récolter tous les ans sur son dos et de l'envoyer dans nos manufactures. Le porc confectionne la graisse qui sert à faire cuire nos légumes, à préparer les aliments fournis par les autres animaux ; il fait cette graisse si précieuse, dans nos campagnes surtout, avec des résidus de cuisine, avec des détritus qui seraient le plus souvent perdus sans lui. Les oiseaux de nos basses-cours fabriquent des œufs pour notre alimentation, une viande exquise pour nos tables, et des plumes pour confectionner des coussins, des lits, etc.

Mais si les animaux domestiques peuvent être considérés comme autant de petites usines isolées qui fabriquent des produits divers utilisés par la consommation variée de l'homme, il est impossible de ne pas admettre que ces produits doivent varier comme ceux qui viennent de toute autre fabrique. Ils doivent être de bonne ou de médiocre qualité, suivant le degré de perfection de l'usine qui les fournit. Ce fait, observé dans les fabriques de l'industrie manufacturière, se reproduit exactement de la même manière, quant aux résultats, dans les usines de la nature, et c'est ce qui établit la différence qui existe entre les bonnes et mauvaises races d'animaux domestiques. L'homme peut les modifier et les rendre excellentes, comme il peut aussi dégrader les bonnes espèces et les rendre mauvaises. C'est là une question d'études sérieuses de la nature, un sujet de méditations dont nos éleveurs ont été trop éloignés jusqu'ici. L'enseignement professionnel de l'agriculture y portera remède en vulgarisant dans les pays d'élevage la science intime des animaux, qui avait été trop reléguée, sans fruit pour la pratique, dans le cabinet des naturalistes. — V. *Appareillement*, *Croisement*, *Dégénération*, *Etalon*, *Perfectionnement*, *Reproduction*, *Zootechnie*.

ANIMAUX (*morts*). Si l'on sait tirer si bien parti, dans l'industrie manufacturière et dans les arts, des produits animaux, il n'en est pas de même dans nos campagnes des bestiaux morts ou abattus pour cause de maladies incurables. On ne profite guères que de leur peau. Le reste du cadavre, qui fournirait un engrais si énergique, est abandonné aux chiens, aux loups, aux oiseaux de proie, etc. Il ne devrait pas périr un seul animal qui ne fût utilisé comme engrais, sauf dans des circonstances de maladies contagieuses qui exigent l'intervention de l'autorité chargée de veiller à l'application des règlements de police sanitaire. On pourrait dépecer les animaux morts, mélanger leurs viande, leurs os, leur sang, leurs intestins, etc., avec de la terre, de la chaux, de la marne, des détritus végétaux, et faire ainsi des composts précieux. Il n'est pas de meilleurs, de plus énergiques engrais, que ceux qui sont fournis par les substances animales, parcequ'elles renferment, dans les plus grandes proportions possibles, les éléments de nutrition des végétaux condensés et contenus dans un petit volume. — V. *Écarrissage*, *Engrais*.

ANIMAUX (*nuisibles*). Nos campagnes ont souvent un tribut à payer aux animaux nuisibles. Les loups attaquent surtout le mouton; le renard vole les oiseaux de basse-cour, les oiseaux de proie en font autant; la marte, la fouine, le putois ravagent les volaillers quand ils le peuvent. Les belettes font beaucoup de tort aux colombiers quand elles y pénètrent. Les sangliers bouleversent les champs ensemensés de pommes de terre; les lapins rongent les jeunes plants. Les rats, les surmulots, les mulots, les souris, les hamsters, les loirs, les campagnols, dévorent nos grains en magasin ou dans les champs, attaquent nos provisions de bouche, nos fruits, etc. Le seul moyen de se soustraire aux ravages de ces animaux, c'est de les détruire par tous les moyens dont on peut disposer, soit avec des piéges, soit avec du poison, ou des armes à feu. On tue assez ordinairement le sanglier à l'affût, lorsqu'on a reconnu le lieu où il se rend pendant la nuit. —V. *Affût*, *Sanglier*.

ANIS. Plante de la famille des ombellifères. La graine d'anis a une saveur assez agréable. On lui attribue des propriétés toniques. Elle est peu usitée en médecine des animaux.

L'anis est utilisé dans l'art du pâtissier et dans celui du confiseur pour confectionner des gâteaux, des dragées, et pour fabriquer une liqueur connue sous le nom d'anisette

ANKYLOSE. Absence plus ou moins complète du mouvement d'une articulation. L'ankylose d'une articulation, dans les membres surtout, est toujours une cause majeure de dépréciation d'un animal qui n'est pas destiné à la boucherie. Dans tous les cas il est facile de découvrir son existence en faisant marcher les sujets qui en sont atteints. De vieux chevaux de trait ont quelquefois le jarret ankylosé. On voit des bêtes de somme qui ont les vertèbres de la région lombaire soudées ensemble et sans mouvement articulaire. L'ankylose, dans ce cas, n'a que des signes très obscurs et il est assez difficile de s'assurer de son existence. Ce n'est qu'en pinçant les reins qu'on peut se convaincre de leur inflexibilité, et se douter que les os des lombes sont soudés ensemble.

ANNÉLIDES. Animaux appartenant à la division des articulés. Les annélides forment une classe à part. Ils ont le corps plus ou moins allongé et formé par une succession d'anneaux nombreux. Ils sont tous hermaphrodites. Les sangsues, les vers de terre, sont des annélides.

ANNEXE. Appareil d'organes ou d'instruments dépendant d'un corps principal. Les annexes du fœtus sont ses enveloppes. Les chariots, les charrues, etc., ont aussi leurs annexes dans leurs chaînes, leurs palonniers, leurs cordages, etc. Les annexes des instruments d'agriculture doivent toujours être entretenus en bon état, ce qui prolonge leur durée et facilite leur emploi en toute occasion.

ANNUEL, LE. Toute plante qui, comme le blé, naît et meurt dans l'année, est annuelle; l'orge, l'avoine, le sarrasin, etc., sont des plantes annuelles. — V. *Accroissement des plantes, Age.*

ANNULAIRE. Qui a la forme d'un anneau. La composition anatomique du corps des animaux offre des organes qui ont la forme d'anneau et qu'on nomme annulaires On reconnaît, en anatomie, des ligaments, des cartilages annulaires.

ANODIN. Substance médicamenteuse qui calme les douleurs. Les narcotiques, l'eau tiède, les émollients, sont des anodins. — V. *Bains émollients, Narcotiques.*

ANOMAL. Irrégulier. Corps anomal, fonction anomale, qui ne suit pas l'ordre habituel. Dans les animaux comme dans les végétaux, on remarque des phénomènes vitaux qui ont une marche, un caractère anomal, souvent provoqués par des causes inappréciables et inconnues. — V. *Anomalie.*

ANOMALIE. Phénomène anomal. Il y a des anomalies dans l'organisation des animaux comme des plantes, lorsque certains organes n'ont pas leur forme, leur organisation ordinaires. On remarque des anomalies dans les fleurs et les fruits, dans les tiges, dans les feuilles, etc. Souvent les anomalies survenues dans les corps vivants s'expliquent facilement par les sciences naturelles, qui en indiquent l'origine et la marche. Mais souvent aussi elles restent un secret impénétrable aux investigations de l'homme dans l'état actuel des sciences, pour être expliquées plus tard, quand elles ont progressé.

ANON. Jeune produit de l'ânesse. Comme tous les jeunes animaux, l'ânon doit être bien soigné, bien alimenté, si on veut obtenir de lui la plus grande somme de travail auquel il est destiné. Un âne, pouvant travailler jusqu'à l'âge de vingt et vingt-cinq ans, paiera, largement, les soins et l'excédant de nourriture qu'il aura pu recevoir pendant les deux ou trois premières années de sa vie. — V. *Accroissement, Ane.*

ANORCHIDE. Qui n'a pas de testicule apparent. On rencontre souvent des chevaux, comme des bœufs, qui semblent avoir été castrés et qui se comportent comme s'ils étaient entiers. Cela dépend, le plus souvent, de ce que, l'un des testicules n'étant pas descendu dans les bourses, on n'a pas pu l'enlever par la castration; un seul testicule a pu être extrait, l'autre est resté dans l'abdomen. Le bœuf anorchide est souvent dangereux. Dans tout cas, il s'engraisse plus difficilement que s'il était castré; et il n'y a de remède à son mal que la boucherie, si on ne peut pas l'utiliser au travail. Quelquefois les deux testicules restent dans l'abdomen; dans ces cas, rares d'ailleurs, la castration est impossible.

ANOREXIE. (D'un mot grec qui signifie *privé d'appétit.*) Absence d'appétit. L'anorexie caractérise ordinairement une indisposition ou une maladie dans les animaux. Ils refusent, instinctivement, des aliments qui pourraient être nuisibles à leur état actuel. Sous ce rapport, la nature a été admirablement prévoyante pour retarder ou arrêter le progrès d'un mal que la nourriture aurait nécessairement augmenté. Les animaux, dans ce cas, se mettent eux-mêmes à la diète.

ANORMAL. — V. *Anomal.*

ANSÉRINE (*Chenopodium*). Plante de la famille des chénopodées. Les ansérines sont nombreuses; elles comprennent plusieurs variétés, qui ne sont d'aucune utilité en agriculture.

ANTAGONISTE. (De deux mots grecs qui signifient *contre,* et *faire effort.*) On donne le nom d'antagoniste à un muscle agissant dans un sens opposé à celui d'un autre muscle. Les muscles fléchisseurs sont donc les antagonistes des extenseurs. — V. ***Muscle.***

ANTENOIS, E. (De deux mots latins qui signifient *avant,* et *né.*) Nom donné à l'agneau ou à l'agnelle qui ont leurs deux premières dents d'adultes. Antenois veut dire né l'année avant celle où l'on examine l'animal. Les antenois quittent leur nom d'agneau au moment où ils perdent leurs premières dents de lait, et prennent celui de mouton ou brebis. — V. *Accroissement, Agneau.*

ANTENNES. Appendices mobiles, cornés et articulés, qui se trouvent à la tête des insectes. Les antennes, vulgairement nommées cornes des insectes, sont souvent très utiles pour les classifications et pour caractériser les espèces. Elles servent le plus ordinairement d'organes du toucher aux individus qui en sont pourvus.

ANTHÈRE. Petite capsule de l'étamine qui contient la matière fécondante des plantes ou pollen. L'anthère est quelquefois supportée par un filet sur lequel elle est mobile comme sur la pointe d'une aiguille. Les anthères jaunâtres du lys en sont un exemple. — V. *Étamine, Pollen.*

ANTHRAX. — V. *Charbon.*

ANTI. Préposition qui, précédant le nom d'une affection, sert à désigner la propriété de la substance médicamenteuse employée comme moyen curatif. Ainsi, un médicament est appelé anti-morveux, anti-farcineux, anti-cachectique, quand il est propre à combattre le farcin ou la morve, la cachexie, etc.

ANTIDOTE. Nom donné à une substance employée pour combattre les effets du poison. — V. *Poison.*

ANTILOPE. Animal ruminant à cornes creuses. La famille très intéressante des antilopes est la plus nombreuse de l'ordre des ruminants. Ces animaux renferment des espèces très variées qu'il serait facile de réduire à l'état domestique, et qui augmenteraient ainsi nos ressources alimentaires. Les antilopes nousont déjà fourni la chèvre et le mouton. Ils pourraient nous donner d'autres individus précieux pour notre agriculture, tels que le canna, le gnou, le nylgau, etc...... Il est facheux qu'au point de vue pratique et économique, leur étude ait été aussi négligée jusqu'ici. Les antilopes sont généralement originaires des pays chauds. Le chamois est le seul qui vive sur les montagnes élevées et froides.

ANTIMOINE. Corps simple métallique. L'antimoine, combiné à plusieurs autres corps, tels que le soufre, le chlore, l'oxygène, etc., fournit un assez grand nombre de médicaments employés en médecine vétérinaire. Ces médicaments sont désignés sous le nom spécial d'antimoniaux. Tels sont l'émétique, le kermès minéral, le soufre doré, le beurre d'antimoine (chlorure), etc. Suivant leur nature, les préparations d'antimoine sont employées, en médecine du bétail, tantôt comme caustique (chlorure d'antimoine), tantôt comme expectorant, pour combattre les toux anciennes, les bronchites chroniques, tantôt contre la morve et le farcin, contre les maladies de la peau, etc. Il est peu de corps minéraux qui offrent plus de ressources à l'art de traiter les maladies des animaux domestiques que l'antimoine.—V. *Émétique, Kermès.*

ANTIPÉRISTALTIQUE. Pour faciliter la marche des aliments dans le canal intestinal, les intestins opèrent un mouvement de contraction de l'estomac à l'anus. Ce mouvement est appelé péristaltique. Lorsque, par une anomalie assez rare chez les animaux, les intestins opèrent un mouvement opposé et font remonter les matières alimentaires dans un sens contraire à leur marche naturelle, ce mouvement est appelé antipéristaltique. — V. *Péristaltique, Rumination, Vomissement.*

ANTIPHLOGISTIQUE. (De deux mots grecs qui signifient *contre* et *brûlure.*) Substance médicamenteuse employée contre les inflammations. Un régime, un traitement antiphlogistiques, sont indiqués comme moyens thérapeutiques contre les maladies inflammatoires. On emploie dans ces cas les saignées, la diète, les boissons émollientes, adoucissantes, quelquefois les révulsifs, tels que les sinapismes, les vésicatoires, les sétons, les cautères, etc.

Ce sont surtout les jeunes animaux qui sont soumis au régime ou au traitement antiphlogistique.—V. *Inflammation*, *Maladie.*

ANTIPSORIQUE. (De deux mots grecs qui signifient *contre* et *gale*). Médicament employé contre la gale. — V. *Gale.*

ANTISEPTIQUE. Substance employée pour prévenir la putréfaction dans des cas de gangrène, de charbon, etc. Le chlore, le charbon pulvérisé, etc., sont des antiseptiques. — V. *Charbon*, *Chlore.*

ANTISPASMODIQUE. Médicament dont l'action est propre à prévenir ou à calmer les affections spasmodiques, telles que le tétanos, l'épilepsie des animaux.

ANUS. Orifice postérieur du tube intestinal. Dans l'étude de la conformation du cheval, l'examen de l'anus ne doit pas être négligé. Ses rebords gros, flasques, son ouverture béante, indiquent une origine commune, de la faiblesse, et un défaut de vigueur et d'énergie. Ces caractères sont souvent ceux d'une grande fatigue, de la ruine d'un animal exténué par le travail et la mauvaise nourriture. Un anus bien fermé, dont les rebords sont petits, bien contractés, bien enroulés, indique de la distinction. Dans le cheval, il est un caractère de vigueur et de race noble.

ANXIÉTÉ. Lorsque les animaux ont des maladies qui les font beaucoup souffrir, ils s'agitent, se tourmentent, et leurs yeux témoignent de l'inquiétude : on dit qu'ils sont dans l'anxiété. Les coliques violentes, une grande difficulté de respirer, dans des cas d'angine aiguë et intense, causent beaucoup d'anxiété aux animaux. Les femelles près de mettre bas témoignent aussi de l'anxiété.

AORTE. L'aorte est le tronc artériel qui, partant du cœur, reçoit le sang de son ventricule gauche. Ce tronc se divise ensuite pour former deux branches nommées aorte antérieure et aorte postérieure, dans les animaux. Les divisions et subdivisions de l'aorte donnent les artères qui vont porter le sang dans toutes les parties du corps.

AOUTER. Terme employé en agriculture et en jardinage pour indiquer le travail de la sève d'août. Après ce travail, la végétation des arbres s'arrête et le nouveau bois formé commence à prendre la consistance qui pourra lui faire supporter, sans souffrir, le froid de l'hiver. C'est après avoir aouté que les arbres fruitiers, les rosiers, peuvent être greffés à œil dormant. — V. *Greffe*.

APÉTALE. Plante dont les fleurs sont dépourvues de corolle. — V. *Corolle*.

APHONIE. (Privation de voix.) Les animaux qui ont perdu la voix sont atteints d'aphonie. Pendant la mue, les oiseaux chanteurs sont dans l'aphonie. Des maladies du larynx peuvent causer l'aphonie temporaire chez les animaux; le chien en offre des exemples assez fréquents.

APHRODISIAQUE. Substance propre à exciter les organes sexuels des animaux reproducteurs. On fait quelquefois usage des aphrodisiaques pour les étalons paresseux dans le temps de la monte. Une bonne nourriture, des aliments substantiels, et un exercice bien dirigé, sont les meilleurs aphrodisiaques; les moyens artificiels, les excitants, peuvent stimuler un moment l'appétit vénérien des reproducteurs, mais c'est aux dépens de leurs qualités, et souvent même de leur santé.

APHTES. On donne ce nom à des érosions, à des ulcérations superficielles, observées dans la bouche des animaux. Dans le bœuf on voit des aphtes se développer non seulement à la bouche, mais quelquefois dans le tube intestinal, aux mamelles, entre les onglons des pieds et à leur couronne. Ils existent souvent avec des maladies graves, comme certaines épizooties, le typhus, etc.

Les aphtes se font remarquer en abondance chez les ruminants atteints par l'épizootie à laquelle on a donné le nom de *cocote*. On voit souvent, dans ce cas, les pieds des animaux si malades, que les onglons tombent. Les bœufs de travail restent long-temps dans les étables ou aux pâturages sans pouvoir être attelés, et les mamelles des vaches laitières se tarissent, ou la sécretion du lait diminue dans de grandes proportions. La bouche, l'arrière-bouche, la langue, sont couvertes d'aphtes, qui ne sont, d'ailleurs, qu'un symptôme de la maladie. On combat les aphtes avec des gargarismes émollients, ou rendus astringents avec une dissolution d'alun, avec de l'eau vinaigrée, ou miellée.

APLOMB. Toute colonne de soutien doit être d'aplomb, c'est-à-dire placée verticalement, pour être dans les meilleures conditions possibles d'action. Ces conditions sont importantes à connaître dans l'étude des membres des animaux, et surtout du cheval, exclusivement destiné à supporter des fardeaux ou à traîner de lourdes charges.

Les membres d'un animal ont la double fonction de supporter d'abord le corps, et de servir d'instrument de locomotion. La nature a réparti à chacune de ces quatre colonnes la quantité de poids qui doit être soutenue dans leurs bonnes conditions d'aplomb. Si ces conditions n'existent pas, la répartition n'est plus la même; il en résulte que certains membres sont obligés de supporter un excédant de poids destiné à d'autres. Lorsque les membres antérieurs d'un cheval, par exemple, au lieu d'avoir une direction verticale, sont déviés en arrière, ils s'engagent sous le centre de gravité, et ils sont d'autant plus chargés, qu'ils se rapprochent plus de ce centre de pesanteur. Il en serait de même des membres postérieurs, sortant de leur ligne d'aplomb naturel, pour se porter en avant d'elle. Tout membre d'un animal qui manque d'aplomb indique un vice de conformation, une maladie, ou une fatigue résultant de son usure. Il est donc essentiel de l'examiner pour remonter à la cause de sa déviation, et juger de sa gravité.

APOCYNÉES. Famille de végétaux qui croissent généralement dans les pays chauds. Cette famille nous a fourni la pervenche et le laurier-rose, plantes d'ornement que nous cultivons pour leurs belles fleurs dans nos jardins et nos parterres. Le laurier-rose ne résiste pas à nos climats du nord; on est obligé de le tenir dans des serres en hiver.

APONÉVROSE. Les aponévroses sont des membranes d'une grande force de résistance, tissues avec des fibres blanches d'un reflet nacré. Elles servent à envelopper les muscles, soit individuellement ou en masses, pour les fixer dans leurs positions respectives, comme le feraient des bandes. Les fibres qui les composent sont de la même nature que celles des tendons, dont elles remplissent quelquefois les usages.

APONÉVROTIQUE. Tissu de la nature des aponévroses, qui a la texture des aponévroses.—V. *Albaginé*, *Aponévrose*.

APOPHYSE. Nom donné aux éminences des os. Parmi ces éminences, les unes sont pourvues d'une surface articulaire et servent aux articulations des os; les autres servent de point d'attache à des muscles, à des tendons, à des ligaments, etc.—V. *Os*.

APOPLEXIE. Maladie qui frappe subitement les animaux et les fait souvent succomber comme s'ils étaient foudroyés. C'est surtout dans le temps des chaleurs que les animaux sont frappés d'apoplexie. Les chevaux tombent tout à coup sur la route et meurent instantanément, avant qu'on ait pu employer les moyens de les sauver. Les animaux robustes, pléthoriques, sont les plus sujets à l'apoplexie, qui est pulmonaire, ou cérébrale. Le sang se porte avec trop d'abondance vers le cerveau ou les poumons, les engorge, suspend leurs fonctions, et cause ainsi une mort immédiate, soit par asphyxie, soit par suspension de l'action nerveuse. Les saignées immédiatement exécutées et abondantes, et l'eau froide sur la tête des animaux, quand l'apoplexie est cérébrale, sont les seuls moyens employés contre cette maladie, toujours très grave, même quand elle n'est pas actuellement mortelle. Il est rare qu'un animal qui a été frappé de cette affection meurtière guérisse radicalement, et n'éprouve pas des rechutes qui causent sa mort, plus ou moins retardée. — V. *Haleter, Respiration.*

APPAREIL. Assemblage d'objets différents destinés à remplir une fonction. On distingue dans les animaux l'appareil de la respiration, de la digestion, de la circulation, etc.

On nomme aussi appareil la réunion d'instruments et d'objets destinés à pratiquer une opération, et aux pansements qu'elle nécessite en chirurgie vétérinaire. Une réunion d'instruments de physique ou de chimie disposés pour faire une expérience, prend le même nom : on reconnaît les appareils électriques, les appareils de distillation, de condensation, etc.

APPAREILLAGE. Réunion de deux animaux destinés à travailler ensemble. Pour qu'un appareillage soit bien exécuté, il faut que les individus qui le composent soient, autant que possible, de même âge, de même force, de même tempérament. Si l'un des animaux est ardent et l'autre froid dans l'action, l'usure des deux sujets est inégale, et la somme de travail fournie est moindre que celle d'un attelage bien appareillé. Si l'un des deux animaux est plus faible, il est écrasé par le plus fort, qui se fatigue, à son tour, plus qu'il ne le ferait si le travail était également réparti. D'un autre côté, deux animaux bien accouplés ont plus de valeur dans un marché, et sont d'une vente plus facile. Il y a donc avantage, sous tout rapport, à ce qu'un appareillage soit bien fait.

APPAREILLEMENT. Réunion de deux individus, mâle et femelle, choisis dans le but d'améliorer une espèce ou de la conserver dans ses qualités. Pour être bien fait, l'appareillement exige des connaissances solides sur l'organisation animale. Il faut connaître non seulement les lois, les caractères de la bonne conformation des reproducteurs à choisir, mais encore la nature de leur tempérament, la finesse de leurs tissus, et, en général, toutes les qualités physiques qui distinguent les races de choix. On aura égard à leur taille respective, surtout pour l'espèce chevaline. C'est par une erreur trop répandue dans nos campagnes, que l'on emploie de grands étalons avec de petites femelles dans le but de donner de la taille aux produits. On obtient ainsi, en voulant forcer la nature, des animaux décousus, sans harmonie dans les formes. On ne doit jamais oublier que l'on ne peut donner de la taille, du développement, aux races, que par la nourriture. Si elle n'est pas suffisante, on pourra faire des animaux à longues jambes et à corps grêle, aminci, sans résistance et sans force; jamais on n'aura des sujets robustes, près de terre, à forte poitrine, bien musclés, bien râblés, ayant les caractères que nous devons toujours rechercher, soit pour le travail, soit pour la boucherie, dans toutes nos races, grandes ou petites. On ne cherchera donc pas à agrandir par l'appareillement, au moyen de grands étalons, des espèces petites par leur nature, et appropriées à un sol dont les ressources actuelles ne permettent pas d'en avoir de plus développées. Nous avons déjà abâtardi des races pour n'avoir pas été bien pénétrés de ce principe, de cette règle sans exception de notre production animale. — V. *Accroissement*, *Croisement*, *Étalon*, *Perfectionnement*, *Reproducteur*.

APPAREILLER. Faire choix de deux individus pour l'appareillage. On appareille un cheval, un bœuf, en lui donnant un pareil, un individu de son espèce, pour travailler avec lui. — V. *Appareillage*.

APPAT. Nom donné à certaines substances préparées pour attirer les animaux malfaisants et les détruire, ou pour prendre le poisson. On fait des appâts pour les renards, pour les loups, pour les taupes, et même pour les oiseaux de proie. On fait aussi des appâts pour la pêche. Il y a une infinité d'appâts secrets, de recettes, qui ne méritent pas toujours la confiance qu'on leur accorde dans nos campagnes. L'expérience le prouve tous les jours.

APPAUVRISSEMENT. Diminution de qualités nutritives, de fécondité. L'appauvrissement du sol caractérise la marche progressive de son épuisement. L'appauvrissement du sang, de la constitution d'un animal indique le dépérissement de sa santé. —V. *Maladie.*

APPEAU. Instrument qui sert à attirer les oiseaux. Ce sont surtout les oiseleurs qui se servent des appeaux dans leurs chasses. Les mâles des cailles et des perdrix se laissent assez facilement prendre aux appeaux pendant le temps des amours; mais cette chasse devrait être rigoureusement surveillée à cette époque: elle est nuisible surtout à la multiplication des perdrix qui s'accouplent pour produire et élever leur petite famille.

APPELANT. Nom donné à un oiseau vivant qui sert d'appeau. Cet oiseau, attaché ou enfermé dans une cage, appelle, par son cri, les oiseaux de son espèce, que veut prendre l'oiseleur. Les cailles ou les perdrix qui servent d'appeau sont appelées chanterelles.

APPÉTIT. Disposition d'un animal à désirer les aliments ou à les prendre avec un certain empressement et avec goût. Un bon appétit caractérise généralement une bonne santé dans les animaux.

APPLICATA. Expression reçue en hygiène vétérinaire pour indiquer les objets qui sont ordinairement appliqués sur le corps des animaux. Le collier, les harnais, la selle, les couvertures, etc., sont des applicata. — V. *Hygiène.*

APPROPRIATION. Condition d'un objet disposé pour bien remplir un but proposé. — V. *Approprier.*

APPROPRIER. Disposer un lieu, une terre, un animal, un instrument, de manière à les mettre dans les conditions les plus favorables à leur destination. Pour bien approprier un objet donné, il faut l'étudier de manière à avoir une connaissance exacte de ses ressources. Un animal, un végétal, mal appropriés, imposés à un sol, à un climat, à une industrie qui ne leur conviennent pas, réussissent difficilement, et paient mal le cultivateur des frais qu'il fait pour les produire. Il faut donc bien étudier la nature des objets mis en rapport pour bien les approprier, et les mettre dans des conditions de réussite capables de les rendre profitables. — V. *Acclimatation, Croisement, Étalon, Perfectionnement, Reproducteur.*

APPUI. Support, soutien. On nomme temps d'appui, en terme d'allures des animaux, le temps pendant lequel un animal laisse son pied posé sur le sol pendant sa marche. Le temps d'appui d'un membre malade est toujours plus court que celui des autres membres, et c'est l'examen attentif de la différence de ce temps, qui sert à reconnaître l'existence d'une boiterie obscure, et souvent difficile à déterminer. Plus une allure est rapide, plus le temps d'appui des membres est précipité.

Les barres du cheval sont le point sur lequel le mors de la bride fait son appui. Cet appui est dit léger quand la bouche est fine et que la tête est légère à la main. Il est lourd quand la bouche est dure et que l'animal pèse à la main. — V. *Barre*.

Le point d'appui d'un levier est le point fixe sur lequel une tige est appuyée pour vaincre une résistance.— V. *Levier*.

APRE. Fruit âpre, rude, désagréable au goût. En anatomie des animaux, on donne le nom d'âpre à une surface osseuse qui a des rugosités, qui est âpre au toucher. Les surfaces âpres, chagrinées, sont souvent la conséquence de maladies des os, quand elles ne servent pas d'attache à des muscles. — V. *Os*.

APTÈRE. Nom donné à des insectes qui sont dépourvus d'ailes. La punaise, le ricin, la puce, le pou, etc., sont des aptères.

APTITUDE. Disposition particulière d'un animal qui le rend apte à un usage déterminé. On peut développer, dans des proportions très étendues, les aptitudes des animaux, par de bons appareillements ou des croisements bien adaptés. C'est par l'esprit d'observation, et l'étude approfondie des aptitudes et des diverses races d'animaux, que les Anglais sont parvenus à créer des races admirablement modelées pour les divers usages auxquels elles sont destinées. Ainsi, on voit en Angleterre des porcs qui ne sont que de véritables cylindres de graisse, supportés sur de petits membres qui ressemblent à quatre petits piquets sous un tonnelet allongé. On y observe aussi des races bovines de Durham qui ont une conformation et une aptitude toute particulière pour prendre la graisse; il en est de même du mouton Dishley, qui fournit une laine longue et soyeuse, si recherchée pour la confection de certaines étoffes.

On reconnait des races qui ont de l'aptitude pour le travail, d'autres pour donner du lait, d'autres pour s'engraisser facilement, etc. Nous ne parviendrons à bien les perfectionner en France, à bien développer ces aptitudes, que quand nous les aurons bien étudiées, et que par des mariages raisonnés et un régime convenable, nous pourrons créer les races que nous cherchons vainement à produire depuis des siècles. — V. *Accroissement*, *Croisement*, *Étalon*, *Perfectionnement*.

AQUATIQUE. Nom donné aux plantes qui croissent dans l'eau. Un assez grand nombre de familles ont des plantes qui croissent dans les marécages, dans les sources, ou sur les bords des rivières : telles sont les alismacées, les renonculacées, les algues, etc.

AQUEDUC. Conduit souterrain destiné à conduire des eaux dans le but de former des fontaines, des sources d'arrosement, ou d'assainir des sols aqueux. — V. *Drainage*, *Source*.

ARABE. Le cheval arabe est considéré comme le type duquel sont descendues toutes les races chevalines connues, et comme le plus capable de les perfectionner par son emploi comme étalon. Produit direct de la nature, il a toutes les qualités originelles, qu'il transmet aux autres races plus ou moins dégénérées, soit par l'influence naturelle des climats et de la nourriture, soit par celle d'une mauvaise méthode d'élevage. Le cheval arabe est plutôt supérieur aux autres races, surtout à celles de l'Europe, par la force de son tempérament, par la nature et la densité de tous les tissus de de son organisme, que par sa conformation. Nous avons des races ou des individus en Europe qui réunissent autant que lui, et même souvent mieux que lui, les conditions exigées par une bonne conformation mécanique de toutes les parties du corps ; mais aucune de nos races, aucun des individus qui les composent, n'ont la densité des tissus, ni la force, ni l'énergie, ni la résistance, ni la sobriété du cheval arabe. C'est avec ce type que les Anglais ont formé leur cheval de course d'hippodrome, dont la vitesse instantanée est prodigieuse. C'est avec lui qu'ils ont fait leur cheval de fonds, animal si énergique et si résistant, employé à la chasse et aux services divers.

Le cheval arabe est le meilleur type que nous puissions employer pour perfectionner nos espèces, quand il est bien choisi et bien adapté. Croisé avec nos juments de selle étoffées, il produit toujours des sujets plus forts que lui. En Normandie, il a donné des carrossiers d'une grande vigueur. L'expérience a toujours prouvé qu'un étalon arabe d'un bon choix avait donné de bons résultats non seulement en France, mais dans toute l'Europe; son sang a donné à toutes les races de la légèreté, de la vigueur, de la célérité dans les allures. Nous devons le préférer chez nous à tout autre cheval, pour régénérer surtout nos espèces légères propres à la cavalerie.

ARABLE. Terre arable. Sol propre à être cultivé par la charrue. Les terres arables sont aptes à recevoir toutes les cultures, tous les végétaux ensemencés périodiquement; les terres qui ne sont point arables sont destinées à produire du bois, des pâturages, des prairies naturelles, surtout lorsqu'elles sont fraîches ou arrosables.

ARACHIDE. (*Pistache de terre.*) Plante de la famille des légumineuses importées d'Amérique. L'arachide est cultivée pour sa graine, qui fournit une huile assez abondante, employée dans les usages domestiques et pour la fabrication des savons. Quelques essais sur la culture de cette oléagineuse ont été faits dans le midi de la France; cependant son exploitation n'a pas encore été adoptée sur une grande échelle, et on n'est pas encore bien d'accord sur les avantages réels qu'elle offrirait.

ARACHNIDES. Les arachnides sont des articulés qui diffèrent notamment des insectes par l'absence des antennes. Les araignées, les scorpions, les acares, appartiennent aux arachnides.

ARACHNOIDE. Membrane extrêmement fine et déliée qui entoure le cerveau et la moelle épinière. Elle est placée sous une autre membrane, très dure et très résistante, appelée la dure mère.

ARAIGNÉE. Arachnide très répandue dans nos campagnes. Les araignées cherchent surtout à s'établir dans les étables, où se trouvent de grandes quantités de mouches attirées par le bétail. On a pensé que ces petits articulés étaient très utiles pour détruire les mouches qui tracassent les animaux. Nous pensons que le remède est pire que le mal. Les toiles d'araignées, multipliées dans les étables, tapissent les planchers, les murs, les poutres; elles y retiennent les ordures, la poussière, qui tombent sur les animaux, sur les fourrages, dans les crèches et rateliers, et entretiennent une malpropreté qu'on ne doit point tolérer dans des habitations d'animaux bien tenues.

Quant au motif allégué que les araignées peuvent être utiles en dévorant des mouches qu'elles prennent dans leurs rets, il n'est pas sérieux. Il est facile de préserver les animaux de ces insectes dans les étables pendant les grandes chaleurs de l'été, en fermant les ouvertures exposées au midi, en ouvrant celles du nord et en ayant la précaution de laisser peu de lumière aux animaux. Les mouches n'aiment pas les demi-jours. Elles ne tracassent les animaux qu'au soleil ou à la grande lumière.

ARAIGNÉE. Nom vulgaire donné à une maladie des mamelles de la vache et de la brebis. On a cru à tort cette affection causée par une piqûre d'araignée.

ARAIRE. On donne le nom d'araire à la charrue sans avant-train et sans roues. La forme des araires varie beaucoup suivant les divers pays où elle est employée. L'ancienne araire, que l'on retrouve encore dans beaucoup de pays du centre et du midi, est un assez mauvais instrument, composé de l'age, qui sert de timon, du sep qui ressemble à une espèce de coin dans lequel est engagée une sorte de forte broche en fer carrée, terminée en pointe, et qui représente le soc. Ce soc, au lieu de trancher la terre, ne fait que l'égratigner. Il n'en résulte qu'un mauvais travail, quoique donnant souvent beaucoup de tirage aux attelages. Les progrès de l'agriculture feront disparaître l'usage de cette araire ou la feront modifier. L'examen seul de cet instrument donne l'idée de l'enfance de l'art agricole, partout où il est en usage. Mathieu de Domballe a fait fabriquer un modèle d'araire qui porte son nom. Ce modèle sera généralement adopté à mesure que les idées de progrès s'étendront dans nos campagnes. Cette araire est pourvue d'un régulateur qui règle son entrure et la largeur de la bande de terre attaquée; d'un coutre qui tranche la terre verticalement, d'un soc triangulaire qui la tranche horizontalement, et d'un versoir qui la retourne. — V. *Charrue.*

ARATOIRE. Nom généralement donné aux instruments employés pour la culture du sol.

ARBITRAGE. Jugement porté par des arbitres. Dans les contestations diverses qui s'élèvent dans nos compagnes, les parties ou la justice nomment souvent des arbitres qui sont appelés à porter un jugement, avec ou sans appel. Ce jugement se nomme arbitrage. Il est rapide et sans frais. Il serait heureux que ce mode de juridiction fût plus employé qu'il ne l'est par nos cultivateurs. On verrait moins de misères causées par des procès interminables, ruineux par le temps qu'ils font perdre aux plaideurs, ruineux par l'argent qu'ils font dépenser et qui n'est profitable que pour les hommes de loi ou les cabarets. Les procès sont sans contredit une des plaies les plus hideuses dont puissent être affligées nos campagnes. L'arbitrage serait le meilleur remède contre ce fléau.

ARBITRE. Juge choisi par les parties par un compromis, ou désigné par la justice, pour porter un jugement sur une question en litige. Un ou plusieurs arbitres peuvent être chargés d'un arbitrage.

ARBORICULTURE. Culture des arbres. — V. *Arbre, Forêt, Plantation*.

ARBORISATION. Dessins qu'on remarque dans certains minéraux, dans des pierres, et qui simulent des arbres. Diverses espèces de minéraux offrent ces caractères.

ARBOUSIER. Arbrisseau de la famille des bruyères, qui croît dans les pays chauds. L'arbousier (fraisier en arbre), très commun dans nos possessions d'Afrique, donne un fruit rouge qui a beaucoup de ressemblance avec la fraise, sans en avoir le goût. Ce fruit n'est pas assez estimé pour faire l'objet d'une culture spéciale. L'arbousier croît encore dans quelques contrées du midi de la France.

ARBRE. Végétal plus ou moins élevé, ligneux et vivace, toujours pourvu d'un tronc, de branches, et de racines qui le fixent solidement au sol. Les arbres sont indispensables à l'homme. Non seulement ils produisent des boissons et des aliments presque sans frais de culture et sans peine, mais encore ils fournissent le bois, dont l'usage est si varié dans l'économie domestique, dans les arts, l'industrie, le commerce. Il n'est point une condition dans la vie humaine où le produit d'un arbre ne joue un rôle plus ou moins important. Malheureusement les avantages de leur culture n'ont jamais été appréciés à leur juste valeur ; jamais, on peut le dire, les sources de richesse des plantations n'ont été comprises comme elles auraient dû l'être dans l'agriculture pratique, et c'est partout un malheur pour le bien-être de l'humanité. L'homme des champs devrait planter toute sa vie comme il sème toute sa vie : car planter, c'est aussi semer une récolte, assurée, dont la nature fait seule les frais de culture, lorsqu'on la lui a confiée.

Le culte des plantations devrait être enseigné à nos populations rurales comme un culte religieux ; ce serait un bienfait immense dont l'humanité tout entière jouirait. Il n'y a pas, sur la surface du globe habité, un coin de terre où l'on ne puisse planter avec avantage un arbre qui convienne à la localité. Partout on coupe toujours, on plante rarement; et si la nature n'était pas plus prévoyante que nous sous ce rapport, il y aurait peu d'arbres dans les pays habités, malgré leur incontestable utilité. Tantôt les plantations donnent la salubrité à une atmosphère dont l'influence serait mortelle sans elles; tantôt elles protègent les récoltes de contrées entières contre l'action des vents; elles couronnent les cimes des montagnes, et y retiennent les terres, qui sans elles seraient entraînées par les inondations, et en pure perte, dans les mers. Eh! que n'a-t-on pas dit et écrit, depuis des siècles, sur les plantations dans les montagnes, sur les collines désolées, ravinées, arides et sauvages, depuis leur déboisement? Enfin, les arbres décorent nos promenades, nos places publiques; ils nous protègent contre l'ardeur du soleil, et leur ombrage conserve une fraîcheur salutaire dont nous apprécions tout le prix.

Suivant leur destination et leur nature, les arbres sont divisés en arbres forestiers, en arbres d'agrément, et en arbres fruitiers. Les premiers comprennent toutes les essences indigènes ou exotiques qui composent nos forêts : le chêne, le hêtre, les arbres résineux, sont de ce nombre. Les arbres d'agrément peuvent être indigènes comme exotiques; mais ils sont choisis parmi les essences qui ont le plus beau port, le plus beau feuillage ou les plus belles fleurs. Ces différentes espèces d'arbres sont cultivées et exploitées telles que la nature nous les donne, à quelques exceptions près. Mais il n'en est pas de même des arbres fruitiers de nos contrées : ils ont été traités de manière à donner des produits supérieurs à ceux qu'ils fournissent à l'état de nature. Par une culture appropriée et par la greffe, on est parvenu à obtenir les beaux fruits, aussi nombreux que variés, qu'on récolte partout où l'on sait choisir les bonnes espèces et les entretenir.

Outre l'usage ordinaire que l'on peut faire du bois des diverses essences, certains arbres offriraient d'immenses ressources pour la nourriture du bétail, si on savait bien tirer parti de leurs feuilles. Le frêne, l'orme, le robinier, donnent un feuillage recherché par les ruminants surtout ; on pourrait en faire de grandes provisions pour l'hiver. Les arbres résineux sont d'un immense avantage pour féconder les landes. Les semis de ces essences donnent non seulement un produit lucratif sur un sol aride dont le rendement est presque nul, mais encore ils le fertilisent par leurs détritus, et au bout de quelques années, on peut les mettre en culture avec fruit.

Nous le répétons, l'arboriculture, sous quelque point de vue qu'on l'envisage, est trop négligée. C'est faire acte de bon citoyen et de philanthrope que de chercher à en vulgariser le goût. Un gouvernement qui serait bien pénétré du service qu'il rendrait en s'occupant sérieusement de plantations et de reboisement, laisserait, de son administration, le souvenir le plus durable et le plus honoré. Pour avoir fait planter quelques arbres isolés, Sully a rendu son nom populaire dans le fond des campagnes les plus reculées.

ARBRISSEAU. Végétal ligneux, ramifié dès sa base et dépourvu de tronc. Le sureau, le lilas, le laurier-rose, etc., sont des arbrisseaux. Les sous-arbrisseaux diffèrent des arbrisseaux, en ce que les tiges sont ligneuses, et les rameaux herbacés, comme on l'observe dans la rue odorante

ARBUSTE. Végétal ligneux de très petite dimension. Les bruyères, le romarin, etc., sont des arbustes.

ARDENNAIS (*Cheval*). L'ancien cheval ardennais avait une grande réputation ; mais il a presque totalement disparu aujourd'hui des Ardennes françaises. Il y est quelquefois importé des

Ardennes belges, qui en ont conservé quelques types. On les reconnaît aux caractères suivants : taille de 1 mètre 50 cent. environ; tête carrée, quelquefois camuse et chargée de ganaches; encolure courte, garrot bas, croupe avalée, hanches saillantes, membres un peu grêles, mais secs et sains, jarrets clos, pieds quelquefois panards.

Tel est le portrait raccourci de l'ancien cheval ardennais, que l'on trouve encore dans les provinces de Namur et de Luxembourg, frontière du département des Ardennes. Ce cheval, auquel on attribue une origine orientale, est sobre et robuste; il résiste long-temps aux fatigues de la guerre surtout; il passe pour un très bon cheval de service, et il mérite cette réputation.

Depuis une vingtaine d'années le département des Ardennes, que j'ai visité pour en étudier les animaux domestiques, fait de louables efforts pour perfectionner sa race de chevaux. Le progrès de l'agriculture a permis de mieux nourrir les élèves, qui ont acquis plus de force et plus de taille que l'ancienne race. L'arme des dragons trouve, au dépôt des remontes de Villers, quelques bons chevaux qui proviennent d'étalons anglo-normands que le département avait fait acheter, et qu'il faisait entretenir chez des propriétaires il y a sept ou huit ans. Ces chevaux diffèrent complétement de l'ancienne race ardennaise, par leur taille, leurs caractères zoologiques et leur force.

Le département des Ardennes, qui a été un de ceux qui se sont le plus occupés de la régénération des espèces chevalines, a été long-temps indécis sur la question de savoir quels types de reproducteurs il adopterait. Suivant certaines opinions, le cheval percheron était celui qu'il fallait adopter; suivant d'autres, c'était l'anglo-normand; enfin les chevaux arabes, et les chevaux anglais pure race, eurent aussi leurs partisans. De 1830 à 1848, le conseil général vota une somme annuelle de 20,000 francs pour achat d'étalons. En vingt ans, 500,000 fr. environ furent dépensés pour la régénération du cheval ardennais. Lorsque j'ai visité les Ardennes, les étalons anglo-normands étaient en faveur, et dans le dépôt des remontes de Villers, comme dans les concours, j'eus occasion de remarquer quelques produits assez bons et propre à remonter l'arme des dragons.

ARDENT. Animal ardent, qui a de l'ardeur, de l'énergie au travail. On doit avoir pour les animaux ardents les plus grands ménagements. Si on abuse de leur bonne volonté, ils ne tardent pas à être ruinés. On devra donc les traiter toujours avec douceur, et les modérer pendant le travail, soit par des caresses, soit par la parole. Ces sortes d'animaux sont généralement très sensibles et très irascibles; les mauvais traitements non seulement provoqueraient chez eux une usure rapide et des maladies, mais encore ils pourraient les rendre rétifs, vicieux, et même dangereux. — V. *Fatigue, Travail, Usure.*

ARDOISE. — V. *Schiste.*

ARDOISÉ. — V. *Gris.*

ARE. Mesure de superficie prise pour unité et comprenant 100 mètres carrés. 100 ares font 1 hectare. — V. *Hectare.*

ARÉOMÈTRE. (*Pèse-liqueur.*) L'aréomètre est un instrument qui sert à juger de la densité des liquides. C'est avec cet instrument qu'on détermine les qualités des eaux-de-vie, des liqueurs, des alcools, des sirops, du lait, etc.

ARÊTE. (*Barbe.*) Prolongement filiforme que l'on observe sur les épis de plusieurs graminées, telles que le blé, l'orge barbue, le seigle, certains brômes, etc.

ARGENT. L'argent oxidé, combiné avec l'acide nitrique, forme la pierre infernale (nitrate d'argent fondu), dont on se sert en art vétérinaire pour cautériser les plaies de mauvaise nature, ou les bourgeons charnus qui se développent sur elles. Du reste, la pierre infernale est le seul composé de ce métal utilisé en économie du bétail.

ARGENTÉ. On se sert du mot *argenté* pour caractériser certaines robes de chevaux. Lorsque les nuances blanches ont un reflet métallique, on les distingue par les dénominations de blanc argenté, de gris argenté, etc.

ARGILE. (*Terre argileuse, terre glaise.*) On donne le nom d'argile à une espèce de terre variant de couleur, mais toujours facile à distinguer. Les argiles sont composées d'alumine, de silice, mélangées de divers oxydes métalliques qui les colorent quelquefois, tels que les oxydes de fer, de manganèse, la chaux, la magnésie, etc. Les argiles sont très avides d'eau, qu'elles contiennent toujours en plus ou moins grande quantité. Elles sont onctueuses au toucher et peuvent se pétrir de manière à prendre toutes les formes désirables. Travaillées et modelées suivant les besoins, les argiles servent à fabriquer les poteries diverses, les vases, les briques, les tuiles, et elles acquièrent une grande dureté par la cuisson. En agriculture, elles servent à amender les sols graveleux et légers; elles leur donnent du corps, de la consistance, et leur avidité pour l'eau leur fait conserver une humidité, une fraîcheur favorable à la végétation. Les terrains argileux, dans de bonnes proportions, craignent moins la sécheresse que ceux qui ne contiennent pas d'argile; ils sont plus convenables pour faire des herbages ou des prairies naturelles. On se sert aussi des argiles pour la confection des murs des réservoirs, surtout dans les sols qui laissent filtrer l'eau. Délayée dans du vinaigre, l'argile forme des espèces de cataplasmes astringents dont on se sert en art vétérinaire pour combattre la fourbure des chevaux, et empêcher les gonflements à la suite de contusions violentes.

ARGILEUX. Terrain argileux, sol qui contient de l'argile, dans des proportions plus ou moins considérables. — V. *Argile.*

ARIDE. Un terrain est aride lorsqu'il est sec, maigre, qu'il manque de principes fertilisants et de conditions favorables à la végétation. Un semblable terrain reste souvent inculte, parcequ'il paie mal au cultivateur les frais de culture exigée. — V. *Amélioration*, *Amendement.*

ARIDITÉ. État d'un sol aride. — V. *Aride.*

ARISTOLOCHE. Plante grimpante, à larges feuilles, qui croît spontanément dans les haies, les bois, les vignes, etc. On cultive quelques espèces d'aristoloches, comme plantes d'ornement, pour garnir des berceaux ou des murs de jardins, etc.

ARMÉ. Végétal armé, pourvu d'épines; tels sont l'aubépine, le robinier, les ronces, etc. On emploie de préférence les végétaux armés pour former des clôtures, qui opposent, par leurs piquants, des barrières inaccessibles aux animaux comme aux maraudeurs.

ARMER (S'). En terme d'équitation, un cheval s'arme lorsqu'il cherche à se soustraire à l'action du mors de la bride, et qu'il se défend contre son cavalier. Il n'est pas difficile de faire disparaître ce défaut chez un cheval. On doit bien en étudier la cause d'abord. Souvent elle réside dans l'emploi d'un mors mal adapté. Du reste, avec de la patience, de la douceur, de l'esprit d'observation et du tact, on parvient toujours à empêcher un cheval de s'armer.

ARMOISE. Plante de la famille des composées. Le genre armoise comprend plusieurs espèces employées en art vétérinaire. Ces plantes ont une odeur aromatique forte et une saveur amère. L'armoise vulgaire et l'absinthe sont les plus fréquemment mises en usage contre certaines maladies des animaux. Elles sont toniques, stimulantes, vermifuges. Ce sont surtout leurs fleurs ou leurs feuilles, et quelquefois leurs racines, qui servent à faire des infusions. On les administre rarement sous d'autres formes.

L'estragon cultivé dans les jardins pour les usages domestiques appartient au genre armoise.

ARNIQUE. Plante de la famille des composées. L'arnique jouit de propriétés toniques et stimulantes comme l'armoise et l'absinthe. On emploie ses fleurs en infusion, et ses racines en décoction contre les indigestions, contre les maladies du tube digestif et les diarrhées des animaux. Ses feuilles, réduites en poudre, sont un sternutatoire très puissant. L'arnique croît sur presque toutes les hautes montagnes de l'Europe, où elle est très connue des habitants, sous des noms différents, tels que ceux de *Bétoine des montagnes*, de *Tabac des Vosges, des Savoyards,* etc.

AROMATES. Substances ordinairement végétales, qui produisent une odeur agréable. Leurs propriétés médicinales, toniques, stimulantes, astringentes, rendent leur usage assez fréquent en art vétérinaire. Telles sont la plupart des plantes de la famille des labiées, comme la sauge, le romarin, la menthe, le serpolet, etc.

L'art culinaire fait un fréquent usage des aromates, pour donner de l'odeur ou de la saveur à certains mets; le poivre, les clous de girofle, la cannelle, la muscade, etc., sont de ce nombre. — V. *Aromatique*.

AROMATIQUE. Substance qui a une odeur plus ou moins forte et agréable. Les plantes aromatiques jouent un grand rôle en économie rurale, soit comme médicament pour les animaux, soit comme substances alimentaires. Ce sont les plantes aromatiques qui donnent aux fourrages l'odeur appétissante qui les fait rechercher par les bestiaux, et les qualités toniques qui leur donnent de la force et de l'énergie. C'est surtout dans les prairies saines et élevées que les plantes aromatiques abondent. Le fourrage y est fin, aromatisé, substantiel, et les animaux le mangent toujours avec goût. Il y a une grande différence entre le fourrage grossier et insipide des prairies basses et humides et celui des montagnes ou des prairies élevées. Le premier donne du volume aux animaux, mais il ne leur donne pas la vigueur, l'énergie, nécessaire au travail comme à leur santé. En effet, les animaux qui se nourrissent de fourrages aromatiques et toniques des prairies hautes sont vifs, énergiques, robustes, sobres et, résistent long-temps aux fatigues. Ceux qui consomment des foins grossiers composés de plantes des lieux bas et humides, sont flasques, mous, lymphatiques, et sujets à toutes les maladies inhérentes à leur tempérament. On n'attache généralement pas assez d'importance, en économie du bétail, à la nature des fourrages; elle est cependant d'un intérêt majeur pour la richesse du cultivateur, comme pour l'usage général qu'on fait des animaux. Il est une infinité de circonstances où des prairies qui ne donnent que des fourrages de médiocre ou de mauvaise qualité, pourraient en fournir de bons ; quelques légers travaux d'assainissement bien entendus, des semis et l'emploi des amendements, pourraient changer ou modifier la nature ou les espèces des plantes qui les composent. C'est là une question grave, généralement trop peu comprise dans nos campagnes. Les mauvaises prairies restent dans leur état ordinaire depuis des siècles, lorsqu'il serait si souvent facile de les rendre infiniment meilleures et à peu de frais. Nous ne pouvons pas entrer dans les détails pratiques et variés qu'exigerait le développement de l'opinion que nous avançons ici. C'est dans les écoles d'agriculture que l'on devra enseigner à bien comprendre toute l'importance des moyens propres à perfectionner notre production fourragère partout où elle est mauvaise, partout où elle a besoin du concours de la science agricole. — V. *Montagne, Production.*

AROME. Principe odorant des substances aromatiques. — V. *Aromate, Aromatique.*

ARPENTAGE. Action d'arpenter, de mesurer un terrain. L'arpentage, opération d'ailleurs très simple, est généralement ignoré dans nos campagnes. Lorsqu'un cultivateur veut connaître l'étendue d'un champ, il est obligé d'avoir recours à l'arpenteur, à l'expert géomètre; la moindre contestation nécessite toujours sa présence, plus ou moins dispendieuse pour le laboureur. L'enseignement de l'agriculture répandra dans nos villages les notions élémentaires qui faciliteront aux cultivateurs les moyens de mesurer leurs terres eux-mêmes et sans frais inutiles, soit pour leurs contestations, soit pour régler la marche de leurs assolements.

ARQUÉ. Courbé. En terme de conformation du cheval, on se sert du mot *arqué* pour caractériser la courbure des membres antérieurs résultant de l'usure ou d'un excès de fatigue. Un cheval est arqué lorsqu'il a les genoux portés en avant accidentellement. Ce vice de conformation indique non seulement une grande fatigue, mais il rend l'animal sujet à s'abattre et à se couronner, tant par le défaut d'aplomb qui en résulte pour le membre, que par la faiblesse dont il est le siége.

Lorsqu'un cheval a le membre arqué par suite d'une conformation naturelle, il est dit *brassicourt.* Ce vice est loin d'être aussi grave que celui qui est accidentel.—V. *Brassicourt, Usure.*

ARQURE. Terme de jardinage. On donne le nom d'arqure aux courbures pratiquées sur des branches d'arbres fruitiers pour y modifier le cours de la sève en faveur du fruit, ou afin de donner à l'ensemble des branches, une disposition plus convenable à une meilleure production, comme à la régularité du coup d'œil.

ARRACHAGE. Expression consacrée en agriculture pour certaines récoltes. Arrachage des pommes de terre, des carottes, des betteraves, du chanvre, du lin, etc.

ARRACHEMENT. Terme de chirurgie vétérinaire. On pratique la castration par arrachement chez les jeunes animaux domestiques. Cette opération consiste à découvrir les testicules et à les arracher, comme on le fait pour les jeunes agneaux, les jeunes veaux, les jeunes coqs, etc. Il n'en résulte ni accident, ni hémorrhagie, et le procédé opératoire est très simple. — V. *Castration*.

ARRACHER. Le mot arracher, en agriculture, est souvent synonyme de détruire. On arrache des arbres, les vignes, les mauvaises herbes, etc. Par ce moyen, on est sûr de se débarrasser des plantes qui salissent nos champs ; mais il faut les arracher pendant qu'elles sont en fleur, au plus tard, et ne pas attendre qu'elles aient porté graine. — V. *Sarclage*.

ARRÊT. Terme de manége. Action d'arrêter un cheval. En terme de chasse, le mot *arrêt* est employé pour caractériser l'attitude d'un chien qui s'arrête et reste immobile lorsqu'il sent le gibier près de lui, ou qu'il le voit.

ARRÊTE-BOEUF ou *Bugrane* (*Ononis*). Plante de la famille des légumineuses, souvent très commune dans les champs, et surtout dans les moissons, où elle a été respectée par la dent des animaux. Cette plante doit son nom à la force de résistance de ses racines, dans les labours. Ses racines sont employées en décoction comme diurétique pour les animaux. Ses tiges sont épineuses ; les bestiaux les consomment volontiers.

ARRIÈRE-FAIX. En économie du bétail, on nomme arrière-faix, les enveloppes du fœtus expulsées de l'utérus pendant ou après la parturition des animaux. — V. *Délivrance*.

ARROCHE. Plante de la famille des atriplicées. Cette plante est assez insignifiante en agriculture. On a cherché à utiliser l'arroche dite *Bonne-Dame*, pour la consommer mélangée à des épinards.

ARROSAGE. Opération qui consiste à procurer de l'eau dans les lieux qui en ont besoin. L'arrosage est une des questions les plus capitales de la culture du sol, surtout dans les pays méridionaux ; les terrains qui y sont soumis ont une valeur relative quatre et cinq fois plus grande que ceux qui sont privés de cette ressource. — V. *Irrigation*.

ARROSEMENT. — V. *Irrigation*.

ARROSER. Pratiquer l'arrosement. — V. *Irrigation*.

ARS. Ars et inter-ars. Région du cheval qui se trouve en arrière du poitral et entre les membres antérieurs. C'est dans cette partie du corps des animaux que l'on place quelquefois des cautères ou des sétons, dans certaines affections. Dans l'acquisition d'un animal, d'un cheval surtout, il n'est pas inutile d'examiner les ars pour voir si on n'y trouverait pas les traces de sétons, ce qui pourrait indiquer le traitement d'une maladie antérieure dont il serait important de connaître la cause, comme les résultats.

ARSENIC. L'arsenic est un corps métallique, grisâtre, très fragile, se réduisant facilement en poudre; on le trouve dans la nature à l'état natif ou allié à d'autres corps. C'est à l'état d'oxyde blanc que l'arsenic est vendu comme poison violent, nommé mort aux rats. Combinées à divers corps, et après avoir subi des modifications variées, les préparations d'arsenic, qui sont toujours un poison plus ou moins actif, servent aussi comme médicaments très énergiques, quelquefois employés dans une infinité de maladies des animaux. Mais comme leur usage exige toujours une grande prudence et des connaissances spéciales, les cultivateurs ne doivent se servir des substances arsenicales que lorsqu'elles sont prescrites par les vétérinaires, et sous leur surveillance la plus vigilante.

ARTÈRE. Les artères sont des vaisseaux qui servent de véritables canaux pour porter le sang du cœur à toutes les parties du corps. Les parois de ces canaux sont élastiques, et se dilatent au moment ou le sang est poussé avec force dans leur intérieur; puis, revenant sur elles-mêmes en vertu de leur force de rétraction, elles obligent le sang, qui ne peut pas refluer vers le cœur, à circuler dans tous les tissus, à les arroser en quelque sorte, au moyen des divisions infinies des vaisseaux de tout calibre dans lequel il circule. C'est le mouvement permanent de dilatation et de contraction des artères qui constitue leur battement, le pouls.

Les artères sont de deux ordres. Les unes se rendent du ventricule droit du cœur aux poumons; elles y transportent le sang noir, veineux, arrivé de toutes les parties du corps, pour y être hématosé : ces artères se nomment artères pulmonaires. Les autres partent du ventricule gauche, qui reçoit le sang artériel sorti des poumons, où il a été mis en contact avec l'air : elles composent le système artériel proprement dit, et se rendent dans toutes les parties du corps des animaux.

Les artères simulent parfaitement un arbre dont les racines seraient le cœur ; l'aorte serait le tronc ; ses divisions et subdivisions formeraient les branches. — V. *Aorte, Circulation, Cœur, Respiration.*

ARTÉRIEL. Qui appartient aux artères. On reconnaît, en anatomie, le sang artériel, le système artériel, les vaisseaux ou canaux artériels. — V. *Sang, Vaisseau.*

ARTÉRIOLE. Division plus ou moins déliée d'une artère. Artère d'un très petit calibre. — V. *Capillaire, Vaisseau.*

ARTÉRIOTOMIE. On donne ce nom à une saignée faite aux artères. Cette saignée se pratique quelquefois chez les animaux. C'est aux artères de la queue qu'elle se fait de préférence chez le cheval et chez le porc, soit par l'amputation de quelques coxigiens (nœuds de la queue), soit par une incision transversale faite aux muscles abaisseurs qui recouvrent les artères coxigiennes.

ARTÉRITE. Maladie inflammatoire des artères. Les symptômes de cette affection, chez les animaux, sont très obscurs et difficiles à reconnaître.

ARTÉSIEN (*Puits*). — V. *Puits.*

ARTHRITE Nom donné aux maladies des articulations des animaux. Ces maladies causent des boiteries plus ou moins fortes et lentes à guérir. C'est surtout dans les animaux de travail, et notamment chez les chevaux, qu'on les observe le plus communément par suite de fatigue. On combat ces affections par des réfrigérants, par des astringents, à leur début surtout, quand elles ont été causées par des entorses ou des contusions, dans le but d'arrêter les gonflements des parties malades. On emploie ensuite les émollients pour calmer la douleur. Les jeunes veaux sont quelquefois atteints de l'arthrite.

ARTHRODIE. Nom donné à une articulation dont le jeu est très étendu en tout sens. L'articulation du bras avec l'épaule est une arthrodie, dans l'homme comme dans les animaux. Une semblable articulation nécessite une cavité dans laquelle a tête sphérique d'un os joue dans toute direction.

ARTICHAUT. Plante de la famille des composées. On cultive plusieurs espèces d'artichauts dans nos jardins, pour les usages domestiques. Cette plante, originaire des pays chauds, périt par le froid, dans nos climats du nord surtout. Pour la conserver, il faut toujours la mettre à l'abri des gelées de l'hiver; on y parvient en les couvrant de fumier de cheval ou d'une couche assez épaisse de paille.

ARTICLE. — V. *Articulation.*

ARTICULAIRE. Qui appartient aux articulations. On nomme apophyse articulaire, en anatomie, une éminence osseuse qui s'articule avec une surface d'os correspondante. On distingue des facettes articulaires, des ligaments articulaires, des capsules articulaires. — V. *Articulation, Capsule, Ligament.*

ARTICULATION. Rapprochement, union des os d'un animal. Pour composer la charpente des animaux, pour lui donner la forme variée qui la distingue dans toutes ses parties, et qui était commandée par ses usages variés, les pièces osseuses dont l'ensemble constitue le squelette, avaient besoin de s'unir, de s'ajuster les unes aux autres, de manière à remplir leurs emplois divers; mais, comme la forme des os diffère autant que leurs usages, leurs articulations devaient aussi varier suivant les besoins. C'est ainsi que dans les membres, elles sont très mobiles d'avant en arrière dans leurs régions inférieures, pour faciliter la progression, Elles sont mobiles en tout sens à l'union des membres avec le tronc. Certe disposition était nécessaire pour permettre des mouvements en tout sens, et avec tous les degrés d'obliquité exigés.

Les articulations des membres sont celles qui jouissent des mouvements les plus étendus, ce qui était indispensable à leurs fonctons. Mais il leur fallait, avec une grande mobilité, une grande solidité, pour ne pas se briser ou se désunir. La nature a su pourvoir à tout, pour prévenir les accidents, sauf dans des circonstances de force majeure et anormale. Elle a disposé les surfaces articulaires des os de manière à former des éminences et des cavités qui, s'ajustant parfaitement les unes aux autres, composent des charnières, des engrenages d'une solidité telle, que tout déplacement est impossible sans les fractures des os ou la rupture des ligaments qui les fixent. Plus l'usage d'une articulation exige de force, de résistance, de solidité, plus la nature a pris soin de lui donner des dispositions architecturales capables de répondre à tous les besoins. On peut s'en convaincre par l'examen de l'articulation du jarret, si puissante et si solide. Celle de la cuisse avec le tronc des animaux, surtout l'union de la tête avec l'encolure, et celle de toutes les vertèbres qui forment ensemble le canal rachidien, sont d'une grande solidité. Cette solidité était indispensable à la vie même des animaux. Une luxation de vertèbre, est toujours mortelle par les lésions qui en résultent pour la moelle épinière, et les moyens ingénieux employés par la nature, pour rendre ces luxations difficiles, et même impossibles sans fractures, sont un exemple frappant de sa prévoyance.

Afin de faciliter le jeu des surfaces articulaires, le créateur les a pourvues d'un appareil particulier qui y secrète et y entretient un liquide visqueux, filant, qui favorise au plus haut degré le glissement. Ce liquide se nomme synovie; il remplit dans les articulations les mêmes fonctions que les graisses ou les huiles dans les engrenages des machines ou les roues de voiture, pour adoucir les frottements et amoindrir l'usure des corps en contact.

En étudiant toutes les articulations, on trouvera toujours que chacune d'elles est admirablement appropriée à son usage, soit pour l'étendue du mouvement, soit pour la force et la fixité. Là, comme ailleurs, comme dans toutes les œuvres du créateur, on trouve cette prévoyance, cette divine harmonie, dont les travaux les plus parfaits de fabrication humaine ne peuvent donner qu'une bien faible idée. Il faut étudier l'œuvre de Dieu même pour avoir un aperçu de l'immensité de sa perfection, dans son ensemble comme dans ses détails les plus minimes.

Les articulations ne sont pas toutes mobiles. Lorsque les os doivent s'ajuster d'une manière fixe, ils s'engrènent entre eux, et finissent par se souder ensemble pour donner plus de solidité à leur union. C'est ce que l'on observe dans les différents os qui composent la boîte osseuse du crâne, et la face des animaux. Dans le jeune âge, le mode d'articulation de ces os, par écailles, par juxtaposition ou engrenure, est distinct. Lorsque le développement des organes continus et celui des animaux est complet, il y a soudure des pièces osseuses; elles semblent n'en former plus qu'une seule; on peut s'en convaincre par l'examen de la tête d'un animal âgé. — V. *Capsules articulaires*, *Cartilages*, *Ligaments*, *Synovie*.

ARTICULÉS. Nom donné à une division d'animaux qui comprend une série d'individus dont le corps est formé d'anneaux, de segments articulés les uns à la suite des autres. Les arachnides, les annélides, les crustacées, etc. (V. ces mots), sont des articulés. C'est parmi eux que se trouvent des insectes qui font tant de dégâts en dévorant nos récoltes, nos fruits, nos bois, nos légumes, sur pied ou en magasins.—V. *Insectes nuisibles*.

ARTIFICIEL. Objet produit par l'art. On donne le nom de prairie artificielle, aux prairies que l'on fait par des semis de luzerne, de trèfle, de sainfoin ou d'autres plantes fourragères, et qui entrent dans la rotation d'un assolement. C'est depuis la fin du siècle passé surtout que ce mode de culture a commencé à prendre de l'extension. — V. *Prairie*.

L'allaitement artificiel consiste à faire boire le lait aux jeunes animaux, au lieu de leur laisser téter leur mère. — V. *Allaitement*.

On nomme squelette artificiel, en anatomie, celui dont les os sont fixés les uns aux autres avec des ligaments artificiels. Ces ligaments sont ordinairement faits avec des fils métalliques.—V. *Squelette*.

ASCARIDE. Nom donné à un genre de vers intestinaux qui naissent et se développent dans les intestins des animaux. On cherche à détruire ces parasites avec des vermifuges. — V. *Entozoaires*, *Vermifuge*.

ASCENDANT. On donne le nom d'ascendante, en botanique, à une tige qui s'élève verticalement En économie du bétail, on nomme ascendants les reproducteurs qui ont laissé des descendants. Pour l'étude des races comme pour celle des individus, il n'est pas inutile de remonter aux ascendants, quand c'est possible. On conserve souvent le souvenir de reproducteurs, mâles et femelles, qui ont donné des produits dont les qualités les ont toujours fait rechercher. Les Arabes, dit-on, attachent un grand prix à connaître la généalogie de leurs chevaux, et les Anglais ont des registres de généalogie de leurs chevaux de pur sang de vitesse, et de diverses races de bœufs qu'ils ont créées. Du reste, il n'est pas possible de nier l'influence des ascendants d'une race d'animaux, quels qu'ils soient. Non seulement on a la preuve de son action par les défauts et qualités qu'ils ont pu transmettre, mais par des caractères spéciaux dont il reste toujours quelque trace. C'est ainsi qu'on voit des races d'hommes, comme d'animaux, qui après plusieurs siècles, ont encore conservé des marques distinctes qui trahissent leur origine. On doit tenir compte de cette considération dans le choix des reproducteurs à adopter pour perfectionner une race, soit par le croisement, soit par sélection. On a d'autant plus de raison d'agir ainsi, que les caractères de race se transmettent et se conservent d'autant mieux qu'ils appartiennent à des espèces plus anciennes. — V. *Croisement*, *Étalon*, *Perfectionnement*, *Reproducteur*.

ASCITE. Synonyme d'hydropisie. Tous les animaux sont sujets à l'hydropisie, notamment le chien, le chat, le mouton. Elle est plus rare dans le bœuf, et surtout dans le cheval. — V. *Hydropisie*.

ASCLÉPIADÉES. Famille de plantes dont quelques unes ont été considérées comme médicamenteuses. On a fait des essais sur la culture de l'asclépiade de Syrie, que l'on croyait pouvoir utiliser pour la production du coton. Sa tige fournissait une espèce de filasse qu'on aurait peut-être pu employer dans l'industrie ; mais sa culture ne paraît pas avoir réussi de manière à la faire adopter.

On n'a pas reconnu non plus à l'asclépiade *dompte-venin* les propriétés anti-vénéneuses qu'on lui attribuait autrefois.

ASINES (*Races*). Les différentes races asines ne se distinguent guères que par leur taille, leur force et la finesse plus ou moins caractérisée de leur type. En France, nous n'avons que deux races bien distinctes : celle du Poitou et celle de Gascogne. La race du Poitou, dont les étalons sont employés pour la production du mulet, est très forte, très robuste ; elle est la plus estimée de toutes les espèces asines qui nous sont connues. La race de Gascogne est plus fine ; elle est moins fortement constituée et moins grande.

Elle sert plus comme bête de somme que comme productrice de mulets. Les ânes que l'on rencontre sur divers points de la France, et surtout dans le midi, naissent isolément, et n'appartiennent généralement à aucune race distincte. — V. *Ane, Baudet, Poitou.*

ASPÉRAGINÉES. Famille de végétaux offrant peu de ressources à l'agriculture. L'asperge est la seule plante qui soit cultivée dans nos jardins. Le muguet, le fragon, etc., appartiennent aussi à cette famille.

ASPERGE. L'asperge croît spontanément dans le midi de la France; elle est aussi très commune dans le nord de l'Afrique. Sa tige, à l'état sauvage, est grêle, mais très savoureuse. Elle a obtenu un grand développement par la culture. Aux environs des grandes villes, l'asperge donne lieu à une branche de commerce productive et étendue. Elle fournit du reste un bon légume, très estimé et très recherché.

ASPÉRULE. Plante de la famille des rubiacées. Quelques aspérules fournissent un assez bon fourrage. L'aspérule odorante, celle des champs, sont les plus recherchées des bestiaux.

ASPHALTE. Bitume solide employé pour les pavages. Dans quelques étables de bestiaux, on utilise l'asphalte, surtout pour le pavage des rigoles où coulent les urines des animaux; l'imperméabilité de cette substance permet de bien profiter de tous les engrais liquides, des purins, qui s'infiltrent et se perdent en partie dans les pavages ordinaires. On pourrait se servir de l'asphalte pour bien mastiquer les pavés, ce qui se pratique dans certaines cours des maisons de Paris pour prévenir les infiltrations des eaux. Ce procédé, employé dans nos écuries, aurait l'avantage d'augmenter la masse des engrais liquides pour lesquels rien ne devrait être négligé : on les empêcherait ainsi de s'infiltrer dans les sols en pure perte pour l'agriculture, et au détriment de la salubrité des habitations des animaux.

ASPHYXIE. Le mot *asphyxie* n'a pas été défini d'une manière bien tranchée en économie du bétail. Cependant il est généralement considéré comme synonyme de suffocation, soit par privation d'air, soit par l'inspiration de gaz non respirables et qui donnent la mort. Ces gaz sont : l'acide carbonique, l'azote, l'hydrogène sulfuré, le chlore, etc.

Dans les animaux ruminants, les ashyxies les plus communes sont causées, dans le bœuf et le mouton surtout, par la tympanite. Dans ce cas, ces accidents sont la conséquence d'une cause purement mécanique facile à expliquer : les gaz qui se développent dans le rumen à la suite de la fermentation de l'herbe qu'il contient, notamment du trèfle et de la luzerne, repoussent fortement le diaphragme en avant; les poumons se trouvent ainsi refoulés vers la pointe du cône formé par la disposition des côtes qui composent la cage de la poitrine. Or, comme d'une part, les côtes de cette partie jouissent de peu de mouvement de dilatation, et que, de l'autre, la partie antérieure de la poitrine, se terminant en pointe aplatie d'un côté à l'autre, n'offre qu'un espace très rétréci, les poumons, comprimés de tout côté, ne peuvent plus se dilater pour recevoir l'air indispensable à l'hématose du sang, et les animaux meurent asphyxiés très rapidement. Un seul moyen doit être employé alors pour préserver, à coup sûr, les animaux tympanisés, d'une mort prompte : ce moyen est la ponction du rumen. — V. *Digestion, Ponction, Trocart, Tympanite.*

Mais si le genre de mort par asphyxie est spécialement observée chez les ruminants, par rapport à la disposition de leurs estomacs, ces animaux ne sont pas plus exempts que les autres de l'influence des autres causes qui déterminent la mort par suffocation; ainsi, les tumeurs qui, se développant le long du trajet du canal aérien, peuvent obstruer le passage de l'air, en totalité ou en partie; les angines aiguës, l'épaississement des membranes muqueuses du larynx, etc., causent aussi l'asphyxie, lorsqu'elles empêchent d'arriver aux poumons la quantité d'air respirable nécessaire à la vie.

Lorsque les animaux sont menacés d'être asphyxiés par un obstacle au passage de l'air dans la poitrine, on fait souvent une opération par laquelle on ouvre la trachée artère dans la partie de son trajet la plus convenable, et l'animal peut respirer par cette ouverture, en attendant la guérison de la maladie qui occasionnait son asphyxie. — V. *Trachéotomie.*

Les animaux noyés, ceux qui s'étranglent accidentellement,

ceux qui, surpris dans les étables pendant les incendies, sont étouffés par la fumée, meurent aussi d'asphyxie. Les chevaux ardents qui, pendant les grandes chaleurs de l'été, tombent comme foudroyés, à la suite d'apoplexie pulmonaire (coups de sang), périssent aussi asphyxiés. — V. *Apoplexie*.

On a vu quelquefois des animaux, notamment des chevaux, asphyxiés pendant l'administration d'un breuvage qui pénétrait dans la trachée artère et les poumons. On devra donc prendre des précautions convenables lorsqu'on obligera un animal à boire : on lui donnera la boisson par gorgées, et, s'il vient à tousser, on cessera brusquement, pour lui laisser la tête libre un instant ; on continue ensuite à le faire boire, mais toujours avec prudence et attention.

ASPIC. Huile d'aspic. — V. *Lavande*.

ASPIC. Serpent vénéneux. Espèce de vipère que les naturalistes ont reconnue pour être l'aspic des anciens dans le delta du Nil. L'aspic a été célèbre par la mort que sa morsure donna, dit-on, à Cléopâtre, reine d'Égypte.

ASPIRATION. — V. *Inspiration*.

ASSA-FOETIDA. Produit végétal, employé en médecine des animaux. On se sert de l'assa-fœtida contre les affections nerveuses, telles que le tétanos, le vertige, les paralysies, l'épilepsie. Ce médicament est un des antispasmodiques les plus estimés en économie du bétail.

ASSAINISSEMENT. On assainit un sol, une contrée, par l'écoulement des eaux, au moyen de drainages et de plantations. On assainit aussi une habitation par une aération bien combinée et l'entretien de la propreté des logements, soit de l'homme, soit des animaux. Les assainissements sont indispensables aux bonnes conditions d'hygiène publique, et pour la conservation de la santé. Faute de l'avoir pratiqué, soit dans les habitations, soit dans des villes ou villages, ou dans des contrées entières, on voit souvent des maladies générales se déclarer à des époques déterminées, et souvent périodiques, occasionner des ravages épouvantables pour l'espèce humaine, et ruineux pour l'agriculture. — V. *Désinfection, Desséchement, Drainage, Épizootie, Hygiène, Marais, Plantations.*

ASSAISONNANTES. L'homme assaisonne ses aliments avec des aromates, des épices, des acides, etc., pour les rendre plus savoureux, d'une digestion plus facile. La nature fournit aussi aux animaux des plantes assaisonnantes qui donnent aux fourrages de l'odeur, de la saveur, et une propriété tonique qui, en stimulant l'appétit, les rend en même temps plus faciles à digérer. Les plantes aromatiques, acidules et amères, telles que les labiées, les oxalis, les composées, les rosacées, etc., sont celles qui fournissent le plus de plantes assaisonnantes. — V. *Aromates, Condiment.*

ASSAISONNEMENTS. Synonyme de condiments. — V. ce mot.

ASSEMBLER. En terme de manège, assembler un cheval, c'est le disposer, le préparer à exécuter la volonté du cavalier, lui donner une sorte d'avertissement, pour qu'il se tienne prêt à agir, suivant les ordres qu'il va recevoir.

ASSIMILABLE. Substance alimentaire susceptible de concourir à la nutrition des animaux. Toutes les substances alimentaires sont assimilables; mais leur assimilation s'opère plus ou moins bien, suivant qu'elles sont plus ou moins bien digérées. Pour être rendus assimilables, les corps qui servent à la nutrition subissent des modifications, par suite d'opérations physiques ou chimiques qui ont lieu, soit dans la bouche des animaux par la mastication ou l'insalivation, soit dans la longueur du tube intestinal par les réactifs chimiques qui y sont secrétés. — V. *Digestion, Nutrition.*

ASSIMILATEUR. Organe qui concourt à l'assimilation. — V. *Absorption, Chylifère, Nutrition.*

ASSIMILATION. Fonction multiple, en vertu de laquelle les animaux s'assimilent, approprient à leur propre substance, à leurs tissus divers, les molécules alimentaires extraites par la digestion des matières dont ils se nourrissent. Cette transformation de corps inertes en matières vivantes, se fait à la suite de plusieurs fonctions spéciales, telles que la digestion, l'absorption, la respiration, la circulation. — V. ces mots.

ASSOLEMENT. Condition d'une culture alterne; état de la succession des végétaux sur un sol cultivé; méthode de culture qui consiste à diviser une exploitation en plusieurs parties, pour leur confier alternativement des végétaux de nature différente.

Chaque végétal emprunte ou laisse au sol des éléments qui ne permettent pas, en règle générale, la permanence de sa culture, dans de bonnes conditions, sur un même terrain. Si on cultivait chaque année dans un même champ la même plante, le blé, par exemple, on ne tarderait pas à s'apercevoir qu'à frais et soins égaux, les récoltes de cette céréale diminueraient d'abondance d'année en année. Il en serait de même des autres cultures, ou les exceptions seraient très rares. Si après le blé on mettait des parmentières, ensuite des colzas, plus tard des vesces, puis du trèfle, et que l'on revînt ensuite au blé, on verrait que cette céréale rendrait infiniment plus de produit que si on avait continué à la semer, sans interruption, dans une même pièce de terre : c'est là une loi de la nature dont l'expérience ne permet pas de nier l'influence.

On commence ordinairement un assolement par une plante sarclée, qui oblige non seulement à bien ameublir le sol, mais à bien le nettoyer; on lui fait succéder une céréale de printemps, avoine, orge, trémois (blé de printemps), sur laquelle on met une prairie artificielle, le trèfle, par exemple, le sainfoin, etc. On rompt cette prairie après l'avoir exploitée, et on lui fait succéder une céréale d'hiver, comme le blé, le seigle, etc. Tel est un mode adopté dans quelques pays; mais un assolement varie et doit varier suivant les ressources morales et physiques du cultivateur, suivant la fécondité ou l'aridité du sol, suivant les localités et les climats, suivant les débouchés et les besoins à satisfaire. Le choix, l'adoption d'un assolement, la marche à donner à la succession des cultures dans une exploitation, est une des opérations les plus délicates et les plus importantes du cultivateur; c'est dans ce choix de succession de végétaux que l'on doit chercher les moyens d'abréger la main-d'œuvre, d'ameublir, de nettoyer les terres à moins de frais possibles, d'obtenir les meilleures récoltes, sans augmenter relativement les dépenses d'une exploitation. C'est enfin dans le choix de son assolement, qu'un cultivateur doit trouver le moyen d'obtenir du sol qu'il exploite le plus grand produit net qu'il soit possible d'en tirer. On conçoit donc combien mérite de réflexion, d'étude, d'esprit d'observation et d'expérience, le choix d'un assolement; des cultivateurs intelligents, des praticiens consommés, pourront dire ce que leur a coûté de temps et de travail un choix définitif d'assolement, et il leur arrive souvent de le modifier après quinze, vingt ans, et plus, d'une pratique éclairée. Il ne suffit pas en effet d'alterner des végétaux sur une sole; il faut connaître l'action qu'ils exercent les uns sur les autres dans leur succession. Tel végétal récolté aura été comme un engrais pour celui qui l'aura suivi, tel autre réussira très mal après lui. Telle plante demande une alternance à long terme, telle autre peut revenir sur le même sol à des époques rapprochées, et sans inconvénient pour la production qui lui succède. Telle récolte épuise le sol de manière à l'effriter; telle autre, au contraire, semble le rendre plus fécond, surtout quand elle est faite en vert.

Un assolement peut-être biennal, triennal, quadriennal, etc., etc., suivant les avantages offerts, ou la possibilité de prolonger ou de raccourcir les limites de sa rotation. Nous n'entrerons pas ici dans de plus longs détails sur la question importante des assolements; les traités spéciaux et l'étude pratique des lieux suppléera à ce qu'il n'est pas possible de développer dans ce dictionnaire. Nous terminons donc cet article par quelques exemples d'assolements adoptés dans divers pays, suivant leurs besoins et leurs différentes ressources.

ASSOLEMENT DE TROIS ANS.

Première année. — Forte fumure. Plantes sarclées, telles que parmentières, betteraves, carottes, etc.

Deuxième année. — Fourrage vert, tel qu'un mélange de vesces, de jarrosses, de seigle, d'avoine ou d'orge, ou maïs, spergule, etc.

Troisième année. — Céréales d'hiver, telles que blé, seigle, suivant celles qui sont adoptées.

On recommence ensuite la rotation par les plantes sarclées, que l'on peut varier, mais toujours sur une forte fumure, qui dure pendant les trois ans. Dans cet assolement triennal, on fait une récolte de racines fourragères ou de tubercules, une récolte de fourrages verts, qu'on peut faner si on le désire, et, après eux, en automne, on sème les céréales d'hiver, qui réussissent bien.

ASSOLEMENT DE QUATRE ANS.

Première année. — Plantes sarclées sur une forte fumure.

Deuxième année. — Céréales de printemps, telles qu'avoine, orge, etc., avec trèfle.

Troisième année. — Trèfle récolté l'année suivante et rompu en automne.

Quatrième année. — Céréales d'hiver.

Cet assolement de quatre ans comporte alternativement deux années de céréales, une année de tubercules et de racines fourragères, et une année de fourrages, qui peuvent quelquefois donner une coupe en automne dès la deuxième année.

ASSOLEMENT DE CINQ ANS.

Première année. — Plantes sarclées sur une forte fumure.

Deuxième année. — Céréales de printemps avec trèfle.

Troisième année. — Trèfle.

Quatrième année. — Céréales d'hiver.

Cinquième année. — Fourrages verts obtenus avec un mélange de vesces, d'avoine et d'orge, sur une légère fumure.

Dans cet assolement on a obtenu alternativement une récolte de plantes sarclées, racines, tubercules, deux récoltes de céréales et deux récoltes de fourrages.

ASSOLEMENT DE SIX ANS.

Première année. — Plantes sarclées fortement fumées.

Deuxième année. — Céréales de printemps avec trèfle.

Troisième année. — Trèfle.

Quatrième année — Céréales d'hiver.

Cinquième année.—Fourrages verts sur une fumure ordinaire.

Sixième année. — Céréales de printemps.

Dans cet assolement de six ans, on a trois récoltes de céréales, une récolte de racines fourragères ou de tubercules, et deux récoltes de fourrages.

ASSOLEMENT DE SEPT ANS.

Première année. — Plantes sarclées, toujours avec une forte fumure.

Deuxième année. — Céréales de printemps avec trèfle.

Troisième année. — Trèfle.

Quatrième année. — Trèfle.

Cinquième année. — Céréales d'hiver.

Sixième année. — Mélange de vesces d'hiver et de seigle sur fumure ordinaire, pour être consommés en vert au printemps suivant.

Septième année. — Céréales d'hiver.

Dans cet assolement de sept ans, on fait trois récoltes de céréales, trois récoltes de fourrages et une récolte de plantes sarclées.

On pourrait faire des assolements d'une durée plus étendue, intercaler des plantes oléagineuses, textiles, etc.; mais l'adoption de la culture des plantes dont les produits sont destinés à l'industrie dépend des ressources du sol, de celles des débouchés, et du savoir des cultivateurs. Notre but, en donnant ces exemples d'assolements divers, a été surtout de faire une application du principe que nous avons posé sur la nécessité d'alterner les récoltes; nous avons voulu faire comprendre un procédé important suivant nous, surtout pour les pays d'élevage du bétail, celui d'intercaler les récoltes de manière à avoir toujours une terre propre, exempte de mauvaises herbes, et de lui faire produire alternativement une récolte de céréales et une récolte de fourrages, de manière à bien fumer et à entretenir le sol dans un bon état de fécondité et d'ameublissement.

Mais, pour adopter des assolements avantageux et à longue rotation, pour faire l'étude de ceux qui peuvent le mieux convenir aux conditions de l'agriculture, il faut nécessairement de longs baux; c'est là la condition indispensable de tout bon assolement, et par conséquent de tout progrès en agriculture. — V. *Bail.*

ASSOUPISSEMENT. État de somnolence des animaux. Cet

état s'observe souvent chez eux après un repas copieux, lorsqu'ils sont livrés à eux-mêmes et tranquilles.

ASSOUPLIR. En terme de manége, on assouplit une partie du corps du cheval, lorsqu'on le dispose, par l'exercice, à bien exécuter les mouvements qu'on en exige.

ASSOUPLISSEMENT. Terme d'équitation. La méthode de dressage de chevaux par l'assouplissement consiste dans une sorte de gymnastique à laquelle on soumet chaque partie du corps de l'animal. Le corps de l'homme, soumis à des exercices divers, est soumis aussi à des assouplissements. On assouplit les jambes d'un danseur, les doigts d'un musicien instrumentiste, etc.; toutes les articulations des faiseurs de tours de force et de souplesse, dans les théâtres ou sur les places publiques, sont assouplies par un exercice permanent, et prouvent l'effet que peut produire l'assouplissement. Les mêmes résultats peuvent être obtenus, à des degrés divers, dans les animaux bien dressés; dans le cheval, on soumet aussi à l'assouplissement les membres, les épaules, les jarrets, et surtout l'encolure. — V. *Encolure*.

ASSUJETTIR *les animaux*, les disposer de manière à pouvoir être examinés avec détail, à être pansés ou opérés suivant les besoins, et quelquefois pour être ferrés lorsqu'ils sont trop indociles. Ce procédé est vicieux dans ce cas : on doit disposer par la douceur les animaux à se laisser ferrer sans contrainte. C'est presque toujours possible, sinon facile. Il ne faut que de la patience et de la douceur; presque tous les individus sont difficiles à ferrer à la suite de mauvais traitements des maréchaux ferrants.

On assujettit les animaux de plusieurs manières, soit debout, soit après avoir été abattus. On les maintient avec des licols, avec des courroies, des cordes, des entravons, des morailles; on les fixe encore au moyen d'un travail assez commun dans les campagnes. Dans tous cas il faut toujours agir avec prudence et circonspection, pour prévenir les contusions, les blessures, les entorses, et même quelquefois les fractures.

ASSURANCE. Sécurité. État dans lequel se trouve un propriétaire qui, moyennant une somme convenue payée à des époques déterminées, assure sa propriété contre les chances de pertes. On a recours à l'assurance contre l'incendie, contre la grêle, contre la mortalité des animaux, etc. Un bon système général d'assurances serait d'un immense secours pour l'agriculture, si souvent frappée par des sinistres de toute nature. Que de cultivateurs ruinés par les épizooties, les incendies, les inondations, la grêle, etc., etc.

Les assurances, telles qu'elles sont, garantissent bien les propriétés urbaines, mais elles sont trop peu répandues dans la propriété rurale. Cela tient à ce que les compagnies d'assurances font payer aux laboureurs des prix exagérés pour leurs chaumières ou leurs récoltes en magasins. Il faut de toute nécessité des réformes profondes dans cette branche de notre économie domestique. Dans l'état actuel, l'agriculture ne peut pas profiter réellement des avantages incontestables que peut lui offrir un système d'assurances bien ordonné. La spéculation à laquelle elles donnent lieu est trop onéreuse pour ceux qui l'alimentent dans nos campagnes.

ASSURER. Garantir contre l'éventualité des pertes une maison, des bestiaux, des récoltes, etc.; les soumettre à l'assurance. — V. *Assurance.*

ASTER. Plante de la famille des composées. L'aster fournit plusieurs fleurs d'ornement, dont la reine-marguerite fait partie.

ASTERNALES. On nomme côtes asternales celles dont les cartilages ne s'articulent pas directement avec le sternum. Ce sont les côtes asternales qui forment la plus grande partie de la cage de la poitrine. — V. *Côtes, Poitrine, Sternum.*

ASTHÉNIE. Privation de force, faiblesse, débilité des animaux. L'asthénie peut être la conséquence de la vieillesse des sujets. Dans ce cas il n'y a pas de remède. Mais elle peut aussi avoir pour cause un excès de travail, une nourriture insuffisante ou de mauvaise qualité, de longues maladies, etc. Dans ce cas il importe d'y remédier. On peut combattre l'asthénie, suivant la cause qui l'a déterminée, par le repos, par une bonne nourriture, par quelques médicaments toniques, stimulants, et par de bonnes conditions hygiéniques. — V. *Hygiène.*

ASTHME. — V. *Pousse.*

ASTRAGALE. Nom de l'un des os du jarret. La surface de cet os, qui s'articule avec le tibia, a la forme de la gorge d'une poulie. Cette disposition articulaire concourt à établir l'une des articulations les plus solides de tout le corps des animaux.

La famille des légumineuses comprend un genre connu sous le nom d'astragale. Les plantes que fournit ce genre offrent peu d'intérêt à l'agriculture.

ASTRINGENTS. Nom donné à une classe de médicaments qui crispent, resserrent les tissus animaux, de manière à prévenir les inflammations et les gonflements. L'eau froide, la neige, la glace, sont des astringents. Les eaux acidulées et froides sont aussi astringentes. Parmi les astringents on compte les acides étendus d'eau, l'alun, le sulfate de fer (couperose verte), de plomb, de zinc dissous dans l'eau, le tannin, la noix de Galle, l'écorce de chêne, etc. On emploie les astringents contre les entorses, les contusions, la fourbure, les hémorrhagies ; contre les congestions cérébrales, les fluxions et engorgements des parties du corps des animaux qui en sont le siége.

ATAXIE (absence d'ordre). Irrégularité dans la marche d'une maladie.

ATAXIQUE. Nom donné à une maladie dont les symptômes graves indiquent une marche irrégulière, une perversion dangereuse des fonctions. Le traitement, dans ce cas, est toujours difficile à suivre avec méthode.

ATHLÉTIQUE. Constitution, formes athlétiques. Un animal a les formes athlétiques lorsqu'il est fortement charpenté et musclé, et qu'il a une constitution robuste.

ATLAS. (*Atloïde.*) Nom donné à la première vertèbre de la colonne vertébrale des animaux. L'atlas s'articule avec la tête. Ses surfaces articulaires facilitent tous les mouvements de bas en haut et de côté. C'est une des vertèbres dont l'étude est le plus intéressante dans le règne animal, tant sous le rapport de sa forme que sous celui de son mode d'articulation avec l'occipital et l'axoïde. — V. *Articulation.*

ATLOIDE. — V. *Atlas.*

ATMOSPHÈRE. Couche gazeuse qui enveloppe le globe. — V. *Air*.

ATMOSPHÉRIQUE. Corps atmosphérique, qui a rapport à l'atmosphère. Air, phénomène, vapeur, humidité atmosphériques. — V. *Air*.

ATOME. Corps qui n'est pas physiquement appréciable, mais dont l'existence est admise par la raison. La ténuité des atomes échappe à tout moyen d'investigation humaine, mais leur réunion compose tous les corps de la nature, solides, liquides ou gazeux. — V. *Corps*.

ATOMIQUE. Corps atomique. — V. *Atome*.

ATONIE. Défaut de ton, faiblesse d'un organe dans les animaux. L'atonie d'un ou plusieurs organes essentiels à la vie des animaux peut causer des maladies par l'insuffisance de leur action. Les animaux, dans ce cas, sont languissants, paresseux. Ceux de travail suent facilement, manquent d'énergie. Il importe de rechercher alors le siége du mal, pour y remédier par l'emploi des toniques ou des excitants, suivant les circonstances et les indications d'une pratique éclairée.

ATONIQUE. État d'atonie d'un animal ou de l'un de ses organes. — V. *Atonie*.

ATROPHIE. Amaigrissement, désséchement d'une partie d'un corps vivant par défaut de nourriture, d'assimilation. Lorsque, par suite d'une luxation, d'une fracture, d'une boiterie, l'usage du membre d'un animal est impossible, les muscles de ce membre s'atrophient. On remarque quelquefois des chiens qui offrent des exemples d'atrophie de ce genre. Lorsqu'un ou plusieurs organes se trouvent dans l'impossibilité de remplir les fonctions qui leur sont dévolues, et qu'ils ne sont pas exercés, ils s'atrophient. Du reste l'atrophie est plus ou moins complète, suivant que l'usage de l'organe malade est plus ou moins borné.

La règle physiologique en vertu de laquelle l'atrophie d'un ou plusieurs organes a lieu explique pourquoi un exercice bien ordonné de tous les instruments de la vie des animaux est utile à leur santé comme à leur développement, à leur force comme à leur énergie. — V. *Exercice*, *Gymnastique*.

ATROPHIÉ. Membre, partie du corps, atteints d'atrophie. — V. *Atrophie.*

ATTACHE. Lien qui sert à attacher les animaux, quelle que soit sa nature. Les attaches doivent être toujours disposées de manière à ne pas blesser les animaux, soit par elles-mêmes, soit par la manière dont elles sont fixées.

Les jardiniers donnent aussi le nom d'attaches aux liens dont ils se servent pour fixer les branches des espaliers, des treilles, ou pour attacher leurs légumes. — V. *Accolure.*

ATTAQUE. (*Accès.*) Invasion subite d'une maladie périodique dans les animaux. On observe des attaques d'épilepsie, de fluxion périodique des yeux dans le cheval, d'apoplexie, d'épilepsie. — V. *Accès, Fluxion.*

ATTAQUER. En terme d'équitation, attaquer un cheval, c'est mettre en jeu, subitement, les moyens d'action dont on dispose pour le faire obéir.

ATTEINTE. Expression consacrée pour désigner les contusions, les blessures faites aux pieds des chevaux, sur la couronne, au paturon ou au boulet. Souvent le cheval se blesse lui-même en se touchant avec ses pieds, ou en se frappant contre des corps durs. Quelquefois aussi ces atteintes sont la suite de coups de pieds des autres chevaux. Lorsque les cavaliers d'un régiment, en route ou dans les manœuvres, n'ont pas le soin de garder les distances prescrites, il en résulte des atteintes. Ces lésions sont ordinairement légères, et disparaissent le plus souvent au moyen d'un traitement simple.

ATTELAGE. Réunion d'animaux attelés à une charrue, à une voiture, ou pour traîner un fardeau. Pour former les attelages, on aura soin de bien appareiller les animaux qui doivent les composer. — V. *Appareillage.*

ATTELLE. Lame allongée et flexible, dont on se sert pour la réduction des fractures des membres des animaux. Les attelles sont en bois, en carton, ou en tôle plus ou moins épaisse ; on en fait aussi en écorce d'arbres pour les petits animaux. C'est au moyen des attelles convenablement disposées, fixées avec des étoupes, des bandes et des substances agglutinantes, qu'on empêche le déplacement des os fracturés et qu'on facilite leur suture.

On nomme aussi attelles les pièces contournées en bois ou en fer du collier des animaux de trait. C'est à ces pièces que s'adaptent les traits au moyen de crochets.

ATTERRISSEMENT. Dépôt de terres, de sables et de détritus entraînés par les eaux des fleuves et rivières, et déposés sur leurs bords ou dans leur lit, au voisinage de la mer surtout. Les atterrissements déplacent quelquefois le cours des eaux, lorsqu'elles ne sont point endiguées ou que leur lit n'est point encaissé; déplacées ainsi dans les inondations, elles gagnent les terres riveraines, les entraînent, et y creusent souvent leur lit pour le quitter encore plus tard et porter ailleurs la dévastation et la ruine. Pour prévenir les atterrissement et leurs effets, il faudrait deux grandes opérations. Ces opérations sont le curage des rivières et leur endiguement pour borner leur lit.

AUBÈRE. (*Fleur-de-pêcher, Mille-fleurs, Pêchard.*) Dénomination qui, dans le signalement d'un cheval, caractérise une robe composée de poils blancs et rouges dans des proportions variées. Les crins de l'encolure et de la queue des aubères n'ont pas toujours la même nuance que le fond de la robe; la tête est ordinairement plus foncée. Suivant que les poils blancs ou rouges dominent, une robe aubère est claire ou foncée, vineuse ou ordinaire.

AUBÉPINE. (*Épine blanche.*) Arbrisseau de la famille des rosacées. L'aubépine croît partout et offre une immense ressource à l'agriculture pour les clôtures. Aucun autre végétal ne la remplace pour former des haies taillées avec art; ces haies réunissent à un coup d'œil agréable l'avantage de faire des clôtures très solides pour protéger les héritages contre les bestiaux et les maraudeurs. La multiplicité, la disposition des branches qui les forment, et les épines dont elles sont armées, les rendent impénétrables. — V. *Clôtures*.

AUBERGINE. Plante de la famille des solanées. L'aubergine est importée des pays chauds. On la cultive dans le midi de la France. Son fruit charnu est préparé de diverses manières pour la table. On distingue deux espèces d'aubergines : l'une a un fruit allongé violet (viedaze, en patois); le fruit de l'autre, qui a la forme d'un œuf, est blanc et plus petit.

AUBIER. (*Faux bois.*) L'aubier est la partie du bois formée par les couches qui se trouvent entre l'écorce et le cœur du bois. Chaque année, une couche d'aubier se forme sous l'écorce des arbres, et la couche de même nature qui se trouve la plus centrale se durcit et s'ajoute au cœur du bois.

L'aubier est de couleur plus ou moins blanche, même dans les arbres d'essence foncée, comme le chêne. Sa texture est plus molle, plus spongieuse, et résiste infiniment moins que le cœur à la décomposition et aux attaques des insectes. Dans les constructions maritimes, dans les confections des meubles et boiseries, dans les charpentes qui exigent une grande résistance et beaucoup de durée, on a soin de ne pas employer l'aubier, qui n'est conservé que pour des ouvrages ordinaires. Lorsqu'on scie une pièce de bois en travers, un chêne, un noyer, par exemple, il est facile de distinguer les couches d'aubier, blanchâtres et tendres sous l'instrument tranchant, du cœur de l'arbre, de couleur foncée et d'une dureté relative beaucoup plus grande.

AUBIN. Allure du cheval. Dans cette allure défectueuse, le cheval exécute des mouvements de galop avec les membres antérieurs, tandis que les postérieurs ne peuvent opérer que ceux du trot. La faiblesse, la fatigue ou l'usure, sont la cause principale de l'aubin.

AUBRAC (*Races d'*). Les montagnes d'Aubrac, dans l'Aveyron, la Lozère et une partie du sud-est du Cantal, élèvent une espèce de bœufs qui forme la race d'Aubrac. Son poil est généralement gris de blaireau ou rouge clair, avec des nuances foncées autour des yeux. Le corps de cette race est trapu, généralement bien fait. Ses membres sont courts et forts. Cette race est très sobre, très rustique et bonne travailleuse. Elle donne aussi de bons animaux de boucherie. Comme dans le Cantal, les vacheries de la race d'Aubrac passent l'été sur les montagnes, pour la confection des fromages dits de la Guiole; mais elles ne sont pas aussi bonnes laitières que les races rouges des montagnes de la haute Auvergne, connues sous le nom de salers. La race d'Aubrac est très estimée pour le travail dans diverses contrées du midi de la France. Chaque année, de nombreux troupeaux de jeunes animaux y sont exportés pour les travaux agricoles.

AUDITIF. Qui appartient à l'ouïe. — V. *Acoustique*.

AUDITION. Perception des sons. — V. *Ouïe*.

AUGE. (*Canal maxillaire.*) Espace formé par l'écartement des deux branches de la mâchoire inférieure des animaux. L'auge du cheval doit toujours être bien évidée, exempte surtout de glandes plus ou moins grosses situées sur ses côtés. Ces glandes pourraient être les symptômes de maladies plus ou moins graves, et surtout de la morve. Les chevaux de race noble ont ordinairement l'auge large, résultat essentiel de l'écartement des maxillaires. Cet écartement coïncide presque toujours avec une tête carrée, un développement du front très prononcé, et avec la capacité des poumons. Une auge rétrécie, au contraire, allongée, caractérise les animaux communs en général, à poitrine délicate. — V. ***Poitrine, Tête***.

On donne aussi le nom d'auge à une pièce de bois, ou à une pierre creusée en long, pour donner à manger aux animaux ou pour les faire boire. — V. ***Mangeoire***.

AUGE (***Races de la vallée d'.***) — V. *Normandes*.

AUNE. (***Vergne, Verne.***) Arbre de la famille des bétulinées. L'aune comprend plusieurs espèces qui croissent surtout dans les sols aqueux, sur les bords des ruisseaux et rivières. Sa croissance est très rapide. Exploité en taillis, il peut fournir beaucoup de bois pour le chauffage dans nos campagnes, notamment pour les fours.

On multiplie facilement l'aune commun par semis ou par plançons. Ce dernier moyen est préférable, parceque avec des branches déjà développées on obtient plus rapidement des produits. L'écorce d'aune est reconnue comme astringente; son bois, très léger, est tendre, facile à travailler. On l'emploie dans l'art du sculpteur, du tourneur, et surtout pour faire des sabots, dans certains pays.

Le bois d'aune a surtout une propriété remarquable, c'est celle de résister long-temps à la décomposition dans l'eau. On affirme que, sous ce rapport, nul autre bois ne lui est comparable, pas même le chêne. Il est donc très bon pour les pilotis, pour les fondations dans l'eau et pour faire des aqueducs.

L'aune est assez rarement exploité sur une grande échelle, parcequ'il lui faut un terrain spécial et qu'il ne vient bien que dans l'humidité ; mais il est très utile sur les bords des ruisseaux et des rivières exposés aux inondations. Ses nombreuses racines, traçantes et touffues, soutiennent les terres sur les rives, empêchent les eaux de les emporter et protégent ainsi les propriétés. Ses branchages servent aussi à faire des fascines pour faire des digues. Il est donc utile de favoriser la multiplication de l'aune, ce qui est d'ailleurs très facile, partout où les inondations peuvent exercer des ravages.

AUNÉE. Plante de la famille des composées. La racine d'aunée a des propriétés médicinales pour les animaux. On l'administre en poudre ou en infusion dans les cas d'atonie de l'estomac et des organes digestifs. On l'emploie aussi contre les diarrhées et contre la toux.

AURICULAIRE. Qui appartient à l'oreille. On connaît en anatomie les nerfs, les artères, les veines, les muscles auriculaires. Ces derniers ont pour fonction de faire exécuter aux oreilles des animaux les mouvements divers dont elles sont susceptibles. — V. *Oreille*.

AUROCHS. Mammifère de l'ordre des ruminants. L'aurochs a de l'analogie avec le bison. Considéré à tort, par quelques naturalistes, comme le type sauvage de notre bœuf domestique, cet animal, qui a habité toute l'Europe tempérée, est aujourd'hui relégué dans les grandes forêts de la Lithuanie, des Krapacks et du Caucase. Sa taille est beaucoup plus élevée que celle du bœuf; une laine crépue garnit la tète et une partie de l'encolure du mâle de cette espèce.

On ne connaît pas d'exemple de domestication de cet animal ; il serait d'une grande force pour les travaux de l'agriculture, s'il avait été rendu domestique.

AUSCULTATION. Emploi de l'ouïe à l'examen, à l'étude d'une maladie. C'est surtout dans les maladies de poitrine et du cœur des animaux qu'on emploie l'auscultation pour juger de leur nature et de leur gravité. On applique l'oreille sur les côtés de la poitrine, et les différents bruits causés par l'introduction et la sortie de l'air dans les poumons, ou les pulsations du cœur, sont, pour le praticien habile, un moyen souvent très efficace pour juger de l'état des organes malades. La médecine des animaux a emprunté avec un grand succès à la médecine de l'homme ce procédé ingénieux d'étude de maladies très communes chez nos grandes espèces domestiques, chez ceux de travail surtout. — V. *Pleurésie, Pneumonie.*

AUTOMNAL. Qui a rapport à l'automne. Saison automnale, floraison automnale, etc. — V. *Automne.*

AUTOMNE. L'automne est la saison pendant laquelle les travaux de l'agriculture sont le plus multipliés. La récolte des blés de mars, des regains, des fruits, de la vigne, des semailles, et les labours d'automne, ne permettent pas aux laboureurs de perdre un instant. Les animaux de travail sont toujours à l'ouvrage. On aura soin, pendant cette saison, de bien les nourrir et de les préserver des refroidissements auxquels ils sont exposés à cette époque. C'est celle de l'année où les affections de poitrine sont le plus fréquentes. Elles se développent à la suite des arrêts de transpiration, causés par les pluies ou les vents froids, lorsqu'on n'a pas la précaution d'en préserver les attelages. — V. *Pleurésie, Pneumonie, Toux.*

AUTOPSIE. Ouverture d'un cadavre, suivie de l'examen détaillé de l'état des organes dont les maladies ont causé la mort des animaux. C'est par les autopsies que l'on peut s'assurer des ravages causés sur l'organisation des animaux, et s'éclairer sur les moyens à employer pour les prévenir ou les arrêter.

AUVENT. Petit toit en tuile, en planches ou en chaume, fixé à un mur et soutenu par des poteaux, pour abriter des instruments aratoires, des bois, des échelles, tout ce qui peut enfin se détériorer par l'action alternative de la pluie, du soleil et de l'humidité. Les auvents, toujours d'une grande simplicité de construction, sont très utiles dans les fermes.

AUVERGNAT (*Cheval, Bœuf*). L'Auvergne a eu une réputation

méritée pour l'élevage du cheval léger, propre aux remontes de l'armée. L'ancienne race des chevaux auvergnats était très estimée dans nos régiments de cavalerie légère, comme par tous ceux qui s'en servaient. Les croisements qui ont eu lieu l'ont détruite. L'ancien type n'existe plus, et il serait impossible d'en reconnaître les traces aux caractères sans uniformité qui distinguent les chevaux actuels. Le cheval auvergnat avait été fait avec du sang oriental. C'était le seul qui pouvait convenir aux montagnes où il était élevé; mais la mode y fit introduire les chevaux de course anglais, qui ont abâtardi l'espèce de manière à ne plus la reconnaître. La plupart des éleveurs ont abandonné l'élevage du cheval, remplacé par celui du mulet. On assure qu'on veut revenir au sang arabe. C'est le seul moyen de reconstituer la race; mais il faudra long-temps pour y parvenir, surtout si des encouragements bien entendus et bien distribués ne dédommagent pas les éleveurs des frais qu'ils seraient disposés à faire. En attendant, ils font des mulets et des bœufs, dont les débouchés sont toujours assurés, comme les bénéfices qu'ils procurent.

Fig. 47. Bœuf Auvergnat, variété rouge commune.

Si l'ancien cheval auvergnat n'existe plus, il n'en est pas de même du bœuf. Les montagnes d'Auvergne élèvent deux variétés de bœufs bien distinctes. L'une est l'espèce rouge, dont le type est le Salers. Cette variété se trouve dans tout l'ouest et le nord-ouest du département. L'autre variété, dont le pelage est gris, se trouve dans l'est et le sud-est du département. Cette race est exactement la même que celle d'Aubrac. — V. *Aubrac*, *Salers*.

AUXILIAIRE. (*Animaux auxiliaires.*) M. I. Geoffroy Saint-Hilaire donne le nom d'auxiliaires aux animaux domestiques qui ne sont pas élevés pour la boucherie. Le cheval, l'âne, le mulet, le chien, le chat, le furet, etc., sont des animaux auxiliaires, parceque nous les utilisons dans nos travaux, pour nos chasses, nos plaisirs, sans autre destination spéciale.

AVALANCHE. Masse de neige qui descend avec impétuosité des montagnes. Les avalanches entraînent tout ce qu'elles rencontrent sur leur chemin. Arbres, maisons, murailles, tout est renversé avec une force invincible et un fracas épouvantable. Les plantations sont toujours un moyen assuré de prévenir les avalanches. On n'en voit jamais dans les montagnes boisées, parceque le bois fixe la neige au sol.

AVALÉ, ÉE. On désigne sous le nom d'*avalée*, en hippiatrique, une croupe inclinée, qui semble rentrée, refoulée d'arrière en avant. Ce genre de conformation rend cette partie du corps du cheval disgracieuse Un gros ventre, descendu et lourd, est dit aussi *ventre avalé*. Un animal ainsi conformé est généralement de race commune; il est ordinairement lymphatique et paresseux.

AVALOIRE. Partie du harnais fixée aux brancards et passant derrière les fesses des animaux pour retenir les voitures dans les descentes. Une avaloire doit être élargie, pour offrir une plus grande surface d'appui.

AVALURE. Irrégularité partielle ou circulaire du sabot du cheval, par suite d'un vice de sécrétion de la corne. L'avalure disparaît, si la cause qui l'a produite disparaît elle-même, à mesure que l'ongle pousse, et sans qu'il en reste de trace ni d'inconvénient.

Les lésions accidentelles de la couronne ou des tissus qui sécrètent le sabot, comme leur altération morbide, peuvent causer les avalures, qui n'ont généralement aucune conséquence grave après leur disparition.

AVANCES. On nomme *avances*, en agriculture, le capital engagé dans une exploitation. —V. *Capital.*

AVANCER. En terme de jardinage, le mot *avancer* signifie faire croître un végétal par des procédés artificiels, de manière à le rendre plus hâtif. On emploie, dans ce but, des couches, des châssis, des cloches ou des serres chauffées. On avance les fleurs, les fruits, les légumes, qui fournissent les primeurs, toujours bien vendues sur nos marchés. — V. *Hâtif, Primeur.*

AVANT-BRAS. L'avant-bras, dans les animaux, est la région des membres antérieurs qui est située entre le genou et l'épaule. L'avant-bras, qui a pour base le radius, le cubitus, et les muscles qui recouvrent ces os, joue un rôle important dans les allures du cheval surtout. Sa longueur favorise la vitesse; le développement de ses muscles est un indice de force. Cette partie du membre devra donc être longue et bien musclée dans le cheval, pour être belle. On n'y attache pas la même importance pour les autres animaux domestiques, surtout pour ceux qui sont destinés à la boucherie.

AVANT-COEUR. Nom vulgaire donné aux tumeurs de diverses natures qui se développent au poitrail des chevaux Ces tumeurs peuvent n'avoir aucune conséquence dangereuse et céder à un traitement simple; mais, si elles avaient un caractère charbonneux, ce qui arrive quelquefois, il faudrait s'empresser de recourir aux moyens énergiques prescrits par la médecine contre le charbon. — V. ce mot.

AVANT-MAIN. Terme d'équitation. L'avant-main du cheval comprend la partie de son corps qui se trouve placée en avant du cavalier. Sa beauté dépend naturellement de celle des différentes régions qui le composent, et notamment de la tête, de l'encolure et du garrot. — V. ces mots.

AVANT-TRAIN. Train qui comprend les roues de la charrue qui supportent l'age. Les charriots, comme les voitures à quatre roues, ont aussi leur avant-train, fixé au moyen d'une cheville ouvrière qui facilite son jeu en tout sens.

AVARIÉ, ÉE. Les substances alimentaires qui ont été altérées par l'humidité ou par toute autre cause sont avariées. L'étude des altérations des fourrages, celle des causes qui les produisent, et les moyens d'en prévenir les mauvais effets, sont de la plus haute importance pour le cultivateur. On a vu souvent des maladies générales, épizootiques, se déclarer à la suite de l'usage des fourrages avariés ; il est donc essentiel de prévenir les ravages qu'ils peuvent occasionner dans nos campagnes

Les fourrages peuvent être avariés de diverses manières, suivant les causes de leur altération. Ainsi, les foins des prairies sont vasés à la suite des inondations, et la vase qu'ils contiennent les rend d'un usage dangereux pour les bestiaux. Lorsqu'ils sont mal récoltés, emmagasinés avant leur dessiccation convenable, ils se moisissent, et se pourrissent même quelquefois, et, dans ce cas, non seulement ils deviennent une mauvaise nourriture, mais ils agissent comme poison, par leurs moisissures, qui ne sont que la conséquence d'un développement de champignons vénéneux.

La rouille est aussi une cause dangereuse d'avarie pour les fourrages. Ses effets sur l'économie animale ne sont pas moins dangereux que ceux des moisissures. Dans l'un et l'autre cas, les fourrages avariés ont perdu de leurs propriétés nutritives, d'une part ; de l'autre, ils agissent comme poison lent, altèrent peu à peu la santé des animaux, qui finissent par périr, si on n'y apporte des remèdes énergiques. — V. *Épizootie, Moisi, Rouillé, Vasé.*

AVENUE. Allée d'arbres qui aboutit à une habitation. Dans nos campagnes, les avenues sont généralement des plantations d'ornement qui décorent les alentours des grandes habitations, des châteaux. Elles sont de diverses essences. On en voit formées de platanes, de tilleuls, de marronniers, de peupliers d'Italie, d'ormeaux, de robiniers, et quelquefois même d'arbres verts. On fait peu d'avenues avec des arbres fruitiers, surtout dans les pays où il y a peu de fruit, parcequ'ils sont trop souvent la proie des maraudeurs, qui dégradent les arbres en brisant leurs branches pour voler leurs produits.

AVEUGLE. Privé de la vue. — V. *Cécité.*

AVIVE. Nom donné à un engorgement dans la région des carotides du cheval, ou aux carotides elles-mêmes. Des empiriques ignorants pinçaient la partie malade avec des tenailles, et la frappaient avec une verge; on *battait les avives*, c'était l'expression reçue. La raison a généralement fait justice aujourd'hui de cette action aussi ridicule que barbare.

AVOINE. Genre de la famille des graminées. Le genre avoine est composé de plusieurs espèces qui croissent dans les prairies naturelles et donnent un bon fourrage.

L'avoine cultivée comprend aussi plusieurs variétés presque exclusivement employées à la nourriture des animaux et de la volaille. C'est surtout pour le cheval que l'avoine est utile. Aucun autre grain ne la remplace pour donner de la force et de l'énergie aux chevaux de travail. Cette propriété spéciale est due aux principes toniques qui entrent dans la composition de sa substance. Pour être de bonne qualité, l'avoine doit être bien récoltée, exempte de mauvais goût, de mauvaise odeur et de graines étrangères, de poussière, de terre ou de graviers; son grain doit être sec, lisse, luisant, lourd à la main, gros et arrondi. Outre les variétés diverses d'avoine cultivée, on reconnaît l'avoine d'hiver, semée en automne, et l'avoine de printemps, semée avec toutes les autres céréales de cette saison. La première est plus estimée, parcequ'elle est généralement mieux nourrie et plus lourde.

L'avoine est cultivée sur une vaste échelle dans le Nord, où l'agriculture se fait au moyen du cheval. Les grandes villes et les garnisons de cavalerie, dans ce pays, offrent à cette culture un débouché certain. Dans les contrées où les travaux agricoles se font avec des bœufs, et notamment dans le Midi, la culture de l'avoine est moins étendue. En Espagne, et surtout en Afrique, elle est rare et même inconnue. Dans ces pays, elle est remplacée par l'orge pour la nourriture du cheval.

L'avoine est peu employée pour la nourriture de l'homme. Cependant on en fait des gruaux, dont l'usage est assez borné. Cet aliment est nourrissant et salutaire. On affirme que les montagnards de l'Écosse en font un grand usage, et qu'il leur fournit une alimentation aussi saine que substantielle.

La paille d'avoine est consommée par les bestiaux, qui la mangent volontiers. Les balles servent à faire des coussins, et de bonnes paillasses de lit dans nos campagnes.

AVORTEMENT. Sortie du fœtus hors de l'utérus avant les conditions nécessaires à la viabilité. L'avortement des femelles domestiques est assez fréquent dans nos campagnes. Il cause toujours un dommage considérable, tant par la perte du jeune animal, que par la dépréciation qui en résulte pour la mère. Toutes les espèces ne sont pas sujettes au même degré à l'avortement. Les vaches sont celles qui en offrent les exemples les plus fréquents; les juments viennent ensuite, puis la brebis, la truie, la chèvre, la chienne et la chatte.

Les causes de l'avortement sont nombreuses et ne sont pas toujours faciles à distinguer. Elles agissent quelquefois d'une manière générale, et il en résulte une assez grande quantité d'accidents dans une contrée, pour les faire considérer comme épizootiques. On a même avancé que l'avortement pouvait être contagieux, tant les causes de ces pertes, toujours déplorables, sont souvent obscures. Dans tous les cas, les mauvais traitements, les travaux, le défaut de ménagements au moment surtout où les femelles sont avancées, les chutes, les courses violentes, une mauvaise alimentation, quelquefois une boisson trop froide, notamment quand les animaux sont en état de transpiration, les coliques violentes, certaines maladies chroniques ou aiguës, sont des causes plus ou moins directes de l'avortement.

Les signes précurseurs de l'*avortement* ont beaucoup d'analogie avec ceux de la parturition, et les soins des femelles méritent au moins la même attention quand il a eu lieu.

L'avortement des vaches est quelquefois la conséquence d'une cause peut-être trop inconnue pour l'éviter, et la théorie de son action me paraît être un des points de physiologie pathologique les plus obscurs et les plus difficiles à expliquer. En automne, les vaches pleines qui vont pâturer l'herbe avant que le soleil ait fait disparaître la gelée blanche formée quelquefois pendant les nuits froides de cette saison avortent généralement au printemps suivant, c'est-à-dire cinq, six, sept mois et plus après la consommation de l'herbe couverte de givre. Comment expliquer ce curieux phénomène morbide? Je l'ignore, mais le fait est exact. Il est beaucoup de pays où il n'est pas connu; mais dans les montagnes de l'Auvergne, il n'est point ignoré des vachers. Lorsqu'au printemps, plusieurs avortements successifs surviennent, on est de suite convaincu que le pâtre chargé de faire pâturer le troupeau a mal gardé, et qu'il a laissé manger l'herbe couverte de gelée blanche aux vaches. Comme on connaît parfaitement dans ce pays ce curieux phénomène pathologique, on se garde bien de laisser paître les animaux avant que le soleil ait paru sur les herbages. Mais à l'ombre, derrière les tertres, partout où les rayons solaires n'ont pu produire leurs salutaires effets, l'herbe reste blanche, et les vaches en mangent, si une surveillance active ne les en éloigne pas. Les éleveurs n'ignorent pas le sort qui les attend alors; aussi vendent-ils leurs vaches pleines lorsque la délicatesse et l'honnêteté ne les en empêchent pas. L'acquéreur voit ses animaux achetés avorter plusieurs mois après qu'il les a acquis. Il a été victime d'une fraude d'autant plus préjudiciable à ses intérêts, qu'il n'a aucun recours contre le vendeur de mauvaise foi qui l'a trompé. J'ignore si le même fait s'est reproduit dans d'autres femelles domestiques herbivores; mais je l'ai observé chez la vache, et je garantis son exactitude. On évitera donc avec la plus scrupuleuse attention la gelée blanche pour les vaches en état de gestation.

Il serait important de s'assurer si le même effet est produit sur les autres espèces d'animaux domestiques, afin d'éviter les pertes que causent toujours les avortements. Ces accidents sont plus ou moins graves et onéreux pour les éleveurs; il est donc essentiel d'éloigner toutes les causes qui les provoquent.

AVORTON. Animal né avant d'être viable. En botanique, on donne le même nom à un végétal ou à un fruit qui avorte, qui ne parvient pas à son développement ordinaire. — V. *Abortif.*

AXE. Ligne droite, réelle ou supposée, qui traverse un corps par son centre, et sur laquelle ce corps pourrait tourner. On distingue l'axe du corps d'un animal, celui du globe de l'œil, l'axe d'un arbre, etc.

AXIS. (*Cerf du Gange.*) Très bel animal ruminant, qui a la taille du daim et le bois à peu près comme celui du cerf. Son pelage est roux et moucheté de blanc. L'axis s'acclimaterait parfaitement en France : il serait un des plus jolis habitants de nos forêts et un excellent gibier. Le muséum d'histoire naturelle de Paris possède plusieurs axis bien acclimatés, et qui se reproduisent très bien.

AXIS. (*Axoïde.*) Deuxième vertèbre de l'encolure. Cette vertèbre est ainsi nommée parceque son apophyse antérieure a de l'analogie avec le bras d'un essieu. Elle exécute les mêmes fonctions que lui dans la cavité articulaire de l'atlas qui la reçoit. — V. *Articulation, Atlas, Vertèbre.*

AXONGE. (*Saindoux.*) Graisse de porc fondue. L'axonge est très employée dans l'économie domestique, notamment dans l'art culinaire. En art vétérinaire, il sert aussi pour faire divers onguents médicinaux ; en agriculture, il est d'un usage très fréquent comme corps gras et onctueux. On l'emploie pour graisser des harnais, des roues et autres instruments qui en ont besoin, afin d'adoucir leur frottement et de prolonger leur durée. — V. *Saindoux.*

AZALÉE. Arbrisseau de la famille des bruyères et classé parmi les rhododendrons. On ne cultive les azalées que comme plantes d'ornement. L'art du jardinier-fleuriste en a créé une infinité de variétés de couleurs diverses, recherchées pour les parterres.

AZEROLIER. Espèce d'aubépine, originaire du midi de l'Europe. Le fruit de l'azerolier (azerole) est rouge, d'une saveur aigrelette, légèrement sucrée. On en fait quelquefois des confitures assez estimées.

AZOTE. Gaz qui entre dans la composition de l'atmosphère pour soixante-dix-neuf parties sur cent ; les autres vingt et une parties sont fournies par l'oxygène. Les substances organiques ont beaucoup d'azote, et les engrais sont d'autant plus riches qu'ils contiennent plus de ce gaz. Combiné à l'acide nitrique, il forme l'ammoniaque, l'un des principes actifs du fumier. L'azote, impropre à la respiration, modifie l'action de l'oxygène. Elle serait trop énergique dans l'air respirable si la porportion de ce dernier gaz était de plus de vingt et un pour cent. Combiné à des corps différents, l'azote forme plusieurs sels, connus sous le nom d'azotates, ou nitrates. Ce gaz fournit, avec l'argent, *la pierre infernale* (nitrate d'argent fondu), employée pour cautériser certaines plaies des animaux. Combiné avec la potasse, l'azote forme le nitrate de potasse (sel de nitre), très employé en médecine des animaux, surtout comme diurétique. — V. *Air, Oxygène.*

AZYGOS. Non donné à une veine qui prend son origine à la région sous-lombaire des animaux. Cette veine suit la colonne vertébrale et va aboutir à la veine cave antérieure, quelquefois même directement au cœur.

AZYME. Nom donné au pain qui n'a pas de levain, qui n'a pas fermenté.

B

BABEURRE. (*Lait de beurre.*) Lorsqu'on bat la crème, elle se sépare en deux parties. L'une forme le beurre; l'autre reste liquide, blanche, d'une saveur aigrelette assez agréable : celle-ci se nomme babeurre. On doit toujours avoir la précaution de bien séparer le babeurre du beurre, auquel il donnerait un mauvais goût en s'aigrissant. On y parvient facilement par un lavage fait avec soin et à plusieurs eaux. — V. *Beurre.*

BABINES. Nom donné aux lèvres plus ou moins développées et quelquefois pendantes des chiens. Le dogue en offre des exemples. On dit que les animaux se lèchent les babines quand ils passent à plusieurs reprises la langue sur leurs lèvres pour bien savourer les friandises qu'on a pu leur donner.

BABIROUSSA. Espèce de porc à grandes dents canines recourbées en arrière, qui vit par bandes comme les sangliers, à l'état sauvage, dans différentes contrées de l'Inde. On a vu le babiroussa à l'état domestique à Batavia. Dans nos contrées, il offrirait peut-être de grandes ressources à nos subsistances. Nous avons trop négligé en France l'étude de la domestication des animaux alimentaires qui nous sont inconnus. — V. *Domestication.*

BACHE. Petite serre ordinairement creusée dans la terre et recouverte de châssis vitrés. Les jardiniers se servent de cette construction économique pour faire lever des plantes sur couche, et les repiquer quand la température et le temps le permettent. On avance par ce moyen les plants qui ne viendraient que beaucoup plus tard en pleine terre. Dans les pays froids, les bâches peuvent être très utiles pour se procurer des végétaux hâtifs pour les repiquer. On peut ainsi gagner un temps précieux pour la végétation des légumes comme des racines fourragères en pleine terre. Les châssis des bâches sont garnis en verre, rarement en papier huilé.

BAGUENAUDIER. Arbrisseau de la famille des légumineuses. Le baguenaudier est cultivé dans nos jardins comme plante d'ornement. Il donne des fleurs en grappes jaunes. On pourrait multiplier le baguenaudier par semis d'abord, et en le plantant ensuite. Exploité en taillis, il offrirait des ressources dans les terrains secs, arides et rocheux, où il pousse bien, et il ornerait en même temps le paysage. La feuille et les fruits de cet arbrisseau ont une propriété purgative, ce qui lui a fait donner le nom de *faux séné.*

BAI. Nom par lequel on désigne la robe rouge d'un cheval dont les extrémités et les crins sont noirs. On distingue des chevaux bais, des robes baies. Les différentes nuances de rouge d'une robe lui ont fait donner des qualifications différentes pour mieux les distinguer. Le bai brun est très foncé, presque noir, excepté aux nazeaux, aux flancs et aux ferres, où il présente des poils d'un rouge de feu. (Cheval marqué de feu aux nazeaux, aux flancs, etc.) Le bai marron a la nuance d'un marron; le bai clair, le bai cerise, le bai doré, sont d'une nuance franchement rouge, mais avec des reflets qui les rapprochent de ceux de la cerise, de l'or, etc.

BAIE. Nom donné aux fruits charnus qui contiennent des graines au lieu d'un noyau. Le raisin, les groseilles, etc., sont des baies.

BAIL. Contrat passé entre le propriétaire d'un immeuble et celui qui l'afferme. La question des baux à ferme, très importante pour les progrès de l'agriculture, n'est généralement pas bien comprise dans certains pays de France. Il en est qui ne sont que de trois ans, et les fermiers y changent de ferme comme on change de logement. Il est impossible qu'avec un bail à terme aussi court, un fermier puisse engager des capitaux, combiner des assolements, étudier et faire des améliorations dont la nature du fermage ne lui permet pas de jouir. La propriété elle-même n'a rien à y gagner. Le fermier, au lieu de l'améliorer, la fatigue, l'épuise en lui faisant rendre les récoltes les plus actuellement productives, parcequ'il n'est pas assuré de l'exploiter long-temps. Pour le propriétaire comme pour le fermier, le bail à long terme est indispensable. Il ne devrait pas être de moins de vingt à trente ans, et plus. Un fermier intelligent qui aurait un bail de cette étendue pourrait alors engager des fonds tant pour un bon matériel d'exploitation que sur le sol lui-même. Il combinerait ses assolements de manière à rendre les cultures plus faciles, plus productives, et plus améliorantes pour la terre qu'il exploite. Pour peu que l'on observe, on verra toujours que les pays bien cultivés ont des baux à long terme; les pays mal cultivés, au contraire, n'en ont qu'à courte échéance. Il est impossible qu'il en soit autrement. Si nos fermiers étaient tous éclairés, il n'y aurait plus de baux au dessous de vingt ans. C'est le terme le plus court que puisse permettre une culture raisonnée. — V. *Assolement.*

BAILLEMENT. Écartement des mâchoires avec inspiration. Le bâillement s'observe surtout chez le cheval, le chien et le chat. Il est plus rare dans les ruminants; il est quelquefois le symptôme de la faim. Les chevaux bâillent lorsqu'on leur fait attendre leur repas, ou quand le sommeil commence à se faire sentir. Certaines maladies de l'estomac provoquent aussi le bâillement. Un chien qui est attaché sans y être habitué, et qui s'ennuie, bâille souvent et témoigne de l'impatience, en même temps, par des plaintes ou des aboiements fréquents.

BAILLON Instrument qui sert à maintenir la bouche des animaux ouverte, pour l'examiner ou y pratiquer quelque opération.

BAIN. Immersion du corps ou d'une partie du corps dans l'eau. Les bains peuvent être purement hygiéniques; dans ce cas, ils sont froids. On y conduit les animaux, soit pour les laver, soit pour les rafraîchir. Les chevaux et les porcs sont ceux que l'on conduit le plus au bain dans les rivières, dans des bassins, et même dans l'eau de mer, lorsque c'est possible.

Les bains médicamenteux sont employés pour combattre certaines maladies. Dans ce cas, ils sont généralement tièdes et chargés de substances médicamenteuses en dissolution. Ainsi on peut les rendre émollients et anodins par des substances mucilagineuses. On les rend astringents, irritants, antipsoriques, etc., suivant la nature des médicaments qu'ils contiennent en dissolution ou en mélange. Les bains ne sont ordinairement que partiels pour les grands animaux domestiques, parcequ'il serait trop dispendieux d'en avoir d'autres; mais ils peuvent être généraux pour les petits animaux, et c'est dans des cas de maladies de la peau qu'on les y plonge. On en fait un grand usage pour les chiens galeux, et quelquefois aussi pour le mouton. Quant aux grands animaux, on tâche de les remplacer par des lotions locales. Ce n'est qu'à leurs membres et à leurs pieds qu'on leur fait prendre de véritables bains.

BALANCE. Instrument de pesage. Les balances sont très utiles, indispensables, dans une ferme, pour peser les denrées achetées ou vendues sur place.

BALAYURES. Les balayures sont toujours un engrais. On ne doit jamais négliger de les ramasser. Les balayures des cours, des rues, etc., sont mélangées avec les fumiers, dont elles augmentent la quantité. — V. *Fumier*.

BALLES. Petites écailles sèches, amincies et allongées, qui enveloppent les grains des céréales. Le battage fait tomber la plus grande partie des balles des épis, et les animaux les consomment volontiers. Il faut éviter de mettre les balles provenant du battage dans les fumiers destinés aux champs : elles contiennent toujours de mauvaises graines qui saliraient les récoltes. On doit destiner ces fumiers aux prairies.

Les balles d'avoine servent à faire des paillasses, des coussins, etc., pour les lits dans nos campagnes.

BALIVEAU. Arbre réservé dans les coupes de taillis, afin de les laisser croître en futaie. Pour faire des baliveaux, on doit toujours chercher les brins les plus robustes, les plus droits, ceux qui ont l'apparence, les conditions de la plus belle venue. On préférera toujours les brins de semence aux brins de souche. Si ces derniers poussent plus rapidement d'abord, ils ont moins de durée, ils sont plus sujets à se couronner avant le terme ordinaire de leur vie; et un arbre venu par semis a toujours plus d'avenir, parceque ses racines, plus jeunes, sont plus aptes à leurs fonctions d'absorption. — V. *Racines*.

BALLONNEMENT. Gonflement du ventre des animaux. Le ballonnement est causé par un dégagement plus ou moins considérable de gaz dans l'estomac ou les intestins. Son grand développement peut causer la mort des animaux par asphyxie, en refoulant les poumons dans la poitrine et en les comprimant de manière à les empêcher de se dilater. C'est surtout dans les ruminants, dans le bœuf, le mouton et la chèvre, que le ballonnement se fait remarquer. Il est dû surtout à la disposition particulière des estomacs de ces animaux. — V. *Rumen*, *Tympanite*.

BALLOTTE. Plante de la famille des labiées. On attribue à la ballotte des propriétés médicinales toniques et stimulantes pour les animaux languissants. Cependant cette plante est peu utilisée en médecine des animaux.

BALSAMINE. Plante de la famille des balsaminées. On ne cultive la balsamine que comme plante d'ornement et pour ses fleurs dans nos jardins. Lorsque sa graine est mûre et qu'on la touche, elle se détend comme un ressort et se projette au loin. L'art du jardinier-fleuriste a produit une infinité de variétés de balsamines qui sont l'un des plus beaux ornements de nos parterres.

BALZANE. Tache blanche que l'on remarque quelquefois à la partie inférieure des membres des chevaux de toutes couleurs. Les balzanes sont plus ou moins grandes et partent généralement de la couronne. Elles sont dites haut chaussées, grandes, petites, ou rudimentaires, suivant leur développement. Lorsqu'une balzane ne fait pas le tour de la couronne, elle prend le nom de trace de balzane. Elle est mouchetée, herminée, si elle a des mouchetures, bordée si le poil du fond de la robe se mélange avec ses poils blancs de manière à faire une espèce de bordure à sa terminaison. Une balzane peut être unique, comme elle peut être à deux, à trois, et même à quatre extrémités. Les balzanes sont un signe très caractéristique dans les signalements des animaux. On ne doit donc jamais manquer de les indiquer quand elles existent.

BANANIER. Végétal à tige herbacée, épaisse, qui croît dans les pays chauds. Le bananier est commun en Algérie, où il produit un fruit (régime) très estimé. Ses feuilles prennent un développement énorme et se lacèrent par l'action de l'air et des vents.

BANDAGE. Appareil, réunion d'objets propres à réduire des fractures, à contenir des parties divisées par suite d'accidents ou d'opérations chirurgicales dans les animaux. Un bandage se compose de bandes ou ligatures, d'éclisses, d'étoupes, et souvent de substances agglutinatives, pour que toutes les pièces de l'appareil, une fois placées, soient unies, collées, de manière à ne faire qu'un seul corps dur et résistant. Les bandages sont très variés. Ils ont une infinité de formes différentes, suivant les parties à contenir et leur configuration.

BANDE. Ruban de toile ou d'étoffe, plus ou moins large, utilisé pour faire des bandages. Les Anglais se servent souvent de bandes de flanelle pour entourer les jambes de leurs chevaux d'hippodrome. — V. *Course*.

BAOBAB. Le baobab est un des arbres les plus extraordinaires que l'on connaisse. Originaire des régions intertropicales, notamment du Sénégal, d'où il a été transporté dans d'autres climats de même latitude, il prend des proportions colossales; sa croissance, rapide d'abord dans sa jeunesse, devient ensuite très lente; mais comme la durée de sa vie est très longue, il prend un accroissement énorme. Son tronc acquiert jusqu'à vingt-huit et trente mètres de circonférence, et ses branches se développent dans les mêmes proportions. D'après les calculs du célèbre voyageur Adanson, qui a fait sur les lieux une étude spéciale du baobab, cet arbre peut vivre six mille ans, ce qu'il a constaté sur des individus qu'il a observés soigneusement.

Le baobab appartient à l'intéressante famille des malvacées, qui fournissent à la médecine des principes mucilagineux et émollients, si utilisés soit comme boissons, soit comme bains. De même que les autres végétaux de cette famille, le baobab a aussi des principes mucilagineux dans ses feuilles, ainsi que dans ses écorces; les naturels du pays où il vit, s'en servent pour faire des tisanes rafraîchissantes; on affirme même qu'ils mêlent à leurs aliments des feuilles de cet arbre, desséchées et réduites en poudre. Adanson lui-même a attribué, dit-on, la bonne santé dont il a joui pendant son séjour au Sénégal à la tisane de baobab qu'il buvait au lieu de vin.

BARATTE. Vase dont on se sert pour battre la crème et faire le beurre. Les barattes varient beaucoup de forme et de dimension, suivant les pays et les quantités de beurre à faire dans les fermes. — V. *Beurre*.

BARBE (*Cheval*). Les côtes de Barbarie sont la patrie du cheval barbe. Nos possessions algériennes n'en connaissent pas d'autre. C'est avec eux que se font nos remontes de cavalerie d'Afrique. Comme cheval de guerre, le cheval barbe possède de grandes qualités. Il est sobre, rustique, docile. Il résiste bien aux marches forcées, aux fatigues, à la chaleur. Tous les chevaux barbes ont un air de famille, des caractères communs, qui les font facilement reconnaître. Ils ont la tête généralement fine, l'œil grand et le regard doux. Leur encolure est ordinairement rouée. Les crins qui la garnissent sont rares, longs, soyeux et lourds à la main. Leur garrot est moyennement sorti; leur rein est généralement court. Leur croupe, quelquefois horizontale, laisse souvent à désirer un développement musculaire plus caractérisé; les membres du cheval barbe sont nerveux, et ses tendons sont bien distincts. Ses pieds sont petits, excepté chez les sujets qui viennent du désert. Leur taille est moyenne et leur robe généralement grise. Les autres nuances sont en grande minorité.

Le cheval barbe est d'un caractère extrêmement doux, ce qui est dû en grande partie à son mode d'éducation. Il est bien traité, caressé comme un enfant par son maître, depuis sa naissance jusqu'à sa mort. Ce n'est que quand il est monté qu'il est mené rudement par son cavalier, mais il ne lui garde pas rancune. L'Arabe fait des prodiges d'adresse et de témérité avec son cheval. Il n'y a pas de ravin, de sentier escarpé, de précipice, qu'il ne traverse au galop, et sans hésiter. Le Bédouin ne connaît ni montée ni descente. Il va toujours galopant, quand il ne marche pas au pas. Le trot lui est à peu près inconnu. Les étalons barbes, bien choisis, pourraient faire de bons chevaux de guerre en France, et surtout dans le midi. L'expérience l'a déjà prouvé. Il est fâcheux qu'on ne les ait pas plus utilisés qu'on ne l'a fait sous ce rapport, pour faire des chevaux de cavalerie dans nos pays d'élevage de chevaux légers, dans les montagnes du centre et du midi surtout.

BARBILLONS. Les glandes salivaires maxillaires aboutissent, par leur canal, à chaque côté du frein de la langue. A l'orifice de ces canaux se trouvent de petits corps cartilagineux qui en protégent l'ouverture. On les nomme vulgairement barbillons. D'ignorants empiriques les coupent quelquefois avec des ciseaux, croyant ainsi exciter l'appétit languissant des animaux. Ils commettent une erreur et ils font une opération au moins inutile, sinon très nuisible.

BARBOTAGE. Eau contenant du son ou de la farine d'orge surtout, pour la donner aux chevaux. Le barbotage est administré souvent comme tisane aux animaux malades pour les rafraîchir et les alimenter sans fatiguer leur estomac. On donne aussi, comme rafraîchissants, des barbotages, pendant les temps de chaleurs aux chevaux, en bonne santé.

BARDANE. Plante de la famille des composées. La bardane, dont les fruits, armés de petits crochets, s'accrochent aux vêtements, à la queue et à la crinière des chevaux, à la laine des moutons, etc., pousse dans les haies, sur les bords des chemins et dans les terrains négligés. On peut manger ses jeunes pousses comme des asperges. Sa racine a des propriétés médicinales diurétiques; mais elle est généralement peu employée en médecine vétérinaire.

BARDEAU. Produit du cheval et de l'ânesse. Le bardeau est plus petit que le mulet, auquel il ressemble beaucoup. Cependant ses oreilles sont plus courtes, les crins de l'encolure et de la queue plus abondants. Du reste, il a toutes les qualités de bête de somme du mulet; mais il est beaucoup moins répandu que lui, ce que l'on attribue au petit nombre d'ânesses destinées à sa production. — V. *Mulet*.

BAROMÈTRE. Nos agriculteurs connaissent deux sortes de baromètres : le baromètre ordinaire, formé par un tube en verre recourbé avec renflement, et le baromètre à cadran. Le premier est le plus simple; il marque les variations du temps au moyen du mercure qu'il contient, et qui monte ou descend suivant la pesanteur de l'air. Le second, plus compliqué, est basé sur les mêmes principes. Un contre-poids, plongeant dans le renflement de la courbure de son tube, est suspendu à un fil qui passe dans la gorge d'une poulie, dont l'axe supporte les aiguilles du cadran. Suivant que le mercure monte ou descend dans le tube, le contre-poids qu'il supporte monte ou descend lui-même, et fait opérer à l'aiguille un mouvement qui avertit le cultivateur de l'état de l'atmosphère. Un bon baromètre est toujours indispensable dans une ferme, surtout pendant les moissons et le fanage.

BARRER. Séparer les animaux au moyen d'une barre suspendue ou fixe, et souvent garnie de paille, sous forme de bourrelet. C'est surtout les chevaux qu'on a la précaution de barrer, pour les préserver des coups de pieds.. Les marchands de chevaux emploient toujours ces moyens pour prévenir les accidents de cette nature.

BARRES. On nomme barres, dans le cheval, l'espace qui se trouve entre les dents incisives et les molaires. C'est sur les barres que le mors de la bride fait son appui. La sensibilité des barres dépend de leur conformation. Si elles sont tranchantes, la membrane se trouve comprimée entre le canon du mors et la crête saillante de l'os maxillaire. Il en résulte une douleur plus ou moins vive, pour les jeunes chevaux surtout. Il faut alors beaucoup de ménagements, beaucoup de légèreté dans la main du cavalier. Le canon du mors devra dans ce cas être très gros, et il serait souvent utile de le garnir de cuir, pour le rendre plus doux. Les vieux chevaux ont ordinairement les barres arrondies, par suite de l'action prolongée de la bride. Aussi, ont-ils la bouche moins sensible que lorsqu'ils étaient jeunes. Les barres sont quelquefois blessées, déchirées, par un mauvais mors ou un mauvais cavalier. On doit laisser l'animal blessé en repos, et remédier aux causes qui ont produit ses blessures. Leur guérison n'est ni difficile ni longue S'il arrive des accidents par suite de la carie des os, on doit avoir recours à un homme éclairé en médecine des animaux pour remédier au mal.

BARRIÈRE. Obstacle, clôture souvent employée pour clore, protéger les héritages et les récoltes. On fait, en bois, des barrières très simples, au moyen de pieux placés de distance en distance et de traverses qu'on y fixe par des chevilles. Dans les pays où le bois est cher et le fer bon marché, on fait des barrières en gros fils de fer tendus et fixés à des poteaux, ou à des troncs d'arbres. Ces barrières, très solides, durent longtemps, et offrent ainsi peut-être une économie réelle dans les lieux où l'on peut en faire usage.

BARITE. La barite est une substance terreuse qui ne se trouve pas pure dans la nature. Elle est généralement combinée aux acides sulfurique ou carbonique, et forme des sulfates ou des carbonates. Séparée de ces acides, et réduite à l'état d'oxyde de barium par des procédés chimiques, la barite devient un poison violent. On ne s'en sert que comme réactif dans les laboratoires; elle n'est d'aucun usage en agriculture et en art vétérinaire.

BASALTE. Roche noirâtre ou grisâtre, très compacte, très dure, affectant la forme de prismes ou de plaques juxta-posées. Les basaltes sont communes dans les montagnes volcaniques de l'Auvergne, où elles servent aux constructions rurales, aux pavages et à l'entretien des routes. Les terrains basaltiques sont noirs et de bonne qualité, surtout quand on les a amendés avec de bonne marne.

BASE. (*Base de sustentation des animaux.*) La base de sustentation des animaux est l'espace compris entre leurs quatre extrémités. Les sujets amincis, étiolés, haut montés sur leurs membres, à poitrine étroite, etc., ont leur base de sustentation trop petite pour leur taille. On a vu des chevaux de lanciers chanceler sur leur base, trop étroite pour leur permettre de résister sans broncher aux manœuvres de la lance, dans de violents mouvements de côté. La base de sustentation des animaux doit toujours être en bonne harmonie avec leur taille. Les animaux *bas sur jambes* offrent cet avantage.

BASILIC. Plante de la famille des labiées, cultivée dans nos jardins pour son odeur agréable. Les branches de basilic, coupées et séchées, sont employées dans beaucoup de pays comme condiments pour aromatiser certains mets. On en fait aussi des infusions considérées comme stimulantes.

BASILICUM (*Onguent*). L'onguent basilicum est très employé en médecine vétérinaire comme résolutif et excitant. Il est composé de poix noire, de cire jaune et d'huile d'olive, fondus ensemble.

BASSE-COUR. On entend généralement par basse-cour, dans nos campagnes, la cour où aboutissent les portes des écuries, des bergeries, des porcheries et de la volaille. C'est dans la basse-cour que celle-ci se tient pour vivre des graines qu'elle trouve dans les fumiers et les balayures. Une basse-cour bien tenue, est un indice d'ordre et de vigilance du cultivateur. Les bonnes ménagères tirent un revenu considérable des volailles élevées dans leurs basses-cours, surtout aux environs des grandes villes.

BASSET. Nom donné à des chiens de chasse courants qui ont les jambes très courtes. On les emploie spécialement à la chasse des animaux qui se tiennent dans les terriers, et des martes ou fouines qui se cachent dans les granges et magasins à fourrages. On voit souvent des bassets qui ont les jambes courbées en dedans aux genoux. Ils sont distingués par le nom de bassets à jambes torses.

BASSIN. Cuve ou réservoir destiné à recevoir l'eau d'une source pour abreuver les animaux. Les bassins qui servent d'abreuvoirs aux animaux dans nos campagnes doivent toujours être tenus proprement. On doit avoir soin de les vider et de les laver de temps en temps pour les nettoyer. On donne encore le nom de bassins à des régions géographiques entourées de collines ou de montagnes. Tels sont les bassins de la Garonne, de la Limagne d'Auvergne, de la Loire, etc.

BASSIN (Anatomie). On nomme bassin, en anatomie des animaux, la cavité formée par les os coxaux qui servent en même temps de charpente à la croupe; le bassin des femelles domestiques doit être très évasé, pour faciliter le passage du fœtus. Le développement du bassin et sa direction déterminent la forme et les bonnes conditions de la croupe dans les animaux. C'est surtout dans le cheval que cette région du squelette demande à être bien conformée. — V. *Croupe.*

BASSINET. Cavité qui se trouve au milieu des reins des animaux. Des canaux divers y apportent l'urine sécrétée dans les diverses parties de ces glandes. C'est aussi dans le bassinet que se trouvent les ouvertures des urétères, canaux qui transportent l'urine dans la vessie. — V. *Reins, Urétère.*

BAT. Espèce de selle grossière pour les bêtes de somme. La confection des bâts varie suivant les pays. Il en est qui ont des arçons en bois; d'autres, plus simples, en manquent. Dans tout cas, un bât est toujours disposé de manière à ce qu'il ne blesse pas les animaux, et que la charge puisse être bien fixée et ne tombe pas. Un harnais de ce genre est très utile dans une ferme, surtout dans les pays de montagnes, pour porter aux marchés ou ailleurs des fardeaux qui ne nécessitent pas un attelage.

BATARDEAU. Espèce de digue opposée à un cours d'eau, soit pour une prise d'eau pour des irrigations, soit pour prévenir les ravages momentanés d'un torrent. — V. *Digue.*

BATARDES. (*Vaches bâtardes.*) Nom donné par le cultivateur Guénon à certaines vaches laitières dont les signes altèrent, dénaturent, les caractères naturels d'une classe pure à laquelle elles appartiennent. Chaque classe a ses bâtardes; elles sont inférieures en qualité laitière à celles qui ont les marques distinctives et pures de la classe type.

BATATE. — V. *Patate.*

BATRACIENS. Dernier ordre de la classe des reptiles. Les grenouilles, les crapauds, les salamandres, etc., sont des batraciens.

BATTAGE. Action de battre le blé. On bat le blé de plusieurs manières en France. On le bat à la perche, au fléau, avec des chevaux qu'on fait trotter sur des gerbes déliées (dépiquage). On le bat avec une machine, et avec un lourd rouleau en pierre, traîné sur l'aire, au moyen d'un attelage. Le rouleau et les chevaux ne s'emploient au dépiquage que dans le midi, et au soleil, autant que possible, de suite après la moisson. La machine à battre et le fléau sont en usage en toute saison, mais la machine à battre est plus économique quand il est possible de s'en servir. Nous espérons qu'un jour chaque grande exploitation, et chaque village, auront leur machine à battre. Il y aura la machine communale, comme il y a le moulin, le four, communaux ; on fera ainsi de grandes économies sur le battage, toujours très dispendieux lorsqu'il est fait à bras d'hommes. Dans les Bouches-du-Rhône, l'Aude, les Pyrénées-Orientales, etc., on bat le blé avec des chevaux élevés à cet effet dans la Camargue et aux environs de Narbonne et de Carcassonne. — V. *Aigatade*, *Manade*.

BATTEMENT (*du cœur*). Le battement du cœur est la conséquence de ses contractions. C'est ce battement qui constitue le pouls. — V. ***Pouls***, ***Pulsation***.

BATTRE A LA MAIN. Terme de manége. Un cheval bat à la main lorsqu'il agite la tête de manière à tirer fréquemment sur les rênes. Ce défaut est quelquefois causé par une mauvaise embouchure, par une bride mal ajustée. Souvent l'indocilité d'un cheval qui a l'intention de se défendre, et de ne pas obéir à son cavalier, le fait battre à la main. Un animal bat des flancs quand cette région est agitée, soit pendant une maladie, soit à la suite de courses ou d'efforts violents pendant le travail. — V. *Flanc*.

BAUDET. L'étalon de l'espèce asine se nomme baudet. Le Poitou élève des baudets qui sont livrés sur plusieurs points de la France à la production du mulet. Un baudet du Poitou est souvent d'un prix très élevé, ce qui prouve les avantages offerts à l'agriculture par ses produits, surtout dans les pays où l'élevage du cheval est onéreux. Un baudet bien conformé, doit être trapu, fortement membré; il doit avoir aussi une forte poitrine et de la taille pour en donner à ses produits. Les mulets les plus grands et les plus forts sont toujours ceux qui se vendent le plus cher. Ils ont un débouché sans cesse assuré pour le midi de la France, l'Algérie ou l'Espagne. — V. ***Ane***, ***Mulet***, ***Poitevin***.

BAUDRUCHE. (*Peau de baudruche.*) Membrane mince provenant des intestins du bœuf (péritoine), préparée pour être employée dans les arts.

BAUGE. Espèce de mortier dont on se sert dans nos campagnes privées de chaux et de plâtre. La bauge se fait avec de la terre franche pétrie avec de la bourre, de la paille ou du foin. On y mêle souvent un peu d'argile et de bouse de vache. Ce genre de mortier économique est utilisé pour recrépir les murs des chaumières, des étables, et même des jardins. On en fait aussi des murailles, lorsqu'on n'a pas des pierres ou des briques. —V. *Torchis.*

On nomme aussi bauge le lieu où se retire le sanglier dans les fourrés.

BAUME. Produit végétal liquide ou concret. Ce produit est odorant, amer et piquant. Quelquefois son odeur est suave, douce, et sa saveur agréable. Il est extrait d'arbres résineux, soit par des incisions, soit par suite de son écoulement naturel. Le baume contient du benjoin, ce qui le distingue des produits résineux ordinaires.

Les baumes qui sont le produit naturel des végétaux dont ils sont extraits sont dits naturels : tels sont les baumes du Pérou, de Tolu. Ils sont artificiels, au contraire, lorsqu'ils sont le produit d'une préparation pharmaceutique : tels sont les baumes Fioraventi, tranquille, du commandeur, opodeldoch, etc.

Les baumes étaient employés par les anciens Égyptiens pour l'embaumement des cadavres. Ils sont d'un fréquent usage en médecine humaine, et d'un emploi très borné en médecine des animaux.

BAVE. Liquide gluant composé de salive et de mucus, coulant de la bouche des animaux, notamment dans certaines maladies. C'est dans la bave des chiens enragés que se trouve le virus qui communique cette terrible maladie, soit par inoculation à la suite de morsures, soit par imbibition. — V. *Rage.*

BEC. Enveloppe cornée qui recouvre les maxillaires des oiseaux. Le bec sert tantôt de pince pour saisir ou déchirer les aliments, tantôt d'arme de défense dans quelques espèces. Il varie suivant le genre de nourriture des animaux. Dans le canard et l'oie, le bec ressemble à une espèce de cuiller double juxtaposée et crénelée sur les bords pour tamiser l'eau, la vase, et y saisir les substances alimentaires qui peuvent s'y trouver. Chez la poule, le pigeon, etc., il simule des pinces simples, propres à saisir le grain; tandis que dans les oiseaux de proie, qui vivent de chair, il forme un véritable crochet pour la déchirer en la saisissant.

BÉCASSE. Oiseau de l'ordre des échassiers qui fournit un excellent gibier de passage. On chasse la bécasse dans les bois à son passage, en automne, au fusil et au filet.

BÉCASSINE. La bécassine est beaucoup plus petite que la bécasse; mais elle lui ressemble par sa conformation. Cet oiseau fait partie de l'ordre des échassiers. Il habite les endroits marécageux. Il fournit un bon gibier, très recherché par les chasseurs.

BECFIGUE. Petit oiseau du genre fauvette, très recherché par les gourmets. Les becfigues sont utiles et nuisibles en même temps à l'agriculture. Ils sont utiles, par la destruction qu'ils font d'un grand nombre d'insectes dont ils se nourrissent; mais ils nuisent à la récolte des figues et des raisins, qu'ils recherchent quand ces fruits sont mûrs. On chasse le becfigue dans le midi de la France lorsqu'il est gras, en automne. Il donne alors un très bon gibier.

BÊCHE. Instrument d'agriculture et de jardinage composé d'un manche et d'un fer aplati, plus ou moins allongé et large, pour retourner la terre. La bêche varie de forme et de dimension suivant les pays et la nature du sol à bêcher. Les cultivateurs comme les jardiniers en connaissent plusieurs espèces, qu'ils approprient au genre de travail qu'ils ont à exécuter.

La bêche est un instrument que rien ne remplace pour le travail de la terre; son emploi est très dispendieux, mais il est des circonstances où les récoltes qu'il procure paient largement ses dépenses. C'est au cultivateur à calculer s'il a perte ou profit à faire bêcher ses terres.

BÊCHER Labourer, travailler la terre à la bêche.

BÉCHIQUE. Nom donné aux médicaments propres à calmer la toux Les boissons émollientes, le miel délayé dans l'eau ou mélangé à la poudre de gomme, les tisanes mucilagineuses, etc., sont des béchiques

BÉGU. Nom donné à un cheval dont la dent a conservé la cavité formée par son cornet externe après l'époque où elle n'existe plus généralement. C'est vers onze ans que les dernières traces du cornet dentaire externe ont disparu. Le cheval bégu les conserve de manière à paraître plus jeune qu'il n'est réellement. La forme de la dent et une pratique éclairée peuvent seules servir de guide pour juger de l'âge d'un cheval bégu. — V. *Age.*

BELETTE. Petit carnassier du genre marte. La belette est très vorace et très courageuse; elle dévaste les colombiers et les volailliers quand elle y pénètre. Elle tue les pigeonneaux, les poussins, et casse les œufs, dont elle est très friande. Elle fait une guerre à outrance aux rats et aux souris. Peut-être est-elle aussi utile que nuisible en détruisant ces ennemis nombreux et éternels de l'agriculture et surtout de nos provisions de tout ordre.

BÉLIER. Étalon de la brebis. Le choix du bélier est toujours d'une grande importance pour le perfectionnement de nos espèces ovines. Outre la qualité de sa laine, et suivant sa race, on exigera de lui une conformation puissante, une santé robuste. Un bélier doit avoir le corps trapu, arrondi; les membres courts, la poitrine large, et ample; les épaules grosses et écartées le plus possible l'une de l'autre, la côte ronde, le rein large et court, la croupe large et bien musclée, la cuisse bien descendue. Un animal qui a cette conformation est d'une bonne nature, robuste et vigoureux pour la monte. Un bélier peut commencer son service dès l'âge de dix-huit à vingt mois. Il est bon de le ménager la première année, et de ne lui donner que de trente à quarante brebis. Dans les espèces communes, un bélier, à la force de l'âge, de deux à quatre ou cinq ans, peut féconder jusqu'à soixante-dix et quatre-vingts brebis. Les béliers précieux des espèces améliorées ont besoin de plus de ménagement; on ne leur donne ordinairement que quarante à cinquante brebis.

BELLADONE. Plante de la famille des solanées. La belladone est une plante vénéneuse dans toutes ses parties. Elle croît spontanément dans la campagne. On la reconnaît à sa tige un peu velue, haute d'environ un mètre. Ses feuilles sont d'un vert obscur, ovales et alternes. Ses fleurs sont disposées en cloche, de couleur pourpre sombre, et découpées en cinq divisions. Ses fruits sont des baies noires à leur maturité, et ressemblent un peu aux prunelles des haies; ils sont très vénéneux, et on cite des faits de personnes qui sont mortes empoisonnées après en avoir mangé. On doit détruire cette plante, pour que les jeunes enfants, toujours avides de fruits, quels qu'ils soient, dans les campagnes, ne s'empoisonnent pas avec ceux qu'elle produit.

La belladone, quoique poison, est cependant employée en médecine des animaux contre les maladies nerveuses, telles que le tétanos, l'épilepsie, et elle agit à la manière de l'opium comme narcotique. Ses feuilles entrent dans la composition de l'onguent populéum. L'extrait de belladone a une action particulière sur la vue; elle dilate la pupille de manière à faire croire à une amaurose. On s'est servi de cette propriété particulière pour tromper les conseils de révision, et faire exempter de jeunes soldats pour cause d'amaurose, lorsqu'ils avaient une excellente vue.

BELLE-DE-NUIT. (*Merveille du Pérou.*) Plante de la famille des nyctaginées. La belle de nuit se cultive dans nos jardins, comme plante d'agrément, pour sa fleur, qui fleurit depuis le commencement de l'été jusqu'aux gelées. Cette fleur s'épanouit pendant la nuit et se ferme quand le soleil paraît.

BELLE-FACE. Un cheval qui a la face blanche, quel que soit le fond de la robe, est dit belle-face. Cette particularité de sa robe est très caractéristique pour les signalements.

BENJOIN. (*Baume styrax.*) Le benjoin est extrait d'un arbre (styrax benjoin) qui croît à Java, à Sumatra, et dans d'autres îles du royaume de Siam. Il a une odeur aromatique suave et douce. On trouve le benjoin en plus ou moins grande quantité dans tous les baumes, ce qui les fait distinguer des résines. Employé en médecine humaine, comme excitant et antispasmodique, son prix élevé en interdit l'usage pour les animaux.

BENOITE. Plante de la famille des rosacées. La racine de benoite, dont l'odeur rappelle celle de girofle, a des propriétés toniques et astringentes. On l'administre aux animaux, en poudre ou en décoction. Elle est employée contre la diarrhée, la toux, et on a pensé que la poudre de racine de benoite pourrait remplacer le quinquina pour les animaux ; mais jusqu'ici l'expérience n'a pas confirmé cette opinion.

BERBÉRIDÉES. Famille de plantes dont le plus grand nombre forment des arbrisseaux épineux. L'épine-vinette appartient à cette famille.

BERCE. (*Patte-d'oie*, *Brancursine.*) Plante bisannuelle de la famille des ombellifères. La berce croît dans les prairies. Les bestiaux la mangent quand elle est jeune ; mais elle devient dure et coriace, et donne un mauvais fourrage quand elle a pris son développement. Les peuples du nord retirent de l'eau-de-vie de la berce après l'avoir fait fermenter.

BERCEAU. Terme de jardinage. Sorte de voûte formée de végétaux de diverses natures pour ombrager une allée ou un réduit. On forme des berceaux avec des treillages que l'on garnit de plantes grimpantes, avec des arbustes ou avec des branches d'arbres recourbées et taillées suivant la forme exigée. Les treilles sont souvent disposées en berceaux.

BERCER (*Se*). Un cheval se berce lorsque son corps le porte de droite à gauche, et réciproquement, pendant la marche. L'amble favorise le bercement. Un vice de conformation, la faiblesse, ou souvent une longue fatigue, causent aussi ce défaut dans la marche des animaux.

BERGES. Talus des fossés, des ruisseaux. L'eau courante tend toujours à entraîner les terres des berges et à les miner. On prévient, autant que possible, ces dégradations, par des plantations d'osier ou autres arbrisseaux qui croissent à l'humidité. Ces végétaux forment en même temps des haies de clôture. Les berges du canal du Midi sont protégées par une ligne non interrompue de joncs.

BERGER. Le nom de berger est spécialement réservé aux hommes qui sont chargés de la garde et du soin des moutons. Dans les pays ou l'élevage de l'espèce ovine est une branche importante de l'industrie rurale, le berger est un des employés dont on doit faire le meilleur choix possible. C'est de son intelligence, de son savoir, de son zèle, de son activité, que dépend le succès de l'élevage et du perfectionnement d'un troupeau. Il doit posséder

der les connaissances spéciales qui peuvent le rendre apte à traiter ou prévenir des maladies communes au mouton, comme le piétin, la gale, la météorisation, le tournis, le sang de rate, la pourriture, la clavelée, etc.

La commission de savants agronomes qui fut composée pendant la révolution française pour surveiller la marche de la bergerie de Rambouillet comprit si bien l'importance du métier de berger, qu'une école pour l'étudier fut créée à Rambouillet même. Le savant Daubenton, auquel la France doit une partie des succès obtenus sur l'éducation du mérinos, publia, pour l'instruction spéciale des bergers, son livre sur les moutons. La réimpression de cet ouvrage précieux fut décrétée par la Convention nationale le 1er nivôse an III. D'après ce décret, la nouvelle édition devait être tirée à deux mille exemplaires aux frais de la nation et au profit de l'auteur, qui avait rendu, en le publiant, de si grands services à sa patrie, depuis 1766. — V. *Mérinos*.

Le berger doit avoir de plus des connaissances solides sur la conformation des animaux, pour bien choisir les bons types et repousser les mauvais.

Le choix d'un bon berger est donc d'une importance majeure pour l'élevage des moutons. C'est de lui surtout que dépend la réussite de cette industrie lorsqu'on veut s'y livrer.

BERGERIE. Habitation des moutons. Une bergerie doit être construite sur un endroit sec et élevé; elle doit être très aérée, pour procurer aux moutons un air pur et renouvelé le plus possible : cette condition est utile à leur santé. Si une bergerie a un plancher, il doit être bien joint, afin que la poussière ou les graines de fourrage ne tombent pas sur les toisons. Les rateliers seront droits : par cette disposition, on prévient la chute des parcelles de fourrage et de graines sur l'encolure des animaux. Les portes des bergeries seront larges, parceque les moutons sortent ou entrent toujours en masse. La facilité que leur donne la largeur des ouvertures prévient aussi souvent l'avortement des femelles, comprimées dans les sorties étroites.

On coupe ordinairement les portes des bergeries à la hauteur de 1 mètre 50 centimètres environ, et on laisse les battants du haut ouverts, pour aérer la bergerie; on peut ainsi observer les animaux sans les déranger.

L'état a créé des bergeries nationales pour servir de modèles à l'industrie agricole et lui fournir des étalons d'élite. Ces établissements ont rendu de grands services au pays. Le premier fondé fut celui de Rambouillet, en 1785. Plus tard, on en établit à Perpignan, dans les Vosges, à Pompadour; enfin en Picardie, dans la Côte-d'Or, et dans la Seine (à Alfort).

Il serait à désirer que des établissements de même nature fussent créés pour les autres races d'animaux domestiques; mais il faudrait qu'ils fussent dirigés en même temps avec l'ordre, l'économie et le succès obtenus pour l'espèce ovine. Ces avantages ne peuvent dépendre que de la bonne direction qui doit toujours présider à toute opération agricole, surtout quand elle doit servir de modèle.

BERGERONNETTE. (*Hoche-queue.*) Joli petit oiseau du genre fauvette que l'on remarque souvent dans les prairies avec les bestiaux et le long des ruisseaux. Les bergeronnettes sont très utiles à l'agriculture par la destruction qu'elles font des insectes, qu'elles dévorent, et qui font leur nourriture exclusive. La chasse de ces charmants petits oiseaux devrait être prohibée avec sévérité. Non seulement elles détruisent les insectes qui peuvent attaquer nos récoltes, mais encore ceux qui tracassent les animaux dans les pâturages; et c'est sans doute à cette raison qu'on doit attribuer leur présence partout où les bestiaux se trouvent.

BERRICHON. *Mouton berrichon.* Ce mouton, qui donne une viande de bonne qualité, est généralement de petite taille. Il a les pieds bruns; sa laine est frisée, tassée et assez fine. Cette race, qui pourrait être améliorée, est très bonne pour les landes où elle est élevée.

BÉTAIL. Nom collectif donné aux animaux domestiques. La question du bétail, qui est une des plus importantes à connaître pour l'agriculture, est sans contredit, en France, la plus ignorée de toutes celles qui se rattachent à la production du sol. Notre production végétale est plus ou moins bien comprise, et sur quelques points elle est assez avancée. La culture maraîchère, par exemple, est dans un état satisfaisant de prospérité. Nous cultivons les plantes oléagineuses, les plantes textiles, la vigne, avec intelligence et succès. Mais, pour le bétail, nous pouvons dire que, si la nature, chez nous, a tout fait pour le perfectionnement de nos espèces, nous devons peu de chose à l'art. Sauf l'espèce ovine et porcine, nous voyons peu de nos races qui nous offrent, à l'exemple des Anglais, une conformation modifiée, créée pour un but proposé. La France est un des peuples de l'Europe les plus arriérés sous ce rapport. — V. *Accouplement, Animaux domestiques, Croisement, Perfectionnement.*

BÉTOINE. Plante de la famille des labiées. La bétoine, à laquelle on a attribué autrefois des propriétés médicinales, offre peu d'intérêt à l'agriculture, comme à l'art vétérinaire. Elle donne un fourrage de médiocre qualité.

BETON. Mortier grossier employé pour les constructions en maçonnerie. Le beton est très utilisé pour former des fondations solides dans les lieux où le sol offre peu de résistance. Sa fabrication est simple : on fond la chaux le plus tôt possible après sa sortie du four ; quand elle est délitée, on la mélange encore chaude avec du sable grossier et du cailloutage, et on jette ce composé immédiatement et sans attendre son refroidissement dans la tranchée creusée pour la fondation, où il ne tarde pas à se prendre en masse. Au bout d'un ou deux ans, le beton devient aussi dur que le roc, et on peut bâtir sur lui en toute sécurité.

Pour les constructions dans l'eau, on se sert du beton fait avec la chaux hydraulique. Ce beton, très employé aux constructions des quais, surtout des digues, des ponts et des pilotis, a la propriété de se durcir sous l'eau et d'offrir à son courant ou à ses vagues la résistance de la roche. C'est avec ce beton que le port d'Alger a été construit. On le fabriquait dans d'immenses caisses cubes de plusieurs mètres, et l'on jetait ensuite dans la mer ces énormes cubes qui avaient la dureté de la pierre.

BETTE. (*Betterave.*) Genre de plantes de la famille des atriplicées. C'est dans ce genre que se trouve la betterave, dont la culture offre de si grandes ressources à l'industrie sucrière comme à la nourriture du bétail. On cultive plusieurs espèces de betteraves. Les principales sont : la betterave rouge, la jaune, la blanche de Silésie, et la disette ou la betterave champêtre, la plus généralement employée pour la nourriture des bestiaux. Les ressources de cette précieuse racine pour la nourriture et l'engraissement des animaux domestiques, ne sont pas assez appréciées de nos éleveurs. Nous avons une infinité de contrées où elle est inconnue ; dans d'autres elle n'est cultivée que dans les jardins, comme légume, et en très-petite quantité. Tous les lieux où la betterave a été exploitée en grand ont vu multiplier la production animale dans de grandes proportions. Dans le département du Nord, les sucreries de betteraves engraissent des quantités considérables de bœufs. Le concours de Lille pour les animaux gras est un des plus brillants de France, ce qui est dû à son industrie saccarine indigène. Il serait heureux que l'on pût trouver les moyens de faire adopter la culture de la betterave partout où elle est possible; ce serait peut-être l'un des moyens les plus sûrs de nous procurer la viande qui nous manque, et dont nous déplorons chaque jour la rareté pour nos populations.

Dans ces derniers temps, la culture de la betterave donne lieu à une nouvelle industrie. La maladie de la vigne a fait hausser les alcools dans de grandes proportions, et la betterave est appelée à en atténuer les ravages pour la production des spiritueux. Déjà on commence à extraire de cette plante de grandes quantités d'alcools qui sont livrées au commerce par les distilleries du Nord ; ce mode d'exploitation laisse des produits qui font présager un avenir très favorable pour la culture de la betterave. Les pays producteurs d'alcool de vigne sont menacés d'une concurrence formidable par l'immense quantité d'esprits que se proposent de fabriquer les cultivateurs du nord de la France.

BÉTULACÉES. Petite famille de végétaux, composée de deux genres seulement, qui sont le bouleau et l'aune. — V. ces mots.

BEURRE. Principe gras contenu dans le lait des animaux. Lorsque, après la traite, le lait est déposé dans des vases, il ne tarde pas à se séparer en deux parties. L'une est grasse, plus légère que l'autre, et monte à sa surface pour y former une couche plus ou moins épaisse; elle se nomme la crème. L'autre, la plus considérable du liquide, est séreuse; elle contient le caseum (fromage) et le serum; elle se nomme lait. La crème sert à faire le beurre; on parvient à la transformer ainsi en la battant avec une palette dans un vase, ou plutôt au moyen d'un instrument nommé baratte — V. ce mot.

Le beurre est d'une couleur légèrement jaunâtre, d'une saveur douce et agréable, et d'une odeur un peu aromatique. Sa qualité diffère suivant la nature des herbages et l'époque de l'année où il est fabriqué. Le beurre du printemps et d'automne, fourni par les vaches qui mangent l'herbe naissante et les regains, est le meilleur de l'année.

Dans certains pays, le beurre est l'objet d'une grande production : en Normandie, en Bretagne, dans le Nord, on en fabrique non seulement pour la consommation locale, pour celle de Paris et des grandes villes, mais on en exporte des quantités considérables, soit pour la marine, soit pour les colonies. Lorsqu'on fabrique le beurre, on doit avoir la précaution de bien le débarrasser du babeurre, par des lavages successifs. Sans cette précaution urgente, non seulement le beurre ne serait pas de bonne qualité, mais il s'aigrirait et serait d'une conservation difficile.

BÉZOARD. (*Calculs.*) Concrétion calculeuse qui se forme dans l'estomac ou les intestins des animaux, et quelquefois dans la vessie, les reins et la vésicule du foie. On attribuait anciennement de grandes propriétés médicinales aux bézoards. On a fait justice de cette erreur aujourd'hui.

Dans les animaux on reconnaît deux espèces de bézoards : les uns sont formés de substances minérales et prennent quelquefois un développement énorme; les autres sont formés de poils agglutinés, feutrés en forme de boule plus ou moins lisse (V. *Egagropile*). Les bézoards minéraux ont toujours une forme sphérique, lorsqu'ils ne sont pas multiples dans un même animal, et qu'ils sont isolés. Ils sont formés de couches concentriques disposées ordinairement sur un noyau central. Lorsque plusieurs bézoards se forment ensemble, ils ont des formes variées, anguleuses, et des surfaces aplaties résultant de leur usure par le frottement. Leur volume varie depuis quelques grammes, jusqu'à quinze kilogrammes et plus. Leur présence, dans les intestins, cause souvent des coliques périodiques aux animaux, et quelquefois la mort. Les chevaux, les mulets de meuniers, paraissent être ceux qui y sont les plus sujets. Est-ce parcequ'ils consomment beaucoup de son, contenant des détritus des meules qui s'agrègent dans les intestins des animaux ? Laissant aux physiologistes le soin de résoudre la question théorique, nous nous bornons à énoncer le fait.

On ne connaît pas de remède contre les bézoards; on ignore même les moyens de reconnaître leur présence. Les coliques qu'ils occasionnent n'ont présenté jusqu'à ce jour, à l'observation, aucun symptôme spécial à la cause qui les détermine, soit qu'ils obstruent le passage des substances contenues dans le canal intestinal, soit qu'il irritent, par leur présence, les intestins.

BICORNE. (*Vache bicorne.*) Guénon a donné le nom de bicornes aux vaches dont l'écusson mammaire se termine à sa partie supérieure par deux divisions en forme de cornes droites. Les bicornes forment la quatrième classe des vaches laitières du système du cultivateur de Libourne.

BIDENT. Petite fourche en fer à deux dents. On se sert du bident pour remuer les pailles des litières ou pour charger les fumiers pailleux dans les fermes. Souvent les bidents sont recourbés de manière à former un angle droit avec leur manche. Dans ce cas, ils sont employés à décharger les fumiers dans les champs.

BIDET. Cheval de petite taille, trapu, ramassé, qui sert pour faire des courses en poste, ou des voyages. On reconnaît le bidet de poste et le bidet d'allure. Ce sont surtout les chevaux bretons et les percherons légers qui fournissent les bidets de poste; les bidets d'allure viennent ordinairement de la Normandie. Cette dernière espèce de chevaux est surtout recherchée par les marchands forains d'animaux. Leur allure très rapide est peu fatigante pour le cavalier. Ces sortes de bidets ne sont généralement employés que pour la selle.

BIERRE. Liqueur alcoolique fermentée, faite ordinairement avec de l'orge et du houblon. Connue dès la plus haute antiquité, la bierre est la boisson ordinaire des pays où le vin et le cidre sont rares. Les pays du nord en consomment beaucoup. Dans les campagnes du centre et du midi de la France, la bierre sert rarement de boisson ordinaire aux cultivateurs; on ne la trouve guères que dans les cafés : la boisson de ces pays est le vin ou l'eau.

BIFÉMORO-CALCANÉEN. Nom d'un puissant muscle de la cuisse. Son tendon s'attache à la pointe du jarret des animaux et concourt à former sa corde. — V. *Jarrêt, Tendon d'Achille.*

BIGNONIACÉES. Famille de plantes généralement grimpantes. Les bignoniacées, originaires des pays chauds, nous fournissent quelques plantes d'agrément. Le catalpa et la bignonne sont de ce nombre. — V. *Catalpa.*

BILE. (*Fiel*). Liquide onctueux, verdâtre, visqueux et filant; d'une odeur particulière et d'une saveur amère. La bile est sécrétée par le foie, et sert à la digestion; elle est quelquefois contenue dans une vésicule particulière, comme dans le bœuf et d'autres animaux; mais dans le cheval cette vésicule n'existe pas. On se sert de la bile du bœuf (amer de bœuf) pour enlever les taches d'huile ou de graisse. Cette propriété est due au principe alcalin qu'elle contient, et qui joue un si grand rôle dans la digestion. — V. *Digestion.*

BILIAIRE. (*Appareil, Vésicule, Canaux biliaires.*) Le foie qui secrète la bile, les canaux qui la conduisent, et la vésicule biliaire qui la contient comme réservoir, composent l'appareil biliaire. Les calculs qui se forment dans son intérieur se nomment calculs biliaires. — V. *Calcul.*

BILIEUX. Tempérament bilieux. — V. *Tempérament.*

BILLARDER. Un cheval billarde lorsque ses membres antérieurs, mal articulés, se portent en dehors de la ligne de l'axe du corps, pendant la marche, et surtout au trot. Dans le cheval qui a ce défaut d'allure, la force qui détermine la projection du membre en avant est décomposée. Une partie est employée en pure perte à porter inutilement le membre en dehors et à le ramener dans sa ligne naturelle, tandis que l'autre agit directement pour la progression; le bénéfice de la force, dans ce cas, est partagé entre un mouvement inutile, et même nuisible, parcequ'il tend à fatiguer l'animal en pure perte, et un mouvement utile; d'où il faut conclure qu'un animal qui billarde ne saurait mettre à profit tous ses moyens d'action pour la progression.

BILLON. Lorsque les terres sont humides, aqueuses, pendant l'hiver, on les laboure de manière à adosser l'une contre l'autre les bandes soulevées par la charrue. Les deux premières adossées forment une sorte de crête, un petit sommet contre lequel les autres bandes se juxtaposent et forment ce qu'on appelle un billon; la dernière bande soulevée laisse une raie profonde par laquelle les eaux peuvent s'écouler. Les billons sont plus ou moins larges, suivant que la terre, plus ou moins aqueuse, exige des rigoles d'égout plus ou moins rapprochées. Mais, quelle que soit leur largeur, d'un ou plusieurs mètres, les billons doivent être toujours faits dans la direction de la pente du sol.

BILLOT. Tronçon de bois court, et percé dans son milieu, pour recevoir la longe d'un cheval passée dans un anneau de la mangeoire. Le billot, par son poids, tend la longe; il empêche ainsi les animaux d'y embarrasser leurs jambes, surtout les paturons des membres postérieurs, ce qui arrive quelquefois lorsqu'ils cherchent à se frotter la tête ou l'encolure avec leurs pieds. On nomme aussi billots les mors en bois des bridons.

BIMANE. Nom donné à l'homme, qui forme, en zoologie, le premier ordre de la classe des mammifères. Plusieurs naturalistes, séparant, d'une manière absolue, l'homme de tout le reste de la création, n'admettent pas cette dénomination; ils ne considèrent pas notre espèce comme formant le premier ordre des mammifères, mais comme composant un ordre à part et tranché. Cependant, au point de vue physique, la dénomination de bimane est rigoureusement juste.

BINAGE. Opération agricole qui a pour but de nettoyer le sol des mauvaises plantes qui salissent les cultures, et de l'ameublir. On fait des binages à la main, avec une binette, ou avec la houe à cheval. L'opération, dans ce cas, est bien plus rapide et moins dispendieuse. — V. *Houe*

BINETTE. Instrument d'agriculture et de jardinage. Petite pioche tranchante d'un côté et ayant deux dents de l'autre.

BINOT. Sorte d'araire employé pour couvrir les semences. C'est surtout dans le nord que cet instrument est usité.

BIPÈDE. Animal qui n'a que deux pieds. En économie de bétail, on entend par bipède, la réunion de deux pieds, soit de côté, soit de devant, ou de derrière, ou en diagonale. Le bipède antérieur comprend les deux pieds antérieurs; le bipède postérieur comprend les deux pieds postérieurs; le bipède diagonal droit est composé du pied antérieur droit et du pied postérieur gauche; le bipède diagonal gauche est composé du pied antérieur gauche et du pied postérieur droit.

BISAILLE. Nom vulgaire donné dans certains pays à des graines légumineuses, aux pois, aux vesces, destinés à la nourriture des animaux.

BISANNUEL, LE. Les végétaux dont la vie est de deux ans sont bisannnuels. La première année ils donnent des feuilles; la seconde année, des fruits, et ils meurent ensuite. Tels sont les choux, les raves, la betterave.

BISE. Nom donné au vent du nord. La bise est un vent généralement froid, peu favorable à la végétation. Au printemps, elle fait souvent périr beaucoup de fleurs d'arbres fruitiers. Dans les pays où l'on cultive le sarrazin, une bise froide, dans le moment où cette plante est en fleur, peut compromettre la récolte en une seule nuit. — V. *Gelée, Sarrasin.*

BISET. — V. *Pigeon.*

BISON. Espèce de bœuf qui vit par troupes, à l'état sauvage, en Amérique, dans les plaines du Missouri, sur les bords de l'Ohio, etc. Le bison se fait distinguer surtout par une grande puissance musculaire et la longue laine brune qui couvre la plus grande partie de son corps. Cet animal serait encore un de ceux dont l'étude devrait être faite au point de vue de sa domestication. Outre le travail et la viande qu'il pourrait donner, comme le bœuf, il fournirait une grande quantité de laine. Mais son étude n'a encore été faite jusqu'ici qu'au point de vue purement zoologique, et sans application.

BISTORTE. Plante de la famille des polygonées. La racine de bistorte est tordue, ce qui lui a valu son nom. Elle est considérée comme médicament amer, tonique et astringent; mais elle est généralement peu utilisée pour le traitement des animaux malades.

BISTOURI. Instrument de chirurgie des animaux, dont l'usage est très fréquent. Le bistouri, toujours pourvu d'une lame et d'un manche, a la plus grande analogie avec un couteau de poche. Il affecte une infinité de formes, suivant la nature des opérations chirurgicales nécessitées par les maladies des bestiaux.

BISTOURNAGE. Opération qui consiste à tourner les testicules des animaux dans les bourses, de manière à tordre les vaisseaux qui se rendent à ces glandes, et à les obstruer par ce moyen. Privés de vie, les organes sécréteurs du sperme s'atrophient; et les animaux ne sont plus aptes à la reproduction. Ce mode de castration est pratiqué généralement pour le bœuf et le mouton, par des châtreurs de profession qui parcourent les foires et marchés, surtout dans le centre et le midi de la France. — V. *Castration*, *Châtreur*.

BISTOURNER. Châtrer par le bistournage. — V. *Bistournage*, *Castration*.

BISULQUE. Nom donné aux animaux qui ont le pied fourchu; le mouton, le bœuf, etc., sont bisulques.

BITUME. Substance plus ou moins solide, molle ou liquide, ordinairement d'un brun foncé, d'une odeur de goudron plus ou moins fortes, et d'une saveur amère. Les bitumes, quelle que soit leur consistance, se liquéfient à la chaleur et brûlent facilement, avec flamme et fumée épaisse. Ces substances sont extraites du sol, où l'on pense qu'elles ont été formées par la décomposition de végétaux, surtout de végétaux résineux. Elles sont peu usitées en médecine des animaux. Cependant on s'en sert quelquefois contre la gale. En Alsace, on extrait du sol un bitume liquide dont on se sert pour graisser les roues des voitures. On connaît, dans les arts et l'industrie, une sorte de bitume solide utilisé sous le nom d'asphalte pour les pavages et pour prévenir les infiltrations des eaux. Ce bitume pourrait être avantageusement employé en économie rurale. — V. *Asphalte*.

BITUMINEUX. Qui contient du bitume. Les houilles sont plus ou moins bitumineuses. — V. *Bitume*.

BLAIREAU. Animal carnassier du genre ours. Le blaireau habite généralement les pays montagneux, où il se creuse des terriers; il vit d'animaux nuisibles à l'agriculture, tels que les mulots, les rats, les taupes, les hannetons; il dévore aussi les serpents, les crapauds, les grenouilles. Cet animal, plus utile que nuisible au cultivateur, est aujourd'hui assez rare, tant on lui fait la chasse.

BLANC, CHE. Qualification employée dans le signalement des animaux qui ont la robe blanche On remarque des chevaux, des bœufs, des moutons, des chiens, blancs. Un cheval entièrement blanc est très rare. Suivant les nuances ou reflet des robes blanches, on distingue le blanc argenté, le blanc mat, le blanc sale, le blanc d'ivoire, etc. — V. *Signalement*.

BLANC DU FUMIER. Moisissures qui se développent dans le fumier lorsqu'il est mal soigné, et qu'on n'a pas soin de l'arroser. C'est surtout sur le fumier de cheval, toujours plus sec que celui du bœuf, que le blanc se fait remarquer. La pratique a démontré qu'un fumier moisi a perdu une grande partie de ses propriétés fertilisantes. Les jardiniers l'emploient de préférence pour leurs couches réservées à la production des champignons.

BLANC D'ESPAGNE. — V. *Craie*.

BLANC D'OEUF. — V. *Albumine*.

BLATTE. Insecte orthoptère nocturne très agile, qui se tient dans les habitations, notamment dans les cuisines, dans les boulangeries et les moulins. Les blattes sont très voraces et font beaucoup de dégâts partout où elles sont. Elles dévorent les provisions de bouche, et même les étoffes de laine et de soie. Heureusement elles craignent le froid et ne peuvent pas se reproduire dans le nord. On doit détruire ces insectes nuisibles par toute espèce de moyens. On les prend dans des piéges, on les empoisonne, etc.

BLÉ. — V. *Froment*.

BLÉ DE VACHE. — V. *Mélampyre*.

BLEIME. On donne le nom de bleime, en art vétérinaire, à une altération partielle de la sole du pied du cheval et des tissus qu'elle recouvre. La bleime reconnaît ordinairement pour causes une pression exercée par le fer sur la sole, des contusions, une brûlure faite par le fer chaud mal appliqué. Souvent elle est la conséquence d'une cause inconnue. Dans tout cas elle occasionne la boiterie du cheval, et souvent de grands ravages dans le pied, quand on néglige d'y apporter remède à temps. On déferre les animaux qui ont une bleime, on amincit la partie de la sole qui en est le siége. S'il y a eu formation de pus, on lui donne écoulement au moyen d'une ouverture; on panse la plaie avec des étouppes coupées ou de la charpie trempée dans un peu d'eau-de-vie étendue d'eau, et la guérison est ordinairement assez prompte.

BLESSISSEMENT. (*Blettissement.*) Ramollissement du parenchime du fruit. Le blettissement est le commencement de la décomposition du fruit. Dans quelques variétés de poires, il ne tarde pas à succéder à la maturité. Aussi, doit-on consommer ces fruits après la récolte : ils ne se conserveraient pas long-temps. Les poires blettes n'ont pas trop mauvais goût au début du blettissement, et souvent on peut les consommer dans cet état. On attend le blettissement des nèfles pour pouvoir les manger, ce qui ne serait pas possible avant leur ramollissement.

BLESSURES. Lésions plus ou moins graves de tissus animaux. Les blessures varient à l'infini, suivant les causes qui les produisent, depuis une simple égratignure, jusqu'à celles qui causent la mort instantanée. Il n'est pas possible de traiter ici de chacune des blessures auxquelles les animaux sont sujets; il en sera fait mention aux mots par lesquels on les distingue, tels que contusion, fracture, piqûre, fracture, luxation, plaie, brûlures. — V. ces mots.

Les blessures faites par méchanceté, par vengeance, donnent lieu à des poursuites judiciaires contre les coupables, à des peines correctionnelles, et à des indemnités aux ayant-droit.

Une loi spécialement protectrice des animaux, votée en 1850, punit de cinq à quinze fr. d'amende, et rend passible de cinq jours de prison, tout individu qui aura fait volontairement des blessures aux animaux qu'il conduit, ou dont il dispose.

BLETTE. — V. *Poirée.*

BLEU. Lait bleu. — V. *Lait.*

BLEUET. Belle petite fleur bleue, de la famille des composées, qui croît dans les champs. On cultive le bleuet dans les jardins comme plante d'ornement. On doit purger les récoltes des bleuets : ils épuisent inutilement le sol.

BLUTEAU. (*Blutoir.*) Instrument employé pour passer la farine et la séparer du son. Le blutoir a diverses formes, soit dans les moulins ou dans les ménages des campagnes.

BLUTER. Passer la farine au blutoir.

BOCAGE. Bouquet d'arbres silvestres ménagé pour l'agrément du coup d'œil dans une propriété. Le bocage diffère du bosquet, en ce qu'il n'est pas cultivé; ses arbres ne sont point taillés, et poussent naturellement sans le secours de l'art.

BOEUF. Le bœuf est l'un des animaux les plus utiles à l'agriculture. Non seulement il sert à l'exploitation du sol, au transport de ses produits, aux charrois de tout ordre, mais encore il approvisionne nos marchés de viande, et sa femelle nourrit le cultivateur par son lait, par le beurre et le fromage qu'on en extrait. Que de familles trouvent leurs moyens d'existence dans le produit d'une vache conduite pendant l'été le long des chemins ou des haies pour pâturer, et nourrie pendant l'hiver avec des feuilles et des herbes sèches ramassées, jour par jour, par de pauvres enfants de journaliers ruraux!

Le choix du bœuf est de la plus haute importance pour le cultivateur, soit qu'il le soumette au travail ou qu'il l'engraisse. S'il est des pays privilégiés dont les excellentes races répondent bien aux besoins et laissent toujours des bénéfices, il en est d'autres dont l'entretien est peu lucratif et souvent onéreux. C'est là une question d'économie rurale trop méconnue, et qui est le point de départ du succès ou de la ruine d'une entreprise agricole. Le choix de bons types bien adaptés, peut changer en peu de temps, la situation d'une exploitation languissante et la faire prospérer, si elle n'en avait que de médiocres ou de mauvais. Nous voyons des cultivateurs instruits et intelligents qui nous le prouvent tous les jours. Ils savent choisir des animaux qui, avec une aptitude satisfaisante au travail, s'engraissent facilement et laissent toujours des bénéfices assurés. Ils repoussent ceux qui sont mauvais travailleurs ou durs à l'engrais. Mais comment parvient-on à faire ce choix? Voilà la difficulté. Écoutera-t-on les conseils divergents des hommes de théorie, de ceux qui étudient l'agriculture dans leur cabinet? Suivra-t-on les avis de ceux qui, ne doutant de rien, parcequ'ils ignorent tout, se prennent de belle passion pour tel ou tel type, et veulent le faire adopter partout, à tort et à travers, sans tenir compte des conditions de lieu, de climat, d'agriculture, de besoins spéciaux des localités diverses? Acceptera-t-on, repoussera-t-on systématiquement des races étrangères, des espèces déjà améliorées par de bonnes combinaisons de croisements ou d'accouplements bien raisonnés? La question ici devient difficile à résoudre pour tout praticien raisonnable. On peut même dire qu'elle est actuellement insoluble, parcequ'elle est soumise à une infinité de conditions qu'on ne peut juger qu'en temps et lieu. Mais voici le conseil qui me paraît le plus en harmonie avec la pratique et avec les études sérieuses des conditions de culture du sol où l'on se trouve.

En règle générale, la production animale d'un pays est en raison de sa production végétale. Si une contrée est riche en fourrages, elle sera riche en bestiaux; si la nourriture est abondante, substantielle, les animaux seront développés. Ils seront chétifs au contraire et rares dans un pays où les fourrages manquent, où la nourriture est insuffisante et peu nutritive. Voilà ce que l'on observe dans la nature pour toutes nos races d'animaux. Partant de ce principe, qui doit toujours servir de base au jugement de tout praticien habile, importera-t-on dans un pays qui n'a que des animaux chétifs et rabougris des sujets de taille, fortement constitués et provenant essentiellement de pays fertiles, riches en fourrages? Si on le fait, on est toujours sûr d'en être victime. Nous en voyons la preuve tous les jours. Tous les jours encore nous voyons des cultivateurs, dans des contrées pauvres, croire que de grands animaux grandiront leurs races. Dans cette conviction malheureuse, ils adoptent pour étalons des animaux perfectionnés, grands et forts, pour leurs femelles chétives et amaigries. C'est là une de ces erreurs que j'ai toujours déplorées et que j'ai sans cesse combattues. Le produit d'un animal perfectionné par les soins de l'homme avec celui d'une race chétive d'un pays malheureux vaut toujours moins que celui de la race indigène pure; il n'a ni les qualités de celle-ci, nécessairement sobre et souvent rustique, ni celles de la race perfectionnée qui a concouru à le produire. Cependant il est un fait pratique qui trompe souvent l'éleveur au début: c'est que le jeune produit d'un animal perfectionné avec une race qui ne l'est pas est presque toujours plus beau que celui de la race indigène pure.

Sa supériorité persiste même quelque temps pendant l'allaitement. Mais, quand il cesse de téter, quand le beau petit animal sevré est soumis aux mêmes conditions que les autres, il dépérit brusquement, et bientôt il vaut moins que ses camarades; il leur reste inférieur pendant tout le reste de sa vie; l'éleveur en est embarrassé; il faut qu'il le vende à tout prix, ce qu'il fait presque toujours en perte, surtout s'il le garde long-temps.

Voilà ce qui arrive toujours dans les circonstances semblables à celle que je viens de citer. Partout j'ai vu se reproduire le même fait, il sera constant partout où on voudra le vérifier.

Pour faire le choix d'un individu comme d'une race à adopter, il faudra donc toujours consulter les ressources du sol qu'on exploite et celui de son agriculture : c'est là une condition essentielle, indispensable au succès; ici il n'y a pas d'exception à la règle. Il faut toujours offrir à un animal importé les ressources au moins égales à celles dont il est la conséquence; s'il ne les a pas, il dépérit, il se dégrade, et, au lieu d'atteindre le but proposé, il s'en éloigne, au détriment du cultivateur qui l'a choisi comme améliorateur.

Dans tous les cas, et en tenant toujours compte des courtes observations que je viens de faire, voici à quels caractères généraux on reconnaîtra un bœuf de bonne nature, quelles que soient son espèce, sa race : tête courte et large, naseaux grands, bien ouverts; cornes fines, noires ou blanches; les yeux doivent être placés bas, grands, bien ouverts, et munis de paupières fines, souples, très mobiles et garnies de longs cils. Sans être trop chargée, l'encolure sera bien musclée; l'absence du fanon, loin d'être un défaut, caractérise ordinairement de bonnes races, surtout pour la boucherie. C'est à tort que beaucoup d'éleveurs recherchent un long fanon pendant entre les membres antérieurs.

Ce large pli de la peau ne prouve rien d'avantageux pour la qualité des animaux. Il n'appartient qu'aux races communes ; les races fines, bien perfectionnées, n'en ont que la trace. Le garrot, le dos, les reins du bœuf, doivent être larges, les côtes arrondies, les épaules longues et charnues, le ventre cylindrique; la croupe doit toujours être longue, large, bien musclée, et la cuisse descendue, longue et bien culottée. La queue doit être fine; les membres courts, bien conformés et d'aplomb, sont les plus beaux.

Leurs os doivent être minces, mais avec des tendons bien détachés et forts. Un tendon bien accentué indique toujours un développement musculaire puissant; s'il est net et bien dessiné, il est un indice de la finesse du sujet.

Le poil doit être fin, luisant, moelleux à la main. La peau sera souple, bien détachée des côtes; si elle est épaisse, dure au toucher, elle indique une race commune. Tels sont les caractères généraux d'un bœuf de bonne nature.

Mais un animal qui a la tête étroite, allongée, les naseaux rétrécis, les yeux petits, couverts et placés haut, les cornes grosses, verdâtres et d'un tissu grossier, l'encolure épaisse, le garrot saillant et maigre, le dos et les reins étroits, le flanc long et creux, la côte aplatie, la croupe tranchante, courte et maigre, les cuisses plates et grêles, la queue grosse, les membres longs et gros, déviés et sans aplomb, est un bœuf commun, de mauvaise nature. Ce genre de conformation vicieuse comporte ordinairement une physionomie stupide. La peau, dans ce cas, est épaisse, dure, le plus souvent adhérente aux côtes; mais, en tout cas, elle manque de souplesse, de moelleux; le poil est gros, long, terne, et sec au toucher. Ne choisissez jamais un pareil animal, surtout pour l'engrais : ce serait peine et dépenses perdues.

Les caractères sur lesquels nous venons de jeter un rapide coup d'œil sur les bœufs de bonne ou mauvaise nature ont des applications aux vaches, sous le double point de vue de production de la viande et du lait. — V. *Vache*.

BOIS. Substance ligneuse et compacte d'un arbre. Le bois varie de qualité, suivant les lieux où il pousse et suivant les essences dont il provient. On distingue vulgairement les bois sous la dénomination banale de bois blanc et de bois dur. Le bois blanc appartient à des essences qui croissent généralement vite; mais leur tissu est spongieux, moins compacte, moins lourd que celui du bois dur : tel est le bois de tilleul, celui de peuplier, de pin, etc. Le bois dur est d'une texture plus serrée; il est plus compacte et plus lourd : tel est le bois de chêne, celui de frêne, d'orme, etc.

Le bois est composé de deux parties bien distinctes, surtout pour les essences dures : ce sont l'aubier, et le cœur ou corps du bois. Le premier est composé par les couches de plus récente formation, et recouvre le cœur, qui est au centre. — V. ***Aubier*** et *Cœur*.

Les usages du bois sont variés à l'infini. Il est employé partout, dans les arts, dans l'industrie, dans les constructions de tout ordre, dans l'économie domestique. De tous les produits végétaux, il est celui dont la consommation est la plus variée. Il est bien regrettable que l'importance de sa multiplication ne soit pas mieux comprise. — V. *Arbre*, ***Plantations, Reboisement.***

BOIS DE CERF. Productions osséiformes, très dures, qui ornent la tête des cerfs, des daims, etc. Le bois du cerf tombe tous les ans pour se renouveler avec un nouveau caractère, avec addition d'une de ses divisions (andoulier), qui servent à déterminer l'âge des sujets.

Les rognures des bois de cerf employés dans les arts, surtout dans la coutellerie, sont un excellent engrais; les cultivateurs devraient les recueillir avec soin, comme aussi les débris de cornes du voisinage des fabriques de couteaux.

BOISSON. Liquide dont s'abreuvent les animaux. Les boissons désaltèrent les animaux dont la soif est provoquée par les transpirations et les déperditions de toute nature. Elles délaient les aliments secs, favorisent ainsi leur déglutition et leur digestion, et facilitent l'action des sécrétions par leur présence dans le sang.

Les boissons prises par les animaux dans les abreuvoirs, celles qu'on leur offre et qui ne sont que de l'eau simple, sont dites naturelles. Elles peuvent être alimentaires, ou médicinales, lorsqu'elles tiennent en suspension du son, des farines ou des substances médicamenteuses. On se sert souvent de boissons alimentaires pour les animaux malades ou affaiblies par des maladies. Ce moyen est aussi souvent très commode pour leur faire prendre des substances médicamenteuses.

Pour administrer les boissons aux animaux, il est utile de prendre quelques précautions prescrites par une bonne hygiène, suivant leur nature, leur température, et l'état des animaux auxquels on les administre. Une boisson froide, donnée à un animal en sueur, peut déterminer de violentes coliques, et même des affections de poitrine. On examinera aussi la qualité de l'eau, les conditions de salubrité de l'abreuvoir, sa nature, etc. — V. *Abreuvoir*.

BOITER. Marcher irrégulièrement d'un ou plusieurs membres, pour cause de douleur ou de vice de conformation d'organes actifs ou passifs de la locomotion. — V. *Boiterie*.

BOITERIE. (*Claudication.*) Irrégularité de mouvement d'un ou plusieurs membres dans la marche d'un animal, soit par suite de conformation, soit par suite de douleur, dont la cause est souvent très obscure. La boiterie est plus ou moins intense, suivant l'intensité même de la cause qui la produit, et qui peut avoir son siége à une ou plusieurs extrémités. Dans quelques cas, elle est si obscure, que l'œil le mieux exercé a besoin de la plus grande attention pour l'apercevoir. Dans d'autres, au contraire, elle est facilement appréciable.

Le cheval est, de tous les animaux domestiques, celui qui est le plus sujet aux boiteries, parcequ'il est exclusivement employé au travail. Il est aussi celui sur lequel on a le mieux étudié ce genre d'affection des membres. M. le général Jacquemin, ancien commandant en second de l'école de cavalerie de Saumur, est l'un des auteurs qui ont le mieux étudié et traité la question des boiteries du cheval; après avoir examiné les diverses opinions des écrivains et des écoles vétérinaires, dans son excellent traité d'hippiatrique à l'usage des officiers et sous-officiers de cavalerie, il donne son avis motivé de manière à n'être pas contesté. Du reste, les faits physiologiques, comme l'expérience, sont en faveur de la thèse que soutient M. Jacquemin.

L'existence de la boiterie une fois reconnue, on peut souvent découvrir la cause qui la provoque et la combattre directement; mais, dans le cheval surtout, il est des circonstances où il est très difficile de découvrir le siége du mal, et plus difficile encore de le guérir. Dans tout cas, comme la plus grande partie des claudications ont la cause qui les détermine dans le pied, on l'examinera attentivement, en parant la corne avec un instrument et en sondant bien toutes les parties qu'elle contient.

Toutes les boiteries n'ont pas les mêmes caractères extérieurs. Les unes sont permanentes, et l'animal boite toujours, avant comme après le repos, quoique souvent à des degrés différents; mais il en est d'autres qui sont intermittentes, elles disparaissent dans certaines conditions pour reparaître dans d'autres. Ainsi, on voit des animaux boiter en sortant de l'écurie, et quand ils commencent à marcher, lorsqu'ils ont travaillé un temps plus ou moins long, quand ils sont *échauffés*, comme on dit vulgairement, ils ne boitent plus. Ce genre de boiterie est dit à froid. Dans d'autres cas, le cheval ne boite pas après le repos; il ne le fait que lorsqu'il a travaillé. La boiterie alors est dite *à chaud*. La boiterie *à froid* ou *à chaud* peut être inapercevable au moment où les animaux sont exposés en vente. Pour cette raison, elle est classée dans les vices rédhibitoires. Le temps de la garantie est de neuf jours; lorsqu'un animal nouvellement acheté est affecté d'une boiterie intermittente, on ne devra donc pas laisser passer ce délai pour intenter l'action en rédhibition.

BOL. Lorsqu'un animal a opéré l'insalivation et la mastication des aliments qu'il a dans sa bouche, il les ramasse, les réunit en boule à la base de la langue, et il les avale. Cette boule alimentaire se nomme bol. Tous les animaux herbivores forment le bol alimentaire. — V. *Déglutition*, *Mastication*.

On appelle aussi bol une grosse pilule au moyen de laquelle les Anglais administrent aux chevaux certains remèdes, comme des purgatifs, etc. Des boules de pâte données souvent aux bestiaux à l'engrais se nomment bols. Elles sont placées dans le fond de la bouche des animaux, de manière à ce qu'ils les avalent sans les mâcher.

BOLET. Nom donné à un genre nombreux de champignons dont quelques uns sont comestibles. Les bolets diffèrent des agarics par des caractères bien tranchés et faciles à saisir. Au lieu d'avoir des lames rayonnantes sous leur chapeau, comme les agarics, ils sont persillés d'une infinité de petits trous facilement apercevables, et qui sont les ouvertures de petits tubes parallèles placés les uns à côté des autres. Une variété de bolet sert à faire l'amadou; on le connaît sous le nom d'amadouvier. — V. *Amadou*.

BOMBACÉES. (*Malvacées*.) Famille de végétaux des pays chauds. Le baobab, arbre colossal, appartient à cette famille. — V. *Baobab*, *Malvacées*.

BOMBIX. Genre d'insectes de l'ordre des lépidoptères. Les chenilles des bombix, dont une grande partie sont velues ou tuberculées, font plus ou moins de ravages dans les végétaux qui leur servent de nourriture. Lorsqu'elles ont acquis tout leur développement, elles s'enroulent dans une coque de soie. Le paon de nuit, le ver à soie, etc., sont dans ce genre. — V. *Ver à soie.*

BOND. Saut fait par une énergique détente des membres. Le cheval, le mouton, font quelquefois des bonds de joie en jouant, et ils retombent presque à la même place. C'est par bonds que le levrier atteint un lièvre qu'il poursuit.

BONNET. Nom donné à l'un des quatre estomacs des ruminants. — V. *Réseau.*

BORAX. Sous-borate de soude. Le borax, employé dans les arts pour souder les métaux, est peu usité en médecine vétérinaire. Cependant on l'emploie quelquefois, en dissolution, contre les dartres et contre les aphthes des animaux.

BORBORIGME. (*Gargouillement.*) Bruit qui se fait entendre dans le ventre des animaux par le déplacement des gaz ou des liquides qui circulent dans les intestins.

BORDÉ. Expression en usage dans le signalement des animaux, pour indiquer un mélange de poils dans certaines conditions. Lorsque les bords des balzanes, ou des pelotes en tête des chevaux, sont mélangées de poils du fond de la robe, on les dit bordées. On voit des balzanes, des pelotes en tête, des listes bordées, etc. — V. *Signalement.*

BORDURE. Espèce de garniture en gazons, en fleurs ou en petits arbustes taillés, que l'on dispose tout le long des allées d'un parc, d'un jardin ou d'un parterre. On fait encore les bordures pour retenir les terres d'une plate-bande, avec des planches, des pierres, des briques ou de la terre battue.

BORGNE. Privé d'un œil. De tous les animaux domestiques, le cheval est celui qui offre le plus d'individus borgnes, parcequ'il est le plus sujet aux maladies des yeux. Il est des contrées de la France où les chevaux borgnes ou aveugles sont nombreux par suite de la fluxion périodique, considérée jusqu'ici comme incurable et héréditaire. — V. *Fluxion périodique.*

Quand un animal est borgne à la suite d'une blessure ou d'une maladie qui laisse des traces apparentes, il est facile de le reconnaître. L'œil, alors, est plus ou moins atrophié, ou la cornée lucide, devenue opaque, blanchâtre, ne se laisse plus traverser par la lumière. Mais dans les cas d'amaurose, l'œil perdu ressemble à celui qui est sain; il est tout aussi beau, tout aussi transparent que lui. Dans ce cas, le seul moyen de reconnaître la perte de l'œil, c'est de comparer les deux pupilles : celle de l'œil perdu est immobile, à la clarté comme à l'obscurité, et elle est toujours plus grande que celle de l'autre œil. — V. *Amaurose.*

BORNAGE. Détermination des limites d'une propriété par des bornes. — V. *Borne, Limite.*

BORNE. Indice, marque, qui fixe la limite d'une propriété. Les bornes sont ordinairement formées par des pierres plantées dans le sol; des rochers, des sentiers, des tertres, des haies, servent souvent de limites. En Allemagne on borne souvent les champs au moyen d'une bande de gazon qu'on ne laboure jamais. Ce mode de bornage est d'autant plus simple et commode qu'il détermine bien les limites des héritages, et qu'il est impossible de frauder avec lui. — V. *Limite.*

BORRAGINÉES. Famille de végétaux qui ont généralement des propriétés émollientes et diurétiques. Les borraginées peuvent être d'un fréquent usage pour les médecins des animaux, parcequ'elles sont communes. La bourrache, la pulmonaire, la consoude, le myosotis, etc., sont de la famille des borraginées.

BOSQUET. Petit bois disposé pour servir d'ornement à un jardin ou à un parc. Il diffère du bocage en ce qu'il est essentiellement l'œuvre de l'art, au lieu d'être celle de la nature. Un bosquet se compose d'arbres d'agrément, plus ou moins alignés, ou disposés suivant certains dessins ou plans préparés à cet effet.

BOSSE. Toute éminence ou gibbosité, naturelle ou accidentelle, sur le dos d'un animal, est désignée par le nom de bosse. Le chameau, le dromadaire, le zébu, etc., ont des bosses charnues, qui augmentent ou diminuent suivant que les animaux s'engraissent ou maigrissent.

BOTANIQUE. Science qui s'occupe des végétaux. Les végétaux, comme les animaux, naissent d'un germe, d'un œuf (graine), produit par des individus semblables à eux. Les uns comme les autres se nourrissent, se développent, se reproduisent et meurent. Les végétaux sont donc des êtres vivants comme les animaux, mais dans des conditions plus circonscrites. — V. *Corps, Végétal.*

Par l'étude de la botanique, on se rend compte des divers phénomènes de la vie des végétaux, après avoir examiné avec détail chez eux les organes divers au moyen desquels elle se produit, se maintient et se transmet. Cette étude nous fait connaître aussi la classification des végétaux, leurs propriétés nutritives, leurs qualités relatives, les préférences que nous devons avoir des uns sur les autres, suivant les circonstances diverses, les conditions culturales, dans lesquelles se trouve le cultivateur. Celui qui exploite une terre ne devrait jamais ignorer cette belle science dans ce qu'elle a d'applicable à son art. L'étude de la botanique agricole serait du plus grand secours à ceux qui produisent les céréales, les plantes de toute nature, les fruits, les légumes, les fourrages. N'oublions pas que l'agriculteur est un fabricant qui doit savoir comment il fabrique sa marchandise, comment elle se confectionnne sous sa direction. C'est là une question de métier ignorée dans nos campagnes. Si elle était connue, elle éclairerait l'agriculteur sur une infinité de phénomènes de végétation, sur le choix des assolements, sur celui des végétaux à adopter ou à repousser. Le défaut de connaissances botaniques est une lacune malheureuse pour nos campagnes, comme pour nos subsistances.

BOTANISTE. Savant qui étudie, qui connaît la botanique.

BOTTELAGE. Action de mettre les pailles ou les foins en bottes. Le bottelage du foin dans la prairie est une opération longue, qui a des inconvénients sérieux lorsque la main-d'œuvre est chère, et surtout lorsque le temps est pluvieux. D'un autre côté, il a un grand avantage dans les pays où l'on conduit les fourrages dans les marchés pour être vendus. Leur transport est plus facile, comme leur chargement, et surtout leur pesage : chaque botte pesant ordinairement 5 kilogrammes, le fourrage alors peut se vendre par cent ou par mille bottes, ce qui facilite infiniment les transactions sur les marchés. Dans les pays riches en prairies naturelles, où l'élevage du bétail est fait sur une grande échelle et constitue souvent la principale industrie de l'agriculture locale, on emmagasine les foins sans être bottelés ; leur bottelage serait le plus souvent alors impossible, faute de bras.

BOUC. Mâle de la chèvre. Le bouc qui n'est pas châtré a toujours une odeur désagréable, et il n'est conservé que pour la reproduction. On exigera donc de lui toutes les qualités que l'on recherche dans les individus de son espèce, et surtout les qualités laitières, qui sont les plus essentielles de la chèvre. Un préjugé absurde, qui existe encore dans les campagnes, fait conserver des boucs dans la croyance qu'ils absorbent les prétendus venins des étables et préservent les animaux de maladies. Rien n'est plus erroné que cette idée.

BOUCANER. Faire sécher de la viande, du poisson, des légumes, etc., à la fumée. La viande boucanée se conserve très bien. On boucane souvent la viande de bœuf comme celle du porc en les pendant aux cheminées ou dans des lieux disposés à cet effet. Dans diverses contrées, la viande boucanée est consommée par les habitants des campagnes comme par ceux des villes.

BOUCHE. Ouverture qui forme la première cavité du tube digestif. La bouche contient les organes qui prennent et incisent les aliments, les broient, les liquéfient et les rendent propres à être digérés. Cette première opération est de la plus haute importance pour la digestion, la nutrition ou la santé des animaux. Les aliments mal triturés dans la bouche non seulement sont difficilement digérés, mais ils fatiguent l'estomac. On voit souvent, à la suite de mauvaise mastication, des parcelles de fourrage, des grains entiers d'avoine et autres céréales, rendus avec les excréments. C'est une perte réelle pour l'économie animale et sa nutrition. —V. *Dents*, *Digestion*, *Glandes salivaires*, *Langue*, *Mastication*, *Salive*.

En terme de manége, on appelle bouche du cheval les parties sur lesquelles agit le mors de la bride. La bouche est dure ou tendre, égarée ou sensible, suivant que le mors agit sur elle, et que le cavalier a plus ou moins de peine ou de facilité à conduire sa monture. — V. *Barres, Brides, Mors.*

BOUCHERIE. Lieu ou l'on abat les animaux. — V. *Abattoir.*

Dans les petites villes de province et dans les villages, c'est à la boucherie qu'on égorge les animaux. On y vend aussi la viande dépecée. Les résidus, les débris des boucheries, le sang, etc., sont un excellent engrais, qui, employé avec discernement, active énergiquement la végétation. Ces résidus sont presque toujours perdus pour l'agriculture. Les cultivateurs ne devraient jamais manquer de les ramasser et de les mélanger avec leurs fumiers ou leurs composts.

BOUCHONNEMENT. Action de frotter un animal avec un bouchon ordinairement fait avec de la paille. Le bouchonnement a pour but de nettoyer la peau de la poussière qui la couvre, et de favoriser la circulation dans les vaisseaux capillaires. On bouchonne les membres, lorsqu'ils sont engorgés, pour leur donner du ton, et activer l'absorption des liquides qui causent leur tuméfaction par leur présence dans les mailles du tissu cellulaire. — V. *OEdème.*

BOUCLE. Anneau en fer ou en cuivre qui traverse le boutoir du porc pour l'empêcher de fouir la terre.

On se sert aussi de boucles de même nature pour boucler certaines femelles domestiques, dans le but d'empêcher l'approche du mâle.

BOUCLER. Mettre des boucles au boutoir du porc, ou à la vulve des femelles domestiques qui pâturent avec des mâles, pour les empêcher d'être fécondées.

BOUE. (*Fange.*) Mélange de détritus minéraux, végétaux et animaux, qui se forme dans les rues des villes, sur les places publiques, etc. En France, où la question des engrais est loin d'être généralement bien comprise, nous perdons encore beaucoup de boues dans nos villes de province, dans nos chefs-lieux de canton, dans nos villages. Les eaux les entraînent le plus souvent. Ce sont tous les ans plusieurs centaines de millions d'engrais engloutis dans les mers au détriment de l'agriculture et de la richesse du pays. On peut juger de l'action des boues sur la végétation lorsque des eaux traversant des villages arrosent des prairies : elles donnent à ces héritages une valeur double et triple de celle des prairies ordinaires, et elles sont toujours recherchées quand elles sont à vendre, qu'elle que soit l'élévation de leur prix relatif.

Les boues des villes sont généralement un engrais très énergique, parcequ'elles contiennent plus ou moins de substances animales, des résidus de cuisine, de boucherie, etc.; ces substances, mélangées aux détritus végétaux, sont très fertilisantes. Les cultivateurs devraient toujours les recueillir avec soin, soit pour leurs prairies, soit pour leurs champs. Non seulement ils y trouveraient un avantage agricole, mais ils assainiraient ainsi leurs villages comme les villes, et ils feraient tourner au bénéfice de l'agriculture des principes pestilentiels nuisibles à la santé publique. Les matières organiques entassées près des habitations sont toujours un foyer plus ou moins actif d'insalubrité; elles sont, au contraire, un foyer de richesse dans le sol. — V. *Assainissement, Désinfection.*

BOUFFISSURE. Tuméfaction indolente ordinairement causée par infiltration du tissu cellulaire sous-cutané. Lorsqu'on comprime avec le doigt cette sorte d'engorgement, l'impression reste quelque temps comme celle qui serait faite dans de l'argile ou dans du beurre. — V. *OEdème.*

BOUILLON. Eau dans laquelle on a fait bouillir plus ou moins long-temps des substances végétales ou animales. On donne quelquefois des bouillons aux animaux pour les fortifier, après l'action débilitante de longues maladies. On a conseillé de donner des bouillons de foin aux jeunes sujets : ces liquides contenant des matières solubles végétales, peuvent être un bon aliment pour leur estomac; mais nous n'avons pas eu occasion d'observer des faits pratiques qui puissent fixer notre opinion à ce sujet.

BOUILLON BLANC. (*Molène.*) Plante de la famille des scrophulariées. On reconnaît le bouillon blanc à ses feuilles ordinairement couvertes d'un duvet blanchâtre, et à ses fleurs jaunes. Les fleurs comme les feuilles du bouillon blanc sont émollientes; on peut surtout employer ses feuilles en infusion pour les animaux, afin de combattre des inflammations, des engorgements douloureux.

BOULE DE NEIGE. (*Obier.*) Nom de la fleur blanche du viorne, disposée en boule, et embellie par la culture. — V. *Obier*, *Viorne*.

BOULEAU. Arbre de la famille des bétulinées. Le bouleau, très commun, très répandu dans le nord, surtout dans les pays élevés et froids, est d'un grand secours pour l'agriculture : sa rusticité le fait croître dans les plus mauvais sols. Son bois, doux, léger et tenace, sert à faire des sabots, des cercles, divers instruments aratoires, et notamment des jougs pour les bœufs. On fait des balais avec ses branches, et ses feuilles sont mangées par les bestiaux. Les peuples du nord de l'Europe font un grand usage du bouleau, qui prend, dans les pays glacés, une dimension considérable qu'on n'observe pas dans les autres essences non résineuses.

BOULE DE MARS. (*Boule de Nanci.*) Préparation ferrugineuse astringente et tonique ; on emploie la boule de Mars contre les contusions, les meurtrissures, en médecine humaine ; elle est peu usitée pour les animaux.

BOULET. Nom donné au renflement formé par l'articulation du canon avec le premier phalangin. Pour être beau, le boulet du cheval doit être arrondi, plus large d'avant en arrière que d'un côté à l'autre ; il doit être exempt de bosselures dures ou molles (molettes), et de blessures qui indiquent souvent la faiblesse ou un défaut d'aplomb des animaux. — Les engorgements des boulets sont souvent la conséquence d'un effort ; dans ce cas, ces engorgements sont toujours lents à faire disparaître ; ils causent des boiteries longues qui nécessitent quelquefois l'application du feu. — Un boulet trop flexible est un défaut de conformation ; il indique la faiblesse. Si l'animal est soumis à un travail actif et pénible, un pareil boulet est rapidement fatigué, usé.

BOULETÉ. Un cheval est bouleté lorsque le boulet, dévié de sa ligne normale, est porté en avant de l'axe du membre. Quand cette déviation est exagérée, le cheval est dit bouté ; il est dit droit sur ses membres lorsque le boulet, le paturon et le canon forment une ligne droite.

Un membre bouleté est toujours un indice de fatigue ou d'usure plus ou moins avancée. Presque tous les jeunes animaux soumis à un travail prématuré, incompatible avec leur force actuelle, contractent ce vice de direction du boulet. Si le sujet est jeune, le repos peut encore le rétablir en partie, sinon en totalité; mais il n'y a plus de ressources pour les vieux individus.

Les animaux bouletés manquent de solidité pour deux motifs : nous trouvons le premier dans la fatigue, le second dans le défaut d'aplomb. — V. *Aplomb.*

BOULIMIE. Faim excessive éprouvée par les animaux. — V. *Faim.*

BOULINGRIN. Plate-forme gazonnée dont on coupe l'herbe de manière à imiter un tapis permanent de verdure. Les boulingrins se font dans les parcs, les jardins anglais, les parterres, les bosquets; ils sont ordinairement de forme arrondie, ovale ou oblongue.

BOULONNAIS (*Cheval*). Le cheval boulonnais est un type de cheval de trait du premier ordre. Nul ne réunit mieux que lui une conformation régulière, de bonne condition mécanique, à une puissance musculaire satisfaisante. C'est surtout dans le Pas-de-Calais que ce cheval a conservé les vrais caractères de sa race. Il est vendu pour les roulages du nord de la France, et surtout pour le camionnage de Paris. Les caractères généraux de cette race robuste sont les suivants : tête forte, mais courte; yeux relativement petits; encolure courte, épaisse, avec une forte crinière; garrot charnu; dos et reins courts, larges et bien musclés; côte ronde, flancs courts et pleins, épaules charnues, croupe double fortement musclée; membres courts, forts et d'aplomb; poitrail large puissamment musclé, sabots un peu grands; constitution générale athlétique.

Le cheval boulonnais, bien choisi, est le plus beau type de gros trait d'Europe, et sans doute dans le monde entier.

BOUQUET. On donne le nom de bouquet, en art vétérinaire, à une maladie de la peau de la face des moutons. Le bouquet forme une espèce de dartre qui se déclare sur le nez et aux oreilles des sujets qui en sont affectés. — V. *Noir museau.*

BOUQUETIN. Variété de chèvre sauvage, très robuste et très forte, qui habite les sommets des Pyrénées, des Alpes et des montagnes élevées de l'ancien continent. Le bouquetin porte de fortes cornes recourbées en arrière, et pourvues sur leur bord antérieur de grosses nodosités transversales, séparées par des sillons profonds.

BOURBILLON. Dans le furoncle du cheval, improprement appelé javart cutané, dans celui des autres animaux connus de l'homme, on aperçoit un petit *corps blanchâtre, filandreux et mou* : c'est ce corps qu'on nomme bourbillon. La cicatrisation de l'ouverture qui le contient ne tarde pas à s'opérer quand le bourbillon est tombé.

BOURBOURIENNE. Race de chevaux. La race bourbourienne élevée dans le nord de la France, aux environs de Bourbourg, de Gravelines, est plus massive, plus développée, que la race boulonnaise; mais elle n'est pas aussi bien conformée, et elle lui est inférieure en qualités.

BOURDON. (*Faux-bourdon.*) Mâle des abeilles. — V. *Abeilles.*

BOURDONNEMENT. Bruit sourd produit par le vol de certains insectes, tels que les mouches, les abeilles.

BOURDONNET. Petit rouleau de charpie ou d'étoupes fait pour panser certaines plaies des animaux. On se sert ordinairement de bourdonnet pour exercer une compression exigée pour une guérison plus prompte, ou une cicatrisation régulière des blessures ou des plaies faites par des opérations chirurgicales.

BOURGEONS. Petit bouton remarqué aux extrémités des divisons des tiges et des branches. Les bourgeons sont les germes des feuilles et des branches, qu'ils fourniront par leur développement. Ils sont formés de petites écailles superposées et étroitement unies entre elles pour protéger les organes qu'elles recouvrent contre le froid et l'humidité. On observe des bourgeons enduits d'une substance glutineuse : tels sont ceux de peuplier, de marronnier, etc. Dans les bourgeons de marronnier on remarque même, sous les écailles agglutinées, une couche cotonneuse pour prévenir l'action de l'humidité et de la gelée.

On a voulu établir une différence entre l'œil et le bourgeon d'un végétal. Ces deux mots doivent être considérés comme synonymes, parcequ'ils désignent un même corps, quel que soit son développement plus ou moins avancé. — V. *OEil*.

BOURGEONS-CHARNUS. Granulations qui se forment sur les plaies suppurantes des animaux. Ces granulations sont ordinairement les signes d'une cicatrisation prochaine.

BOURRACHE. Plante de la famille des borraginées. La bourrache, très commune, est une plante émolliente. On peut employer ses racines comme ses feuilles en décoction pour les animaux. L'infusion des fleurs de bourrache est employée fréquemment comme calmant et sudorifique dans l'homme.

BOURRE. Poil d'animaux dont on se sert en bourrelerie. Dans les fermes, il est utile d'avoir toujours de la bourre pour bourrer certaines parties des harnais dans quelques cas de blessure des animaux de travail.

BOURRELET. Renflement de la peau qui donne naissance à l'ongle du pied du cheval, des ruminants et du porc. Le bourrelet contient les glandes qui secrètent la corne du sabot et des onglons. — V. *Biseau*.

En botanique on nomme bourrelet l'excroissance qui se forme autour de la plaie d'un arbre mutilé ou à la suite d'une greffe.

BOURRET. Nom donné dans certains pays au taureau d'un an. L'Auvergne fournit chaque année une infinité de bourrets exportés dans plusieurs provinces de la France. Le bourret se nomme doublon à deux ans, terson à trois ans, etc.—V. *Taureau*.

BOURRETTE. Génisse d'un an. La bourrette prend le nom de doublonne à deux ans. — V. *Genisse*.

BOURSE. On appelle bourses, en agriculture, les toiles enroulées sur des branches d'arbres et tissées par certains papillons pour y déposer leurs œufs. L'éclosion de ces œufs donne la vie à des myriades de chenilles qui dévorent nos forêts, nos arbres fruitiers, nos légumes, etc. La loi du 26 ventôse an IV prescrit l'échenillage et la destruction des bourses; mais cette loi, mal appliquée, est d'ailleurs insuffisante : il faut une loi nouvelle sur la destruction générale des insectes nuisibles à l'agriculture.

En anatomie des animaux, les bourses sont de petites cavités formées par des sacs clos de toute part et renfermant un liquide naturel ou accidentel. On distingue les bourses synoviales (V. *Synovie*); les bourses enkistées (V. *Kiste*).

BOURSES. — V. *Scrotum*.

BOURSOUFLURE. — V. *Bouffissure, Emphysème*.

BOUSIER. Insecte coléoptère qui vit dans les excréments, et surtout dans les bouses du bœuf. Les bousiers comprennent plusieurs variétés, qui diffèrent par quelques caractères zoologiques; mais toutes recherchent les excréments des animaux, notamment ceux du bœuf, sous lesquels ils déposent leurs œufs. On en voit former des boulettes de bouse qu'ils font rouler pour les conduire dans leurs trous. Ces boulettes contiennent leurs œufs; leurs larves y éclosent, et se nourrissent quelque temps de ces matières stercorales. Du reste, les bousiers, pas plus que leurs larves, ne paraissent très nuisibles à l'agriculture.

BOUTÉ. — V. *Bouleté*.

BOUTE-EN-TRAIN. Nom donné à un étalon qui sert à constater les chaleurs des femelles, ou à les mettre en rut. On choisit pour boute-en-train un animal docile, facile à manier et à conduire.

BOUTEILLE. (*Goître.*) Tumeur molle qui se forme sous le menton des moutons malades de la pourriture. La bouteille est due à une infiltration de sérosité dans le tissu cellulaire sous-cutané. — V. *Cachexie*.

BOUTOIR. Nom donné au groin du porc. Le boutoir sert à fouiller la terre; il a dans son milieu un os appelé os du boutoir.

On donne aussi le nom de boutoir à l'espèce de palette tranchante dont les maréchaux se servent pour parer la sole des pieds des animaux.

BOUTON. Bourgeon qui contient les éléments de la fleur. Le bouton diffère du bourgeon en ce qu'il est plus arrondi, de forme moins allongée ; il renferme la fleur, tandis que le bourgeon renferme le germe des feuilles et des branches.

En art vétérinaire, on nomme boutons certaines petites tumeurs qui se développent dans le cheval. On reconnaît les boutons de farcin, les boutons de gale, de claveau. Le bouton de feu est une brûlure faite par un cautère actuel employé comme moyen curatif. — V *Cautère, Feu.*

BOUTURE. Branche de végétal détachée et plantée pour former un nouveau sujet semblable à celui qui l'a fournie. La bouture diffère de la marcotte en ce que celle-ci reste attachée à la branche-mère jusqu'à ce qu'elle a pris racine. La bouture se nomme plançon quand elle appartient aux essences de saules, d'osier ou de peupliers. Les boutures ont l'avantage de reproduire les végétaux dont elles proviennent avec toutes leurs qualités, et sans variétés différentes. Elles sont très utilisées pour la multiplication des végétaux, notamment pour une infinité de fleurs d'ornement : les œillets, les giroflées, etc., se multiplient très bien par boutures.

BOUVERIE. Étable destinée à loger les bœufs. — V. *Étable.*

BOUVIER. On nomme bouvier, dans certains pays, tout domestique qui conduit une paire de bœufs ou de vaches de travail. Le bouvier doit être, comme le charretier, soigneux pour les animaux qui lui sont confiés ; il doit les traiter avec douceur, et ne rien exiger d'eux au-delà de leurs forces ; il doit surtout s'attacher à les préserver des arrêts de transpiration, après comme pendant le travail. Ces accidents, trop fréquents, surtout pendant les pluies et les froids de printemps et d'automne, ont toujours des conséquences plus ou moins graves, qu'un bon bouvier sait prévenir, quand il fait bien son métier.

BOUVILLON. Jeune taureau. — V. *Veau.*

BOUVREUIL. Oiseau de l'ordre des passereaux. Le bouvreuil est un assez bel oiseau chanteur, quelquefois élevé dans nos volières. Du reste, il n'est d'aucun intérêt pour l'agriculture.

BOVINES. (*Espèces, Races bovines.*) Nous avons en France plusieurs races bovices très précieuses ; si nous savions bien les soigner, les perfectionner par elles-mêmes ou par des croisements bien étudiés entre elles, nous n'aurions pas besoin d'aller chercher des types étrangers qui ne valent pas toujours les nôtres. Nos principales races bovines sont : la flandrine, la cotentine, la franc-comtoise, la charrolaise, la morvandelle, la mancelle, la limousine, l'auvergnate (Salers et Aubrac), la gasconne, l'agenaise, etc. etc. (V. ces mots). Dans ces diverses races, on pourrait trouver des types de graisse, de lait et de boucherie, qui formeraient d'excellents noyaux pour perfectionner nos races et en créer de nouvelles. L'instruction seule nous fera comprendre et apprécier leurs ressources. En attendant, l'agriculture souffre depuis des siècles du défaut de lumières qui doivent l'éclairer sur cette branche si importante de sa production et de nos subsistances. Dans nos races, nous avons des types laitiers, de boucherie et de travail, du premier ordre, chacun dans sa spécialité. Il s'agirait de bien les distinguer pour les modeler, comme l'ont fait les Anglais, suivant notre but — V. *Accouplement, Bœuf, Croisement, Étalon, Perfectionnement, Reproducteur.*

BOYAU. — V. *Intestin.*

BRACHIAL. Nom donné aux vaisseaux, aux nerfs, qui se rendent aux bras des animaux. Artère brachiale, nerf brachial.

BRACTÉE. La bractée est une membrane, une expansion végétale foliacée, qui a de l'analogie avec les feuilles; mais elle en diffère par sa forme comme par sa couleur ou sa texture. Les bractées accompagnent généralement les fleurs. Les collerettes des anémones, les balles d'avoines, etc., sont des bractées.

BRANCHE. Division de la tige d'un végétal. Ce sont les branches qui portent les feuilles, les fleurs et les fruits. L'esprit d'observation et la science du jardinier ont créé l'art de tailler les branches d'arbres fruitiers, et de les disposer de manière à rendre le plus de fruits possible, sans plus de frais pour leur exploitation. Les branches des grands arbres, coupées périodiquement, fournissent du bois de chauffage dans les fermes. Cette opération se nomme élagage (V. ce mot). Certains végétaux ne sont cultivés que pour leurs branches, qui sont une véritable récolte : tels sont l'osier, certains saules, etc.

En anatomie, on nomme branches les divisions des vaisseaux et des nerfs. Branches d'une artère, d'une veine, d'un nerf.

BRANCHIES. Organes respiratoires des poissons (ouïes), et autres animaux destinés à vivre dans l'eau. Chez les poissons, l'eau passe au travers des branchies, qui servent de poumons, comme au travers d'une sorte de crible, et l'air qu'elle contient sert à hématoser le sang qui circule dans ces organes respiratoires.

BRAS. Partie du membre antérieur située entre l'épaule et l'avant-bras. Dans le cheval, le bœuf, le mouton et le porc, le bras semble faire corps avec l'épaule. Pour être bien conformée chez le cheval, cette partie du membre devra être inclinée le plus possible en arrière. Tous les chevaux qui ont une belle épaule, longue et inclinée en avant, ont le bras très oblique; l'angle qui en résulte, plus fermé, a un jeu plus étendu qui favorise la vitesse des allures. Un cheval commun a l'épaule courte et droite; son bras est moins incliné; l'angle formé par ces deux régions est ouvert et peu favorable à la vitesse. Les races de trait offrent ordinairement cette dernière disposition. Les races nobles, au contraire, ont l'angle scapulo-brachial fermé et bien caractérisé.

BRAS DE LEVIER. — V. *Levier*.

BRASSICOURT. On nomme brassicourt un cheval dont le genou est naturellement porté en avant de l'axe du membre antérieur et forme une courbe. Ce défaut naturel est moins grave que celui qui résulte de la fatigue ou de l'usure des sujets. — V. *Arqué*.

BREBIS. Femelle du bélier. Dans la production animale, la brebis occupe un rang élevé. Elle donne, de plus que le mouton, son agneau, et son lait, très caséux, avec lequel on fait d'excellents fromages; tel est le roquefort. Si la brebis produit beaucoup, elle doit être aussi bien soignée, surtout pendant la gestation et l'agnelage. Dès l'âge de dix mois, elle peut être fécondée. Cinq mois après elle produit son agneau. La brebis a un tempérament plus délicat que le bélier et le mouton, qu'on livre au boucher de deux à trois ans, et même plutôt. Elle a donc besoin de soins hygiéniques mieux dirigés et plus assidus, pour être conservée pour la reproduction le plus long-temps possible. Une brebis bien traitée peut produire pendant cinq, six et sept ans. — V. *Mouton*.

BRETON (*Cheval, Bœuf*). Le cheval breton est très estimé pour le trait léger, les messageries et les postes. Il est sobre, rustique, très énergique, et il résiste admirablement aux fatigues. Ses caractères se rapprochent beaucoup de ceux de la race percheronne. Le cheval de trait breton a la tête courte, carrée, l'œil bien ouvert, l'encolure forte, la côte arrondie, le dos et les reins courts et larges, la croupe double et bien musclée, et les membres forts. Son corps est généralement trapu, sa constitution est robuste. Cette race pourrait s'améliorer par elle-même, et deviendrait, dans sa spécialité, l'une des plus précieuses de l'Europe si elle était bien étudiée et perfectionnée comme elle pourrait l'être.

La Bretagne élève aussi une petite race de bœufs noirs ou pie-noirs, d'une grande finesse. Cette petite race, améliorée, serait une de nos meilleures espèces laitières. Nous n'avons pas en France de race de meilleure nature dans son genre. Dans beaucoup de pays, et surtout dans le midi, on se procure de petites vaches bretonnes pour donner du lait; elles sont précieuses sous ce rapport. On les connaît généralement sous le nom de brettes.

BREUVAGE. Liquide contenant des substances médicamenteuses, administré aux animaux. Les breuvages sont très employés en médecine vétérinaire, parcequ'ils sont un moyen commode et assez facile d'administrer les médicaments. L'eau forme généralement le véhicule le plus ordinaire des substances médicamenteuses. Cependant, on se sert quelquefois, pour le même but, du vin, du cidre ou de la bierre, ou même d'eau-de-vie, suivant la nature des maladies, ou celle des remèdes à administrer. Les breuvages sont toniques ou émolients, purgatifs, astringents, excitants ou adoucissants, diurétiques, etc. On les fait prendre aux animaux en leur soulevant la tête, et au moyen d'une bouteille, d'une corne en entonnoir, ou de tout autre vase disposé à cet effet. On doit verser le breuvage avec précaution et par petites gorgées dans la bouche des animaux, pour qu'il puisse être dégluti avec plus de facilité, et pour prévenir le passage des liquides dans le larynx et la trachée.

BRICOLE. Harnais qui s'adapte au poitrail et remplace le collier pour le trait léger. La bricole est plus communément employée pour les voitures de luxe qu'en agriculture.

BRICOLIER. (*Porteur.*) Nom donné au cheval destiné à porter le postillon dans un attelage de voiture de poste. — V. *Porteur.*

BRIDE. Partie du harnais appliquée à la tête. C'est au moyen de la bride que le cavalier conduit son cheval, l'arrête ou le dirige. La bride se compose du montant, des rênes et du mors. Elle ne devrait être qu'un moyen de transmission de la volonté du cavalier au cheval, au lieu d'être un moyen de contrainte. Un animal bien dressé comprend ce que désire son cavalier au plus léger mouvement des rênes ou du mors, et lui obéit. — V. *Barres, Bouches, Mors.*

BRIDON. Espèce de bride avec un mors simple, souvent brisé et articulé, et sans branches ni gourmette. C'est avec le bridon que l'on commence à dresser les jeunes animaux, pour les conduire et les habituer à l'usage de la bride.

BRIN. Nom donné à la pousse d'un végétal produit par une graine. Un brin de paille, un brin d'herbe. On nomme arbre de brin l'arbre qui est produit par une graine, pour le distinguer de celui qui croît sur souche. Un bois de brin est donc un bois de semis. Les arbres de brins sont toujours ceux qu'on choisit de préférence pour faire des baliveaux dans les coupes. — V. *Baliveau.*

BRINDILLES. Menues branches d'arbres coupées pour le chauffage dans nos campagnes. Les brindilles servent surtout pour chauffer le four.

BRINGÉ, E. Nom donné dans certains pays à la robe du bœuf dont le fond, alezan, est taché de bandelettes noires. La race cotentine offre des exemples fréquents de robe bringée.

BRIQUE. Argile disposée en carreaux de forme et de volume différents, et cuite au four. Les briques sont employées pour les pavages et les constructions de toute nature.

BRISE-MOTTES. Rouleau propre à briser les mottes. Les brise-mottes sont quelquefois cannelés ou armés de chevilles en fer ou en bois qui les hérissent, afin de mieux remplir leurs fonctions.

BRISE-VENT. Obstacle opposé aux vents. Les murs, les haies, les allées, les bois, peuvent servir de brise-vent pour protéger les végétaux et les semis. — V. *Abri*.

BRISOIR. — V. *Broye*.

BRIZE. (*Amourette.*) Jolie petite plante de la famille des graminées. Les épis de la brize sont écartés; les épilets sont pendants et s'agitent au moindre vent. Les brizes fournissent un bon fourrage. Elles croissent dans les bonnes prairies.

BROCHER. Terme de maréchallerie. Enfoncer des clous dans la corne des pieds des animaux pour y fixer les fers.

BROCHOIR. Marteau destiné à brocher des clous. — V. *Brocher*.

BROME. Plante de la famille des graminées. Les bromes sont nombreux et donnent presque tous un fourrage dur et peu estimé. Leurs épis sont souvent armés d'arêtes très dures et âpres. Les bromes croissent dans les prairies, le long des haies, dans les champs, dans les bois; on les trouve dans presque toutes les latitudes.

BRONCHES Nom donné aux divisions et subdivisions de la trachée artère. Les branches pénètrent les poumons et servent à y conduire l'air de manière à le mettre en contact avec le sang dans l'acte de la respiration. — V. *Poumons*, *Respiration*, *Trachée*.

BRONCHER. (*Buter.*) Faire un faux pas. Un cheval bronche par faiblesse, par défaut d'attention, ou par suite des difficultés du sol. Si la faiblesse est la cause d'un faux pas, on se défiera de l'animal qui le fait : il pourrait s'abattre sous le cavalier et se couronner. — V. *Couronner*.

BRONCHIQUE. Qui appartient aux bronches. On distingue les nerfs, les artères, les veines bronchiques, les cellules, les vésicules bronchiques. — V. *Bronches*, *Poumons*.

BRONCHITE. Inflammation des bronches (rhume, toux, catarrhe pulmonaire.) Les animaux, surtout ceux de travail, ont des bronchites, notamment en hiver, en automne ou au printemps. Ces maladies sont le plus souvent la conséquence d'un arrêt de transpiration, lorsque les animaux, en sueur, sont exposés au froid, aux courants d'air, à des pluies froides. Les bronchites des animaux, qui provoquent des toux plus ou moins intenses et opiniâtres, doivent toujours attirer l'attention du cultivateur; elles peuvent devenir des maladies graves, si elles ne sont pas traitées à temps. On tiendra l'animal malade chaudement, en le couvrant d'une couverture de laine. On le soumettra à un régime adoucissant, et on évitera de l'exposer au froid. Si c'est un animal de travail, on le laissera au repos jusqu'à ce qu'il ne tousse plus. Au reste, dans les cas de bronchites ordinaires, un régime adoucissant, des soins hygiéniques bien entendus, la chaleur, sont le meilleur remède à opposer au mal.

BRONCHOTOMIE. — V. *Tranchéotomie.*

BROSSE. Instrument de pansage employé avec l'étrille, pour panser le cheval et le bœuf. La brosse est très utile pour débarrasser la peau des animaux de la poussière, et des écailles d'épiderme détachées de la surface du derme par l'étrille ou la carde.

BROU DE NOIX. Enveloppe charnue de la noix. Le brou de noix, verdâtre d'abord, ne tarde pas à noircir au contact de l'air. Il noircit les doigts qui le touchent. On fait avec cette substance végétale une liqueur stomachique employée pour activer la digestion.

BROUETTE. Pascal a inventé la brouette. Cette voiture du cultivateur, du jardinier et du terrassier, si simple et si économique, est employée à tous les usages. Dans nos campagnes on s'en sert pour tous les transports à bras, dans les champs, sur les routes, dans les jardins, dans les étables, etc. Il n'y a pas d'instrument d'agriculture plus usuel que la brouette.

BROUILLARD. Vapeur d'eau qui se développe sur la surface du sol, s'y maintient, et trouble la transparence de l'air. C'est surtout sur les bords des rivières, des étangs, des marais, que se forment les brouillards, notamment le matin et le soir. Ils sont communs en automne, plus rares en hiver, et ils deviennent plus fréquents au printemps. On attribue à certains brouillards une action malfaisante sur les végétaux comme sur les animaux. Ainsi, des agriculteurs vous diront que le charbon, la carie des blés, etc., dépendent souvent de l'action d'un brouillard. Certains éleveurs de moutons ont grand soin de laisser les troupeaux à la bergerie tant que les brouillards existent ; ils pensent qu'ils causent la pourriture. Il peut y avoir une certaine exactitude dans ces opinions, mais elles ont besoin d'être étudiées de manière à être développées clairement. Les faits ont convaincu certains cultivateurs, mais la théorie leur a manqué pour les expliquer. Quoi qu'il en soit, l'action froide et saisissante des brouillards, l'humidité qui résulte de leur présence, les miasmes qu'ils peuvent contenir, surtout aux environs des marais, ont essentiellement une action plus ou moins directe sur la santé des animaux, surtout dans l'espèce ovine, la plus délicate de tous nos animaux domestiques.

BROYE. (*Brisoir.*) Instrument en bois dont on se sert dans nos campagnes pour broyer le chanvre et en extraire la partie textile, après son rouissage.

BRUCHE. Insecte coléoptère qui attaque les pois, les lentilles, les fèves, sur pied comme en magasin, et fait de grands ravages dans nos provisions. On détruit les bruches en chauffant les légumes qui les contiennent dans un four, à la température de 45 à 50 degrés au moins.

BRULURE. Lésion produite par l'action d'une chaleur trop intense sur une partie du corps d'un animal. On donne aussi le nom de brûlure aux ravages faits par l'action de certains acides condensés, tels que l'acide sulfurique, nitrique (eau-forte), etc., sur les organes des animaux avec lesquels ils sont en contact. On emploie souvent la brûlure comme remède. — V. *Cautérisation*, *Feu*.

Les brûlures causent de vives douleurs aux animaux. On cherche à les calmer d'abord avec des réfrigérants, tels que l'eau froide, la glace, la pulpe de pomme de terre, et enfin avec des onguents adoucissants ; les cataplasmes sont indiqués après l'emploi de ces premiers moyens.

L'application du fer chaud sur le pied des animaux détermine quelquefois la brûlure de la sole et des tissus qu'elle recouvre.

Cet accident est souvent grave dans nos campagnes, surtout lorsqu'il se forme du pus sous la corne. Il en résulte des boiteries, des décollements du sabot sur une surface plus ou moins étendue. Dans ce cas, il faut amincir la sole, la percer, et découvrir autant que possible toute la surface décollée; on panse ensuite la plaie avec des étoffes et de la charpie mouillée avec de l'eau mélangée d'un peu d'eau-de-vie, et on maintient l'appareil, soit au moyen du fer et d'éclisses, soit avec une ligature. Pour empêcher la brûlure du pied, il faut avoir soin de ne laisser que très peu de temps le fer chaud sur la sole.

BRUYÈRE. Arbrisseau de la famille des éricacées Les bruyères, qui forment un genre assez nombreux de leur famille, sont très communes dans nos landes et nos terrains incultes. Dans les pays où le bois est rare, on les ramasse pour les brûler. Employées comme litière, elles offriraient d'immenses ressources pour augmenter la quantité des fumiers; mais on les laisse perdre en partie, et leurs détritus forment une espèce de terreau (terre de bruyère) employé par les jardiniers-fleuristes.

Les progrès de l'agriculture rendront un jour à des cultures productives les sols improductifs occupés par les bruyères.

BRYONE. Plante de la famille des cucurbitacées, grimpante et pourvue d'une grosse racine qui contient une assez grande quantité de fécule. A l'état frais, la racine de bryone est purgative; appliquée à l'extérieur, elle est très irritante. On a conseillé de la cultiver pour en extraire l'amidon, mais jusqu'ici on n'a pas mis cette idée en pratique.

BUCCAL. Qui appartient à la bouche. La membrane muqueuse qui tapisse l'intérieur de la bouche se nomme membrane buccale. — V. *Bouche*, *Muqueuse*.

BUFFLE. Ruminant du genre bœuf. Le buffle, originaire d'Asie et d'Afrique, a été domestiqué sur plusieurs points du globe, et soumis aux travaux de l'agriculture. Dans les Marais Pontins, en Italie, il rend de grands services Sa conformation est comme celle d'un bœuf trapu; ses cornes sont dirigées en arrière; sa couleur est noire, et quelquefois il a une étoile sur le front.

Des essais d'acclimatation du buffle ont été faits dans les landes de Bordeaux au commencement de ce siècle ; mais son élevage est abandonné aujourd'hui dans ce pays. Le buffle pourrait cependant être utile dans les lieux marécageux ; il se contente des herbes grossières qui y croissent; il ne craint pas l'humidité qui y est permanente. Le buffle donne une viande inférieure en qualité à celle du bœuf; mais sa force comme sa rusticité le rendent précieux aux travaux agricoles de certains pays insalubres.

BUGLOSSE. Plante de la famille des borraginées. Les propriétés médicinales de la buglosse sont les mêmes que celles de la bourrache. — V. ce mot.

BUGRANE — V. *Arrête-bœuf*.

BUIS. Arbrisseau de la famille des euphorbiacées. Le buis fournit un des bois les plus compactes, les plus durs, de nos contrées. Il pousse sur les montagnes élevées et froides. Sa racine comme son bois sont très employés dans les arts, et surtout pour la tabletterie. Les feuilles de buis ont une propriété purgative ; les brasseurs, dit-on, s'en servent pour donner de l'amertume à la bierre. L'usage de cet arbrisseau est très borné en agriculture; on s'en sert pour faire des bordures dans les jardins.

BUISSON. Nom donné vulgairement à des arbrisseaux épineux. On se sert de buissons pour garnir les crêtes des murs des jardins dans nos campagnes, et pour faire des haies mortes, afin de clore provisoirement les héritages. Lorsqu'on forme une haie vive, on protége généralement les jeunes pousses avec des buissons. En terme de jardinier, un buisson est un arbre fruitier taillé de manière à imiter un cône renversé.

BULBE. (*Oignon.*) Le bulbe est une espèce de bourgeon qui contient le germe du végétal qu'il doit produire : tels sont l'oignon, l'ail, etc.

BULBEUX, SE. Nom donné aux racines de quelques plantes, qui portent des renflements, des bulbes.

BULBIFÈRE. Plante qui porte des bulbes.

BURON. (*Chalet.*) Petite habitation destinée à la fabrication du fromage et du beurre dans les montagnes de l'Auvergne. Le buron, qui n'a jamais qu'un rez-de-chaussée, est toujours divisé en deux pièces. La première sert de cuisine, de dortoir; elle contient tous les ustensiles de fabrication : les baquets, les moules, les presses, etc. La deuxième pièce est la cave, qui renferme les fromages fabriqués; elle sert aussi de laiterie.

BUTER. — V. *Broncher*.

BUTTER. Élever la terre autour de la tige d'un végétal pour *le chausser*. On butte les parmentières, les choux, le céleri pour faire blanchir ses tiges, les artichauts, en automne, pour les préserver de la gelée, etc. On butte avec la houe à main, avec le buttoir, etc. — V. *Rechausser*.

BUTTOIR. Espèce d'araire à deux oreilles utilisé pour butter les végétaux en ligne.

BUTYREUX. Corps gras qui a l'apparence bu beurre. Un lait est très butyreux lorsqu'il contient et fournit beaucoup de beurre. Les races bovines cotentines ont le lait très butyreux. On voit des vaches de cette espèce donner quatre kilog. de beurre par semaine, et même plus. — V. *Beurre*, *Cotentin*, *Crème*, *Lait*.

C

CABALLIN (*Aloès*). Nom donné à l'aloès impur qui existe dans le commerce. — V. *Aloès*.

CABANE. Petite maison construite en bois, en terre ou en pierres, et le plus ordinairement couverte en chaume. Les bergers, les pâtres, construisent souvent de petites cabanes pour se mettre à l'abri du mauvais temps, lorsqu'ils gardent les animaux, dans les pays de montagnes surtout. Dans les contrées où l'on fait parquer les moutons, on fait des cabanes en planches et à roues, que l'on conduit dans les divers endroits où se trouve le parc.

CABAU. Dans quelques pays, on nomme cabau les bestiaux concédés par les propriétaires aux fermiers ou métayers qui prennent une ferme soit à bail, soit par métayage. Le cabau est quelquefois considéré comme immeuble; dans la vente d'une propriété, il est acquis en bloc avec elle par l'acheteur.

CABESTAN. Treuil vertical dont on se sert pour déplacer de lourds fardeaux. Cet appareil est généralement peu utilisé en agriculture.

CABIAI. (*Cochon d'Inde.*) Petit rongeur qu'on élève à l'état domestique, plutôt par curiosité que pour ses produits. Le cabiai est cependant bon à manger, et il se multiplie très rapidement.

CABRER (*Se*). Se dresser sur les pieds de derrière. Les animaux domestiques se cabrent avec plus ou moins de facilité. La chèvre, le mouton, le chien, se cabrent sans difficulté, ainsi que le cheval, qui peut se tenir debout et même marcher sur ses membres postérieurs. Un cheval qui se cabre lorsqu'il est monté est toujours dangereux : non seulement il peut renverser le cavalier, mais il se renverse quelquefois lui-même et peut écraser celui qui le monte. Le bœuf et le porc ne s'enlèvent sur leurs membres de derrière que pour franchir un obstacle ou pour la saillie; l'âne se cabre rarement.

CABRI. — V. *Chevreau*.

CABUS. Variété de chou pommé. Le chou cabus sert spécialement à faire la choucroute. — V. *Chou*, *Choucroute*.

CACHECTIQUE. Animal cachectique, atteint de cachexie. — V. *Cachexie*.

CACHEXIE. (*Cachexie aqueuse*, *Pourriture des moutons.*) La cachexie est une maladie qui attaque spécialement le mouton. Son action est lente, mais toujours fâcheuse; elle fait périr les animaux. Pour s'assurer de la santé d'un mouton, on examine l'état de l'œil, celui de la peau, de ses muqueuses, de sa laine, etc. Si, en écartant les paupières, on voit la sclérotique blafarde, sans veines rouges qui la sillonnent; si la muqueuse de la bouche est aussi incolore et blafarde; si la peau, au lieu d'être rosée sur les côtes et les épaules, est blanchâtre, molle; si la laine, plus sèche qu'à l'ordinaire, s'arrache facilement; si, après avoir saisi un mouton par un jarret, les secousses qu'il donne pour s'échapper sont molles, faibles, au lieu d'être saccadées, énergiques; si l'animal, loin d'avoir les allures vives, alertes, est triste, nonchalant; s'il a les yeux mornes, couverts, et des oreilles pendantes, la cachexie pourra être latente, mais elle ne tardera pas à se traduire au dehors par la présence de la bouteille sous le menton. (*Goître*, *Bouteille*.)

Lorsqu'on achète un troupeau ou des lots de moutons, on ne doit jamais manquer de s'assurer de l'état général de santé des animaux qui les composent. Si l'on trouve un individu ayant les caractères que je viens de signaler, on se défiera des autres animaux, et on les examinera avec attention. On s'empresse toujours de se défaire d'un troupeau qui a été par accident soumis aux causes qui déterminent la cachexie, et il est important de ne pas être victime de cette action déloyale.

Les causes qui déterminent la cachexie du mouton sont certains brouillards, le séjour des lieux humides, les pâturages marécageux. Il est des lieux où les moutons ne peuvent pas pâturer sans y devenir cachectiques. Certains villages engraissent des moutons, mais il leur est impossible de les élever. Ils se pourrissent après un séjour plus ou moins prolongé dans ces lieux, malgré tous les soins dont on les entoure. J'ai en Auvergne une propriété (Souliard) où les moutons se conservent parfaitement sains. Un petit village (Larochette) qui se trouve à un demi-kilomètre, à peine, de distance, ne peut pas faire un seul élève; il ne peut qu'engraisser; tous les moutons à l'élevage y contractent la pourriture.

On a parlé du traitement de la cachexie du mouton. Dans la pratique, on peut le comprendre pour quelques béliers précieux et d'un prix élevé; mais le cultivateur fera toujours bien d'engraisser ses animaux et de les vendre au boucher quand ils ont été exposés aux causes de cette maladie. C'est le moyen le plus sûr de ne pas éprouver de pertes. Pour traiter la cachexie, on a conseillé l'emploi de la poudre de gentiane, les plantes aromatiques, l'écorce de chêne, l'absinthe, les baies de genièvre données avec de l'avoine et du sel, du vin martial, etc. Tous ces remèdes ne nous inspirent pas beaucoup de confiance, sans compter les dépenses que leur emploi occasionnerait pour un troupeau de moutons. Il faut, nous le répétons, engraisser le plus promptement possible les animaux menacés de la cachexie, et les livrer à la boucherie.

La cachexie a été aussi observée chez le bœuf, mais plus rarement. Elle offre, chez cet animal, à peu près les mêmes caractères que chez le mouton, et on lui oppose le même traitement.

CACTACÉES. Famille de plantes grasses dont la plupart sont cultivées comme plantes d'ornement, pour leurs fleurs et pour l'originalité de leurs tiges et de leurs feuilles. Dans nos possessions d'Afrique, on remarque un cactus qui prend un grand développement. Il forme des haies, fournit un fruit connu dans le pays sous le nom de figue de Barbarie; ce fruit est très répandu et très recherché des indigènes. Les larges et grosses feuilles charnues de ce cactus, qui se multiplie avec une grande facilité, pourraient être utilisées pour la nourriture du bétail. Elles offriraient, sous ce rapport, d'immenses ressources à l'agriculture algérienne. Les chameaux les recherchent avec assez d'avidité.

CADAVÉREUX. Objet cadavéreux, ayant des caractères analogues à ceux du cadavre. Odeur, aspect cadavéreux.

CADAVRE. Corps d'un animal privé de vie. — V. *Animaux morts*.

CADE (*Huile de*). Huile empireumatique extraite d'une espèce de genévrier qui croît dans le midi de la France et en Espagne. Dans certains pays on a une grande confiance dans les propriétés médicinales de l'huile de cade. On l'emploie ordinairement contre la gale du mouton et du cheval. L'huile de cade est épaisse, de couleur brune foncée. Son odeur empireumatique rappelle celle du goudron. Sa saveur est âcre et repoussante.

CADELLE. Nom donné en Provence à la larve des trogossites. Cette larve dévore le blé, et fait de grands ravages dans les greniers où elle se trouve. Pour prévenir ses dégâts, on a proposé de laver les grains. Le lavage les délivre des œufs des trogossites, et, par conséquent, de ces insectes nuisibles, qu'ils font naître par leur éclosion.

CADUC. (*Mal caduc.*) — V. *Épilepsie*.

CADUC. Qui tombe. On donne le nom de caduques aux dents de lait des animaux qui sont remplacées par les dents d'adulte ou remplaçantes. Celles qui ne sont pas caduques se nomment permanentes. — V. *Age*.

En botanique, on nomme caduques quelques parties des fleurs qui tombent avant les autres. Le calice du pavot, du coquelicot, sont caducs. Ils tombent lorsque la fleur s'épanouit.

CADUCITÉ. Période de la vieillesse qui précède la décrépitude des animaux. La caducité ne s'observe, dans nos espèces domestiques, que chez le chien ou le chat. Les autres animaux sont livrés à la boucherie ou abattus avant cette époque de leur vie. Les exceptions dans ce cas sont très rares.

CAFÉ. Graine d'un arbrisseau de la famille des rubiacées. Le café, qui fait un objet de culture en Arabie, dans l'Inde, à la Martinique, à Cayenne, à l'Ile-Bourbon, etc., n'est pas cultivé en Europe. Celui de nos colonies est dû à l'envoi qui leur a été fait d'un caféier, par le muséum d'histoire naturelle. — V. ***Muséum***.

CAFÉIER. Arbrisseau de la famille des rubiacées. On le dit originaire de la haute Éthiopie. Le caféier ne peut être cultivé que dans les pays chauds. Il a été importé sur plusieurs points du globe, où il fait le sujet d'une culture productive, par les débouchés immenses et la consommation universelle qu'on fait aujourd'hui de l'infusion de sa graine torréfiée.

CAGNEUX. Nom donné à un cheval dont les pieds sont tournés en dedans, direction opposée à celle des pieds panards. La direction du pied cagneux résulte d'un défaut dans les articulations. Elle est toujours disgracieuse à l'œil, et elle vicie les aplombs. De plus, elle facilite les atteintes sur les paturons et les boulets, pendant la marche. La direction du pied d'un cheval cagneux est donc défectueuse, et on devra en tenir compte dans les acquisitions.

CAILLE. Oiseau de l'ordre des gallinacés très connu des cultivateurs. La caille, qui fournit un excellent gibier après la moisson, fait peu de dommage dans nos récoltes. On la chasse au fusil ou au filet. C'est surtout à leur passage sur les bords des mers qu'elles traversent, que les chasseurs au filet prennent des quantités considérables de cailles. Ce fait est reconnu par tous les chasseurs qui trouvent aujourd'hui ce gibier infiniment plus rare qu'il y a trente ou quarante ans.

M. l'abbé Allary, curé de Gennevillers (Seine), membre de la Société zoologique d'acclimatation, lut, à l'une des séances de cette Société (le 7 avril 1854), une note du plus grand intérêt sur l'art de multiplier les cailles et les perdrix dans de grandes proportions. Ce fait offre peut-être moins d'intérêt à l'égard des cailles, qui émigrent et qui peuvent tomber dans les filets des chasseurs sur les bords des mers; mais il n'en est pas de même pour les perdrix, qui vivent en toute saison dans nos climats Nous allons faire connaître, en quelques mots, le procédé que M. Allary a mis en pratique avec un plein succès pendant plusieurs années (10 ou 12 ans).

Pour procéder comme M. Allary, il faut se procurer une volière couvrant une superficie de 1 m. 50 c. à 2 mètres carrés, fermée par devant, moitié par des planches en haut et moitié par un grillage. Cette volière sera placée dans un jardin ou une cour tranquille, et à l'exposition du levant; la terre que recouvre cette volière doit être plantée de petites allées d'arbustes. M. Allary a employé pour les former du buis nain comme celui des bordures. Un peu de sable doit être placé dans les petits sentiers ainsi formés. On y place ensuite une paire de cailles ou de perdrix, mais jamais ensemble, ces deux espèces n'étant pas de nature à vivre en bonne harmonie. On doit toujours séparer les couples quand approche le temps des amours, pour que chaque petit ménage puisse produire, sans querelle, la ponte convenablement fécondée.

M. Allary nourrit ces oiseaux pendant l'année avec un mélange de blé, de sarrazin, de millet et d'environ un dixième de chènevis, qui stimule les sexes pour la reproduction. Une plus grande quantité de cette graine leur serait nuisible. Il est bon de leur donner en même temps un peu de verdure, comme de la salade, du mouron, l'eau, qui leur est indispensable, et de tenir la volière propre. « Vos oiseaux ainsi placés, dit M. Allary, ainsi nourris et soignés, » commenceront et feront leur ponte aussi régulièrement qu'en » pleine liberté. La caille choisira les parties du milieu de la vo- » lière, grattera un peu la terre, fera un nid à peine sensible, » mais le visitera souvent et pondra de douze à dix-sept ou dix- » huit œufs, un par jour. La perdrix choisira les coins les mieux

» abrités, les plus éloignés des regards ; c'est pourquoi il est bon » de garnir les coins de petits buis ; elle pondra de quinze à vingt- » deux œufs, un par jour aussi, ou presque tous les jours. »

Quand la ponte est terminée, il faut saisir le moment opportun pour l'enlever sans trop d'inconvénient, et avant le commencement de la couvaison. Si la femelle se mettait à couver, elle serait beaucoup plus désespérée de la perte de ses œufs, il en résulterait, dit M. Allary « *un profond dépit, un ennui, un dépérissement à vue d'œil* ». Il importe donc de prendre les œufs lorsque la femelle a cessé de pondre et qu'elle se dispose à les couver ; mais ici il faut beaucoup d'attention pour bien saisir le moment opportun. M. Allary pense qu'il vaudrait mieux risquer la perte de deux ou trois œufs que d'attendre la couvaison, passion de la femelle comparée à une sorte d'affection morale. Ce moment opportun est surtout difficile à saisir à la première ponte, qui ne fournit que de cinq à huit œufs, au lieu de douze à dix-huit ou vingt.

M. Allary juge que la passion de couver paraît vouloir se déclarer chez les femelles quand elles restent plus long-temps qu'à l'ordinaire sur leurs œufs après l'heure de la ponte, qui est vers les onze heures du matin. Ordinairement elles quittent le nid immédiatemement après avoir pondu. Du reste, quand elles veulent couver, on les voit couvrir plus soigneusement leurs œufs, elles s'aplatissent en quelque sorte sur eux pour les mieux réchauffer. Dans ce cas, il ne faut pas balancer un instant, il faut enlever les œufs. Les femelles en témoignent de l'inquiétude pendant deux ou trois jours, elles cherchent d'abord leur couvée avec anxiété, mais enfin elles finissent par en commencer une autre au bout de six ou sept jours. On enlève encore celle-ci comme la première, et une troisième ponte recommence dans les mêmes conditions, mais avec une moindre quantité d'œufs. La caille en donne de six à dix, et la perdrix de douze à dix-sept. M. Allary a toujours obtenu trois pontes quand les premières ont été recueillies à propos, mais jamais quatre.

Quand on a les œufs des cailles et des perdrix, on les fait couver par de petites poules. M. Allary conseille de choisir les petites poules anglaises d'un caractère docile ; celles qui sont farouches ne conviennent pas. Il donne à ces petites poules un peu de chènevis pour les exciter et faire développer chez elles la passion de couver. On confie d'abord à une poule la première ponte avec la moitié de la seconde, et ensuite le reste des œufs de la seconde ponte avec ceux de la troisième à une autre poule. Si on avait deux cailles et deux perdrix, on n'aurait pas besoin d'attendre une seconde couvée pour les donner aux poules couveuses, on leur confierait les deux pontes ensemble; par ce moyen, on ferait couver les œufs plus frais, et on aurait plus de chance de réussite. Du reste, les couveuses doivent être placées dans un lieu tranquille et tenues proprement. Pour leur faire adopter les œufs qu'on veut leur faire couver, il est utile de mettre d'abord dans leur nid à couver trois ou quatre de leurs œufs, puis on met sous elles ceux qu'on leur livre en retirant les leurs. Du reste, les autres soins sont analogues à ceux que l'on donne à toutes les poules pendant leur couvaison.

Cependant M. Allary conseille de bien faire attention que la vermine ne se mette pas dans la boîte à couver. Dans ce cas, il faudrait en délivrer les couveuses en changeant les boîtes, avec la paille ou le foin sur lesquels les œufs reposent.

Lorsque les petits sont éclos, ils ne tardent pas à être disposés à sortir de dessous la mère et à courir pour chercher leur nourriture. Alors ils doivent être placés dans de petites caisses sans paille ni foin. M. Allary conseille de préparer de petites caisses allongées à claire-voie par dessus, pour que le soleil puisse pénétrer dans leur intérieur. Ces caisses ont 1 mètre 50 centimètres environ de longueur sur 40 centimètres de largeur, et à peu près la même quantité de hauteur. Les deux extrémités de ces caisses doivent se fermer à coulisse, et elles doivent être divisées en deux compartiments par une cloison grillée et au moyen d'une coulisse, pour pouvoir laisser passer la mère avec les petits quand on le juge convenable, ou la laisser sortir avec sa petite famille, soit dans une volière, soit dans un jardin ou une cour, mais en veillant sur elle pour la préserver des chats ou de tout autre ennemi que la poule ne pourrait pas chasser malgré tout son courage.

Les œufs de fourmis, quand on peut s'en procurer pendant la première quinzaine de la vie des cailleteaux et des perdreaux, sont la meilleure nourriture qu'on puisse leur offrir; on leur donne aussi, en même temps, une pâtée faite avec du pain, des œufs durs et de la salade hachés et pétris ensemble. Enfin on leur présente de la graine de millet et quelques grains de chènevis. Plus tard, quand les petits élèves ont un peu grandi, on peut les mettre dans des volières pour les faire produire l'année suivante, ou les lâcher dans un jardin si on veut leur donner la liberté. Dans les parcs, les propriétés bien gardées, les jeunes perdreaux pourront se multiplier sur place l'année suivante; quant aux cailleteaux, ils émigreront pour revenir plus tard, s'ils ne tombent pas dans les filets des chasseurs pendant leur émigration.

Tel est le résumé de l'intéressant travail communiqué par M. l'abbé Allary à la société zoologique d'acclimatation sur les moyens de multiplier les cailles et les perdrix. Les procédés qu'il a indiqués ne sont pas difficiles à mettre en pratique, et, dans nos campagnes, il serait possible à beaucoup de personnes d'imiter l'exemple de M. le curé de Gennevillers.

CAILLÉ. Nom donné à la partie caséeuse du lait, séparée naturellement ou artificiellement pour faire le fromage. — V. *Fromage, Lait*.

CAILLEBOTÉ. (*Liquide caillebotè.*) On nomme ainsi un liquide qui tient en suspension de petits caillots grumeleux. Le lait caillé est caillebotè.

CAILLE-LAIT. Nom vulgaire du gaillet jaune, plante de la famille des rubiacées. Le caille-lait n'a pas sur le lait la propriété qu'on lui attribue, de le faire cailler. C'est donc à tort qu'on lui a donné ce nom.

CAILLETTE. Quatrième estomac des ruminants. La caillette correspond à l'estomac des animaux monogastriques. Les ruminants ont quatre estomacs. Les trois premiers ne devraient être considérés que comme des renflements de l'œsophage, dans lesquels les aliments sont déposés et subissent des préparations préalables plus ou moins importantes, pour être digérés. Le premier de ces renflements se nomme rumen; le second, réseau ou bonnet; le troisième, feuillet (V. ces mots); la caillette est le quatrième.

C'est dans la caillette que se fait la digestion stomachale des aliments. Avant d'y arriver, ils n'ont subi dans les autres estomacs, qu'une sorte de macération ou une trituration supplémentaire à celle des dents. Nous reviendrons sur cette question en parlant du feuillet. — V. *Feuillet*.

C'est dans la caillette des veaux qui n'ont pas encore mangé de fourrage, et qui n'ont été nourris qu'avec du lait, qu'on recueille la présure employée pour cailler le lait. — V. *Présure.*

CAILLOT. Partie congelée et solide du sang. Le chyle forme aussi son caillot; mais, au lieu d'être rouge plus ou moins foncé, le caillot du chyle est blanchâtre. — V. *Chyle.*

CAL. On donne le nom de cal à la cicatrice résultant de la soudure des os fracturés. Plusieurs théories physiologiques ont été développées sur l'admirable phénomène de la soudure des os. Dans les animaux domestiques, le cal se forme comme chez l'homme; mais, pour ceux de travail, et surtout pour le cheval, sa disposition n'est pas toujours régulière, de manière à ce que les sujets puissent bien répondre au but proposé après la guérison.

Pour le bœuf, le mouton, le porc, on peut sans crainte attendre la formation du cal, quel qu'il soit, parceque l'on engraisse ces animaux pour la boucherie; mais pour le cheval il n'en est pas de même. S'il reste boiteux, on a perdu les dépenses de traitement, de nourriture, et la valeur de l'animal lui-même, puisqu'il n'en a plus lorsqu'il ne peut plus travailler. Ce n'est que pour les étalons précieux que la formation du cal, quelque défectueuse qu'elle soit, est avantageuse. L'animal, en effet, peut encore servir comme reproducteur. On voit des étalons estropiés par accident rendre encore pendant long-temps de bons services de monte. J'ai vu pendant plusieurs années, au Pin, un étalon, nommé Oscar, qui faisait un bon service de monte, quoiqu'il fût estropié par suite de fractures de membres. Il donnait d'ailleurs d'excellents produits.

CALAMAGROSTIS. Plante de la famille des graminées. Les calamagrostis, qui croissent de préférence dans les sols un peu frais et humides, donnent un fourrage grossier et généralement dur. Une variété de calamagrostis, à larges feuilles panachées, est cultivée comme plante d'ornement dans nos jardins des campagnes. Ses feuilles se nomment vulgairement rubans.

CALCAIRE. Terre calcaire, qui contient de la chaux. Les sols calcaires sont les meilleurs de tous les sols, lorsque la chaux s'y trouve mélangée aux autres substances terreuses dans des proportions convenables. Nous en avons la preuve par l'action fertilisante des marnages dans les terres lorsqu'elles manquent de chaux. Mais lorsque le calcaire domine, lorsqu'il est en excès dans un sol, il le rend trop perméable à l'eau, qui disparaît rapidement. Il en résulte que les plantes passent rapidement d'un excès d'humidité à un excès de sécheresse, ce qui est nuisible à leur végétation. Les sols trop calcaires sont secs; ils ne conservent pas suffisamment l'humidité, la fraîcheur, nécessaires à la végétation. Ils ont besoin d'être amendés par des terres argileuses.

Le calcaire est généralement très répandu dans la nature. Il forme la base d'une infinité de roches qu'on nomme roches calcaires. C'est de ces roches qu'on extrait les marbres divers, et c'est avec elles qu'on fait la chaux.

Les calcaires se présentent dans la nature sous les formes et les nuances les plus variées, depuis la roche la plus dure, comme le marbre, jusqu'à la craie la plus friable. Les sels qu'ils concourent à former sont plus ou moins solubles. Les eaux qui dissolvent ces sels, en traversant leurs couches, sont dites séléniteuses. Ces eaux sont excellentes pour les irrigations des sols non calcaires, mais elles ne sont pas bonnes pour les usages domestiques; elles ne dissolvent pas le savon et ne cuisent pas les légumes. Elles ne sont pas bonnes non plus pour les abreuvoirs. Leur digestion est plus ou moins difficile et fatigue l'estomac des animaux lorsque leur usage est long-temps prolongé. Il en résulte des maladies du tube intestinal, d'autant plus difficiles à combattre, que la cause qui les a produites a été lente dans son action. — V. *Abreuvoir, Puits.*

CALCANEUM. Le calcanéum est l'os dont l'extrémité forme la pointe du jarret. Son rôle est très important dans les animaux de travail. Il forme un levier dont la longueur, favorable à la force, détermine la largeur du jarret. Tous les cultivateurs savent, par expérience, qu'un animal dont le jarret est large et bien nourri est plus fort qu'un autre qui a cette partie du membre étroite et étranglée. — V. *Jarret.*

CALCINATION. Action de cuire, de soumettre plus ou moins long-temps un corps à une forte chaleur. C'est par la calcination qu'une pierre calcaire est réduite en chaux. C'est par la même opération que les argiles, préalablement travaillées et modelées suivant le but proposé, forment les diverses poteries, les briques, les tuiles, etc., dont l'usage est si répandu dans l'économie domestique, les constructions de toute nature.

En agriculture, on calcine les argiles pour amender les sols. L'écobuage n'est qu'une calcination des matières brûlées.

CALCIUM. Métal qui forme la base de la chaux. Celle-ci n'est qu'un oxyde de calcium. La chaux est donc du calcium combiné avec de l'oxygène. — V. *Calcaire, Chaux.*

CALCUL. Nom donné à toute concrétion inorganique, variant en forme, en consistance, en couleur, en composition, et qui se développe dans différentes cavités du corps des animaux ou dans les conduits de leurs glandes. La forme des calculs est généralement sphéroïde quand ils sont isolés; mais il n'en est pas de même lorsqu'ils sont réunis, ce qui est dû au frottement qui résulte de leur contact. Les calculs se forment dans le tube intestinal, dans les reins, la vessie et dans les conduits qui y aboutissent. On en trouve dans les canaux et la vésicule biliaire, dans les canaux des glandes salivaires, d'où leur viennent les noms de calculs salivaires, biliaires, intestinaux, vésicaux, etc. Multipliés par petits grains dans la vessie, ils prennent le nom de gravelle. Le bœuf offre des exemples de formation de petits calculs du diamètre du gros plomb de chasse et de couleur tantôt argentine, tantôt dorée, brune, etc. La présence des calculs occasionne toujours des troubles plus ou moins graves dans les lieux où ils se développent, et souvent même la mort. On peut quelquefois extraire ces concrétions dans la vessie ou les canaux salivaires, par des incisions simples, ou par des opérations plus compliquées; dans d'autres cas (dans le foie, les reins, etc.), il n'y a aucun remède à leur opposer, et leur existence n'est même pas soupçonnée. Ce n'est qu'à l'ouverture des cadavres qu'on les trouve. — V. *Bézoard.*

CALCULEUX. Affection calculeuse. — V. *Calcul.*

CALICE. Enveloppe extérieure de la fleur qui réunit et soutient souvent les pétales de la corolle. On peut observer ce fait surtout dans l'œillet. Lorsque le calice se fend, les pétales ne sont plus soutenus, rapprochés, et la fleur se déforme. Le calice d'une fleur est ordinairement vert; mais il n'existe pas toujours. Dans ce cas, certains botanistes disent que c'est le calice lui-même qui est coloré et forme la fleur : ce serait alors la corolle qui manquerait.

Le calice est quelquefois d'une seule pièce et forme un tube, une espèce d'entonnoir avec des bords plus ou moins divisés et découpés. Dans d'autres cas, il est formé de pièces tout à fait distinctes, indépendantes les unes des autres, formant un ou plusieurs rangs, quelquefois imbriquées, c'est-à-dire disposées les unes sur les autres comme les tuiles sur un toit. Un grand nombre de composées nous offrent des exemples de ce genre de calices.

CALICULE. Petit calice supplémentaire en dehors du calice ordinaire.

CALLEUX. Couvert de callosités, de durillons. Les laboureurs ont les mains robustes et calleuses, ce qui résulte de l'usage fréquent qu'ils font des instruments aratoires.

CALLOSITÉ. Enduration accidentelle d'une partie du corps, par suite du frottement qu'elle éprouve. Les callosités se développent aux pieds chez les individus qui marchent pieds nus, aux mains chez les ouvriers qui manient des instruments plus ou moins lourds; les singes ont des callosités aux fesses, sur lesquelles ils restent assis. Les callosités disparaissent si la cause qui les a produites cesse. Elles ne sont en quelque sorte qu'un moyen employé par la nature pour prévenir l'usure, la destruction des parties où elles se développent par le frottement.

CALMANT. Nom donné aux substances médicamenteuses qui ont la propriété de calmer la douleur par leur emploi, à l'intérieur ou à l'extérieur. Les émollients, les narcotiques, les sédatifs, etc. (V. ces mots), sont des calmants.

CALORIFÈRE. Appareil disposé pour procurer la chaleur dans un ou plusieurs lieux d'un bâtiment, dans un ou plusieurs séchoirs. Un calorifère se compose toujours d'un foyer qui reçoit le combustible, et de tuyaux qui portent l'air chauffé aux lieux où il est nécessaire. On se sert souvent de calorifères pour chauffer les serres.

CALORIFICATION. Mot adopté en physiologie, d'après Bichat, comme synonyme de production de chaleur animale. — V. *Chaleur*.

CALORIMÈTRE. Instrument propre à déterminer la quantité de chaleur. Un thermomètre est un calorimètre qui sert à mesurer la chaleur dans l'atmosphère ou dans les habitations.

CALORIMÉTRIE. Partie de la physique qui s'occupe des moyens de mesurer le calorique spécifique dans les différents corps.

CALORIQUE. Les physiciens et les chimistes ont donné le nom de calorique au principe de la chaleur. D'après eux, ce principe serait un corps impondérable, incoërcible, indivisible, qui, pénétrant tous les autres corps de la nature en plus ou moins grande quantité, y déterminerait la chaleur aux divers degrés qu'on y observe. Il résulterait de ce fait que la chaleur, comme le froid, serait l'effet de la présence ou de l'absence du calorique. On a trouvé les sources du calorique dans le soleil, dans la combustion, dans les combinaisons chimiques, dans la percussion, dans le frottement et dans les phénomènes électriques.

Le calorique a la propriété de pénétrer les corps, de les dilater d'abord, d'en faire entrer plusieurs en fusion, d'en réduire en vapeur, et même de les décomposer. Il rayonne comme la lumière, et c'est à ce rayonnement qu'est dû le sentiment de chaleur éprouvé près d'un corps qui le dégage.

Suivant les opinions admises, la chaleur ne serait donc qu'un effet dont la cause serait le calorique. — V. *Chaleur.*

CALUS. Soudure des os après leurs fractures. — V. *Cal.*

CAMAIL. Espèce de vêtement taillé pour s'ajuster sur les chevaux. Les chevaux de race anglaise destinés aux luttes d'hippodrome sont presque toujours pourvus de camails de laine, notamment en hiver, pour être préservés du froid et pour que leur transpiration cutanée s'effectue plus facilement.—V. *Courses.*

CAMARGUE (*Animaux de la*). L'île de La Camargue, formée par le delta du Rhône, élève de petits chevaux généralement gris, et divisés par troupes isolées appelées manades. Ces petits chevaux, que nous avons étudiés sur les lieux mêmes, nous ont offert trop d'intérêt, pour négliger d'en parler ici avec quelques détails. Ces animaux ne sont généralement ni assez connus ni appréciés à leur valeur. Parmi nos espèces légères, ils sont ceux qui ont le mieux conservé leur type originel, qui est excellent, et leur physionomie de famille. S'ils avaient un peu plus de taille, il ne faudrait que très peu en modifier les formes pour en faire de bons chevaux de cavalerie légère ou de ligne, et à très bon marché, ce qui est difficile en France, avec l'état général de notre agriculture. On sait, en effet, que, si l'éducation du cheval léger est négligée chez nous, c'est qu'elle est onéreuse à l'éleveur. En Camargue, au contraire, la facilité qu'on a d'avoir des pâturages que les chevaux seuls peuvent, pour ainsi dire, fréquenter, surtout pendant les saisons pluvieuses, le climat, la nature du sol et celle de l'agriculture, rendraient l'industrie chevaline très productive, surtout en Provence et en Languedoc, où les chevaux sont très chers.

Comme type, les chevaux de la Camargue ont une ressemblance frappante avec les barbes; s'ils avaient le dos et les reins plus courts, la croupe plus longue, plus de taille et le pied plus petit, ils auraient la plus grande analogie avec les chevaux de l'Algérie. Comme eux, ils sont presque tous gris clair, mouchetés ou truités; leurs crins et leurs poils sont aussi fins et soyeux; ils ont la tête carrée, le front large, la ganache un peu forte, comme les chevaux orientaux; leurs yeux sont grands, leurs naseaux bien ouverts; l'encolure est droite, le garrot assez prononcé; mais ce qui a surtout attiré notre attention, c'est la structure des membres, forts et bien musclés, les tendons bien détachés et bien dessinés. Leurs défauts principaux sont la longueur des reins et du dos, indice de peu de force de ces régions, et leurs croupes courtes, caractère particulier aux races qui ont peu de vitesse, ce que démontre d'ailleurs parfaitement la physiologie. — V. *Croupe*.

Le fond de la race est excellent. Tel qu'il est, le camargue pourrait encore rendre de grands services, si son défaut de taille ne l'excluait pas du commerce. Son emploi se borne à peu près à dépiquer les blés après la moisson; pendant tout le reste de l'année, il paît par troupeaux sous la conduite d'un gardien. On s'en sert quelquefois pour de légers travaux de culture, mais ce cas nous a paru exceptionnel : l'exploitation du sol se fait avec des mulets.

Les haras de la Camargue (*manades*) diffèrent peu sous le rapport de la qualité des chevaux qui les composent; le même type se reproduit partout, et, sauf quelques rares exceptions qui prouvent combien il serait facile d'améliorer l'espèce, on retrouve, sur tous les points de l'île, les mêmes vices de conformation et les mêmes qualités. Le nombre des têtes par haras varie de 20 à 100, et même 200, suivant l'étendue des pâturages ou l'importance des propriétés; mais la moyenne nous a paru être de 50 chevaux par manade; c'est du moins le chiffre approximatif que nous a fourni la somme totale de 40 manades diverses.

Si l'expérience a prouvé que les croisements peuvent facilement améliorer les chevaux camargues, quelques exemples ont aussi démontré que, conservés purs, on peut, avec des soins et de l'intelligence, en faire de bons produits de commerce. Nous avons vu, dans quelques manades, des modèles admirables de sang et de forme. De bonnes combinaisons d'accouplement avaient fait disparaître les défectuosités, et, avec un peu plus de nourriture, on eût facilement augmenté la taille qui manquait. Nous en avons eu la preuve aux manades de Belayne, de Pandure, et surtout à celle de Saint-Bertrand.

Tous les habitants de la Camargue ne sont pas d'accord sur les croisements de leurs chevaux. Plusieurs d'entre eux pensent qu'on pourrait très bien améliorer la race par elle-même; quelques produits purs camargues nous ont convaincu que cette opinion n'est pas sans base au point de vue des éleveurs. Ces éleveurs disent que, leurs chevaux étant uniquement destinés au dépiquage, les élèves croisés, moins sobres et moins rustiques, sont moins aptes à ce rude travail, et leur entretien coûte plus cher, sans plus de bénéfices Ces raisonnements sont justes si la Camargue se borne à faire des chevaux pour dépiquer, si elle ne voit dans une manade qu'une machine à battre; un petit camargue pur, vigoureux, dépiquera aussi bien et mieux qu'un grand cheval soumis au même régime : l'expérience l'a prouvé. Mais nous avons étudié le cheval du delta du Rhône, et nous lui reconnaissons trop de qualités, trop d'avenir, pour borner son aptitude à son emploi actuel. Nous voudrions le voir élever pour l'armée et le commerce. Les bons croisements ont prouvé qu'il était facile de porter sa valeur à six et huit cents francs et plus. Les rebuts pourraient servir à dépiquer, mais les bons chevaux trouveraient toujours des débouchés. La France manque de chevaux de cavalerie de ligne, de ces chevaux assez légers et assez forts pour être propres au service de la selle et du cabriolet. Ce sont là les produits dont nous éprouvons le plus de besoin aujourd'hui. La Camargue, si elle le comprend bien, si elle le veut, en fournira tant qu'on voudra, en raison de son étendue, et c'est le seul pays qui puisse les élever à bon marché ; nul en France ne peut lui faire concurrence sous ce rapport. Nous allons le prouver.

Les chevaux camargues, malgré leur rusticité, sont d'une sobriété incroyable. Supposerait-on que, tels qu'ils sont dans l'île, leur nourriture ne coûte que de 20 à 25 fr. par an? C'est là cependant le chiffre reconnu dans tout le pays. Il paraît même descendre souvent plus bas. Un agriculteur intelligent nous a assuré que les produits mâles de sa manade ne coûtaient que de 12 à 14 fr. de nourriture par an. Les poulinières seulement coûtaient de 20 à 25 fr. C'est à ne pas y croire, malgré les faits qui le prouvent.

D'après ce compte, il résulterait qu'un cheval de quatre à cinq ans ne coûterait à l'éleveur que 70 fr. environ; portons sans crainte ce chiffre de 80 à 100 fr., et ce sera encore un prix de revient auquel ne peut descendre nul pays en France.

Si les éleveurs français abandonnent tous les jours l'élevage du cheval léger, c'est qu'il est onéreux pour eux; s'il était productif, le commerce ni l'armée n'auraient à se plaindre de cet abandon. La Camargue offre une exception à la règle générale; l'industrie chevaline, mieux comprise, lui offre de grandes ressources; pour un prix moyen de 250 francs, elle peut faire des chevaux de 500 à 1,000 francs et plus; et ces bénéfices lui seraient d'autant mieux assurés, qu'elle réunit seule les conditions qui les garantissent. D'un autre côté, sa race, plus développée, plus forte, pourrait être utilisée par l'agriculture; dès l'âge de trois ans, les poulains pourraient commencer à gagner leur nourriture par des travaux légers qui leur serviraient d'exercice. Ce serait là surtout un progrès marqué : les travaux agricoles se font tous avec des mulets qui ne coûtent pas moins de 800 francs en moyenne, et quels avantages n'aurait-on pas à exploiter avec ces produits du pays, quoique chevaux légers, comme on le fait en Lorraine, en Alsace, en Allemagne, etc. !

La question de l'amélioration des chevaux camargues n'est

douteuse pour personne. Nul ne conteste qu'elle est assurée par un meilleur régime alimentaire, quels que soient les produits, croisés ou conservés purs. On sait que, bien nourris, ils obtiendront la taille et le développement exigés par le commerce, qui les paierait largement aujourd'hui. Cependant la force des habitudes vicieuses, celle de la routine, l'emportent. Si l'été ces pauvres animaux trouvent de quoi vivre, l'hiver, quand leurs pacages sont inondés, ils sont dans l'eau, réduits à ronger les extrémités des broussailles. Plusieurs habitants de l'île nous ont assuré qu'ils ne comprenaient pas comment ils n'étaient pas morts de faim et de misère l'hiver de 1844 ; ils étaient comme des squelettes, couverts de vermine, et dans l'état le plus pitoyable. On conçoit que, soumis à un pareil régime au moins la moitié de leur vie, surtout pendant le temps de leur croissance, ces chevaux restent rabougris, malgré leur admirable aptitude à se développer. Il vaudrait mieux pour eux qu'ils fussent tout à fait à l'état sauvage; du moins en hiver ils fuiraient les lieux inondés pour choisir ceux qui leur conviendraient le mieux; mais là, cernés par le Rhône, parqués dans l'eau, et sous l'œil du gardien, ils sont obligés de subir les conséquences des incidents du lieu dont ils ne peuvent s'éloigner. Ils sont ainsi traités depuis un temps immémorial, et jusqu'ici on n'a guère songé à modifier leur genre de vie.

Ce n'est donc pas faute d'être convaincus que les propriétaires de la Camargue n'ont rien fait en faveur de leur race de chevaux, ils sont tous assurés du succès par l'emploi du moyen qu'ils nous ont signalé eux-mêmes; mais, ayant tous généralement de la fortune, ils n'habitent pas l'île, d'ailleurs peu attrayante par elle-même. Les fermiers ou les hommes d'affaires sont chargés de la direction de tout le matériel des fermes, et, comme partout, ils continuent en général ce que firent leurs pères. Les propriétaires, habitués de père en fils à recevoir les rentes que leur procurent les céréales et les troupeaux de moutons, ne s'occupent pas de ce que pourraient leur rendre les manades, qui ne sont pour eux qu'un instrument de dépiquage. Elles sont pourtant une riche mine qui paierait largement le travail de celui qui saurait et voudrait l'exploiter. Nous formons des vœux bien sincères pour que quelques intelligences s'en occupent le plus tôt possible.

Cependant l'élevage du cheval camargue tend à se restreindre tous les jours. Les manades sont aujourd'hui moins nombreuses que jadis, ce que l'on attribue aux défrichements opérés depuis quelques années; ce fait nous a été assuré par des habitants de l'île. Si les manades continuent à n'être conservées que pour le dépiquage, nous sommes sûrs que les progrès de l'agriculture finiront par les détruire peu à peu. L'emploi du rouleau à dépiquer a remplacé celui des chevaux sur beaucoup de points dans le Midi; et, si les machines à battre ou le rouleau lui-même pénètrent dans la Camargue, les haras *batteurs de blés* seront nécessairement supprimés. Les machines ou les rouleaux, en effet, ont un avantage énorme sur les manades: d'abord ils ne coûtent rien de nourriture; ils sont à chaque instant du jour et de l'année sous la main du grand comme du petit cultivateur, qui dépiquent quand ils veulent, quand le temps leur est propice et qu'ils n'ont pas de travaux urgents qui obligent à suspendre toute autre opération; ils n'ont pas besoin de gardiens ou autres frais accessoires. Une paire de bœufs ou de mules suffit pour les faire fonctionner, et il en résultera que, quand chaque cultivateur aura son rouleau, que l'on se procure à très bon marché, les propriétaires de manades ne dépiqueront plus les blés de leurs voisins pour un prix convenu, comme cela se pratique encore; et, quand ils en seront réduits à ne conserver leurs chevaux que pour leur propre dépiquage, ils les vendront à quelque prix que ce soit, parcequ'ils leur seraient onéreux. Ils finiront par adopter aussi le rouleau ou les machines. Voilà ce qui arrivera nécessairement, voilà ce que nous pouvons prédire à coup sûr, d'après l'impulsion donnée maintenant en France à la science de l'agriculture.

Les haras de la Camargue finiront donc par disparaître un jour, qui n'est pas si éloigné qu'on pourrait le supposer, si l'intelligence et l'industrie ne viennent changer la destination de leurs produits.

Le moyen suivant nous paraîtrait aussi simple que facile, si on voulait l'employer. Il consisterait d'abord, et avant tout, à changer le régime des élèves, au moins jusqu'à quatre ou cinq ans, ce qui ne les empêcherait pas d'ailleurs de servir à dépiquer; au contraire, mieux nourris, ils n'en seraient que plus vigoureux et plus robustes. Ce travail, bien dirigé, serait une sorte de gymnastique, d'entraînement, qui tendrait à favoriser le développement de tout l'organisme, la souplesse et l'énergie. Les sujets les plus propres aux besoins du commerce lui seraient livrés de quatre à cinq ans. Nous pensons qu'une manade de cinquante têtes pourrait fournir de six à huit chevaux et plus par an, aux remontes ou marchés; leur valeur ne serait pas moindre de 600 à 1,000 francs, de 7 à 800 francs en moyenne. Ce bénéfice, fait sur des chevaux qui ne coûteraient pas plus de 250 francs à l'éleveur, ne nuirait en rien au produit ordinaire de la manade, qui, bien entretenue, travaillerait mieux. Pour arriver à ce but, au lieu de se borner à la culture des céréales, il faudrait largement étendre celle des prairies artificielles. Elles produiraient d'autant plus, sous le climat de la Camargue, qu'elles seraient arrosables sur une infinité de points, par les prises d'eau opérées sur les grand et petit Rhône; on pourrait d'ailleurs facilement les multiplier.

L'hiver, on nourrirait bien les produits d'espérance, et on leur donnerait de l'avoine pour en faire de beaux chevaux de taille; plusieurs pourraient devenir d'excellents étalons, et alors leur prix s'élèverait bien au dessus de celui que nous avons fixé. Les rebuts formeraient le fond de la manade à dépiquer. Les poulinières et les étalons, surtout, seraient bien choisis et bien nourris. Par ces procédés si naturels et si simples, on serait assuré du succès.

D'un autre côté, on ne devrait pas négliger le dressage des chevaux à vendre. Un bon cheval dressé ne manque jamais d'acheteurs et se vend toujours cher, tandis que souvent on ne veut à aucun prix de celui dont on ne peut se servir immédiatement. Nous sommes assurés que la préférence qu'on donne sur nos marchés du nord, comme sur ceux du midi de la France, aux chevaux allemands, qu'on retrouve partout, n'est due qu'à l'avantage qu'ils offrent d'être attelés ou montés immédiatement, ce qui n'arrive pas pour le plus grand nombre de nos chevaux français, bien supérieurs d'ailleurs en qualité. Pour le dressage des chevaux, la Camargue a un avantage que n'ont pas les autres pays d'élèves : elle est pourvue d'une classe d'hommes tout à fait aptes à ce métier. Ce sont les gardiens des manades. Nés et élevés au milieu des chevaux, comme les Arabes, ils sont d'une dextérité toute particulière pour prendre et manier les chevaux même les plus difficiles. Nous les avons étudiés à l'œuvre, et nous avons remarqué une patience, une douceur, un tact, qui ne peuvent être que la conséquence d'une aptitude particulière d'abord, et d'une expérience consommée du caractère des chevaux qui leur sont confiés. Voulez-vous examiner avec détail un cheval dans une manade, vous n'avez qu'à le signaler au gardien: quelque sauvage et difficile qu'il soit, il sait l'approcher de manière à lui lancer sa corde au cou, et il ne le manque pas au milieu des autres; il se laisse ensuite entraîner par lui, puis il parvient à arriver jusqu'à la tête, et il vous le conduit toujours avec la plus grande douceur, après avoir disposé la corde en forme de caveçon sur son nez. Vous pouvez alors l'examiner à votre aise, mais non sans qu'il vous soit recommandé d'agir avec douceur et prudence, si le cheval est trop craintif et effarouché. Nous avouons que c'est avec beaucoup de plaisir et d'intérêt que nous avons vu ces gardiens comprendre et faire si bien leur métier. Excepté chez les Arabes, nous n'avons vu nulle part le cheval mieux conduit, gouverné avec plus d'adresse, que dans la Camargue. Si les gardiens avaient un intérêt dans la vente des chevaux dressés, ils les rendraient tous comme ceux qu'ils montrent, et qui sont si dociles, si maniables, si souples et si énergiques.

La Camargue élève aussi une race de bœufs noirs, petits, mais très robustes, généralement peu estimés pour le lait et la boucherie. Il serait possible aussi d'améliorer cette espèce d'animaux; mais ils sont abandonnés, comme les chevaux, aux uniques soins de la nature.

CAMBIUM. Liquide visqueux nutritif, destiné à former les matériaux qui servent à l'accroissement des plantes. On peut comparer le cambium dans les végétaux au sang dans les animaux. Si celui-ci a été appelé *la chair coulante*, le premier peut être appelé du *ligneux coulant*. On observe surtout le cambium sous l'écorce des arbres, où il forme une couche qui doit concourir à leur développement. Chaque couche de cambium se durcit et devient couche d'aubier. C'est par le cambium que s'opèrent les greffes et que les branches mises convenablement en contact se soudent.

Le cambium n'est que la sève qui a subi une élaboration particulière dans les feuilles, et cette élaboration a quelque analogie avec celle que subit le chyle ou le sang veineux dans les poumons des animaux. Dans l'un et l'autre cas, les causes analogues produisent l'analogie des effets. — V. *Accroissement des végétaux*, *Aubier*, *Greffe*, *Sève*.

CAMÉLIA. Arbrisseau cultivé comme plante d'agrément pour ses belles fleurs. La culture a créé une infinité de variétés de camélias, qui forment une branche de commerce lucrative pour l'industrie du jardinier fleuriste.

CAMÉLINE. Plante oléagineuse de la famille des crucifères. La caméline est cultivée sur quelques points de la France, et surtout dans le nord, pour faire de l'huile grasse, employée dans les usages domestiques et les savonneries.

CAMOMILLE. Les camomilles forment un genre de plantes qui appartient à la famille des composées. Les fleurs de la camomille romaine sont employées en médecine humaine pour faire des infusions. On les utilise aussi pour les animaux domestiques. Les infusions de camomille sont toniques, stomachiques; elles activent la digestion et excitent l'appétit.

CAMPAGNOL. Petit mammifère de l'ordre des rongeurs. Les campagnols, quelquefois très nombreux dans les champs, font de grand ravages. Ils dévorent les blés, les fruits, et se font des magasins dans le sol où ils se réfugient. On détruit les campagnols par les mêmes moyens que les rats et les mulots.

CAMPANIFORME. Nom donné aux fleurs qui ont la forme d'une clochette. Les campanules ont la fleur campaniforme.

CAMPANULACÉES. Famille de plantes dont la fleur est généralement campaniforme. Cette famille offre peu d'intérêt pour l'agriculture et l'art vétérinaire, mais elle donne quelques belles fleurs d'ornement pour nos parterres. La campanule raiponse est cultivée dans nos potagers. — V. *Raiponse*.

CAMPANULE. Genre de plantes de la famille des campanulacées. La campanule raiponse fournit une salade assez bonne. On sème cette plante en juin ou juillet pour la récolter salade au printemps suivant.

CAMPÉ. Tout cheval qui éloigne ses membres du centre de gravité, en dehors de leur ligne d'aplomb ordinaire, est dit campé. On dresse quelquefois les chevaux à s'étendre, à se *camper*. Un animal se campe aussi quand il dispose les membres pour uriner.

CAMPHRE. Substance végétale concrète, volatile, très employée en médecine de l'homme et des animaux sous une infinité de formes. Plusieurs plantes des familles des laurinées, des labiées et des synanthérées, contiennent du camphre en plus ou moins grande proportion. Le laurier camphrier seul, qui pousse dans le Japon et en Chine, à Sumatra, à Bornéo, en fournit une assez grande quantité pour en être extrait avec avantage. Les Chinois et les Japonais obtiennent le camphre du laurier camphrier par la volatilisation dans des alambics, et le livrent au commerce tel qu'ils l'ont préparé; mais il est encore impur. En Europe, on le reçoit à l'état brut et on le raffine pour le rendre pur et propre aux usages de la médecine. Suivant la manière dont il est employé, le camphre est considéré comme sédatif, antispasmodique et stimulant. On l'utilise, pour les animaux, en dissolution dans l'alcool, dans l'huile, ou mélangé, avec un jaune d'œuf, au quinquina, au nitre ou à des poudres végétales toniques ou calmantes, suivant la maladie à combattre; on fait usage des médicaments camphrés contre les maladies atoniques, contre le typhus, le charbon, le tétanos, le vertige, contre toutes les affections nerveuses. Dissous dans l'alcool et l'huile, on l'emploie en frictions contre les contusions, les entorses, et contre les engorgements articulaires des membres des animaux.

CAMPHRÉ. Nom donné aux substances qui contiennent du camphre : eau-de-vie camphrée, huile camphrée, liniment camphré. — V. *Camphre*.

CAMUS, E. En économie du bétail, on nomme tête camuse, celle dont le chanfrein est déprimé. Le cheval breton comme le cheval arabe et l'ancienne race ardennaise offrent de nombreux exemples de ce genre de conformation. On ne la rencontre généralement que dans les bons types. Quelques espèces bovines ont aussi la tête camuse.

CANAL. Conduit qui sert au passage de certains corps ou à les contenir. En anatomie, on distingue les canaux salivaires, le canal alimentaire, intestinal, le canal vertébral ou rachidien, le canal médullaire de l'os, le canal de l'urètre. — V. *Moelle, Os, Rachidien*, *Salivaire*, *Tube intestinal*, *Urètre.*

Le canal maxillaire est formé par les branches du maxillaire inférieur des animaux et sert à loger la langue — V. *Auge.*

En botanique, on nomme canal médullaire le petit canal central du bois qui loge la moelle

CANARD. Oiseau de l'ordre des palmipèdes. Le canard est un de nos oiseaux de basse-cour qui produit le plus. Il coûte peu à nourrir, surtout lorsqu'il est élevé près d'une rivière, d'un ruisseau ou d'étangs. Cet oiseau suit les rigoles, tamise l'eau trouble qu'elles contiennent avec son bec, pourvu sur les côtés de petits fanons pour retenir les substances alimentaires qui peuvent s'y trouver. Il mange les vers, les insectes, les limaçons; il ramasse les graines qui se perdent dans les fumiers. Le canard est très vorace. Le petit caneton, nourri avec des viandes de rebut, des résidus de boucherie, croît avec une rapidité étonnante. On pourrait dire que le canard, dans nos fermes, est aux oiseaux domestiques ce que le porc est aux animaux (V. *Porc*). D'une grande voracité, il se contente de tout, il dévore tout. Examinez surtout le jeune canard, soit dans l'eau, soit sur la terre, dans une prairie, sur les chemins, dans les rigoles, vous le verrez toujours avidement attentif à chercher des vivres avec un degré d'activité qu'on n'observe que dans son espèce. Si l'un d'eux trouve un ver, un morceau de viande pourrie, tous les autres lui disputent sa proie avec une activité extrême, même lorsqu'ils sont repus. Du reste, leur digestion est si rapide qu'elle paraît se faire chez eux à mesure qu'ils mangent; voilà pourquoi ils cherchent toujours à manger avec tant d'activité J'ai fait moi-même en Afrique des expériences sur de jeunes canards auxquels je distribuais des rations abondantes d'intestins de bœuf. En vingt ou vingt-cinq jours, ils prenaient presque leur accroissement normal. On peut répéter cette expérience, qui m'a toujours surpris par ses résultats, sur la croissance des animaux. — V. *Croissance.*

On pourrait, en un ou deux mois, avoir des canetons très forts et prêts à être portés au marché, si on leur donne une nourriture abondante, surtout lorsqu'elle est animale. Du reste, les jeunes canards sont très rustiques et faciles à élever. Dans certains pays, on engraisse les canards pour obtenir l'hypertrophie de leur foie, très estimé par les gourmets.

On élève quelquefois le canard musqué, connu sous le nom de canard de Barbarie. Cet oiseau, importé de l'Amérique, beaucoup plus gros que le canard ordinaire, est peu répandu, parce-que son élevage n'offre pas les mêmes avantages que celui du canard commun. Cependant on a obtenu, par son croisement, des mulets qui sont très estimés pour la table.

Le canard sauvage habite les contrées du nord de l'Europe, de l'Asie et de l'Amérique. Quand les étangs de ces régions froides sont gelés, ils émigrent vers le midi, où on leur fait la chasse. Le canard sauvage, que l'on prend au filet ou que l'on tue au fusil, est un très bon gibier.

CANCER. Dans les animaux domestiques, le cancer est une altération particulière des tissus dont les symptômes sont toujours graves; il affecte une infinité de formes différentes, suivant son ancienneté ou les points où il se développe. Cette altération se présente tantôt sous forme de tumeur, de squirre, tantôt sous forme d'excroissances sur les membranes muqueuses, sur des plaies, à la suite d'opérations, dans les naseaux, aux mamelles, dans la matrice, aux yeux, etc. Le traitement du cancer est toujours difficile. Quand il est sur la peau, on l'extrait par une opération; lorsqu'il est interne, il fait tôt ou tard périr les animaux. Les remèdes ont été jusqu'ici impuissants à les guérir. Quand le cancer a été opéré et enlevé, il se reproduit quelquefois, et il demande de nouvelles opérations. Les tissus affectés du cancer ont changé de nature; ils sont devenus quelquefois durs comme des fibro-cartilages, avec un aspect blanchâtre comme de la graisse ou du lard. D'autres fois ils sont ramollis comme de la substance cérébrale, ou comme des champignons, des polypes, etc. L'espèce canine, la bovine, sont plus sujettes au cancer que l'espèce chevaline. Dans tout cas, cette affection est toujours grave, et elle demande le soin des hommes spéciaux pour être traitée.

CANCÉREUX. Qui est de nature cancéreuse. Tumeur cancéreuse, excroissance cancéreuse. — V. *Cancer*.

CANCHE. Plante de la famille des graminées. Les canches fournissent généralement un fourrage dur, moins estimé que celui des autres graminées, telles que la flouve, les paturins, les fétaques, les houlques, etc.

CANE. Femelle du canard. — V. *Canard*.

CANETON. Jeune canard. — V. *Canard*.

CANIN, INE. L'espèce canine est comprise dans le genre chien, auquel appartiennent le loup et le chacal. On donne le nom de canines aux dents lanières des carnivores. Elles servent à déchirer la proie. Elles sont placées en arrière des incisives et en avant des mâchelières. Le bœuf, le mouton, la chèvre, n'ont pas de canines. Elles prennent le nom de crochets dans le cheval. La jument n'en a que par exception. Elles se nomment défenses dans le porc, dans l'éléphant, etc. — V. *Chien*.

CANNA. (*Élan du Cap.*) Magnifique antilope originaire du cap de Bonne-Espérance. Le canna serait un des plus beaux ruminants qu'il soit possible de domestiquer. Sa taille est élevée, ses formes sont très gracieuses. Il pourrait non seulement être employé aux travaux de l'agriculture, mais sa chair augmenterait nos subsistances et serait un très bon aliment pour nos populations. A l'exception de sa tête et de ses extrémités, qui ont les caractères généraux de celles des ruminants, son corps, par sa conformation, a beaucoup d'analogie avec celui du cheval, surtout par le garrot et par la croupe. Sous ce rapport, le canna se rapproche de la conformation de l'yack. — V. *Yack*.

CANNE A SUCRE. Plante de la famille des graminées. La canne à sucre, cultivée dans nos colonies et les pays chauds, donne lieu à une grande branche d'industrie agricole et commerciale. La fabrication du sucre indigène a porté une atteinte profonde à la culture de cette graminée.

CANNELÉ. Pourvu de cannelures. La corne du sabot du cheval, celle des onglons du bœuf, du mouton et du porc, est cannelée à sa surface interne, pour recevoir les lamelles de la chair qui recouvre l'os du pied. — V. *Sabot.*

La tige de beaucoup d'ombellifères est cannelée.

CANNELLE. Écorce du cannelier, arbre de la famille des lauriers. La cannelle est récoltée sur plusieurs points du globe dans les pays chauds. Outre les propriétés qu'on lui connaît, comme aromate, pour l'assaisonnement des aliments de l'homme, la cannelle a des propriétés médicinales stimulantes; elle active la digestion, et on l'administre quelquefois contre les coliques et la diarrhée des animaux.

CANON. Région qui a pour base les métacarpiens aux membres antérieurs, et les métatarsiens aux membres postérieurs. Le canon doit être court, exempt de tumeurs (*suros*), bien distinct des tendons et bien net. Des canons courts comportent des avant-bras et des cuisses longues, ce qui favorise toujours la rapidité des allures. — V. *Avant-bras, Jambe, Tendons.*

CANTAL (*Races du.*) — V. *Aubrac, Auvergnat, Salers.*

CANTHARIDES. Petit insecte de l'ordre des coléoptères. Les cantharides vivent de préférence sur les frênes, sur les lilas, les troënes, les ormes, etc. En mai, juin et juillet, elles sont ramassées sur les feuilles au point du jour. Pendant qu'elles sont encore engourdies par la fraîcheur de la nuit, on les fait tomber des arbres en les secouant; on les asphyxie; on les fait bien sécher, et on les conserve dans des vases bien bouchés et bien secs. Les cantharides réduites en poudre sont très employées, comme vésicants et comme résolutifs, en médecine des animaux. On s'en sert sous forme de teinture, de liniment, d'onguent, d'emplâtres, etc., pour produire des vésicatoires, animer des sétons ou des cautères, réduire des tumeurs indolentes, des engorgements articulaires et tendineux, et pour produire des révulsions de maladies des viscères, et surtout de maladies de poitrine. Ingérées dans le tube intestinal, elles provoquent des irritations violentes, et même la mort; administrées à petites doses, elles ont une action spéciale sur les organes génito-urinaires; elles excitent l'appétit vénérien, et souvent des irritations de la vessie. On emploie aussi les cantharides, mêlées à d'autres onguents, contre les maladies de la peau, et surtout contre la gale. La teinture de cantharides a été utilisée avec succès contre les vessigons et les molettes des chevaux.

CANTHARIDINE. Principe actif de la poudre de cantharides. Ce principe, à très petites doses, produit exactement les mêmes effets que la poudre de cantharides sur l'économie animale.

CANULE. Petit tube employé en chirurgie vétérinaire. Les trocarts, dont on se sert surtout pour percer la peau et le rumen des ruminants dans les cas de météorisation, sont pourvus d'une canule, que l'on fixe après l'opération, pour donner issue aux gaz qui ont déterminé le gonflement du ventre. — V. *Trocart*, *Tympanite*.

CAOUTCHOUC. (*Gomme élastique.*) Produit végétal extrait de plusieurs arbres de la famille des euphorbiacées. Le caoutchouc, très employé dans les arts sous une infinité de formes, offre peu d'intérêt sous le rapport agricole en Europe, et en médecine des animaux; mais en Amérique, partout où on l'exploite, cette matière végétale donne lieu à une branche de commerce très considérable. Le caoutchouc est utilisé aujourd'hui sous une infinité de formes et pour des usages aussi variés qu'étendus.

CAPARAÇON. Sorte de vêtement du cheval. On fait des caparaçons en étoffe de laine pour préserver le cheval du froid. On en fabrique aussi en forme de filets pour défendre les animaux contre les insectes, en voyage, pendant le temps des chaleurs surtout.

CAP-DE-MAURE. Nom donné à la tête, de nuance foncée, d'un cheval gris ardoisé, ou rouen.

CAPELET. Tumeur plus ou moins molle qui se développe à la pointe du jarret du cheval. Cette tumeur peut être l'effet de deux causes distinctes dont les conséquences sont bien différentes. Elle peut être occasionnée par des contusions, ce qui arrive lorsque les chevaux ruent contre des cloisons ou des barrières; dans ces cas, un traitement raisonné et le repos peuvent la guérir assez facilement. Mais lorsque les capelets sont les conséquences de la fatigue ou de l'usure, ils sont plus graves, et ils résistent le plus souvent aux traitements qu'on leur oppose. Dans tout cas, pour établir un diagnostic raisonné, on examinera l'état de fatigue ou d'usure des membres du cheval qui a des capelets. S'il y a usure des membres, les capelets pourront être une tare sérieuse ; dans le cas contraire, ils pourront disparaître avec du repos et un traitement bien adapté.

CAPILLAIRE. (*Adiante.*) Variété de fougère à petites feuilles, qui croît dans les lieux humides, notamment dans les fentes des rochers, dans l'intérieur des murs des puits, des citernes. On fait avec des capillaires des infusions et des sirops administrés dans les affections de poitrine de l'homme, et surtout dans les catarrhes et les toux opiniâtres.

CAPILLAIRE. On donne le nom de capillaire à un conduit, à un canal, d'une ténuité extrême. Les vaisseaux parvenus à leur ténuité la plus minime sont dits capillaires, dans les animaux comme dans les végétaux. Ces vaisseaux, qui forment le passage des artères aux veines, sont si déliés, si ténus et si nombreux dans la peau des animaux, qu'on ne peut pas la percer avec l'instrument le plus fin sans en ouvrir plusieurs et répandre du sang. Ce sont les capillaires qui déposent dans les différents organes des animaux les matériaux qui servent à leur nutrition ou à leurs sécrétions. — V. *Artère, Circulation, Nutrition, Sang.*

CAPILLARITÉ. Disposition particulière de tubes ou de porosités d'une extrême ténuité.

En physique, il est démontré que la capillarité des tubes ou des corps a la propriété de favoriser l'ascension des liquides. C'est en vertu de cette loi que l'eau monte dans les corps poreux, dans leurs fissures, dans leurs cavités microscopiques qui se communiquent. L'éponge en est un exemple, comme le sucre, lorsqu'on lui fait toucher l'eau. Il n'est pas douteux que la capillarité concourt à l'ascension des liquides dans les capillaires des végétaux, dans ceux d'une pièce de bois plongée par un bout dans un liquide. Il est très probable aussi que cette propriété des corps concourt à la circulation dans les végétaux.

CAPITAL. Avoir représenté par des valeurs de natures diverses dont dispose un industriel pour l'exploitation de son industrie. Pour le cultivateur, on pourrait distinguer trois sortes de capitaux. Le premier serait le capital de l'intelligence et du savoir; celui-là est le plus important: il forme la base des autres; sans lui, point de progrès; sans son concours, tout succès est borné, sinon douteux. Le second serait le capital matériel, c'est-à-dire l'argent, et le troisième serait le capital du temps, avec lequel il faut nécessairement compter si on ne veut pas s'exposer à des déceptions. — Le capital matériel se subdiviserait en capital foncier, qui comprend la propriété et ses dépendances ; en capital d'exploitation, qui comprend le matériel nécessaire à l'exploitation du sol; et enfin en capital roulant, qui comprend le numéraire employé à la solde des ouvriers ou au commerce journalier du cultivateur. L'un des plus grands obstacles aux progrès et à la prospérité de l'agriculture française est dans le défaut du capital du savoir et du capital de roulement. Celui-ci, on le sait, ne s'expose qu'avec une garantie et des bénéfices assurés. Le malheureux cultivateur, qui manque d'instruction spéciale pour bien diriger son industrie, ne les offre pas toujours. On se plaint de ce que l'agriculture manque d'argent, alors que l'industrie manufacturière et commerciale en trouve en abondance. Si nous en cherchons la cause, nous la trouverons dans le défaut de connaissances spéciales des industriels agricoles comparés aux industriels manufacturiers. Nous ne manquons pas de preuves pour démontrer la vérité de ce que nous avançons ici. Tous les jours nous voyons d'honnêtes commerçants, retirés des affaires avec des capitaux, acquérir des propriétés, croyant les faire valoir sans études spéciales. Après avoir étudié les ouvrages d'agriculture, qui sont loin de suffire pour enseigner la saine pratique des lieux ou ils veulent opérer, ils dépensent des sommes considérables et finissent le plus souvent par vendre leurs terres. Heureux s'ils peuvent en retirer leur prix d'achat, après y avoir fait des dépenses inutiles! Suivant l'opinion généralement reçue, l'agriculture est une carrière qui n'offre pas les avantages des autres industries. Le fait est exact dans les conditions déplorables où se trouve généralement aujourd'hui notre industrie agricole; mais lorsque l'instruction professionnelle de cet art sera répandue dans nos campagnes, elle offrira les garanties positives et les bénéfices raisonnables auxquels a droit le capital employé dans les autres industries. L'argent alors ne manquera pas au cultivateur habile dans ses opérations variées. — V. *Agriculture.*

CAPITEUX. (*Vin capiteux.*) Vin riche en alcool. Les vins du midi de la France, des plaines de Nîmes, de Béziers, du Roussillon, etc., sont très capiteux, et leur distillation donne lieu à un grand commerce d'alcool, consommé en France, ou exporté dans diverses contrées du globe pour fabriquer des eaux de vie et mille liqueurs diverses.

CAPPARIDÉES. Famille de plantes qui croît dans les pays chauds. C'est dans cette famille que se trouve le câprier, cultivé dans quelques points du midi de la France.

CAPRE. Bouton de la fleur du câprier confit dans du vinaigre pour servir d'assaisonnement.

CAPRIER. Arbrisseau de la famille des capparidées, cultivé dans le midi de la France, surtout dans les environs de Toulon, pour la récolte des câpres.

CAPRIFOLIACÉES. Famille de plantes qui comprend les chèvrefeuilles, le sureau, l'yèble, etc. — Voir ces mots.

CAPRINES. Race de chèvres. Nous n'élevons en France qu'une seule espèce de chèvre. Quelques essais ont été tentés sur les chèvres de Cachemire et d'Angora. Mais, soit que ces essais aient été mal faits, ou que les animaux qui y ont été soumis n'aient pas pu réussir en France, on s'est borné à l'élevage de la chèvre commune. — V. *Angora, Chèvre.*

CAPSULE. Nom donné, en botanique, à des sortes de boîtes fermées qui contiennent les graines des végétaux et s'ouvrent à la maturité. Les graines de l'œillet, du pavot, du coquelicot, etc., sont contenues dans des capsules qui forment le fruit de ces plantes.

En anatomie, on donne le nom de capsules à des espèces de bourses qui contiennent des liquides, comme la synovie, ou environnent certains corps, comme la capsule du cristallin, etc. — V. *Cristallin.*

Les capsules articulaires jouent un grand rôle dans les articulations des animaux. — V. *Articulation séreuse*, *Molette*, *Synovie*, *Vessigon*.

CAPUCINE. Plante de la famille des géraniées, cultivée comme plante d'ornement. On fait confire les feuilles de capucine, avant leur épanouissement, dans le vinaigre, comme ses graines vertes, pour assaisonner les aliments. On mange aussi ses fleurs dans la salade.

CARABE. Genre d'insecte de l'ordre des coléoptères. Les carabes sont très voraces; ils dévorent d'autres insectes, des chenilles, etc. Le carabe doré est un joli coléoptère, commun dans les champs et les jardins. Il est plus utile que nuisible, en détruisant divers insectes qui se nourrissent de légumes ou autres plantes cultivées.

CARACTÈRE. Nom donné à toute marque distinctive qui sert à reconnaître et à classer un objet. C'est au moyen de caractères généraux et communs que l'on classe les minéraux, les végétaux et les animaux. C'est encore au moyen de caractères spéciaux à chacun d'eux qu'on peut les décrire et les reconnaître. Ainsi, les caractères généraux des carnivores sont d'avoir des dents et des griffes plus ou moins aiguës, tandis que les herbivores ont les dents à table plus ou moins aplaties, et les extrémités garnies de sabots ou d'onglons au lieu de griffes.

C'est au moyen de caractères spéciaux à un individu qu'on peut le signaler de manière à le reconnaître. — V. *Signalement*.

CARACTÉRISTIQUE. Signe, symptôme caractéristique. Une végétation énergique, vigoureuse, est le signe caractéristique d'une bonne nature de sol. Un cheval qui se tourmente, se couche, se roule, se relève pour se coucher et se rouler encore, offre les symptômes caractéristiques des coliques.

CARBONATE. Nom donné aux sels formés par la combinaison de l'acide carbonique combiné, à des degrés différents, avec des bases. Plusieurs carbonates sont employés tant en médecine des animaux que dans les arts et l'industrie. Ainsi, les carbonates d'ammoniaque de soude de potasse sont employés contre les tympanites des ruminants. Le carbonate de fer est administré comme médicament tonique. Celui de magnésie est un léger purgatif. La pierre à chaux est un carbonate de chaux. — V. *Chaux.*

CARBONE. Corps indécomposé très répandu dans la nature, rarement à l'état de pureté, mais combiné ou mélangé à d'autres substances. A l'état pur et cristallisé, le carbone forme le diamant, qui est le corps le plus dur connu. Il est la base des houilles, des lignites, et il forme le canevas de tous les végétaux. Combiné à l'oxygène, il devient acide carbonique, gaz qui, combiné lui-même avec d'autres corps, tels que la chaux, la soude, l'ammoniaque, etc., etc., forme des carbonates plus ou moins utilisés dans les arts ou en médecine vétérinaire. C'est aussi le carbone extrait des os des animaux qui fournit le noir animal utilisé pour les raffineries, et comme engrais en agriculture. —V. *Charbon, Noir animal.*

CARBONISATION. Opération par laquelle des substances organiques sont réduites en charbon. C'est par la carbonisation que l'on obtient les charbons de bois employés dans les arts et l'économie domestique. Le charbon animal (noir animal), employé dans les arts et l'agriculture, est aussi le résultat de la carbonisation. — V. *Charbon, Noir animal.*

CARCINOMATEUX. — V. *Cancer, Cancéreux.*

CARDÈRE. Plante de la famille des diplacées. Cette famille fournit le cardère à foulon, cultivé pour le peignage des draps aux environs des grandes fabriques.

CARDIA. Nom donné à l'orifice œsophagien de l'estomac. — V. *Estomac, OEsophage.*

CARDITE. Maladie du cœur. Cette affection a été observée quelquefois dans le cheval comme dans d'autres animaux ; mais les caractères au moyen desquels on la reconnaît sont loin d'être toujours tranchés de manière à établir un diagnostic assuré.

CAREX. Genre nombreux de la famille des cypéracées. Les carex sont des plantes qui fournissent un mauvais fourrage. — V. *Cypéracées, Laiche.*

CARIE. La carie, qui a long-temps causé des pertes considérables à l'agriculture, attaque le blé ; elle est caractérisée par la présence d'une poussière brune olivâtre qui se développe dans le grain au lieu de farine. Cette poussière est formée par des champignons du genre uredo, et se reproduit, par l'ensemencement, sur les grains avec lesquels elle est en contact. Aujourd'hui on détruit ce germe par l'eau de chaux vive, employée déjà depuis long-temps, et surtout par une dissolution de sulfate de cuivre (vitriol bleu), à la dose d'une livre environ dans une suffisante quantité d'eau pour quatre ou cinq hectolitres de grains de semence. Ce dernier moyen est reconnu aujourd'hui pour être le plus efficace contre la carie des blés.

En médecine vétérinaire, on donne le nom de carie à une maladie grave des os des animaux. Elle est souvent incurable et finit par causer la mort des sujets qui en sont affectés. Si la carie se déclare chez des animaux de boucherie, on doit les vendre au boucher, si, d'ailleurs, des règlements de police sanitaire ne s'y opposent pas.

CARMINATIF. Nom donné à des substances médicamentaires qui auraient la propriété de faire cesser subitement des coliques, des douleurs causées par le développement de gaz dans le tube intestinal des animaux. Les toniques, tels que la sauge, l'absinthe, la tanésie, la camomille romaine, les baies de genièvre, etc., sont considérés comme carminatifs.

CARNASSIERS. Mammifères qui se nourrissent de matières animales. Les chauves-souris, les taupes, le chien, le chat, la marte, etc., sont des carnassiers.

CARNIVORES. Famille de l'ordre des carnassiers qui comprend le genre ours, le genre chien, le genre chat, etc.

CARONCULE. (*Caroncule lacrymale.*) Petit mamelon que l'on remarque à l'angle interne des yeux des animaux. La caroncule lacrymale semble avoir pour fonction de protéger l'ouverture du canal lacrymal, qui conduit les larmes dans les naseaux.

CAROTIDES. Nom des artères qui, partant d'une division de l'aorte antérieure, suivent le trajet de la trachée artère sous les veines jugulaires, et portent le sang artériel à la tête. On ouvre quelquefois la carotide lorsqu'on saigne les animaux à l'encolure.

Le sang, alors, est beaucoup plus rouge que celui de la veine et sort par jets. Cet accident, plus ou moins grave suivant la largeur de l'ouverture de l'artère, peut exiger sa ligature, opération qui ne peut être pratiquée que par un homme éclairé et exercé aux opérations chirurgicales.

CAROTTE. Plante de la famille des ombellifères. La carotte comprend plusieurs variétés cultivées, soit pour la nourriture de l'homme, soit pour celle des animaux. La carotte blanche à collet vert, qui prend un développement assez considérable, est souvent préférée à cause de l'abondance de son produit. Les carottes, données comme fourrage aux animaux, sont toujours une excellente nourriture, surtout pour les chevaux fatigués. Elles sont d'une digestion facile et très nourrissantes. Elles conviennent dans les convalescences, pour les femelles qui ont mis bas, comme pour les jeunes sujets qui commencent à manger. La culture de la carotte n'est ni assez appréciée comme production fourragère, ni bien comprise comme qualité d'aliment pour les bestiaux.

CAROUBIER. Arbre de la famille des légumineuses qui croît dans les pays chauds. Le caroubier se reproduit facilement en Algérie. Ses gousses, grandes et épaisses, sont consommées par les animaux.

CARPE. Région du squelette des animaux formée par les os du genou. Le nombre de ces os varie, dans les animaux domestiques, de six à huit, suivant les espèces.

CARPE. Poisson. La carpe est le poisson le plus commun et le plus multiplié de nos étangs. Elle se nourrit de substances végétales et animales. La carpe se reproduit avec une grande rapidité et vit très long-temps. Dans certains pays, tels que la Bresse, ce poisson donne lieu à une branche d'industrie assez étendue.

CARPELLE. On donne le nom de carpelles aux fruits partiels et distincts qui, réunis à d'autres, forment un fruit composé La mûre, la fraise, la framboise, etc., sont formées par une réunion de carpelles.

CARPIEN. Nom générique donné aux os qui concourent à former le carpe. — V. *Carpe.*

CARRÉSINES. D'après le cultivateur Guénon, les vaches laitières dont l'écusson est coupé horizontalement et carrément à sa partie supérieure forment la classe des carrésines.

CARRIÈRE. Lieu d'où l'on extrait la pierre, la chaux, la marne, le sable, etc. Une carrière de chaux ou de marne, dans une propriété dont le sol manque de calcaire, est toujours une source de fécondité. La chaux est exploitée pour les constructions ou pour les chaulages des terres. — V. *Calcaire, Chaux, Marne.*

CARROSSIER. Cheval de luxe propre au carrosse. La Normandie était le pays qui faisait des carrossiers, non seulement pour toute la France, mais pour l'exportation. Aujourd'hui cette industrie a presque totalement disparu de cette riche province, et les carrossiers allemands occupent ses foires et ses marchés. Beaucoup d'attelages de luxe de Paris viennent d'Angleterre, qui les fait payer un prix fort élevé. Il est regrettable que le grand et beau carrossier de la vallée d'Auge n'existe plus; il pouvait être considéré comme le type de l'espèce.

CARTILAGE. Les cartilages sont des tissus blanchâtres, élastiques, existant dans toutes les parties du corps qui ont besoin, pour fonctionner, d'élasticité unie à une certaine résistance. Ce sont des cartilages qui forment le canevas de la conque des oreilles des animaux, des ailes du nez; ce sont eux qui composent le larynx, les cerceaux de la trachée-artère, des bronches; ils servent de prolongements aux côtes, et garnissent les extrémités des os qui s'articulent ensemble, afin d'adoucir leur frottement. La cloison nasale est formée par un cartilage. — V. *Côtes, Oreilles, Trachée.*

CARTILAGINEUX. Corps cartilagineux, de la nature des cartilages. On dit le système cartilagineux, le tissu cartilagineux, pour indiquer l'ensemble des cartilages du corps des animaux. Le javart cartilagineux est une maladie qui se déclare dans les cartilages placés de chaque côté de l'os des pieds du cheval. — V. *Cartilage, Javart.*

CARVI. Plante de la famille des ombellifères. La graine du carvi a beaucoup d'analogie avec celle de l'anis et du fenouil. Elle a aussi une odeur agréable, une saveur chaude, qui la rend tonique et carminative. Cette graine est peu employée en art vétérinaire.

CARYOPHILLÉES. Famille de plantes qui comprend l'œillet, la nielle, les silènes, etc. Plusieurs caryophillées salissent souvent les moissons. On les détruit par le sarclage.

CASÉEUX. Corps caséeux, qui est de la nature du fromage. On dit qu'un lait est caséeux, riche en caséum, quand il fournit beaucoup de fromage. — V. *Caillé, Caséum, Fromage*.

CASÉIFORME. Corps caséiforme, qui a l'aspect, la consistance du fromage.

CASÉUM. Partie du lait qui se sépare et se coagule par la chaleur des acides ou l'action de la présure. Le caséum est blanc, plus lourd que l'eau. Exposé sur des claies, préparé dans des caves, dans des lieux spéciaux, il subit une action particulière qui le change en fromage. — V. *Caillé, Fromage*.

Fig. 48. Casoar.

CASOAR. Grand oiseau de l'ordre des échassiers brévipennes. Cet oiseau pourrait être soumis à la domestication ; il se reproduit sous le climat de Paris : on en a des exemples au muséum d'histoire naturelle. Le mâle couve les œufs et élève les petits; la femelle n'a qu'à pondre. M. I. Geoffroy Saint-Hilaire pense que le casoar, auquel il a donné le nom d'oiseau de boucherie, pourrait parfaitement être domestiqué en France. Il en a eu la preuve à la ménagerie du jardin des plantes de Paris.

CAS RÉDHIBITOIRE. Vice qui entraîne la rédhibition, d'après la loi de mai 1838. — V. *Rhédibitoire*.

CASSE. Fruit d'un arbre de la famille des légumieuses. La pulpe de casse est un laxatif employé pour l'homme et les petits animaux; mais elle est généralement peu usitée en art vétérinaire.

CASSANT. Corps cassant, qui se rompt facilement. Les bois comme les métaux cassants ne doivent pas être employés pour confectionner les instruments d'agriculture; la solidité ainsi que la durée de ces instruments demandent des matières premières de bonne qualité.

CASSEAUX. Morceaux de bois demi-cylindriques, longs de 12 à 15 centimètres, et de 3 centimètres de diamètre. Les casseaux servent à exercer une compression suffisante, afin d'intercepter la circulation du sang dans les cordons testiculaires, dans les cas de castration des grands animaux domestiques. On fait les casseaux avec un bout de bois cylindrique fendu en deux parties égales, et pourvu, à chaque extrémité, d'une coche circulaire assez profonde, pour recevoir la ligature qui doit les serrer. — V. *Castration*.

CASSIS. Fruit noir d'une variété de groseillier cultivée dans nos jardins. On fait, avec ce fruit, dans nos campagnes, une liqueur de ménage assez agréable, à laquelle on accorde des propriétés stomachiques. — V. *Groseillier*.

CASSONADE. Nom donné au sucre brut avant le raffinage.

CASTOR. Mammifère de l'ordre des rongeurs. Le castor habite le bord des grands fleuves; il fait des constructions fort ingénieuses avec des troncs d'arbres, qu'il coupe et qu'il travaille avec ses dents. On a vu des castors aux embouchures du Rhône, dans la Camargue; mais, d'après la chasse qu'on lui a faite dans le pays, il doit y être fort rare, s'il en existe encore quelques individus.

CASTORÉUM. Matière grasse, onctueuse, odorante, sécrétée dans des poches glanduleuses qui aboutissent au prépuce des castors. On emploie, en médecine humaine, le castoréum, comme antinévralgique et antispasmodique. Son usage est inconnu en art vétérinaire.

CASTRATION. Opération qui consiste à priver les animaux des organes essentiels de la fécondation, dans le but de rendre leur chair meilleure, de faciliter leur engraissement, ou de les rendre plus dociles.

La castration se pratique sur les mâles de tous les animaux domestiques et sur plusieurs de leurs femelles, telles que la vache, la truie, la chatte et la chienne. La castration de la vache, outre la propriété qu'elle a de faciliter son engraissement et de rendre sa chair plus fine, aurait, a-t-on assuré, l'avantage de lui conserver indéfiniment son lait; si cette opération est faite au moment de la plus grande sécrétion de ce liquide, la même quantité serait donnée pendant tout le reste de la vie de la vache laitière. Ce serait là un énorme avantage de la castration, si ce fait était exact. Des expériences ont été faites déjà à ce sujet en Bretagne, en Champagne et sur plusieurs autres points. Cependant la question n'est pas encore résolue d'une manière absolue. Elle serait pourtant si importante à bien connaître pour l'agriculture! Nous avons vu pratiquer cette opération à l'institut agronomique de Versailles; nous l'avons suivie dans ses résultats, et ils n'ont pas été aussi satisfaisants qu'on nous l'avait d'abord annoncé. Mais il est de la plus haute importance de continuer des études à ce sujet, pour éclairer l'économie rurale sur ce point important de sa production animale.

La castration des mâles se fait de plusieurs manières et à des époques différentes de leur vie, suivant les circonstances. Souvent on châtre les sujets peu de temps après leur naissance, lorsque les testicules sont tombés dans les bourses. D'autres fois on attend plusieurs mois, et même plusieurs années, pour les individus soumis à la reproduction et au perfectionnement des espèces. On prive les mâles de la faculté de produire, soit par l'ablation des testicules, soit en les faisant atrophier, après avoir intercepté la circulation du sang dans ces organes par la ligature des vaisseaux ou par leur torsion au moyen du bistournage (V. ce mot). Dans tout cas, cette opération exige toujours des connaissances spéciales, surtout pour les grands animaux. Ce sont ordinairement des vétérinaires, ou des châtreurs de profession qui parcourent les foires et marchés et les campagnes, qui pratiquent cette opération.

On châtre aussi les coqs. Ce sont les ménagères qui se chargent de ce soin, pour faire des chapons. Les poules castrées font ces excellentes poulardes fines tant estimées pour les tables de luxe.

La castration des femelles consiste toujours dans l'extraction des ovaires. La jument n'y est point soumise.

La castration provoque toujours des modifications profondes tant dans les caractères physiques que dans les instincts des animaux. Lorsque cette opération est pratiquée chez les adultes, elle détruit chez eux les appétits vénériens, si pressants dans le temps du rut surtout. Les mâles et les femelles vivent alors ensemble sans se rechercher : les attributs essentiels de leur sexe ont été détruits. Le son de leur voix est modifié ; dans les mâles, il n'a plus l'accent d'énergie qui le caractérise. Le hennissement du cheval a perdu de sa vigueur ; le taureau, devenu bœuf, ne mugit plus de la même manière, et le chant du chapon ne ressemble plus à celui du coq. Cette influence de la castration sur les organes de la voix n'est pas moins tranchée dans l'espèce humaine que dans les animaux. On connaît en Orient, sous ce rapport, la différence qui existe entre les eunuques et ceux qui n'ont pas subi leur mutilation.

Les animaux châtrés ont une aptitude particulière à l'engraissement. Il est facile d'en expliquer la cause. L'instinct qui domine le plus dans les animaux est l'instinct de la reproduction. Les mâles surtout maigrissent plus ou moins pendant les chaleurs des femelles ; ils s'agitent, ils courent, ils oublient même de manger, s'ils sont en liberté. Dominés par les désirs de se rapprocher, les animaux font des déperditions qui les empêchent de profiter des aliments qu'ils consomment, et qui, dans les châtrés, sont entièrement employés à la production de la graisse ou de la viande. Aussi, tous les praticiens savent-ils que le repos et la tranquillité sont des conditions essentielles, indispensables, pour un bon engraissement des animaux.

D'un autre côté, la castration, en détruisant l'aptitude à la reproduction, favorise le développement du système lymphatique. Elle a donc une action directe sur le tempérament des animaux. Leur énergie musculaire a diminué, l'hématose du sang est moins puissante, parceque sa circulation n'a plus la même activité. Les animaux sont plus nonchalants, plus paresseux, plus apathiques. On dirait qu'ils ont le sentiment de leur incapacité, de leur nullité, et qu'ayant compris qu'ils n'ont plus qu'un rôle négatif à jouer dans la création, ils doivent être indifférents à tout ce qui les entoure, pour ne s'occuper que de manger et de s'engraisser. — V. *Engraissement*.

Quant aux caractères physiques des mâles châtrés lorsqu'ils sont adultes, leurs changements sont faciles à observer, surtout dans le bœuf et le cheval. L'encolure du taureau s'amincit et devient effilée après la castration. Sa tête perd sa physionomie masculine et se rapproche de la conformation de la tête de la vache. Sa croupe, ses fesses, au contraire, prennent du développement, ce qui est un avantage pour la boucherie, car c'est dans ces régions que se trouve la viande de première qualité.

Dans l'espèce chevaline, on observe à peu près les mêmes phénomènes. L'encolure s'amincit, tout l'avant-main s'amoindrit au profit de l'arrière-main. Après la castration, en effet, la croupe comme les cuisses du cheval semblent recevoir plus de nourriture; elles prennent plus de développement après qu'avant l'ablation des testicules.

Quant aux autres animaux, les changements dans leur conformation et leur attitude ne sont pas moins tranchés. Ainsi le verrat diffère du porc, le bélier du mouton, et le coq du chapon. Dans les uns comme dans les autres, on n'observe plus l'énergie des allures, l'expression du regard, celle de la physionomie, toujours tranchée dans les sexes avant la castration, mais profondément modifiée ou détruite quand elle a eu lieu.

CATALEPSIE. Maladie particulière de l'homme. Pendant que l'accès de la catalepsie dure, les membres conservent la position qu'ils avaient au moment de l'attaque, ou celle qu'on leur donne. Dans cette singulière affection, essentiellement nerveuse, les malades perdent généralement connaissance, la sensibilité disparaît, etc. Les femmes sont plus sujettes que les hommes à la catalepsie.

CATALEPTIQUE. Sujet à la catalepsie.

CATALPA. (*Bignonia catalpa.*) Arbre d'ornement qui fait partie de la famille des bignoniacées. Le catalpa, importé d'Amérique, est un de nos beaux arbres d'ornement. Ses grandes feuilles en cœur, et ses fleurs blanches mouchetées de rouge, sont d'un très bel effet. Le catalpa résiste très bien aux froids les plus rigoureux, et il est parfaitement acclimaté en France.

CATAPLASME. Remède appliqué à l'extérieur sous forme molle et onctueuse. Les cataplasmes sont très utiles pour les animaux domestiques ; ils sont émollients, calmants dans des cas de douleurs; astringents, maturatifs, résolutifs, etc. (V. ces mots), suivant le but qu'on se propose et le genre de maladie à combattre.

CATARACTE. Nom donné à l'opacité du cristallin qui ne se laisse plus traverser par les rayons de la lumière, et cause la perte de la vue par interception des rayons lumineux. Le cheval est très sujet à la cataracte, par suite des accès de la fluxion périodique des yeux. On n'a pu trouver encore de remède contre la cataracte du cheval et contre la maladie qui la détermine. On n'est pas plus heureux pour la cataracte des autres animaux, chez lesquels elle est plus rare.

On a cherché à opérer la cataracte des animaux comme celle de l'homme; mais, soit indocilité des malades, soit difficulté d'opération et de pansements convenables après son exécution, on n'a pas encore réussi à la guérir, et on y a renoncé.

CATARRHE. Nom donné vulgairement à une irritation plus ou moins ancienne des voies respiratoires des animaux. — V. *Bronchite*, *Toux*.

CATHÉTER. Instrument de chirurgie, espèce de sonde employée à sonder la vessie pour l'opération de la taille. Les animaux sont, comme l'homme, sujets aux calculs vésicaux. On les guérit quelquefois par l'extraction de ces corps étrangers.

CAULINAIRE. (*Feuille caulinaire.*) Qui appartient à la tige. Les fleurs, les feuilles, sont dites caulinaires quand elles partent de la tige d'un végétal ; la plupart des feuilles des plantes herbacées sont caulinaires. Elles sont radicales, au contraire, quand elles partent de la racine.

CAUSE. Principe, action d'un agent produisant un effet. Les causes de maladies des animaux réduits à l'état domestique sont nombreuses et très utiles à étudier, afin d'éviter leurs effets. On les trouve tantôt dans l'insalubrité des habitations, dans les boissons, dans la nourriture ; tantôt dans le travail, les mauvais traitements des domestiques, dans les défauts de soins hygiéniques souvent les plus simples. Elles sont dans la nature des saisons pluvieuses ou sèches, froides ou humides, quelquefois dans les dispositions des harnachements, etc. Un agriculteur soigneux ou soucieux de ses intérêts doit étudier toute cause lente ou active, éloignée ou prochaine, qui peut rendre ses animaux malades, et notamment ceux d'attelage, plus exposés que les autres bestiaux aux influences maladives de toute nature. — V. *Hygiène*.

CAUSTIQUE. Nom donné à une substance qui a la propriété de cautériser les tissus animaux. L'acide sulfurique, nitrique, et la chaux vive, la potasse, le nitrate d'argent fondu (pierre infernale) (V. ces mots), sont des caustiques. On emploie ces substances pour cautériser des plaies, des excroissances, des tissus de mauvaise nature. On s'en sert aussi contre le piétin du mouton, le crapaud du cheval, les boutons de farcin, les ulcères, etc., etc.

CAUTÈRE. On donne le nom de cautère, en art vétérinaire, à des agents employés soit pour détruire des tissus de mauvaise nature, soit pour causer des rubéfactions, des brûlures, en vue de traitement de maladies.

On distingue les cautères en potentiels ou agents chimiques, et en actuels ou servant au double but de détruire les chairs ou de leur communiquer de la chaleur pour provoquer une guérison. La potasse, l'acide nitrique (eau forte), la pierre infernale, etc., sont classés dans les premiers ; le fer chauffé à divers degrés comprend les seconds.

On donne au fer employé comme cautère diverses formes, suivant qu'il est destiné à mettre le feu, à arrêter des hémorrhagies, à carboniser et détruire des tissus, etc. En médecine des animaux, on se sert de préférence des cautères actuels, parceq ue leur action est actuelle, rapide, et que leur emploi est toujours plus économique. Avec eux, on met le feu aux membres ou à d'autres parties du corps des animaux, on cautérise les chairs de mauvaise nature, etc.

On nomme encore cautères des morceaux de cuir arrondis, garnis d'étoupes, percés d'un trou au milieu, et placés sous la peau des animaux pour remplacer les sétons et déterminer des révulsions. — V. *Dérivatif.*

CAUTÉRISATION. Application d'un caustique ou d'un cautère. — V. *Caustique, Cautère, Feu.*

CAVE. Lieu souterrain où l'on place les produits qui demandent une température fraîche, uniforme. Les vins, les légumes, sont conservés dans les caves. Une bonne cave doit être fraîche sans humidité. Ses ouvertures doivent être autant que possible exposées au nord et disposées de manière à faciliter le renouvellement de l'air quand on le juge convenable. C'est dans des caves que l'on prépare et que l'on conserve les fromages en général, et surtout ceux de roquefort, dont la réputation est si bien fondée.

En anatomie, on donne le nom de veines caves aux deux grosses veines qui versent dans l'oreillette droite du cœur le sang de tout le système veineux du corps des animaux. Elles sont divisées en veines caves antérieure et postérieure.

CAVEÇON. Espèce de frein composé d'une têtière et d'une muserolle, armée d'un demi-cercle en fer, quelquefois crénelé sur le chanfrein. Ce demi-cercle est ordinairement garni en cuir pour l'empêcher de blesser les animaux. On se sert du caveçon pour conduire les animaux indociles. C'est surtout pour les étalons de l'espèce chevaline qu'on en fait usage.

CAVERNEUX. Corps caverneux, tissu spongieux, érectile, du pénis des animaux. C'est par l'injection du sang dans le corps caverneux que se produit l'érection.

CAVITÉ. Creux. On distingue, en anatomie, les cavités des os, celles des fosses nasales, les cavités du cœur, etc. Les cavités nasales dans le cheval doivent avoir le plus grand développement possible, pour laisser un libre passage à l'air respiré, et faciliter ainsi l'action des poumons. Lorsque ces ouvertures sont retrécies, resserrées, elles indiquent une poitrine étroite, de petits poumons, et par conséquent peu de force, peu de vigueur des sujets.

Les cavités nasales contiennent les organes de l'olfaction, et les cornets osseux recouverts par la membrane muqueuse qui reçoit les nerfs olfactifs. L'étude des cavités nasales offre un grand intérêt au point de vue de la capacité des voies respiratoires. — V. *Naseaux, Poitrine, Poumons.*

CAYEU. Petit bulbe qui se forme autour de l'ognon principal dans les plantes bulbeuses (tulipes, narcisses, etc.). Les cayeux plantés reproduisent le végétal qui les a fournis.

CÉCITÉ. Privation de la vue. Plusieurs causes différentes provoquent la cécité dans les animaux. Telles sont l'amaurose, la fluxion périodique des yeux, la cataracte. — V. ces mots.

CÈDRE. Grand et bel arbre résineux, très robuste, qui croît sur les montagnes du Liban. Le cèdre est, en Europe, un arbre d'ornement, qui, étalant ses grandes branches en éventail, donne un ombrage impénétrable au soleil. Le cèdre du jardin des plantes de Paris est un des plus beaux ornements de ce magnifique établissement. Il fut planté par Bernard de Jussieu, qui l'importa d'Angleterre en 1734. Ce bel arbre fait aujourd'hui l'admiration de tous les visiteurs.

CÉLERI. Plante de la famille des ombellifères (genre ache), cultivée dans nos jardins comme légume. On reconnaît plusieurs variétés de céleri, dont la culture maraîchère tire de grands avantages, pour la consommation des grandes villes.

CELLIER. Sorte de cave de rez-de-chaussée qui n'est pas creusée dans le sol. Le cellier sert dans nos campagnes à déposer les légumes. Il tient lieu de cave dans les maisons qui en manquent.

CELLULAIRE. (*Tissu cellulaire, alvéolaire.*) Corps composé de cellules, d'alvéoles. Le tissu cellulaire est très répandu dans la nature vivante. Il forme la base de tous les organes du corps des animaux. Il est très abondant surtout sous la peau, et aux parties qui jouissent d'une grande étendue de mouvement. Lorsque les bouchers insufflent de l'air sous la peau des animaux qu'ils ont abattus, cet air pénètre dans les aréoles du tissu cellulaire, qui le retiennent, même après que l'animal est écorché. On peut se convaincre de ce fait dans les boucheries.

Les anatomistes font jouer un grand rôle au tissu cellulaire dans les animaux. Ils pensent qu'il est le principe élémentaire de la composition de tous les organes. Dans tout cas, il n'est pas une seule partie vivante du corps des animaux où il ne soit contenu en plus ou moins grande quantité.

CELLULE. Petite cavité du tissu cellulaire formée par ses lamelles. Cellules pulmonaires. — V. *Vésicules.*

CELLULEUX. — V. *Cellulaire.*

CÉMENT. (*Tartre.*) Substance colorée de diverses manières. Superposé aux dents des animaux, le cément est jaunâtre chez le cheval, noirâtre dans le mouton.

CENDRE. Résidu des corps organisés, végétaux ou animaux, après leur combustion. Les cendres varient de nature et de composition suivant les corps qui les ont produites. Dans les pays où les bois sont abondants et d'une exploitation trop difficile, on fait des cendres pour en obtenir la potasse du commerce. Dans nos campagnes, on s'en sert pour faire la lessive. Les cendres sont un très bon amendement pour les terres, et surtout pour les prairies. Malheureusement, dans nos villages, on ne comprend pas toute l'importance de leur emploi. Après s'en être servi pour la lessive, on en laisse perdre une grande partie; souvent même on les rejette comme inutiles. — V. *Charrée.*

CENTAURÉE. Plante de la famille des composées. Le genre centaurée est très nombreux dans nos prairies comme dans nos champs. La jacée qui croît dans nos prairies, le bleuet, la chausse-trape, etc., sont des centaurées. Les centaurées, qui sont généralement peu estimées dans nos prairies comme fourrages, fournissent quelques plantes d'ornement pour nos parterres : tel sont la centaurée odorante, le bleuet, etc.

CENTIARE. Mesure de superficie qui forme la centième partie d'un are, la dix-millième partie d'un hectare, c'est-à-dire un mètre carré. — V. *Are, Hectare, Mètre.*

CENTRE. Milieu. Centre de gravité, centre du poids d'un

corps solide. — *Centre de gravité des animaux.* Le centre de gravité des animaux varie suivant l'attitude de leur corps. Le cheval le déplace à volonté par les divers mouvements de son encolure (V. *Encolure*). Il le porte en avant quand il se dispose à la ruade en baissant la tête ; il le déplace en arrière, au contraire, lorsqu'il veut se cabrer. Le centre de gravité est difficile à bien déterminer d'une manière absolue dans le cheval. On s'accorde à le placer au milieu d'une verticale qui, partant du dos, arriverait en arrière du prolongement xiphoïde du sternum. On conçoit tout ce que cette opinion peut avoir de hasardé, le centre de gravité devant varier naturellement suivant la conformation des sujets.

CEP. Pied de vigne.

CÉPAGE. Nom collectif adopté pour les vignes. Une vigne est d'un bon ou mauvais cépage, suivant sa qualité. On distingue les cépages de Bourgogne, de Bordeaux, du Languedoc, etc.

CÉPÉE. Touffe de tiges partant d'une même souche. Les cépées servent quelquefois à la multiplication des végétaux de leur espèce par le marcottage. — V. *Marcottage.*

CÉPHALIQUE. Organes céphaliques, qui appartiennent à la tête. Artères, veines céphaliques. — V. *Cerveau.*

CÉPHALOCYSTES. Vers vésiculeux, parasites, qui se développent dans divers organes des animaux domestiques. — V. *Acéphalocystes, Antozoaires, Tournis.*

CÉRAISTE. Genre nombreux de plantes de la famille des caryophylées. Les céraistes, qui croissent le long des haies, dans les maisons, sont de peu d'importance pour l'agriculture.

CÉRAT. Médicament composé de cire et d'huile d'olive, toujours employé à l'extérieur. Les cérats sont appelés simples lorsqu'ils ne contiennent que la cire et l'huile. Ils sont composés lorsqu'ils sont mélangés à d'autres substances médicamenteuses, comme l'extrait de Saturne (acétate de plomb), l'opium, le camphre, la fleur de soufre, etc. Par l'addition de ces diverses substances, le cérat devient astringent, calmant, antipsorique. Il est employé pour combattre des maladies de la peau, des douleurs, etc.

CERCLES. On nomme cercles, dans les chevaux, des renflements circulaires des sabots, plus ou moins développés, et qui sont la conséquence d'une maladie du bourrelet qui sécrète la muraille. Ces cercles ne font généralement pas boiter les animaux, et disparaissent avec la cause qui les a produits. — V. *Muraille, Sabot*.

CERCLÉ. Pied cerclé. Sabot dont la muraille est sillonnée de cercles. — V. *Muraille, Sabot*.

CÉRÉALES. On donne généralement le nom de céréales à toutes les plantes cultivées dont la graine sert ou peut servir à la nourriture de l'homme : tels sont le blé, le seigle, le maïs, l'avoine, l'orge, le riz, le sarrazin, etc. Les céréales occupent la majeure partie du sol en culture, et forment la base de la nourriture de l'homme. Il n'est pas de production, de culture végétale, auxquelles les peuples civilisés et les gouvernements se soient plus intéressés à toutes les époques; et cependant, que de famines, que de troubles, que de calamités, générales ou partielles, n'ont point été subies par la société au sujet de céréales! Toutes les lois, toute l'habileté des gouvernements et des économistes, n'ont pu les prévenir; et qui sait celles qui sont réservées à l'avenir par la même cause, si les peuples et leurs gouvernements continuent à être mal éclairés sur cette question capitale des subsistances! Il n'est pas de denrée dont les prix soient plus versatiles que ceux des céréales. D'une année à l'autre, d'un mois, d'un marché, du jour au lendemain, on voit des hausses ou des baisses inattendues, qui inquiètent les populations, et menacent le repos des pays. Jetons un rapide coup d'œil sur le passé, et l'on verra qu'il doit être impossible, avec nos tristes moyens actuels de prévision, de conjurer ces sinistres événements.

En 1202, sous Philippe II, le blé valait 3 fr. 37 c. l'hectolitre; en 1439, il se vendit 39 fr. 34 c., et l'année suivante, en 1440, il descendit brusquement à 4 fr. 30 c.; sous Louis XI, il tomba à 1 fr.; en 1589, il valut 61 fr. 25 c.; en 1591, 52 fr.; en 1602, 9 fr.; en 1709, 44 fr. 55 c.; en 1790, 19 fr. 48 c.; en 1793, 35 fr.; en 1812, 34 fr.; en 1817, dans les montagnes de l'Auvergne, où de malheureuses familles souffraient de la faim, je vis vendre du mauvais seigle 72 et 75 fr. les huit doubles décalitres, ce qui portait ce grain à presque 50 cent. le litre. Le pain de froment se vendait 45 cent. la livre. De malheureux paysans, dont les enfants et les femmes mouraient de faim, allaient à huit ou dix lieues, à travers des montagnes et par des temps affreux, chercher sur leur dos des pommes de terre qu'on leur vendait jusqu'à 15 centimes le litre, en gros comme en détail. Que de souffrances j'ai vues à cette époque dans mon pauvre pays!

Avant 1846, le blé se vendit 16 à 18 fr. l'hectolitre. Tout à coup, et sans qu'on s'y attendît, il monta à 50 et 60 fr.; on vit des révoltes dans les marchés, on vit les malheureux événements de Buzançais et leurs suites. Ces souvenirs sont tristes à rappeler, mais ce sont des faits; c'est de l'histoire, quelque déplorable qu'elle soit, et ce n'est pas en l'étouffant, en la cachant, que nous pourrons prévenir de semblables malheurs. Et pourtant, il serait possible d'empêcher leur retour : il ne faudrait que bien étudier la question. Elle est soluble, et il ne nous serait pas difficile de le démontrer par des faits, s'il nous était possible d'en faire l'application : il suffirait de faire pour les populations ce que font les chefs de famille prévoyants, il faudrait établir un bon équilibre, de manière à avoir des provisions qui permettraient de supporter, à l'abri de la famine, une mauvaise année. Comme il est rare que deux années de disette se suivent, il serait possible de faire des approvisionnements qui garantiraient nos populations de la misère à laquelle les expose une mauvaise récolte.

CÉRÉBRAL. Nom donné aux organes qui dependent ou appartiennent au cerveau: tels sont les artères, les veines cérébrales, les nerfs cérébraux.

CERF. Genre de ruminant qui comprend plusieurs espèces. Les cerfs vivent dans quelques forêts généralement réservées pour de grandes chasses.

CERFEUIL. Plante de la famille des ombellifères. Le cerfeuil, cultivé dans nos jardins, est employé comme assaisonnement pour nos aliments.

CERISAIE. Plantation de cerisiers.

CERISE. Fruit du cerisier. On fait avec la cerise sauvage une liqueur estimée, connue sous le nom de kirsch-waser. Aux environs des grandes villes, on cultive plusieurs variétés de cerises pour l'approvisionnement des marchés. Ces fruits donnent une nourriture saine et agréable; ils servent à faire des confitures, et certaines variétés sont conservées dans l'eau-de-vie.

On donne aussi le nom de cerise, par analogie, à des excroissances charnues qui poussent quelquefois dans les plaies des pieds des animaux, surtout chez le bœuf et le cheval.

CERISIER. Arbre qui produit la cerise. Le cerisier fournit un bois estimé dont on se sert pour faire des meubles. Par la greffe, on lui fait produire une infinité d'espèces de cerises qui ont toujours un débit assuré dans les marchés d'approvisionnement.

CÉRUMEN. Matière onctueuse, plus ou moins liquide, sécrétée dans le conduit auditif de l'oreille des animaux.

CÉRUSE. (*Blanc de plomb.*) Préparation de plomb (carbonate) employée pour peindre des bois à l'huile, afin de les préserver de l'humidité.

CERVEAU. (*Encéphale.*) Le cerveau forme la masse cérébrale qui est contenue dans le crâne. Centre du système nerveux, cet organe important préside non seulement à toutes les fonctions de la vie par l'influence que son action exerce sur tout l'organisme animal, mais il est, de plus, le foyer de la volonté et de l'intelligence. C'est en effet du cerveau que partent les ordres donnés aux différentes parties du corps dépendantes de la volonté, pour exécuter les mouvements exigés. C'est aussi dans le cerveau que toute détermination est prise, que tout jugement est porté, arrêté; c'est par son ordre qu'il est exécuté. Ce fait est si vrai pour tout ce qui est relatif aux mouvements effectués par les muscles soumis à l'empire de la volonté, que l'on peut, suivant qu'on le désire et par des expériences faciles à faire, paralyser une partie du corps, y empêcher tout mouvement, en interceptant la communication qui existe entre cette partie et le cerveau au moyen des nerfs qui servent de fils conducteurs. Tant qu'un membre, par exemple, communique avec le cerveau par les nerfs, il peut exécuter les mouvements ordinaires commandés par le cerveau, exigés par la volonté de l'animal; mais si cette communication est interceptée, soit par la section des nerfs, soit par leur compression, le mouvement ne s'exécute pas, malgré la volonté de l'animal, malgré l'ordre donné par le cerveau. C'est là un fait que j'ai vérifié moi-même, que l'on peut vérifier quand on voudra, et qui est incontesté en physiologie.

Ce que l'on observe relativement au mouvement des muscles soumis à l'empire de la volonté est également obesrvé en ce qui concerne la sensibilité. Si on coupe ou si l'on comprime un nerf qui préside à la sensibilité d'une partie du corps, le cerveau ne perçoit plus la douleur, il ne sent plus. N'éprouvons-nous pas cette sensation lorsque, pendant notre sommeil, un nerf a été comprimé par un corps dur contre lequel nous avons été appuyés sans nous en apercevoir ? La sensibilité a tout à coup disparu sur le point exposé à la compression, et il faut quelques instants pour que cette sensibilité y revienne, pour que l'engourdissement éprouvé disparaisse.

Nous avons dit que le cerveau était aussi le foyer de l'intelligence. L'esprit d'observation ne permet pas d'élever de doute à cet égard, tant dans l'homme que dans les animaux ; et comme la conformation de cet organe ainsi que son volume se traduisent par les dispositions spéciales de la conformation de la tête, et notamment du crâne, du front et de l'emplacement des orbites, il en résulte que l'on peut, en général, juger de l'intelligence d'un individu d'après l'étude de ces différentes parties du corps des animaux. — V. *Front, Tête.*

Puisque le cerveau a de si importantes fonctions dans la vie des animaux, on conçoit combien la nature a dû mettre de soin non seulement dans sa confection, mais encore dans l'emploi des moyens de le protéger, de prévenir ses lésions et ses maladies. Dans ce but, le centre nerveux a été enfermé dans une boîte (crâne) admirablement disposée pour le recevoir. A des conditions architecturales de solidité elle réunit toutes les dispositions essentielles pour le passage des nerfs et de la moelle épinière, qui ne sont que les dépendances de l'organe qui les fournit. — V. *Articulation*, *Crâne, Moelle épinière, Nerf rachidien, Vertèbre.*

Les maladies du cerveau sont toujours graves dans les animaux. Dans le cheval, surtout, elles déterminent quelquefois des maladies vertigieuses, qui, si elles ne les font pas périr, demandent un traitement souvent long et dispendieux, sans chances de guérison bien assurées. Les apoplexies cérébrales déterminent quelquefois la mort instantanée des animaux. L'immobilité du cheval a, d'après l'opinion généralement admise, son siége dans le cerveau. — V. *Apoplexie*, *Immobilité*, *Vertige*.

CERVELET. Partie du cerveau située en arrière de la masse cérébrale principale.

CERVELLE. Nom vulgaire donné au cerveau. — V. *Cerveau*.

CERVICAL. Nom d'organes qui ont rapport au cerveau. On distingue les veines, les artères cervicales.

On donne le nom de ligament cervical à un fort ligament de couleur jaune, élastique, qui, se fixant, dans les animaux, aux apophyses des premières vertèbres dorsales, s'attache à celles de l'encolure par des divisions, et s'implante à l'os occipital. Ce ligament concourt à soutenir la tête ainsi que l'encolure, dont le port est plus ou moins facile et gracieux, suivant les bonnes ou mauvaises dispositions du garrot. — V. *Garrot*.

CÉTACÉS. Ordre de mammifères qui vivent dans l'eau. Les cétacés comprennent la baleine, le cachalot, le lamentin, etc.

CHABLIS. Nom donné aux arbres de haute futaie renversés par les vents.

CHAIR. (*Viande.*) Nom donné aux tissus animaux généralement employés à la nourriture de l'homme. La nature de la chair, le plus nutritif, le plus réparateur de tous les aliments, varie suivant l'âge des animaux, suivant les animaux eux-mêmes, les races, et les pays où ils sont élevés : celle qui provient de jeunes animaux est moins nutritive, plus légère, d'une digestion plus facile; celle des sujets adultes est plus substantielle, plus nourrissante. Le genre de nourriture des sujets modifie la saveur, la qualité de leur viande. Ceux qui sont élevés dans des lieux bas, humides, malsains, avec des aliments aqueux, n'ont jamais la viande aussi ferme, aussi savoureuse, aussi délicate, que les animaux qui sont élevés et engraissés sur des sols sains, montagneux, où croissent des plantes aromatiques, où l'air est pur. Les animaux malades, les moutons qui ont la pourriture, ont la chair molle, décolorée, sans saveur.

Ce que nous disons de la viande de boucherie s'applique à celle du gibier. Les chasseurs, comme les gourmets, savent parfaitement faire la différence qu'il y a entre le gibier de différentes provenances. Un lièvre de la vallée, plus développé, haut sur jambes, qui mange l'herbe grasse des pâturages riches et abondants, n'aura jamais le fumet du lièvre de la montagne, aux jambes courtes, au corps trapu et robuste, qui se nourrit d'herbes fines, aromatiques, et respire l'air sec et pur des sommets; la viande de ce dernier sera plus noire, plus ferme, plus aromatisée, plus savoureuse, plus nutritive. — V. *Montagne*, *Viande*.

CHALET. Nom donné, en Suisse, aux petits bâtiments construits sur les montagnes pour y fabriqner le fromage. Dans les montagnes de l'Auvergne, ces habitations se nomment *burons*.— V. *Buron*.

CHALEUR. Effet provoqué par la présence du calorique. Au point de vue physiologique, la chaleur est une sensation particulière produite sur nous par la présence du calorique, soit dans l'air, soit dans tout autre corps qui le contient. La chaleur de l'atmosphère est un des éléments indispensables à la végétation; mais elle doit être dans des conditions de température sans lesquelles elle deviendrait nuisible au lieu d'être utile. Si cette chaleur est insuffisante, il en résulte le froid, qui engourdit la vie des végétaux; le travail de la végétation est interrompu, comme on peut s'en convaincre, pendant les hivers. Si elle est trop élevée, elle dessèche le sol, raréfie l'air, détruit l'humidité indispensable aux plantes, et contrarie les opérations du cultivateur. La meilleure condition de la température pour la végétation est celle qui se trouve entre 10 et 30 degrés. Le climat qui en est doté peut être considéré comme le plus favorable à la production de la majorité des plantes cultivées par l'homme, et nécessaires à son existence.

On peut juger facilement de l'influence de la chaleur sur les végétaux par une comparaison bien facile à faire dans notre latitude. Examinez le travail de végétation des plantes d'une serre chaude pendant l'hiver, et comparez-le à l'engourdissement de celles qui sont exposées au froid dehors, et vous n'aurez pas besoin d'autre exemple pour être convaincu.

Mais si la chaleur est indispensable à la vie des végétaux, elle ne l'est pas moins à celle des animaux. La seule différence qu'il y a dans ce fait incontestable, c'est que les uns comme les autres ne peuvent pas subir les mêmes variations de température. La température animale ne peut pas résister aux changements que peuvent supporter sans inconvénient les végétaux. Elle a des degrés limités en dehors desquels la vie n'est plus possible; cette condition est d'autant plus rigoureuse, que les animaux sont plus parfaits et s'éloignent plus des végétaux par la nature de leur organisation. Ainsi, tandis que la température d'un végétal peut descendre de plusieurs degrés au dessous de zéro et monter à des degrés très élevés sous l'influence du calorique de l'atmosphère, les animaux ne peuvent supporter que de légères modifications; et, pour équilibrer leur chaleur avec celle de l'air ambiant, ils sont pourvus d'organes, d'appareils particuliers, dont les fonctions remplissent admirablement le but de la nature. Ils ont un foyer de calorique (poumons, respiration) qui maintient leur température naturelle au milieu du froid le plus intense, d'un côté, et une fonction vitale qui, d'autre part, et au milieu des plus grandes chaleurs atmosphériques, modère par la sueur qu'elle produit, et qui se volatilise, l'action d'un calorique trop intense pour la vie des mammifères et des oiseaux (transpiration). En se volatilisant, en effet, cette sueur emprunte au corps qui la produit une quantité de calorique qui contribue pour beaucoup à l'entretenir dans les limites de chaleur indispensable à la vie animale.

Nous venons de dire que les animaux étaient d'autant moins aptes à subir des changements dans leur température, qu'ils étaient plus parfaits et qu'ils s'éloignaient davantage des végétaux par la perfection de leur organisation; nous allons le prouver par un fait. Les reptiles (serpents, lézards) ont une organisation moins complète que les mammifères et les oiseaux (V. *Mammifère, Oiseaux*). Aussi subissent-ils à un degré très caractérisé l'influence du calorique de l'air ambiant. Prenez une couleuvre, un lézard, etc., quand la température est basse : vous les trouverez froids, et ils seront engourdis; leurs mouvements, au lieu d'être vifs, précipités, seront lents, difficiles à exécuter. Exposez-les à une température chaude, leurs corps subiront son influence; ils se réchaufferont, et vous pourrez vous en assurer par le contact. Leur vivacité aura augmenté avec la chaleur, et leurs mouvements seront libres, rapides. Lorsqu'on découvre une couleuvre en piochant la terre pendant l'hiver, elle est presque immobile; si on la place sur la neige, elle y reste privée de mouvement.

L'action des changements de température sur le corps des reptiles a donc de l'analogie avec celle qui agit sur les végétaux, puisqu'ils se refroidissent ou se réchauffent aussi, suivant l'abaissement ou l'élévation de la température ambiante. Eh bien! il n'en est pas de même pour l'homme, les mammifères et les oiseaux. Leur température ordinaire, de 37 à 38 degrés, reste toujours à peu près la même, quels que soient l'élévation ou l'abaissement de celle de l'atmosphère qui les environne.

On a long-temps discuté, on discute encore, sur les sources de la chaleur animale; cependant on est généralement d'accord aujourd'hui qu'elle est l'effet surtout du travail chimique qui se fait, pendant l'acte de la respiration, dans les poumons. Le contact de l'oxygène de l'air avec le sang, plus chaud, plus animalisé après le travail, qu'avant son action dans ces organes, en est la cause. On a pensé encore que le mouvement de circulation, la contraction musculaire, n'y étaient pas étrangers, et qu'ils pouvaient contribuer aussi à la calorification. — V. *Respiration*.

CHALEURS (*Rut.*) On a nommé chaleurs les dispositions des femelles domestiques pour être fécondées. Le temps des chaleurs varie; il passe et se renouvelle périodiquement tant que la fécondation n'a pas lieu. Quand elle est opérée, les chaleurs cessent; les femelles repoussent les mâles, qui d'ailleurs ne les recherchent plus.

CHALUMEAU. Tige fistuleuse d'un végétal; tuyau de paille de céréales. — V. *Chaume*.

CHALYBÉ. Nom donné à des substances médicinales qui contiennent des préparations martiales (de fer ou d'acier). — V. *Fer*.

CHAMBRE. On donne le nom de chambres des yeux des animaux aux espaces qui contiennent du liquide et qui sont placés en avant et en arrière du cristallin. L'espace antérieur se nomme chambre antérieure; le postérieur, chambre postérieure, de l'œil.

CHAMBRIÈRE. Fouet long employé dans les manéges. On donne aussi ce nom à une tige en bois fixée en avant des charrettes à deux roues, pour les soutenir et soulager les limoniers pendant le repos ou lorsqu'on les charge.

CHAMEAU. Animal ruminant, à l'état domestique sur plusieurs points du globe. On distingue deux variétés de chameaux. L'un a deux bosses, l'autre n'en a qu'une. Celui-ci, qui se nomme dromadaire, est très répandu en Algérie, et il ne saurait y être remplacé comme bête de somme. Sobre, robuste, il franchit rapidement de grands espaces, avec une charge de 300 kilogrammes et même plus, sans compter le poids de l'homme qui le monte pour le conduire. Animal domestique des plus utiles, il fournit une laine dont les Arabes d'Algérie font des manteaux à capuchon qu'ils nomment burnous, et qui sont imperméables. La chair du chameau a beaucoup d'analogie avec celle du bœuf. On a essayé avec succès d'atteler des dromadaires. Si on les emploie aux messageries de l'Algérie, ils rendront d'immenses services aux communications de ce riche pays. L'espèce de dromadaire nommée méhari parcourt, plusieurs jours de suite, des étendues considérables de chemin sans trop de fatigue. Il est précieux pour les grands trajets et pour les courses forcées. Sans le chameau, qui peut se passer de boire et de manger pendant bien plus long-temps que les autres animaux, les pays parcourus dans les déserts de l'Afrique et de plusieurs autres pays d'Orient seraient nécessairement impraticables. Ce précieux ruminant peut être classé au premier rang des animaux domestiques qui rendent le plus de services à l'homme, partout où il est utilisé, comme bête de somme, d'une part, et, de l'autre, comme produisant de la viande et de la laine.

CHAMELLE. Femelle du chameau. — V. *Chameau.*

CHAMOIS. Nom d'un ruminant qui vit à l'état sauvage sur les sommets des Alpes et des Pyrénées. Les chamois fournissent un excellent gibier. Ces animaux, de la taille de la chèvre à peu près, sont très robustes et d'une adresse exceptionnelle pour franchir les rochers escarpés et les précipices inabordables. La chasse du chamois est très difficile, et souvent dangereuse pour les chasseurs, qui sont obligés de gravir des rochers et de traverser des précipices souvent inaccessibles.

CHAMP. Pièce de terre cultivée. — V. *Agriculture.*

CHAMPÊTRE. Qui a rapport aux champs. La vie champêtre est naturellement celle de tous les cultivateurs. Quand on se destine à la noble carrière de l'agriculture, il ne faut pas songer à avoir une autre existence que celle des champs. — V. *Agriculteur*, *Agriculture.*

CHAMPIGNON. Les champignons forment une famille de végétaux très nombreuse, très répandue et très variée. On les trouve généralement dans les lieux humides, ombragés. Ils croissent rapidement, tantôt sur la terre, tantôt sur d'autres végétaux, et même sur des tissus animaux. Dans ce cas, ils sont de véritables parasites. Le charbon, la carie du blé, les lichens des arbres, la rouille des végétaux, l'ergot du seigle, les moisissures de tout ordre, la maladie du raisin observée dans ces derniers temps, sont dus au développement de champignons de nature variée. M. Guérin-Méneville a constaté, par des observations microscopiques très curieuses, que la muscardine, qui fait tant de ravages dans les magnaneries, n'est que la conséquence d'un développement de champignons dans les vers à soie.

Les champignons qui croissent sur la terre offrent aussi des variétés nombreuses, dont quelques unes, comestibles, sont consommées soit comme aliment, soit comme assaisonnement. Mais il en est qui sont un poison violent, et il ne se passe peut-être pas d'années sans empoisonnements pas les champignons. Des familles entières ont souvent péri victimes de ces terribles poisons, pris par imprudence dans tous pays, dans tous les temps, et même de nos jours. On ne saurait donc être assez circonspect dans nos campagnes sur l'usage des champignons comme aliment, et d'autant plus qu'on y est souvent éloigné de tout secours de la médecine contre un empoisonnement subit et dont l'action est rapide.

Certains champignons comestibles donnent lieu à une culture assez importante et toute particulière aux environs des grandes villes, et notamment à Paris. C'est sur couches, dans des caves ou des souterrains, qu'on cultive ces végétaux transportés dans les marchés. La truffe, considérée comme un champignon souterrain qui croît dans certains sols, est une source de revenus considérable pour les pays qui l'exploitent.

Parmi les champignons comestibles, on reconnaît la morille, la cèpe, l'oronge, le mousseron, la clavaire, l'agaric comestible, nommé champignon de couches. Dans tout cas, nous répétons qu'on devra toujours être très circonspect sur l'usage des champignons, et l'on rejettera, parmi les comestibles, ceux qui sont trop vieux et flétris, et à plus forte raison quand ils sont près de se décomposer.

On donne le nom de champignons, en médecine vétérinaire, à des excroissances qui se développent sur le cordon testiculaire des animaux après la castration. Ils sont la conséquence plus ou moins grave d'une altération du cordon testiculaire, et ils nécessitent souvent des opérations chirurgicales difficiles, dont le succès n'est pas toujours assuré.

CHANCRE. Les arbres sont sujets à certaines altérations partielles qu'on appelle chancres. Elles attaquent les premières couches d'aubier sous l'écorce, qu'elles détruisent, et provoquent quelquefois un suintement plus ou moins abondant. Pour guérir ces maladies, on découvre la partie lésée et on la rugine; quand on a enlevé toutes les couches de bois qui paraissent malades, on couvre la plaie avec de la poix noire fondue, du goudron, ou tout autre emplâtre qui la préserve de l'action alternative de l'humidité et de la sécheresse. L'écorce recouvre chaque année la place du chancre, qui disparaît pour ne laisser aucune trace. Ce sont surtout les arbres fruitiers qui sont sujets à ces maladies.

En médecine vétérinaire, on nomme chancres des ulcérations qu'on observe sur la cloison nasale des chevaux morveux, et sur les bords des oreilles des chiens de chasse surtout. Il y a peu de chose à faire aux chancres des chevaux morveux. Quant à ceux des oreilles des chiens, on les traite par la cautérisation; quelquefois on est obligé d'amputer le bout chancreux de l'oreille pour obtenir la guérison.

CHANCREUX, SE. Plaie chancreuse, qui est de la nature du chancre. — V. *Chancre*.

CHANFREIN. Région de la tête du cheval bornée supérieurement par le front, latéralement par les joues, inférieurement par le nez. Pour être beau, un chanfrein doit être droit et large. Un chanfrein busqué, rétréci, caractérise un animal commun, à poitrine généralement rétrécie, à ganaches resserrées, à naseaux étroits ; genre de conformation qui indique une organisation faible, peu de vigueur des animaux. — V. *Naseaux, Poitrine.*

CHANTERELLE. Nom donné à certains oiseaux employés par les oiseleurs pour appeler, par leur chant, les individus de leur espèce, et les attirer dans des filets.

CHANVRE. Plante textile de la famille des urticées, importée de l'Inde, et cultivée en Europe de temps immémorial. Le chanvre est une de nos plantes industrielles les plus précieuses. Sa graine, nommée chènevis, fournit une huile employée pour l'éclairage ; cette huile est utilisée aussi dans les arts et l'industrie pour la fabrication des savons, etc., etc. La tige du chanvre donne des filaments fibreux qui servent à faire des toiles très solides, des cordages pour les besoins de la marine et de l'agriculture, du linge de toute qualité, surtout pour nos populations rurales. Dans beaucoup de pays, tout ménage a son jardin à chanvre qui fournit chaque année le linge de renouvellement. Le chanvre est filé pendant les veillées d'hiver par les ménagères ou les servantes ; et le tisserand du village en fait de la toile pour un prix convenu. C'est ainsi que les habitants des campagnes se procurent, dans divers lieux, la toile nécessaire à leur consommation.

Certains pays de France, comme la vallée de la Garonne, la Limagne d'Auvergne, les bords de la Loire, etc., tirent un grand bénéfice de la culture du chanvre. Son produit est vendu après son rouissage aux fabriques de cordages ou de toile ; quelquefois même les ménages font fabriquer la toile qu'ils vendent dans les marchés.

On a attribué au chanvre des propriétés vermifuges pour les animaux. Son odeur, dit-on, éloigne les insectes nuisibles. On a pensé qu'il était utile d'en planter quelques pieds espacés près des végétaux qu'ils dévorent. On assure que, mélangées dans un tas de blé, des tiges de chanvre le préservent du charançon. Il serait utile de faire cette expérience, que je n'ai pas eu occasion d'observer.

Les oiseaux, la volaille, sont très friands du chènevis. Aussi, quand on l'ensemence, doit-on veiller à ce qu'il ne soit pas dévoré par eux.

On arrache les tiges de chanvre mâle après la fécondation des tiges femelles, et on récolte celles-ci quand le grain est mûr.

Lorsqu'on veut obtenir un chènevis bien nourri, on sème isolément, sur de bons terrains, quelques grains des plus gros. Ils fournissent une tige robuste, forte, branchue, qui donne toujours une meilleure graine que les tiges des chènevières serrées, étiolées. Celles-ci fournissent un chanvre plus fin; mais cet avantage est obtenu aux dépens de la qualité de la graine.

CHAPEAU. En terme de botanique, la partie du champignon portée sur sa tige en forme de parasol se nomme chapeau.

CHAPELET. Nom donné à de petites tumeurs osseuses ou farcineuses disposées en forme de chapelet sur les membres du cheval, ou sur des parties différentes de son corps. On distingue les suros en chapelet, le farcin en chapelet. — V. *Farcin, Suros.*

CHAPITEAU. — V. *Alambic.*

CHAPON. Le coq qui a subi la castration se nomme chapon. Sa chair est plus délicate et son engraissement plus facile. Dans les campagnes, ce sont les ménagères qui opèrent la castration des poulets. — V. *Castration.*

CHAR. Espèce de voiture simple, légère, à deux ou quatre roues, utilisée généralement dans les montagnes sur lesquelles les voies de communication sont difficiles. Dans ces pays, les charrois se font avec des bœufs, parceque le mauvais état des chemins ne permet pas l'usage des chevaux de trait, surtout dans les exploitations rurales. Les bœufs attelés aux chars, dont les essieux sont souvent en bois et dont les roues ne sont le plus souvent pas ferrées, peuvent aller presque partout pour voiturer les fourrages, toutes les récoltes, les bois, et pour transporter aux marchés les objets vendus par les cultivateurs. Dans les montagnes de l'Auvergne, des Pyrénées, des Cévennes, etc., les chars sont les voitures presque exclusives des cultivateurs, qui les fabriquent le plus souvent eux-mêmes, très économiquement, et sans le concours des charrons.

CHARBON. Corps noir, plus ou moins poreux, provenant de la carbonisation de matières organiques végétales ou animales. On emploie le charbon dans l'économie domestique, dans les arts ou l'industrie, soit comme combustible, soit comme désinfectant, ou comme engrais, sous le nom de noir animal.

On distingue trois sortes de charbons : le charbon animal (noir animal), le charbon végétal et le charbon minéral (houille). Le charbon animal provient surtout de la combustion des os. Réduit en poudre, il jouit de la propriété de décolorer les liquides et de les désinfecter. Cette qualité le fait employer à la clarification du sucre dans les raffineries, comme à celle des sirops et autres liquides employés dans l'industrie.

Lorsque le charbon animal (noir animal) a servi aux clarifications, il est vendu comme engrais à l'agriculture. — V. *Noir animal*.

Le charbon végétal (charbon de bois) est infiniment plus répandu et d'un usage plus général que le noir animal. C'est surtout comme combustible qu'il est employé, notamment pour les cuisines, parcequ'il ne donne pas de fumée. Ce charbon sert aussi pour la confection de la poudre à canon. Sans avoir une action aussi puissante que le charbon animal pour décolorer les liquides et les désinfecter, il est cependant employé à cet usage dans une infinité de cas, et surtout lorsque le charbon animal se trouve d'un prix relativement trop élevé.

La fabrication du charbon de bois offre un moyen avantageux d'aménager certaines forêts difficiles à exploiter par difficulté de terrain, ou par défaut de chemins praticables. A volume à peu près égal, le charbon rend les transports faciles par sa légèreté. Il ne pèse qu'environ un cinquième du bois qui le produit.

Le charbon est un antiputride par excellence, par la propriété qu'il a d'absorber les gaz et les corps odorants provenant de substances végétales ou animales en putréfaction. On pourrait s'en servir pour assainir et désinfecter les eaux malsaines. En leur faisant traverser un filtre de charbon pulvérisé, elles seraient rendues potables après avoir perdu leurs propriétés malfaisantes. Il serait facile de renouveler ces filtres de temps en temps avec économie, car le charbon qui aurait déjà servi n'en serait pas moins utilisé comme combustible après avoir été desséché. Les ménagères connaissent très bien la propriété désinfectante du charbon; elles en plongent des morceaux dans le bouillon pour enlever la mauvaise odeur que la viande qui a subi un commencement de fermentation a pu lui communiquer.

On emploie quelquefois, en médecine des animaux, la poudre de charbon de bois à l'intérieur, comme désinfectant, dans des diarrhées dyssentériques, lorsque les excréments répandent une odeur fétide. On s'en sert aussi dans les cas de typhus. Les plaies de mauvaise nature qui rendent du pus ou des liquides putrides de mauvaise odeur, les ulcères, les surfaces gangrenées, le crapaud, les eaux aux jambes du cheval, sont désinfectés par la poudre de charbon.

Le charbon minéral (houille) n'est employé que comme combustible. Il est extrait du sol, souvent à de grandes profondeurs. On cherche à expliquer sa formation par la carbonisation de masses de végétaux accumulés qui ont subi une sorte de fusion, par suite d'une température exceptionnelle ou par l'influence de tout autre agent. Ce charbon est plus compact, plus lourd, et il contient relativement une plus grande quantité de carbone sous un volume donné. Il sert surtout aux machines à vapeur, aux forgerons, aux usines diverses, et au chauffage dans les pays où il est extrait. On distingue plusieurs espèces de houilles, suivant les provenances, et leur combustion plus ou moins avantageuse fait varier leurs prix sur les marchés.

CHARBON. (*Anthax, Avant-cœur.*) En médecine vétérinaire, on donne le nom de charbon à des maladies qui se déclarent spontanément dans diverses parties du corps des animaux domestiques. Le charbon, souvent mortel, paraît sous forme d'une tumeur plus ou moins dure, sensible, quelquefois crépitante et augmentant, dans certains cas, avec une rapidité incroyable, surtout dans le bœuf. Cette maladie se déclare aux membres, au poitrail, sous le ventre, à l'encolure, à la tête, et quelquefois à la langue (glossantrax). Les causes de cette affection sont les logements insalubres, la mauvaise nourriture, les fourrages avariés, rouillés, vasés, et souvent la contagion. Lorsque des causes générales l'ont déterminé, le charbon frappe plusieurs animaux à la fois, sous forme enzootique ou épizootique. On le traite par l'ablation des tumeurs charbonneuses, par des incisions profondes, ou par la cautérisation de ces tumeurs avec des cautères chauffés à blanc. Cette affection, qui se communique non seulement d'un animal à l'autre, mais encore à l'homme, exige de grandes précautions pour être traitée. Lorsque les animaux sont morts, on doit les enterrer profondément, après avoir tailladé la peau pour empêcher de les déterrer et de les écorcher. Le sang des tumeurs charbonneuses et des animaux morts du charbon est noir, épais ; les désordres causés dans les tissus malades caractérisent une nature d'altération gangreneuse dont aucun traitement employé n'a pu triompher. C'est une des maladies les plus meurtrières et les plus dangereuses dont puissent être atteints les animaux domestiques, comme l'homme.

CHARBON (*des végétaux*). Les céréales, telles que le blé, le seigle, l'orge, le maïs, et notamment l'avoine, ont quelquefois des épis nombreux dépourvus de grains, et noircis par une poussière noirâtre qui en tient la place et qu'on nomme charbon. Cette maladie est causée par le développement de petits champignons dont on ignore l'origine. Dans tout cas, pour prévenir cette maladie, on traite les grains de semence comme pour les préserver de la carie, par le chaulage ou le sulfatage. — V. ces mots.

CHARBONNÉ. On remarque quelquefois des taches noires, qu'on dirait faites avec du charbon, sur certaines robes d'animaux. Les chevaux alezans, les bais, offrent de ces exemples. On désigne par le mot *charbonné* cette particularité. Ainsi un animal est charbonné à l'encolure, à la croupe, aux membres, etc., suivant les lieux où la tache noire est placée. —V. *Signalement*.

CHARBONNEUX. Qui est de la nature du charbon. On reconnaît des maladies charbonneuses, des tumeurs charbonneuses. — V. *Charbon*.

CHARDON. Genre de plantes très nombreuses et variées de la famille des composées. Les chardons, communs dans les lieux incultes, salissent souvent les moissons, les terres ensemencées; leurs graines, transportées par les vents, se sèment au loin. Des ordonnances de police devraient rigoureusement prescrire la destruction des chardons avant la floraison, partout où ils poussent, et l'autorité devrait veiller scrupuleusement à leur exécution dans nos campagnes.

CHARANÇON. Insecte de l'ordre des coléoptères. Le charançon cause des dégâts considérables dans les greniers. Ses larves pénètrent dans les grains des tas de blés par myriades, et en dévorent la farine. C'est un des insectes les plus nuisibles à nos subsistances. On a préconisé plusieurs moyens pour préserver le blé du charançon. Les odeurs du goudron, du chanvre, de l'ail, ont été considérées, par plusieurs agronomes, comme pouvant chasser le charançon des greniers. Cependant, jusqu'ici, on ne connaît aucun moyen assuré de le détruire de manière à pouvoir se préserver de ses ravages, quand il s'est emparé des tas de blé.

CHARGE. Nom donné à de larges emplâtres composés de térébenthine, de goudron, de poix noire ou de Bourgogne, appliqués sur certaines régions des animaux, pour déterminer une révulsion sur la peau. On applique les charges, chauffées, sur les reins, dans les efforts de cette partie, sur les articulations, sur les épaules, après avoir coupé les poils qui les recouvrent.

CHARLATAN. Imposteur qui exploite la crédulité publique en vendant de prétendus remèdes propres à guérir tous les maux. C'est surtout dans nos campagnes que ces spéculateurs de mauvaise foi exercent leur coupable industrie. L'autorité devrait toujours surveiller les charlatans de toute espèce, pour prévenir, autant que possible, le mal que font leurs mensonges aux populations rurales.

CHARLATANISME. Impostures, procédés de toute nature, réunion des moyens employés par le charlatan, pour convaincre ceux qui l'écoutent, les tromper, et abuser de leur confiance ou de leur crédulité. Le charlatanisme est une des plaies de nos campagnes. On ne saurait trop éclairer les cultivateurs sur les coupables menées des gens de mauvaise foi qui passent leur vie errante à faire des dupes.

CHARME. Arbre de la famille des cupulifères. Le charme fournit un bois dur, très bon pour le chauffage, et pour confectionner divers instruments aratoires. C'est avec le charme, taillé de diverses manières, qu'on forme des charmilles, des haies, des berceaux, des allées, des abris, etc.

CHARMILLE. — V. *Charme.*

CHARME. (*Sortilége, Sort, Art magique.*) Prétendu privilége que les charlatans disent avoir de régler l'avenir, le présent, le sort d'un ou de plusieurs individus. L'autorité ne devrait jamais manquer de punir de semblables abus partout où ils se présentent.

CHARMOISE (*Race ovine de la*). La race des moutons de la Charmoise est de création nouvelle. L'honneur en est dû au cultivateur Malingié, enlevé à l'agriculture au moment où, jeune encore, il allait jouir du fruit de ses utiles travaux. Malingié avait étudié Daubenton, qu'il a imité. Il se demanda si l'on ne pouvait pas, comme l'ont fait les Anglais avec tant d'intelligence, créer aussi une race remplissant les meilleures conditions possibles de production de viande et de laine. Comme Daubenton, il parvint au but proposé par des accouplements bien compris et bien dirigés; il fit des moutons réunissant à une belle conformation la précocité pour la boucherie, et la production d'une belle laine. Aujourd'hui, les producteurs de la race de la Charmoise sont recherchés à l'étranger, sans même en excepter l'Angleterre.

CHARNIÈRE. Nom donné à la disposition de certaines articulations des os du squelette des animaux qui ont besoin d'une grande solidité. — V. *Articulation.*

CHARNU, E. Fourni de chair. La tête, les épaules, l'encolure des animaux, sont charnues quand elles sont chargées de chair. Les animaux qui ont ces parties charnues n'appartiennent pas à des races distinguées. Les chevaux des races communes offrent souvent ce vice de conformation.

Le mot *charnu* s'adapte aussi aux fruits dont la substance a de l'analogie avec la chair par sa consistance. Une pêche, un melon, sont des fruits charnus.

CHAROLAIS (*Bœuf*). Le bœuf charolais, très répandu dans le Nivernais et le Charolais, est un animal bien développé et d'une belle conformation. Il a la tête courte et large, les cornes horizontales, un peu fortes, quelquefois verdâtres, ce qui n'indique pas de bonnes qualités, dans les individus comme dans les races. Ses côtes sont souvent un peu plates, ce qui fait que son épaule, charnue, fait saillie sur elles. Son dos, ses reins, sa croupe, ses cuisses, sont bien faits; ses membres sont forts. Ce caractère accuse une ossature trop volumineuse. Sa peau est généralement épaisse, un peu dure; son poil est court, mais souvent gros. Son pelage est en général de couleur café au lait. Cette race n'est pas très bonne laitière.

Si le bœuf charolais n'est pas de première qualité comme animal de boucherie et comme type laitier, il est un de ceux qui ont le corps le mieux fait, les formes les mieux arrondies et les plus séduisantes. Nous n'avons pas, en France, d'espèce mieux roulée.

Ce bœuf est toujours admiré dans les concours de Poissy, comme partout où il se présente, pour ses formes potelées. Son poids, vif, est de 8 à 900 kilogrammes et plus, lorsqu'il est engraissé.

Quelques éleveurs intelligents du Charolais s'occupent de perfectionner leur belle race par elle-même. Nous avons observé dans les concours de très beaux types, d'une belle conformation, comme animaux de boucherie, et d'une grande finesse. Si le Charolais sait bien choisir ses types dans sa race même, il peut la modifier de manière à en faire une des plus belles espèces de boucherie d'Europe.

CHARPENTE. Ensemble de pièces de bois ajustées pour une construction. Le mot *charpente* s'applique, par analogie, à la réunion des os qui forment le squelette, la charpente des animaux. De même que les bonnes dispositions d'une charpente déterminent celles d'un édifice, de même les bonnes ou mauvaises dispositions du squelette, qui est la charpente des animaux, règlent leurs formes, leurs bonnes ou mauvaises conditions de structure, de solidité, d'élégance. — V. *Conformation*, ***Os***, ***Squelette***.

CHARPIE. Filaments obtenus du linge plus ou moins usé, et réunis pour panser les plaies. On fait avec la charpie des bandelettes, des plumasseaux, des bourdonnets, suivant la forme, la profondeur, la nature des plaies. En médecine vétérinaire, on se sert de préférence des étoupes. Leur usage est plus économique, et il est plus facile de s'en procurer dans les campagnes.

CHARRÉES. Cendres qui ont servi à la lessive. Certains pays de France ramassent soigneusement les charrées, tandis que d'autres les laissent perdre. Elles donnent cependant un bon engrais, surtout pour les prairies. On ne devrait jamais négliger les moyens, quels qu'ils soient, d'augmenter nos engrais. Nous ne saurions assez répéter qu'ils sont la base essentielle de la prospérité de l'agriculture et des cultivateurs.

CHARRETIER. Dans nos campagnes, on donne le nom de charretier aux domestiques de ferme qui font les travaux de l'agriculture et qui sont chargés des soins et de la conduite des travaux de la ferme. Ainsi, un charretier laboure, conduit les denrées partout où elles doivent être transportées, soit pour être vendues dans les marchés, soit pour être emmagasinées. Un bon charretier doit être patient, soigneux pour les animaux; robuste, pour résister aux fatigues, aux mauvais temps, auxquels il est souvent exposé. Tout charretier brutal pour les animaux, peu soucieux de leur santé, quelles que soient d'ailleurs ses autres qualités, ne peut être un bon domestique. Les animaux de travail sont toujours, pour une ferme, le matériel d'exploitation le plus précieux, celui qui a besoin de plus de soins et d'attention, tant par le capital qu'ils représentent, que par celui qu'ils procurent par leur travail. Une des premières conditions de la prospérité d'un domaine est donc celle qui tend à conserver ces animaux en bon état, pour être toujours disposés à faire un bon et long service.

CHARRUE. Instrument de labourage. La charrue ne diffère de l'araire que par l'addition de l'avant-train. Ajoutez un avant-train à l'araire Dombasle, et vous avez une charrue; ôtez-le, et il vous reste l'araire. La bêche est, de tous les instruments propres à cultiver la terre, le plus simple et le meilleur de tous; mais il ne peut être mis en jeu que par les bras d'un homme. On comprend combien son travail est dispendieux, et il ne peut réellement être employé avec avantage que dans les sols privilégiés qui produisent des récoltes exceptionnelles. Il est impossible de bêcher les sols qui composent en général les terrains exploités par l'agriculture. Il fallait donc trouver un instrument dont le travail se rapprochât le plus de celui de la bêche, et qui pût être mis en jeu par des animaux. La charrue a été, jusqu'à ce jour, l'instrument qui a le mieux rempli le but; mais la mieux perfectionnée doit être celle qui avec le plus de simplicité, de légèreté, et le moins de tirage possible, fait le meilleur travail. La charrue est pourvue de deux roues supportant l'age, qui se fixe à leur essieu, d'une manière plus ou moins directe, d'un coutre qui tranche la terre verticalement, d'un soc qui la tranche horizontalement et coupe les racines, et d'un versoir qui retourne la bande de terre résultant de l'action du coutre et du soc. La charrue est de plus pourvue de son sep, de son age, de ses mancherons, et du régulateur qui règle son entrure.

La charrue est plus facile à conduire que l'araire, parceque les roues l'empêchent de vaciller. Celles-ci fixent l'age solidement; mais elles donnent du tirage, parceque la résistance opposée par leur marche est ajoutée à celle du sol. Ainsi, à conditions égales, un même labour demande plus de tirage par une charrue que par un araire. D'autre part, le laboureur peut faciliter quelquefois le tirage des animaux en imprimant à l'araire de petits mouvements de bascule au moyen de mancherons qui lui servent de levier. Il lui est impossible d'en faire autant avec une charrue qui marche d'une manière fixe. La charrue, en effet, doit rompre par la seule force des attelages tout obstacle, ou s'arrêter devant lui. D'un autre côté, l'araire est plus simple, plus économique et moins lourde, parcequ'elle n'a pas d'avant-train. Elle mérite donc la préférence lorsque l'habitude d'un pays, la maladresse ou la mauvaise volonté des laboureurs, ne s'opposent pas à son adoption. — V. *Araire*.

CHASSE. Art de prendre le gibier, de le tuer, ou de détruire les animaux malfaisants.

La chasse n'est utile à l'agriculture que lorsqu'elle a pour but la destruction des animaux nuisibles, tels que les loups, les renards, les fouines, les martes, les putois, les oiseaux de proie, le gibier qui dévore les récoltes. Mais elle est nuisible aux cultivateurs lorsqu'au lieu de les débarrasser des animaux malfaisants, les chasseurs et leurs chiens traversent les récoltes pour le plaisir de remplir leurs carnassières. Le cultivateur n'a pas le temps de se livrer à la chasse, d'autres occupations bien autrement graves doivent absorber tout son temps; cependant il ne doit pas négliger de purger sa demeure des bêtes qui dévorent sa volaille ou ses pigeons, mangent leurs œufs ou leurs petits. Il doit faire une guerre permanente aux renards qui maraudent la nuit et le jour aux environs des fermes, et aux loups qui inquiétent les troupeaux. C'est surtout aux moyens des piéges, et quelquefois à l'affût, que le cultivateur détruit ses ennemis. Ce moyen de les chasser n'empêche pas d'ailleurs ses occupations journalières; il peut tendre ses piéges et les visiter à temps perdu, sans nuire à ses travaux habituels.

CHASSELAS. Variété de raisin cultivée pour la table. La variété des chasselas dits de Fontainebleau est l'objet d'une industrie considérable dans les environs de Paris pour les approvisionnements des marchés de cette grande ville.

CHASSIE. Humeur onctueuse sécrétée par des glandes qui garnissent les bords des paupières des animaux. Comme les larmes, la chassie a ses fonctions particulières. Elle concourt sans doute à lubréfier les surfaces des yeux mises en contact avec l'air. Quand cette humeur est sécrétée suivant son état normal, elle n'est pas apercevable; mais lorsqu'elle est formée en abondance par suite de l'excitation des organes qui la fabriquent, elle se dessèche sur les bords des paupières, et rend les yeux chassieux.

CHASSIEUX. Yeux chassieux, dans lesquels on observe beaucoup de chassie. Les yeux ne sont chassieux que par suite d'une sécrétion plus abondante de chassie provoquée par une excitation plus ou moins prononcée des glandes qui la fournissent. Cette excitation peut être causée par des courants d'air sur les yeux, ou par toute autre cause capable de produire l'irritation de leurs parties accessoires.

CHASSIS. — V. *Bâche*.

CHAT. Mammifère carnassier domestique, très utile dans nos campagnes. Le chat détruit les rats et les souris, qui font des dégâts dans les greniers, les granges, partout où ils peuvent pénétrer et se cacher.

CHATAIGNE. Fruit du châtaignier. La châtaigne est d'une grande ressource pour l'alimentation de l'homme et des animaux. Dans certains départements de France elle est cultivée en abondance, et non seulement elle nourrit les populations locales, mais elle est exportée au loin pour être consommée dans les villes, sous le nom de marron. La châtaigne sert à engraisser les porcs, les volailles, etc., et donne à leur viande un excellent goût.

On fait sécher les châtaignes et on peut les conserver longtemps sans qu'elles subissent d'altération. Elles paraissent même plus sucrées après leur dessiccation.

La châtaigne contient beaucoup de fécule, du gluten et du sucre, ce qui explique ses qualités nutritives et sa saveur recherchée par l'homme comme par les animaux. — V. *Châtaignier*.

CHATAIGNE. Petite plaque ou excroissance cornée qu'on remarque à la face interne des membres des chevaux. Le cheval a une châtaigne à chaque membre, tandis que l'âne n'en a qu'aux membres antérieurs; il en est dépourvu aux membres postérieurs. Les animaux de races distinguées ont les châtaignes petites, minces, tandis que ceux des espèces communes en ont de plus développées.

CHATAIGNIER. Arbre de la famille des cupulifères, qui produit la châtaigne. Le châtaignier offre plusieurs variétés et est un des arbres les plus précieux que nous puissions cultiver. Non seulement il fournit un excellent fruit qui sert de nourriture à l'homme et aux animaux, mais encore son bois est d'un très bon usage dans nos campagnes. On s'en sert pour faire du merrain, des cercles, des charpentes. Ses taillis font d'excellents échalas, des perches. Les planches de châtaignier sont très estimées pour faire des meubles dans les campagnes, des portes et des contrevents qui durent, dit-on, autant que ceux de chêne, quoique plus légers.

Le châtaignier, dont la vie est très longue, n'est pas difficile sur la nature des sols où il est planté; cependant les terres légères, graveleuses, exposées au midi, sont celles qui lui conviennent le mieux; les châtaignes qu'il y produit sont de bonne qualité.

Nous avons en France quelques fonds qui ne produiraient que très peu de chose sans le châtaignier.

Les départements de France qui cultivent le plus de châtaigniers sont ceux de l'Ardèche, de la Corrèze, de la Dordogne, du Lot, de la Lozère, de la Gironde, de la Haute-Vienne, etc. Ces arbres occupent un espace de terrain d'environ 460,000 hectares, et il est regretttable qu'ils ne soient pas plus répandus, surtout dans les terrains qui leur conviendraient, et dont la stérilité oblige les cultivateurs à les laisser incultes.

CHATAIN. Dans les signalements des animaux, on donne le nom de châtain au poil qui a la teinte d'une châtaigne; c'est surtout dans l'espèce chevaline et sur les robes baies qu'on remarque cette nuance. — V. *Signalement*.

CHATIMENT. Correction donnée aux animaux qui ont besoin d'être avertis d'une faute qu'ils ont commise. Le châtiment doit plutôt être un avertissement qu'un mauvais traitement. On obtient mieux généralement ce qu'on désire des animaux par la parole, et en leur montrant l'instrument dont on se sert pour les conduire, qu'en les brutalisant. Un bon charretier, un bon bouvier, conduisent leurs animaux à la voix; ils les font obéir sans les frapper. C'est toujours un mauvais moyen que de maltraiter les animaux pour les contraindre à l'obéissance; ceux qui l'emploient manquent de patience, de tact, ou d'intelligence. Les exceptions sont bien rares.

CHATON. Nom donné à des fleurs en épi, comme on en observe dans le noisetier, le bouleau, le chêne, etc.

CHATRER. Priver un animal, mâle ou femelle, des organes de la fécondation. — V. *Castration*.

CHATREUR. Praticien qui fait profession de châtrer les animaux. — V. *Castration*.

CHAULAGE. Opération qui consiste à mettre de la chaux dans les sols. Le chaulage, toujours pratiqué avec succès dans les terres dépourvues de calcaire, non seulement leur donne plus de fécondité, mais change, modifie la nature des plantes qui y croissent; il en fait même disparaître plusieurs, qui sont remplacées par d'autres de meilleure qualité. C'est ainsi que, dans les terres de bruyère, dans celles qui sont siliceuses, argileuses, tourbeuses et froides, la chaux détruit les oseilles, la bruyère, les souchets, les carex, les joncs, les plantes acides, qui sont remplacées par diverses variétés de trèfle, par la capucine, et par d'autres plantes de la famille des légumineuses qui croissent dans les terrains calcaires. Elle modifie donc les gazons, en les améliorant. La chaux donne de plus de la consistance, du corps, aux terres légères, de la chaleur aux terres froides et siliceuses ; elle facilite l'ameublissement des terres fortes, argileuses, en provoquant leur division par le travail. Elle les rend ainsi plus perméables aux agents atmosphériques, et plus favorables au développement de la racine des plantes.

On a remarqué que les maladies des végétaux, la carie, le charbon, la rouille, étaient moins fréquentes dans les terrains chaulés, ce qui serait sans doute dû à l'action de la chaux sur la graine, et à la force des végétaux, qui, plus robustes, peuvent mieux résister aux causes de leurs altérations. Enfin le chaulage donne aux terres privées de calcaire les qualités des sols calcaires, qui sont les meilleurs, pour la culture des végétaux comme pour la facilité du travail des labours.

Toutes les chaux ne fertilisent pas au même degré les sols dans lesquels on les emploie. Ainsi, la chaux grasse donne un chaulage plus énergique et produit plus d'effet relatif. Les chaux maigres ont moins d'action ; il en faut une plus grande quantité pour chauler convenablement. Les sols eux-mêmes exigent plus ou moins de chaux. Les uns peuvent être chaulés avec quatre à cinq hectolitres par hectare, tandis qu'il en faudrait un tiers de plus et même le double pour d'autres. Les sols froids, argileux, tourbeux, par exemple, demandent plus de chaux que les sols légers, graveleux, et que les terrains de bruyères.

On chaule les grains pour les préserver de la carie. Ce moyen a été long-temps employé. Aujourd'hui on préfère généralement le sulfatage par le sulfate de cuivre. — V. *Carie*.

CHAUMAGE. (*Éteule, Redouble.*) Droit d'enlever les chaumes après la moisson dans les propriétés d'autrui. Ce triste usage, qui peut exister encore, suivant les coutumes des lieux, est une atteinte portée à la propriété. Les chaumes sont un engrais. Leur enlèvement des champs cause un dommage réel à l'agriculture; et il devrait non seulement être interdit, mais puni comme une soustraction illicite.

CHAUME. Tige fistuleuse, herbacée, garnie de nœuds espacés. Les pailles du blé, de l'avoine, etc., sont des chaumes.

On appelle chaume, en agriculture, la partie de la paille qui tient au sol par la racine après la moisson. Le meilleur emploi qu'on puisse faire du chaume c'est de l'enterrer en labourant, ou de l'arracher, quand c'est possible avec économie, pour en faire de la litière.

CHAUSSÉ, ÉE. Balzane haut chaussée, qui monte aux genoux, au jarret ou au-dessus. — V. *Balzane*.

CHAUSSE-TRAPE. (*Chardon étoilé.*) Plante de la famille des composées, du genre centaurée. La chausse-trape, pourvue d'aiguillons, commune dans les lieux arides, pierreux, pousse aussi le long des chemins, des haies. Les bestiaux, piqués par ses épines rudes et aiguës, ne la touchent pas. — V. *Centaurée*.

CHAUX. La chaux est très répandue dans la nature à l'état de carbonate (pierre à chaux). Elle forme plusieurs variétés de roches employées dans les arts, telles que les marbres, les craies, diverses pierres utilisées pour les constructions, etc. On obtient la chaux en faisant calciner les pierres calcaires dans des fours construits pour cette fin. La chaux est appelée *vive* quand elle n'a pas été éteinte par l'eau, dont elle est très avide. Elle a été d'un usage très répandu de toute antiquité pour les constructions de toute nature, sous forme de mortier (V. ce mot). Lorsque son prix n'est pas trop élevé, elle est très utile pour amender certains sols qui manquent de calcaire. — V. *Chaulage, Marnage*.

La chaux vive est quelquefois employée, mélangée à de la poudre de charbon, pour le pansement des plaies de mauvaise nature chez les animaux, notamment pour les ulcères farcineux, le crapaud, les eaux aux jambes des chevaux. Elle agit comme caustique et siccatif.

CHEIROPTÈRES. Famille de mammifères carnassiers. Les cheiroptères comprennent les chauves-souris, qui se nourrissent spécialement d'insectes, et sont, par cette raison, utiles à l'agriculture.

CHÉLIDOINE. Plante de la famille des papaveracées. Les tiges de chélidoine contiennent un suc jaune, âcre, qui est un véritable poison. Les animaux ne mangent pas cette plante, qui pourrait les empoisonner. Elle croît communément autour des habitations, dans les haies, au pied des murs, etc.

CHÉLONIENS. Ordre de reptiles qui comprend les diverses tortues de terre, de mer et d'eau douce.

CHÊNE. Arbre de la famille des cupulifères. Le chêne, qui comprend plusieurs variétés, est un des arbres les plus précieux de nos forêts. Son bois est un des plus durs, des plus résistants, qui soient employés dans l'industrie, dans les constructions de toute nature, soit sur terre, soit pour la marine. Il sert comme combustible; son charbon est de première qualité. Son écorce fournit du tan à l'industrie, et son fruit est excellent pour engraisser les porcs.

Le bois de chêne est employé pour les charpentes de tout ordre, pour le charronnage, la menuiserie, la boissellerie. On en fait des pieux, des poutres, des planches, du merrain, des cercles. Dans tous les usages, il est toujours considéré comme bois de première qualité. Le cœur du chêne est d'une durée illimitée, dans certaines conditions, comme dans l'eau, dans les pilotages.

Le chêne liége, qui croît en Espagne, dans le midi de la France, donne un revenu considérable par son écorce pour faire les bouchons de liége. Ce chêne est un des arbres cultivés qui produisent le plus, périodiquement.

L'écorce de chêne est quelquefois employée en art vétérinaire comme astringent contre les plaies de mauvaise nature, les ulcères, contre le farcin, les eaux aux jambes. On s'en sert contre les engorgements chroniques des membres, qu'on lotionne avec sa dissolution. Les dépaissances des animaux, et surtout des espèces bovines, sont à craindre dans les taillis de chêne. On a vu des vaches périr de pissement de sang pour avoir mangé des feuilles et de jeunes pousses de cette essence. On se défiera donc de leur action malfaisante, dans le cas où l'on conduirait les animaux dans des pâturages où le chêne serait commun.

CHÈNEVIÈRE. Lieu où l'on cultive le chanvre. — V. *Chanvre*.

CHÈNEVOTE. Nom vulgaire des tiges du chanvre roui. Les chènevotes servent à allumer le feu, à faire des allumettes, dans nos campagnes.

CHENILLE. Nom donné à la larve des insectes lépidoptères. Leur nombre et leur volume varient à l'infini. C'est à l'état de chenille que les insectes nuisibles font tant de dégâts et occasionnent tant de ravages à l'agriculture, dans les récoltes, dans les prairies, dans les plantations et les forêts, dans les jardins, dans nos magasins de blé, de bois de construction, etc., etc. — V. *Insectes nuisibles*.

CHENOPODÉES. Famille de plantes qui comprend la betterave, la blette, l'épinard, etc. — V. ces mots.

CHEPTEL. Convention par laquelle un propriétaire donne à un cultivateur des animaux à nourrir et entretenir, sous des conditions stipulées entre eux. L'art. 1800 du Code civil définit ainsi le cheptel : « Le bail à cheptel est un contrat par lequel l'une des parties donne à l'autre un fonds de bétail pour le garder, le nourrir et le soigner, sous les conditions convenues entre elles (V. l'art. 1800 du Code civil et suivants).

Le mode de convention entre le propriétaire d'animaux donnés à cheptel et celui qui les prend varie suivant les coutumes du pays ou la volonté des contractants. Dans le cas où il n'y aurait pas de convention spéciale entre les parties, les différends sont réglés d'après l'esprit du Code civil, art. 1804 et suivants.

CHEVAL. Classé dans l'ordre des pachydermes, le genre auquel appatient le cheval forme un groupe de mammifères distinct, composé de six espèces. Les individus qu'elles comprennent sont nommés monodactyles, parcequ'ils n'ont qu'un doigt à chaque extrémité, recouvert par un ongle ou sabot. Ils se distinguent par les caractères zoologiques suivants : 12 dents incisives, 6 à chaque mâchoire, et 24 molaires; les mâles ont 10 espèces de canines, nommées crochets, placées dans l'espace intermédiaire connu sous le nom de barres ; extrémités terminées par un seul doigt recouvert par un sabot (V. ce mot); mamelles inguinales, estomac simple, intestins longs, cœcum très développé

Les six espèces d'individus qui composent le genre cheval sont : 1° le cheval, 2° l'âne, 3° l'hémione, 4° le zèbre, 5° le couagga, 6° le dauw.

La véritable patrie originaire du cheval est inconnue. On sait seulement que ce précieux animal est d'origine orientale, et que c'est en Arabie qu'il s'est le mieux conservé ou qu'il a acquis les qualités reconnues au type arabe. Transporté comme animal domestique partout où l'homme s'est établi, il a subi une infinité de transformations de caractères accessoires, qui ont fait varier sa conformation à l'infini, et l'ont rendu propre à des services auxquels son type primitif aurait peu convenu.

Par suite de l'action de la domesticité, du climat, du mode de nourriture, des accouplements ou des croisements adoptés, etc., il s'est formé plusieurs races de chevaux sur les différents points du globe ; mais la supériorité du type, eu égard aux qualités qui le distinguent, est toujours restée aux races orientales, et notamment à celles d'Arabie. C'est toujours le cheval arabe qui est reconnu par tous les peuples civilisés comme le meilleur type pour perfectionner toutes les races, même celles de gros trait, après plusieurs croisements plus ou moins éloignés.

De temps immémorial, non seulement le cheval a été utilisé comme simple animal domestique pour transporter l'homme dans ses voyages ou pérégrinations ; mais il a servi de machine de guerre à des époques de barbarie comme de civilisation. De nos jours encore, il est un des éléments les plus puissants de la force des armées et des états : il traîne les canons, les munitions de guerre, ou il les transporte à dos ; il porte des soldats armés, et souvent, dans la guerre, un grand pays lui doit son salut, une société sa civilisation et son bien-être. Le cheval peut donc être considéré à juste titre comme l'un des animaux domestiques les plus utiles et les plus précieux. Si, comme le bœuf, il ne sert pas d'aliment à l'homme, c'est notre faute : la viande de cheval a déjà fait partie de notre alimentation, et en ferait encore partie si nous le voulions. Des essais ont été renouvelés sur ce point en Allemagne, et ils ont parfaitement réussi.

La docilité du cheval, son intelligence, sa vigueur, sa force, sa légèreté, sa vitesse, sa durée, sa rusticité, sa sobriété, sa souplesse, son heureuse conformation, le rendent le plus employé des animaux, l'un des plus utiles à l'homme dans toutes les conditions de sa vie. Il sert aux promenades hygiéniques et d'agrément, aux voyages à cheval, en voiture. Il sert aux postes, aux messageries, au roulage, aux voitures de luxe comme aux plus lourdes charrettes; au remorquage des bateaux sur les canaux, les rivières et les fleuves; il sert aux manéges qui font mouvoir les machines des usines, dans les profondeurs de la terre fouillées par l'homme pour en extraire des produits divers, comme sur le sol; il contribue plus qu'aucun autre animal à l'exploitation du sol, à sa fécondité par les engrais qu'il fournit, au transport des denrées agricoles sur les marchés; et, quand il a épuisé toutes les ressources de sa puissante organisation, quand il succombe à la peine, vieux, usé, décrépit, il nous lègue ses dépouilles, qui servent encore à nos besoins journaliers, après avoir subi dans l'industrie et les arts mille préparations diverses.

Voilà la vie du cheval, voilà ses services. Le grand Buffon, qui en a parlé dans un langage dont il avait seul le secret, avait bien raison de dire que le cheval était *la plus noble conquête* que l'homme eût faite sur le règne animal.

Nous avions anciennement en France un nombre assez considérable de races de chevaux propres aux divers services de selle ou de trait; mais, depuis que la France est percée de routes qui permettent les voyages en voitures, la quantité des chevaux de selle a diminué dans de grandes proportions. Leur élevage, du reste, tend à se restreindre de plus en plus. Les habitants des montagnes, qui manquent de chemins pour les voitures, se servent à peu près seuls de chevaux de selle. D'autre part, nos espèces légères ont été tellement croisées et mélangées en général, qu'elles n'ont plus de caractères tranchés. Les anciens chevaux auvergnats, limousins, navarins, etc., ont disparu pour faire place à d'autres qui n'ont plus les caractères de leurs types. Les seuls chevaux légers qui soient restés les mêmes sont les camargues et les landais. Il n'en est pas de même de nos races de trait. Non seulement elles se sont conservées avec leurs propres caractères, mais, sur plusieurs points, elles se sont améliorées par elles-mêmes, et nous pouvons dire que nous avons, pour les différentes espèces de roulage et de messageries, les meilleures races d'Europe. Nos chevaux boulonnais, percherons, comtois, bretons, sont enviés par toutes les autres nations; elles nous en font des acquisitions fréquentes.

D'après les modifications subies par nos espèces légères, confondues de manière à n'être pas reconnues, nous pouvons diviser en France, d'après leur état actuel, nos chevaux, en espèces de gros trait, de trait léger, de messageries et de selle. Les premières existent encore à l'état de race; ce sont : la boulonnaise, la percheronne et la bretonne (V. ces mots). Les espèces de trait léger et de selle sans caractères distinctifs sont : les chevaux normands actuels, les ardennais, les alsaciens, les lorrains, les auvergnats, les limousins, et ceux des Pyrénées. Ce sont ces animaux divers qui forment une catégorie de chevaux plus ou moins légers, qui remontent notre cavalerie, servent d'attelages de luxe, et sont montés par les amateurs d'équitation.

D'après les statistiques officielles la population chevaline de la France serait d'environ trois millions de têtes, dans les proportions suivantes :

Chevaux hongres ou entiers	1,339,632
Juments poulinières ou autres.	1,242,233
Poulains d'un an.	413,695
	2,999,560

Le genre cheval fournirait, d'après les mêmes statistiques approximatives, environ quatre millions de têtes, en y comprenant 550,000 animaux de l'espèce asine de tout âge et 400,000 mulets ou mules. On estimerait la valeur de ces animaux à une moyenne de cinq cent cinquante à six cent millions. Mais ce chiffre nous paraît inférieur au capital représenté par tous les individus du genre cheval que nous avons aujourd'hui en France.

Le cheval de trait, surtout celui de trait léger, tend à se multiplier de plus en plus en France aux dépens du cheval léger, ce qui s'explique par l'amélioration de nos voies de communication et le progrès du commerce et de l'industrie, comme par les avantages qu'il offre à l'éleveur. L'élevage du cheval percheron, par exemple, se multiplie dans de grandes proportions, même dans les pays qui ne faisaient jadis que des chevaux de selle. Le nombre de ceux-ci, au contraire, tend à diminuer beaucoup. Les pays de montagnes même, qui les élevaient à l'exclusion du cheval de trait, les abandonnent tous les jours de plus en plus pour faire des mulets, qui leur offrent plus d'avantages. Pour déterminer les éleveurs de ces pays à continuer l'élevage du cheval léger, il faudrait que le gouvernement leur offrît les avantages que lui procure le commerce pour les mulets. Sans ce moyen, qu'il s'agirait d'étudier à fond pour en faire une judicieuse application, il ne faut pas compter sérieusement sur la multiplication pas plus que sur le perfectionnement du cheval de selle, dont l'élevage est relativement onéreux. L'agriculture faite avec intelligence abandonnera toujours, peu à peu, toute industrie qui ne lui laissera que des pertes et des déceptions, et elle le fera d'autant mieux qu'elle s'éclairera davantage par l'étude du métier et une bonne comptabilité.

CHÈVRE. La chèvre, mammifère ruminant domestique, surnommée la vache du pauvre, comprend une infinité de variétés différentes. Elle est répandue sur plusieurs points du globe, où elle a été importée. Son type sauvage, l'œgagre, vit en troupes, surtout dans les montagnes de la Perse, et sans doute sur plusieurs autres points du globe. A l'état domestique, la chèvre conserve ses mœurs, son caractère d'animal des montagnes; elle est robuste, sobre, agile, vagabonde, difficile à garder; elle aime les lieux très sauvages, escarpés; elle grimpe sur les rochers, et y consomme les feuilles d'arbustes, les plantes qui y croissent.

La domesticité a fait plusieurs variétés de chèvres, dont les principales sont la chèvre de Cachemire, la chèvre d'Angora, et la chèvre commune, si répandue et élevée dans tous les pays, surtout dans ceux qui sont pauvres. — V. *Angora*.

Au point de vue de l'utilité, de la sobriété et des services qu'elle rend aux malheureux, la chèvre est à l'ordre des ruminants ce que l'âne est à l'ordre des pachydermes. Tous deux sont les amis, les soutiens des indigents, chacun dans son genre. Dans les pays arides, dans les montagnes escarpées, rocheuses, inaccessibles à la charrue, à toute culture, et quelquefois même à toute autre espèce d'animal domestique, la chèvre se trouve dans son élément, heureuse, bien portante et bien nourrie. Dans chacun de ces pauvres villages que l'on voit espacés sur les flancs des sommets, chaque famille a deux ou trois chèvres qui font sa principale richesse. Les enfants vont les conduire sur les rochers, quand elles ne sont pas confiées à un chevrier commun qui, pour une légère rétribution, le plus souvent en nature, se charge de la garde annuelle de toutes les chèvres du village.

C'est surtout pour son lait qu'on élève la chèvre. Les pauvres familles s'en nourrissent, et en font quelquefois de petits fromages nommés *cabecous* dans certains endroits, et d'un goût exquis. La fabrication des fromages de chèvre, dans le Mont-d'Or lyonnais, donne lieu à une industrie assez étendue. Dans les Monts-d'Or de l'Auvergne, ils sont aussi très recherchés.

Le lait de chèvre est estimé comme aliment hygiénique pour les estomacs délicats, pour les poitrines faibles. Il n'est pas rare dans nos campagnes de voir des enfants très bien allaités par des chèvres, lorsque leurs mères sont dans l'impossibilité de les nourrir. Elles s'attachent à leur nourrisson et l'appellent souvent avec un bêlement doux tout particulier. On peut aussi faire élever par des chèvres d'autres animaux, tels que des poulains, des veaux. On les fait monter sur un tréteau, et elles se laissent téter avec docilité. Nous avons vu nous-même un cultivateur habile, dans les montagnes du Cantal, M. Vaurs, élever plusieurs veaux de cette manière. Les chèvres allaient brouter pendant toute la journée dans les bruyères, et en rentrant elles allaitaient leurs nourrissons.

La chèvre produit souvent deux chevreaux, quelquefois trois, rarement quatre. Elle porte cinq mois. Elle peut être fécondée dès l'âge de sept à huit mois.

L'autorité a été souvent obligée d'intervenir au sujet de la dépaissance des chèvres. Leur caractère vagabond les rendant difficiles à gouverner et à conduire, il était presque impossible de préserver les plantations de leurs dégâts. Très friandes des jeunes pousses d'arbres, elles les détruisent. Elles font ainsi des ravages énormes dans les bois taillis et dans les jeunes plants. Aussi la chèvre est-elle rare dans les lieux bien cultivés et bien plantés. Son élevage n'est profitable que dans les sols abandonnés, dans ceux que rendent inexploitables les précipices qui s'y trouvent. Les montagnes des Pyrénées, de l'Auvergne, des Alpes, etc., sont celles où on élève le plus de ces animaux. Dans le Mont-d'Or lyonnais, on les tient en stabulation permanente.

Le nombre des chèvres, en France, s'élève à un million environ. Elles représentent un capital de 8 à 10 millions, qui donne un revenu annuel de 5 à 6 millions de francs. Peu d'animaux paient aussi avantageusement l'intérêt du capital qu'ils représentent.

La viande de la chèvre, moins bonne que celle des moutons, est quelquefois salée pour être conservée par les populations qui les égorgent. Leur peau est estimée pour la chamoiserie, la cordonnerie, pour fabriquer les maroquins de toutes couleurs, des parchemins, des vêtements pour préserver du froid et de la pluie. On en fait des outres, et les Arabes se servent de ces outres pour transporter leur lait sur les marchés en Algérie. Les poils de chèvre servent à faire des étoffes grossières ou autres objets d'habillement communs. Leur suif est estimé par les fabriques de chandelles.

Pour être bonne et bien faite, une chèvre doit avoir une taille moyenne, la tête petite, les yeux grands, expressifs, l'encolure fine, la peau mince et souple, le poil doux et luisant, le dos et les reins droits et larges, la croupe large et bien musclée, la côte arrondie et le flanc court. Le pis doit être volumineux avant la traite, flasque et petit quand elle a eu lieu.

CHEVREAU. Petit de la chèvre. Le chevreau donne une bonne viande, qui rappelle celle de l'agneau. Sa peau est très estimée pour la ganterie de luxe.

CHÈVREFEUILLE. Arbrisseau grimpant de la famille des caprifoliacées. Le chèvrefeuille croît dans les bois, les haies. Il donne une jolie fleur qui le fait cultiver comme plante d'ornement dans les jardins et bosquets.

CHEVELU. Nom donné aux dernières ramifications des racines, à cause de leur ressemblance supposée avec les cheveux. C'est surtout par le chevelu, que l'on a supposé terminé par des spongioles, que les racines des plantes absorbent leur nourriture dans le sol. — V. *Racine*, *Spongiole*.

CHEVREUIL. Mammifère ruminant du genre cerf. Le chevreuil vit à l'état sauvage dans nos forêts. Il fournit un excellent gibier; mais il nuit souvent aux récoltes des champs voisins des lieux où il est en abondance. Il peut être considéré dans ce cas comme un animal nuisible à l'agriculture.

CHEVRIER. Berger des chèvres. — V. *Berger*, *Chèvre*.

CHICHE. — V. *Pois*.

CHICON. — V. *Laitue*.

CHICORACÉES. Tribu de plantes de la famille nombreuse des composées. Ce genre comprend plusieurs espèces cultivées dans nos jardins pour la nourriture de l'homme, telles que la chicorée frisée, la scarole, la barbe-de-capucin, etc.

CHICORÉE. Plante de la famille des composées. Outre les variétés de chicorées adoptées dans nos jardins pour faire des salades (chicorée frisée, scarole, barbe-de-capucin), on cultive en agriculture la chicorée sauvage, qui donne un bon fourrage, pour les vaches laitières surtout. On a exploité sa racine, qu'on fait torréfier pour fabriquer une sorte de café nommé café de chicorée. Cette industrie, qui promettait quelque succès lors du blocus continental, est très bornée aujourd'hui.

La racine de chicorée sauvage est employée en médecine humaine comme tonique. On l'administre en infusion.

CHICOT. Fragment de dent implanté dans la mâchoire des animaux. Les vieux herbivores finissent par n'avoir plus que des chicots pour remplacer les mâchelières dont il ne reste que les racines. — V. *Dent*.

CHIEN. Mammifère de l'ordre des carnassiers. Le genre chien comprend le loup, le chacal et le chien. Le renard, qui avait été classé par les naturalistes dans le genre chien, en est distrait aujourd'hui pour faire un genre à part, ce qui est dû à la disposition de sa pupille. D'autre part, il ne se reproduit pas avec le chacal, le loup ou le chien, tandis que ces derniers s'accouplent les uns avec les autres, et forment des métis, que j'ai observés moi-même au muséum d'histoire naturelle.

Le chien domestique est de tous les animaux soumis à l'homme celui qui offre le plus de variété de taille et de conformation. Quelle différence entre le chien des Pyrénées et le petit roquet des salons des villes, entre le dogue de forte race et la petite levrette effilée et vaporeuse des boudoirs?

Suivant sa race, ses aptitudes, le chien est employé à la chasse, à la garde des habitations des campagnes, à celle des troupeaux et à leur défense contre les loups. Le chien de berger est sans contredit le plus utile de tous par son intelligence, par son activité, son obéissance aux ordres qu'il reçoit. Il comprend son maître au moindre signe qu'il lui fait. Il fait marcher les moutons ou les arrête, il les dirige, les empêche de faire des dégâts dans les récoltes; il est enfin indispensable au berger pour la direction de son troupeau. Un bon chien de berger ne saurait être remplacé, même par des hommes; lui seul peut faire l'ouvrage dont il est chargé dans la dépaissance des moutons.

Le mâtin est surtout utile pour garder les maisons de campagne et leurs dépendances contre les maraudeurs, surtout pendant la nuit. Non seulement il les éloigne, mais il prévient les propriétaires de leur présence. Ce sont d'excellentes sentinelles, qui préviennent de la présence de l'ennemi tout en lui donnant la chasse.

Plusieurs variétés de chiens sont utilisées dans nos campagnes. Celui de berger seul forme un individu à part pour ses fonctions toutes spéciales, et le genre d'éducation qu'il reçoit.

CHIENDENT. Plante de la famille des graminées. Le chiendent, qui se multiplie d'une manière prodigieuse quand on néglige de le détruire, salit les récoltes. Ses racines, longues et noueuses, sont très multipliées dans le sol, et l'épuisent. On est obligé d'enlever ses racines des champs après les avoir arrachées. Si on n'a pas cette précaution, elles reprennent, croissent et se multiplient. La culture des plantes sarclées est un bon moyen de détruire le chiendent, dont la présence indique le plus souvent une culture négligée et mal comprise.

CHIMIE. Science qui apprend à connaître l'action particulière et réciproque de tous les corps de la nature les uns sur les autres. Telle est la définition que les chimistes donnent de cette admirable branche des connaissances humaines. La chimie moderne, dont les progrès immenses et les succès prodigieux ont étonné le monde, ne date réellement que de la fin du siècle passé.

Lavoisier fut un des premiers savants qui firent entrevoir les services que la chimie était appelée à rendre à l'humanité. Appliquée aux arts, à l'industrie, cette science leur a fait faire des progrès inouïs depuis le commencement de ce siècle. Eh ! qui peut prévoir ceux qu'elle est appelée à réaliser lorsqu'elle sera vulgarisée dans nos campagnes, et que son application sur le sol et ses produits sera bien comprise. Jusqu'ici elle s'est bornée à l'analyse de quelques terres, de quelques amendements ou engrais, et de quelques produits ; mais elle commence à entrer dans l'enseignement agricole, et l'avenir nous dira mieux qu'on ne pourrait le faire aujourd'hui ce que lui devront un jour les cultivateurs et la société entière, lorsqu'elle l'aura éclairée sur les moyens d'augmenter ses subsistances.

CHIRURGICAL. Opération chirurgicale, qui a rapport à la chirurgie.

CHIRURGIE. Partie de la science médicale qui s'occupe des moyens manuels employés pour guérir les maladies externes des animaux.

CHLORE. D'un mot grec qui signifie *vert*. Le chlore est un corps simple répandu abondamment dans la nature à l'état de combinaison avec d'autres corps. Découvert par Schéele, chimiste suédois, en 1774, il est devenu d'un usage très répandu dans les arts et la médecine, soit à l'état gazeux, soit combiné à d'autres corps. Le chlore à l'état de gaz, d'une couleur jaune verdâtre, est un désinfectant par excellence ; impropre à la combustion et à la respiration, il est très irritant pour les poumons, et il asphyxierait rapidement l'animal qui y serait exposé. On a cru pouvoir employer le chlore contre la phthisie et notamment contre la morve du cheval (V. *Morve*) ; mais les essais à ce sujet ont été infructueux.

Le chlore qu'on obtient surtout du sel marin (chlorure de sodium) a la propriété de décolorer les végétaux. Il est employé dans les arts notamment, pour blanchir les toiles comme pour désinfecter les corps en putréfaction et qui répandent des odeurs putrides. En médecine, il sert à la désinfection des lieux insalubres. Ses propriétés médicamenteuses sont d'être stimulant, fondant, antiputride. Il est surtout utilisé pour les usages externes, en combinaison avec d'autres corps, tels que la soude, la chaux, etc. — V. *Chlorures*.

Combiné avec l'ammoniaque, le chlore forme le chlorhydrate d'ammoniaque (sel ammoniaque), employé en médecine des animaux comme excitant, fondant et antiseptique. On l'administre à l'intérieur en dissolution ou en poudre mélangée à d'autres corps, comme la poudre de quinquina, contre le farcin, la morve du cheval, la pourriture du mouton ; on l'emploie pour laver les plaies de mauvaise nature, les ulcères, etc.

CHLOROFORME. Le chloroforme est une combinaison de chlore et d'alcool. Respiré par les animaux, le chloroforme produit sur eux les mêmes effets que sur l'homme : il les endort et les prive de sensibilité à tel point qu'on peut les amputer sans qu'ils témoignent la moindre douleur et sans qu'ils s'éveillent. Il paraît que son usage, bien raisonné, a produit d'excellents effets sur quelques affections nerveuses des animaux.

CHLOROMÈTRE. Instrument propre à déterminer la quantité de chlore contenue dans les préparations vendues à l'industrie, soit pour décolorer des corps, soit pour les désinfecter.

CHLOROPHYLLE. Matière colorante verte des végétaux. C'est à cette substance que les tiges et les feuilles vertes doivent leur couleur distinctive.

CHLORURES. Les chlorures sont composés de chlore et d'autres corps simples. Quelques uns d'entre eux sont très employés dans les arts, l'industrie, et la médecine des animaux. Nous allons signaler les principaux chlorures utilisés contre des maladies internes ou externes.

Chlorure d'antimoine (beurre d'antimoine), employé comme caustique pour cautériser les plaies, les ulcères, et notamment les morsures d'animaux enragés et de reptiles venimeux.

Chlorure de chaux, employé pour laver les plaies sanieuses, ichoreuses, les eaux aux jambes, et pour désinfecter les logements.

Le *chlorure de mercure* forme le calomélas (protochlorure) et le sublimé corrosif (deutochlorure). Ce dernier seulement est employé en médecine des animaux, mélangé ou dissous dans l'eau, contre le crapaud du cheval, les vieux ulcères. Mélangé à la thérébentine, il forme un fondant très énergique contre les tumeurs farcineuses, les engorgements chroniques et indurés. Le sublimé corrosif est un poison violent; il demande à être employé avec prudence et ménagement.

Chlorure de sodium (sel marin). Ce chlorure est très employé en agriculture, soit pour les animaux, soit pour la nourriture de l'homme. — V. *Sel marin*.

Chlorure de soude. Mêmes usages que celui de chaux. On l'a beaucoup employé pour la désinfection des appartements, des étables, et pour nettoyer des harnais et ustensiles d'écuries.

CHOIN. Genre de plante de la famille des cypéracées. Comme toutes les cypéracées, les choins fournissent un mauvais fourrage; ils poussent dans les prairies basses et humides, dans les mêmes fonds que les laiches, les souchets, etc.

CHOLÉDOQUE. Nom donné au canal qui conduit la bile du foie à l'intestin grêle des animaux. — V. *Bile*, *Foie*, *Vésicule*.

CHOLETTE. (*Race de bœufs*.) La race bovine cholette, élevée surtout dans l'arrondissement de Cholet, est une espèce de bœufs très estimée par les bouchers. On pense que les choux qui servent à l'engraisser concourent à donner à sa viande la bonne qualité qu'on lui reconnnaît. Sans être très développée, la race cholette se distingue par son pelage, ordinairement rouge fauve, avec le tour des yeux et le mufle noirs; ses cornes sont généralement blanches à la base, noires au bout, et bien contournées en croissant; sa peau est fine. Cette race ne passe pas pour être bonne laitière.

CHORION. Nom donné à la membrane externe des enveloppes du fœtus. Le tissu du chorion est plus solide, plus fort, que celui des autres membranes qu'elle recouvre et protége.

CHOROIDE. Membrane de couleur noire qui tapisse la surface interne de la sclérotique. Au fond de la chambre postérieure de l'œil, cette membrane change de couleur chez les animaux. Elle est verdâtre chez le cheval, jaune-doré chez le lion. C'est cette partie qu'on nomme le tapis de l'œil, sur lequel frappent les rayons lumineux.

CHOU. Plante de la famille des crucifères. Le genre chou comprend plusieurs espèces cultivées pour la nourriture de l'homme et des animaux. Il forme un des aliments végétaux les plus abondants. C'est dans ce genre que se trouvent le navet, la rave, le chou-rave, le chou-fleur, le colza, etc. Les choux, cultivés dans nos jardins potagers des campagnes, ont l'avantage de croître partout en France et d'offrir des avantages immenses à nos populations rurales. Ils sont très nombreux et très variés. Chaque pays cultive les espèces qui réussissent le mieux dans son sol et dans son climat. Il n'y a pas de plante potagère plus abondante et plus productive que le chou, il n'y en a pas qui offre plus de ressources dans nos campagnes pour la nourriture des cultivateurs.

CHOUCROUTE. Nom donné à des conserves de chou cabus coupé en petites lanières et fermenté dans de l'eau salée. En Alsace on fait un grand usage de la choucroute, qui donne un aliment sain et nourrissant.

CHOUETTE. Oiseau nocturne, de l'ordre des oiseaux de proie. Les chouettes sont très utiles à l'agriculture par la chasse qu'elles font aux mulots, aux souris, aux rats, aux taupes, etc. Au lieu de les détruire et de les chasser, on devrait au contraire en favoriser la multiplication.

CHRONICITÉ. État d'une maladie ancienne.

CHRONIQUE. Nom donné aux maladies anciennes ou qui se développent avec lenteur. On distingue des maladies, des tumeurs, des inflammations chroniques. Les affections chroniques sont les plus difficiles à traiter et à guérir. Souvent même elles sont incurables. — V. *Maladie*.

CHRYSALIDE. Lorsque les chenilles ont pris tout leur développement, elles deviennent chrysalides, pour passer à l'état d'insectes parfaits, de papillons. Le ver à soie dans son cocon est une chrysalide qui sort de son enveloppe quand sa métamorphose est opérée et qu'il est devenu papillon. — V. *Insecte*.

CHRYSANTHÈME. Plante de la famille des composées. Les chrysanthèmes, connus sous le nom de marguerites des prés, des champs, sont communs dans nos prairies. On les trouve aussi dans les moissons, dont il est utile de les purger. Le chrysanthème des champs est d'un beau jaune doré et donne une assez belle fleur.

CHUTE (*de la matrice, du rectum*). — V. *Renversement*.

CHYLE. Liquide nutritif provenant de la digestion. Le chyle est absorbé dans les intestins des animaux par les vaisseaux chylifères, qui le conduisent au cœur, pour être mélangé au sang, dont il augmente la quantité. Avant d'arriver au cœur, ce liquide est presque incolore dans les animaux herbivores, qui ne se sont nourris que de végétaux. Il est blanchâtre, au contraire, lorsque les animaux sont nourris avec des substances animales. — V. *Digestion, Sang*.

CHYLIFÈRE. Nom donné aux vaisseaux qui absorbent le chyle dans les intestins et le conduisent au cœur.—V. *Digestion*.

CHYLIFICATION. Fonction par laquelle le chyle se forme dans les intestins et est conduit dans le torrent de la circulation du sang par les vaisseaux chylifères.

CHYME. Nom donné à la masse alimentaire qui, après avoir subi l'action digestive de l'estomac, passe dans les intestins pour fournir le chyle. — V. *Digestion*.

CHYMIFICATION. Opération physiologique par laquelle les aliments ingérés dans l'estomac sont changés en chyme.—V. *Digestion*.

CIBOULE. Plante potagère du genre ail, cultivée dans nos jardins pour les usages domestiques. La ciboule, qui croît en touffes, ne diffère de l'oignon que par la différence de grosseur de son bulbe.

CICATRICE. Trace d'une plaie, d'une blessure fermée. Lorsque les tissus animaux sont divisés, ils tendent à se rapprocher par suite d'un gonflement qui s'opère sur la partie blessée. Bientôt la réunion se fait d'une manière plus ou moins régulière. Les traces qui restent sont des cicatrices, plus ou moins larges ou défectueuses suivant que la cicatrisation s'est bien ou mal effectuée. Lorsque les blessures sont faites par des instruments tranchants et que les réductions sont opérées avec des pansements bien dirigés, les cicatrices sont très légères, et quelquefois même invisibles. Il n'en est pas de même dans les déchirures ou les contusions violentes qui ont trop meurtri les tissus.

CICATRISANT. On peut donner le nom de cicatrisant à tout moyen thérapeutique qui favorise la cicatrisation d'une plaie. Ainsi les bandages, les cataplasmes, les bandelettes agglutinatives, etc., sont des moyens cicatrisants.

CICATRISATION. Travail inflammatoire à la suite duquel s'opère une cicatrice.

CICUTAIRE. Genre de plantes de la famille des ombellifères. La cicutaire, qui croît dans les mares, dans les lieux humides de certains pays, est un poison très violent, pour l'homme comme pour les animaux. Sa racine est blanche, forte, et ressemble à celle du panais. On doit détruire cette plante partout où elle pousse, comme très dangereuse.

CIDRE. Jus de pomme fermenté. Le cidre sert de boisson ordinaire dans plusieurs pays qui ne récoltent pas de vin, comme en Normandie, en Picardie, en Bretagne, etc. Dans les campagnes on ne boit généralement pas le cidre pur, on le mélange avec de l'eau, et ce mélange prend le nom vulgaire de boisson.

CIGALE. Insecte hémiptère très connu par son chant dans le midi de la France. La cigale n'est pas sensiblement nuisible à l'agriculture; aussi la laisse-t-on paisiblement se perpétuer malgré l'importunité de son cri incessant et ennuyeux.

CIGUË. Plante de la famille des ombellifères. La grande ciguë maculée a une tige qui s'élève à un mètre et plus; cette tige est cylindrique, fistuleuse, lisse, marquée de petites taches noirâtres, violacées, ou d'un brun rougeâtre. Les feuilles de cette plante sont d'un vert sombre. Lorsqu'on les froisse entre les doigts elles ont une odeur vireuse, repoussante. On a quelquefois confondu les feuilles de ciguë avec celles du persil, d'où il est résulté des indispositions plus ou moins graves. On doit détruire la ciguë partout où elle est.

La ciguë pousse dans les lieux ombragés, le long des haies et des murs, sur le bord des chemins, dans les décombres, et au voisinage des maisons.

CILS. Poils raides et parallèles qui garnissent en forme de franges les bords des paupières des animaux. Les cils, rangés les uns à côté des autres aux bords libres des paupières supérieure et inférieure, forment, en se rapprochant, un véritable réseau qui protége les yeux contre les corpuscules qui pourraient se mettre en contact avec la rétine et l'irriter. Ceux de la paupière supérieure sont plus allongés, plus touffus, que ceux de l'inférieure; ils devaient être ainsi disposés pour mieux protéger les yeux contre la poussière, qui tombe de haut en bas, suivant les lois de la pesanteur dans les conditions ordinaires de la chute des corps.

CILIÉ. Garni de cils. Les paupières de tous les mammifères sont garnies de cils. — V. *Cils.*

CILLER. En termes d'hippiatrique, on dit qu'un cheval cille quand il grisonne aux sourcils, c'est-à-dire à la place occupée par les poils qui les forment. Ce caractère est généralement un indice de vieillesse. On voit souvent de vieux chevaux ciller, les noirs surtout.

CIME. Sommet d'un arbre, d'une montagne, d'une maison, d'un rocher, etc. Les cimes sont les points les plus sujets à être frappés de la foudre, en raison de leur élévation, qui l'attire. Aussi, pendant les orages, doit-on s'éloigner des cimes sur lesquelles on peut se trouver, surtout quand le tonnerre gronde. On évitera aussi de se placer sous de grands arbres, comme au pied des rochers élevés, pour se mettre à l'abri de la pluie. On a vu malheureusement trop souvent, dans les campagnes, des victimes de cette imprudence. — V. *Electricité, Foudre.*

CIMENT. Mélange de chaux, de brique pilée et de sable, délayés et pétris ensemble. Les ciments, qui varient de nature suivant leur composition, sont employés pour les constructions, qu'ils rendent très solides; pour les pavages, afin de cimenter les pavés et empêcher l'eau de filtrer au travers de leurs interstices. Les ciments sont surtout très utilisés dans les maçonneries qui doivent être dans l'eau.

CINIPS. — V. *Cynips.*

CIRCE. Plante de la famille des composées. Les circes sont des espèces de chardons, qui comprennent plusieurs variétés. Ces plantes ont les mêmes inconvénients que les chardons dans les moissons; on doit donc en purger nos champs de la même manière. — V. *Chardon.*

CIRCULATION. Mouvement progressif des liquides, dans les animaux comme dans les végétaux. Cette fonction est l'une des plus importantes de la vie: c'est par elle que tous les matériaux nutritifs sont transportés dans toutes les parties des corps vivants, pour concourir à leur accroissement ou réparer les pertes, et y entretenir la vie. C'est par la circulation que sont conduits à leur destination les éléments qui forment ici les muscles, les tendons, les ligaments, les aponévroses; là, les os, les cartilages; ailleurs, la peau, les poils, la corne, les dents, les poumons, les membranes, le tissu cellulaire, les vaisseaux, la graisse, le cerveau, les nerfs, les diverses glandes et les liquides qu'elles sécrètent, soit pour la reproduction des jeunes sujets, ou pour leur allaitement; soit pour la fabrication des réactifs chimiques qui servent à la digestion, tels que la salive, les sucs gastriques, la bile, le suc pancréatique; soit pour la production de liquides dépuratifs ou essentiels à certaines fonctions, tels que les liquides de l'intérieur des yeux, les larmes, la synovie, l'urine, etc.

Si la circulation chez les animaux s'exécute en vertu du mécanisme le plus ingénieux, le plus admirablement conçu qu'il soit possible d'imaginer, l'appareil au moyen duquel il fonctionne n'est pas moins digne de l'ingénieur qui l'a créé. Ce mécanisme est basé sur le système des pompes aspirantes et foulantes, et celles-ci ne sont qu'une pâle copie de la merveilleuse machine fabriquée par le Créateur pour la circulation du sang. Nous allons tâcher d'en donner une idée; mais, avant de le faire, nous devons dire deux mots du cœur, qui est l'admirable machine dont nous parlons. Cet organe est un véritable muscle, qui contient quatre cavités parfaitement distinctes et séparées les unes des autres. Deux de ces cavités sont supérieures, et se nomment oreillettes; les autres sont inférieures, placées sous les premières, et se nomment ventricules. Les oreillettes et les ventricules, disposées par paires, sont distinguées en droites et gauches, et communiquent ensemble par une ouverture.

Lorsque le sang est poussé en dehors de l'une de ces cavités par les contractions de ses parois, il n'y rentre plus, parceque l'ouverture de chaque cavité du cœur est pourvue de valvules, de véritables clapets, qui ne permettent plus la sortie du liquide qu'elle a reçu. Ces clapets agissent absolument comme ceux des pompes foulantes et aspirantes. Examinons maintenant comment peut s'opérer la circulation au moyen du cœur.

Lorsque les matériaux nutritifs produits par la digestion et absorbés dans le canal intestinal ont été conduits à leur destination pour y augmenter la masse du sang, ils sont versés, avec le sang veineux ramené de toutes les parties du corps par les veines, dans l'oreillette droite du cœur. Ces deux liquides, mélangés dans cette cavité, descendent dans le ventricule droit du cœur, soit en vertu de leur propre poids, soit en vertu de la dilatation du ventricule lui-même, qui fait le vide, ou de la contraction de l'oreillette, qui le comprime. Le ventricule droit se contracte alors à son tour, et le liquide, pressé, refoulé, ne pouvant plus remonter dans l'oreillette d'où il est sorti, passe par une seconde ouverture du ventricule, qui communique à des canaux spéciaux, nommés artères pulmonaires, chargés de conduire le sang aux poumons. Lorsque le sang veineux, mélangé avec le chyle produit par la digestion, a subi l'action de l'air dans les poumons, il est devenu sang artériel, et il est rapporté au cœur par d'autres canaux, nommés veines pulmonaires. Ces veines le versent dans l'oreillette gauche; de là il descend dans le ventricule du même côté, par le même mécanisme et en vertu des mêmes lois que du côté droit; par le même mécanisme aussi le sang comprimé dans le ventricule gauche, qui se contracte, est poussé dans l'aorte. Les soupapes dont celle-ci est pourvue à son ouverture au cœur empêchent le sang de retomber dans la cavité d'où il vient d'être chassé, et c'est alors qu'il est poussé avec force dans les artères, et qu'il est porté dans toutes les parties du corps pour les alimenter et les entretenir.

Telle est en raccourci l'idée que nous avons à donner de la circulation.

Nous avons vu que l'admirable appareil formé par le cœur

a quatre cavités : deux du côté droit et deux du côté gauche. Les premières sont parfaitement distinctes, indépendantes des secondes. Le cœur est donc un appareil double, destiné d'un côté à recevoir et à pousser le sang veineux vers les poumons, de l'autre à recevoir et à refouler le sang artériel dans toutes les parties du corps. Il en résulte deux genres de circulation : l'une qui se fait du cœur aux poumons, et des poumons au cœur; l'autre qui se fait de toutes les parties du corps au cœur, et du cœur à toutes les parties du corps. La première est appelée circulation pulmonaire ou petite circulation; l'autre, la grande circulation artérielle et veineuse.

La circulation n'est pas aussi complète que nous venons de le voir dans tous les individus qui composent le règne animal. Elle se fait ainsi dans les mammifères et les oiseaux, mais il n'en est pas de même dans les reptiles et les poissons; chez eux elle est plus simple, et cette simplicité augmente encore chez les autres animaux qui les suivent dans l'échelle animale. On peut dire, du reste, que la perfection de la circulation est en raison de la perfection de l'organisation animale. On remarque même que la circulation, dans les animaux qui se rapprochent des végétaux, a de l'analogie avec celle des plantes elles-mêmes.

La circulation dans les végétaux est infiniment plus simple que dans les animaux. Ici point de cœur, point d'appareil de pompe foulante et aspirante; point de centre permanent où les liquides aboutissent après avoir circulé, pour être élaborés par l'air et être repoussés encore dans toute l'économie animale. Les liquides nourriciers sont absorbés soit dans l'air, soit dans le sol. Ils circulent d'abord dans des vaisseaux ascendants qui les conduisent aux feuilles, véritables poumons des arbres, et descendent ensuite pour déposer les molécules ligneuses à leur destination. C'est ainsi que se forment le cambium, l'aubier, l'écorce, les fleurs, les fruits, etc.

La connaissance du mécanisme de la circulation ne date pas de bien loin. Cet admirable phénomène de la vie fut ignoré dans les siècles de l'antiquité comme dans ceux qui les suivirent. Ce ne fut qu'en 1619 que le célèbre Harvey, médecin anglais, en fit la découverte. Il ne publia les résultats de ses recherches que neuf ans plus tard, en 1628, pour pouvoir mieux affirmer le fait. Malgré ses preuves, ses expériences, que tout le monde pouvait vérifier, que de négations, que de contestations pour combattre une vérité frappante comme la lumière du soleil! que de luttes pour empêcher l'erreur d'être soutenue et de se perpétuer! Du reste, c'est là l'histoire de toutes les grandes découvertes. L'aveuglement, l'apathie ou l'inertie, quand ce n'est pas quelque autre chose bien autrement blâmable, veulent les étouffer, et priver ainsi la société des services qu'elles sont appelées à rendre. Nous avons donné des développements qui complètent ce que nous aurions encore à dire pour bien faire comprendre le mécanisme comme l'importance de la fonction de circulation, aux mots *Aorte, Artères*, *Chyle*, *Chylifères*, *Cœur*, *Digestion*, *Lymphatiques*, *Pouls*, *Respiration*.

CIRCULATOIRE. Appareil circulatoire. Qui a rapport à la circulation. C'est au moyen des organes circulatoires que s'opère la circulation. — V. ce mot.

CIRCUMFUSA. Nom donné, en hygiène vétérinaire, aux agents extérieurs qui exercent leur action plus ou moins directe et active sur les animaux : l'atmosphère, le climat, l'humidité, les harnais, sont des circumfusa. — V. *Hygiène*.

CIRE. Substance solide, grasse, malléable, fusible par la chaleur, combustible, d'une odeur particulière, fabriquée par les abeilles. C'est avec la cire que ces admirables insectes domestiques font les gâteaux et les cellules qui contiennent leur miel, leurs œufs ou leurs larves. — V. *Abeilles*.

La cire est employée dans les arts pour divers usages et pour la confection des cierges et bougies. Elle sert en médecine pour faire les cérats. — V. *Cérat*.

CIRIER. Arbre de la famille des amentacées. Le cirier (arbre à cire) croît en Amérique, dans les lieux marécageux. Il produit une substance qui a de l'analogie avec la cire et qui brûle comme elle. Cet arbre est peu cultivé pour ce produit.

CISAILLES. Grands ciseaux à ressort, non articulés, employés pour tondre les moutons et les autres animaux, tels que les chevaux, les mulets, etc.

CISEAU. Instrument en acier ou en fer pour couper le bois ou tailler la pierre, etc. En chirurgie vétérinaire, on se sert quelquefois du ciseau pour casser des dents aux grands animaux, ou ruginer des os.

CISEAUX. Instrument composé de deux branches tranchantes, articulées au moyen d'une vis et d'un écrou. On fait des ciseaux de toutes les dimensions et de toutes les formes. En agriculture, on se sert de grands ciseaux pour tailler les haies, les bordures. On les utilise aussi pour tondre les moutons; mais les cisailles sont plus convenables. En art vétérinaire, on emploie des ciseaux droits ou courbes pour des opérations diverses.

CITERNE. Réservoir souterrain et voûté, destiné à recevoir de l'eau et à la conserver pour abreuver les animaux ou arroser les jardins. On construit aussi des citernes pour recevoir les engrais liquides, les purins des étables. Dans le nord, on fait des citernes bien cimentées pour la conservation des engrais liquides qui proviennent des latrines des villes. Ces engrais sont destinés à arroser les récoltes, qui végètent avec une grande vigueur sous leur influence.

CITRON. Fruit du citronnier.

CITRONNIER. Arbre de la famille des aurantiacées. Le citronnier est cultivé dans quelques lieux du midi de la France; il est commun en Algérie, où il produit de très beaux citrons.

CITROUILLE. Nom vulgaire donné aux courges cultivées dans les jardins. — V. *Courge*.

CIVIÈRE. Espèce de brancard léger dont on se sert pour transporter des objets sur des lieux où la brouette ne peut pas rouler.

CLAIE. Barrière mobile en claire-voie, pouvant s'ouvrir et se fermer comme une porte. On se sert de claies pour fermer les cours dans les campagnes, les ouvertures des héritages clos de murs. On les utilise aussi pour faire les parcs des moutons et des vacheries qui passent les nuits dehors pendant la belle saison. Les claies des parcs sont généralement faites en planches minces de bois blanc, pour être plus légères, plus faciles à transporter.

On fabrique encore des claies sous forme de treillages, en osier ou en coudrier, pour tamiser le sable ou la terre dans les jardins.

CLAIRIÈRE. Lieu dégarni de bois dans une forêt. On doit semer ou planter les clairières, pour ne pas laisser des terrains improductifs ; on choisit à cet effet les essences qui conviennent le mieux, soit au sol, soit à la nature des arbres de la forêt.

CLAPIER. Excavation naturelle ou accidentelle. Les clapiers naturels servent souvent de refuge aux renards, aux blaireaux, aux animaux malfaisants. Les clapiers accidentels sont ordinairement faits pour entretenir des lapins domestiques ou de garenne.

On nomme clapier, en médecine vétérinaire, une espèce de fistule résultant du décollement des muscles ou de la peau, dans les animaux, par suite de la suppuration qui s'établit. Le mal de taupe (V. *Taupe*), celui de garrot, offrent souvent des exemples de formation de clapiers, toujours plus ou moins difficiles à guérir.

CLASSIFICATION. Méthode au moyen de laquelle on classe avec ordre les corps de la nature, chacun à la place qui lui est assignée suivant ses caractères, pour être facilement reconnu et indiqué. Une bonne méthode de classification est indispensable à l'étude des corps. Sans elle, tout est confusion dans l'immensité des objets soumis aux investigations de l'homme dans la création.

CLAUDICATION. — V. *Boiterie*.

CLAVAIRE. Genre de végétaux de la famille des champignons. La plupart des clavaires sont comestibles. — V. *Champignon*.

CLAVEAU. On donnait jadis le nom de claveau à la maladie qu'on nomme clavelée. Ces deux mots étaient synonymes. Aujourd'hui on est convenu d'appeler claveau le virus qui sert à inoculer les moutons pour les préserver de la clavelée, qui en fait périr de grandes quantités, quand elle n'est pas prévenue par la clavélisation. On choisit sur des sujets atteints de la clavelée bénigne le claveau qui doit servir à claveliser. On incise les pustules, on recueille la sérosité qu'elles rendent, et on la conserve dans des tubes ou entre de petites plaques en verre, de la même manière que le vaccin qui sert à vacciner les enfants.

CLAVELÉE. (*Rougeole, Picotte, Variole, Petite Vérole des moutons.*) La clavelée du mouton a de l'analogie avec la variole de l'homme. Comme elle, on la prévient par l'inoculation d'un virus de nature variolique, mais choisi dans certaines conditions dont nous allons parler.

La clavelée du mouton offre deux types bien tranchés. L'un de ces types est bénin, peu dangereux. Les pustules que l'on observe, dans ce cas, aux ouvertures naturelles, aux aines, etc., sont espacées, lenticulaires, entourées d'une aréole rouge. Elles sont peu nombreuses, et l'animal, après avoir eu quelque temps de la fièvre, guérit sans que la maladie ait offert de symptômes graves. L'autre type, appelé confluent ou malin, se traduit par une grande chaleur à la peau. Les yeux sont enflammés, la bouche est sèche, la soif est plus ou moins ardente; la respiration est accélérée, laborieuse; l'haleine est fétide, la rumination cesse, l'animal rend de la bave par la bouche; les naseaux, tuméfiés, laissent couler des liquides purulents. Les boutons claveleux sont nombreux, élargis; ils se réunissent en masses. La tête, les oreilles, se gonflent; enfin les animaux ont la diarrhée, ils ne peuvent plus se soutenir, et meurent.

Pour se procurer du claveau propre à inoculer, on repousse d'abord les animaux malades qui présentent les symptômes que nous venons de signaler; on choisit, au contraire, ceux dont la maladie n'est caractérisée que par quelques rares pustules et une légère indisposition que n'est que passagère. On incise les boutons six à huit jours environ après qu'ils ont paru. Si le sang coule, on attend un instant, et bientôt on voit le claveau se présenter sous la forme d'une sérosité limpide ou légèrement colorée. C'est avec lui que l'on inocule les animaux pour les préserver de la maladie. On préfère ordinairement le claveau des animaux qui ont été inoculés; on est plus assuré de la nature bénigne de la maladie dans ce cas que dans celui où elle se déclare spontanément.

La clavelée est essentiellement contagieuse et rédhibitoire, conformément à la loi de mai 1838. Elle fait périr de grandes quantités d'animaux. La moyenne des pertes est du quart, et quelquefois du tiers et plus, des moutons qui n'ont point été inoculés. Elle n'est que d'un centième lorsque la clavélisation a été bien faite.

CLAVÉLISATION. Inoculation du claveau. L'idée de la clavélisation n'a pas de date certaine. Conseillée vers le milieu du siècle passé, ce n'est qu'au commencement de celui-ci qu'elle a été pratiquée d'abord avec succès; aujourd'hui il est reconnu que l'agriculture lui doit la conservation de troupeaux nombreux qu'elle perdait sans ressource avant sa découverte. Le but de cette opération est le même que la vaccination pour l'homme. Elle consiste à prendre le virus claveleux d'un mouton atteint de clavelée bénigne, pour donner cette maladie à un animal bien portant, afin de le préserver de la clavelée confluente ou maligne, qui le fait périr. On peut clavéliser les moutons à toutes les époques de l'année, quand les circonstances le commandent; mais le printemps et l'automne sont les temps les plus convenables pour la réussite de l'opération. C'est ordinairement sous l'épiderme de la peau fine qui se trouve sous la queue, et près de sa base, qu'on introduit le claveau, avec une lancette ou une aiguille cannelée disposée à cet effet. On a d'abord nié l'efficacité de la clavélisation; aujourd'hui elle ne laisse plus de doute dans l'esprit des praticiens. Cette opération est toujours pratiquée avec succès et empressement dans tous les pays d'élevage du mouton. Les animaux clavélisés doivent être soumis à un régime raisonné. On les entoure de soins hygiéniques propres à bien faire réussir l'opération qu'ils ont subie. On évitera de les exposer au froid, à l'humidité; on leur fera une bonne litière dans la bergerie; on évitera les courants d'air. Quant à la nourriture, sans être trop abondante, elle sera toujours d'un bon choix; et, lorsque ce sera possible, on mélangera les aliments secs avec des aliments aqueux ou verts, tels que de l'herbe ou des racines fourragères.

CLAVICULE. Os qui s'articule d'une part au sternum, et de l'autre au scapulum, pour fixer l'épaule. On ne trouve la clavicule que dans les animaux qui se servent des membres antérieurs pour prendre les objets, tels que les singes, l'écureuil; elle n'existe pas dans nos animaux domestiques; le chat seul en a une trace.

CLAYONNAGE. Sorte de palissade qui sert quelquefois de muraille pour clore les héritages, retenir les terres, ou les protéger contre l'action de l'eau des torrents ou rivières débordées.

CLÉMATITE. Plante grimpante de la famille des renonculacées. La clématite est quelquefois cultivée comme plante d'ornement; elle sert alors à ombrager des berceaux, à garnir des haies. Le suc de cette renonculacée a une action vésicante sur la peau. On dit que des mendiants s'en servent pour se faire des plaies sur les jambes, afin d'exciter la pitié des passants.

CLEVELAND (*Race de chevaux du*). Les chevaux anglais du Cleveland sont des carrossiers très estimés ; ils ont de la taille et beaucoup de distinction. Ces chevaux forment une des bonnes races de demi-sang de l'Angleterre.

CLIGNOTANT (*Corps*). Le corps clignotant est un petit cartilage en forme de pelle, placé à l'angle interne de l'œil des grands animaux. Assez développé dans le cheval et le bœuf, il sert à nettoyer l'œil en passant sur sa vitre, lorsqu'elle est offensée par de la poussière ou du sable. Le corps clignotant n'est que rudimentaire chez les animaux qui peuvent se nettoyer les yeux ou se les frotter avec les pattes, comme dans le chien, le chat.

CLIMAT. On a donné le nom de climat à une réunion de conditions atmosphériques et météorologiques qui ont une action générale et constante sur les corps organisés. Les climats varient dans les différents points du globe, suivant qu'ils sont étudiés sur les montagnes ou dans les plaines, au nord ou au midi, aux pôles ou à l'équateur. L'on pourrait presque juger de leur nature à celle des animaux ou des végétaux. Ainsi, les végétaux comme les animaux des pays froids sont généralement petits, rabougris, mais vivaces et robustes ; les poils des animaux y sont épais et forment des fourrures qui les préservent contre le froid et l'humidité.

Dans les climats chauds, les végétaux prennent du développement, mais les animaux sont petits, nerveux, sobres et agiles. Ce sont les climats tempérés qui sont les plus favorables au développement des végétaux comme des animaux. — V. *Montagne.*

CLIMATÉRIQUE. Conditions, influences climatériques, dépendantes du climat. — V. *Acclimatation*, *Climat*.

CLOAQUE. Sorte de cœcum où vont aboutir, dans les oiseaux et les reptiles, les canaux de l'appareil génital et urinaire.

CLOISON. (*Cloison nasale.*) On donne le nom de cloison nasale à la plaque cartilagineuse qui sépare les cavités nasales des animaux en deux parties égales. — V. *Naseaux*.

CLOTURE. Haies, murs, fossés, ou barrières, qui servent à clore les héritages. Les clôtures sont très utiles pour protéger les récoltes, surtout sur le bord des chemins et des lieux fréquentés par les animaux qui paissent. On fait des clôtures de plusieurs manières, suivant la facilité qu'on a de se procurer des matériaux; on les fait avec des murs, des haies de toute sorte, des palissades, des fossés. — V. *Fossés, Haies, Murs.*

CLOU DE RUE. Les chevaux et les bœufs qui ne sont pas ferrés sont souvent blessés aux pieds par des clous ou des morceaux de fer. Ces corps étrangers, nommés clous de rue, percent la corne de leurs pieds et y causent des ravages plus ou moins considérables. Il est urgent d'arracher ces corps immédiatement, et d'examiner avec attention la partie blessée, pour opposer au mal les moyens curatifs exigés, suivant la gravité de la blessure. V. *Boiterie.*

CLYDESDALE (*Cheval du*). Le cheval clydesdale, élevé en Ecosse, forme une race de trait employée aux travaux agricoles, et assez estimée dans la Grande-Bretagne. Cette race n'est pas importée en France. Sous le rapport des chevaux de trait, nous n'avons rien à envier à l'Angleterre.

COAGULATION. Condensation d'un liquide en masse plus ou moins solide. La coagulation du sang s'opère après sa sortie des veines. Le lait se coagule par l'action des acides, et forme le caillé ou le fromage. — V. *Caillé, Caillot.*

COAGULUM. — V. *Caillé, Caillot.*

COBÉE (*Cobæa*). Plante sarmenteuse de la famille des polémoniacées. Les cobées, originaires du Mexique, sont cultivées comme plantes d'agrément, pour orner les berceaux, les croisées; leurs fleurs en clochette sont d'un bel effet.

COCCYGIEN. Nom des os de la queue des animaux; on distingue aussi les artères, les muscles, les nerfs coccygiens.

COCCYX. Nom donné à la réunion des os de la queue des animaux. Leur nombre varie suivant les espèces. V. *Queue.*

COCHLÉARIA. Plante formant un genre de la famille des crucifères. On attribue au cochléaria une action tonique sur l'économie animale. Le raifort appartient à ce genre.

COCHON. Genre de mammifère de l'ordre des pachydermes. Ce genre, qui comprend plusieurs espèces (sanglier, babiroussa, tapir, pecari, etc.), se fait remarquer par des incisives dirigées en avant et des canines très longues, recourbées, appelées défenses. Le museau se termine par un boutoir tronqué, qui sert à fouiller la terre pour y chercher des racines. Un seul de ces animaux, le sanglier, paraît avoir été réduit à l'état domestique sur tous les points du globe où l'homme se nourrit de sa chair. — V. *Porc.*

COCOTE. On a donné le nom de cocote à une maladie épizootique observée surtout dans l'espèce bovine. Cette affection, qui a été considérée comme contagieuse, a pour symptômes, à son début, l'inappétence, la cessation de la rumination, des frissons malgré la température souvent élevée de la peau. Le muffle des animaux est sec, les muqueuses de la bouche sont rouges, la langue est sèche, et la sécrétion du lait des vaches laitières diminue dans de grandes proportions, surtout quand la maladie est avancée. A la suite de ces premiers symptômes, des ulcérations (aphthes) se déclarent dans l'intérieur de la bouche, entre les onglons, et souvent aux mamelles, et les animaux maigrissent à vue d'œil; ils ne mangent plus, ou ne peuvent prendre et mastiquer les aliments qu'avec une grande difficulté; une salive visqueuse et abondante s'écoule par la bouche. On a souvent vu les onglons des pieds se détacher et tomber par suite des ulcérations qui causaient le décollement de la corne. J'ai observé en 1838 cette maladie, qui fit des ravages considérables dans les montagnes de l'Auvergne. Des vacheries entières étaient malades et ne produisaient presque plus de lait pour la fabrication des fromages; d'un autre côté, les animaux de travail ne pouvaient pas être employés, tant ils étaient boiteux et souffrants.

Cependant les animaux succombaient rarement à la suite de ces symptômes. On lotionnait les aphthes avec des dissolutions astringentes, soit dans la bouche, par injections, soit aux mamelles ou aux pieds, et la guérison s'opérait après un temps plus ou moins long. Le rétablissement qui était le plus lent était celui qu'on observait chez les animaux qui avaient éprouvé la chute des onglons, parceque la croissance de la corne est toujours lente.

Bien que la cocote ne fasse pas périr les animaux, elle occasionne toujours de grandes pertes à l'agriculture, parceque, d'une part, elle diminue dans de grandes proportions la production du lait; de l'autre, elle contrarie l'engraissement des animaux, et enfin elle retarde ou empêche les travaux de l'agriculture partout où ils sont exécutés par les bœufs. — V. *Aphthe*.

COECUM. Partie de l'intestin des animaux terminée en cul-de-sac. Le cheval est, de tous les animaux domestiques, celui dont le cœcum est le plus développé.

COENURE. Ver qui se développe dans le corps des animaux. La présence de cet entozoaire dans le cerveau du mouton cause le tournis. — V. *Tournis*.

COEUR. Le cœur est un organe musculaire creux. Il renferme quatre cavités distinctes, et forme un appareil hydraulique double, faisant fonctions de pompe aspirante et foulante, pour recevoir le sang et le refouler. Ces quatre cavités, désignées par les noms de ventricules et oreillettes, sont disposées par paires, et distinguées, d'après les côtés du corps auxquels elles correspondent, en droites et gauches. C'est au cœur que se rend le sang de toutes les parties du corps pour être poussé dans les poumons afin d'y subir le contact de l'air, et c'est aussi du cœur que part le sang pour être repoussé vers toutes les parties du corps afin d'y porter la nourriture et d'y entretenir la vie.

Le cœur, considéré comme machine hydraulique double, a deux appareils formés par des cavités pour recevoir d'un côté le sang veineux, et de l'autre le sang artériel. Ces cavités, qui se communiquent par paires, portent le nom d'oreillettes et de ventricules. Les oreillettes sont superposées aux ventricules et désignées par le nom de droite et de gauche. Toutes ces cavités sont pourvues de valvules, de véritables clapets, disposés de telle manière que, lorsque le sang est sorti de l'une d'elles, il ne peut plus y rentrer. Ce système hydraulique est exactement comme celui des pompes aspirantes et foulantes pourvues de clapets pour empêcher l'eau de sortir par où elle est entrée. Le sang veineux n'ayant qu'un court trajet pour se rendre du cœur aux poumons, l'appareil destiné à le pousser dans ces organes a moins de puissance que celui du sang artériel, qui doit se rendre dans tout le corps. C'est ainsi que les parois du ventricule droit du cœur sont plus amincies que celles du gauche, qui chasse, par l'aorte et les artères, le sang dans tout le corps, comme le ferait un piston énergiquement refoulé dans un cylindre. Le cœur, situé dans la poitrine, entre les deux poumons des animaux, est suspendu au moyen de gros vaisseaux nommés aorte et veines caves; il est fixé de plus par une enveloppe particulière qui lui sert en même temps de chemise (péricarde). Les pulsations alternatives de cet organe constituent le pouls. — V. *Circulation, Pouls, Respiration.*

COIFFÉ. Un cheval ou un chien sont dits bien ou mal coiffés suivant qu'ils ont les oreilles plus ou moins bien faites et bien ou mal placées.

COIFFER (*un cheval*). Lui mettre un licol ou un bridon pour le conduire.

COIGNASSIER. Arbre de la famille des rosacées. Le coignassier, originaire d'Asie, est cultivé isolément. Son fruit, nommé coing, ressemble par sa forme à une grosse poire. Il sert à faire une liqueur de ménage assez agréable. On fait aussi avec les coings des conserves et des compotes estimées.

COING. Fruit du coignassier.

COINS. Nom donné aux dents qui terminent de chaque côté les arcades dentaires formées par les incisives, dans le cheval, le bœuf et le mouton. — V. *Age, Dents, Incisives.*

COIT. Accouplement du mâle et de la femelle.—V. *Copulation.*

COL. On se sert du mot *col* pour caractériser le rétrécissement d'une partie du corps par rapport aux autres. Ainsi, on distingue, en anatomie, le col de la matrice, celui du fémur, de la vessie, etc. On donne aussi le nom de col au cou des animaux. — V. *Encolure.*

COLCHICACÉES. Famille de plantes vénéneuses. Le varaire, le colchique, etc., appartiennent aux colchicacées. — V. *Colchique, Varaire.*

COLCHIQUE. Plante de la famille des colchicacées. Le colchique comprend plusieurs espèces de plantes bulbeuses vénéneuses. L'espèce la plus commune dans nos prairies est le colchique d'automne. On remarque sa fleur, vers septembre ou octobre, sortant du sol nue et sans feuilles. Sa couleur est lilas pâle, et sa corolle sans calice, à six divisions. Si on déterre cette fleur, on trouve qu'elle part d'un bulbe noirâtre au dehors, blanchâtre au dedans. Au printemps suivant, les feuilles poussent. Elles contiennent dans leur centre une capsule oblongue renfermant trois loges où se trouvent les graines, de la grosseur d'un grain de millet un peu fort, blanches avant la maturité, noires quand elles sont mûres.

Cette plante est très vénéneuse dans toutes ses parties. On doit la détruire par tout moyen. Des vaches, des moutons, des porcs, ont été empoisonnés par elle. C'est surtout sur le canal intestinal qu'elle agit. Elle détermine des inflammations mortelles et des diarrhées qui indiquent l'action d'un violent purgatif drastique. Le colchique réagit aussi sur les voies urinaires. On se sert de ses préparations pharmaceutiques en médecine humaine contre les hydropisies, les rhumatismes, et comme purgatif. En médecine vétérinaire, cette plante n'est pas d'un usage aussi fréquent comme médicament qu'en médecine humaine.

COLÉOPTÈRES. Ordre d'insectes ayant quatre ailes, dont les supérieures, nommées élitres, sont dures, coriaces; les inférieures, membraneuses et minces, sont repliées et cachées sous les élitres. Ces insectes sont les plus nombreux et les plus connus. Leurs larves sont en forme de vers ou de chenilles, et plusieurs d'entre elles font des ravages considérables en agriculture. Le ver blanc du hanneton est de ce nombre. Les carabes, les bousiers, les hannetons, les cantharides, les taupins, les escarbots, etc., sont des coléoptères.

COLIMAÇON. — V. *Limaçon.*

COLIQUES. (*Tranchées.*) Maladie des organes contenus dans l'abdomen, caractérisée par des symptômes généraux et communs. Les coliques, qui se développent instantanément sur les animaux, et notamment dans les chevaux, les ânes et les mulets, reconnaissent plusieurs causes distinctes, dont les effets produisent à peu près les mêmes signes extérieurs, les mêmes symptômes apparents. Les indigestions, les bézoards et calculs, les pelottes stercorales, les plantes vénéneuses, les météorisations, les hernies, etc., toutes ces causes de coliques demanderaient un traitement spécial pour combattre leurs effets; mais il n'est pas toujours facile de les reconnaître. Les saignées, les lavements émollients, les frictions, les promenades, sont les moyens les plus simples employés d'abord contre les coliques. C'est aux hommes expérimentés, aux vétérinaires habiles, à prescrire les autres moyens commandés par les circonstances spéciales.

COLLET. Partie du végétal qui surmonte la racine et sert de base à la tige, qui sépare la racine de la tige. — V. *Racine*, *Tige*.

COLLIER. Partie du harnais qui embrasse la base de l'encolure et forme appui sur les épaules des animaux dans le tirage. Le collier, qui comprend les attelles et le coussinet, est souvent mal fait, mal ajusté ; quelquefois les crochets d'attelage, placés trop bas, empêchent l'appui étendu du collier sur la surface des épaules. Cet appui se borne à leur pointe ; il en résulte des blessures. D'autres fois le collier, trop petit, comprime la trachée artère à sa sortie de la poitrine au point d'asphyxier les animaux. On voit sur nos routes, dans les rues des villes, des animaux râler, dans les montées surtout, et être près de tomber par suite de la compression du collier sur la trachée. On devra toujours remédier à ce défaut grave de confection de cette partie essentielle du harnais.

Un collier doit toujours être solide et léger, exempt de tout ce qui tend à le surcharger d'un poids inutile.

Fig. 49. Colin.

COLIN. Oiseau de l'ordre des gallinacées. Le colin, qui ressemble à la caille et à la perdrix par sa conformation, tient le milieu entre ces deux oiseaux par sa taille. Originaire d'Amérique, il a été acclimaté dans quelques contrées de l'Angleterre, où il fournit un excellent gibier. La Société zoologique d'acclimatation s'occupe d'acclimater le colin en France. Il offrira une grande ressource pour la chasse, surtout depuis que le nombre des cailles a diminué dans de très grandes proportions par suite de leur prise au filet sur les côtes d'Europe, au moment de leur rentrée d'émigration. — V. *Caille*.

Le colin est très fécond. M. Saulnier, membre de la Société zoologique d'acclimatation, a obtenu plus de trente œufs d'une seule ponte de cet oiseau. On conçoit donc que sa multiplication pourra se faire rapidement.

COLLYRE. Nom donné aux médicaments utilisés directement contre les maladies des yeux. Ces médicaments sont pulvérulents, de consistance molle, liquides ou gazeux. Ils sont tantôt insufflés sous forme de poussière dans les yeux, tantôt employés en pommades ou en dissolution dans l'eau, ou en vapeurs dirigées sur les organes de la vue.

Les propriétés des collyres sont émollientes, toniques, astringentes, narcotiques, résolutives, suivant les besoins et suivant les substances médicamenteuses dont on les compose. On se sert du sulfate de zinc, du sel ammoniac, d'acétate de plomb (extrait de saturne), d'alun, d'eau de guimauve, de fleur de sureau, d'eau de rose, de laudanum, etc., pour la préparation de ces médicaments spéciaux.

COLMATAGE. Sorte de remblai opéré au moyen des eaux troubles sur les terrains où il est possible de les conduire et de les arrêter. Quand il est praticable, le colmatage est une des opérations les plus heureuses et les plus fécondes que puisse pratiquer le cultivateur. En voici la raison : Les eaux pluviales abondantes qui descendent des montagnes, des hauteurs cultivées, entraînent toujours des terres plus ou moins fertiles et engraissées. Ces terres, riches en produits fertilisants, sont portées par les eaux aux rivières, aux fleuves, à la mer ; elles enlèvent annuellement à l'agriculture, des engrais pour des sommes énormes. Si l'on peut détourner ces eaux bourbeuses de manière à faire déposer le limon qu'elles contiennent, on obtient un terrain d'alluvion de première qualité, toujours riche, et propre à toutes les cultures, même les plus exigeantes. Sur les cours de la Durance, de l'Aude, de plusieurs autres rivières, on a pu pratiquer des colmatages qui ont rendu à la fertilité des sols arides, caillouteux, incultes. Si la question des colmatages et des limonages était mieux comprise en France, on pourrait, par un bon système de canaux d'irrigation, conserver sur nos sols la plus grande partie des engrais entraînés par les eaux, et rendre à leur fertilité, d'un côté, les éléments qu'elles leur enlèvent de l'autre. On préviendrait de plus les inondations. En saignant par des canaux d'irrigation bien combinés une rivière, depuis sa source jusqu'à son embouchure, on empêcherait les grandes crues, on arroserait ainsi, d'une part, partout ou cela serait possible, les terres, qui s'engraisseraient de l'autre, les désastres terribles causés par les inondations périodiques seraient évités.

COLOMBIER. Lieu destiné à loger les pigeons. Les colombiers sont quelquefois isolés dans la ferme; un bâtiment spécial, en forme de tour carrée ou arrondie, leur est réservé. On en fait aussi sous les toits des bâtiments mêmes de l'exploitation, soit des maisons d'habitation, soit des étables ou écuries. Quel que soit le lieu destiné au colombier, il devra, autant que possible, être exposé à l'est ou au sud; il sera préservé des rats, des souris, des belettes, etc., qui non seulement font périr les pigeonneaux, mais cassent les œufs et effraient les pigeons. Quelquefois les colombiers sont abandonnés par suite de la présence de ces animaux. Le premier soin du cultivateur sera donc de boucher toute ouverture qui peut leur livrer passage.

Lorsque l'ouverture par laquelle sortent les pigeons est basse, près du plancher, les jeunes pigeonneaux se hasardent à sortir du colombier au moment ou ils sont bons à manger. Il en périt beaucoup; les uns sont dévorés par les oiseaux de proie, les chats, etc.; les autres s'égarent ; il en est même qui n'ont pas la force de remonter au colombier. Dans ce cas, il faut changer l'ouverture; il faut la placer assez haut pour que les pigeonneaux ne puissent pas y monter avant d'être assez forts pour voler avec les autres pigeons et fuir le danger avec eux.

On doit nettoyer les colombiers assez souvent pour ne pas y laisser entasser la colombine. Elle vicie l'air et favorise le développement de la vermine qui tourmente les pigeons.

COLOMBINE. Nom du fumier des pigeons et de la volaille. Ce fumier est un des engrais les plus énergiques que l'on emploie. On peut le mélanger avec d'autres engrais ou de la terre. Les jardiniers recherchent surtout la colombine pour activer la végétation des couches. Le guano, dont on se sert depuis quelques années, n'est qu'une espèce de colombine des oiseaux de mer. — V. *Guano*.

COLON. Nom donné dans certains pays aux cultivateurs ou métayers qui cultivent une terre dans des intérêts communs, stipulés avec les propriétaires, suivant les usages des lieux. Le système de colonage n'indique pas une agriculture avancée. Il n'est pratiqué que dans les pays où la culture raisonnée est généralement inconnue. Les cultivateurs y manquent de ressources pour prendre des fermes à long bail, et faire les améliorations exécutées dans les pays riches et instruits en agriculture.

COLON. Partie du gros intestin qui part du cœcum pour se terminer au rectum. Le colon change plusieurs fois de calibre, et décrit plusieurs courbures.

COLONAGE. — V. *Métayage*.

COLONIES AGRICOLES. Plusieurs états de l'Europe ont fondé des colonies agricoles. Ces exploitations sont destinées à recevoir des enfants pour les instruire sur l'agriculture et les moraliser. En France, nous avons quelques colonies pénitentiaires pour de jeunes détenus. Ces établissements ont déjà produit d'heureux résultats. Il serait utile de les multiplier pour donner asile et travail à des enfants abandonnés, qui trop souvent deviennent des vagabonds, des malfaiteurs. Ils pourraient faire des citoyens laborieux et utiles dans les colonies agricoles. Tous les enfants trouvés, abandonnés, confiés aux hôpitaux, devraient être placés dans des colonies dès l'âge de cinq à six ans. En les initiant de bonne heure aux travaux des champs, à la vie champêtre, on pourrait en faire de bons laboureurs, des citoyens utiles à l'agriculture. Les jeunes filles devraient aussi trouver dans ces établissements le moyen de devenir de bonnes ménagères de campagne, qui manquent partout.

COLOQUINTE. Plante de la famille des cucurbitacées. Le fruit de la coloquinte est employé comme purgatif dans l'homme. Son usage est peu connu en art vétérinaire.

COLOSTRUM. On a nommé colostrum le premier lait que donnent les femelles domestiques après la parturition. Ce lait, ordinairement de couleur jaunâtre, a une propriété purgative qui débarrasse les jeunes animaux des matières contenues dans leurs intestins, et qu'on appelle méconium. — V. *Lait, Méconium*.

COLZA. Plante de la famille des crucifères. Le colza est une variété de chou, cultivée surtout dans le nord de la France pour faire de l'huile. La culture du colza est très lucrative quand elle est possible et bien exécutée. Le débouché des huiles qu'elle produit est toujours assuré pour l'éclairage, les savonneries, et divers usages domestiques et industriels. Les tourteaux d'huile de colza sont employés à engraisser les terres; on les donne aussi aux bestiaux à l'engrais. On en fait un emploi fréquent dans la Flandre française, et notamment dans les environs de Lille. Cette ville est entourée de moulins à vent destinés à la mouture des graines de colza.

COMA. Sorte d'assoupissement des animaux, par suite d'affection cérébrale. Le coma indique toujours une maladie plus ou moins grave, difficile à traiter, lente à guérir lorsqu'elle guérit, ce qui est toujours douteux.

COMATEUX. Etat comateux, condition où se trouve un animal atteint du coma.

COMBINAISON. Action réciproque de deux corps qui, ayant de l'affinité l'un pour l'autre, se mélangent et forment un nouveau corps. Ce composé nouveau n'a le plus souvent aucune des propriétés chimiques des éléments qui ont servi à le composer. Souvent deux corps simples, inoffensifs par eux-mêmes, forment des poisons plus ou moins violents : tels sont les oxydes de cuivre, les acétates du même métal, le deuto-chlorure de mercure (sublimé corrosif), l'acétate de plomb, l'hydrogène sulfuré, l'acide carbonique, etc. — V. *Affinité, Chimie*.

COMBLE. (*Pied comble.*) On nomme pied comble celui dont la sole, au lieu d'être creuse comme à l'état normal, est bombée et porte sur le sol. Cette conformation vicieuse est le plus souvent la conséquence d'une maladie. Le pied comble est toujours un mauvais pied, quelle que soit la cause qui a produit cette conformation. On doit toujours repousser un animal atteint de ce vice. Ce sont surtout les pieds de devant qui deviennent combles lorsqu'ils sont naturellement plats et évasés. Les chevaux du Nord, élevés dans les lieux bas et humides, les races lymphatiques, sont plus disposés à ce défaut de conformation que les races nobles, chez lesquelles on ne l'observe que rarement.

COMBURANT. Nom donné à un corps qui a la propriété d'activer la combustion. L'oxygène est un comburant. — V. *Oxygène*.

COMBUSTIBLE. Nom vulgaire donné aux corps susceptibles de brûler. Le bois, le charbon, tous les produits végétaux, sont combustibles.

COMBUSTION. Les chimistes appellent combustion toute opération chimique qui a lieu avec dégagement de calorique et souvent de lumière. L'oxygène est le principal agent de combustion de tous les corps combustibles.

COMESTIBLE. Aliment solide consommé par l'homme. Le mot comestible n'est pas usité en hygiène vétérinaire. — V. *Aliment, Nourriture*.

COMICE AGRICOLE. Association d'agriculteurs en vue de s'occuper de l'agriculture et d'activer ses progrès. Les comices, composés de praticiens instruits, d'hommes dévoués, peuvent être très utiles à l'agriculture par leurs rapports ou leur influence auprès du pouvoir ; mais jusqu'ici la pratique n'a pas trouvé dans toutes ces réunions les avantages qu'elle pourra en retirer quand leur organisation sera bien assise, solidement établie.

COMMERCE. Opération par laquelle le cultivateur vend ses produits ou achète ceux qui lui sont nécessaires. De toutes les branches de commerce auxquelles se livrent les populations agricoles, les transactions qui ont lieu sur les animaux domestiques sont celles qui demandent, avec beaucoup de circonspection et de prudence, le plus de connaissances spéciales surtout pour les achats. Le cultivateur qui vend un animal connaît ordinairement ses défauts et ses qualités ; mais il n'en est pas de même de celui qui l'achète. Les lois protégent l'acheteur contre la fraude ; cependant il est des vices qui ne sont pas spécifiés dans la loi de mai 1838 sur les ventes et échanges des animaux. Il faut donc bien étudier le bétail pour ne pas être trompé dans les foires et marchés, fréquentés par des maquignons habiles et de mauvaise foi, dont le métier est de chercher à vendre les plus mauvais animaux comme les meilleurs. — V. *Conformation, Vices rhédibitoires.*

COMMISSURE. Point d'union de deux parties qui se rencontrent ordinairement à angle, comme les lèvres, les paupières. — V. *Lèvres, Paupières.*

COMMUNAUX. On entend par biens communaux les bois, les pâturages, les domaines productifs, qui appartiennent aux communes. Leur étendue est immense. Ils comprennent 7,649,092 hectares incultes. Si ces terrains abandonnés étaient en culture, ils offriraient de grandes ressources à nos populations rurales. On a évalué à huit francs environ le produit d'un hectare de communal qui sert de maigre pâture aux bestiaux, surtout aux moutons. On pourrait tripler, quadrupler ce revenu, si de bonnes lois, que nous attendons toujours, avaient résolu la question d'une manière fructueuse. De tout temps on a déploré l'état d'abandon dans lequel se trouvent nos communaux, depuis long-temps aussi les divers gouvernements qui se sont succédé en France ont cherché à remédier au mal ; jamais on y est parvenu. Cependant tout le monde désire, tout le monde est d'accord sur la possibilité de trouver un bon moyen pour satisfaire au vœu général comme au besoin du pays Les autres peuples de l'Europe sont plus heureux que nous sous ce rapport. Dès 1730, l'Angleterre publiait une loi qui ordonnait le partage des communaux ; ils furent mis immédiatement en culture. En Prusse, Frédéric le Grand prit la même résolution en 1742 ; Marie-Thérèse suivit la même voie en Autriche en 1767. En Hollande, la mise en culture des communaux date de 1810, et en Sicile de 1839. En France, nous attendons encore, malgré les vœux exprimés par les conseils généaux consultés, les sociétés d'agriculture et tous les hommes spéiaux dévoués aux véritables intérêts de nos populations rurales.

ÇOMMUNICATION (*Voies de*). Les voies de communication sont u plus grand intérêt pour l'agriculture ; malheureusement elles ont insuffisantes dans nos campagnes, et surtout dans nos pays e montagnes. Dans de mauvais sentiers pierreux, mal tracés, où n cheval attelé ne peut pas passer, on est obligé de transporter les enrées à dos de cheval ou de mulet, ou avec de mauvais chariots raînés par des bœufs ou des vaches. Ce défaut de bonnes voie e communication est un obstacle aux progrès agricoles ; il est ause qu'un surcroît d'animaux de travail est exigé, au détriment es animaux de rente. Il est probable que les chemins de fer acveront les administrations départementales et les conseils généaux pour donner aux communes rurales de tout pays des moyens lus faciles de transporter leurs produits, soit sur les marchés, oit sur les voies ferrées.

COMPACITÉ. État d'un corps dont les molécules sont très approchées, très denses, et laissent peu d'espace entre elles. — V. *Compacte*.

COMPACTE. Corps compacte, qui est dense, lourd, peu spongieux. La matière compacte des os est la plus dure de leurs tisus. C'est surtout aux os des membres, et notamment aux canons, que la matière osseuse est la plus compacte et la plus solide. Cette condition était essentielle à l'usage des os qui servent de coonnes de support d'une part, et d'organes de locomotion de l'autre. — V. *Os*.

COMPOSÉES. Famille nombreuse de plantes, dont un grand nombre sont employées comme plantes médicinales pour les bestiaux. Ces plantes sont généralement toniques, amères, astringentes, excitantes et aromatiques : telles sont l'armoise, l'absinthe, la tanaisie, etc. Plusieurs d'entre elles donnent un bon fourrage, comme la laitue, la chicorée, la scorsonère, le pissenlit, etc. Les composées sont représentées dans toutes les parties du globe ; elles forment l'une des familles les plus nombreuses, les plus répandues et les plus intéressantes. Plusieurs espèces de composées sont cultivées comme plantes d'ornement : telles sont les reines-marguerites, les hélianthes, diverses variétés d'asters, etc. Le topinambour et l'artichaut appartiennent à la famille des composées.

Mais si les composées nous offrent des plantes qui méritent notre intérêt, elles en contiennent d'autres dont l'agriculture n'a pas à se féciliter : tous les chardons appartiennent à cette famille.

COMPOST. Mélange stratifié de terre, de substances végétales ou animales, de cendres, de chaux, de terreau, de marne, de tous corps enfin qui, alliés à d'autres, forment d'excellents engrais. La chaux surtout, lorsqu'on peut se la procurer à bon marché, joue un role très actif dans les composts. Mélangée aux gazons, aux vases, aux feuilles sèches, aux plantes grossières, au bois mort, etc., elle produit toujours de bons résultats. Les composts facilitent le moyen d'utiliser une quantité de substances qui, prises isolément, seraient d'un effet à peu près nul, ou se perdraient ; d'un autre côté, par le mélange d'engrais trop énergiques, tels que le sang, les résidus de boucherie, la colombine, etc., on fournit des propriétés fécondantes à des corps qui en ont peu ou point lorsqu'ils sont employés seuls ; il en résulte le double avantage de donner à des corps inertes des principes fertilisants qui étaient en excès dans d'autres.

La fabrication des composts est toujours une excellente opération; malheureusement elle est inconnue de l'immense majorité des cultivateurs dans nos campagnes.

COMPTABILITÉ (*agricole*). Si toute espèce de commerce est impossible sans comptabilité, comment comprendre que sans elle le cultivateur puisse se rendre compte de toutes ses opérations, connaître les cultures qui lui rendent le plus, celles qui lui rendent le moins ou le laissent en perte ? Une bonne comptabilité doit être la boussole de tout cultivateur, comme de tout commerçant. La majorité des agriculteurs français ne s'en doute pas, et c'est une des raisons qui font comprendre comment la routine d'une mauvaise méthode de culture se perpétue et ruine celui qui l'emploie, sans qu'il en soit prévenu, averti à temps. Lorsqu'un cultivateur est ruiné, exproprié, il ignore le plus souvent pourquoi il a été en perte ; chaque année il a eu recours aux emprunts, et il n'a jamais su par où était le *coulage*, parcequ'il n'a pas eu de comptabilité. S'il avait eu soin de compter, il aurait été prévenu en temps opportun ; il eût réformé les mauvaises opérations et adopté les bonnes ; il serait resté tranquille possesseur du bien que lui a laissé son père, et il l'aurait transmis à ses enfants, au lieu de le voir passer, souvent à vil prix, dans des mains étrangères.

Nous ne saurions donc assez recommander aux cultivateurs de tenir une comptabilité en règle ; elle doit être la première opération de tout homme qui ne veut pas marcher en aveugle dans une carrière qui demande tant de circonspection et de prudence.

COMTOIS. (*Races comtoises.*) Le cheval comtois est un bon cheval de trait, employé au roulage et dans l'artillerie. Sa tête est forte, son encolure mince ; son épaule est plate, sa côte arrondie ; il a le ventre un peu volumineux, la croupe large, forte, avalée ; sa queue est attachée bas ; sa robe est généralement baie ou noir mal teint. Ce cheval est sobre, dur à la fatigue. On voit souvent sur les routes de l'est de la France plusieurs chariots très simples conduits à la suite les uns des autres par un seul roulier et attelés chacun d'un seul cheval. Ces chariots, comme les chevaux qui les traînent, sont francs-comtois.

L'espèce bovine de la Franche-Comté se divise en deux variétés bien distinctes, la fémeline et la tourrache. La fémeline est la plus distinguée ; son poil est froment ; sa peau est souple et fine ; son encolure est mince comme ses extrémités. Cette variété est bonne laitière et s'engraisse facilement. La tourrache est rouge, trapue, robuste, bonne pour le travail ; mais elle s'engraisse moins bien que la fémeline. Celle-ci se trouve dans les vallées de la Saône, du Doubs, etc., tandis que la tourrache, plus rustique, est élevée sur les plateaux et les lieux montueux de la Franche-Comté et des frontières de la Suisse.

CONCEPTION. — V. *Fécondation, Génération.*

CONCOMBRE. Genre de plantes de la famille des cucurbitacées. On cultive dans nos jardins potagers plusieurs variétés de concombres pour les besoins culinaires. L'une de ces espèces fournit le cornichon, que l'on récolte quand il a obtenu le volume désiré pour le faire confire dans le vinaigre. C'est dans le genre concombre que se trouvent les diverses espèces de melons, les pastèques, les coloquintes, etc.

CONCRÉTION. En anatomie, on nomme concrétion tout corps étranger solide qui se développe dans les tissus, dans des cavités ou réservoirs du corps des animaux. Les calculs, les bézoards, etc., sont des concrétions. — V. *Bézoard, Calcul.*

CONDENSATION. Resserrement, rapprochement des molécules d'un corps. La rosée, la pluie, la neige, la grêle, ne sont que la condensation, par suite du refroidissement, des nuages, de la vapeur d'eau contenue dans l'atmosphère. — V. *Gelée, Pluie, Rosée.*

CONDIMENT. On donne le nom de condiments aux substances mélangées aux aliments afin de les assaisonner et de les rendre plus sapides, plus digestibles. On emploie aussi les condiments pour modifier, dans certains cas, les mauvaises qualités des fourrages et prévenir les effets nuisibles que leur usage pourrait produire sur les animaux. Le sel marin est un condiment qui modifie l'action nuisible des foins vasés, mal récoltés, moisis, des pailles rouillées, etc. Les plantes aromatiques, telles que beaucoup de labiées, servent de condiment aux fourrages insipides et gras des vallées humides, qui donnent des herbes grossières, fades, et relativement peu riches en principes nutritifs.

CONDUIT. — V. *Canal.*

CONDYLE. Nom donné, en anatomie, aux éminences de certains os qui s'articulent avec des cavités correspondantes. On distingue le condyle du fémur, celui de l'humérus.

CONDYLOIDE. Eminence osseuse condyloïde, qui a la forme d'un condyle.

CONFITURES. Nom de conserves ou de gelées de fruits confits, pour les usages de la table. On fait des confitures avec plusieurs espèces de fruits, tels que les groseilles, les cerises, les coings, les pommes, les abricots, etc., etc.

CONFORMATION. Structure d'un corps organisé; rapport

des parties diverses qui le composent. L'étude de la conformation des animaux est de la plus haute importance pour le cultivateur, et cependant rien n'est moins bien connu que cette grave question d'économie du bétail; aussi les véritables connaisseurs en bestiaux sont-ils rares en France. Le cheval surtout, toujours employé comme locomotive, demande à être étudié à fond sur sa bonne ou mauvaise conformation, pour savoir s'il peut bien ou mal répondre au service pour lequel il est destiné; c'est d'après sa conformation et la nature de ses tissus que l'on juge de la bonne qualité d'un animal, quel qu'il soit, cheval ou bœuf, mouton ou porc, ou chèvre, âne ou mulet. Chaque service demande souvent une conformation spéciale, qu'il faut connaître; il faut savoir apprécier l'aptitude des animaux, de travail surtout. Un sujet bien conformé, bien adapté au genre de service auquel il est destiné, satisfait généralement le cultivateur qui l'emploie, si, d'ailleurs, sa santé n'est pas altérée. L'étude de la conformation des animaux est aussi le meilleur moyen de connaître les bonnes méthodes d'accouplement, de croisement, et par conséquent de perfectionnement et d'amélioration des races. Nous faisons depuis des siècles des efforts, en France, pour perfectionner nos races diverses; nous dépensons, dans ce but, beaucoup d'argent. Etudions bien la conformation des animaux, et la tâche sera rendue infiniment plus facile; nous ferons, enfin, ce que les Anglais ont fait : des animaux spéciaux pour chaque spécialité de service. Mais, sans le savoir, ne comptons pas sur un succès réel; nous marcherions comme nous avons fait par le passé, et sans modification de nos procédés, dont nous avons tous les jours à nous plaindre, sauf de rares exceptions. — V. *Croisement*, *Perfectionnement*.

CONGÉLATION. — V. *Gelée*.

CONGÉNÈRE. Qui est du même genre. Deux muscles sont congénères lorsqu'ils agissent dans le même sens; ils sont antagonistes quand ils agissent dans un sens opposé. Tous les muscles fléchisseurs des membres sont congénères, comme tous les muscles extenseurs; les premiers sont les antagonistes des seconds.

CONGÉNIAL. Disposition particulière qui se développe chez l'individu dans le sein de sa mère. Il peut y avoir des maladies congéniales que les jeunes animaux ont contractées avant de naître ; il y a aussi des monstruosités congéniales, des vices de conformation de même nature, etc. Chez les chevaux on voit souvent des tares congéniales des membres, qu'ils tiennent de leurs ascendants. On voit quelquefois la clavelée congéniale dans le mouton, la syphilis congéniale dans l'homme, etc.

CONGESTION. (*Fluxion.*) Accumulation du sang dans une partie. Les congestions sont fréquentes et souvent dangereuses et mortelles dans les animaux de travail, notamment dans le cheval. Pendant les chaleurs, et surtout lorsque le travail est forcé, on voit souvent des animaux tomber et mourir par suite de congestions pulmonaires et même cérébrales ; on dit alors que la mort est causée par une apoplexie des poumons ou du cerveau. Dans les violentes coliques il y a quelquefois congestion du sang dans le tube intestinal. On a donné le nom de coliques rouges à ce genre d'altération des intestins gorgés de sang plus ou moins foncé et quelquefois noir. Les animaux succombent souvent à la suite de cette affection, qui se fait distinguer par des douleurs très violentes et des symptômes bien caractérisés.

CONGLOMÉRÉ. (*Aggloméré.*) Les fleurs et les fruits sont conglomérés quand ils sont réunis en forme de peloton plus ou moins régulier. Le raisin, les groseilles, le cassis, etc., sont des fruits conglomérés. On se sert aussi du mot *congloméré* pour rendre l'idée de la disposition de petites glandes réunies qui n'en forment qu'une. Les glandes salivaires, le pancréas, le foie, etc., en fournissent des exemples.

CONIFÈRES. Nom donné à une famille de végétaux, qui comprend toutes les arbres résineux. La forme du fruit des conifères, en forme de cône, est l'origine de leur nom. Les conifères sont très répandus sur le globe, depuis les régions les plus élevées et les plus froides, jusqu'aux contrées les plus basses et les plus chaudes. Cette famille comprend les sapins, les pins, les mélèzes, dont tout le monde connaît l'utilité comme bois de charpente, de constructions maritimes, etc. Les essences résineuses sont d'une ressource immense pour mettre les plus mauvaises terres en état de production. Les landes stériles produisent avec avantage des conifères, dont les détritus sont un engrais fertilisant. On n'a pas assez compris l'importance des semis de ces arbres dans les landes et les sols stériles. On aurait activé leur fertilisation par ces végétaux qui produisent non seulement d'excellents bois de charpente, mais des résines, de la térébenthine, employées dans les arts. Les conifères offrent comme bois de construction, comme combustible, et par leurs détritus sur les sols où ils croissent, de grandes ressources à l'agriculture, ainsi qu'aux arts et à l'industrie ; on peut les classer parmi les essences les plus utiles et les plus productives.

CONJONCTIVE. Membrane très mince, très sensible, qui tapisse toute la partie libre du globe de l'œil, et la surface interne des paupières. La conjonctive, toujours souple et humectée par les larmes, entretient l'humidité essentielle de l'œil, prévient sa dessiccation et empêche le frottement qui serait causé par les mouvements des paupières sur la cornée et la sclérotique. Sa souplesse est entretenue par l'humidité que lui procurent les larmes. — V. *Larmes*.

CONJONCTIVITÉ. (*Ophthalmie.*) Maladie de la conjonctive. La conjonctivite est causée dans les animaux par des courants d'air, des contusions, la poussière ou le gravier fin qui pénètrent sous les paupières ; il est facile de se convaincre de son existence par la rougeur, la chaleur de l'œil malade, par son larmoiement, son gonflement, et la précaution qu'ont les animaux de tenir les paupières presque fermées, afin de modérer la douleur que leur causent l'air et la lumière. On combat ces inflammations par des lotions émollientes, telles que l'eau de mauves. Si ce moyen ne réussit pas, on emploie les astringents, tels que l'eau de sureau, les dissolutions de sulfate de zinc, l'extrait de saturne.

CONQUE. Nom donné au cornet formé par l'oreille externe. — V. *Oreille*.

CONSANGUIN. Expression adoptée en zootechnie pour exprimer le degré de parenté qu'il y a entre animaux produits d'une même famille, d'un même sang. Les frères et sœurs d'une même race d'animaux, accouplés ensemble, donnent des produits consanguins. Les pères qui fécondent leurs produits femelles, les mères fécondées par leurs produits devenus étalons, donnent des sujets consanguins. — V. *Consanguinité*.

CONSANGUINITÉ. Parenté. On a quelquefois recours à la consanguinité pour perfectionner une famille d'animaux afin d'en faire un noyau d'amélioration, ou pour conserver des sujets précieux dans toute leur pureté originelle. Cependant on doit ne recourir à ce moyen qu'avec précaution, et ne pas le prolonger trop long-temps. L'expérience a démontré que les familles finissent par se dégrader quand elles ne se croisent pas; l'espèce du porc surtout en a fourni des exemples fréquents. Après quelques générations d'individus issus d'une même famille, on est obligé d'avoir recours à un sang étranger pour le mélanger avec discernement et de manière à obtenir les améliorations désirées. — V. *Croisement, Étalon, Perfectionnement.*

CONSERVE. Nom donné à des végétaux, surtout à des fruits qui ont subi une préparation pour être conservés long-temps sans s'altérer. On fait des conserves avec des poires, des pommes, des raisins, avec des haricots verts, etc.

CONSOMPTION. État maladif qui se traduit chez l'animal par un amaigrissement lent et progressif, auquel succèdent quelquefois le marasme et la mort. La consomption peut être provoquée par une maladie chronique des intestins, par la phthisie pulmonaire, etc.

CONSOUDE. Plante de la famille des borraginées. La racine de consoude a des propriétés émollientes et astringentes. On peut l'employer en décoction pour les jeunes animaux, surtout contre la diarrhée.

CONSTIPATION. Difficulté de défécation. Parmi tous les animaux domestiques, le chien est celui qui est le plus sujet aux constipations. On les combat par des lavements émollients et par des purgatifs doux.

CONSTITUTION. Nature de l'organisation d'un individu. Une constitution est bonne ou mauvaise suivant que l'animal a une bonne ou mauvaise santé, suivant qu'il résiste plus ou moins bien aux fatigues, au travail, etc. — V. *Conformation, Tempérament.*

CONSTRUCTIONS (*rurales*). Les constructions rurales en

France sont généralement mal comprises au point de vue de l'hygiène des hommes comme des animaux ; les maisons sont souvent basses, humides, mal éclairées et mal aérées. Elles sont la cause lente d'une infinité de maladies dans nos campagnes. Quant aux habitations des animaux, il est rare qu'elles soient dans de bonnes conditions hygiéniques.—V. ***Désinfection, Écurie, Étable, Habitation.***

CONTAGIEUX. Maladie contagieuse. Qui a la propriété de se communiquer. Principe contagieux. — V. ***Contagion.***

CONTAGION. Communication spéciale d'une maladie d'un animal à l'autre. La contagion peut s'opérer de deux manières, suivant la nature des affections contagieuses. Elle peut avoir lieu par contact immédiat. Dans ce cas il faut toujours le contact direct ou indirect du virus qui communique la maladie, comme dans les cas de rage, de gale, etc., dans les animaux. Dans d'autres circonstances, elle se transmet sans communication immédiate. Nous en avons des exemples dans le typhus, dans la péripneumonie contagieuse des bêtes à cornes, dans la clavelée du mouton, etc.

Si on est bien convaincu de la triste propriété qu'ont certaines maladies d'être contagieuses, on ignore complétement la cause première, le principe, qui donne le type contagieux. Un animal tombe malade tout à coup, seul, isolé, et il communique sa maladie aux individus qui l'entourent. Comment expliquer ce type contagieux dès sa naissance ?

On est loin d'avoir résolu toutes les questions relatives à la contagion ; il est des cas où, niée par les uns, son action est soutenue par les autres. La péripneumonie épizootique du bœuf, qui a fait périr tant d'animaux, depuis une vingtaine d'années surtout, a été considérée long-temps comme non contagieuse. Aujourd'hui, l'expérience a démontré sa contagion, annoncée d'ailleurs, il y a plusieurs années, par le professeur Delafond. Du reste, l'opinion publique, dans nos campagnes, s'était déjà prononcée pour la contagion. — V. ***Péripneumonie.***

Des règlements de police sanitaire interviennent dans les cas de maladies contagieuses. Les cultivateurs, si souvent victimes de leur propre incurie, devraient surtout veiller à la stricte exécution de ces règlements et des prescriptions hygiéniques capables de prévenir les maladies des animaux, qui les ruinent par leurs ravages. Lorsqu'un animal est malade, on cherche à le vendre; et, si sa maladie est contagieuse, on empoisonne l'étable d'un honnête acheteur, victime de son imprudence et de la mauvaise foi du vendeur. Nous connaissons des cultivateurs qui ont perdu la plus grande quantité de leurs bestiaux de la péripneumonie contagieuse, introduite dans leurs vacheries par une vache achetée malade sans symptôme apparent.

La morve, le farcin, sont considérés comme maladies contagieuses dans le cheval. Cependant on n'est pas encore bien d'accord sur ce point. (V. *Morve.*) En médecine humaine, on n'est souvent pas plus heureux. On ne sait si le choléra, la fièvre jaune, etc., sont contagieux. La contagion est donc encore, sur plusieurs points, une des questions les plus obscures de la médecine de l'homme comme des animaux.

CONTAGIONISTE. On nomme contagionistes ceux qui soutiennent la doctrine de la contagion dans des cas douteux. — V. *Contagion.*

CONTAGIUM. — V. *Virus.*

CONTRACTILE. Corps contractile, qui a la propriété de se resserrer, de s'allonger et de se raccourcir. Les muscles sont contractiles. — V. *Muscles.*

CONTRACTILITÉ. Propriété d'un corps contractile. Dans l'économie animale, tout le système musculaire est contractile. C'est par leur contractilité que les muscles font exécuter des mouvements. C'est en vertu de la même propriété que le cœur se dilate et se contracte pour recevoir et repousser le sang. La mastication s'opère par les contractions des muscles masticateurs; l'estomac, les intestins, font circuler dans leur intérieur les matières alimentaires par le même phénomène. Le vomissement s'opère dans les animaux par une contractilité particulière; la rumination se fait aussi dans les ruminants en vertu de cette fonction. C'est enfin la contractilité qui fait opérer tous les mouvements généraux ou partiels exécutés dans les animaux vivants.

Quelques végétaux jouissent aussi de contractilité dans quelques uns de leurs organes Les feuilles de la sensitive, les étamines de l'épine-vinette, etc., opèrent des mouvements de contractilité quand on les touche.

CONTRACTION. Action d'un muscle qui se contracte pour se raccourcir et produire un mouvement. — V. *Muscle*.

CONTRE-ESPALIER. Nom donné à des arbres taillés en éventail et placés parallèlement à des espaliers, de manière à faire avec eux des allées le long des murs des jardins. Les contre-espaliers sont faits souvent avec des ceps de vigne disposés de manière à former un cordon d'environ un mètre de hauteur.

CONTRE-MARQUÉ. Les maquignons burinent quelquefois les dents incisives des vieux chevaux pour les faire paraître plus jeunes. Ils simulent ainsi, au milieu de leur table, une petite cavité nommée germe-de-fève. Cette ruse est facile à reconnaître pour un praticien exercé. On ne trouve pas autour de la cavité de la dent d'un cheval contre-marqué le bord en relief de l'émail du cornet interne, qui a disparu dans les vieux chevaux. D'ailleurs, les caractères généraux de la dentition décrits au mot *Age* ne permettent pas d'erreur à ce sujet. — V. *Age*.

CONTRE-POISON. Substance administrée pour détruire ou prévenir l'effet d'un poison. Plusieurs poisons ont un antidote spécial, qui agit chimiquement pour les neutraliser dans l'estomac des animaux. Mais, dans tout cas, toute substance qui provoque le vomissement, comme l'émétique, par exemple, est un contre-poison, par cela même qu'il fait sortir de l'estomac et rejeter le poison qui n'a pas encore pu produire son effet toxique. — V. *Empoisonnement*, *Poison*.

CONTUSION. Lésion faite sur les tissus animaux, sans plaies, sans déchirures. Les causes des contusions sont les chutes, les coups de pied ou de corne, les coups de pierre ou de bâton, le frottement avec pression des harnais, de la selle, de la bricole, du collier. Les animaux qui ont des coliques se contusionnent la tête, surtout les tempes et les pointes des hanches, en se roulant et se débattant par terre. On traite les contusions récentes avec des réfrigérants d'abord, ensuite avec des émollients, des onguents adoucissants, comme le populéum, le cérat.

CONVALESCENCE. Etat d'un animal qui, sortant d'être malade, recouvre sa santé ordinaire. Pendant leur convalescence, les animaux demandent encore du ménagement, une bonne nourriture et le repos. Ces procédés sont le meilleur moyen de hâter leur rétablissement et de remettre en service le plus tôt possible les bestiaux de travail.

CONVOLVULACÉES. Famille de plantes ordinairement grimpantes. On cultive plusieurs convolvulacées comme plantes d'ornement, pour orner des allées ou des berceaux dans des jardins. La custute, qui embrasse, étreint et étouffe les plantes dont elle s'empare, appartient à cette famille.

CONVULSIF. Mouvement saccadé, observé dans certaines maladies des animaux. Dans le typhus des bêtes à cornes, on remarque des mouvements convulsifs des muscles. — V. *Tiphus*.

CONVULSION. Mouvement brusque et involontaire des animaux dans des cas de maladies de l'encéphale, de l'estomac, ou de toux intense, etc.

COPULATION. (*Coït.*) La copulation est l'acte par lequel deux individus de sexe différent s'accouplent pour la reproduction. Cette fonction importante de la conservation et de la multiplication des espèces ne s'effectue pas de la même manière dans tous les animaux. Chez les uns, il faut qu'il y ait dépôt direct de la matière fécondante dans les organes générateurs des femelles; ce n'est qu'à cette condition que la génération peut avoir lieu. Chez les autres, au contraire, comme chez les reptiles et les poissons, il n'y a pas de rapprochement entre les sexes; les mâles agissent directement sur les œufs pour les féconder. Suivant les espèces, un ou plusieurs œufs sont fécondés dans l'acte de la copulation, et le jeune individu placé dans les conditions favorables à son développement se forme en tout semblable à ses ascendants. Il naît quand le terme de l'incubation est terminé. Chez les mammifères, c'est dans l'utérus que l'œuf se trouve déposé et couvé. Chez les oiseaux, au contraire, il est pondu, et couvé en dehors du sein de la mère, soit par la pondeuse elle-même, soit par d'autres individus, ou artificiellement, au moyen d'une température convenable. On fabrique aujourd'hui des appareils, nommés couveuses, qui font très bien éclore les œufs. — V. *Fécondation*.

COQ. Mâle de la poule. Par la castration le coq devient chapon et fournit un des mets les plus délicats des tables de luxe. — V. *Chapon*, *Poule*.

COQ D'INDE. V. *Dindon*.

COQUE. Enveloppe calcaire de l'œuf. On donne aussi le nom de coque à l'enveloppe de plusieurs fruits.

COQUE DU LEVANT. Fruit d'un arbre de l'Inde de la famille des ménispermacées. La coque du Levant a un noyau dont se servent quelquefois les pêcheurs. Ce noyau a sur les poissons une action enivrante qui les rend faciles à prendre. La pêche à la coque du Levant est prohibée.

COQUELICOT. Le coquelicot est un pavot souvent très commun dans les moissons. On doit arracher et détruire cette plante avant la formation de sa graine, très fine, qui se produit par milliers. — V. *Pavot*.

COQUILLAGE. Amas de coquilles. — V. *Falunage*.

COQUILLES. Coques brisées des œufs des oiseaux, ou enveloppes de mollusques testacés. Les coquilles sont toujours calcaires. On les ramasse sur les bords de la mer, partout où elles s'entassent, pour amender les terres. Elles remplacent avec avantage la marne, parcequ'elles contiennent toujours plus ou moins de substances animales azotées, avec l'élément calcaire. Les coquilles peuvent donc être considérées comme engrais et comme amendement en même temps. Dans les villes où l'on consomme beaucoup d'huîtres, on doit ramasser avec soin leurs coquilles. Elles produisent un excellent effet, surtout dans les terres froides et non calcaires.

COR. Lorsqu'un harnais comprime fortement la peau sur un point il en résulte une induration circonscrite qu'on nomme cor. La portion de peau qui forme cette induration est sèche, coriace, privée de vie. Bientôt un travail inflammatoire et d'élimination s'opère, la partie morte se détache tout autour et finit par tomber, en laissant toujours une cicatrice dont les traces ne s'effacent plus. On facilite la chute des cors par des émollients et des onguents. Les bêtes de somme y sont très exposées. Lorsque la lésion a lieu sur le garrot ou sur les reins, les conséquences en sont quelquefois fâcheuses, surtout quand il en résulte le mal de garrot, de rognon, etc.

CORBEILLE. On donne le nom de corbeille dans les jardins à des élévations de terre de formes différentes, entourées d'un treillage ou d'une bordure garnie de fleurs. On fait des corbeilles dans les parcs, dans les allées, les bosquets, les gazons, etc., pour les embellir. On les compose ordinairement de fleurs de diverses natures.

CORDE (*tendineuse*). On nomme corde tendineuse les tendons qui transmettent l'action des muscles aux points où ils s'insèrent. La corde du jarret est formée par les tendons de deux muscles qui déterminent l'extension de cette région importante du cheval. — V. *Jarret*

On donne aussi le nom de corde à des indurations allongées, farcineuses, qu'on observe quelquefois le long des gros vaisseaux des membres ou de l'encolure du cheval (corde de farcin, farcin cordé). — V. *Farcin.*

Corde du flanc. Muscle qui fait saillie obliquement sous la peau du flanc des animaux. Ce muscle est très apparent dans les flancs longs et creux. — V. *Flanc.*

CORDÉ (*Flanc*). Un flanc cordé peut être un signe de maladie, de faiblesse de l'animal, ou de mauvaise conformation. — V. *Flanc.*

CORDEAU. Grosse ficelle employée par les jardiniers pour tracer des lignes droites. Les maçons se servent aussi de cordeaux pour la construction des murailles.

CORDIAL. Médicament cordial. Synonyme de tonique, de stimulant. — V. ces mots.

CORDON. Nom donné en anatomie à des organes qui se rapprochent plus ou moins de la forme d'un cordon ordinaire. (Cordons nerveux.) Le cordon ombilical, composé de vaisseaux enroulés, comme tordus en forme de corde, établit la communcation entre la mère et le fœtus. C'est donc par ce cordon que le jeune sujet reçoit le sang de la mère qui le nourrit dans son sein. Ce cordon se compose d'artères et de veines qui vont se ramifier à l'infini et se perdre dans le placenta. Ses ramifications artérielles reçoivent le sang artériel de la mère dans le placenta même, et c'est dans cette membrane que le sang veineux du fœtus est versé pour être pris par les ramifications des veines de la mère et être conduit dans ses poumons. La mère respire donc comme elle mange pour son jeune produit, et elle le nourrit ainsi tant qu'il est dans son sein.

Cordon sanitaire. Ligne de troupes chargée d'intercepter le passage d'animaux dans des cas de maladies contagieuses. Ce moyen préservatif est rarement employé.

CORIANDRE. Plante de la famille des ombellifères. On emploie les graines de coriandre pour aromatiser des préparations de confiserie, des sucreries, etc. Du reste, la coriandre offre peu d'intérêt à l'agriculture.

CORMIER. — V. *Sorbier*.

CORNAGE. Bruit plus ou moins aigu ou rauque que font entendre certains chevaux en respirant, surtout pendant l'exercice. Lorsque le cornage est la conséquence d'une inflammation, d'un engorgement ou d'un épaississement des muqueuses qui tapissent les voies aériennes, il peut disparaître avec la cause accidentelle qui l'a produit. Mais lorsqu'il résulte d'un défaut de conformation, il constitue un vice grave par la difficulté qu'il provoque dans la respiration. Le cornage, qui est considéré comme un cas rédhibitoire, peut être causé par une conformation vicieuse des naseaux ou des cavités nasales, par l'aplatissement ou par une mauvaise disposition des cerceaux de la trachée, enfin par une mauvaise organisation du larynx, ou par toute autre cause inconnue, toujours sérieuse, parcequ'elle rend l'animal qui en est atteint plus ou moins impropre au service auquel il est destiné.

Lorsqu'on achète un cheval, on doit l'exercer à toutes les allures et assez long-temps pour se convaincre de l'existence du cornage, si on la soupçonne. Du reste, on examinera si les colliers, ou toute autre partie des harnais, n'exercent pas une compression sur le trajet des voies aériennes. On voit quelquefois, en effet, la trachée-artère, comprimée par des colliers trop petits ou mal ajustés, faire corner des animaux d'ailleurs bien constitués.

Les chevaux dont la tête est busquée, l'auge rétrécie, le front étroit, sont plus sujets que les autres au cornage. Les chevaux normands, qui avaient jadis ces caractères, étaient souvent corneurs. Par suite des croisements qui ont eu lieu avec des chevaux de sang, les têtes busquées, les chaufreins étroits, ont disparu en Normandie, et le cornage y est beaucoup plus rare aujourd'hui.

CORNARD. — V. *Corneur.*

CORNE. Matière animale, fibreuse, plus ou moins dure, sécrétée par des organes particuliers de la peau, variant en couleur du blanc au noir, du verdâtre au grisâtre. La corne sert tantôt d'arme de défense ou d'attaque, tantôt d'organe protecteur, de pinces, etc. C'est ainsi qu'à la tête des bœufs elle est une arme d'attaque ou de défense, tandis qu'à leurs pieds elle forme de véritables sabots, une chaussure protectrice, comme pour les pieds des chevaux. — V. *Sabot.*

Contournée en forme de crochet, la corne fournit des griffes au lion, au chat, etc.

Au bec des oiseaux, elle simule tantôt une pince pour saisir les aliments, tantôt un crochet pous les déchirer. A leurs pattes elle forme souvent des griffes, quelquefois de simples ergots, des ongles plus ou moins robustes et recourbés.

Suivant les lieux où on l'examine, la corne diffère donc de forme; de plus elle diffère de densité. Celle de la tête du bœuf est très dure, tandis que celle de la fourchette du cheval est très molle. Cette différence de dureté comme de forme était commandée par l'usage, par les besoins auxquels la nature la destinait, soit dans le même individu, soit dans des individus différents. Chez le bélier, la corne, en spirale, est souvent très forte, et sert plutôt d'ornement que d'arme de combat; il en est de même dans la chèvre et la majeure partie des antilopes qui en sont pourvus.

CORNÉE. Nom de la partie libre et apparente du globe de l'œil. Comme cette surface ovoïde est composée de deux natures d'enveloppes bien différentes, on donne à la sclérotique, dont la couleur est blanche (blanc de l'œil), le nom de *cornée opaque*, et à la vitre de l'œil celui de *cornée lucide*. Celle-ci donne passage aux rayons lumineux, et ce n'est que lorsqu'elle est devenue trouble, opaque, par suite de quelque maladie, qu'elle cause la perte de la vue.

La cornée lucide, très transparente, est convexe; elle forme ainsi une véritable lentille dont l'action est essentielle à la réfraction des rayons de la lumière qui doivent pénétrer dans l'œil. Elle est disposée de manière à bien peindre l'image de l'objet qui doit être fidèlement transmis au cerveau. — V. *Cristallin, OEil, Sclérotique, Vitre.*

CORNER. Faire du bruit en respirant. Un animal corne lorsque sa respiration gênée fait entendre un bruit causé par le passage de l'air dans les voies aériennes. — V. *Cornage.*

CORNET (*acoustique*). L'oreille des animaux est un véritable cornet acoustique plus ou moins complet, plus ou moins bien fait pour recevoir les sons, les concentrer vers sa base, et servir ainsi à l'audition. Le cornet acoustique du cheval est mieux confectionné, plus mobile, mieux enroulé, que celui du bœuf. Le lièvre est de tous les animaux celui qui a proportionnellement le cornet acoustique le plus développé, parcequ'il a besoin de bien entendre pour se soustraire à la poursuite de ses ennemis. — V. *Oreille.*

On donne le nom de cornets à quatre os minces, enroulés, contenus dans les cavités nasales des animaux. Ces organes servent à augmenter les surfaces qui doivent percevoir les effluves odorantes, et concourir à l'olfaction. Ils sont recouverts par la membrane muqueuse qui reçoit les nerfs olfactifs. — V. *Olfaction.*

CORNEUR. Cheval corneur. — V. *Cornage*

CORNICHON. Nom donné à une variété de concombre cultivée pour être récoltée lorsque le fruit est encore peu développé. On fait confire le cornichon dans le vinaigre pour la consommation, et pour servir comme assaisonnement des mets.

CORNOUILLER. Arbrisseau cultivé dans les bosquets ou les jardins. Le cornouiller croît spontanément dans les haies et les bois. Une variété de ce végétal a l'écorce de ses branches rougeâtre. Il est distingué par le nom de cornouiller sanguin.

CORNU. On nomme cornu tout cheval qui a la pointe des

hanches très saillante, par suite d'un développement prononcé des angles externes des iliums. Loin d'être un vice, ce caractère peut appartenir à un animal qui a les éminences osseuses prononcées, ce qui est une disposition anatomique favorable à la force et à la puissance musculaire. — V. *Anguleux, Conformation.*

COROLLE. Nom donné à la partie colorée de la fleur. Les folioles qui la composent se nomment pétales. Quelquefois la corolle est formée d'une seule pièce : on la nomme alors monopétale; elle est polypétale si elle en a plusieurs. La corolle est non seulement la partie la plus brillante de la fleur par les riches couleurs qui la décorent souvent, mais encore c'est elle qui répand les odeurs parfumées que l'on recherche surtout dans la rose, l'œillet, le jasmin, la violette, etc.; c'est pour leurs belles corolles qu'une variété infinie de fleurs de toute espèce sont cultivées comme plantes d'ornement, et donnent lieu à une branche d'industrie très étendue et très lucrative aux environs des grandes villes.

CORONILLE. Plante de la famille des légumineuses. La coronille croît dans les haies, les sols arides; elle est peu recherchée par les animaux.

CORPS. En sciences physiques, on appelle corps tout élément qui fait partie de l'immense composé de la création. Les corps ont été divisés en simples, ou plutôt indécomposés, parceque jusqu'ici on n'a découvert qu'un simple élément dans leur composition, et en composés, c'est-à-dire comprenant plusieurs éléments formant un tout.

Suivant que les corps appartiennent aux règnes minéral, végétal ou animal, on les a divisés en corps inorganiques ou minéraux et en corps organisés. Les premiers forment la masse du globe; les seconds décorent sa surface : tels sont les végétaux et les animaux. Les corps sont distingués par les caractères suivants :

1° *Minéraux*, ou corps inorganisés. Les minéraux ne naissent pas d'individus semblables à eux; ils ne se nourrissent pas, ils se forment ou s'agrégent; ils ne meurent pas, ils se déforment, se décomposent ou se désagrégent; leurs formes sont indéfinies;

leur volume est indéterminé, leur exisence infinie ; le climat n'a aucune influence sur leur nature particulière.

Corps organisés. Les corps organisés, au contraire, naissent d'individus semblables à eux; ils se nourrissent, croissent, se multiplient, et meurent. Leurs formes, leur volume, le temps de leur existence, qui varient, sont déterminés; le climat les modifie comme la main de l'homme. Après leur mort, ils se décomposent, et la chimie ne saurait les recomposer comme les minéraux. Ceux-ci sont considérés quelquefois comme simples ou tout au plus composés de deux ou trois éléments. Les corps organisés, au contraire, ne sont jamais simples, et sont toujours composés d'éléments nombreux.

Voilà donc une différence bien tranchée entre les corps inorganiques ou minéraux et les corps organisés.

Nous allons maintenant examiner la différence qui existe entre les corps organisés eux-mêmes, comprenant les végétaux et les animaux. Cette différence est moins tranchée qu'on ne pense. Les uns comme les autres naissent d'individus semblables à eux ; les uns comme les autres s'alimentent, croissent, se reproduisent et meurent. Chez eux, le volume est déterminé comme la forme; leur existence, plus ou moins prolongée, a une fin. Les seules différences qui distinguent les corps végétaux et les animaux sont bien tranchées dans les organes des sens, dans ceux de la locomotion et dans ceux de la digestion. Les animaux, en effet, ont un cerveau et des nerfs qui sont le foyer de la sensibilité et du mouvement spécial dont sont privés les végétaux. Ceux-ci n'ont pas d'organes de digestion, tels qu'un système dentaire, un tube intestinal, pour élaborer les aliments, les préparer, les disposer pour être assimilés. Cependant il est quelques animaux qui, comme les végétaux, n'ont pas le privilége de se transporter d'un lieu à un autre; ils sont fixés au sol comme des plantes : tels sont les zoophytes.

Linnée a défini les corps de la manière suivante : « Les minéraux croissent; les végétaux croissent et vivent; les animaux croissent, vivent et sentent. » Cette définition est courte, mais rigoureuse.

Les animaux seuls ont des organes des sens, et sentent; seuls donc ils peuvent offrir le spectacle affligeant des souffrances morales et physiques, triste privilége qui est en raison de la perfection de l'organisation dans l'échelle animale !

On donne aussi le nom de corps à un ensemble d'objets formant un tout. On dit un corps de bâtiment, un corps de domaine ; enfin le mot *corps* s'applique à tout objet perceptible par nos sens.

CORPUSCULE. Corps très tenu, pulvérulent.

CORRECTIF. Toute substance qui tend à modifier, à adoucir l'action très énergique d'un médicament, est appelé correctif : ainsi, l'eau est le correctif de l'alcool, des acides qu'on veut employer comme boisson rafraîchissante. Sans nuire à la propriété bienfaisante des médicaments, les correctifs en tempèrent les effets.

CORROSIF. Corps qui a la propriété de corroder, de détruire les corps organisés. Le sublimé-corrosif (deuto-chlorure de mercure), les acides concentrés, etc., sont des corrosifs.

CORROSION. Action des substances corrosives.

CORTICAL, E. Substance corticale, qui a rapport à l'écorce ou qui en tient lieu. Les fruits secs, comme les pois, les haricots, le blé, ont une substance corticale qui enveloppe et protége le germe du végétal qu'ils contiennent comme celle des substances alimentaires qu'ils renferment. — V. *Cotylédon.*

CORYMBE. Nom donné à un ensemble de fleurs qui, s'élevant au même niveau, quelle que soit, sur la tige, l'origine de leur pédoncule, forment par leur réunion à leur partie supérieure une surface plane ou convexe : telles sont l'achillée, la tanaisie, toute la division des corymbifères dans la famille des composées.

CORYMBIFÈRE. Plante dont la fleur est en corymbe.

CORYSA. (*Catarrhe nasal, Rhume de cerveau.*) Inflammation de la membrane muqueuse des cavités nasales. Tous les animaux sont sujets à cette maladie, plus ou moins grave suivant son intensité. Elle est causée par des arrêts de transpiration, par des pluies froides, par la poussière ou les gaz irritants qui s'introduisent dans les naseaux. On combat cette affection par des injections d'eau émolliente, par des bains de vapeur et une température convenable combinée avec un régime adoucissant; si l'inflammation est intense, la diète est quelquefois prescrite.

COSSUS. Insecte lépidoptère dont la grosse chenille fait les plus grands ravages dans nos bois. On trouve ces chenilles sous l'écorce de l'orme, du saule, du chêne, du marronnier d'Inde, du pommier, du poirier, etc.; elles rongent l'aubier, y pratiquent des galeries, et font quelquefois périr les arbres. Le cossus est un des insectes les plus nuisibles à nos arbres fruitiers et forestiers. On devrait employer tout moyen de le détruire. Les ormes qui ornent les promenades de Paris sont souvent ravagés par ses larves rougeâtres, qui prennent un développement énorme; sous des écorces d'ormes, j'en ai trouvé qui étaient presque aussi grosses que le doigt annulaire. On conçoit tout le mal que peut faire une semblable chenille cachée dans ses galeries entre le bois et l'écorce.

COSTAL. Qui appartient aux côtes. On donne le nom de costal aux cartilages de prolongement des côtes des animaux; on appelle aussi plèvre costale la partie de cette séreuse qui tapisse l'intérieur des côtes dans la poitrine.

COTE. Os aplati, contourné, qui concourt à former la cage de la poitrine des animaux. Les côtes ont la propriété de protéger les organes contenus dans la cavité thoracique, comme celle de faciliter la respiration par l'admirable disposition de leurs articulations et de leur structure. Elles offrent un des plus beaux sujets d'étude d'anatomie comparée que l'on puisse désirer dans l'homme et les animaux. Dans ces derniers, ces os servent tantôt de colonnes de support pour suspendre le tronc aux membres antérieurs au moyen de muscles qui sont de véritables suspensoirs; tantôt ils contribuent à la respiration, suivant leur conformation et la place qu'ils occupent. Le cheval a dix-huit paires de côtes, le bœuf et le mouton en ont treize, le porc quatorze. On distingue les côtes en sternales et en asternales. Les premières s'articulent directement au sternum au moyen de leur cartilage de prolongement; les autres s'articulent les unes aux autres par juxtaposition de leurs cartilages, et forment le cercle cartilagineux des côtes. Dans les animaux, les deux premières côtes, presque droites, rapprochées l'une de l'autre, sont de véritables colonnes de support. Les suivantes ont de l'analogie avec elles sous ce rapport; mais cette analogie diminue et disparaît à mesure qu'on examine ces os plus postérieurement. Les côtes sternales peuvent être considérées seules comme aidant au support du tronc sur le sternum; les autres sont exclusivement destinées soit à la protection des organes thoraciques, soit à la respiration. Les côtes de l'homme n'offrent pas les mêmes dispositions architecturales. La station verticale exclut les côtes de support; toutes servent exclusivement à la protection des organes contenus dans la poitrine.

En extérieur des animaux, on nomme côtes la région dont les os forment la base. Comme la capacité de la poitrine, et par conséquent la force, la vigueur et la santé des animaux dépendent de leur disposition, on recherchera les côtes longues, arrondies, cylindriques, qui indiquent une bonne poitrine; on repoussera les côtes plates, courtes, qui indiquent une poitrine rétrécie. — V. *Poitrine.*

On donne par analogie le nom de côte à la nervure principale de certaines feuilles: côte de feuille de blette, de salade, etc.

COTENTIN (*Bœuf*). La race bovine contentine est une des espèces les plus estimées pour la production du lait, du beurre et de la viande de boucherie. Le Cotentin fournit du beurre en quantités considérables, non seulement à Paris et à d'autres grandes villes, mais à la marine et aux colonies. La race cotentine est forte; cependant elle est peu apte au travail; le fond de sa robe ordinaire est rouge foncé, le plus souvent mélangé de blanc ou de bandes noires. Dans cette précieuse espèce, la tête est fine, les yeux sont gros, les cornes sont généralement contournées en avant; l'encolure, les membres, la queue, sont d'une finesse remarquable; le ventre est volumineux, la peau est souple et mince.

La race cotentine est une de nos belles et bonnes races. Il n'est pas rare de voir des vaches de cette espèce donner de trois à quatre kilogrammes de beurre par semaine. Une seule vache, en Normandie, alimente souvent, par son produit, une famille entière de pauvres villageois. — V. *Vache.*

COTON. Corps filamenteux produit par le cotonnier, appartenant à la famille des malvacées. C'est dans le fruit de cette plante et autour de la graine que se forme le coton. Le cotonnier est cultivé en grandes quantités dans les pays chauds, dans les colonies. Sa culture pourra être adoptée par l'Algérie, qui commence à en produire des quantités notables. L'usage que l'on fait du coton manufacturé par l'industrie, et utilisé dans l'économie domestique, offre à ce produit des débouchés infinis sur tous les points du globe. La France en importe de grandes quantités, et l'Algérie pourra l'affranchir de cet impôt onéreux payé annuellement à l'étranger.

COTON-POUDRE. (*Fulmicoton.*) Coton qui, préparé au moyen de l'acide nitrique, fait explosion comme la poudre. Ce coton pourrait être employé avec avantage pour les mines. Des études ont été faites sur son emploi pour l'armée et la chasse; on n'en connaît pas encore les résultats, mais cette substance est appelée à jouer un grand rôle dans l'art du mineur et de la guerre.

COTONNEUX. Corps cotonneux, garni de duvet. On observe des plantes cotonneuses; des fruits cotonneux, comme la pêche; le genre filago, dans la famille des composées, offre des exemples de tiges et feuilles cotonneuses.

COTONNIER. Arbrisseau de la famille des malvacées. Le cotonnier comprend plusieurs espèces; il est cultivé dans les contrées chaudes de l'Amérique, de l'Afrique et de l'Asie. Son fruit, formé par une capsule, renferme le coton employé dans l'industrie manufacturière pour la confection de tissus destinés à divers usages domestiques très multipliés sur tous les points du globe.

COTSWOLD. Espèce de mouton anglais de grande taille et à laine longue. Cette race est élevée dans le comté de Glocester. Elle prend un grand développement. On affirme qu'elle fournit des sujets qui donnent jusqu'à cent kilogrammes et plus de viande nette, ce qui est énorme.

COTYLÉDON. Organe plus ou moins charnu, simple ou double, qui doit servir de nourriture première au germe de certains végétaux mis en terre. Le haricot a deux cotylédons qui se séparent quand le germe prend racine, et sortent du sol à mesure que cette racine prend de la force. Ces corps semblent former les deux premières feuilles de la jeune tige, mais ils disparaissent lorsque les véritables feuilles ont poussé. Le blé a un cotylédon unique, qui nourrit également le jeune végétal. On voit que les aliments de certains végétaux (haricot, fève, blé, etc., etc.) servent aussi de nourriture à l'homme. Les végétaux et les animaux peuvent donc souvent se nourrir des mêmes substances, et ce n'est pas le seul point d'analogie qui existe entre ces deux règnes de la nature. — V. *Corps*.

On nomme encore cotylédon, en anatomie vétérinaire, des espèces de renflements pédicellés que l'on trouve dans l'utérus des ruminants. Ces renflements sont destinés à servir de points d'union entre la matrice et les enveloppes du fœtus.

COU. — V. ***Encolure***.

COUAGGA. Mammifère du genre cheval. Ce monodactyle a quelque analogie avec le zèbre. Il a des lignes roussâtres sur le cou et la tête, et une ligne noire le long de l'épine du dos. On pourrait domestiquer facilement le couagga, qui servirait aux mêmes usages que ses congénères du genre cheval. — V. ***Cheval***, ***Hémione***.

COUCHE. Nom donné par les jardiniers à un mélange de terre et de matières végétales et animales capables de développer de la chaleur par la fermentation. On se sert des couches pour hâter la germination des semis de printemps, afin de les avoir plus précoces, et de les repiquer le plus tôt possible.

COUDE. Le coude, dans les animaux, a pour base l'extrémité du cubitus, nommée olécrane. Son étude est importante dans le cheval, en ce qu'il remplit aux membres antérieurs les mêmes fonctions que le jarret aux membres postérieurs. Le coude, pour être beau et dans de bonnes conditions d'action, doit être proéminent en arrière, bien accentué, et avoir une direction parallèle à l'axe du corps. S'il est rentré vers les côtes, le cheval est panard; s'il a le défaut contraire, le cheval est cagneux; dans l'un et l'autre cas les aplombs de l'animal sont faussés. — V. ***Aplomb***.

On voit quelquefois une sorte de tumeur molle à la pointe du coude du cheval. Elle est plus ou moins développée, et prend le nom d'éponge. La pression des fers la détermine chez les chevaux qui se couchent en vache, comme on dit vulgairement. Cette tumeur disgracieuse n'a rien de dangereux. On la prévient en empêchant, au moyen de genouillères, ou de tout autre appareil, les animaux de se coucher les membres fléchis sous la poitrine. — V. ***Eponge***.

COUDÉ. Nom donné à un jarret dont l'angle est relativement plus fermé qu'à l'ordinaire. Le jarret coudé a de la force, mais il n'est pas favorable à la vitesse. Il fait engager le membre sous le centre de gravité, et sa détente dépense, à soulever le corps, la force qui devrait surtout être destinée à le chasser en avant. Le cheval andalou offre des exemples de jarrets coudés.—V. *Jarret*.

COUDRIER. (*Noisetier.*) — V. ce mot.

COUENNE. Nom donné à des parcelles de peau de porcs plus ou moins garnies de lard. On se sert des couennes pour graisser les scies et d'autres outils afin de prévenir leur oxydation (rouille).

On donne aussi le nom de couenne à une couche jaunâtre qui se forme à la partie supérieure du caillot du sang, dans les maladies inflammatoires de la poitrine surtout. — V. *Pleurésie*.

COULANTS. Nom donné à des tiges traçantes qui se détachent des collets des racines, et rampent sur le sol. Le fraisier en offre des exemples. — V. *Stolones*.

COULEUVRE. Reptile auquel on fait à tort une guerre à outrance dans nos campagnes. La couleuvre dévore des insectes, des mulots, des souris, etc., et elle ne fait aucun mal. Elle est donc utile à l'agriculture : pourquoi la détruire?

COULISSE. Nom donné à des sillons plus ou moins profonds observés dans les os des animaux, et incrustés d'une couche cartilagineuse pour donner passage à des tendons. Les coulisses ont toujours une capsule synoviale pour faciliter les glissements, et servent quelquefois de poulies de renvoi. — V. *Synovie, Tendon*.

COULURE. Accident qui arrive aux végétaux au moment de la fécondation. Les pluies, les froids, etc., tout phénomène qui interrompt la fécondation des plantes ou la contrarie, font avorter leurs fruits et causent la coulure. Cet accident est observé surtout dans la vigne précoce surprise par la gelée ou les pluies froides du printemps.

COUP. (*Contusion, Blessure.*) Coup de pied, contusion ou blessure faite par un coup de pied d'un cheval. — V. *Contusion*.

Coup de sang. Apoplexie pulmonaire ou cérébrale. — V. *Apoplexie*.

COUP-DE-HACHE. Dépression observée à l'encolure en avant du garrot du cheval. Les races distinguées ont souvent le coup-de-hache, qui du reste n'est point un défaut.

COUPE (*de bois*). Opération qui consiste à abattre les arbres dans un bois ou une forêt, à des époques périodiques, pour leur exploitation. Le temps des intervalles des coupes est déterminé par la nature du sol, celle des essences, par la facilité des débouchés et les circonstances favorables ou défavorables aux ventes. — V. *Abatage, Futaie, Taillis*.

COUPE-FOIN. Sorte de bêche tranchante dont on se sert pour couper le foin dans les granges ou les meules.

COUPE-RACINES. Instrument propre à couper les racines par tranches pour les donner aux animaux.

COUPER (*Se*). Un cheval se coupe, en terme d'hippiatrique, lorsqu'il se touche avec le fer et se blesse aux boulets ou à la couronne. Ce défaut est la conséquence d'un vice d'aplomb ou de la faiblesse de l'individu. On voit souvent de jeunes sujets se couper, et ce défaut disparaître à mesure que l'animal prend de la force. On met quelquefois un bourrelet ou une guêtre en cuir aux boulets des chevaux qui se coupent.

COUPLE. Paire d'animaux. On nomme aussi couple deux colliers unis par une chaînette pour accoupler les chiens courants. Un appareil simple pourvu d'un long bâton servant à coupler les chevaux pour les conduire est encore connu sous le nom de couple.

COUPLER. Réunir deux animaux ensemble. — V. *Appareiller*.

COUR. — V. *Basse-cour*.

COURANT. (*Chien courant.*) Chien destiné à poursuivre le gibier à la piste, pour le faire prendre ou le faire tuer. La chasse au chien courant est très usitée dans les pays de montagnes.

COURBATURE. Expression vague, par laquelle rien n'est absolument défini. En terme de jurisprudence, *la vieille courbature* est une affection de poitrine ancienne, classée comme telle dans les vices rédhibitoires par la loi de mai 1838 sur le commerce des animaux domestiques. — V. *Loi, Vices rédhibitoires*.

COURBE. On donne le nom de courbe, dans le cheval, à une tumeur plus ou moins volumineuse qui se développe à la face interne du jarret. Cette tumeur, qui peut être la conséquence d'un coup, d'une blessure, est le plus souvent causée par un excès de travail. Le seul remède qu'on oppose à la courbe avec quelque chance de succès est l'application du feu. Souvent la plus grande partie de la face interne du jarret s'engorge, borne le jeu de l'articulation, s'ossifie, et il en résulte une ankylose. Dans ce cas, il n'y a plus de remède, et les animaux ainsi tarés sont utilisés suivant les services qu'ils peuvent rendre. Une jument dont le jarret serait ankylosé pourrait encore servir à la reproduction, si d'ailleurs elle n'était pas trop fatiguée.

COURBELIGNES. Nom donné par Guénon à un groupe de vaches laitières qui forme la troisième classe de son système. Dans cette classe, l'écusson, partant des mamelles et de la face interne des cuisses, se dirige en pointe vers la vulve, en forme de dôme. Dans le premier ordre de cette classe, la pointe de l'écusson monte près de la commissure de la vulve; dans les ordres inférieurs, cet écusson se raccourcit jusqu'à descendre au niveau du pis. Les courbelignes donnent de deux ou trois litres de lait à dix-huit, suivant l'ordre de leur classe indiqué par le développement de l'écusson.

COURBETTE. Terme de manége. Pour exécuter cet air de manége, le cheval engage ses membres postérieurs sous le centre de gravité, s'enlève du devant, plie les genoux légèrement, et repose ses pieds de devant brusquement sur le sol, s'enlève encore, et ainsi de suite, en faisant faire à son corps une sorte de mouvement de bascule.

COURGE. (*Pépon, Citrouille, Potiron.*) Genre de plantes de la famille des cucurbitacées. La courge, connue sous le nom de citrouille ou potiron, est très cultivée comme aliment pour l'homme et les animaux. Elle prend souvent un volume énorme dans les sols qui lui conviennent.

Les courges offrent des variétés nombreuses, dont quelques unes donnent des fruits de formes diverses. On se sert souvent de certaines variétés de courges pour faire des sortes de vases, des bouteilles connues sous le nom de gourdes.

COURONNE. En termes d'anatomie, on nomme couronne la partie libre des dents molaires. L'os de la couronne est le deuxième phalangien des animaux. Le point d'union des ongles du bœuf, du mouton, ou du sabot du cheval, à la peau, se nomme couronne. C'est autour de cette partie que se trouvent souvent, dans le cheval, des tumeurs osseuses nommées *formes*. — V. ce mot.

La couronne du pied du cheval est le siége de différentes altérations à la suite desquelles la sécrétion de la muraille du sabot est elle-même troublée. Il en résulte quelquefois des seimes, des cercles, des gerçures, qui rendent la corne rugueuse, sèche et cassante. Cette partie devra donc être unie, exempte de tumeurs, de rugosités, d'irritation de la peau, de suintement de liquides. Le poil qui la recouvre, au lieu d'être hérissé, piqué, sera luisant et lisse, caractère qui indique en général une couronne dans de bonnes conditions. — V. *Cercles, Muraille, Seime.*

COURONNÉ. Un arbre est dit couronné lorsque les branches de sa cime sont sèches. L'arbre alors ne croît plus en hauteur; il s'altère souvent au cœur, et il est temps de l'abattre; n'ayant plus rien à gagner, il n'a qu'à perdre.

Tout cheval blessé au genou de manière à laisser une cicatrice apparente est dit couronné. On devra s'assurer si cette cicatrice est la conséquence d'un accident ordinaire, ou celle de chutes par suite de la faiblesse des membres ou d'usure. Dans ce dernier cas, on devra toujours se défier d'un animal couronné. — V. *Fatigue, Usure.*

COURONNER (*Se*). Un cheval se couronne lorsque dans une chute il se blesse aux genoux; si la blessure est grave et laisse des cicatrices apercevables, le cheval reste couronné, ce qui le déprécie toujours plus ou moins. Les chevaux fatigués, qui bronchent par usure des membranes, se couronnent souvent. Ces animaux sont toujours dangereux, surtout pour le cavalier, qui n'est jamais rassuré sur une monture qui bronche souvent.

COURS DE VENTRE. — V. *Diarrhée.*

COURSES. On entend par courses les épreuves que l'on fait subir aux chevaux pour juger de leur force, de leur énergie et de leur vitesse. Si ces épreuves étaient sérieuses, bien adaptées aux diverses races, suivant les services qu'on en exige, elles pourraient être d'une grande utilité pour apprécier les producteurs employés comme améliorateurs des races. Mais, si on les avait comprises ainsi au début de leur institution, on les a détournées de leur but en imitant les Anglais dans leur jeux d'hippodrome, qui n'exigent qu'une vitesse à outrance et instantanée. Comme, à mon avis, ce genre de course de vitesse à l'anglaise a fait à nos espèces légères plus de mal qu'on ne pense, je crois utile, dans l'intérêt de notre agriculiure, d'entrer ici dans quelques détails indispensables, afin d'expliquer comment je comprends que les jeux d'hippodrome ont été nuisibles au lieu d'être utiles. Ce n'est pas de ma part un acte d'opposition systématique que je fais ici à ceux qui ne sont pas de mon avis; je crois remplir un devoir de conscience envers mon pays en donnant les raisons sur lesquelles je fonde mon opinion, qui est toujours la même, et que je soumets encore avec confiance au jugement de l'opinion publique, comme je l'ai déjà fait depuis vingt ans, même au sein des assemblées dont j'ai eu l'honneur de faire partie.

L'Angleterre est la première nation de l'Europe qui ait joué aux courses d'un ou deux kilomètres. Jacques Ier, Charles Ier, et surtout Charles II, furent les rois qui encouragèrent le plus la création d'une race de chevaux exclusivement destinée à ce genre d'exercice. Cependant, à cette époque, les épreuves étaient plus sérieuses que de nos jours, en Angleterre. La longueur de la carrière à parcourir était de deux et même de trois fois plus longue (de 4,000 à 6,400 mètres), et le poids que devaient porter les coursiers s'élevait jusqu'à 80 kilogrammes au lieu de 45 ou 50 environ. Mais peu importe aux Anglais la différence d'étendue de terrain à parcourir et le poids dont le cheval doit être chargé! Pour eux, le but des courses, c'est le jeu; ce sont les paris, qui s'élèvent à des sommes énormes, et qui font et défont bien des fortunes. Ce genre de spectacle convient au caractère national britannique; s'il lui manquait, il faudrait en inventer un autre immédiatement, avec d'autres animaux, ou un autre ordre de luttes. N'ont-ils pas encore leurs combats d'hommes, de coqs, de chiens-dogues, dont ils ont si singulièrement confectionné la mâchoire pour le but proposé?

On comprend donc que les Anglais aiment les courses de vitesse, qu'ils les encouragent et les conservent telles qu'elles sont, pour les plaisirs, les émotions, qu'elles leur procurent, ou les bénéfices qu'elles donnent aux plus adroits coureurs. Aussi, chez eux, l'industrie privée fait tous les frais de ces jeux nationaux : elle est donc libre de dépenser son argent comme elle l'entend ; l'état n'a point à s'en occuper.

En France, il n'en est pas de même ; le morcellement de la propriété, la division des fortunes, ne permettent pas l'entretien d'hippodromes, de haras, de coursiers, que possèdent les riches propriétaires anglais, ni l'élevage en grand des chevaux de jeu. D'ailleurs, la nation française, surtout l'agriculture, n'a pas ce même goût de spéculation ruineuse, en général, pour tous ceux qui l'exercent. L'état a donc cru devoir intervenir en fondant des haras à ses frais, et en favorisant, autant que possible, l'élevage des chevaux de vitesse dans la louable intention de concourir au perfectionnement des races. Nous croyons pouvoir démontrer que ces efforts ne pouvaient pas avoir les conséquences qu'on en attendait, et nous fonderons notre raisonnement sur les faits accomplis et connus de tout le monde, autant que sur l'anatomie et la physiologie générales.

Quelques personnes ont pensé que les chevaux de vitesse avaient servi à perfectionner toutes les races anglaises, si bien adaptées aux divers services pour lesquels elles sont façonnées. C'est une erreur : chaque espèce de cheval anglais a son type particulier, qu'on lui conserve, et qu'on ne détruit pas par des mélanges irrationnels. Les Anglais emploient l'étalon de vitesse au perfectionnement de son type et à sa conservation. Il en est de même du cheval de chasse, de fonds, de trait, chacun dans sa spécialité. S'il y a quelques exceptions à cette règle générale, elles sont rares, et ne détruisent pas le principe rigoureusement observé dans les diverses espèces d'animaux.

Chez nous, au contraire, on a cru avoir trouvé dans le sang de vitesse, comme dans sa conformation, le régénérateur universel de toutes races, jusqu'à celle de gros trait. Nous l'avons employé même aux lieux où il convenait le moins ; nous avons pensé que le cheval pur sang d'hippodrome peut perfectionner toutes les races, quelle que soit même sa nature.

Or voici quelles devaient en être les conséquences :

L'étude des principes les plus élémentaires du perfectionnement des animaux nous apprend que, pour améliorer la race d'un pays, pour la rendre supérieure à son type, il faut d'abord la croiser par des producteurs qui aient, au moins, quelque analogie de structure avec elle, si d'ailleurs ils lui sont supérieurs en qualités. D'un autre côté, l'examen du mode d'élevage des deux races en présence ne doit jamais être négligé; il est toujours d'une importance majeure à consulter. Ici les animaux ont la plus grande analogie avec les végétaux. Dans l'un comme dans l'autre règne, un sujet élevé sur un sol riche, avec des soins bien entendus et souvent exceptionnels, réussira mal, si on le soumet brusquement à des conditions opposées. Pour pouvoir compter sur un succès, il importe donc qu'il y ait rapprochement, sinon analogie absolue, dans les circonstances dont il doit dépendre. Il n'est pas un seul praticien, un esprit observateur, qui ne soit d'accord avec nous sur ce point.

Voilà les conditions premières qui peuvent être considérées comme bases fondamentales du succès d'un croisement. Si l'on désirait changer totalement une race, si on voulait lui donner des formes différentes de celles qui la caractérisent, on opèrerait très mal en la croisant immédiatement par des sujets trop éloignés de son type. On aurait des métis sans caractère tranché, sans spécialité de service; leur conformation serait un mélange malheureux de vices et de qualités; et dans l'espèce chevaline, ces produits n'ont aucun prix. Leur machine, mal confectionnée, fonctionne mal; elle ne paie pas les frais de son entretien et l'intérêt du capital qu'elle représente. Elle est donc sans valeur commerciale.

Dans la nature, les transformations demandent beaucoup de temps pour se faire convenablement. Si on veut les provoquer, il faut agir avec mesure, par gradation bien combinée, et avec une sage lenteur. Quand on veut forcer leur marche, surtout lorsqu'on opère sous des conditions peu favorables au but proposé, on peut être sûr de détruire, au lieu d'édifier.

Eh bien! voilà ce que nous croyons être arrivé pour nos chevaux légers en France. Nous allons expliquer comment il était impossible qu'il en fût autrement.

Pour procéder avec méthode, nous devons dire d'abord quelle

doit être la nature du cheval de vitesse, quel est le mode d'élevage employé pour l'obtenir, quel est le but de l'industrie qui s'en occupe. Nous examinerons ensuite dans quelles conditions il est utilisé en France, et nous verrons s'il est possible d'admettre que son emploi a pu régénérer nos espèces de chevaux de service, surtout ceux qui sont destinés à l'armée.

La physiologie comme l'expérience démontrent, en thèse générale, que pour dépenser la plus grande somme de puissance locomotrice dont il puisse disposer, dans le plus court espace de temps possible, un cheval doit réunir deux conditions indispensables, sans lesquelles il lui est impossible d'être coursier de jeu d'hippodrome : il faut d'abord que son tempérament soit nerveux, irritable, très ardent; puis, la construction de tous ses appareils de locomotion doit être dans des conditions mécaniques qui favorisent le plus l'étendue de leur jeu, même aux dépens de leur force ou de leur résistance, conditions inutiles, au fond, à la nature de vitesse exigée.

Convaincus de ce fait, les Anglais, si habiles dans l'art de modifier la nature et la conformation des animaux suivant leur emploi, choisirent d'abord le sang oriental, qui offrait l'étoffe la plus convenable au modèle qu'ils voulaient avoir. Ils façonnèrent ensuite, sur cet excellent canevas, leur pur-sang de vitesse, tel qu'il est, avec toutes les conditions qui le rendent si apte à sa destination.

Mais, pour changer la nature du sang oriental, pour lui donner les caractères généraux qui distinguent le pur-sang de vitesse anglais, que d'esprit d'observation, que d'études, que de persévérance il a fallu employer dans les procédés artificiels qui devaient présider à cette opération délicate! Il s'agissait non seulement de conserver quelques unes des qualités du pur-sang primitif dans un climat qui lui était si peu favorable, mais encore il fallait en changer la nature, pour la rendre, sous certains rapports, supérieure à son type originel. Pour y parvenir, on a eu recours aux croisements et accouplements toujours combinés dans le sens de la vitesse, à l'exclusion de toute autre qualité.

Les élèves ont dû être dans des conditions de température convenable, favorisée par des vêtements de laine, de flanelle moelleuse, taillés de manière à bien s'adapter sur toutes les parties du corps. Les écuries ont été tenues aussi à une température déterminée ; elles ont été pourvues d'ouvertures bien disposées, bien combinées, de dépendances convenables, enfin de tous les accessoires propres à bien favoriser l'élevage des sujets de tout âge. Une alimentation de premier choix comme espèce et comme qualité, un régime tonique régulier, bien gouverné, suivi d'exercices bien dirigés par des hommes spéciaux, des pansements minutieux, des massages propres à activer l'action des capillaires de la peau, des muscles, etc., enfin mille soins détaillés, commandés par l'observation pratique de chaque instant, ont présidé à la création de la race de chevaux de vitesse anglais, comme à sa conservation.

Par ces procédés artificiels bien dirigés, et en choisissant toujours les types qui réunissaient, par leur conformation et leur tempérament, les meilleures conditions de vitesse, afin de les marier entre eux sans mélange, les Anglais sont parvenus à effiler, en général, le squelette de leurs coursiers d'hippodrome, à amincir leur encolure. On a allongé leur corps, les colonnes de leurs membres, et surtout celles des membres postérieurs, qui favorisent ainsi mieux la vitesse. On a donné de la hauteur à leur poitrine, sans s'occuper d'en augmenter la capacité vers la région postérieure. On a rétréci le poitrail, élevé la croupe de manière à dominer le garrot, condition très favorable à la rapidité des allures au galop. On a incliné les épaules, allongé les muscles locomoteurs, surexcité le système nerveux. On a obtenu enfin, à tout prix, une machine animale à grande vitesse instantanée, quelle que soit sa fragilité. La force, en effet, le fonds, la résistance, la rusticité, etc., qualités inutiles au jeu de hasard d'hippodrome, ne devaient point occuper le joueur, quoiqu'elles soient si essentielles et si recherchées pour les chevaux de fonds. Du reste, les Anglais, qui ont créé des races artificielles dans toutes leurs espèces d'animaux, en leur donnant la conformation, l'aptitude la plus convenable au service pour lequel ils les ont façonnées, ont fait pour leur sang de vitesse ce qu'ils ont fait pour chacune des autres espèces domestiques : tels sont leurs coqs de combat, leurs chiens de tout ordre, leurs bœufs, leurs moutons, leurs porcs. Quand ils ont eu un but, ils l'ont atteint, sans tenir compte du temps, des dépenses, des obstacles naturels ou accidentels, des luttes incessantes à soutenir contre les circonstances souvent opposées à leurs opérations de fabrication animale.

En France, nous sommes loin de cette persévérance, de cette ténacité, indispensables pour créer des races dont la science a dirigé la confection et la conservation en Angleterre. A l'exception du mérinos, des moutons de la Charmoise et de Mauchamp (V. ces mots), toutes nos espèces d'animaux sont le produit naturel du sol sur lequel on les élève. Nous n'avons encore pu faire aucune race artificielle et la conserver, tant nous avons été légers, inconstants, dans des opérations qui ne peuvent jamais réussir sans esprit de suite et sans les savantes combinaisons dont nous ignorons encore les plus simples éléments. Cependant nous avons voulu chercher à imiter les Anglais, non pour modeler le cheval de vitesse comme eux, mais pour le conserver tel qu'ils nous l'ont vendu. Nous avons donc aussi joué aux courses, et, pour réussir le mieux possible, nous avons dû tout sacrifier à la vitesse, rien à la force de la constitution, rien au fonds; pourvu que le cheval en ait assez pour suffire à l'épreuve d'un ou deux kilomètres sur un terrain bien uni, bien choisi, il ne lui en faut pas davantage.

Le cheval de vitesse est donc partout un type artificiel parfaitement distinct de toutes les autres espèces de service. Il en diffère par la nature autant que par le genre d'élevage qui a modifié son organisme. S'il était livré à lui-même, aux influences normales de la nature, il perdrait bientôt la spécialité de sa conformation pour se rapprocher de celle des autres espèces du lieu où il serait; il ne peut être élevé et conservé en France que par un très petit nombre de propriétaires privilégiés par leur savoir et leur fortune.

Voyons maintenant ce que doit être le cheval de service, et surtout celui de guerre; examinons dans quelles conditions il doit être élevé, pour voir s'il peut être perfectionné par celui d'hippodrome.

Une des premières conditions de l'élevage du cheval de troupe chez nous, c'est d'être à la portée de tous les propriétaires ou fermiers; il doit être praticable par tous les éleveurs, instruits ou ignorants dans l'art de perfectionner les races. Voilà déjà une différence bien tranchée entre la production des deux types que nous examinons. Nous savons que celui de course ne peut être élevé que par quelques propriétaires exceptionnels, qui abandonnent tous les jours cette industrie dispendieuse. Il faut beaucoup de fortune pour pouvoir la continuer. L'état lui-même a supprimé ses établissements d'élevage de chevaux de course et d'hippodrome, qu'il avait fondés sur une grande échelle au haras du Pin comme à celui de Pompadour.

L'élevage du cheval de guerre doit donc différer de celui d'hippodrome par une pratique plus facile, plus simple, et surtout plus économique. Etablissons maintenant une comparaison entre les qualités indispensables à l'un et à l'autre de ces deux types, et nous verrons que non seulement elles sont diamétralement opposées, mais qu'elles s'excluent mutuellement.

Nous avons dit que, pour gagner la course sur l'hippodrome tel qu'il est aujourd'hui, un cheval doit être d'un tempérament nerveux, très irritable, très ardent. Il doit être aussi très léger, pour qu'il puisse s'enlever avec plus de facilité au galop. Le système osseux le plus frêle, si ses leviers sont très favorables à la vitesse, les muscles les plus grêles, s'ils ont beaucoup de longueur pour avoir plus d'étendue d'action, sont dans les meilleures conditions de constitution qu'on puisse leur désirer.

Le corps du coursier d'hippodrome actuel doit donc être effilé, élancé, supporté par des membres allongés, quelque grêles qu'ils soient. Du reste, on ne tient aucun compte des tares, qu'on lui pardonne volontiers, pourvu qu'il gagne des prix ; mais il faut qu'il dépense toute son impétuosité dans le plus court espace de temps possible, dût-il n'être plus propre à rien après le succès de la lutte.

Voilà le but de l'élevage du cheval de course anglais, il n'en a pas d'autre. Le meilleur producteur du monde, le mieux constitué, ne vaut rien pour ce genre d'industrie, s'il ne réunit pas les conditions que nous venons de signaler ; le plus mauvais, au contraire, est le meilleur, s'il a du succès sur l'hippodrome.

Le cheval de guerre n'a pas la moindre analogie avec celui que nous venons d'examiner. Il faut qu'il soit calme, froid et docile. Son tempérament sanguin, sa constitution robuste, athlétique, doivent être capables de supporter non seulement les fatigues et les privations, mais encore les vices hygiéniques inhérents à mille circonstances imprévues en campagne. La conformation générale de sa charpente, la disposition de tous les appareils de sa machine, examinée dans son ensemble comme dans ses détails, doivent toujours être dans de bonnes lois d'harmonie, et garantir la vigueur, la force, unies à la résistance. Ainsi, au lieu d'être effilé, élancé, le corps du cheval de troupe sera, au contraire, trapu, ramassé. Ses membres, exempts de tares et de vices de construction, seront courts, bien articulés, fortement musclés; leurs tendons seront forts, bien détachés, bien tendus, et dans de bonnes conditions de résistance pour bien transmettre les efforts de leurs puissances. La poitrine sera vaste, pour contenir un énergique foyer de vie; les reins seront courts, larges et bien musclés, pour supporter sans effort le poids du cavalier et de ses armes, celui de son équippement et souvent ses vivres. Une grande sobriété, une santé rustique, lui sont indispensables pour résister aux privations, aux intempéries des saisons, au bivouac, à la pluie, à la neige, à toutes les misères du rude métier de soldat pendant la guerre. Il ne s'agit pas pour lui d'avoir une rapidité d'allure acquise aux dépens des autres qualités les plus indispensables à son service; une vitesse moyenne lui suffit toujours quand elle est nécessaire. Le succès d'une charge de cavalerie est dans l'union, dans l'ensemble et la régularité de la manœuvre, et non dans le désordre inséparable d'une vitesse à outrance et immodérée. Si un colonel de cavalerie avait à commander un régiment monté avec des coursiers artificiels, il lui serait impossible de gouverner un mouvement avec l'ordre indispensable au succès.

Nous le répétons donc, les qualités du coursier d'hippodrome et celles du cheval de guerre n'ont rien de commun entre elles; elles sont opposées au contraire, et s'excluent mutuellement.

Nous le demandons maintenant à tous ceux qui veulent y réfléchir : est-il possible de supposer que deux animaux aussi différents, élevés dans un but si opposé, dans des conditions si dissemblables, pour un service si distinct, puissent se perfectionner réciproquement? L'élevage de l'un exige des frais considérables, des moyens d'exécution exceptionnels sous tout rapport, et qu'il est impossible de trouver réunis chez nos éleveurs français, en général. L'élevage de l'autre, au contraire, est facile partout. Il est praticable par des moyens simples et économiques. Les pâturages de tous les pays de France, sur les sommets des montagnes comme dans les vallées et les plaines, lui conviennent. Il s'y habitue de bonne heure aux intempéries des saisons et à leurs conséquences ; son organisme s'y développe en liberté par les courses, par les exercices auxquels il se livre lui-même tous les jours : il devient ainsi fort, robuste et sobre, cheval de service et de guerre, enfin. Souvent, avant l'époque de la vente, les éleveurs commencent à le soumettre à des travaux légers qui, sans le fatiguer, paient une partie de ses frais d'élevage.

Le cheval de course, au contraire, ne saurait, sans perdre la spécialité qu'on lui a créée, se passer des soins incessants et minutieux dont il est entouré. Il faut qu'il soit toujours dans une température à peu près égale; il faut qu'un personnel capable de bien diriger son éducation ne le quitte jamais : il dépense donc toujours et beaucoup, jusqu'à ce qu'il se présente sur un hippodrome. S'il est battu, ce qui arrive souvent, il ne trouve pas d'acheteur, parceque, n'ayant pas été propre à sa spécialité, il n'en a pas d'autre. Le cheval de service, au contraire, est toujours employé partout avec avantage.

Nous devons signaler ici un fait qui nous prouvera qu'une condition essentiellement inhérente aux chevaux de vitesse les rendrait impropres à perfectionner les races de service de tous les pays, en supposant même que la nature de leur type y fût apte. Les chevaux d'hippodrome, ayant tous même destination, même but, ont été façonnés partout suivant le même modèle. En France comme en Angleterre, dans le nord comme dans le midi de l'Europe, ils ont les mêmes caractères généraux de conformation et de tempérament. Cela s'explique facilement par la nature de leur origine et l'identité des moyens employés pour la perpétuer. Or, comme les races varient suivant les contrées et leurs agents physiques, et que, pour suivre les lois de l'expérience comme celles de la raison, il faut adapter à chaque type celui qui lui convient pour l'améliorer, le sang de vitesse ne pourrait croiser raisonnablement avec avantage que les races qui se rapprocheraient le plus de sa constitution particulière. L'employer sans distinction, c'est détruire la race dont on lui confie le perfectionnement, pour la remplacer par des métis des rues, des bâtards sans trace de caractère spécial, sans destination et sans valeur. C'est en suivant ce triste procédé en France, que nous avons dégradé, perdu nos diverses espèces légères propres à la guerre, dans tout le midi surtout. S'il nous reste quelques bons sujets, ils proviennent de chevaux de fonds. Certains éleveurs ont eu le bon esprit de repousser les autres. Ce résultat devait être rigoureusement prévu. L'observation de tout ce qui se passe à chaque instant sous nos yeux dans la nature nous démontre qu'il n'est pas plus raisonnable de vouloir adapter, sans distinction, le même animal partout, que de vouloir cultiver le même végétal sous toutes les latitudes et dans toutes les conditions, même opposées.

Mais l'unité de constitution du pur sang de vitesse n'est pas le seul obstacle au succès de son emploi général pour perfectionner nos races. Les produits se ressentent de la nature artificielle de leurs pères. Comme eux, ils sont très délicats et difficiles à élever ; comme eux, ils exigent des soins exceptionnels, des dépenses que les fermiers et petits cultivateurs, qui font la masse des éleveurs, du midi surtout, ne peuvent pas faire. Aussi abandonnent-ils généralement l'industrie de l'élevage du cheval léger, afin de produire le mulet, malgré les efforts de l'administration civile et militaire, qui cherche à arrêter cette tendance malheureuse pour notre cavalerie.

Il est encore d'autres inconvénients qu'il importe de signaler ici : non seulement les chevaux issus des étalons de vitesse ne répondent pas au besoin des divers services, par la nature délicate de leur tempérament et leurs vices de construction mécanique, mais encore ils sont souvent tarés. Il n'est pas rare de trouver des métis issus d'étalons d'hippodrome qui ont aux membres des vices héréditaires, notamment des exostoses connues sous les noms de jardons, d'éparvins, de suros, de formes, etc.; s'ils ont couru trop jeunes, ils ont souvent des maladies chroniques plus ou moins graves des tendons ou des ligaments. Il nous sera facile d'en expliquer la cause.

Les mécaniciens, comme les physiologistes, savent que rien n'est plus contraire aux principes de mécanique en général que de provoquer des efforts de puissances avant que les appareils sur lesquels elles agissent soient en état d'en supporter l'action avec avantage. Pour que des fonctions de locomotion s'exécutent régulièrement et dans de bonnes conditions, il faut que la force des puissances soit toujours subordonnée à celle des instruments sur lesquels elles opèrent. Il faut que la résistance des leviers, par exemple, comme celle des agents passifs qui leur transmettent l'action des puissances, l'emportent sur la force de ces dernières; sans cette condition essentielle, le jeu des appareils locomoteurs serait à chaque instant troublé par des accidents. Dans les animaux, la force musculaire doit toujours être subordonnée à celles des tendons, des ligaments et des leviers du squelette : le contraire serait une erreur de calcul du Créateur; mais il n'en est pas ainsi. La puissance d'un muscle, dans la marche régulière de son développement, est toujours subordonnée à la quantité de résistance des organes sur lesquels il agit. Il n'y a donc pas d'accidents à craindre; ils ne peuvent être que la conséquence d'une anomalie ou d'un cas pathologique.

Mais les éducateurs de chevaux d'hippodrome sont loin d'être aussi sages, aussi prévoyants que la nature, dont ils ont contrarié les lois dans leurs opérations. Pressés de faire courir leurs élèves pour gagner des prix, ils les traitent de manière à hâter leur développement, et forcent leur croissance par tous les moyens artificiels que la science, l'esprit d'observation et l'argent ont pu leur procurer. Sous ce rapport, ils imitent les jardiniers habiles qui font croître leurs végétaux sur couches et sous châssis. Les exercices bien étudiés, le régime tonique, auxquels ils soumettent leurs poulains, font développer leur système musculaire, dont la vie est si active, dans des proportions relativement trop grandes pour les systèmes osseux, tendineux et ligamenteux. L'action vitale de ceux-ci est plus lente que celle des autres tissus. Il en résulte pour les jeunes sujets des déchirures, des distensions des ligaments et des tendons, des maladies des os, qui n'ont pas encore acquis toute leur force. Comment en serait-il autrement? Il faut que ces organes résistent, malgré leur défaut de solidité relative, aux efforts musculaires exigés par une course forcée.

Tous ces procédés, contraires à la marche si bien ordonnée de la nature, troublent l'harmonie qui doit toujours régner dans les rapports des puissances et des résistances : de là des maladies, des tares de toute nature, transmises par hérédité. Les pays de France où le sang d'hippodrome est le plus répandu sont ceux où l'on observe le plus de tares inconnues jadis dans les chevaux de service qu'on y élevait.

En Angleterre, la manie des courses va jusqu'à faire courir les poulains à l'âge de deux ans. Pour les y préparer, on est obligé de les monter à dix-huit mois, alors que les tissus ont encore si peu de consistance. Comme nous avons cherché à imiter les Anglais, non dans ce qu'ils font de bien pour toutes leurs races, mais dans ce qu'ils pratiquent de vicieux pour leurs chevaux de jeu, nous présentons nos poulains sur l'hippodrome à trois ans, et même avant cet âge. A trente mois ils sont donc soumis aux efforts exigés pour les préparer aux luttes qu'ils doivent soutenir. On nous dira que ces travaux préparatoires sont gradués, bien conduits, et que le temps des exercices est toujours de courte durée. Nous répondrons qu'ils n'en sont pas moins forcés par la nature de leur but, et toujours nuisibles dans les jeunes animaux. Il est très malheureux que l'état encourage de si tristes procédés par des primes. Ils sont contraires aux règles les plus élémentaires du perfectionnement des animaux. En supposant que les types reproducteurs fussent de bonne nature, on ne pourrait pas favoriser d'une manière plus directe la dégradation de nos espèces légères, toujours provoquée par un travail forcé et trop prématuré.

Le développement des chevaux de sang est toujours plus tardif que celui des races communes. Il est essentiel de les ménager jusqu'à cinq ou six ans, si on veut qu'ils durent jusqu'à l'âge de vingt-cinq à trente ans. Un producteur de race noble ne devrait jamais courir avant le remplacement de toutes ses dents de lait, qui n'est terminé que vers cinq ans. C'est alors seulement que le cheval commence à jouir de toute la force, de toute la puissance de sa constitution, parceque toutes les fonctions de son organisme s'opèrent dans toute l'étendue de leur action. Tous les tissus de son économie sont dans des conditions qui peuvent supporter des épreuves raisonnées et capables de faire juger de la vigueur et du fonds des concurrents.

Ce fait n'avait point échappé à l'observation de l'Empereur, qui fonda les courses par son décret du 13 fructidor an XIII; il eut bien soin de défendre ces épreuves de chevaux avant l'âge de cinq ans révolus. Ce principe était encore en vigueur dans le règlement des courses du 27 mars 1820. Est-ce pour le progrès que nous l'avons abandonné? Nous l'avons remplacé par un autre règlement, diamétralement opposé au but que nous voulons atteindre, au perfectionnement de nos races. C'est une faute.

Pour conclure, nous disons :

1° Les courses peuvent servir à juger de la force, de la vigueur des reproducteurs, et concourir au perfectionnement des races; mais il faut qu'elles soient sérieuses, bien étudiées, et subordonnées à l'aptitude des espèces qui y sont soumises.

2° Les procédés employés aujourd'hui pour ces épreuves ne remplissent pas le but que se proposa le gouvernement en les fondant, en 1805. Les chevaux élevés artificiellement pour ce genre de spectacle ne peuvent perfectionner nos races de service et de guerre; la science l'explique, l'expérience l'a prouvé.

3° Les races dont l'agriculture a dirigé la production en les perfectionnant par elles-mêmes sont les seules qui se sont conservées ou qui ont prospéré. Celles qui ont été mélangées avec le sang d'hippodrome ont dégénéré; elles sont les seules qui se soient abâtardies.

4° La question du perfectionnement des animaux est une question d'étude des lois de la nature et de leur influence sur les fonctions vitales de tous les corps organisés. Elle ne cessera jamais d'être un problème insoluble, si les sciences naturelles ne servent pas de base aux principes raisonnés qui éclaireront seuls la pratique difficile du croisement et du perfectionnement des races.

COURSIER. Un cheval de course. — V. *Course.*

COURT D'HALEINE. Un animal est court d'haleine lorsqu'il est forcé de s'arrêter de temps en temps pendant l'exercice pour respirer. Un semblable individu n'est jamais bien apte au travail, parceque sa respiration ne s'effectue pas dans de bonnes conditions. Les chevaux poussifs sont courts d'haleine. — V. *Pousse, Respiration.*

COURT-JOINTÉ. Un cheval qui a les paturons courts est dit court-jointé. Cette conformation favorise la force, la puissance musculaire des membres; mais elle est contraire à la souplesse des allures. Un cheval court-jointé a ordinairement les réactions dures. — V. *Long-jointé, Paturon.*

COURTILIÈRE. (*Taupe-grillon.*) Insecte orthoptère qui fait des ravages dans les jardins et les champs. La courtilière vit dans le sol, fouille la terre, coupe avec ses pattes, très fortes et en forme de scie et de pelle, les racines des plantes, partout où elle passe pour se frayer un chemin. La courtilière pond de deux à trois cents œufs, dans des nids qu'elle creuse dans le sol. On doit employer tout moyen de détruire cet insecte, nuisible à nos récoltes, à nos prairies, surtout à nos jardins et à nos pépinières.

COUSSIN. Partie rembourrée du collier, qui s'applique contre les épaules. Les coussins demandent à être entretenus proprement, et à être battus de temps en temps pour avoir plus de souplesse, plus de moelleux, de manière à ne pas blesser les animaux. Si on n'a pas cette précaution, la sueur les durcit, et leur dureté occasionne des blessures.

COUSSINET PLANTAIRE. Lorsqu'on veut empêcher un corps d'être meurtri, blessé par un autre corps qu'il supporte, on interpose un coussinet. La nature, bien autrement ingénieuse que l'homme, en toute occasion, a placé un coussinet à la plante des pieds de tous les animaux, pour prévenir les contusions. Ce coussinet est nommé plantaire. Il est formé de tissus fibreux, blancs et jaunâtres, et de graisse. Ces tissus, qui composent un tout très élastique, se trouvent sous la fourchette du cheval, sous la corne des talons du bœuf, du mouton, du porc, de la chèvre, etc., et y préservent l'insertion des tendons de contusions qui auraient pu y causer des troubles graves.

COUTRE. Sorte de couteau très fort, adapté à la charrue dans une coulisse à vis de pression pour en régler l'entrure. Le coutre placé à l'age de manière à avoir la pointe en avant du soc, est dirigé obliquement d'arrière en avant, et tranche la terre verticalement. Le soc, qui vient après, la tranche horizontalement, et le versoir retourne la bande. Le coutre doit être assez fort pour ne pas être courbé par les obstacles qu'il rencontre. — V. *Charrue.*

COUTUME. Usage adopté et consacré par le temps. Lorsqu'une coutume est bonne, on fait bien de la suivre; mais lorsqu'elle est vicieuse, contraire aux intérêts du pays comme à ceux des particuliers eux-mêmes, ne devrait-on pas la réformer? Il n'est peut-être pas de carrière qui soit plus victime de coutumes vicieuses que celle des cultivateurs. — V. *Routine.*

COUVAIN. On nomme couvain les larves des abeilles contenues dans les cellules des ruches. — V. *Abeilles*.

COUVAISON. Action de couver. La saison de la couvaison est généralement le printemps. Les oiseaux de basse-cour cherchent alors à couver; cependant le temps de la couvaison est plus ou moins avancé ou retardé suivant les climats et les soins qu'on a de la volaille. Elle est plus précoce dans les pays chauds et chez les individus bien nourris et bien soignés. Sa durée varie suivant les espèces. — V. *Incubation*.

COUVÉE. Nom donné aux œufs couvés par une couveuse, ou aux jeunes sujets éclos. Pour bien réussir, les couvées demandent des soins particuliers, qui leur sont indispensables. Celles des dindonneaux surtout sont les plus exigeantes sous ce rapport. Le premier âge de ces précieux oiseaux de basse-cour est toujours difficile à passer pour eux, notamment dans les climats froids.— V. *Dindon*.

COUVERTURE. Vêtement, ordinairement de laine, dont on couvre les animaux, et surtout les chevaux, pour les préserver de l'action du froid. On dispose les couvertures de plusieurs manières pour bien les appliquer sur les différentes parties du corps des sujets. On en forme des camails, des caparaçons, etc.

En terme de maréchalerie, donner de la couverture à un fer à cheval, c'est élargir ses branches.

COUVRIR (*la semence*). On couvre les semences de diverses manières, suivant leur nature et les climats. On emploie à cet effet la herse quand le grain ensemencé n'a pas besoin d'être enterré profondément; on se sert de la charrue, au contraire, pour les ensemencements d'automne, et dans les pays froids.

COWPOX. Nom donné par les Anglais à une éruption qui se développe aux trayons des vaches, et qui fournit le vaccin dont on se sert pour vacciner les enfants. — V. *Vaccin*.

COXAL. Os de la hanche. Les deux coxaux réunis forment, avec le sacrum, la cavité du bassin et la charpente de la croupe. C'est donc de la disposition de ces os que dépend une bonne ou mauvaise conformation de cette région. — V. *Croupe, Hanche*.

CRAIE. (*Carbonate de chaux.*) Roche calcaire qui peut être employée pour marner les terres. Certains pays sont improductifs parceque la craie s'y trouve en trop grande proportion; plusieurs régions de la Champagne, de la Picardie, sont dans ce cas.

CRAMPON. Certains végétaux ont des organes spéciaux qui servent à les fixer aux arbres, aux rochers, aux murs, etc. : on nomme ces organes crampons. Le lierre en est pourvu, et c'est par eux qu'il s'accroche partout où il touche. — V. ***Lierre.***

En termes de maréchalerie, le crampon est un talon ménagé aux éponges du fer, pour hausser les pieds des chevaux, ou pour les empêcher de glisser sur la glace.

CRANE. Cavité formée par les os de la tête qui contiennent le cerveau des animaux. Dans les différentes espèces de mammifères, comme dans les sujets d'une même famille, le développement de l'intelligence est en raison de celui du crâne. — V. ***Tête.***

La boîte osseuse que forme le crâne avait besoin d'une grande solidité pour résister aux contusions, aux chocs, qui auraient pu endommager le cerveau qu'il contient, et compromettre ainsi la vie des animaux, parceque c'est le cerveau qui est le véritable siége de son principe. La nature devait donc prendre toutes les précautions nécessaires pour garantir cette solidité. Pour cela, qu'a-t-elle fait? Elle a formé les os du crâne d'une substance plus dure que celle de la plupart des autres os, par la raison qu'elle contient une plus grande quantité relative du principe calcaire; puis elle a disposé en forme de voûte les différentes pièces du crâne les plus exposées aux chocs ou à la pression. Or on sait que la forme de voûte est celle qui convient le mieux aux corps disposés pour la résistance. Ainsi, un œuf d'oiseau pressé par les deux bouts entre les mains ou entre les doigts se laisse quelquefois difficilement écraser. La force d'un homme, par exemple, ne suffit pas pour rompre un œuf de poule dont les deux bouts sont pressés entre les paumes des mains; cet œuf résiste à la rupture, quels que soient les efforts qu'on puisse faire pour l'écraser, si les deux bouts sont convenablement appliqués contre les paumes.

La carapace d'une tortue offre encore un exemple de la résistance des parois d'une boîte disposée en voûte.

La construction du crâne des animaux, et notamment de l'homme, est donc admirablement disposée en voûte arrondie pour bien remplir les importantes fonctions dont il est chargé.

D'autre part, le crâne est formé par plusieurs pièces osseuses articulées de manière à permettre son développement, l'agrandissement de sa capacité, pendant l'accroissement des sujets, sans pour cela compromettre les dispositions de sa solidité. Lorsque les animaux sont parvenus à leur état adulte, et que le cerveau a acquis son développement normal, les os du crâne se soudent ensemble, leurs articulations disparaissent, et ils ne forment plus qu'une seule pièce. Aussi, dans les vieux sujets, le crâne semble-t-il formé par un seul os percé de trous, d'ouvertures de formes et de dimensions diverses, pour donner passage à la moelle épinière, aux nerfs qui en partent et qui ne sont que les dépendances du cerveau, ou aux vaisseaux.

On a comparé le crâne, dans lequel le cerveau est protégé et contenu, aux vertèbres qui renferment et protègent son prolongement, c'est-à-dire la moelle épinière. Cette comparaison est d'autant plus juste et fondée, que, comme le crâne, chaque vertèbre est composée de plusieurs pièces pour que l'agrandissement de son canal puisse s'effectuer à mesure que l'organe qu'elle contient s'agrandit lui-même et grossit. Comme au crâne, les différentes pièces osseuses se soudent dans l'adulte, et ne forment plus qu'un seul os, et, comme au crâne, on observe aux vertèbres des échancrures ou des trous pour le passage des nerfs ou des vaisseaux qui en partent ou qui s'y rendent.

Du reste, les modes d'articulation des vertèbres sont aussi solides que ceux du crâne; cela devrait être : exerçant des fonctions qui ont de l'analogie, les os du crâne devaient avoir de l'analogie de structure avec les vertèbres. D'ailleurs, le canal rachidien est-il autre chose qu'un crâne allongé et articulé de manière à permettre les mouvements exigés par les conditions de vie des animaux? — V. *Articulation*, *Cerveau*, *Moelle épinière*, *Nerf*, *Os*, *Vertèbre*.

CRAONAISE. Race de porcs. La race de porcs craonaise est très estimée; elle est élevée aux environs de Craon (Mayenne).

CRAPAUD. Reptile batracien très commun dans les champs et les lieux humides. Le crapaud, qui comprend plusieurs variétés, n'est pas malfaisant; c'est à tort qu'on le regarde, dans les campagnes, comme dangereux et venimeux. Il se nourrit d'insectes et de vers : il serait donc utile, au lieu d'être nuisible.

On donne le nom de crapaud, en art vétérinaire, à une maladie particulière observée à la sole du pied du cheval, sous la corne, qui se décolle, tombe, et laisse à nu la surface du pied. On traite le crapaud, difficile à guérir, par les caustiques, les astringents, et même par l'application du feu. Il paraît se déclarer de préférence sur les animaux lymphatiques, sujets aux eaux aux jambes, aux crevasses des pieds; c'est surtout pendant l'hiver, lorsque les chevaux marchent dans les lieux humides contenant des eaux boueuses et âcres, que le crapaud se développe dans les chevaux.

CRAPAUDINE. (*Peigne, Teigne.*) Maladie ulcéreuse qui se déclare autour de la couronne du pied du cheval, de l'âne et du mulet. La crapaudine, le plus souvent incurable, est caractérisée par le suintement d'un liquide grisâtre qui tient la peau humide; le poil de la partie malade est hérissé. La boue, les eaux des ruisseaux, des rues, en hiver, concourent à déterminer cette affection. On la traite par des émollients d'abord, ensuite par des astringents, des caustiques, et quelquefois par le feu.

CRASSULARIÉES. Nom donné à une famille de plantes presque toujours charnues. Les joubarbes, les sédums, etc., sont des crassulariées. Ces plantes offrent généralement peu d'intérêt à l'agriculture.

CRAYEUX (*Terrains*). Les terrains crayeux sont légers et peu fertiles. Les sols crayeux de la Champagne sont renommés par leur aridité; on y a fait, en plusieurs endroits, des plantations de pins qui n'ont pas réussi.

CRÈCHE. Mangeoire des bêtes à cornes et des moutons. Les crèches destinées à recevoir la nourriture des animaux dans nos campagnes sont ordinairement faites en planches. Elles sont quelquefois surmontées d'un ratelier pour contenir le fourrage; dans ce cas, elles ne servent que pour donner aux animaux du grain ou des racines fourragères. — V. *Mangeoire.*

CRÈME. Matière onctueuse, d'un blanc jaunâtre, d'une saveur douce et agréable. La crème est contenue dans le lait. Elle s'élève à la surface de ce liquide lorsqu'on le laisse en repos dans un vase. C'est avec la crème qu'on fait le beurre. — V. *Baratte*, *Beurre*, *Lait*.

CRÉMOMÈTRE. Instrument peu connu dans nos campagnes, destiné à mesurer la quantité de crème contenue dans le lait. On se sert aussi du crémomètre pour juger de la qualité du lait plus ou moins épais ou séreux. — V. *Lait*.

CRÉPITATION. Bruit produit par des gaz ou l'air introduit dans les cellules du tissu cellulaire sous la peau, lorsqu'on y exerce une pression avec les doigts. — V. *Emphysème*.

CRESSON. Plante de la famille des crucifères. Le cresson consommé sur nos tables a une propriété tonique appétissante. On le cultive aux environs des grandes villes pour l'approvisionnement des marchés. — V. *Sisymbre*.

CRESSONNIÈRE. Lieu où l'on cultive le cresson. Les cressonnières qu'on fait aux environs des grandes villes, où le débit est assuré, sont d'un rapport d'autant plus avantageux qu'elles ne coûtent presque rien d'entretien. Une fois établies, on n'a qu'à récolter le cresson qu'elles produisent en abondance.

CRÉTELLE. Plante de la famille des graminées. La crételle fournit un bon fourrage. Elle croît dans les bons fonds surtout; sa présence indique, en général, une prairie saine, produisant un foin de bonne qualité. — V. *Foin*.

CREVASSES. Gerçures qui se développent ordinairement dans les paturons des chevaux, des ânes ou des mulets. C'est surtout pendant l'hiver que les crevasses se font remarquer, par suite de l'action de l'humidité des boues des villes et des urines dans les écuries mal tenues. On guérit les crevasses ordinairement avec des émollients; lorsqu'elles résistent à ce moyen, on emploie les astringents pour les resserrer et provoquer leur cicatrisation.

CRIBLAGE. Opération qui consiste à nettoyer les grains et à les débarrasser de tout ce qui leur est étranger au moyen d'un crible. Le criblage est surtout indispensable pour les grains salis par de la terre, de la poussière, du sable, et surtout pour les purger des mauvaises graines récoltées avec eux, et dont les blés de semence doivent être entièrement débarrassés pour qu'elles ne se reproduisent pas par semis dans les récoltes.

CRIBLE. Espèce de tamis percé de trous de formes diverses, employé pour cribler les grains et les nettoyer de la poussière, du gravier et des mauvaises graines qu'ils peuvent contenir.

CRIBLURES. Résidus du criblage. On donne à la volaille les criblures, qui contiennent de mauvaises graines. On doit éviter de les jeter dans les fumiers destinés aux champs, qui seraient salis par les mauvaises herbes que la germination de ces graines produirait. Les fumiers qui contiennent des criblures sont généralement destinés aux prairies.

CRIC. Instrument dont on se sert dans les constructions pour soulever avec facilité de grands poids, surtout des pierres, des pièces de bois et des voitures chargées. Un cric de moyenne force peut être très utile dans une ferme, soit pour soulever des voitures afin de graisser les roues, soit pour charger de grosses pierres sur les traîneaux, etc., etc.

CRINS. Poils gros et allongés qui poussent à l'encolure des chevaux, à leur queue et à celle des bœufs. Les crins sont employés dans les arts pour faire des tissus, des cordes, des matelas et des coussins de toute espèce, après avoir subi une préparation; ce sont surtout les crins de la queue des bœufs qui sont employés à cet effet.

La finesse des crins d'un cheval caractérise une race distinguée. Les espèces orientales ont les crins de l'encolure fins, allongés, rares, lourds et souples à la main comme les longs cheveux d'une femme; ceux de leurs boulets, courts, fins et rares, forment un petit bouquet qui recouvre l'ergot. — V. *Fanon.*

CRINIÈRE. Nom donné aux crins de l'encolure du cheval. Les crinières fortes, épaisses, caractérisent les races communes; c'est surtout dans les races de gros trait, massives et lymphatiques, qu'on observe de grosses crinières; elles sont quelquefois le siége d'une gale tenace, difficile à guérir, et qu'on nomme rouvieux. — V. *Gale*, *Rouvieux*.

CRINON. Ver intestinal, grêle, cylindrique, allongé, presque filiforme. Les crinons se développent dans les intestins des animaux et dans d'autres parties de leur corps. On les a observés dans le globe de l'œil du bœuf et du cheval, dans quelques cas de maladies.

CRISTALLIN. Corps lenticulaire placé dans l'œil des animaux derrière la pupille pour y remplir les fonctions de lentille biconvexe. Le cristallin a pour fonction de faire converger les rayons lumineux dans le fond de l'œil des animaux, phénomène physique indispensable à la vision. L'opacité du cristallin constitue la cataracte. Quand cette affection existe, les rayons lumineux ne peuvent pas traverser la lentille, et la perte de la vue en est nécessairement le résultat. Dans l'homme, on extrait la lentille malade ; quelquefois on se borne à la déplacer : on remédie dans ce cas à son défaut par des lunettes préparées à cet effet, et qui remplissent en dehors de l'œil à peu près les mêmes fonctions physiques ; mais, dans les animaux, l'opération de la cataracte est abandonnée.

La fluxion périodique des yeux des chevaux détermine le plus souvent l'opacité du cristallin. — V. *Fluxion périodique*.

CRISTALLISATION. Opération par laquelle les corps se cristallisent, se forment en cristaux de formes différentes. On fait cristalliser les corps en les réduisant à l'état de fusion, soit par la dissolution dans l'eau, soit par le calorique. Ainsi, le sel, le sucre, fondus dans l'eau, se cristallisent par sa volatilisation. On peut observer ce fait surtout dans les salines. Certains métaux se cristallisent aussi en se refroidissant après avoir été en fusion.

CROCHETS. Dents canines du cheval. — V. *Dent*.

CROCHU (*Jarret*). Les jarrets d'un cheval sont appelés crochus quand leurs pointes tendent à se rapprocher. On nomme clos du derrière un cheval qui a les jarrets crochus, ce que l'on observe surtout dans les espèces des montagnes.

CROISÉ. (*Métis.*) Nom donné à un sujet métis résultant d'un croisement. — V. *Croisement*, *Métis*.

CROISEMENT. (*Métissage.*) Mélange de deux races en vue du perfectionnement de l'une d'elles. Les croisements des femelles par les mâles n'ont pas été toujours bien pratiqués en France; ils n'ont donc pas été appliqués d'une manière bien fructueuse pour le perfectionnement de nos animaux domestiques. Ceux qui étudient légèrement, qui observent peu, s'imaginent que, pour perfectionner une race, il n'y a qu'à prendre des individus beaux, bien développés, et à les employer comme reproducteurs partout, avec toute race et en tout lieu. C'est une erreur qui a déjà coûté cher à la France. La première chose à faire dans le choix d'un reproducteur destiné au croisement, c'est de s'assurer si les ressources qu'on peut offrir à son concours sont suffisantes. On doit aussi voir si la race qu'on lui confie pour l'améliorer se trouve dans des conditions de taille, de conformation, etc., indispensables au succès. Tout reproducteur choisi dans un pays riche, avancé en agriculture, réussira mal dans un pays aride, sans ressources morales et physiques, et ne donnant que des animaux chétifs, rabougris, sans étoffe. Tout étalon de choix employé pour croiser de pareilles espèces ne donnera rien de bon. Les jeunes sujets, sous la mère, paraîtront d'abord très beaux; mais lorsqu'ils seront soumis au régime ordinaire du lieu, ils seront même inférieurs à ceux de la race indigène, habituée aux mauvaises conditions qui l'ont produite. C'est là une règle sans exception; elle est invariable, elle est observée partout. Cependant on n'en tient pas compte. Ce n'est pas dans l'espèce chevaline seulement que ces faits s'observent, c'est dans toutes les races, sans en excepter une seule. Pour améliorer des animaux, soit par le croisement, soit par l'accouplement, il faut, avant tout, améliorer le régime, source première de tout succès. N'est-il pas ridicule, par exemple, de voir un grand étalon normand employé à croiser les juments de la Camargue et de l'Aude utilisées au dépiquage? Peut-on compter sur le succès de l'emploi d'un cheval de course anglais, haut monté sur jambes, irritable et nerveux, fabriqué par l'art avec les soins les mieux entendus et les plus rafinés, pour croiser de chétives juments lorraines ou bretonnes, limousines ou auvergnates, etc.? Croisera-t-on la petite race bovine bretonne avec le grand taureau suisse, le petit cochon limousin avec le grand normand, la petite brebis solognote ou quercine avec le grand bélier flamand? Qu'on emploie tant qu'on voudra ces procédés irrationnels, on n'atteindra jamais le but proposé; on aura toujours des déceptions pour résultat.

Tout animal perfectionné par l'art et des soins spéciaux exige l'art et des soins spéciaux pour être entretenu dans son état de perfectionnement. Ses produits sont dans les mêmes conditions : si les ressources qui leur sont nécessaires manquent, il n'y aura pas de succès. Il n'est pas de praticien judicieux et observateur qui n'ait observé ce fait.

Pour conclure, nous disons que, pour être fructueux, le croisement exige harmonie de formes et de taille entre la race à croiser et celle qui croise; il faut de plus qu'il y ait harmonie de ressources hygiéniques et alimentaires. Sans elles, point de succès possible. On en trouvera la preuve partout où on voudra la chercher; la France est peut-être un des pays de l'Europe qui en fournissent le plus. — V. *Étalon, Perfectionnement.*

CROISSANT. Nom donné, en médecine des animaux, à une éminence causée par la pression du bord antérieur de l'os du pied dévié sur la sole des chevaux. Cette maladie, qui est la conséquence de la fourbure, est toujours grave; l'animal qui en est affecté n'est jamais capable d'un bon service. — V. *Fourbure.*

CROTTIN. Excrément du cheval. — V. *Excrément.*

CROUPE. Région du corps des animaux qui a les coxaux et le sacrum pour base. Cette région est bornée en avant par les reins et les flancs, en arrière par les fesses. La croupe offre un grand intérêt à l'étude du physiologiste, surtout dans le cheval, parcequ'elle est le foyer des puissances qui concourent énergiquement aux fonctions de locomotion à grande vitesse. Pour être belle et bien conformée, une croupe doit être bien musclée, et la plus longue possible. Dans les animaux de boucherie elle doit être, de plus, très large, parceque ses muscles donnent toujours une viande de première qualité. Dans un bœuf, un mouton, la croupe la plus large et la plus développée en tout sens, sera toujours la plus belle, quelle que soit d'ailleurs sa direction. Cependant, dans le bœuf en général, on aime que la croupe forme, avec les reins, le dos et l'encolure, une ligne droite et bien soutenue dans toute sa longueur; cette disposition de la colonne vertébrale indique de la force, de l'énergie, et caractérise généralement un animal bien fait, bien constitué. La saillie tranchante et anguleuse de la base de la queue du bœuf, commune à quelques races, est disgracieuse, surtout dans les animaux aux formes potelées.

Dans le cheval, une croupe longue est un indice de vitesse. En effet, la longueur de la croupe comporte la longueur de ses muscles; or, plus un muscle est long, plus son jeu a d'étendue, plus il est favorable à l'étendue des mouvements. Des animaux qui ont la croupe longue sont généralement des animaux de vitesse, qualité que l'on ne rencontre pas chez ceux qui ont cette région du corps raccourcie, tronquée, amaigrie.

Les chevaux orientaux ont généralement la croupe horizontale; quand ils sont en action, leur queue prend la même direction, ce qui leur donne un air gracieux et dégagé.

Les races de trait ont souvent la croupe divisée en deux parties égales par une ligne médiane profonde, ce qui constitue les croupes doubles. Les chevaux bretons, boulonnais, percherons, etc., offrent cette disposition, que les chevaux de sang n'ont jamais.

CRUCIFÈRES. Famille de végétaux du plus grand intérêt pour la nourriture de l'homme et des animaux. Cette famille offre aussi à l'industrie de grandes ressources par les huiles que fournissent quelques unes de ses plantes. Toutes les variétés de choux, les moutardes, les cressons, les colzas, les pastels, les raiforts, les raves, les navets, les turneps, etc., appartiennent aux crucifères, aussi utiles par les racines alimentaires qu'elles procurent que par leurs feuilles et leurs graines.

CRUDITÉ. Etat des substances qui n'ont pas subi la cuisson. Le mot *crudité* s'applique aussi aux eaux de puits, qui contiennent en dissolution des sels calcaires, et qui sont lourdes et indigestes. — V. *Abreuvoir*.

CRUOR. On nomme cruor la matière colorante du sang ou le caillot qu'il forme. Ce mot est généralement peu usité en anatomie.

CRURAL. On distingue en anatomie les artères crurales, les nerfs, les muscles cruraux, qui appartiennent à la cuisse.

CRUSTACÉ. Recouvert de croûtes. On donne le nom de crustacés, en histoire naturelle, à certains animaux de la division des articulés. Les crabes, les langoustes, les écrevisses, les cloportes, etc., sont des crustacés.

CRYPTOGAMES. (De deux mots grecs, qui signifient *caché* et *mariage.*) Nom des végétaux dont les organes reproducteurs ne sont pas apparents : les lichens, les champignons, etc., sont des cryptogames. Cette nomenclature n'est pas rigoureusement exacte, et elle est à peu près abandonnée aujourd'hui.

CUBITUS. Os qui, dans les animaux, sert de base au coude. — V. *Coude.*

CUCURBITACÉES. Famille de végétaux qui fournit quelques plantes cultivées, dont les fruits sont alimentaires : tels sont les melons, les citrouilles, les concombres, les cornichons, etc. — V. ces mots.

CUCURBITE. Chaudière de l'alambic. V. *Alambic.*

CUIR. Peau des animaux. Le mot *cuir* est surtout employé dans les arts pour désigner les peaux tannées. — V. *Peau.*

CUISSE. Partie supérieure du membre postérieur des animaux qui a le fémur pour base. Pour être belle, la cuisse d'un animal doit toujours être bien musclée, arrondie et très longue ; dans ce cas elle est un indice de vitesse. Dans le bœuf et le mouton, la cuisse est le siége de la viande de première qualité. Son développement est donc toujours une qualité recherchée. On dit qu'un animal est bien culotté quand sa cuisse est bien fournie et bien descendue.

CUISSON. Action de faire cuire les aliments. La cuisson des substances alimentaires végétales pour les animaux offre des avantages qui ne sont pas assez appréciés dans nos campagnes. Un végétal cuit est toujours plus facile à digérer ; souvent même il perd par la cuisson certaines propriétés nuisibles aux animaux. Les parmentières crues, par exemple, données en trop grande quantité, causent la diarrhée aux animaux, tandis qu'elles n'ont pas cet inconvénient quand elles sont cuites. Ajoutons qu'elles sont plus nourrissantes dans cet état. En Amérique, en Angleterre, dans quelques pays de France, on donne des racines, des fourrages, souvent grossiers, cuits à la vapeur, aux animaux à l'engrais et aux vaches laitières. Partout où elle a été adoptée, cette méthode a produit de bons résultats. Il est regrettable qu'elle ne soit pas plus répandue, surtout dans les lieux où le combustible a si peu de valeur. Du reste, le moyen employé pour faire cuire les aliments à la vapeur est fort simple : il consiste en une caisse ou un tonneau percé dans leur fond d'un trou pour recevoir un tube partant d'un vase bien fermé, contenant l'eau en ébullition ; la vapeur pénètre dans ce tonneau et y cuit les végétaux sans beaucoup de frais.

CUIVRE. Métal très employé dans les arts pour la confection d'instruments ou de vases divers. Combiné avec les acides acétique et sulfurique, le cuivre forme les acétates (vert-de-gris) et des sulfates de cuivre fréquemment mis en usage dans la médecine des animaux. Ces sels servent comme caustiques et astringents contre les plaies de mauvaise nature, contre les ulcères, les eaux aux jambes, les crevasses rebelles. On les emploie aussi sous forme d'onguent (onguent égyptiac), ou en dissolution avec les sulfates de zinc, l'acétate de plomb, etc.

Le sulfate de cuivre (vitriol bleu) est employé contre la carie des blés. — V. *Carie*.

CULTIVATEUR. Propriétaire, fermier ou ouvrier, qui cultive la terre. On a vulgairement une fausse idée des conditions dans lesquelles doit être le cultivateur pour bien exercer sa profession. On croit que tout homme ignorant peut faire un bon cultivateur : on se trompe. Le cultivateur est un fabricant qui opère avec la nature, et doit travailler de concert avec elle. Il faut donc qu'il connaisse, pour bien comprendre sa fabrication, les objets d'histoire naturelle sur lesquels il opère, ses ressources pour agir, ses débouchés pour vendre, son commerce pour acheter ou vendre en même temps. On peut dire que le cultivateur devrait avoir une idée juste de toutes les sciences naturelles qui s'appliquent à son métier, pour bien l'exercer. — V. *Agriculture*.

CULTURE. On entend par culture l'ensemble des procédés employés pour obtenir du sol les meilleures récoltes possibles. D'après la nature des végétaux cultivés, on distingue la culture en arboriculture, en viticulture, en horticulture, en sylviculture. Suivant qu'elle est exercée sur une grande ou petite étendue du sol, on la désigne sous le nom de grande ou petite culture. On nomme aussi cultures certaines opérations ayant un but commun, et exigeant des procédés analogues. On dit une culture sarclée, une culture améliorante, une culture alterne, intercalée, etc. — V. *Assolement*.

La culture a une grande influence sur le développement des qualités nutritives des végétaux. Ainsi c'est par elle qu'on a obtenu les différents blés qui forment la base de notre nourriture. C'est par la culture qu'on obtient, des espèces sauvages, de si beaux fruits de tout ordre, des légumes, des racines fourragères, des fleurs variées, enfin toute la richesse végétale qui fait différer les types cultivés des types sauvages. — V. *Agriculture*.

CUMIN. Plante de la famille des ombellifères. Le cumin produit une graine aromatique qui a quelque analogie avec celle de l'anis ou de la coriandre.

CUPULE. Espèce de petite coupe dans laquelle sont enchâssés certains fruits. Le gland, la noisette, etc., en offrent des exemples.

CUPULIFÈRE. Nom donné à des plantes qui appartiennent à la famille des amentacées. Le chêne, le charme, le noisetier, le châtaignier, sont des cupulifères.

CURAGE. Opération qui consiste à enlever les détritus de toute nature, les dépôts boueux, qui se trouvent au fond des eaux, des mares, des puits, des étangs, des rivières, des fossés, etc. Le curage a pour but de dégager les lieux encombrés de boues, pour les approprier. Il facilite l'écoulement des eaux qui entraînent les détritus végétaux et animaux, desquels s'exhalent des miasmes putrides pendant les grandes chaleurs qui les dessèchent. On opère aussi le curage des canaux et rivières navigables, pour faciliter leur navigation. C'est surtout pendant que les eaux sont basses que l'on pratique le curage, pour qu'il soit plus facile et moins dispendieux. Cette opération devrait se faire souvent, chaque année au moins, surtout dans les réservoirs ou mares destinés à recevoir les eaux qui servent à abreuver les animaux. Les boues entraînées par les pluies dans ces abreuvoirs contiennent des matières animales et végétales qui se décomposent, se putréfient, altèrent les eaux, et peuvent causer des maladies d'autant plus difficiles à guérir, que leur action a été plus lente et plus obscure. — V. *Abreuvoir*.

CURURES. Vases qu'on retire des fossés, des étangs, des mares, des canaux et rivières, etc. Les curures qui contiennent, avec de la terre, des matières végétales et animales, en plus ou moins grande quantité, donnent un bon engrais; mais avant d'employer cet engrais, il est utile de l'exposer quelque temps à l'air pour le laisser égoutter et subir l'action de la lumière et celle de toutes les influences atmosphériques, qui en modifient la composition et détruisent sa crudité. On mélange ordinairement les curures avec de la chaux, de la marne ou d'autres substances, pour en faire des composts.

CURATIF. On nomme remède curatif, traitement curatif, toute substance, tout moyen employé pour guérir une maladie. — V. *Médicament, Remède*.

CUSCUTE. Plante de la famille des convolvulacées. Cette plante parasite, dont les tiges sont comme des fils d'un vert blanchâtre ou rougeâtre, grimpe sur les végétaux qu'elle entoure, se nourrit de leur substance, et les étouffe. C'est surtout dans les luzernières, les trèfles, les prairies, que la cuscute exerce ses ravages. Plusieurs procédés ont été employés pour la détruire, l'écorce de chêne pulvérisée, la brûlure au moyen de la paille, etc. Le meilleur est celui de la couper souvent près de terre avec la faux, quand elle pousse, pour l'empêcher de produire sa graine. Dans les pays où les coupes de luzerne, de trèfle ou de foin, sont fréquentes, la cuscute est inconnue, parcequ'elle est annuelle, et qu'elle ne peut pas se reproduire par la graine.

CUTANÉ. Maladies cutanées, absorption cutanée, veines cutanées, qui appartiennent à la peau. Les maladies cutanées sont toujours plus ou moins rebelles et difficiles à guérir. Elles reconnaissent le plus souvent pour cause la malpropreté, la mauvaise nourriture ou la contagion. — V. *Dartres, Gale*.

CUVE. Espèce de grand tonneau à un fond, dans lequel on dépose le raisin après la vendange. La fermentation qui s'opère dans les cuves a causé souvent la mort à d'imprudents vignerons ; ils ont été asphyxiés par l'acide carbonique qui se dégage dans ces grands tonneaux, où il ne faut jamais descendre sans précautions. Les propriétaires éclairés doivent toujours veiller avec la plus scrupuleuse attention à ce que leurs ouvriers ne s'exposent pas à entrer dans les cuves avant d'avoir acquis la certitude qu'ils peuvent le faire sans danger. Il est facile de connaître la présence de l'acide carbonique dans les cuves en y plongeant une bougie allumée : si elle s'éteint, l'air est vicié ; il faut l'agiter avec un objet servant de grand éventail, jusqu'à ce que la bougie puisse brûler dans la cuve comme à l'air ordinaire. Dans ce cas, l'acide carbonique a disparu, et l'on peut être sans crainte. Il faut cependant avoir la précaution de renouveler souvent cette opération, parcequ'il peut se former d'autre acide carbonique après celui qu'on a chassé par la ventilation.

On donne aussi le nom de cuve dans les campagues à des vases en bois qui servent à faire la lessive dans les ménages ; on en voit aussi en pierre pour saler la viande des porcs ou d'autres animaux égorgés pour la consommation de l'année.

CYANOGÈNE. Gaz composé d'azote et de carbone. Le cyanogène forme la base de l'acide cyanhydrique, qui est le poison le plus violent connu. Lorsque cet acide est frais et bien pur, il fait tomber les animaux comme foudroyés par son contact sur leurs muqueuses.

CYGNE. Genre d'oiseau de l'ordre des palmipèdes. Le cygne est élevé comme oiseau d'ornement dans les bassins des parcs ou des jardins. On en distingue deux variétés, l'une blanche et l'autre noire ; celle-ci est la moins commune.

CYME. Nom donné à la réunion de plusieurs petites fleurs partant de pédoncules qui s'élèvent au même niveau. Les fleurs de l'hièble, du sureau, etc., sont disposées en cymes.

CYNAROCÉPHALES. Nom donné aux chardons dans la famille des composées. — V. *Chardon*.

CYNIPS. Insecte hyménoptère dont la piqûre fait développer la noix de galle sur divers chênes. C'est encore le cynips qui occasionne ces excroissances qui ressemblent à de la mousse dans les églantiers. Le noyau de ces excroissances est creux et contient l'œuf déposé par l'insecte ou la larve éclose.

CYNOGLOSSE. Plante de la famille des borraginées. Cette plante est émolliente ; elle est cependant peu employée en art vétérinaire. On pourrait faire usage de sa dissolution dans les contusions et dans les inflammations qui en sont la conséquence.

CYPÉRACÉES. Famille de plantes qui ont quelque analogie par leur port avec les graminées. Ces plantes donnent un mauvais fourrage, dur et peu nourrissant : tels sont les souchets, les laiches, les scirpes, les linaigrettes, etc. C'est surtout dans les sols bas et humides, dans les terrains bourbeux, que croissent les cypéracées. Les prairies où elles abondent ne donnent jamais un fourrage de bonne qualité.

CYPRÈS. Genre d'arbres de la famille des conifères. Le cyprès est cultivé comme arbre d'ornement, et aussi comme pieux souvenir sur les tombeaux ; il offre, du reste, peu d'intérêt à l'agriculture.

CYSTICERQUE. Genre de vers intestinaux. Une variété de cysticerque qui se développe dans les différents tissus du porc constitue la ladrerie. — V. *Ladrerie.*

CYTISE. Arbrisseau de la famille des légumineuses. Le cytise pourrait être cultivé pour ses feuilles fourragères. Il est très rustique ; poussant dans les plus mauvais sols, il fournirait le moyen de les utiliser et de cacher leur nudité. On plante le cytise dans nos jardins et dans nos parcs comme arbrisseau d'ornement, pour ses belles fleurs en grappes.

D

DACTYLE (*pelotonné*). Plante de la famille des graminées. Le dactyle pelotonné donne un bon fourrage, quoique un peu dur quand il est en maturité. Il est commun dans les prairies de bonne qualité.

DAHLIA. Genre de plante de la famille des composées. Le dahlia est un des plus beaux ornements de nos parterres et de nos jardins ; on en cultive une infinité de variétés de couleurs différentes. Sa multiplication se fait surtout par ses tubercules.

DANOIS (*Cheval*). Les anciens chevaux danois avaient pour caractère la tête busquée et le chanfrein rétréci ; ils devaient avoir, par conséquent, la côte courte, plate, et la poitrine étroite. (V. *Naseaux, Poitrine.*) Les étalons importés du Danemarck dans le nord de la France pour y croiser les races y avaient produit les plus mauvais effets. La Normandie surtout avait beaucoup perdu à leur adoption ; ses chevaux y avaient contracté, entre autres vices de conformation, le cornage, qui était devenu commun. Le Danemarck a modifié ses anciens types par des animaux de sang oriental. Ce sont eux aussi qui ont fait disparaître en Normandie les mauvais effets des anciens étalons danois. Il en est résulté des têtes mieux faites et la rareté du cornage. Le cheval danois est aujourd'hui estimé par le commerce et les consommateurs ; il sert à faire de bons attelages de luxe dans le nord de l'Europe.

DAPHNÉ. (*Bois de garou.*) Arbrisseau de la famille des thymélées. C'est avec l'écorce de daphné qu'on obtient le garou. — V. *Garou.*

DARTRES. On entend par dartres diverses maladies de la peau confondues sous cette dénomination unique. Il en est résulté plusieurs variétés de ce genre d'affection, connues sous les noms de dartres sèches, humides, squammeuses, furfuracées, ulcérées, rongeantes, pustuleuses, etc. On traite les dartres, dans lés animaux, avec des dissolutions de sulfure de potasse, d'acétate de plomb ; quelquefois avec des onguents excitants dans lesquels on met de la poudre de cantharides, etc. Du reste, le traitement des dartres doit varier suivant la nature de leur type.

DATTE. Fruit du dattier. Dans certaines contrées de l'Afrique, la datte est d'une grande ressource pour la nourriture des indigènes. Sa saveur douce et sucrée la rend très agréable au goût. La décoction des dattes est adoucissante ; on en fait une bonne tisane pour les rhumes, pour les bronchites, dans l'homme ; mais son prix élevé ne permet pas son usage dans le même cas pour les animaux.

DATTIER. Arbre de la famille des palmiers. Le palmier est l'arbre fruitier le plus répandu aux pays où il est cultivé ; il est celui qui offre le plus de ressources alimentaires aux populations qui habitent les contrées où il croît. La datte, qui est le fruit du dattier, demande beaucoup de chaleur pour mûrir ; aussi ne peut-on l'obtenir que dans les pays chauds, notamment en Afrique.

Le dattier est dioïque, c'est-à-dire que ses fleurs mâles et ses fleurs femelles ne se trouvent pas sur le même individu ; lorsque les dattiers mâles sont éloignés des dattiers femelles de manière à ce que la fécondation ne puisse pas s'opérer convenablement par les agents qui y concourent, les naturels du pays sont obligés de favoriser la fécondation des dattiers femelles au moyen des fleurs de dattiers mâles qu'ils transportent à de grandes distances ; par ce moyen, ils s'assurent une récolte qu'ils n'auraient pas sans cette opération. — V. *Fécondation*, *Pollen*.

La culture du dattier réussit très bien en Algérie, et elle pourrait être un jour pour ce beau pays un sujet de spéculation d'autant plus lucrative qu'elle n'exige pas de grands frais d'exploitation.

DATURA STRAMONIUM. — V. *Stramoine*.

DAUPHINELLE. Plante de la famille des renonculacées. La dauphinelle offre peu d'intérêt à l'agriculture. On ne cultive quelques unes de ses variétés, sous le nom de pied-d'alouette, que comme plantes d'ornement, notamment pour faire des bordures dans les parterres. L'art du jardinier fleuriste a obtenu une infinité de variétés de pieds-d'alouettes doubles, de nuances différentes, et qui sont d'un très bel effet. Le jardin du Luxembourg en possède des collections très remarquables, et qui font l'admiration des visiteurs.

La dauphinelle staphysaigre est quelquefois utilisée en médecine des animaux. — V. *Staphysaigre*.

DAUW. Mammifère de l'ordre des pachydermes, et du genre cheval. Le dauw, originaire d'Afrique, comme le couagga et le zèbre, a quelque analogie avec ce dernier par sa conformation et par ses *zébrures* ; il est fort, trapu, robuste. Celui que j'ai eu occasion d'étudier au Muséum d'histoire naturelle de Paris était d'une conformation et d'une nature qui indiquaient un animal d'une grande puissance musculaire. Ses membres surtout étaient, par leur mode d'articulation comme par la disposition de leur système musculaire et tendineux, dans des conditions capables de résister long-temps aux fatigues. Si cet animal était domestiqué, nous croyons pouvoir affirmer qu'il serait d'une grande utilité pour l'agriculture et pour l'industrie. Il paraît, du reste, qu'il a été quelquefois dompté et utilisé avec beaucoup d'avantage au cap de Bonne-Espérance.

La rusticité du dauw est un fait acquis au Muséum d'histoire naturelle, où plusieurs individus ont été acclimatés et se sont reproduits. L'un de ces animaux avait été dressé au Muséum même, et il faisait le service intérieur de la ménagerie. Voici ce qu'a dit à ce sujet M. Isidore Geoffroy Saint-Hilaire, qui a étudié l'acclimatation du dauw : « En France, nous l'avons fait produire jus-
» qu'à la troisième génération ; dès la seconde, l'acclimatation
» était complète. J'ai vu un de nos dauw français tranquillement
» couché sur la neige par seize degrés centigrades au dessous de
» zéro. »

Sur six espèces qui composent le genre cheval, deux seulement, le cheval et l'âne, ont été domestiqués. La société zoologique d'acclimatation s'occupe de la domestication de l'hémione ; il n'est pas douteux qu'elle s'occupera un jour de celle du dauw, et j'ai la certitude que ces deux animaux pourront augmenter avec beaucoup d'avantage le nombre trop limité de nos animaux domestiques. — V. *Hémione*.

DÉBILE. Faible. Un animal comme un végétal sont débiles, languissants, chétifs, par suite de maladie, de mauvaise alimentation, ou par défaut de constitution. Dans ce dernier cas, il n'y a pas de remède sur lequel on puisse bien compter : l'on ne refait pas comme on veut l'organisation vicieuse d'un animal. Il n'en est pas de même quand la débilité est la suite d'une maladie ou d'une mauvaise nourriture : de bons soins, donnés à temps, peuvent être très efficaces. — V. *Hygiène*.

DÉBILITANT. Nom donné, en médecine vétérinaire, à tout moyen employé pour affaiblir les animaux dans des cas de maladies inflammatoires, surtout pour les sujets pléthoriques. Les saignées, les boissons émollientes, la diète, les purgatifs, les bains tièdes, sont des débilitants.

Un régime, un traitement, sont dits débilitants, parcequ'ils réduisent la force vitale des animaux par leur action.

DÉBILITÉ. Faiblesse, épuisement des forces. — V. *Débile, Débilitant.*

DÉBOISEMENT. Le déboisement est, surtout dans les terrains en pente, une des pratiques les plus malheureuses pour l'agriculture. Les montagnes couronnées d'arbres brisent les vents, protégent les récoltes, d'une part; de l'autre, les hauteurs boisées retiennent les eaux, et par conséquent les terres, entraînées par les pluies dans les pays dénudés; elles entretiennent les sources et modèrent les causes des inondations; de plus, les plantations empêchent ou arrêtent les avalanches qui, dans les hautes montagnes escarpées, déboisées et couvertes de neiges, emportent, dans leur impétuosité calamiteuse, les maisons, les granges et étables, les bestiaux, des villages entiers. Le déboisement devrait être prohibé dans toutes les montagnes, et des lois sévères devraient exiger le reboisement de celles que le vandalisme et l'incurie ont déboisées. — V. *Arbre*, *Reboisement.*

DÉBORDEMENT. Sortie des eaux du lit des fleuves ou rivières pendant les inondations. — V. *Inondations.*

DÉBRIDEMENT. Opération chirurgicale qui consiste à inciser la peau ou les tissus qui, par leur resserrement, compriment certaines parties et causent de vives douleurs. On pratique le débridement dans le furoncle, dans les hernies étranglées, etc.

DÉBRIS (*animaux*, *végétaux*). — V. *Boucherie*, *Écarrissage, Engrais.*

DÉCHARNÉ. Dépourvu de chairs. On applique quelquefois cette épithète à la tête d'un cheval que ses os proéminents font paraître amaigrie. Mais cette dénomination rend mal l'idée que l'on veut exprimer dans ce cas : une partie du corps d'un animal n'est pas décharnée parceque ses éminences osseuses sont fortement accentuées ou que ses muscles sont moins développés qu'à l'ordinaire.

DÉCHAUMAGE. On appelle déchaumage, dans certains pays, l'action de labourer sur le chaume après les récoltes. Ordinairement on ne pratique le déchaumage que lorsque les moutons ont pâturé sur les chaumes après que les gerbes sont enlevées, afin de faire manger les herbes et les épis perdus.

DÉCHAUSSÉ. Une plante est déchaussée lorsque ses racines, soulevées, sont dégarnies de terre. Dans les pays froids, la gelée déchausse souvent les blés, en soulevant la terre. Les sols humides, surtout lorsqu'ils ne sont pas recouverts par la neige, sont exposés à cet accident, et les plantes qui le subissent périssent en grande partie. — V. *Gelée*.

DÉCOCTION (*de plantes*). Liquide dans lequel on a fait bouillir des plantes pour en extraire les principes médicamenteux. On fait des décoctions de plantes émollientes, astringentes, etc., pour les employer à des lotions, à des bains, à des fomentations, etc.

DÉCOLLEMENT. Les tissus animaux sont plus ou moins unis entre eux par des tissus cellulaires. Quelquefois ils se séparent par suite de quelque maladie, et cette séparation se nomme décollement. La peau est souvent décollée des tissus qu'elle recouvre, surtout dans le mal de garrot. Cet accident est toujours plus ou moins grave et difficile à faire disparaître.

DÉCOLORATION. Action de décolorer les liquides ou autres produits végétaux. On décolore certains liquides, tels que le vinaigre, les sirops, par exemple, en leur faisant traverser une couche de charbon bien pulvérisé, et surtout de charbon animal. On décolore aussi les toiles écrues en les exposant à la rosée, sur des gazons, et ayant soin de les arroser à mesure qu'elles sèchent. On les décolore encore au moyen de préparations de chlore, qui ont une action chimique sur toutes les couleurs végétales.

DÉCOMBRES. Les décombres des maisons contiennent du plâtre ou de la chaux en plus ou moins grande abondance, et souvent des sels qui se sont formés dans les murs des lieux habités, des étables et écuries surtout. Les nitrates de potasse, de chaux, sont de ce nombre. On doit toujours recueillir les décombres dans nos campagnes pour les mettre dans les terres ou les prairies, surtout quand elles manquent de calcaire. On ne saurait leur procurer un amendement plus utile et plus fécondant. — V. *Amendement.*

DÉCOMPOSITION. (*Dissolution.*) Action par laquelle les éléments qui formaient un tout se séparent. La décomposition des substances végétales et animales commence à leur mort. Elle occasionne souvent la formation de miasmes putrides qui causent des maladies dans les populations des villages. Les miasmes qui s'exhalent des marais, des lieux humides, pendant les grandes chaleurs, déciment souvent les populations, comme on le voit dans la Dombe, dans les lieux marécageux d'Afrique, d'Italie, etc. C'est aussi par leur décomposition que les substances organiques forment les engrais qui servent à en alimenter d'autres. — V. *Désinfection, Miasme.*

DÉCORTICATION. Action de dépouiller les arbres de leur écorce. On fait cette opération dans les coupes de chêne lorsqu'elle offre des bénéfices par la vente des écorces aux tanneries. C'est par la décortication qu'on se procure le liége de la variété du chêne qui le produit.

La décortication est quelquefois faite pour durcir le bois; exposé au contact de l'air, l'aubier prend plus de consistance sur pied, et dure davantage lorsqu'il est travaillé. Du reste, on est obligé de couper tout arbre qui a subi la décortication : il ne saurait vivre privé de son écorce. Les lois punissent tout individu qui pratique la décortication dans les bois ou propriétés d'autrui.

DÉCOUSU. Lorsqu'un animal manque d'harmonie dans les différentes parties de son oorps, on dit qu'il est décousu. Ce vice de conformation se fait remarquer surtout dans nos races chevalines légères. Il résulte de la mauvaisse combinaison des croisements ou des accouplements. — V. *Conformation, Croisement, Étalon, Perfectionnement, Reproducteur.*

DÉFÉCATION. Expulsion des matières fécales. Cette fonction s'opère par les contractions des parois de l'abdomen, du diaphragme, par une action particulière du gros intestin rectum, et le relâchement du muscle sphincter qui ferme l'anus.

DÉFECTUOSITÉ. Vice de conformation d'un animal. Les défectuosités entraînent toujours plus de gravité dans les races chevalines que dans les autres. Les animaux défectueux des espèces de boucherie ont toujours la valeur du prix de leur viande. Un cheval n'offre pas les mêmes avantages ; il n'a de valeur qu'en raison des services qu'il peut rendre par son travail, soit à la selle, soit au trait, soit comme bête de somme. Il importe donc que les animaux de travail, surtout, soient bien conformés, exempts de défectuosités, pour bien répondre au but proposé. — V. *Conformation.*

DÉFENS. État d'un bois dont l'entrée est prohibée aux bestiaux. Les taillis auraient beaucoup à souffrir de la dent des animaux si l'administration ne veillait aux moyens de les protéger contre l'abus des dépaissances communales. Pour qu'un bois soit défensable, il faut que son taillis ait au moins de quatre à six ans, suivant les essences, les expositions et la nature des sols.

DÉFENSABLE. État d'un bois dont les essences sont assez développées pour n'avoir plus rien à craindre de la dépaissance des animaux.

DÉFENSES. Dents canines qui, dans certains animaux, se prolongent dans des proportions extraordinaires. Le sanglier, l'éléphant, en offrent des exemples. Les défenses sont employées dans les arts et l'industrie de diverses manières, soit pour confectionner des objets divers, soit pour les orner; elle sont sous ce rapport un objet de commerce étendu.

DÉFOLIATION. Chute des feuilles. La défoliation indique la fin du travail de végétation de l'année; les arbres ne croissent plus après la chute des feuilles, qui leur servent de poumons ; la respiration ne s'effectuant plus, la vie végétative reste engourdie pendant l'hiver, jusqu'à la nouvelle pousse des feuilles. — V. *Feuille.*

DÉFONCER. Exécuter un défoncement.

DÉFONCEMENT. On donne le nom de défoncement à toute opération faite pour ameublir le sol à une profondeur qui dépasse celle des labours ordinaires. On défonce un terrain à la charrue, à la bêche ou à la pioche. Les deux premiers instruments peuvent servir dans les sols qui ont du fond et dont rien ne peut contrarier la marche. Mais la pioche est nécessaire, indispensable même, dans les cas où la charrue et la bêche rencontrent des roches, des pierres ou des racines, qui entravent leur action à chaque instant. Dans ce cas, il faut bien calculer le prix de revient, toujours fort cher pour tous les travaux agricoles exécutés à la pioche.

Le défoncement à la charrue est naturellement le plus économique ; mais, pour l'exécuter, il faut de forts attelages et de bons instruments. On peut faire passer ces instruments deux fois dans la même raie, si on ne peut pas descendre à la profondeur désirée en traçant le premier sillon ; toutefois, on fera attention à la nature du sous-sol, qu'il faudrait bien se garder de ramener à la surface du sol, s'il devait le rendre infertile. Dans ce cas, on fera bien de ne l'attaquer que peu à peu et en donnant chaque année plus de profondeur au labour, pour bien mêler la terre *neuve* avec la terre végétale. D'imprudents cultivateurs ont souvent rendu leurs terres infertiles pour n'avoir pas eu cette précaution. Quelque bonne que soit une terre, d'ailleurs, elle a toujours besoin d'être exposée au soleil, à l'air, à toutes les influences atmosphériques, pour acquérir tout le degré de sa fécondité naturelle.

On défonce les sols pour deux raisons : d'une part, on les rend plus perméables à la lumière, à la chaleur, à tous les agents atmosphériques et météorologiques qui exercent de l'influence sur leur fertilité ; de l'autre, on facilite aux racines pivotantes, les moyens de bien se développer. La garance, cultivée surtout dans le midi de la France, les carottes, les betteraves, les parmentières, les légumes, réussissent toujours infiniment mieux dans les terrains défoncés. Les végétaux à racine traçante et superficielle demandent moins de profondeur.

DÉFRICHEMENT. Action de mettre en culture des terrains incultes. La question des défrichements a naturellement préoccupé de tout temps les hommes sérieux, comme tous les gouvernements jaloux de la prospérité des nations ; cependant, comment se fait-il qu'elle ne soit pas encore résolue chez nous, et que la sixième partie environ du sol de la France soit ce qu'il fut dans les siècles passés? On compte environ huit millions d'hectares incultes, et la plus grande partie de cet immense terrain se trouve dans nos plus belles provinces, telles que la Gascogne, la Guyenne, la Touraine, le Poitou, la Bretagne, le Limousin, etc. Et pourtant nous voyons tous les ans des populations agricoles émigrer de plusieurs points de la France, allant chercher en Amérique ou ailleurs du travail que notre sol pourrait leur offrir avec avantage. Les défrichements des terrains incultes ne se font pas chez nous, pour deux raisons. La première, c'est que ces opérations demandent des avances de fonds considérables, et que les seules populations qui peuvent défricher sont toujours pauvres, malheureuses, malgré leur travail persévérant, leur économie et leur bonne volonté. La seconde est dans le défaut de bonne direction agricole de la part des gouvernements qui se sont succédé en France. Malheureusement, si les grandes initiatives ne sont pas prises par le gouvernement en matière de production, surtout chez nous, la bonne volonté des administrations locales, comme celle des agriculteurs, est neutralisée, soit faute d'argent, soit faute de lumières suffisantes pour pouvoir agir à coup sûr. Très souvent des hommes qui n'étaient pas du métier se sont ruinés en voulant défricher. On en a conclu qu'un défrichement était nécessairement ruineux, tandis qu'il serait essentiellement fructueux, s'il était exécuté par un praticien expérimenté et instruit dans la science agricole. Sans opérer de suite de manière à mettre les terrains défrichés en culture régulière, ce qui exige des constructions, des clôtures, des chemins d'exploitation, etc., on aurait pu facilement, et sans beaucoup de frais, semer des essences résineuses dans les terrains qui pourraient leur convenir. Une fois semés, les arbres poussent seuls, presque sans frais; il suffit de les protéger pendant les premières années contre l'abus des dépaissances. Les sols improductifs ainsi boisés non seulement auraient acquis une plus-value par leurs bois, mais ils se seraient enrichis des détritus des arbres, fournis par leurs feuilles, leurs écorces, leurs racines. Plus tard, des terrains arides par leur nature seraient devenus féconds; ils auraient été engraissés sans frais pour l'état, comme pour les particuliers.

Que de belles et grandes choses il y aurait à faire dans notre pays en matière de défrichement ! mais quel sera le pouvoir, le gouvernement, qui prendra l'initiative sans laquelle nous ne pouvons malheureusement encore rien espérer en France sous ce rapport ?

DÉGATS. Dommages causés dans les récoltes ou dans les bois, soit par les animaux, soit par les hommes. Un bon système d'organisation de gardes champêtres préviendrait la plus grande partie des dégâts qui ont lieu dans nos campagnes, surtout dans celles qui sont dépourvues de bonnes clôtures pour les protéger. — V. *Clôture*.

DÉGAZONNEMENT. Le dégazonnement, dans les sols en pente surtout, est toujours une opération désolante pour l'agriculture. Les terres, si bien protégées par les gazons qui les recouvrent, sont ravinées, entraînées par les eaux, lorsqu'elles en sont dépourvues par l'imprévoyance des cultivateurs. Les montagnes dégazonnées, loin de fournir des pâturages aux animaux et du bois à la consommation des habitants, n'offrent que le triste spectacle de la stérilité la plus absolue, puisque le plus souvent toutes les terres sont entraînées sans qu'il en reste de trace, et jusqu'au roc. Le dégazonnement des sols en pente devrait être prohibé avec autant de sévérité que le déboisement; il n'est pas moins nuisible à l'intérêt public.

On dégazonne les sols soumis à l'écobuage, pour brûler les gazons après les avoir fait sécher. On ferait bien de dégazonner les prairies de mauvaise nature, après qu'elles ont été assainies par le drainage, afin de changer, au moyen de semis de plantes de bonne qualité fourragère, les espèces d'herbes qu'elles produisaient avant leur assainissement.

DÉGEL. Fonte de la glace. Le froid qui descend au dessous de zéro opère la congélation de l'eau. Celle qui est dans les plantes se solidifie, augmente ainsi de volume et écarte les parois des réservoirs ou vaisseaux qui la contiennent. Il y a donc dérangement, déplacement graduel des fibres du végétal, pendant leur congélation, quelque minime que soit ce phénomène ; aussi les végétaux sont-ils, dans cette condition, relativement plus cassants, plus raides, qu'à leur état naturel. Lorsque le dégel s'opère graduellement, lentement, les plantes en souffrent peu, elles ne s'en ressentent même souvent pas du tout. Mais lorsque, de l'état de congélation, elles passent brusquement à l'état de dégel, comme cela arrive quand les rayons du soleil dardent subitement sur elles, leurs fibres tenues écartées par la glace se trouvent brusquement débarrassées des glaçons ; elles n'ont pas le temps de se remettre peu à peu dans leur état naturel, et le végétal en souffre jusqu'à périr quelquefois. On voit souvent des tiges courbées et flétries après un dégel subit. Cela explique pourquoi le dégel fait quelquefois tant de ravages, lorsque dans d'autres circonstances ses effets sont à peine sensibles.

Dans les pays de montagnes, le dégel des glaces et des neiges, provoqué par des pluies chaudes poussées par des vents du midi, cause des inondations dans les vallées. Les glaces entraînées par les rivières sorties de leur lit font souvent des ravages dans les plantations inondées ; elles écorcent ou courbent les jeunes essences dans les allées, les vergers, sur les bords des ruisseaux. Il est bien difficile, sinon impossible, de prévenir les dégels, qui sont souvent aussi rapides qu'inattendus. — V. *Gelée*, *Glace*, *Neige*.

DÉGÉNÉRATION. (*Abâtardissement, dépérissement des races.*) La dégénération des races d'animaux ne peut s'observer que dans les espèces qui sont réduites à l'état de domesticité. Livrés à eux-mêmes, à l'état sauvage, toujours sous l'influence des mêmes conditions climatériques et atmosphériques, de reproduction et de multiplication, les animaux insoumis restent en général les mêmes ; s'ils ne se parfectionnent pas, ils ne dégénèrent pas ; ceux qui émigrent, seuls, peuvent subir l'influence des lieux et varier dans leurs caractères distinctifs. Mais il n'en est pas de même à l'état domestique. Le changement de patrie originaire, les habitations, les accouplements ou croisements plus ou moins bien combinés par l'homme ; la nourriture imposée, au lieu d'être choisie ; le travail, la mode, les goûts, les caprices, les besoins de l'homme ; les nécessités du commerce, de la consommation, etc., tout concourt à changer plus ou moins directement l'organisation, le tempérament, la forme générale ou partielle des régions du corps des animaux. La dégénération même, prise dans son sens le plus rigoureux, est quelquefois provoquée en vue d'un bénéfice, d'une spéculation. Ainsi, lorsqu'on accouple ou que l'on croise une espèce pour la rendre plus apte à l'engraissement, comme le porc, le bœuf, le mouton, la volaille, on provoque la dégénération des types de chacun de cesindividus; on n'obtient ces dispositions à prendre la graisse, à donner du lait, une laine plus ou moins longue, plus ou moins fine, etc., qu'aux dépens de la santé, de la force, de la vigueur des animaux. On cherche à faire dominer leur système lymphatique sur leur système sanguin. C'est là le perfectionnement qu'on cherche à obtenir, et qui, par le fait, au point de vue zoologique, est une véritable dégénération des types.

Au point de vue économique, la dégénération ne s'entend pas de la même manière. Tout animal qui s'éloigne du but proposé par la domestication dégénère. Ainsi, le mouton perfectionné à notre point de vue, celui qui est le plus éloigné de son type, qui nous fournit la laine la plus fine, la viande en plus grande quantité relativement à sa consommation, dégénère quand, abandonné à la nature, il perd ses qualités acquises par les combinaisons de l'homme, et se rapproche de l'état sauvage (du mouflon). Le bœuf anglais de Durham, confectionné pour s'engraisser facilement, nos espèces cotentines, flamandes, etc., si bonnes laitières, sont perfectionnées pour le but proposé; elles sont dégénérées au point de vue du type. Le porc, qui a pour type le sanglier, est dans le même cas; le plus perfectionné pour la charcuterie, pour la consommation, est le plus dégénéré pour le zoologiste.

Mais ce que nous venons de dire ici des animaux alimentaires ne saurait s'appliquer au cheval. Tout en le modifiant de manière à répondre le mieux possible aux différents services auxquels nous le destinons, nous tâchons non seulement de lui donner toute la force, toute la vigueur, toute la sobriété, toute la rusticité de son état sauvage, mais nous cherchons à augmenter ces qualités essentielles. Nous lui donnons plus de volume, plusde taille, par la nourriture, afin qu'il soit plus fort pour mieux traîner des fardeaux ou les porter. Nous tâchons de développer son intelligence par l'éducation, sa souplesse, sa vitesse, son fonds, par des exercices raisonnés, combinés avec ses ressources morales et physiques; enfin, nous cherchons à le modifier ou à le produire de manière à ce qu'il réponde bien aux besoins pour lesquels on l'élève, par de bons accouplements ou de bons croisements, et par une nourriture appropriée. Mais nous sommes loin d'y réussir toujours. Si nous avons obtenu quelques améliorations, soit pour le cheval, soit pour nos autres espèces domestiques, nous le devons moins, en général, à nos combinaisons raisonnées qu'aux progrès partiels que nous avons obtenus sur quelques points du territoire dans la production fourragère; à l'exception du mouton, dont nous avons amélioré quelques espèces grâce aux travaux du vénérable et savant Daubenton, ou par les importations que nous avons faites d'Espagne ou d'Angleterre, nos races d'animaux sont à peu près telles que la nature des lieux les produit. Point de ces heureuses combinaisons dont les Anglais nous fournissent de si nombreux exemples dans toutes leurs races. Quant aux chevaux, si nos races de trait ont conservé leurs caractères, ainsi que les chevaux camargues, landais et corses, nous pouvons dire que nos anciennes races légères ont disparu, pour faire place à d'autres individus dont la dégénération est vainement contestée. Nos anciennes races du Morvan, de la Navarre, de l'Auvergne, du Limousin, etc., non seulement ont dégénéré, mais elles sont détruites par les mauvais croisements qui en ont été faits avec des étalons qui ne convenaient pas à leurs types. — V. *Croisement*, *Étalon*, *Reproducteur*.

Pour refaire ces races de chevaux légers, si précieux pour l'armée surtout, il faudrait jeter les yeux sur le passé, étudier les moyens qui avaient servi dans le temps à les produire, et employer ces moyens avec les perfectionnements que la civilisation moderne et les sciences naturelles appliquées ont pu mettre à notre disposition. C'est ainsi qu'on pourra remédier au mal, prévenir la dégénération des espèces, et les perfectionner suivant le vœu et les besoins du pays. — V. *Hygiène*.

DÉGÉNÉRESCENCE. Dégénération. Le mot *dégénérescence* s'applique surtout aux végétaux, qui sont, comme les animaux, susceptibles de dégénérer sous l'influence des mêmes causes. Le défaut de soins, les changements de climat, de sols, etc., causent quelquefois la dégénérescence des végétaux. Ainsi, un cépage de choix de Bourgogne transplanté sur les bords du Rhin ou du Rhône, etc., dégénère; il ne donne pas les vins qui ont fait sa réputation. Du blé, des pois, des haricots, etc., de bonne qualité dans tel pays, sur tel sol, dégénèrent quand ils sont soumis à des conditions inférieures ou différentes de celles qui leur convenaient. Les fleurs doubles cultivées pour embellir nos parterres, nos jardins, sont des dégénérescences des types dont elles proviennent, bien que nous les considérions comme améliorées. Aux yeux du naturaliste, en effet, la plupart de ces végétaux ont été dénaturés par la culture. Pour en obtenir de belles fleurs, on a détruit leurs organes de la génération qu'on a fait changer en pétales, et on a empêché, par conséquent, la fécondation, et la formation de la graine, que les fleurs doubles ne produisent généralement pas. Les fruits obtenus par des moyens factices bien étudiés et bien combinés dégénèrent aussi quand ils sont négligés ou transplantés dans des pays peu propres à leur nature. Les pêches de Montreuil, le chasselas de Fontainebleau, le raisin muscat de Lunel ou de Frontignan, dégénèrent quand ils sont soumis, dans leur nouvelle patrie adoptive, à des conditions différentes ou inférieures à celles dans lesquelles ils se trouvent. Nous pourrions citer une infinité d'autres exemples à l'appui de cette opinion, confirmée par la pratique.

DÉGLUTITION. Fonction par laquelle les aliments sont avalés par les animaux. Lorsque les substances alimentaires ont subi la mastication et l'insalivation convenables, elles sont poussées vers l'arrière-bouche par l'action de la langue, qui les comprime d'avant en arrière contre le palais; elles entrent ainsi dans le pharinx, qui, en se contractant, les fait entrer dans l'œsophage. Parvenues dans ce canal, elles arrivent dans l'estomac en vertu du mouvement péristaltique de cet organe.

La déglutition s'opère en vertu de deux ordres de mouvements. Le premier de ces mouvements est volontaire; il est exécuté par les muscles des joues, de la langue et du pharinx, soumis à l'empire de la volonté. Le second est exécuté par l'œsophage, dont l'action est indépendante de la volonté, comme celle de tout le tube intestinal, du cœur, de l'iris. — V. *Locomotion*, ***Muscle***, ***Périsaltique***.

DÉGOUT. Répugnance qu'ont quelquefois les animaux à prendre leurs aliments. Le dégoût peut être causé par une indisposition spéciale, par la mauvaise nature des substances alimentaires, ou par toute autre cause inconnue. On s'assurera si un animal dégoûté n'est pas malade, si sa nourriture n'a pas quelque odeur repoussante, si elle n'est pas avariée et de mauvaise qualité. Dans les ruminants, le dégoût disparaît souvent par l'emploi du sel dans les aliments qu'on leur présente. On donne aussi quelquefois aux animaux des médicaments amers pour exciter leur appétit et vaincre leur dégoût pour la nourriture qui leur est offerte, et que d'ailleurs on doit varier autant que possible, pour qu'ils ne s'en fatiguent pas. L'uniformité d'une alimentation nous dégoûte souvent, et nous sommes obligés de changer de mets. Les animaux sont comme nous sous ce rapport, et, pour remédier à cet inconvénient, il faut, autant que possible, employer pour eux les moyens mis en usage pour nous.

DÉGRADATION. — V. *Abâtardissement, Dégénération.*

DÉGUSTATION. Les animaux ne goûtent pas ordinairement les aliments pour en connaître la saveur ; ils les flairent, et cela paraît leur suffire. Cependant, si, dans une bouchée d'herbe ou de foin, un herbivore trouve un *mauvais morceau* (pour me servir de l'expression admise à ce sujet), il le rejette en secouant la tête d'avant en arrière et en repoussant avec sa langue l'herbe qui n'est pas de son goût. Dans tout cas, la dégustation n'est méthodiquement pratiquée que par l'homme ; elle n'est qu'accidentelle dans les animaux.

DÉHANCHÉ. Lorsqu'un animal a une hanche plus basse que l'autre, on dit qu'il est déhanché. Il est facile de s'apercevoir de ce vice accidentel de conformation, en se plaçant derrière le sujet et en comparant une hanche à l'autre. Ce défaut offre, d'ailleurs, peu de gravité, surtout dans les ruminants de rente.

DÉJECTION. Excrétion des matières fécales. — V. *Excrétion.*

DÉJETER (*Se*). Un bois se déjette, *se tourmente*, quand, après avoir été employé trop vert, il se courbe en se desséchant. Le bois sec exposé à l'humidité éprouve le même effet. Dans tout cas, on doit toujours se servir de bois secs pour confectionner les instruments qui demandent de la précision dans leur emploi.

DÉLAYANTS. Nom des substances médicamenteuses auxquelles l'on attribue la propriété de délayer le sang trop épais, de le rendre plus séreux, plus fluide, moins fibrineux. Les boissons acidulées émollientes, l'eau elle-même, les bains, les lavements, l'eau de farine d'orge, de graine de lin, etc, sont considérés comme délayants. Ils calment les irritations ou modifient les conditions vitales qui y prédisposent; ils apaisent la soif, facilitent les évacuations, la transpiration. Enfin, combinés avec un régime adoucissant et diététique, les délayants peuvent guérir ou prévenir une infinité de maladies. Le vert donné au printemps aux animaux de travail, et surtout au chevaux, produit presque toujours un effet délayant très salutaire. — V. *Vert.*

DÉLÉTÈRE. Principe nuisible à la santé, ou pouvant occasionner la mort. Les miasmes qui s'exhalent des marais sont délétères, pour les hommes comme pour les animaux; ils causent des fièvres rebelles et quelquefois mortelles; ils donnent la pourriture aux moutons. L'acide carbonique est un gaz délétère qui asphyxie immédiatement, quand on le respire. Les plantes vénéneuses sont aussi délétères, parcequ'elles causent des maladies graves aux animaux, et souvent leur mort. L'étude des substances délétères, celle des moyens de les reconnaître, d'en prévenir les développements ou les effets, sont une des branches de l'hygiène les plus essentielles à connaître pour le cultivateur. — V. *Désinfection*, *Hygiène*, *Miasme*, *Poison.*

DÉLIQUESCENCE. Propriété d'un corps qui, absorbant l'humidité de l'air, se liquéfie. La chaux vive, la potasse caustique, le chlorure de chaux, etc., sont déliquescents. Le sel marin possède aussi jusqu'à un certain degré la propriété de se liquéfier à l'humidité.

DÉLIQUESCENT. Corps déliquescent. Qui a la propriété de se dissoudre par l'humidité de l'air absorbé. — V. *Déliquescence.*

DÉLITS. Il n'est pas de carrière qui ait plus à souffrir de délits que l'agriculture. Il n'est pas de propriété moins respectée que nos récoltes, que nos bois, nos vergers, que nos pâturages, nos prés, nos jardins, etc. De tout temps des plaintes nombreuses se sont produites à propos de cette grave question des intérêts de nos cultivateurs. On a parlé d'organiser un bon système de gardes champêtres, de gendarmerie, etc., et l'agriculture attend toujours la protection dont elle a tant besoin. L'embrigadement des gardes champêtres pourrait être un bon moyen de prévenir les délits dans nos héritages. On a souvent parlé de ce procédé sans jamais en faire l'essai. Au milieu des progrès de toute nature obtenus depuis la fin du siècle passé, surtout, en France, nous avons encore fait bien peu de chose pour préserver nos campagnes des délits des maraudeurs et des vagabonds; nous attendons toujours un Code rural, promis depuis si long-temps.

DÉLIVRANCE. Sortie de l'arrière-faix de l'utérus des femelles après le part. La délivrance est le plus souvent simple et facile; elle se fait spontanément, naturellement, après la naissance du jeune sujet. Mais quelquefois le décollement des enveloppes fœtales est difficile : on est obligé d'exercer une traction sur le cordon ombilical qui sort par la vulve, et même d'y suspendre un poids plus ou moins lourd, qui par son action incessante peut hâter la délivrance. Dans tout cas, les procédés de traction, quels qu'ils soient, doivent être employés avec prudence, pour ne pas causer de déchirements, toujours d'une certaine gravité. Lorsque la délivrance ne se fait pas ou n'est que partielle, les enveloppes fœtales restent en tout ou en partie dans l'utérus et plus ou moins long-temps; elles s'y putréfient, causent des accidents, et il faut toute la sagacité, toute l'expérience d'un bon vétérinaire, pour prévenir les conséquences dangereuses qui pourraient en résulter, par un traitement raisonné ou des opérations manuelles habilement exécutées.

DÉMANGEAISON. Sensation de la peau qui porte les animaux à se frotter, soit avec leurs pieds, soit contre des arbres, des murs, etc. Les démangeaisons sont causées par la gale ou d'autres altérations particulières de la peau, le plus souvent locales; elles se font remarquer à l'encolure dans le bœuf et le cheval, souvent à la base de la queue dans ce dernier. Les chiens sont quelquefois sujets à des démangeaisons opiniâtres, difficiles à faire disparaître. On combat ces sensations pénibles pour les animaux en traitant et guérissant les maladies qui les causent : les lotions de dissolution de sulfate de potasse, de lessive, quelquefois même l'emploi d'onguents légèrement vésicants, les font disparaître. — V. *Gale, Rouvieux.*

DEMEURE. — V. *Habitation.*

DENSE. État d'un corps compacte, dont les molécules sont très rapprochées. Un corps est dense lorsqu'il offre sous un petit volume une quantité relative de substance considérable. Dans certains animaux, les tissus sont plus denses que dans d'autres, ce qui fait la différence de leur force relative. Un cheval arabe, par exemple, a le squelette comparativement plus lourd qu'un cheval de Flandre, parceque la densité de ses os est plus grande. Il en est de même des muscles, des tendons, de tous les tissus. Le bois de chêne est plus dense que celui de sapin ; aussi est-il plus dur, plus résistant, plus lourd.

DENSITÉ. Propriété d'un corps dense, compacte. — V. ces mots.

DENTS. Les dents sont des organes composés de substances dures, compactes, affectant des formes différentes, suivant leurs fonctions. Elles sont implantées dans les mâchoires et servent toujours à la préhension des aliments, à leur mastication, et souvent d'armes d'attaque et de défense, dans les carnivores surtout. Par leur densité, leur aspect physique, leur composition chimique, les dents ont de l'analogie avec les os, mais elles en diffèrent par leurs usages et leurs modes de formation. En effet, ces organes ont la plus grande analogie, par la manière dont ils sont fabriqués et par leur mode de développement, avec la corne et les poils. Comme eux ils ont une matrice de formation, un bulbe qui les sécrète, et comme eux ils poussent, croissent, jusqu'à leur complet développement. Ayant d'abord la configuration d'un tubercule, les dents se forment au fond de l'alvéole, écartent les lames osseuses des maxillaires à mesure qu'elles croissent, finissent par percer la gencive qui les recouvrait, et forment les rangées que nous connaissons.

Les dents sont composées d'abord de deux substances bien distinctes : l'une, interne, d'un blanc jaunâtre, se nomme ivoire ;

l'autre, externe, recouvre la précédente; elle est plus dure, plus compacte; sa couleur est d'un blanc nacré, et elle se nomme émail. A mesure que les sujets avancent en âge, une troisième substance se forme sur l'émail; elle prend le nom impropre de tartre. — V. *Tartre*.

Suivant les points des maxillaires où nous examinons les dents, nous les voyons changer de forme, non seulement dans le même individu, mais dans les différentes espèces d'animaux qu'on étudie. Dans le cheval, par exemple, on voit d'abord les incisives placées en avant, à l'extrémité des maxillaires, et s'ajustant de manière à former de véritables pinces, pour saisir, pincer les aliments. Leurs tables même sont pourvues, dans le jeune âge, d'une cavité médiane transverse, formant des inégalités qui favorisent l'action de prendre l'herbe fine, et d'empêcher qu'elle ne glisse. Ces inégalités imitent, en quelque sorte, celles des pinces employées dans les arts, celles des treillageurs, par exemple, ou des cordonniers, qui ont des crénelures transversales pour empêcher les objets saisis de glisser. Aussi le cheval peut-il pincer l'herbe la plus fine très près de terre, et l'arracher facilement.

Si maintenant nous examinons les molaires, nous voyons la forme de leur table carrée faciliter leur arrangement en ligne droite comme des pavés quadrangulaires, placés les uns à côté des autres. L'ensemble de ces molaires ainsi disposées forme une surface plane, allongée, raboteuse, qui correspond à une semblable surface du maxillaire opposé, offrant les mêmes aspérités. On conçoit donc que, lorsque les deux surfaces rugueuses frottent l'une contre l'autre, comme dans le mouvement des mâchoires, les substances interposées doivent être brisées, broyées, comme le grain entre des meules en mouvement ou entre deux limes. Les molaires n'ont pas d'autre fonction dans les herbivores; elles agissent comme de véritables meules de moulins qui broient les substances interposées; et elles n'ont pas besoin d'être rhabillées comme les meules des meuniers, dont les aspérités s'usent par le travail. La nature a prévu ce cas en formant les dents de substances de densités différentes. La substance éburnée, moins dure, s'use plus vite que l'émail, qui fait toujours saillie. Par ce moyen, la table de la dent peut toujours frotter et conserver les aspérités nécessaires à ses fonctions.

Dans le bœuf, le mouton, la chèvre, comme dans tous les ruminants. les mâchelières offrent à peu près les mêmes dispositions que dans le cheval, pour broyer, moudre les aliments. Mais dans ces animaux, les incisives n'ont pas les mêmes caractères. La mâchoire supérieure est dépourvue de ces sortes de dents; elles y sont remplacées par un bourrelet fibreux. Les incisives de la mâchoire inférieure sont comme de petites palettes à bords tranchants, qui servent plutôt à inciser l'herbe qu'à la pincer, et à l'arracher en la comprimant contre le bourrelet de la mâchoire supérieure.

Dans les porcs, qui se nourrissent de racines et de fruits, et qui peuvent être considérés comme omnivores, les mâchelières se rapprochent, par la conformation de leur table, de celles de l'homme. Leurs incisives sont inclinées en avant pour saisir les objets. Ils sont pourvus de dents canines qu'on nomme défenses; ces dents prennent un grand développement chez les mâles non châtrés, surtout dans le sanglier, qui s'en sert comme d'une arme très dangereuse.

Dans le chien, le chat, les mâchelières sont tranchantes, sauf quelques petits tubercules placés à la base des couronnes. Chez eux, ces sortes de dents servent à trancher la viande comme le feraient des ciseaux. Les incisives, petites, menues, chez les carnassiers, servent à pincer; mais leurs fonctions ne sont pas très importantes. Ce sont surtout les canines qui servent à ces animaux à saisir la proie, comme avec des crochets, et à la déchirer.

Les dents, qui sont d'un grand secours pour la classification des animaux en zoologie, sont au nombre de quarante dans le cheval, en comptant les crochets; la jument n'en a que trente-six; le bœuf en a trente-deux comme le mouton et la chèvre; le porc a douze incisives, quatre canines et vingt-huit molaires. Ces organes servent aux agriculteurs à connaître l'âge des animaux. — V. *Age*.

DENTAIRE. Le système dentaire d'un animal comprend l'ensemble de ses dents et sert à caractériser son espèce. Son étude offre un grand intérêt, au naturaliste comme à l'agriculteur, pour connaître l'âge des animaux. — V. *Age*, *Dent*, *Mastication*.

DENTELÉ. Objet qui a des dentelures, comme quelques feuilles de végétaux, certaines pétales de fleurs, etc. Les objets dentelés ont de l'analogie avec le bord tranchant d'une scie, etc.

DENTELURES. Divisions d'un objet ayant de l'analogie avec les dentelures d'une scie. Ces caractères servent à distinguer certains corps dans les descriptions qu'on en fait pour leur classification.

DENTICULÉ. Pouvu de petites dents. On voit des feuilles, des pétales de fleurs, des sépales de calices, denticulés.

DENTITION. (*Travail de la dentition.*) On entend en général par le mot *dentition* la fonction vitale par laquelle les dents sont produites jusqu'à leur complet développement. Le travail de la dentition commence donc, à la rigueur, dans le fœtus avant sa naissance, et continue jusqu'à l'âge où tout son système dentaire a acquis son développement compl. t. La dentition fait plus ou moins souffrir les animaux; dans tout cas, pendant qu'elle s'opère, la tête est le siége d'un état fluxionnaire qui détermine une sorte de bouffissure de la face, un empâtement de l'auge, des gourmes, des fluxions, des angines plus ou moins fortes et lentes à disparaître, suivant les races. Ces caractères sont ordinairement plus apparents dans les animaux lymphatiques, dont la tête est charnue, que dans les races fines, qui l'ont plus effilée, plus sèche.

Pendant la dentition, les animaux ont besoin de ménagements et de soins. On évitera surtout de leur donner des aliments durs, d'une mastication difficile. On doit concasser les graines qu'on leur donne, et on ferait bien de soumettre à un certain degré de cuisson toutes les substances alimentaires qui exigent une trituration énergique. Cette trituration ne peut être bien exécutée par les animaux que lorsque la dentition est terminée. —V. *Age*, *Dent*.

DÉPAISSANCE. Le mot *dépaissance* s'applique ordinairement à l'action de faire paître les animaux. Souvent il est synonyme de pâturages. Les dépaissances d'un canton, d'un village, etc., sont les lieux où les animaux vont paître. Il est très important de connaître la nature des dépaissances avant d'y conduire les animaux, surtout les moutons. Il en est qui sont tellement insalubres que les troupeaux ne tardent pas à y contracter la pourriture. Les dépaissances dans les bois, surtout dans les essences de chêne, sont dangereuses au printemps pour les bêtes à cornes. En broutant les jeunes pousses de chêne, elles contractent des maladies du tube intestinal, le pissement de sang, qui les font souvent périr. — V. *Mal de brou*, *Pâturage*, *Pissement de sang*.

DÉPÉRISSEMENT. Diminution de l'embonpoint, des forces des animaux. On voit souvent des sujets dépérir sans cause connue ni apparente. Les excès de travail, une mauvaise nourriture, de mauvaises conditions hygiéniques, des maladies obscures, lentes, chroniques, occasionnent généralement ce changement dans les animaux. Lorsqu'on observera le dépérissement chez un individu, on le laissera en repos. C'est la première indication à suivre. On l'examinera ensuite attentivement et souvent pendant la journée, le matin et le soir, pendant ses repas, et lorsqu'il boit. On emploiera enfin tout moyen indiqué par la pratique et l'esprit d'observation pour découvrir la cause de son état maladif et la combattre. Si on y parvient, l'animal reprendra sa santé ordinaire, s'il n'a pas quelque maladie organique incurable. Dans ce cas, il est inutile de faire plus de dépense ; on tirera du malade le meilleur parti qu'il pourra offrir à l'industrie du lieu où l'on est.

DÉPEUPLER. Lorsqu'on coupe toujours du bois dans une forêt sans s'occuper de son remplacement, on la dépeuple. On dépeuple aussi un étang quand on le pêche sans méthode et sans lui laisser le poisson nécessaire à son repeuplement.

DÉPILATION. Chute des poils. On remarque quelquefois des chutes partielles de poils des animaux, sans cause connue. Dans tout cas, la dépilation est toujours la conséquence d'une maladie cutanée plus ou moins apparente et tenace. La gale, les dartres, causent la chute des poils. — V. *Dartres*, *Gale*, etc.

DÉPIQUAGE. On nomme dépiquage, dans le midi, le battage du blé par le piétinement des animaux. C'est surtout avec des chevaux que l'on pratique le dépiquage. L'élevage et la conservation des *manades* de la Camargue et des *aigatades* dans l'Aude n'ont pas d'autre but actuel. Cependant on commence à adopter le rouleau en pierre traîné par une paire d'animaux sur le sol. Ce genre de battage est plus économique. Les *aigatades* de l'Aude, comme les chevaux de la Camargue, diminuent de nombre à mesure que le rouleau est adopté, et il est très probable que dans quelques années le dépiquage par le piétinement des animaux n'aura plus lieu dans les lieux où il se pratique encore, et cela pour plusieurs raisons : la première est que ce mode de dépiquage est dispendieux ; la seconde est qu'on n'a pas toujours à sa disposition les chevaux pour dépiquer, et que le rouleau est toujours prêt à fonctionner ; il ne lui faut qu'un attelage. — V *Aigatades*, *Battage*, *Manades*.

DÉPLÉTION. Evacuation de matières plus ou moins liquides contenues dans des cavités ou vaisseaux. L'état pléthorique des animaux exige quelquefois une déplétion obtenue par la saignée. On provoque aussi la déplétion des intestins par l'exercice, les lavements ou les purgatifs, suivant les circonstances.

DÉPLANTER. Arracher une plante, un arbre, pour les replanter. On déplante les végétaux mis en pépinière, pour être repiqués : tels sont les choux, les colzas, les betteraves, les oignons, etc., et toutes les essences de bois en pépinières.

DÉPOTER. Terme de jardinage qui signifie ôter un végétal d'un pot pour le mettre dans un autre, ou pour le planter en pleine terre.

DÉPRIMAGE. Nom donné dans certains pays à l'action de faire brouter l'herbe naissante du printemps aux bestiaux. Cette pratique, qui est très favorable à la santé des animaux, surtout lorsqu'ils ont souffert pendant l'hiver, est très nuisible à la production du fourrage. Les prés déprimés perdent ordinairement un bon tiers, et plus, du foin qu'ils donneraient sans déprimage ; ce fait de physiologie végétale est facile à expliquer. On sait que les plantes absorbent dans l'air une grande partie de la nourriture qui concourt à leur développement. Or, comme la quantité d'éléments nutritifs puisés dans l'atmosphère par les plantes est en raison du développement de leurs tiges et de leurs feuilles, on conçoit que, lorsqu'elles sont broutées à mesure qu'elles sortent de terre, elles ne peuvent pas absorber la quantité d'acide carbonique qu'elles décomposent pour s'en approprier le carbone qui concourt à leur accroissement normal : aussi, les bons cultivateurs qui ont observé ce fait, sans s'en être toujours rendu compte, se gardent-ils de faire déprimer leurs prairies; ils préfèrent en affermer pour y conduire leurs animaux, et surtout leurs vacheries. C'est ainsi qu'agissent les agriculteurs intelligents, partout où le déprimage est pratiqué.

DÉPRIMER (*un pré*). Pratiquer le déprimage au printemps dans une prairie. — V. *Déprimage*.

DÉRACINER. Arracher un végétal avec ses racines pour le transplanter. Les arbres sont quelquefois déracinés par les vents, par les eaux dans les inondations. C'est sur les bords des fleuves, des rivières, et surtout des torrents, que l'on observe ces ravages. — V. *Inondation*.

DÉRIVATIF. Moyen thérapeutique employé en art vétérinaire pour opérer une dérivation et détourner une maladie. Les sétons, les vésicatoires, les synapismes, etc., sont des dérivatifs employés dans les inflammations de toute nature, dans les maladies de poitrine, des yeux, des reins, etc.

DÉRIVATION. Action de détourner une irritation d'un organe par une irritation artificielle. On provoque des dérivations sur des points plus ou moins rapprochés du siége de l'affection qu'on veut combattre. — V. *Dérivatif*.

DERME. Nom donné, en anatomie, à la couche la plus considérable et la plus profonde de la peau. Le derme, qui forme le corps de cette grande enveloppe, est plus ou moins dur et épais, suivant les races et les parties du corps où on l'examine. Les espèces fines, distinguées, ont le derme fin, souple à la main; tandis que les races communes l'ont épais, dur au toucher; il manque de souplesse, et il est souvent plus ou moins collé aux tissus sous-jacents, surtout sur les côtes. — V. *Peau*.

DEROBÉ, ÉE. On donne le nom de dérobée à une culture faite sur une récolte de l'année. Ainsi, des raves semées sur le blé, immédiatement après qu'il est coupé, constituent une culture dérobée, dont on récolte les produits en automne. On cultive aussi en culture dérobée des fourrages verts, tels que des vesces, des mélanges de pois, d'avoine, d'orge, de sarrazin, de spergule, de maïs, etc.

Un pied dérobé, en art vétérinaire, est celui dont la corne a éclaté sur ses bords. Les sabots des chevaux dont la corne est blanche sont ceux qui éclatent le plus facilement. Un pied qui se déferre, dans des chemins caillouteux surtout, est presque toujours dérobé. Cet accident peut être sans gravité; on y remédie facilement par une bonne ferrure lorsqu'on s'aperçoit qu'il s'est produit : c'est le seul moyen à lui opposer.

DÉROBER (*Se*). Un cheval se dérobe quand il suit, malgré son cavalier, une direction autre que celle qui est exigée. On voit souvent des chevaux de course se dérober et faire perdre ainsi le prix que celui qui le monte croyait gagner.

DÉSAGRÉGATION. Séparation spontanée ou forcée des molécules d'un corps. La formation d'une infinité de sols de diverses natures n'est que la conséquence de la désagrégation des roches, de granit, de calcaire, de trachite, des chistes, etc., qui forment les différents terrains. Tous les corps minéraux se désagrégent avec le temps, auquel rien ne résiste. On a un exemple frappant de ce phénomène dans les sables de la mer, comme dans ceux qui sont entraînés par les eaux des fleuves et rivières. Ces sables, plus ou moins fins, ne sont que la conséquence de la désagrégation des roches diverses qui forment la couche superficielle du globe.

DESCENTE. — V. *Hernie*.

DÉSINFECTANT. Nom donné à un corps qui a la propriété de détruire les mauvaises odeurs, les miasmes délétères, les gaz qui infectent l'air ou les logements. Les désinfectants agissent chimiquement ou mécaniquement. Leur action est chimique lorsque, se combinant avec l'un des principes qui forment le corps infectant, ils le décomposent et neutralisent ainsi son action. Le chlore, par exemple, qui a une grande affinité pour l'hydrogène, se combine avec celui qui entre dans la composition d'un gaz putride ; privé de cet élément, ce gaz n'a plus sa propriété infecte et délétère. On peut se convaincre de ce fait par les latrines en vidange soumises à l'action du chlore.

Les désinfectants qui agissent mécaniquement ne détruisent pas les corps infectants en les décomposant, mais ils masquent leur odeur désagréable. Tels sont : le vinaigre répandu ou brûlé, les résines, le sucre brûlé, le camphre, l'eau de Cologne, etc.

DÉSINFECTER. Assainir un lieu, un objet, un harnais, une écurie. Détruire des corps infectants, ou en neutraliser l'effet. — V. *Disinfection.*

DÉSINFECTION. Opération qui consiste à assainir l'air vicié, soit dans les habitations des hommes ou des animaux, soit dans l'atmosphère, ou à désinfecter des objets chargés de virus contagieux. On voit rarement dans nos campagnes des constructions faites suivant de bonnes règles hygiéniques, surtout pour ce qui regarde les animaux. Les bergeries, les écuries et étables basses, humides, sans ouvertures suffisantes et bien pratiquées pour renouveler l'air et donner une lumière convenable, sont malheureusement celles qui sont en immense majorité ; on pourrait dire même que les logements des animaux bien compris, suivant de bonnes lois de salubrité, sont partout une exception.

Pour désinfecter un lieu ou des objets, on emploie plusieurs moyens : tantôt on renouvelle l'air infecté par des courants d'air pur ; tantôt on détruit les virus, les corps infectants, par des lavages, des râclages, des nettoyages, et enfin par des procédés chimiques.

Les hommes comme les animaux vicient toujours, par leur respiration, l'air des logements où ils se trouvent. Pour remédier à cet inconvénient, on établit des courants plus ou moins bien combinés. Dans les habitations, l'air renouvelé par le courant d'une cheminée par exemple, surtout lorsqu'on y fait du feu, opère d'une manière insensible une désinfection efficace, quoique le moyen soit bien simple ; mais il n'en est pas de même dans les bergeries, les écuries, les étables calfeutrées, remplies d'animaux qui y corrompent un air insuffisant par leur respiration, leur transpiration, et surtout par leurs excréments entassés et leurs urines qui fermentent pendant des semaines entières. Il est impossible que, dans de pareilles conditions d'insalubrité, des animaux, quelle que soit leur santé et leur bonne constitution, puissent résister à l'action délétère de semblables cloaques. Pour comble d'infection, on enferme souvent dans une même étable, cochons et volailles, bœufs, chevaux et moutons, boucs et chèvres, etc., et lorsque, pendant l'hiver, on entre le matin dans ces bouges infects, on est asphyxié, en ouvrant la porte, par l'air chaud et impur qui s'en échappe.

Pour désinfecter de semblables habitations, il faut pratiquer des ouvertures, des cheminées d'appel, disposées de manière à ce que les animaux ne soient pas exposés aux courants d'air, ce qui pourrait les rendre malades. Sans cette opération préliminaire, il n'y a pas de désinfection possible, et la santé du bétail doit nécessairement s'altérer. Des ouvertures une fois établies et bien combinées pour donner aux animaux un air sain et respirable, on doit avoir soin d'entretenir la propreté. On peut, par exemple, faire un petit logement économique pour les porcs et volailles, au lieu de les laisser avec les chevaux et les bœufs. On enlève les fumiers pour ne pas les laisser fermenter sous les bestiaux; et si on peut laver les étables par un courant d'eau qui se rendrait dans des prairies pour les arroser, on aurait le double avantage d'assainir les habitations des animaux et d'engraisser les prés.

On désinfecte les habitations par des fumigations de chlore. Quant aux murs des écuries et aux mangeoires et rateliers, aux harnais qui ont servi à des animaux réputés atteints de maladies contagieuses, on les râcle, on les lave avec de l'eau de chaux chlorurée. Les harnais en cuir sont nettoyés avec de l'eau qui tient en dissolution du chlorure de soude, ou plutôt du chlorure de chaux, qui est plus économique.

Par de bons procédés de désinfection, trop méconnus et trop négligés dans nos campagnes, on préviendrait une infinité de maladies qui font périr les animaux et ruinent de pauvres cultivateurs; mais, pour faire connaître ces procédés, il faut les enseigner, indiquer à ceux qui en ont besoin les moyens de s'en servir; c'est par les écoles d'agriculture seules que ce service sera un jour rendu à nos populations agricoles.

DESSÉCHEMENT. Les desséchements sont au nombre des opérations les plus importantes qui puissent se faire en agriculture, sous le double point de vue de la salubrité publique et de la production du sol. On sait que le voisinage des étangs, des marécages, est nuisible à la santé des populations rurales. Nous en avons de tristes exemples dans la Sologne, dans la Dombe, etc., où les populations sont décimées par les fièvres que causent les miasmes qui s'exhalent du sol.

Au point de vue de la production, les desséchements produisent les plus heureux résultats. Les sols aqueux, en effet, non seulement ne rendent pas ce que l'on peut attendre de leur fécondité, mais encore les plantes qu'ils donnent ne sont pas de bonne qualité. Une prairie aqueuse, qui ne peut pas être soumise à l'action intermittente des irrigations et des rayons du soleil, est toujours de qualité inférieure. Elle donne peu de fourrage, et un fourrage médiocre, sinon mauvais, parcequ'il est ordinairement composé de cypéracées, telles que les souchets, les laiches, les linaigrettes, de renoncules, enfin de plantes de sols marécageux.

On emploie, suivant les ressources dont on peut disposer, plusieurs moyens pour dessécher les sols. Le plus simple est le creusement de fossés pour l'écoulement des eaux dans le sens des pentes naturelles Ce procédé, lorsqu'on n'a pas de matériaux propres à faire des aqueducs avec économie, est le moins dispendieux, et on le rend plus efficace et plus productif en bordant de peupliers ces aqueducs à ciel ouvert. Mais il est plus avantageux et plus commode pour la culture de faire, au moyen de cailloutages, de fascines ou de pierres, des conduits disposés en aqueducs au fond des fossés, creusés à environ un mètre de profondeur, et recouverts. Par ce moyen, on peut labourer partout un champ, assainir ou faucher une prairie, sans être empêché par des fossés plus ou moins larges.

Les Anglais ont imaginé un procédé de desséchement très ingénieux, et qui commence à être adopté dans quelques contrées de la France. Ce procédé a été appelé drainage. Voici en quoi consiste cette opération, dans les sols où elle est praticable. Un ouvrier, muni d'une pelle de la largeur d'environ 25 centimètres à sa partie supérieure et 20 à son bord tranchant, et d'une longueur de 30 à 34 centimètres, ouvre un fossé dont la direction est préalablement indiquée. Un second ouvrier, avec une pelle de même forme, mais plus étroite et plus longue, suit le premier, et opère comme lui dans le même fossé. Un troisième opère de même avec une pelle encore plus étroite et plus longue, et l'on obtient ainsi un fossé profond de 1 mètre à 1m.30, plus étroit au fond, et s'élargissant peu à peu jusqu'au niveau du sol. Un instrument recourbé en forme de demi-cylindre creux, et emmanché à un long bâton, sert à curer le fond de ce fossé, de manière à le rendre uni. On y place bout à bout des tuyaux en terre cuite; puis on les recouvre et on comble le fossé. Les fossés de drainage sont pratiqués de distance en distance à 8 ou 10 mètres l'un de l'autre, suivant les circonstances. On leur donne une direction parallèle ou rayonnante, suivant les dispositions des sols ou la nature des sources qui causent leur humidité. On assainit ainsi des terres qui acquièrent une valeur incomparable à celle qu'ils avaient avant leur desséchement.

Pour fabriquer les tuyaux de drainage, on a inventé des machines très ingénieuses qui les moulent avec une grande rapidité et avec beaucoup d'économie lorsque l'argile employée à les faire a été bien préparée. Il serait utile que ce procédé de desséchement fût répandu partout où il est possible; il rendrait d'immenses services à l'agriculture dans les contrées naturellement humides.

DESSICCATIF. Nom donné, en art vétérinaire, à des substances médicamenteuses astringentes qui semblent activer la guérison des plaies. On range dans les dessiccatifs l'extrait de saturne, l'alun, le sulfate de zinc dissous dans l'eau, le cérat saturné, etc.

DESSICCATION. Opération par laquelle on fait dessécher des substances alimentaires pour les conserver. C'est par la dessiccation qu'on prépare les fourrages; les grains ont aussi besoin d'être séchés pour être emmagasinés, conservés et moulus: l'humidité causerait leur fermentation et leur avarie. On opère aussi la dessiccation de légumes verts, de fruits, pour les approvisionnements des ménages. Un jardinier habile, M. Masson, a imaginé de faire dessécher à l'étuve des légumes verts de toute espèce et de les soumettre ensuite à la pression d'une machine hydraulique pour les réduire au volume le plus minime possible: par ce moyen ces légumes sont rendus facilement transportables pour la marine. Les essais ont admirablement réussi. On obtient des cubes de légumes d'environ quinze centimètres de côté qui ont la compacité du bois le plus dur. Lorsqu'on veut se servir de ces légumes, on les plonge dans l'eau, et ils recouvrent leurs qualités primitives en s'imbibant. Ce procédé rend déjà des services immenses à la marine. Il est probable que tous les pays qui connaîtront les avantages offerts par les légumes ainsi desséchés pour leur conservation et la facilité des transports les adopteront pour l'alimentation des matelots. Dans nos campagnes on pourrait essayer de faire dessécher des choux, des parmentières, des carottes, etc., et l'on aurait ainsi pendant toute l'année des légumes, pour la table des maîtres comme pour celle des domestiques et des journaliers.

DESSOLURE. Opération qui, en art vétérinaire, consiste à enlever partiellement ou en totalité la sole du pied d'un cheval, à la suite d'une maladie ou de quelque blessure grave. — V. ***Boiterie***, ***Pied***, *Sole*.

DÉTERGER. Terme de médecine des animaux qui signifie nettoyer, laver, disposer à la guérison une plaie, une blessure, par l'emploi de dissolutions plus ou moins actives et appropriées à la nature du mal. — V. *Abstergents*.

DÉTELER. Les animaux qu'on dételle, soit pour les faire rentrer dans les étables, soit pour les faire manger dans les champs, sont toujours pressés de cesser le travail. On devra prendre les précautions nécessaires pour qu'ils ne se blessent pas, en quittant brusquement les brancards des voitures ou les charrues avant que tous les harnais soient bien détachés.

DÉVOIEMENT. — V. *Diarrhée*.

DIAGNOSTIC. Art de reconnaître et de distinguer une maladie. Le diagnostic est un art d'observation et de jugement ; il demande beaucoup d'attention de la part du praticien. En effet, un animal qu'on est appelé à soigner ne peut être interrogé sur ses souffrances et les causes qui les provoquent. C'est surtout dans ce cas que la médecine des animaux est plus difficile que celle de l'homme ; elle demande beaucoup d'esprit d'observation et de tact.

DIAGNOSTIQUER. Préciser l'existence d'une maladie, déterminer sa nature et l'état de l'organe malade.

DIAPHRAGME. Muscle qui sépare la poitrine de la cavité abdominale. Le diaphragme agit comme une cloison mobile alternativement refoulée en arrière par les poumons pendant l'inspiration, et en avant par les intestins, chez les animaux, dans l'expiration. Cette cloison est traversée par l'œsophage, par l'aorte, qui porte le sang du cœur aux parties postérieures des animaux, et par les grosses veines qui se rendent au cœur.

Le diaphragme est formé de deux parties bien distinctes. L'une est circulaire, et l'autre centrale. La première est composée de fibres charnues, qui le fixent au cercle cartilagineux des côtes, au corps des vertèbres et au sternum; l'autre est aponévrotique. On a observé quelquefois la rupture du diaphragme dans des cas exceptionnels de chutes violentes ou de coliques intenses. Ces cas sont toujours mortels par les inflammations et les désordres qui en résultent dans les plèvres ou les poumons, comme dans les viscères qui sont dans l'abdomen.

Dans les cas de météorisation des animaux, les intestins, distendus outre mesure par les gaz qui s'y développent, refoulent le diaphragme vers la poitrine, et les animaux meurent d'asphyxie. — V. *Asphyxie*, *Tympanite*.

DIARRHÉE. Dévoiement. Les animaux sont quelquefois atteints de diarrhées plus ou moins opiniâtres. Elles sont la conséquence d'une mauvaise digestion, d'irritations intestinales, souvent causées par des fourrages avariés, des eaux de mauvaise nature, ou des plantes vénéneuses. Pour combattre la diarrhée, il faut d'abord tâcher d'en découvrir la cause; si on y parvient, on y remédie, et l'effet disparaît. Dans tout cas, on soumettra l'animal malade à un régime adoucissant; on lui donnera des lavements émollients; on le tiendra chaudement, au moyen d'une couverture, pour activer l'action de la peau. Si les fourrages sont avariés, si les eaux sont séléniteuses, etc., on en suspendra l'emploi, on en modifiera la nature au moyen de procédés prescrits par une bonne hygiène. Le sel marin en dissolution pour asperger les fourrages, des changements d'abreuvoir, l'assainissement de leurs eaux, si c'est possible, sont indiqués pour prévenir les mauvais effets qu'ils produisent.

Les jeunes animaux sont souvent sujets à la diarrhée; dans ce cas, ils maigrissent à vue d'œil, ils sont très faibles, et quelquefois la mort est la conséquence de leur maladie. Un simple changement de régime de la mère y remédie quelquefois, lorsque la nature du lait est cause de la maladie. On leur donne des boissons mucilagineuses, adoucissantes; on leur fait boire du lait coupé avec de l'eau de mauve; on leur administre des lavements; si la diarrhée persiste, on leur fait boire une décoction de racine de gentiane ou de rhubarbe; on les tient à une température convenable en les couvrant avec une couverture de laine. Le plus souvent, ces simples moyens suffisent pour guérir les jeunes malades, notamment les veaux.

DIASTOLE. (D'un mot grec qui signifie *dilater*.) Nom donné au mouvement de dilatation du cœur et des artères, au moment où ces cavités reçoivent le sang. — V. *Circulation*, *Cœur*, *Pouls*.

DICOTYLÉDONES (*Plantes*). Les plantes dicotylédones sont celles dont les graines ont deux cotylédons. Le haricot en germination nous fournit un exemple de plante dicotylédone. Les végétaux dicotylédons sont les plus complets. Ils comprennent les arbres de nos forêts. Leurs organes sexuels sont distincts, et ils sont toujours pourvus de feuilles pour respirer. Leurs tiges ont un canal médullaire et sont formées de couches concentriques et d'une écorce plus ou moins épaisse qui les recouvre. On peut se convaincre de cette disposition des tiges des dicotylédones en coupant en travers un tronc ou une branche de frêne, de chêne, etc. : la moelle se trouve au centre; elle est entourée par les couches circulaires du bois, recouvert lui-même par l'écorce. Les feuilles des plantes dicotylédones ont un caractère tranché qui les fait différer de celles des monocotylédones. Ce caractère est que leurs nervures ne sont jamais parallèles, comme on le voit dans les feuilles engaînantes des graminées, par exemple.

DIÈTE. Régime d'abstinence alimentaire plus ou moins rigoureuse suivant le genre de maladie qui la nécessite. La diète est un moyen débilitant fréquemment employé dans les maladies inflammatoires, pour les jeunes animaux surtout. Elle est souvent un procédé si bien indiqué comme traitement d'une maladie, que les animaux s'y soumettent eux-mêmes, en refusant toute espèce d'aliment.

DIGESTIF. On nomme digestif, dans les animaux, l'appareil qui sert à la digestion. Tube digestif. — V. *Digestion*, *Intestin*, *Tube*.

DIGESTION. Fonction par laquelle les aliments pris par les animaux sont assimilés à leur propre substance, pour concourir à l'entretien de leur vie et réparer leurs déperditions de toute nature. Ces déperditions, du reste, sont la conséquence essentielle de la vie elle-même. La digestion se fait au moyen de plusieurs opérations successives. D'abord, l'animal saisit les aliments, et les triture, les broie avec ses dents, pour les diviser et les rendre plus propres aux opérations ultérieures. Pendant la mastication, la salive se mêle aux aliments, les liquéfie, les rend d'une déglutition plus facile, et leur fait subir une préparation chimique préliminaire nécessaire à celle de l'estomac. Lorsque les aliments ont été triturés, ils passent dans l'arrière-bouche, de là dans l'œsophage, pour se rendre à l'estomac. Arrivés dans ce réservoir, ils y subissent une action chimique au moyen du suc gastrique qui les pénètre. Le mouvement des parois de l'estomac, qui se contractent ou se relâchent, facilite l'imbibition des aliments par ce liquide acide, en les déplaçant en sens divers. Lorsque l'action chimique des sucs gastriques sur les substances alimentaires est suffisante, ces substances sont réduites en pâte grisâtre dont la partie liquide prend le nom de chyme. C'est alors qu'elle quitte l'estomac pour passer par le pylore dans l'intestin grêle, afin d'y subir l'action de la bile et du suc pancréatique. Le chyme alors se change en chyle et est absorbé par les vaisseaux chylifères, qui le portent dans le torrent de la circulation (au cœur) ou dans les troncs veineux qui y aboutissent. Les matières qui ne sont point absorbées par ces chylifères continuent leur trajet dans le tube intestinal, et sont rejetées, sous forme plus ou moins solide, par l'anus.

C'est ainsi que s'opère la digestion dans les animaux qui n'ont qu'un estomac, comme le cheval, l'âne, le mulet, le porc; mais cette opération est un peu plus compliquée dans les ruminants, dans les poules, les canards, les oies, etc. — V. *Caillette, Feuillet, Gésier, Jabot, Rumen.*

Le bœuf, le mouton, la chèvre, ont quatre estomacs. Le premier, nommé rumen (panse), sert d'entrepôt pour recevoir les aliments rapidement avalés avant une complète mastication. Quand l'animal le juge convenable et qu'il en a le temps, du deuxième estomac, qu'on nomme réseau ou bonnet, placé en avant du rumen, ces aliments remontent dans la bouche par gorgées. Ils ont été poussés dans ce ventricule soit par une contraction du rumen lui-même, soit par celle des parois de l'abdomen, que l'on voit se contracter au moment où le bol alimentaire part du réseau pour remonter dans l'œsophage, et se rendre dans la bouche. Là, ce bol est ruminé, remâché ; lorsqu'il a subi une trituration et une insalivation convenables, il est dégluti une seconde fois, et au lieu de se rendre dans le rumen, il traverse le troisième estomac, qu'on nomme le feuillet. Dans cet estomac, les aliments subissent encore, en tout ou en partie, une élaboration particulière, et ils se rendent ensuite dans la caillette, qui correspond à l'estomac des monogastriques. Arrivés dans ce réservoir, ils sont soumis exactement aux mêmes opérations que celles dont nous avons parlé au sujet des animaux monogastriques, comme le cheval, le porc, etc.

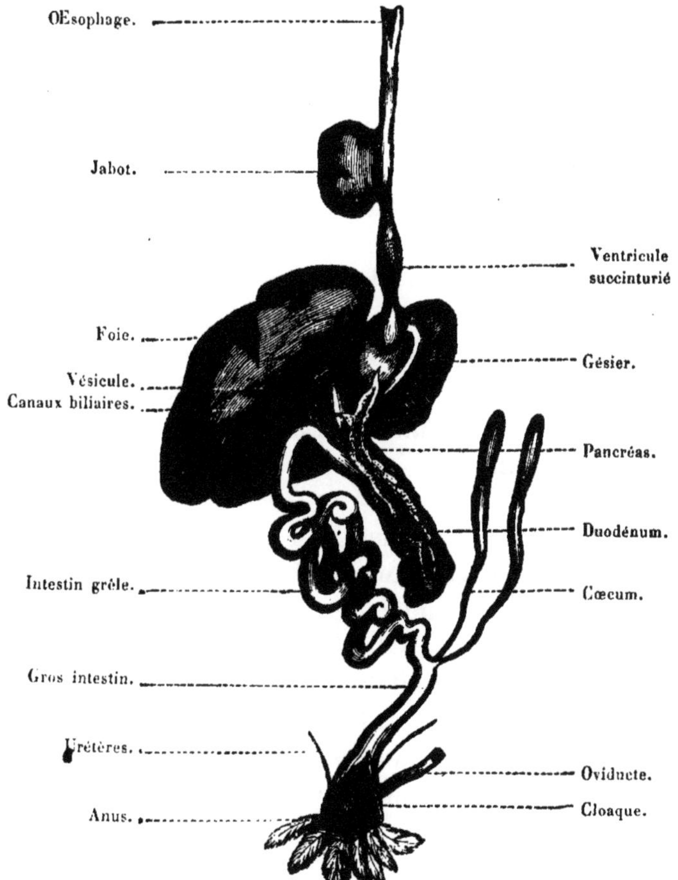

Fig. 50. Tube digestif d'une poule.

Dans les poules, les canards, les pigeons, etc., la digestion se fait encore d'une manière toute spéciale Les oiseaux n'ont pas de dents pour la mastication; il fallait donc que cette fonction essentielle fût opérée d'une autre manière. Ici les substances alimentaires, saisies par le bec, sont avalées et déposées dans un premier estomac, nommé jabot. Là, elles sont imbibées par un suc particulier, sécrété dans ce réservoir; elles passent ensuite dans le second estomac, appelé estomac succinturié; enfin, elles arrivent dans le gésier, qui est le troisième estomac, rempli de graviers et enveloppé par une puissante couche musculaire qui recouvre sa membrane muqueuse très dure et très solide. Ces muscles broient, par leurs contractions, les aliments mélangés avec les graviers, et cette trituration est si puissante, que dans le dindon, par exemple, des corps très durs, des balles de plomb, des graviers, des morceaux de verre, etc., sont usés, réduits en poussière par le frottement. Après cette mastication particulière aux oiseaux granivores, les aliments traversent l'intestin grêle, dans lequel l'absorption du chyle s'opère comme dans les autres animaux. Comme chez eux aussi, les matières non assimilables sont rejetées.

Tels sont, en raccourci, les divers phénomènes vitaux au moyen desquels s'opère la digestion dans les animaux.

Pour plus de détails, V. les mots ***Absorption***, ***Bile***, ***Défécation***, ***Déglutition***, ***Circulation***, ***Chyle***, ***Chylifère***, ***Chylification***, ***Chymification***, ***Insalivation***, ***Mastication***, ***Rumination***, *Salive*, *Suc gastrique*, ***Suc pancréatique***.

DIGITALE. Genre de plantes de la famille des scrophulariées. La digitale pourprée, commune en France sur les montagnes et dans les sols arides, est employée comme calmant. Peu usitée en art vétérinaire, on s'en sert dans l'homme contre les palpitations du cœur. La variété de digitale pourprée est quelquefois cultivée comme plante d'ornement; sa fleur, d'une belle couleur pourpre, en forme de dé à coudre, mouchetée en dedans, est disposée en épi unilatéral sur la tige, qui s'élève quelquefois à la hauteur de 1^{m} 50 et plus.

DIGITIGRADE. Nom donné aux animaux qui marchent sur

les doigts de leurs pieds. Tels sont les chiens, les loups, les renards, les chats, etc.

DIGUE. Chaussée faite en terre gazonnée, souvent plantée de saules, d'osiers, ou garnie de fascines, pour endiguer les torrents, les fleuves ou rivières, afin de protéger les propriétés contre leurs envahissements ou les inondations. On construit aussi quelquefois des digues en pierres, mais elles sont très dispendieuses, et on ne les établit ordinairement que dans les ports maritimes ou aux quais des villes, pour encaisser les eaux. Les digues demandent à être bien entretenues; si on les laisse se dégrader, elles peuvent devenir inefficaces, et être rapidement détruites par les courants, dès qu'ils les ont entamées. La durée d'une digue, comme sa résistance, dépend plus des soins qu'on doit en avoir que de la force des eaux qu'elle arrête. Une fois rompue sur un point, elle ne tarde pas à subir des dégradations considérables par la facilité qu'ont les eaux de la miner et d'entraîner les terres et les fascines qui la forment.

DILATABILITÉ. Propriété qu'ont les corps de se dilater. — V. *Dilatation.*

DILATATION. Augmentation de volume d'un corps. C'est ordinairement par la chaleur que s'opère la dilatation des corps. C'est par la dilatation et la condensation alternatives de la vapeur qu'on obtient de si immenses résultats dans les arts et l'industrie, pour mettre en mouvement les machines dans les usines, les bateaux à vapeur, les wagons des chemins de fer, etc.

La dilatation anormale du cœur, des artères, des veines, constitue les anévrismes, les varices, dans les animaux. Il n'est pas facile de constater ces vices organiques quand ils sont dans l'intérieur du corps; mais on les voit facilement sur les veines des membres. — V. *Anévrisme, Varice.*

DILUVIENS (*Sols*). On a nommé diluviens les terrains qui ont été déplacés par les eaux et déposés par elles. Ces terrains sont de diverses natures, et contiennent tantôt des cailloux roulés, tantôt des coquillages fossiles, des calcaires stratifiés, etc. On trouve ces sortes de sols sur la plus grande partie de la surface du globe qui n'a pas subi des révolutions volcaniques ou des soulèvements.

DINDON. Oiseau de basse-cour importé d'Amérique vers la fin du quinzième siècle et naturalisé dans l'ancien monde. Le dindon est un oiseau alimentaire qui offre de grandes ressources à nos subsistances; sa chair est très succulente, et, parvenu à l'état adulte, il est très robuste, ce qui rend sa multiplication facile et lucrative. Le jeune dindonneau a besoin de soins, il est délicat quand il vient de naître; on doit le nourrir convenablement et le préserver du froid et de la pluie pendant son plus jeune âge. Mais après six semaines ou deux mois de soins, lorsqu'il a *poussé le rouge*, comme on dit vulgairement, il devient rustique et on le mène paître par bandes comme des moutons. On emploie quelquefois les dindons pour dévorer des insectes nuisibles, les hannetons et leurs larves, les limaces qui ravagent les récoltes, les chenilles, etc.

DIOIQUE. Nom donné aux plantes dont les sexes sont séparés et portés par des individus différents. Le chanvre est une plante dioïque : les fleurs mâles sont sur un brin et les fleurs femelles sur un autre. Après la fécondation, on arrache les brins mâles, pour faciliter la maturité du chènevis. — V. *Chanvre*, *Chènevis*.

Le palmier est aussi dioïque. La fécondation des femelles est quelquefois opérée artificiellement avec des branches de palmiers mâles lorsque ceux-ci sont à des distances trop éloignées. Les naturels des pays où croît ce bel arbre qui produit les dattes attachent une grande importance à cette opération, de laquelle dépend souvent la plus grande partie de leur subsistance. — V. *Datte*, *Palmier*.

DIPSACÉES. Famille de plantes qui a de l'analogie avec les composées. La scabieuse, le chardon des foulons, sont des dipsacées. De toutes les dipsacées le chardon des foulons est la seule plante qui intéresse le cultivateur; sa culture est assez lucrative aux environs des villes manufacturières qui l'emploient pour le cardage des draps.

DIPTÈRES. Ordre d'insectes nombreux et variés qui ont deux ailes membraneuses et une trompe plus ou moins allongée pour sucer les liquides dont ils se nourrissent. Les cousins, les taons, les œstres, les mouches, sont des diptères. On sait, dans nos campagnes, combien la plupart des diptères tracassent l'homme et les animaux, dont ils sucent le sang qu'ils font couler par leurs piqûres. Les taons poursuivent les animaux, toujours disposés à s'enfuir quand ils les entendent bourdonner autour d'eux. Certains œstres déposent leurs œufs sous la peau des animaux, qu'ils perforent ordinairement de préférence sur le dos et les reins; leurs larves s'y développent au point de former de petites bosselures. Ce sont surtout les sujets les plus gras et les plus robustes d'un troupeau que l'œstre choisit pour leur confier le soin de couver ses œufs et de nourrir ses larves. D'autres œstres déposent leurs œufs sur les membres antérieurs, au poitrail, sur les épaules des animaux, qui les avalent en se léchant; parvenus dans l'estomac, les œufs éclosent, et les larves auxquelles ils donnent naissance s'accrochent sur sa muqueuse. C'est surtout chez le cheval que l'on observe ce fait: son estomac est souvent garni de larves nombreuses, qui n'en sortent que lorsqu'elles ont acquis leur complet développement; elles sont ensuite chassées par l'anus avec les excréments, deviennent chrysalides dans la terre, et en sortent à l'état de mouche.

Les mouches de la viande déposent leurs œufs sur la viande fraîche, et bientôt leurs larves éclosent; il n'est pas rare même de voir de ces larves sur les plaies des animaux, et l'on doit y faire attention.

DISHLEY (*Mouton*). Le mouton dishley forme une race anglaise créée par l'agriculteur Backewel, il y a environ cent ans. Ce mouton est remarquable par sa disposition à l'engraissement, sa précocité, et la longueur de sa laine fine et soyeuse, employée pour fabriquer certaines étoffes de luxe, et convenable surtout au travail du peigne. La race dishley a le corps trapu, cylindrique, la tête et le cou petits, les jambes courtes en raison de la force du corps; sa taille est au dessus de la moyenne. Le dishley est remarquable surtout par son engraissement précoce, qualité aussi précieuse pour la boucherie qu'avantageuse pour l'éleveur, qui peut ainsi renouveler plus souvent son capital. En France, nous pourrions très bien aussi créer des races précoces. M. Malingié l'a prouvé à la Charmoise : il a obtenu des moutons très bien faits et parfaitement gras à l'âge d'un an environ; on a pu s'en convaincre par les lots conduits au concours de Poissy et à celui de Versailles. Il serait possible d'imiter cet agriculteur habile, non seulement pour le mouton, mais encore pour toutes nos races domestiques de boucherie ; ce serait un bienfait pour l'agriculture, et une ressource immense pour nos subsistances. — V. *Accroissement*, *Engraissement*.

Le mouton dishley est par sa nature un produit de culture avancée ; il lui faut une nourriture abondante, grasse, et des pâturages faciles. Les lieux secs, escarpés, les grands parcours sur des sols arides, offrant une herbe rare et fine, ne lui conviennent pas ; il y dégénérerait promptement. De plus, cet animal craint la chaleur, la fatigue, et il manque de rusticité. C'est du reste ce qui arrive à tout animal fabriqué par l'art ; plus il est perfectionné par la main de l'homme pour fournir de la viande, moins il est capable de résister à des conditions opposées à celles qui ont présidé à son amélioration. C'est là une règle générale, incontestable pour tout praticien observateur.

DISSECTION. Opération par laquelle on sépare, on isole les organes des corps organisés, et surtout des animaux, pour en étudier les dispositions, la texture, les usages. Pour bien étudier, pour bien connaître la structure interne d'un animal comme d'un végétal, il faut le disséquer, examiner séparément comme dans leur ensemble les diverses parties qui les composent, leur configuration, les rouages qu'elles concourent à former et dont l'action sert à entretenir la vie ou à la transmettre. Cette étude est du domaine de l'anatomie et de la physiologie. — V. *Anatomie*, *Conformation*, *Physiologie*.

DISSÉMINATION. Semis naturel des graines, des plantes. C'est par la dissémination que les plantes se répandent et se multiplient. Quand on observe la nature, on voit combien elle est ingénieuse pour faciliter la dispersion des graines de certains végétaux surtout. Une infinité de ces graines sont pourvues d'ailes qui sont de véritables parachutes ; les vents les transportent ainsi au loin pour les disséminer : telles sont les graines de l'orme, de l'érable, du tilleul, etc. La nombreuse famille des composées a des graines surmontées d'aigrettes qui s'envolent au plus léger coup de vent : les chardons, le pissenlit, etc., en fournissent des exemples. Les eaux des rivières servent à la dissémination en entraînant les graines loin des lieux où elles ont mûri. Les animaux, les oiseaux surtout, contribuent aussi à répandre diverses graines contenues dans leurs excréments, graines qu'ils avalent sans les écraser par la mastication ou par une action spéciale de leur canal intestinal. Le gui, si commun dans certains pays, se reproduit par un phénomène tout particulier. — V. *Gui.*

On devrait toujours avoir soin de détruire les mauvaises plantes avant la formation de leur graine, pour en prévenir la dissémination. Les chardons, par exemple, se multiplient avec une rapidité incroyable dans les cultures, si on n'a pas soin d'échardonner à temps. L'autorité elle-même, dans ces cas, devrait toujours intervenir, pour que des agriculteurs soigneux ne fussent pas victimes de l'incurie ou de la paresse de voisins insouciants. On en voit qui laissent leurs héritages s'empester de mauvaises plantes qui empoisonnent tout le voisinage par leur dissémination naturelle.

DISSÉMINER. Semer, répandre sans ordre, des graines de végétaux.

DISSOLUTION. Opération chimique ou physique par laquelle un corps solide ou gazeux, plongé dans un liquide, se liquéfie, se mélange ou se combine avec lui. La dissolution est physique quand il n'y a pas décomposition du corps liquéfié, comme lorsqu'on plonge du sucre ou du sel marin dans l'eau pour les désoudre ; elle est chimique, au contraire, lorsqu'il y a décomposition et combinaison nouvelle. Ainsi du fer plongé dans l'acide sulfurique se dissout, mais il donne lieu à un composé nouveau, qui est un sulfate de fer. L'or se dissout aussi dans le mercure et forme un amalgame. C'est à l'état de dissolution que sont employés la plupart des médicaments administrés aux animaux.

DISSOLVANT. Nom donné à un liquide employé pour dissoudre un corps : ainsi l'eau, l'alcool, l'huile, l'éther, l'essence de térébenthine, sont des dissolvants d'une infinité de corps employés soit en médecine vétérinaire, soit dans les arts ou l'économie domestique.

DISTENSION. Tiraillement. Les distensions se font remarquer

souvent chez les animaux, de travail surtout. On observe, en effet, par suite d'efforts violents, des distensions de ligaments articulaires, de tendons, dont les effets sont lents et difficiles à faire disparaître. Immédiatement après une distension, il faut employer les réfrigérants, pour prévenir, autant que possible, le gonflement des parties; on se sert ensuite des médicaments émollients, et enfin des astringents et des résolutifs. Telle est à peu près la marche rationnelle prescrite dans les cas de distensions.

DISTILLATION. Opération par laquelle on sépare les principes volatiles des principes fixes des corps, par la chaleur, au moyen d'appareils disposés à cet effet; c'est par la distillation qu'on recueille les essences des fleurs, c'est par elle qu'on sépare les liquides spiritueux des liquides fermentés qui les contiennent. Ainsi on retire par la distillation les alcools, les eaux-de-vie, des vins, des cidres, des poirées, des bières, etc. On nomme alambic l'appareil dont on se sert pour distiller. — V. *Alambics*.

DIURÉTIQUES. Nom donné aux médicaments qui ont la propriété d'activer la sécrétion des urines. Les diurétiques sont fournis par le règne végétal et minéral. On emploie généralement pour les animaux le sel de nitre, que l'on se procure facilement chez les droguistes ou les pharmaciens. On se sert aussi de décoction de graine de lin, de mauve, etc.

DIVISIBILITÉ. Propriété physique de la matière par laquelle elle peut se diviser à l'infini. Quelque tenue que soit la molécule d'un corps, sa divisibilité est encore possible par la pensée; il n'y a pas de borne à cette propriété des corps. Pour avoir une idée de la divisibilité de la matière, supposons un flacon de musc, par exemple, laissé ouvert pendant des années : son odeur se répandra par sa volatilisation, et cependant il n'y aura pas de perte sensible de la substance. Les corps odorants se divisent à l'infini pour se répandre dans l'atmosphère et y accuser leur présence par leur odeur caractéristique.

DOIGT. Nom donné aux appendices des extrémités des membres des animaux. Ces appendices partent du métacarpe pour les membres antérieurs, et du métatarse aux membres postérieurs. Leur nombre varie suivant les espèces. Le genre cheval n'a qu'un seul doigt, très fort, très développé, à chaque extrémité, et deux petits doigts rudimentaires accusés par les os péronés cachés sous la peau. Les ruminants, tels que les bœufs, les moutons, les chèvres, etc., ont deux doigts, sur lesquels ils marchent. Le porc a quatre doigts et il marche sur les deux antérieurs. Le nombre des doigts, leur disposition, la manière dont ils sont armés ou protégés par les ongles qui les terminent, offrent aux classifications zoologiques des caractères aussi utiles que tranchés.

DOMAINE. Propriété territoriale en exploitation. Un domaine se compose de terres en culture, de prés, de bois, etc., et de bâtiments. — V. *Exploitation*, *Ferme*.

DOMESTICATION. Réduction d'un animal sauvage à l'état domestique ; sa soumission à l'homme pour servir à ses besoins, à ses plaisirs. La question de la domestication des animaux, au point de vue pratique comme au point de vue théorique, est encore neuve en France. L'immortel Buffon en avait fait pressentir toute l'importance, et, dans un rapport général très substantiel fait à M. le ministre de l'agriculture le 7 novembre 1849, rapport qui vient d'être réimprimé avec additions de notes, M. Isid. Geoffroy Saint-Hilaire, de l'Institut, directeur de la ménagerie du Muséum d'histoire naturelle de Paris, démontre quels avantages notre agriculture, le commerce, l'industrie, comme nos subsistances, pourraient retirer de la domestication d'animaux qui nous sont encore inconnus. Et cependant, dans ce siècle de progrès rien n'a été plus négligé que cette branche si importante de notre production animale, dont l'utilité a été si bien démontrée par M. Isid. Geoffroy Saint-Hilaire dans ses cours comme dans ses écrits. Voici ce qu'il a dit à ce sujet dans son rapport au ministre : « L'histoire de l'esprit humain nous montre en général les sciences » et les arts se perfectionnant de siècle en siècle, et chaque génération humaine s'empressant d'ajouter par ses propres efforts » aux résultats obtenus par les générations antérieures ; le plus » souvent même le mouvement du progrès non seulement se continue jusqu'à l'époque actuelle, mais va s'accélérant à mesure » que l'on s'en approche. Par une anomalie singulière et dont on » ne trouverait peut-être pas un second exemple, les efforts, les

» travaux faits en vue de la domestication des animaux, nous » offrent dans leur ensemble une marche exactement inverse. »

Pour appuyer son raisonnement par un fait, l'auteur ajoute : « Depuis l'époque où de l'Amérique récemment découverte furent importées en Europe trois espèces (le dindon, le canard » musqué et le cobaie) fort inégalement utiles, quelle conquête » véritablement importante avons-nous faite sur la nature sau» vage ? Aucune ! »

Parmi les judicieuses observations faites dans le rapport que je cite il en est une qui est frappante et qui démontre jusqu'à l'évidence combien nous avons été apathiques sur les conquêtes qu'il nous reste à faire sur le règne animal. Sur trente-cinq espèces domestiques que nous possédons en Europe, trente et une ont été conquises sur l'Asie, l'Europe et l'Amérique septentrionale ; tout le Nouveau Monde, l'Australie et la Polynésie, ne nous en ont donné que quatre. Cependant ces pays, inexploités au point de vue de la domestication, sont très riches en mammifères et oiseaux de toute classe propres à être soumis à la domination de l'homme.

Depuis trois siècles on n'a presque rien fait pour enrichir notre agriculture de nouveaux produits animaux. Ne serait-il pas temps d'y songer ?

La Société zoologique d'acclimatation qui vient de se fonder à Paris sous la présidence de M. Isidore Geoffroy Saint-Hilaire va s'occuper activement de la question de l'acclimatation et de la domestication des animaux utiles, et ses travaux nous paraissent appelés à rendre à notre agriculture comme à notre industrie des services qu'elles ont vainement attendus jusqu'à ce jour. — V. *Acclimatation*.

DOMESTICITÉ. État d'un animal domestique. — V. *Animal domestique*, *Domestication*.

DOMESTIQUER. Réduire un animal à la domestication.

DOMPTER (*un animal*). Le réduire, le dresser à la voiture ou à la selle ; le rendre apte à être employé au travail qu'il doit exécuter. — V. *Dressage*.

DORSAL. Qui appartient au dos. On distingue la région dorsale, la ligne dorsale, en extérieur des animaux; et en anatomie, les vertèbres dorsales, les muscles dorsaux.

DOS. Région du corps des animaux qui a pour base les vertèbres dorsales et les parties supérieures des côtes. Le dos, borné en avant par le garrot et en arrière par les reins, doit être droit, large, et bien musclé; ce sont là les caractères de ses meilleures conditions de conformation. S'il est court, il sera fort; s'il est long, il sera plus flexible et par conséquent plus faible. Un dos voûté est dit de mulet, d'âne ou de carpe, parceque cette disposition est naturelle chez ces animaux. Un dos voûté est plus résistant à la charge qui tend à le fléchir; c'est ce que l'on observe d'ailleurs dans tout support disposé en forme de voûte. Un dos creux ensellé, au contraire, est faible. Dans toutes les races, un dos ensellé indique la faiblesse.

DOSE. Quantité déterminée d'un médicament à administrer à un animal. Les doses des médicaments varient naturellement suivant la taille des animaux, les circonstances et l'énergie des médicaments mêmes.

DOSSIÈRE. Partie du harnais qui sert à soutenir le poids des brancards.

DOUCHE. Moyen thérapeutique employé pour prévenir ou combattre certaines maladies des animaux. L'eau projetée à des températures différentes, suivant les cas, sert généralement à donner des douches; ces douches sont froides contre les contusions, les entorses, les congestions cérébrales, afin de refroidir les parties malades et d'agir comme astringents. Les douches froides resserrent les tissus, leur donnent du ton et tendent à empêcher à prévenir l'abord du sang, les gonflements. Les douches chaudes, au contraire, relâchent les parties malades, calment la douleur et agissent comme émollients. Suivant le but proposé, l'eau qui doit servir aux douches peut tenir en dissolution des corps qui activent son action. Le sulfate de fer, de zinc, l'acétate de plomb, en dissolution dans l'eau froide, etc., augmentent ses propriétés astringentes, tandis que les décoctions de guimauve, de graine de lin, ajoutent aux propriétés émollientes des douches tièdes.

DOULEUR. Sensation pénible qui se traduit chez les animaux

par des symptômes propres aux individus ou à leur espèce : lorsque la douleur existe aux membres, les animaux boitent. Quelquefois leur souffrance est exprimée par des cris particuliers, par la tristesse, l'agitation, par des plaintes de nature particulière, par l'inappétence, etc. Les douleurs causées par des coliques, des rétentions d'urine, forcent les chevaux, les ânes, les mulets, à se rouler par terre et à s'agiter en tous sens.

Les animaux, soumis comme l'homme aux douleurs physiques de toute sorte, ne sont pas exempts de douleurs morales. On peut s'en convaincre par les plaintes des mères qui perdent leurs petits, surtout chez les oiseaux lorsqu'on leur enlève leurs nids ; par les hennissements d'impatience du cheval auquel on ôte son camarade d'attelage ; par le mugissement du bœuf vendu à la foire, et conduit dans un pays étranger, où il donne des marques non équivoques de nostalgie ; on voit souvent des vaches ainsi déplacées perdre l'appétit pendant plusieurs jours, ainsi que leur lait, et maigrir. J'ai moi-même souvent observé de mes bœufs d'attelage qui appelaient sans cesse leurs camarades absents, et ne mangeaient pas dans les pâturages, tant ils étaient inquiets, peinés, de ne pas les avoir avec eux. Le chien qui a perdu son maître ne témoigne-t-il pas une douleur morale profonde par ses hurlements, ses inquiétudes et son empressement à chercher celui qu'il regrette.

DOUTEUX (*Cheval*). On dit qu'un cheval est douteux quand il a quelques uns des symptômes qui caractérisent la morve. — V. *Morve*.

DOUVE. Nom vulgaire d'un entozoaire qui se développe dans le foie des moutons attaqués par la pourriture. Ces vers aplatis sont souvent en grande quantité dans les canaux biliaires ; on les nomme douves hépatiques. — V. *Cachexie*.

DRAGEON. Nom donné à une tige qui part du tronc d'un arbre ou de ses racines. Le robinier fournit souvent de nombreux drageons par ses racines. — V. *Robinier*.

DRAGON. En extérieur des animaux, on appelle dragon une tache blanche qui se développe aux yeux sur la cornée lucide ou sur le cristallin. Dans ce dernier cas, cette tache peut être un commencement de cataracte. La fluxion périodique des yeux est souvent une cause de la formation des dragons. — V. *Fluxion*, *Taie*.

DRAINAGE. Opération par laquelle on dessèche des terrains humides au moyen d'aqueducs formés par des tuyaux en terre cuite placés bout à bout, les uns à la suite des autres, à une profondeur qui varie d'un mètre à un mètre trente centimètres, suivant la nature des sols. Ce mode de dessèchement, simple et économique, a été imaginé par les Anglais. Nous avons cherché à les imiter sur quelques points de notre territoire. — V. *Dessèchement*.

DRASTIQUE. On nomme drastique, en art vétérinaire, tout purgatif violent qui irrite le tube digestif et cause des déjections alvines, liquides et fréquentes. Ces médicaments doivent être employés avec beaucoup de circonspection; administrés à fortes doses, ils pourraient agir comme des poisons en irritant avec excès le canal intestinal. — V. *Purgatif*.

DRÈCHE. Marc de l'orge moulu ou concassé qui a servi à faire la bière. La drèche est une substance nutritive employée avec profit pour nourrir les animaux, et surtout pour les engraisser. Le houblon qu'elle contient lui donne une saveur légèrement amère et tonique. Cette nourriture convient aux vaches laitières; elle forme la base de la nourriture farineuse des chevaux de brasserie, généralement en bon état de santé et d'embonpoint.

DRESSAGE. Emploi des moyens propres à dresser les animaux pour les rendre aptes à exécuter avec docilité les divers travaux auxquels ils doivent être soumis. Le dressage des jeunes animaux, soit pour l'attelage, soit pour la selle ou le bât, exige toujours beaucoup de patience, beaucoup de douceur et d'intelligence de la part du dresseur. L'animal le plus doux, du caractère le plus docile, peut être rendu rétif, méchant, par de mauvais traitements, ou par la maladresse de ceux qui le conduisent. Le dressage ne doit jamais être fait par des procédés violents; rien ne les légitime d'abord, et toujours ils produisent de mauvais résultats. Un animal maltraité au dressage non seulement obéit mal, mais il se fatigue et s'use en pure perte. La douceur et la docilité sont généralement le fond du caractère des herbivores; ceux qui savent les comprendre en tirent le meilleur parti.

DRESSER. — V. *Dressage*.

DROMADAIRE. Animal mammifère de l'ordre des ruminants. Le dromadaire, qui diffère du chameau parcequ'il n'a qu'une bosse au lieu de deux, est très répandu en Orient comme bête de somme; il rend de grands services en Algérie. Sa sobriété et sa force en font un animal précieux aux indigènes pour le transport de leurs marchandises sur les marchés. Des essais d'attelage du dromadaire ont été faits. Leur grande vitesse, surtout dans l'espèce qu'on nomme méharis, les rendrait très utiles pour les messageries pendant les grandes chaleurs en Afrique. Les chevaux ne sauraient résister long-temps à cette température sans succomber de fatigue. — V. *Chameau*.

DRUPE. Nom botanique des fruits charnus qui ont un noyau à leur centre : les prunes, les pèches, les abricots, sont des drupes.

DUNE. Plage de sables transportés par les eaux de la mer et par les vents dans l'intérieur des terres, qu'ils recouvrent par des couches plus ou moins épaisses. C'est surtout dans le golfe de Gascogne que les dunes font leurs ravages incessants en s'étendant, d'année en année, sur un espace de vingt-cinq mètres environ en avant de leurs limites actuelles. De riches terrains cultivés, des villages entiers, sont engloutis par les sables, qui menacent les campagnes comme les villes placées à plus ou moins de distance du littoral où elles se forment. On a imaginé d'opposer des barrières à l'envahissement des dunes. Celles qui ont le mieux réussi sont les plantations de pins, que l'ingénieur Brémontier essaya de mettre en pratique le premier, en 1786. Ce fut dans le bassin d'Arcachon que l'habile ingénieur commença ses semis, en les protégeant d'abord contre les sables par des palissades. Depuis cette époque, le moyen de borner les ravages des dunes est connu; il ne s'agit que de l'employer sur la plus vaste échelle possible. Sur cent soixante mille hectares environ de dunes qui se trouvent dans les deux départements de la Gironde et des Landes, vingt mille sont plantés et en plein rapport. Le système Brémontier offre le double avantage de borner la marche des sables, et de rendre à la sylviculture des terrains qui, sans lui, seraient restés essentiellement perdus pour la production. Diverses essences peuvent pousser dans les dunes : le peuplier, l'aune, le le saule, le tremble, etc., s'y développent; mais on a donné la préférence aux arbres résineux, qui fournissent un produit annuel très avantageux par leurs résines.

DUODÉNUM. Partie de l'intestin grêle qui part de l'estomac. Le duodénum reçoit la bile et le suc pancréatique qui sont versés dans l'intérieur de son canal par les canaux biliaire et pancréatique. (V. *Bile, Suc pancréatique.*) Sa longueur est d'environ 50 ou 60 centimètres; mais, dans les grands animaux, cette longueur ne peut être que de convention et par analogie avec celle du duodénum de l'homme.

DUR, E. On se sert du mot dur pour exprimer la densité ou la dureté de certains corps. Ainsi, on appelle bois durs les essences de chêne, d'ormeau, de frêne, de hêtre; et bois blancs celles de tilleul, de peuplier, de pin, etc. Dans les animaux, on nomme parties dures les os, les dents, les cartilages; et parties molles les muscles, les vaisseaux, le tissu cellulaire, etc.

On dit qu'un animal a les réactions dures quand elles sont saccadées, fatigantes pour le cavalier. Les chevaux court-jointés ou fatigués sur leurs membres ont généralement ce défaut, qui est d'ailleurs sans inconvénient pour le cheval d'attelage. Quand elles ne sont pas la conséquence de l'usure des animaux, les réactions dures sont souvent une marque de force et de résistance.

DURHAM (*Bœuf de*). La race Durham, créée en Angleterre, est un des types de boucherie les plus complets que l'on puisse désirer. Elle est médiocrement laitière et peu propre au travail; mais elle compense ces défauts par une croissance rapide, qui permet de livrer les animaux à la boucherie dès l'âge de trois ans, et même plus tôt. La race Durham se distingue par une tête petite, l'encolure mince; les membres grêles, courts; les dos et les reins droits et larges; la croupe large, longue et bien musclée; la culotte bien fournie. Sa côte est arrondie et sa peau est fine et souple, ce qui est toujours une qualité recherchée.

On conçoit que cette race, créée de toutes pièces par l'art et le régime, exige, pour être conservée avec ses qualités, les mêmes conditions hygiéniques partout où elle est importée. Une nourriture abondante lui est indispensable, car, dans cette espèce comme dans les autres en général, la nature ne rend qu'en raison de ce qu'elle reçoit. Le croisement du Durham peut convenir aux lieux d'élevage d'animaux exclusivement destinés à la boucherie; mais il ne convient pas aux pays où la culture se fait avec les bœufs ou les vaches; il ne convient pas non plus à ceux qui se livrent à l'industrie de la fabrication du beurre ou du fromage, comme dans le Cotentin, l'Auvergne, le Rouergue.

On a beaucoup exagéré, à notre avis, les avantages de l'importation et de l'adoption du Durham. S'il a produit de bons effets sur quelques points privilégiés et dans certaines conditions, ils ne sont pas généraux. Des études bien suivies et bien faites feront un jour justice des exagérations qui ont pu avoir lieu sur ce point. Nous avons en France des races bovines précieuses. Si on les traitait comme les Durham, elles ne leur seraient peut-être point inférieures, soit comme animaux de boucherie, soit sous tout autre rapport. C'est là une question qui mérite d'être étudiée à fond et sur toutes les faces, et par des observations comparatives.

DUVET. Poil fin et moelleux qui croît dans la fourrure de certains animaux pendant l'hiver. C'est avec du duvet des chèvres de Cachemire que l'on fabrique les beaux châles de ce nom. Les palmipèdes, qui vivent dans l'eau, sont aussi pourvus de duvet, dont on fait les édredons. — On donne encore le nom de duvet aux poils doux et courts qui croissent sur certains végétaux herbacés ou sur des feuilles.

DYNAMOMÈTRE. De deux mots grecs qui signifient force et mesure. Instrument à ressort dont on se sert pour mesurer la force de traction des animaux. L'épreuve du dynamomètre pourrait être très utile pour juger de la force, de la vigueur des animaux destinés à la production, surtout à l'amélioration des espèces de trait.

DYSENTERIE. Diarrhée sanguinolente. — V. *Diarrhée*.

DYSPNÉE. Difficulté de respirer. — V. *Pousse*.

E

EAU. L'eau, indispensable à la vie des végétaux et des animaux, est l'un des corps les plus répandus de la nature. Elle se présente sous trois formes : sous forme liquide dans les mers, les ruisseaux et rivières, etc. ; sous forme gazeuse dans l'atmosphère, et sous forme solide dans la neige et les glaces. La forme liquide de l'eau est la plus commune. C'est dans cet état qu'elle pénètre la terre, y entretient la fraîcheur, l'humidité, si utiles à la végétation, et y forme les sources nombreuses qui, s'unissant les unes aux autres, composent les ruisseaux, les rivières, les fleuves.

Les qualités de l'eau, comme ses propriétés, diffèrent suivant une infinité de conditions inhérentes soit à sa température, soit aux corps étrangers qu'elle tient en suspension ou en dissolution. Ainsi, pour les irrigations, les eaux, chargées de matières végétales ou animales, qui entraînent les boues des rues des villes et villages, les terres des sols cultivés et engraissés, etc., portent la fertilité et l'abondance partout où elles peuvent être employées. Les vallées arrosées par les rivières limoneuses sont très fertiles. Sous les villes ou villages, les prairies donnent des quantités considérables de fourrages. Les eaux crues, au contraire, qui proviennent des fontes de neiges ou de glaces, qui sortent des forêts sombres, qui ont traversé des terrains ferrugineux, granitiques, non seulement sont dépourvues de principes fertilisants, mais sont quelquefois nuisibles à la végétation ; elles ont souvent besoin d'être mélangées à des fumiers dans des réservoirs, et d'être exposées à l'air et au soleil, afin d'être utilisées avec fruit pour les irrigations.

Comme boisson, l'eau varie aussi de qualités : l'eau de pluie, l'eau pure et limpide des sources, des ruisseaux et rivières, sans mauvaise odeur ni saveur désagréable, sont potables, rafraîchissantes; elles sont employées dans tous les usages domestiques, tant pour la préparation des aliments que pour leur cuisson. Les eaux croupies des mares et fossés, qui tiennent en dissolution ou en suspension des gaz délétères, des matières végétales ou animales en putréfaction; celles des puits, qui sont séléniteuses, qui ne cuisent pas les légumes et ne dissolvent pas le savon, sont plus ou moins nuisibles à la santé de l'homme comme à celle des animaux. Elles ont besoin d'être épurées pour être utilisées sans inconvénient. — V. *Abreuvoir*.

Au point de vue médical, l'eau joue aussi un grand rôle dans l'art de traiter les animaux domestiques, et ses propriétés médicamenteuses varient suivant sa température comme suivant les médicaments auxquels elle sert de véhicule. Ainsi, tandis que l'eau froide est tonique et astringente, l'eau tiède est émolliente et relâchante. Elle est irritante lorsqu'elle tient en dissolution des sels de cuivre, des poisons acres; elle est adoucissante, au contraire, lorsqu'elle est rendue mucilagineuse par la mauve, la gélatine, etc. L'eau est employée en douches, en bains, en lotions, en fomentations, en vapeur à l'extérieur, et avec les substances médicamenteuses indiquées par la nature des affections à combattre; à l'intérieur, elle est employée comme boisson, comme tisane, comme lavement, comme injection, aux degrés de température, et avec les propriétés médicinales exigées par les circonstances.

L'eau a reçu différents noms, suivant ses propriétés spéciales ou celles qu'on lui donne par les corps qu'on lui fait dissoudre pour être employée. Ainsi elle est dite acidulée lorsqu'elle est mélangée à un acide plus ou moins concentré, alcaline quand elle contient un alcali. L'eau de chaux tient de la chaux en dissolution. L'eau de cristallisation est celle qui est contenue dans certains sels, et s'en échappe en vapeur avec crépitation, par le calorique : on peut observer ce fait en jetant au feu du sel marin. L'eau distillée a été obtenue par sa distillation dans un alambic; l'eau ferrée est celle dans laquelle on a laissé des morceaux de fer rouillé; l'eau de végétation est celle que contiennent tous les végétaux pendant leur vie. C'est au moyen de cette eau que les matières nutritives des plantes sont transportées dans leurs diverses parties pour leur accroissement ou pour former les divers organes qui les composent. — V. *Accroissement*, *Circulation*.

EAU-DE-VIE. — V. *Alcool*.

EAUX AUX JAMBES. Les eaux aux jambes sont une maladie spéciale au cheval, à l'âne et au mulet; mais c'est surtout chez le cheval qu'elle a été observée. Elle consiste dans le suintement d'un liquide grisâtre qui humecte les paturons, les boulets et la région des tendons des membres des animaux. Les gros chevaux de trait d'un tempérament lymphatique, aux pieds larges et plats, sont les plus sujets à ce genre d'affection, dont la nature est inconnue. Les pâturages marécageux, humides, les boues des rues dans les villes, contribuent au développement des eaux aux jambes, toujours plus ou moins difficiles à guérir, et quelquefois incurables; elles disparaissent souvent durant la belle saison, pour reparaître dans l'hiver; quand les eaux aux jambes sont, en quelque sorte, constitutionnelles, la région qui en est le siége reste engorgée, la peau y est épaisse, et le poil piqué, hérissé.

Lorsque les chevaux traversent souvent des sols argileux pendant l'hiver, ils contractent quelquefois aux paturons une affection qui a la plus grande analogie avec les eaux aux jambes. J'ai observé moi-même ce fait sur les chevaux barbes d'un corps de spahis cantonné au camp de Boufaric, en Algérie. Pour se rendre aux abreuvoirs, ces animaux traversaient pendant l'hiver des sols glaiseux délayés par l'eau. Ces terres causaient des suintements aux paturons de presque tous les chevaux; ceux qui en étaient exempts faisaient exception.

Peu de remèdes sont rigoureusement efficaces contre les eaux aux jambes. On emploie généralement les émollients au début, ensuite les astringents, même les plus énergiques, tels que les dissolutions de sels de cuivre, de zinc, de plomb, dissous dans du vinaigre. Les moyens préservatifs sont les meilleurs remèdes: ils consistent à soustraire, quand c'est possible, les animaux aux causes de la maladie.

ÉBOULEMENT. Lorsque les sols en pentes, notamment les prairies et pâturages arrosés, reposent sur un sous-sol argileux, on remarque quelquefois des éboulemonts qui sont de véritables *avalanches* de terre. Les tertres, les arbres, les murs, tout est renversé, entraîné, pour ne laisser qu'une couche d'argile stérile.

Cet incident est toujours désastreux, car des propriétés ainsi bouleversées perdent souvent la plus grande partie de leur valeur actuelle, et il faut plusieurs années et beaucoup de dépenses pour les remettre en culture.

La cause des éboulements n'est pas difficile à expliquer. Pendant les pluies, lorsque les eaux filtrent à travers la terre, elles s'arrêtent à la couche argileuse, et coulent en nappe sur sa surface. Ces eaux détachent ainsi peu à peu la terre de l'argile, rendent celle-ci glissante, et les terrains qu'elle supporte glissent sur son plan incliné et uni, et s'éboulent. Cela est si vrai, que je connais dans les montagnes de l'Auvergne des prairies qui s'éboulent partiellement lorsqu'on n'a pas soin d'en retirer les eaux quand elles sont trop abondantes. Le moyen de prévenir les éboulements est donc d'empêcher, autant que possible, les eaux de couler sur les sols en pente qui reposent sur de l'argile. On y parvient au moyen de fossés et d'aqueducs convenablement disposés.

ÉBOURGEONNEMENT. Opération par laquelle on détruit ou l'on ménage les bourgeons des arbres, de manière à ce que leurs branches se forment à des distances régulières. L'ébourgeonnement a pour but de ne laisser dans leurs dispositions ni places vides et dégarnies, ni confusion. Cette opération demande une grande habitude et beaucoup de goût de la part du pépiniériste-horticulteur. C'est à lui surtout qu'on doit ces belles dispositions des espaliers dont les branches en éventail sont si régulièrement espacées et si bien dirigées; l'air et la lumière y sont également répartis pour la formation et la maturation des fruits. Un bon ébourgeonnement rend facile la taille des arbres, car il ne laisse pousser que les tiges désirées pour la régularité de l'espalier. On ébourgeonne aussi pour prévenir un excès de végétation qui pourrait nuire à la production du fruit et épuiser l'arbre, dont les forces doivent être ménagées, afin de prolonger la durée de sa vie. Un arbre fruitier bien exploité doit donner le plus de revenu possible par ses fruits, sans que pour cela son organisation en souffre trop. C'est à l'habile jardinier à connaître le développement relatif qu'il doit donner au fruit, d'une part, et aux organes de la vie du végétal, de l'autre. L'ébourgeonnement, bien compris et bien exécuté, est le meilleur moyen d'établir l'équilibre entre ces deux conditions de la production, et de la conservation de l'arbre producteur.

EBRANCHEMENT. — V. *Elagage.*

EBROUEMENT. Mouvement d'expiration brusque, caractérisé par un bruit particulier que fait entendre l'animal qui s'ébroue. Le cheval s'ébroue quand il a peur ; il s'ébroue aussi lorsque, voulant marcher à une allure vive, il est retenu par son cavalier, qui cherche à le calmer. Les moutons s'ébrouent lorsque, pendant les chaleurs, ils cachent leur tête les uns sous le ventre des autres pour se soustraire aux mouches qui les tracassent. L'irritation de la membrane des cavités nazales des chevaux causent souvent aussi l'ébrouement.

EBULLITION. Bouillonnement de l'eau chauffée dans un vase. L'ébullition est provoquée par la vapeur qui, se formant au point chauffé, tend à monter à la surface du liquide soumis au calorique ; l'eau qui se réduit en vapeur à cent degrés de chaleur entre en ébullition à cette température.

On donne aussi le nom d'ébullition de la peau à des boutons qui se développent sur certaines régions du corps des animaux, notamment du cheval et du bœuf. — V. *Echauboulure.*

ÉCARRISSAGE. — V. *Équarrissage*

ÉCAILLE. Les écailles servent de tégument à certains animaux, comme les poils, les plumes. Les pangolins dans les mammifères, les tortues, les serpents, les crocodiles, dans les reptiles et divers poissons, en offrent des exemples.

Les écailles des tortues ont la plus grande analogie avec la corne disposée en plaques, et sont les seules qui soient utilisées dans les arts et l'industrie. Les écailles d'huîtres fournissent un excellent engrais, non seulement par le calcaire qui les forme, mais par les matières animales qu'elles contiennent ; aussi ne doit-on jamais manquer de les ramasser dans les villes qui consomment des huîtres, pour les porter dans les champs. — V. *Falun.*

Les végétaux sont quelquefois pourvus d'écailles dans quelques unes de leurs parties, pour les protéger. Ainsi les boutons formés aux extrémités des branches sont composés de petites écailles imbriquées qui recouvrent le germe des fleurs des fruits ou de nouvelles branches : souvent même ces écailles sont enduites d'un vernis visqueux et luisant qui les rend imperméables à l'humidité, comme on le voit dans le marronnier, le peuplier, etc.

Les calices des fleurs sont quelquefois formés par des sépales disposés en écailles (écailleux). La famille des composées nous en fournit de nombreux exemples.

ECART. Nom impropre vulgairement donné à une distension des parties charnues qui fixent l'épaule au tronc; le siége des boiteries qui en résultent est souvent bien obscur. Lorsqu'un animal boite, et qu'on n'en trouve pas la cause dans le pied ou dans le membre, on la cherche dans l'épaule, *dans un écart;* rien n'est plus difficile à déterminer que cette affection, plus souvent supposée que réelle. Le mot *écart*, consacré et adopté, ne signifie rien; il devrait être banni de la nomenclature vétérinaire. — V. *Distension*.

ECCHYMOSE. Épanchement de sang extravasé dans les tissus d'un animal. On remarque souvent des ecchymoses sur les animaux conduits à la boucherie. Les coups que reçoivent ces malheureux animaux lorsque, fatigués, ils ne peuvent marcher que difficilement, en sont la cause. La brutalité de leurs conducteurs devrait toujours être punie.

Dans l'homme, les ecchymoses sont faciles à voir par la couleur de la peau, noirâtre d'abord, puis jaunâtre. Dans les animaux, elles sont masquées par l'épaisseur de la peau colorée et par les poils qui la recouvrent.

ÉCHALAS. Tuteur du cep de vigne. On fait des échalas de plusieurs essences. Ceux de chêne, de châtaignier, sont réputés les meilleurs. Quelques expériences faites avec des échalas de robinier font penser que ce bois aura une durée au moins égale à celle des meilleures essences. — V. *Robinier*.

ÉCHALOTTE. Sorte de petit ognon cultivé dans nos jardins pour les besoins domestiques. — V. *Ognons*.

ECHARDONNAGE. Opération qui consiste à purger un sol des chardons. La pratique de l'échardonnage est une des plus utiles et des plus nécessaires; elle tend à détruire les chardons des récoltes, d'une part, et elle est une bonne action, de l'autre.

On sait avec quel'e rapidité le chardon se perpétue et se dissémine au loin par ses graines surmontées, qui, d'aigrettes, sont transportées par les vents. Un champ infecté de chardons dont la graine parvient à l'état de maturité peut empoisonner tout un canton, et tout bon citoyen doit détruire chez lui ces plantes nuisibles, pour ne pas salir les terres de ses voisins. L'autorité devrait être très sévère pour exiger l'échardonnage; elle rendrait un véritable service à l'agriculture en l'ordonnant rigoureusement partout où il serait nécessaire, conformément aux articles 1382, 1383 du Code civil, et 475 du Code pénal.

ÉCHARDONNER. Pratiquer l'échardonnage. On échardonne de plusieurs manières. Pendant les sarclages d'abord, on arrache les chardons avec toutes les autres mauvaises herbes; mais comme, malgré toutes les précautions, il reste encore souvent de ces mauvaises plantes, ou qu'il en pousse après le sarclage, on les coupe ordinairement dans leur racine au moyen d'un échardonnoir.

ÉCHARDONNOIR. Instrument d'agriculture ou de jardinage propre à extirper les chardons ou à les couper dans leurs racines. L'échardonnoir le plus simple et le plus commode est une petite palette en fer à bord tranchant, pourvue d'un long manche. On coupe avec ce petit instrument la racine des chardons à huit ou dix centimètres dans le sol, et ils ne poussent plus.

ÉCHASSIER. Oiseau de rivage. Les échassiers forment un ordre d'oiseaux pourvus de longues jambes et de doigts généralement très développés. Ces oiseaux se tiennent dans les lieux marécageux, sur les bords des étangs ou des fleuves. Ils ont le bec ordinairement allongé pour saisir leur proie dans l'eau. Ils se nourrissent de vers, de poissons, de reptiles, d'insectes, etc., qu'ils trouvent dans les sols humides ou couverts d'eau.

Les échassiers offrent peu d'intérêt au point de vue de la domestication. D'un tempérament sec, leur constitution frêle ne les rend pas aptes à faire des oiseaux alimentaires. L'agami, qui appartient à cet ordre, pourrait être domestiqué et utilisé comme auxiliaire, en Algérie, ou dans le midi de la France. D'après l'opinion de divers auteurs, cet oiseau pourrait être dressé de manière à rendre des services dans les basses-cours. — V. *Agami*.

ÉCHAUBOULURE. Espèce d'ébullition de la peau dans les animaux; développement spontané, sans cause souvent appréciable, de nombreux boutons plus ou moins gros qui apparaissent sur plusieurs régions du corps des animaux, notamment sur les côtes, sur l'encolure ou la croupe, etc. L'échauboulure disparaît le plus ordinairement comme elle est venue, sans remède et sans qu'on s'en occupe. Quand elle persiste, elle peut indiquer un état pléthorique; on la combat alors par une saignée ou par quelques purgatifs. On donne aussi des diurétiques. A l'aide de ce traitement simple, l'échauboulure disparaît sans inconvénient et sans laisser de trace.

C'est surtout au printemps, et lorsque les animaux sont mis à l'herbe, que l'échauboulure se développe; ce qui tendrait à faire croire que l'état pléthorique des animaux les dispose à cette affection cutanée.

ÉCHAUFFANT. (*Nourriture, Médicaments échauffants.*) Certaines substances alimentaires et médicamenteuses ont la propriété d'exciter, d'activer les fonctions vitales. On les nomme vulgairement échauffants. Ces substances toniques, administrées dans des proportions raisonnables, sont utiles à la santé des animaux dans les pays froids et humides, et pour les sujets lymphatiques surtout; mais elles deviendraient une cause de maladie dans les pays secs et chauds, surtout pour les animaux d'un tempérament sanguin et nerveux. La nourriture tonique, indispensable au cheval du nord et dans son climat, serait trop excitante pour celui du midi. Le cheval d'Afrique, par exemple, nourri avec de la paille et de l'orge, ne résisterait pas au foin aromatique et à l'avoine de nos contrées : il serait surexcité et sujet aux maladies inflammatoires. Il en est de même de l'homme. Dans le nord, la viande, le vin, les spiritueux en général, conviennent aux habitants; dans le midi, en Afrique surtout, ce régime serait nuisible aux populations. En Algérie, les hommes qui prennent, par habitude, des spiritueux, ne vivent pas long-temps. L'absinthe y a fait mourir peut-être plus de colons, plus de militaires que le feu de l'ennemi. Il n'en aurait pas été ainsi s'ils avaient pris pour boissons des eaux vineuses ou simplement acidulées.

ÉCHAUFFEMENT. État d'irritation des animaux caractérisé

par la constipation, la rougeur des membranes muqueuses apparentes, la chaleur et la sécheresse de la bouche, des éruptions de la peau, des fréquences d'uriner et un état général d'excitation du pouls et de toutes les fonctions vitales. La saignée, un régime rafraîchissant, les barbottages avec de la farine d'orge, la diminution de la ration d'avoine, quelques lavements, les diurétiques, le repos, et surtout le vert, quand la saison le permet, sont les meilleurs moyens de combattre l'échauffement, surtout dans le cheval.

ECHENILLAGE. Destruction des chenilles, et surtout de leurs nids. L'échenillage a toujours préoccupé l'autorité; on a de tout temps compris la nécessité de détruire les chenilles comme tous les insectes qui dévorent nos légumes, les feuilles de nos arbres forestiers et d'ornement, nos fruits, etc. Pourtant on est loin d'avoir réussi. Les nids des chenilles sont partout; on voit les œufs qu'elles contiennent éclore jusque sur les arbres de nos promenades, sous les yeux de l'autorité, et ce n'est trop souvent que par exception qu'on les détruit. Cependant la loi du 26 ventôse an IV ordonne formellement l'échenillage; chaque maire est tenu, d'après cette loi, de faire écheniller dans sa commune à partir du 20 février. Tout propriétaire doit écheniller dans sa propriété, sous peine d'une amende de un à cinq francs, et de faire brûler les bourses des chenilles. Les préfets doivent faire écheniller les arbres appartenant à l'état. Les agents de l'autorité sont responsables de l'exécution de la loi qui régit la matière. Cependant les chenilles continuent partout leurs dégâts, et l'agriculture comme la production en souffrent toujours. On voit souvent des arbres dont les chenilles ont dévoré toutes les feuilles. L'échenillage est loin, il est vrai, de répondre aux besoins de l'agriculture sur la destruction générale des insectes nuisibles; mais, en détruisant les chenilles, on préviendrait au moins les dégâts qu'elles causent, et la négligence, dans ce cas, est toujours coupable. — V. *Insectes nuisibles*.

ÉCHENILLER. Détruire les chenilles et leurs nids. — V. *Échenillage*.

ÉCHENILLOIR. Instrument en forme de ciseaux, muni d'une douille et pourvu d'un long manche, pour écheniller les arbres. La mâchoire mobile de l'échenilloir est mise en mouvement par une corde pour couper les branches qui contiennent les bourses des chenilles.

ECHINE. Région de l'épine dorsale et lombaire des animaux. — V. *Dos*, *Reins*.

ÉCHINORINQUES. Entozoaires trouvés quelquefois dans les intestins des animaux, et notamment dans ceux du porc et du sanglier. On a aussi observé ce parasite dans le mouton et le cheval.

ÉCLAIR. Étincelle produite par la décharge électrique de deux nuages. Le tonnerre est l'explosion qui en résulte. C'est au célèbre physicien de Philadelphie, à Franklin, que la science doit la découverte de la nature de la foudre; c'est lui qui a démontré son analogie avec l'électricité obtenue par la machine électrique dans nos cabinets de physique. — V. *Électricité*.

ÉCLAIRCIR. Couper ou arracher des végétaux dans des semis trop épais. On éclaircit les plantes, les légumes, comme les pépinières et les bois. On aménage par éclaircie, quand on coupe les arbres qui dans les bois sont nuisibles au développement de leurs voisins, étouffés faute de lumière. Dans les sems d'arbres résineux, dans les landes surtout, on est obligé de pratiquer des éclaircies pour ménager aux sujets qui restent l'espace nécessaire à leur accroissement normal.

ÉCLISSES. Attelles en bois, en carton ou en fer, pour entourer et fixer les membres fracturés des animaux, lorsque la réduction a eu lieu. On se sert aussi d'éclisses en métal ou en bois, que l'on assujettit sous le pied des chevaux, pour fixer les pansements faits sur la sole ou la fourchette.

ÉCOBUAGE. Pratique agricole qui consiste à enlever les gazons ou les croûtes superficielles d'un sol, à les faire sécher, et à les brûler après les avoir disposés en fourneaux. L'écobuage, trop souvent pratiqué sans discernement par les habitants des campagnes sur des terrains vagues et communaux, peut offrir des inconvénients et des avantages. Lorsqu'on écobue sur un sol sec, léger, on obtient une bonne récolte; mais la terre est stérilisée pour plusieurs années consécutives. Dans les pays pauvres, où les habitants écobuent des landes et bruyères, on voit des sols écobués se couvrir de mousse après la récolte et ne rien produire de long-temps, pas même de la bruyère. La petite quantité d'humus, de détritus végétaux, que ces terres contenaient, a été composée par la combustion, et le terrain a été ainsi privé de tout principe fertilisant. Aussi un terrain une fois écobué est-il abandonné pour long-temps, et sa place est marquée par sa stérilité.

Les sols sur lesquels l'écobuage réussit le mieux sont les sols argileux, tourbeux ou humides. Cependant, pour agir avec la prudence que commande toujours une opération agricole, on fera bien d'expérimenter sur une petite surface, pour savoir quel serait l'effet de l'écobuage, avant de se décider à le pratiquer sur une échelle étendue. Par ce moyen, on pourra connaître d'avance les résultats probables de l'opération.

ÉCOBUER. Défricher un sol, le mettre en culture au moyen de l'écobuage. — V. *Écobuage*.

ÉCOLES D'AGRICULTURE. Les écoles d'agriculture sont des établissements d'enseignement dont l'utilité a été comprise depuis des siècles. Columelle se plaignait avec raison, au premier siècle de l'ère chrétienne, de ce qu'il voyait à Rome des *maîtres de tout, sauf des maîtres d'agriculture*. En France, Olivier de Serres démontra, par ses écrits sur l'agriculture, ce que pouvait faire l'enseignement de cette science pour le bien-être des populations et la richesse des états. Vers le milieu du siècle passé, Duhamel-Dumonceau, dans son *Traité élémentaire d'agriculture*, publié en 1762, signalait les avantages de l'enseignement du métier de cultivateur. Un essai fut fait à ce sujet, en 1763, par Moreau, à sa terre de la Rochette, près Melun. Cent enfants-trouvés étaient instruits sur l'agriculture dans cette ferme, subventionnée par Laverdy, contrôleur général des finances.

Quelque temps après, en 1771, Bertin, qui fonda les écoles vétérinaires, créa l'école d'agriculture d'Annel, près Compiègne; ce fut le savant cultivateur Surcy de Sutières qui en fut le directeur. En 1775, l'abbé Rozier fit un projet d'enseignement agricole sur une vaste échelle; l'enseignement devait avoir lieu à Chambord. Ce projet, repris plus tard par François de Neufchâteau, n'eut malheureusement pas de suite. Enfin, en 1822, Roville se fonda; Grignon suivit son exemple en 1828; Grand-Jouan en fit autant quatre ans plus tard. Ces trois établissements prouvèrent bientôt à la France que l'enseignement agricole doit être pour elle une source de richesses incalculables. Enfin, le décret du 3 octobre 1848 organisa l'enseignement professionnel de l'agriculture suivant les besoins de l'époque. — V. *Fermes-écoles*, *Institut*, *Régional*.

ÉCONOMIE ANIMALE (*du bétail*). Science des animaux. L'économie animale a pour but la connaissance générale de l'organisation du bétail, celle des fonctions de leur vie et des moyens de l'exploiter à notre bénéfice. Ainsi, les principes d'anatomie, de physiologie, d'hygiène, de multiplication et de perfectionnement, d'acclimatation et de domestication des animaux, sont du domaine de l'économie du bétail. — V. *Acclimatation*, *Animaux domestiques*, *Croisement*, *Multiplication*, *Perfectionnement*, *Zootechnie*, etc.

ÉCONOMIE RURALE. Science qui s'occupe de l'étude théorique et pratique de toutes les opérations agricoles et commerciales d'une ferme. Ainsi, tous les détails des cultures diverses, des opérations d'achat et de vente des produits végétaux ou animaux, bruts ou soumis à une fabrication industrielle, sont du ressort de l'économie rurale; aucun ne lui est étranger. Le mot *économie rurale* est donc synonyme du mot administration, puisque cette science a aussi pour but le contrôle général et particulier de toutes les opérations agricoles ou industrielles d'une exploitation.

ÉCORCE. Enveloppe qui entoure les branches, les troncs et les racines des végétaux. L'écorce, formée de plusieurs couches superposées, protége les arbres et facilite leur développement en grosseur, en laissant couler entre elle et le bois le cambium, qui doit former la couche d'aubier. La première enveloppe externe de l'écorce se nomme épiderme; la seconde, couche subéreuse; la troisième, couche herbacée, de couleur verte, et la quatrième, couche corticale ou liber, parceque la disposition de ses couches a de l'analogie avec les feuillets d'un livre.

L'écorce est indispensable à la vie des végétaux. Un arbre écorcé ne tarde pas à périr; d'ailleurs, il ne pourrait plus croître, son aubier ne pouvant plus se former. L'écorce, dans certains végétaux, donne lieu à des produits divers, exploités par l'industrie, la médecine ou l'art culinaire. Ainsi, l'écorce du chêne donne le tan, employé à la préparation des cuirs ; l'écorce du chêne-liége fournit le liége, dont l'usage est si généralement répandu ; l'écorce des branches d'orme est très résistante et sert à faire des cordes à puits ; l'écorce de houx sert à faire la glue pour les oiseleurs. C'est par l'incision faite sur les écorces des arbres résineux qu'on obtient les résines, la poix. L'écorce du chanvre, du lin, est manufacturée pour fabriquer des tissus. Le quinquina, employé en médecine, la cannelle, utilisée en art culinaire, sont des écorces.—V. *Cannelle, Quinquina.*

ÉCORCEMENT. Opération qui consiste à écorcer les arbres. On écorce quelquefois les arbres en sève dans l'intention de donner plus de dureté à leur bois, destiné aux charpentes ou à la menuiserie. Cette pratique, conseillée par Buffon, est condamnée par la pratique. C'est au moment où la végétation, engourdie par le froid, reste stationnaire, qu'on doit couper le bois de charpente, et non lorsque la sève est en pleine activité, ce qui cause toujours une perte réelle au détriment de la production des forêts.

On écorce le chêne pour obtenir le tan livré aux tanneurs; mais on ne doit faire cet écorcement que sur les arbres ou les taillis à abattre; leur mort est toujours la conséquence essentielle de cette opération. — V. *Décortication.*

ÉCORCHURE. Excoriation, déchirure de la peau par le frottement d'un corps rugueux ou aigu. — V. *Blessure.*

ÉCOULEMENT. Sortie de liquides, naturels ou anormaux, des ouvertures naturelles ou accidentelles des animaux. Dans les cas de morve, il y a écoulement de matières purulentes par les naseaux. On distingue aussi l'écoulement de pus, de larmes, d'urine, de salive, etc.—V. *Morve, Pus.*

ÉCREVISSE. Crustacé qui se trouve dans les ruisseaux ou rivières, surtout quand leurs eaux sont vives. La pêche des écrevisses est facile. La viande fraîche, ou mieux putréfiée, les grenouilles écorchées, fixées au bout d'un bâton ou à des filets spéciaux, etc., servent d'appât pour les attirer et les prendre.

ÉCUREUIL. Petit mammifère de l'ordre des rongeurs qui vit dans nos bois et forêts. L'écureuil vit et se reproduit dans tous les climats de la France. Il se nourrit de noix, de noisettes, de faînes, etc. On mange sa chair, qui est d'un assez bon goût. Du reste, cet animal, peu commun, ne peut pas être considéré comme nuisible à l'agriculture.

ÉCURIE. L'habitation des chevaux se nomme écurie; celle des bœufs, étable. Les conditions d'une bonne écurie sont communes à toutes les habitations possibles; toutes doivent être bien aérées, bien éclairées, et construites sur un sol sec et sain; autant que possible, leur position doit être à l'est ou au midi, dans les pays du nord surtout. Comme il est difficile de donner à une habitation de chevaux toute la quantité d'air indispensable à leur respiration, il est nécessaire que des ouvertures soient ménagées pour le renouveler, sans courants, et que la propreté y soit toujours bien entretenue. Le sol de l'écurie, plus élevé que celui des cours, doit avoir un pavé bien uni et pourvu d'une rigole derrière les animaux pour l'écoulement de leurs urines. Les pentes d'écoulement seront peu inclinées à la place des chevaux, pour ne pas fatiguer leurs membres.

Les ouvertures des écuries, doubles ou simples, doivent être combinées de manière à ne pas établir de courants d'air nuisibles aux animaux. Les fenêtres seront élevées au dessus des ratcliers; des ventilateurs, pourvus de trapes qu'on ouvrira ou qu'on fermera à volonté, serviront de cheminées d'appel pour le renouvellement de l'air. La hauteur d'une écurie ne devrait pas être de moins de 3 mètres; la largeur de la place occupée par chaque cheval devrait être de 1m.50 environ.

Dans nos campagnes, les écuries sont généralement basses, étroites, mal aérées, malsaines et mal éclairées. On entasse souvent dans la même habitation les chevaux et les bœufs, les porcs, les moutons et les volailles; les animaux y contractent naturellement des maladies de toute nature : les chevaux y deviennent quelquefois farcineux, morveux, et les vaches phthisiques, etc.; souvent de malheureux cultivateurs perdent leurs animaux périodiquement, et sont ruinés par la seule insalubrité de leurs écuries. Il est donc de toute nécessité de les instruire sur les bonnes règles d'hygiène, qui les préserveront de bien des misères. — V. *Désinfection*, *Maladie*.

ÉCUSSON. Fragment d'écorce d'un végétal au centre duquel se trouve un bourgeon. On se sert des écussons pour les greffes. — V. *Greffe*.

Guénon appelle écusson la surface formée par la direction particulière, ascendante, divergente ou concentrique, des poils au pis des vaches ou à leur périnée. C'est sur la forme et le développement des écussons que cet agriculteur a basé sa nomenclature des vaches laitières.

ÉDENTÉS. Ordre de mammifères dont le système dentaire est incomplet ou nul. Tels sont les tardigrades, les tamanoirs, les ornithorynques.

ÉDUCATION (*des animaux*). On doit entendre par éducation des animaux, en agriculture, la combinaison des soins et des procédés qui rendent les animanx domestiques doux, familiers, maniables, faciles à dresser à tous les services auxquels ils sont destinés. Les Arabes entendent parfaitement l'éducation de leurs chevaux. Aussi ces animaux sont-ils dociles, doux envers leurs maîtres, toujours disposés à leur obéir, rarement disposés à résister ou à se défendre. Ces cas sont des exceptions.

Quelques contrées de France comprennent bien l'éducation de certains animaux. Ainsi, dans les montagnes de l'Auvergne, l'espèce bovine est douce, familière, obéissante, parcequ'elle est bien traitée. Le bouvier auvergnat caresse ses animaux, jeunes ou vieux; il leur donne du sel; il leur est attaché, et il en obtient, par la parole et sans les maltraiter, tout ce qu'il veut. Mais dans ce pays, le cheval n'est pas soigné de la même manière; il a rarement les caresses de son maître. Aussi a-t-il généralement le caractère un peu acerbe et plus ou moins difficile à réduire.

L'éducation des animaux a une grande influence sur leur santé, leur durée et leur perfectionnement. Un animal doux, docile, obéissant, est toujours mieux traité qu'un animal difficile et dont on se défie. Lorsqu'il n'y a pas confiance réciproque entre le maître et l'animal, c'est toujours celui-ci qui en souffre le plus.

EFFANER. Lorsque certains végétaux, tels que les céréales,

paraissent se développer de manière à fournir trop de feuilles et de paille, on les effane pour prévenir cet excès de végétation des tiges, excès qui n'est pas toujours favorable à la production du grain. On coupe alors les fanes avant la formation de l'épi; souvent on y fait paître les moutons. Par ce moyen, on borne l'action d'une végétation qui pourrait faire verser les céréales, d'une part, et qui serait, de l'autre, peu avantageuse aux produits des récoltes.

EFFET. En terme d'équitation, un effet est le résultat de l'emploi d'un moyen mis en jeu pour faire exécuter un monvement désiré à un cheval. C'est au moyen des aides qu'on produit les effets. — V. *Aides.*

EFFEUILLER. Arracher les feuilles des arbres. On effeuille le mûrier pour nourrir les vers à soie. On effeuille aussi, dans certains pays, et aux approches de l'automne, certains arbres, comme le frêne, l'ormeau, pour en donner la feuille aux animaux. Il en est souvent de même des choux, des betteraves, dont on conserve d'ailleurs les feuilles supérieures, qui suffisent à la respiration du végétal. On effeuille quelquefois des arbres fruitiers trop pourvus de feuilles, pour exposer les fruits au soleil et à l'air; mais ce procédé demande beaucoup d'esprit d'observation et de pratique raisonnée pour être utile et sans inconvénient. Lorsqu'on effeuille sans bien connaître ce procédé dans ses résultats, on risque fort, non seulement de ne pas parvenir au but proposé, mais de produire un effet contraire, ce que j'ai observé moi-même en diverses circonstances.

EFFLUVE. Principe délétère qui se dégage des sols marécageux et humides, et qui rend l'atmosphère malsaine pour l'homme comme pour les animaux, et notamment pour le mouton. Les environs des marais, principalement lorsque la chaleur y active la décomposition des matières organiques, sont dangereux à habiter. Les hommes y trouvent toujours les causes de fièvres difficiles à combattre, et souvent la mort. Les moutons y contractent la pourriture; les chevaux, les bêtes à cornes, des maladies diverses, avec des caractères différents plus ou moins graves. Les desséchements, les assainissements, peuvent seuls faire disparaître les effluves avec les causes qui les produisent. — V. *Desséchement, Miasme.*

EFFONDRER. — V. *Défoncer*.

EFFORT. Violente contraction musculaire qui cause souvent des déchirements, des distensions des tendons ou des ligaments, des entorses aux articulations, plus ou moins difficiles à guérir. Les claudications sont le plus souvent le résultat d'efforts. — V. *Claudication*, *Distension*, *Écart*, *Foulure*.

EFFRITER (*la terre*). Épuiser le sol par des cultures successives, sans lui rendre les engrais indispensables pour l'entretien de sa fécondité. Souvent des fermiers de mauvaise foi effritent la terre quand on ne les surveille pas et qu'ils sont à fin de bail. On doit prévenir ces procédés coupables par des clauses bien stipulées dans les baux à ferme. Un fermier doit rendre au propriétaire la terre dans l'état de culture et de fécondité où elle était lorsqu'il l'a prise. Il ne doit pas, quand son bail finit, exiger d'elle plus que dans les années ordinaires de sa culture normale.

ÉGAGROPILE. (*Gobe.*) Concrétion pileuse, feutrée, sphéroïde, qui se développe quelquefois dans les intestins des animaux. C'est surtout dans les ruminants que l'on rencontre les égagropiles. Dans les abattoirs, on trouve souvent des boules feutrées qui ne sont que ces concrétions arrondies, sorties des intestins des animaux avec les matières alimentaires. La formation des égagropiles, sur laquelle on a beaucoup discuté, nous paraît simple à concevoir. Les animaux, en se léchant eux-mêmes ou entre eux, avalent des poils, de la laine. Ces poils, parvenus dans les estomacs chez les ruminants, y sont roulés en pelottes par leurs mouvements péristaltiques, et c'est ce même mouvement incessant qui les feutre en exerçant sur eux une sorte de pression constante, et en les faisant tourner en tout sens. Lorsque des égagropiles volumineux bouchent les orifices du canal intestinal ou des estomacs, ils causent essentiellement la mort. Malheureusement leur présence n'est accusée par aucun symptôme spécial; seulement on a remarqué que les animaux qui avaient des égagropiles étaient plus faibles, plus délicats que ceux qui n'en ont pas. Quelques observateurs ont pensé que la faiblesse du tempérament des animaux pouvait être une des causes de la formation de ces pelotes; mais cette opinion est-elle bien fondée? La présence des égagropiles, méconnue d'abord, n'est-elle pas elle-même la cause lente qui a déterminé la faiblesse des sujets? En tout cas, lorsque l'égagropile existe, non seulement on n'a aucun moyen de le reconnaître, mais encore il est impossible d'en délivrer l'animal.

Quelquefois les égagropiles sont entourés d'une croûte lisse qui leur sert d'enveloppe. Dans ce cas, ils n'augmentent plus de volume, parceque les nouveaux poils avalés ne se feutrent pas sur leur surface.

Dans les intestins des animaux, on observe quelquefois des concrétions qui sont d'une autre nature que les égagropiles, surtout dans le cheval. — V. *Bézoard, Calcul.*

ÉGILOPS. Genre de plantes de la famille des graminées. Après plusieurs années de culture, on a obtenu de l'*Égilops ovata,* dans le midi de la France, un blé analogue au froment, ce qui a fait penser que nous devions peut-être ce précieux grain à cette plante; mais l'opinion des savants n'est pas fixée sur ce point de botanique pratique.

ÉGLANTIER. Rosier sauvage. L'églantier, hérissé d'épines, est quelquefois employé dans les haies pour fermer des ouvertures. Il pousse rapidement; en courbant ses tiges et en les entrelaçant, on ferme rapidement avec lui une brèche faite à une haie. On greffe les églantiers pour obtenir des roses de toute sorte dans les jardins.

ÉGOUTTER (*une terre*). Faciliter l'écoulement des eaux par des rigoles. On égoutte les sols de plusieurs manières. Dans les champs semés en automne surtout, lorsque toutes les opérations des ensemencements sont terminées, on pratique des sillons d'une certaine profondeur, et en éventail, dans le sens de la pente, pour faire égoutter les eaux. Ces sillons doivent être bien évidés pour que l'eau puisse y couler sans obstacle. — V. *Dessèchement, Drainage.*

ÉGRAINER. Extraire la graine d'un végétal. On égraine les fleurs, les légumes cultivés sur une petite échelle, en les frappant avec un bâton ou un fléau, ou en les frottant entre les doigts. On bat les végétaux cultivés en grande culture. — V. *Battage, Dépiquage.*

ÉGYPTIAC. Onguent composé d'acétate de cuivre, de vinaigre et de miel. L'égyptiac est très employé en art vétérinaire contre les eaux aux jambes, le piétin des moutons, le crapaud, les crevasses, la fourchette pourrie ; contre les plaies de mauvaise nature, notamment aux pieds des animaux.

ÉLABORATION. Modification subie par certains corps à la suite de l'action des organes, qui modifient leur nature dans les animaux. Ainsi, le sang est élaboré dans les poumons : de sang veineux il devient sang artériel par cette opération chimique. Les aliments subissent plusieurs élaborations pour être digérés : la première a lieu dans la bouche par la mastication et l'insalivation ; la seconde a lieu dans l'estomac ; la troisième dans l'intestin grêle, etc. Le sang est aussi élaboré dans les diverses glandes qui sécrètent les larmes, la salive, la bile, l'urine, le sperme, etc. Les plantes élaborent les liquides et les gaz, qu'elles décomposent pour s'en approprier certains principes. Ainsi elles élaborent l'acide carbonique de l'air pour s'emparer du carbonne qu'il contient, etc. — V. *Digestion, Respiration, Sécrétion.*

ÉLAGUER (*les arbres*). Couper leurs branches pour activer leur croissance en hauteur ou se procurer du bois de chauffage. On élague aussi les arbres pour leurs feuilles, qu'on fait sécher, afin de les donner, pendant l'hiver, aux animaux. Certaines fermes qui n'ont pas de forêts n'ont d'autre bois de chauffage que celui qui est produit par l'élagage des arbres plantés dans les héritages. On ne devrait donc pas négliger de planter partout où c'est possible, le long des chemins, autour des prairies, des champs et des habitations. On créerait ainsi autant de petites fabriques de bois qu'on aurait sous la main en toute saison, par un élagage bien raisonné et périodique. — V. *Arbre, Plantation.*

ÉLASTICITÉ. Propriété qu'ont certains corps de reprendre leur forme ou leur position naturelle lorsqu'une cause tend à la modifier. C'est en vertu de leur élasticité que les végétaux, fléchis par les vents, se redressent et reprennent leur direction naturelle. C'est encore en vertu de cette faculté que le ligament cervical des animaux s'allonge et se raccourcit, que les artères se dilatent et se resserrent pour recevoir le sang et le chasser par leurs extrémités. Presque tous les tissus animaux jouissent d'une élasticité plus ou moins marquée. Cependant elle ne s'observe pas aux tendons et aux ligaments articulaires. On conçoit, en effet, que, si ces organes avaient été élastiques, la progression aurait été impossible. Non seulement la puissance musculaire n'aurait pas pu leur être transmise intégralement comme elle l'est aux os, mais encore la fixité des articulations n'aurait pu avoir lieu si leurs ligaments avaient été élastiques.

Tous les gaz sont élastiques. C'est à la puissance d'élasticité de la vapeur que nous devons son emploi si étendu dans l'industrie, la marine, les chemins de fer. L'élasticité de l'air comprimé commence aussi à être utilisée. Il n'est pas douteux qu'un jour qui n'est peut-être pas éloigné, la vapeur d'eau, qui exige une assez grande quantité de combustible pour être obtenue, sera remplacée par l'air chauffé; on assure que déjà une application d'un pareil procédé a été faite en Amérique sur les bateaux à vapeur, et avec succès.

ÉLASTIQUE. Corps élastique, qui est doué d'élasticité. Presque tous les corps organisés sont élastiques à des degrés différents. — V. *Élasticité*.

ÉLECTRICITÉ. Fluide impondéré, incoercible, très répandu dans la nature à la surface des corps, susceptible de se développer par le frottement de quelques uns d'entre eux, tels que l'ambre, les résines, le verre. L'électricité, à l'état latent dans ses conditions ordinaires, se forme sous certaines influences dans l'atmosphère, sur les nuages, et produit les explosions terribles, le tonnerre.

On reconnaît deux espèces d'électricité : l'une est appelée positive, et l'autre négative. Lorsque ces deux électricités ne sont pas séparées pour réagir l'une sur l'autre, elles restent neutres et à l'état latent sur la surface des corps; mais lorsque, par le frottement ou toute autre cause, elles se divisent, elles tendent à se combiner, et au moment de la rencontre des étincelles qu'elles produisent le tonnerre éclate. Les étincelles électriques partant des nuages, se combinant avec celles qui s'échappent des sommets les plus élevés des bâtiments, des rochers, des montagnes ou des arbres, créent la foudre, qui incendie les points où elle tombe, s'ils sont combustibles, foudroie les hommes ou les animaux qui y sont exposés, etc. Aussi, pendant les orages, lorsque le tonnerre gronde, ne doit-on jamais s'abriter sous les arbres ou contre les rochers, sur lesquels le tonnerre peut tomber, en raison de leur élévation. Ce fait est facile à comprendre. Les électricités de nature différente s'attirent réciproquement : celle des nuages attire celle du sol sur les sommets, et c'est là que la rencontre a lieu et que l'explosion se fait, en laissant quelquefois des traces épouvantables.

L'électricité a une action particulière sur la végétation. Après un orage du printemps, par exemple, les pousses des végétaux se sont accrues dans des proportions relatives très grandes. Du reste, des expériences faites par des physiciens ont constaté ce fait.

L'électricité, dont on est loin de connaître toutes les propriétés et toute l'action dans la vie des végétaux comme des animaux, est appelée à jouer un immense rôle dans l'industrie. Déjà son application à la télégraphie rend des services signalés aux relations internationales administratives et individuelles. Des essais faits pour l'éclairage font espérer qu'un jour nos grandes cités seront éclairées par la lumière résultant de son action sur une préparation de carbone. En chimie, elle sert à décomposer des corps; en médecine, on l'emploie dans certaines affections nerveuses, dans les paralysies. Des études se poursuivent avec persévérance sur l'électricité, et nul ne peut prévoir les découvertes qui pourront être faites sur l'emploi de l'élément de la foudre manié par le génie de l'homme.

ÉLECTRIQUE. Qui a rapport à l'électricité, machine électrique, étincelle électrique, commotion électrique, fluide électrique. Il y a des poissons électriques : la gymnote et la torpille sont de ce nombre. Ces poissons dégagent des décharges électriques assez fortes pour faire fuir leurs ennemis, ou foudroyer les animaux vivants qui leur servent de pâture.

ÉLECTRISABLE. Corps électrisable, susceptible d'être électrisé. — V. *Électricité.*

ÉLECTRISATION. Action de soumettre un malade aux effets de l'électricité. — V. *Électricité.*

ELECTROMÈTRE. Petit instrument qui sert à indiquer la quantité d'électricité développée sur un corps.

ÉLECTUAIRE. Préparation médicinale destinée aux animaux. Les propriétés d'un électuaire varient suivant qu'il est composé de substances adoucissantes, toniques, stimulantes, astringentes, purgatives, vermifuges, etc. Les électuaires sont toujours administrés à l'intérieur.

ÉLÉMENT. Corps simple qui entre dans la composition d'un tout. L'hydrogène et l'oxygène sont les deux éléments qui composent l'eau; l'oxygène et l'azote sont les éléments de l'air pur, etc. — V. *Corps*.

ÉLÉPHANT. Mammifère de l'ordre des pachydermes. L'éléphant est dompté comme animal domestique dans l'Inde, où l'on s'en sert comme bête de somme; mais il n'a point été encore domestiqué; il vit et se reproduit à l'état sauvage.

ÉLÉPHANTIASIS. Nom donné à un genre de maladie de la peau observé quelquefois dans les animaux domestiques. L'éléphantiasis se distingue d'abord par la rougeur de la peau, ensuite par son épaisseur et le poil hérissé qui la recouvre. Cette affection est difficile à guérir, et demande beaucoup de soins et d'attention de la part des hommes de l'art.

ÉLEVAGE. Industrie agricole qui consiste à élever, à produire des animaux domestiques. L'élevage est une des opérations les plus délicates et les plus importantes pour le cultivateur. Malheureusement les bons principes qui devraient être la base de sa prospérité sont encore méconnus et généralement mal compris en France. Cela s'explique par le défaut de connaissances spéciales et suffisantes en histoire naturelle appliquée, en hygiène, en science pratique des animaux. Les éléments de ces connaissances ne sont pas répandus dans nos campagnes, et nos insuccès en matière d'élevage n'ont pas d'autre cause. En Angleterre, par exemple, non seulement la quantité relative d'animaux est plus considérable que chez nous, mais le perfectionnement des espèces est incomparablement supérieur à tout ce que nous avons voulu faire. Chez les Anglais, chaque race, presque chaque animal, a un cachet particulier qu'il a reçu de l'éleveur, et qui le rend apte à un genre de service auquel il a été destiné. Ainsi, chez eux, les animaux de boucherie forment un type particulier de production de viande ou de graisse : telles sont les races Durham pour le bœuf, Dishley pour le mouton, et toutes leurs races de porcs. Pour les animaux de vitesse, les Anglais ont leur pur-sang d'hippodrome ; pour les animaux de fonds, ils ont leurs chevaux de chasse ; et pour les animaux de gros trait et de développement musculaire, ils ont leurs énormes chevaux de brasseur. Si nous voulions examiner maintenant leurs races de chiens, de combat ou de chasse, leurs volailles, etc., nous verrions quelle supériorité ces animaux divers ont sur les nôtres par leur conformation et leur spécialité de service. L'élevage, bien dirigé et bien compris en Angleterre, a donné à chaque race les caractères qu'on a désiré dans les limites du possible. Vous voyez dans chacune d'elles le cachet du génie pratique qui a présidé à leur formation. Tous ces animaux, en quelque sorte, ont été transformés du type brut de la nature en un type artificiel créé par la main de l'homme. En France, nous n'avons rien de comparable. Nous n'avons pas de races qui nous indiquent l'action générale de la science sur l'élevage de nos animaux. Le mouton de la Charmoise seul, créé par le regrettable M Malingié, nous offre une exception qui, après la mort de son auteur, ne laisserait peut-être plus de trace dans quelques années si ses successeurs la négligeaient. M. Gros de Mauchamp a aussi obtenu de bons résultats ; mais ses succès sont relatifs au lainage, plutôt qu'à la conformation générale des sujets.

Pour faire un bon élevage, il faudrait, après avoir amélioré l'agriculture, bien choisir les types reproducteurs, les bien accoupler ou les bien croiser, suivant le but proposé. Sans ces précautions préalables, il ne peut y avoir de progrès possible dans l'art d'élever les animaux. — V. *Amélioration, Appareillement, Croisement*, *Multiplication*, *Perfectionnement.*

ÉLÈVE. Nom réservé en agriculture à un animal élevé à la ferme. Un pays d'élèves est une contrée qui se livre à l'industrie de l'élevage. Faire des élèves, c'est faire naître des produits et les élever jusqu'à une époque plus ou moins avancée de leur vie. Les pays d'élevage sont divisés en deux catégories bien distinctes :

les uns ont les mères, font naître les élèves, commencent leur élevage, et les vendent en grande partie, après le sevrage, à d'autres pays qui ne font pas naître, mais qui terminent l'élevage des animaux jusqu'à ce qu'ils soient livrés à la consommation. Les montagnes de l'Auvergne, par exemple, font naître une grande quantité de mulets, vendus à six mois, pour être élevés dans d'autres régions. Il en est de même d'une immense quantité de jeunes bêtes à cornes, qui se dispersent dans presque toute la France, depuis l'âge de six mois jusqu'à celui de quatre ans.

ÉLYME. Genre de plantes de la famille des graminées. L'élyme croît de préférence dans les sols sablonneux. Celui des sables pousse dans les dunes, qu'il concourt à limiter. — V. *Dunes.*

ÉLYTRE. Aile cornée des insectes. L'élytre protége l'aile membraneuse qu'il recouvre. Les élytres concourent à déterminer la forme du corps des insectes. C'est surtout sur ces organes que se trouve la matière vésicante des cantharides. — V. *Cantharide*, ***Vésicatoire.***

ÉMACIATION. Maigreur extrême. — V. *Marasme.*

ÉMAIL. Substance nacrée d'une grande dureté, faisant feu au briquet, et recouvrant les dents. Dans les herbivores, l'émail se replie en sens divers dans le corps des dents, pour y entretenir des anfractuosités indispensables à la trituration des végétaux. — V. ***Dent.***

EMBARRURE. Nom vulgaire donné aux blessures causées par les barres qui servent à séparer les chevaux dans les écuries. Pour éviter autant que possible les embarrures, il faut laisser les barres mobiles, faciles à abattre, au lieu de les fixer; on doit aussi les garnir de coussinets ou de torsades de paille ou de foin.

EMBLAVER (*une terre*). L'ensemencer en blé. L'habitude de certains pays d'emblaver trop de terre, de ne pas alterner les cultures par un assolement bien entendu, non seulement s'oppose aux progrès réels de l'agriculture, mais est un obstacle au bien-être des populations agricoles. Dans beaucoup de lieux, on a tort de regarder la quantité de blé ensemencé comme la base des produits d'une ferme; on oublie trop que, pour bien faire produire un sol, il faut le bien fumer; qu'un hectare de terre bien engraissé produira plus que deux hectares emblavés avec une maigre fumure. La production fourragère de tout ordre devrait donc avoir une plus large part dans les exploitations, pour nourrir plus de bétail et avoir plus de fumier; tout y gagnerait, la terre comme le cultivateur. *Veux-tu du blé, fais des prés*. Jamais proverbe ne fut plus rigoureusement vrai.

EMBONPOINT. Etat d'un animal en bonne santé et un peu gras. L'embonpoint pourrait être considéré comme la première période de l'engraissement. Les animaux bien tenus dans une ferme doivent être toujours en bon état, en chair, comme on dit vulgairement; mais il est inutile qu'ils soient en embonpoint s'ils ne sont pas destinés à la boucherie. Pour les conserver dans de bonnes conditions de force et de santé, on doit régler leur nourriture et leur exercice de manière à ne pas accumuler dans leur corps plus de graisse qu'il ne faut.

EMBOUCHE. Nom donné, dans certains pays, aux herbages destinés à l'engraissement des animaux. Les embouches demandent naturellement un sol frais et fertile, qui fournit une herbe grasse et appétissante. La vallée d'Auge, en Normandie, est un des pays les plus riches en embouches. Pour engraisser les herbages et les rendre plus féconds, on devrait toujours y étendre les bouses des animaux et les arroser pour faire pénétrer dans le sol leurs sucs fécondants. Ce serait facile dans les lieux arrosés; quant à ceux qui ne peuvent pas l'être naturellement, nous croyons que, si l'eau n'était pas éloignée, les frais de son transport pour pratiquer cette opération seraient largement payés par les qualités qu'elle donnerait au fond du sol, et par les produits qui en résulteraient. Le département du Nord en fournit des exemples avec ses pâtures grasses. Les bouses qui se dessèchent sur place étouffent l'herbe qu'elles recouvrent pour quelque temps, et perdent au moins les deux tiers de leurs propriétés fécondantes.

EMBOUCHER (*un cheval*). Choisir le mors qui lui convient et l'ajuster à sa bouche. — V. *Barres, Bouche, Mors*.

EMBOUCHURE. Partie d'une bride destinée à être ajustée à la

bouche d'un animal. L'embouchure d'une bride varie suivant l'âge des animaux et la conformation des barres. C'est au cavalier intelligent à choisir celle qui convient le mieux pour bien conduire son cheval et le maîtriser sans le blesser. — V. *Barres, Mors.*

EMBRANCHEMENT. Division établie dans la classification des règnes de la nature. Dans le règne animal, les naturalistes ont généralement adopté quatre embranchements. Le premier comprend les vertébrés, subdivisés en plusieurs ordres; le second comprend les mollusques, le troisième les articulés, et le quatrième les radiés. Dans le règne végétal, certains botanistes ont admis trois embranchements, qui sont : les végétaux acotylédonés, les monocotylédonés, et les dicotylédonés.—V. ces mots.

EMBRYOLOGIE. Science qui traite de l'embryon ou du fœtus. — V. *Fécondation, Fœtus, Gestation.*

EMBRYON. On nomme embryon, dans les règnes organiques, le germe qui doit produire un nouvel individu semblable à celui dont il émane. Chez les végétaux, l'embryon est contenu dans la graine, et il se développe pour former le végétal quand il est placé dans les conditions favorables à la végétation. Chez les animaux, le germe est déposé dans l'utérus après la fécondation des femelles, et l'embryon s'y développe pour former le fœtus. Le mot *embryon*, dans les animaux, n'a pas un sens bien caractéristique; rien n'est tranché d'une manière satisfaisante dans la différence qu'on a cherché à établir entre l'embryon et le fœtus, surtout au début de sa formation.

ÉMÉTIQUE. (*Tartre stibié.*) L'émétique est une préparation médicamenteuse très employée comme vomitif. Suivant les doses, il provoque le vomissement ou des purgations. Ce médicament, très énergique, doit toujours être employé avec beaucoup de prudence et par une main exercée. — V. *Tartrate de potasse et d'antimoine.*

Émétique se dit également de toute substance qui provoque le vomissement. Cette ordre de médicaments n'est pas employé pour le cheval, qui ne vomit pas.

ÉMÉTISÉ. Corps émétisé, qui contient de l'émétique.

ÉMOLLIENTS. Nom donné à toutes les substances qui ont la

propriété de ramollir les tissus, de calmer leur sensibilité en les relâchant, et par conséquent d'amortir la douleur. Les émollients sont fournis par les trois règnes de la nature. Le règne minéral donne l'eau tiède ou en vapeur; dans ces deux états, elle est un excellent émollient, très facile à utiliser et très économique. Dans le règne végétal on trouve beaucoup d'émollients, fournis par les racines, les tiges, les feuilles et les graines. Ainsi la famille des malvacées, celle des boraginées, fournissent des émollients par leurs feuilles, leurs tiges ou leurs racines. La graine de lin est très émolliente, soit en décoction, soit en cataplasme. Dans le règne animal, la graisse, le beurre, le bouillon de tripes, la gélatine, fournissent aussi des émollients, employés surtout à l'extérieur sous forme d'onguents ou de bains. Les émollients sont très utilisés en médecine des animaux contre les maladies inflammatoires, les contusions, etc.

ÉMONDER (*un arbre*). Le débarrasser de l'excès de ses branches, et notamment de celles qui sont sèches. On émonde un arbre fruitier afin de prévenir son épuisement par une trop grande abondance de produits, et pour que l'air et la lumière puissent bien pénétrer au travers de son feuillage, de manière à bien mûrir les fruits. On ne doit émonder les arbres qu'à des époques où leur végétation est engourdie, afin qu'elle n'en souffre pas. Les mois de janvier ou février paraissent être les plus favorables à cette opération; en tout cas, on aura soin de couper les branches de bas en haut, en sifflet et sans hachures. Les inégalités sur les plaies des arbres y retiennent l'eau, qui pourrit le bois, et forme ainsi des cavités dans les troncs.

ÉMOTTER. Briser les mottes après les labours. Les sols argileux sont surtout susceptibles de faire des mottes, notamment quand ils sont trop secs et battus. On les brise avec la herse, le rouleau, ou à la main avec des hoyaux. Lorsqu'on peut faire de bons labours d'automne, les gelées d'hiver produisent le meilleur effet sur les mottes de terre en les émiettant. Au printemps suivant, les terres sont émottées et admirablement préparées pour les ensemencements.

EMPAILLER. Entourer ou couvrir de paille un végétal pour le protéger contre le froid. On empaille quelquefois les groseillers pour conserver les groseilles jusqu'à l'arrière-saison, et empêcher les oiseaux de les dévorer. On empaille des oiseaux et divers animaux pour les conserver comme objets d'histoire naturelle.

EMPATEMENT. — V. *Enflure*, *Engorgement*, *OEdème*.

EMPHYSÈME. L'emphysème est une tumeur causée par l'air introduit dans les tissus à la suite de quelque blessure, ou par le développement spontané de gaz dans les mailles du tissu cellulaire. Il est facile de reconnaître l'emphysème par la pression du doigt. On entend, dans ce cas, une sorte de crépitation causée par le déplacement du gaz. Quelquefois ces tumeurs caractérisent des maladies charbonneuses, chez les grands ruminants surtout. Leur présence alors est toujours un symptôme plus ou moins grave. On est souvent obligé de faire des scarifications sur les tumeurs emphysémateuses pour donner issue aux gaz qu'elles contiennent; on les frictionne aussi avec des dissolutions toniques pour activer leur résolution.

EMPIERRER. On empierre un chemin, un fossé, lorsqu'on y place du cailloutage. Dans certains pays où les champs sont couverts de cailloux, on ouvre de larges fossés pour les empierrer. Ce moyen a le double avantage de délivrer les terres des pierres qu'elles contiennent en trop grande quantité, et de les assainir quand elles sont humides. Les fossés empierrés, en effet, sont d'excellents aqueducs, qui servent à égoutter les sols. J'ai moi-même pratiqué des empierrements de cette nature avec beaucoup d'avantage.

EMPIRIQUE. — V. *Charlatan*.

EMPLATRE. Médicament plus ou moins consistant, se ramollissant par la chaleur, et adhérant aux parties sur lesquelles on l'applique. Les emplâtres employés pour les animaux sont ordinairement résineux; ils sont toniques, excitants et même irritants, suivant les substances qu'ils contiennent et les effets qu'on veut produire. On les place sur des tumeurs qu'on veut faire disparaître; sur les reins, par suite d'efforts; sur les articulations, à la suite de boiteries par distension, etc. — V. *Charge*.

EMPOISONNEMENT. Effet des poisons sur les animaux. Chez

les espèces domestiques en général, cet effet est produit par l'action des poisons sur le tube digestif, soit que les animaux s'empoisonnent eux-mêmes dans les pâturages en mangeant des plantes vénéneuses, soit qu'ils succombent victimes de la malveillance. Les familles des renonculaires et des colchicacées sont celles qui contiennent le plus de plantes qui empoisonnent les animaux. Les champignons causent des empoisonnements fréquents dans l'homme; mais les animaux les repoussent, et ne sont point empoisonnés par eux, du moins nous ne connaissons pas d'exemple qui démontre le contraire. On empoisonne les poissons des rivières avec la chaux ou la coque du Levant, dans nos campagnes surtout. On a quelquefois des exemples d'empoisonnement d'animaux par malveillance, malgré la rigueur des lois à ce sujet. L'article 452 du Code pénal est explicite à ce sujet. Voici son texte : « Quiconque aura empoisonné des chevaux ou » autres bêtes de voiture, de monture, ou de charge, des bêtes à » cornes, des moutons, chèvres ou porcs, ou des poissons dans » un étang, vivier ou réservoir, sera puni d'un emprisonnement » d'un an à cinq ans, et d'une amende de 16 à 300 fr. Les cou- » pables pourront être mis, par l'arrêt ou le jugement, sous la » surveillance de la haute police pendant deux ans au moins et » cinq ans au plus. »

Le traitement des animaux empoisonnés est d'autant plus difficile que les symptômes morbides qu'ils présentent sont loin d'être toujours caractéristiques. Souvent même, lorsqu'on reconnaît l'accident, il est trop tard pour en prévenir les effets. En tout cas, on pourra administrer des boissons émollientes, et les donner en lavement, pour vider, autant que possible, le canal intestinal, et le délivrer des matières vénéneuses qu'il peut contenir. Le vomissement n'est possible dans le cheval ni dans le bœuf; mais on le provoque facilement dans le chien, avec quelques grains d'émétique. On tiendra du reste les animaux empoisonnés à une diète sévère. Des boissons seules, acidulées ou adoucissantes, leur seront administrées, en attendant les secours indiqués par la science aux praticiens qui s'occupent du traitement des maladies des animaux. — V. *Poison*.

EMPOISSONNEMENT. Repeuplement d'un étang ou d'une rivière, en y mettant soit du poisson, soit du frai. — V. *Frai*, *Pisciculture*.

EMPOTER. En terme de jardinage, le mot empoter signifie placer un végétal dans un pot plein de terre, pour le conserver soit dans des serres, soit ailleurs. On n'empote généralement que des végétaux précieux ou des plantes d'ornement.

ENCAPUCHONNER (S'). Un cheval s'encapuchonne lorsque son menton se rapproche de l'encolure. Les chevaux qui s'encapuchonnent n'appartiennent pas généralement aux races de vitesse, dont la direction de la tête tend à se rapprocher de la ligne horizontale, au lieu d'être verticale. — V. *Course, Encolure, Tête*.

ENCASTELLURE. Le rétrécissement à divers degrés du pied du cheval, surtout aux talons, se nomme encastellure. Ce vice accidentel de structure provient presque toujours des effets de la ferrure, notamment dans les animaux qui y sont naturellement prédisposés par un pied petit dont la corne est dure et sèche. Les chevaux de sang, surtout lorsqu'ils sont élevés sur des montagnes et des terrains secs, y sont plus exposés que les chevaux communs, élevés dans les plaines et les lieux humides.

Je viens de dire que l'encastellure était surtout causée par les effets de la ferrure; en voici la raison. Le pied du cheval est organisé de manière à être élastique à des degrés différents dans toutes ses parties, et surtout vers les talons. Cette élasticité, dont le mécanisme est admirable (V. *Pied*), est nécessaire au jeu de toutes les parties qui le composent, pour bien fonctionner. Lorsqu'on applique le fer avec des clous, on borne le jeu de la muraille du sabot; elle ne peut plus s'écarter ni revenir sur elle-même au moment de l'appui et du lever du pied. Par suite de la fixité anormale de la muraille clouée sur le fer, la fourchette, privée de son jeu naturel, s'altère peu à peu, tend à diminuer de volume et à se dessécher. Le coin élastique qu'elle forme, et qui concourrait à écarter les talons par son élargissement au moment de l'appui, s'amoindrit, se rétrécit, et entraîne dans son rétrécissement celui des talons. Les tissus mous contenus dans la partie postérieure du sabot sont comprimés, et ne jouissent plus de toute l'étendue de leur vitalité. Ils s'irritent peu à peu, deviennent douloureux, et finissent par faire boiter l'animal. Alors l'encastellure est passée à l'état de véritable maladie. Elle est d'autant plus difficile à traiter et à guérir, qu'elle a été produite par une cause dont l'action a été lente, sourde, et cette cause a créé une véritable affection organique.

Pour prévenir l'encastellure, on a imaginé diverses espèces de fers, afin de permettre l'action de l'élasticité naturelle du pied. On a fait des fers articulés à la pince et aux quartiers; on a essayé de forcer l'écartement des talons par des moyens mécaniques de toute espèce. Jusqu'ici rien n'a encore réussi. La ferrure avec des fers courts, étampés le plus près possible de la pince pour faciliter le jeu des talons, paraît être le procédé qui a le mieux réussi à prévenir l'encastellure, ou du moins à retarder les accidents qu'elle cause. Mais, quand ces accidents se sont produits, le meilleur moyen d'y remédier serait de déferrer le malade, de le mettre à l'herbage, où il resterait nuit et jour; de parer ses pieds en talons, et de les graisser avec de l'onguent de pied. L'humidité du gazon et le repos long-temps prolongé me semblent le meilleur remède à employer dans ce cas, surtout pour les sujets précieux. En attendant sa guérison, une jument pourrait être soumise à la reproduction si la souffrance ne s'y opposait pas et n'influait pas sur le développement de son produit, surtout sur son allaitement.

ENCÉPHALE. Nom généralement donné au cerveau et à la moelle épinière. — V. *Cerveau.*

ENCÉPHALIQUE. Masse encéphalique, centre nerveux, qui comprend le cerveau et la moelle épinière, d'où partent les nerfs du corps. — V. *Cerveau, Moelle épinière.*

ENCÉPHALITE. Maladie du cerveau que l'on remarque assez souvent dans le cheval, rarement dans les autres animaux. L'encéphalite est quelquefois désignée par le nom de *vertige.* — V. *Vertige.*

ENCHEVÊTRURE. Excoriations ou blessures faites aux membres, et surtout aux paturons des chevaux pris dans les longes qui servent à les attacher. Les enchevêtrures n'ont de gravité qu'en raison de la gravité même des blessures qui les caractérisent. Si elles se bornent à une simple excoriation de la peau, elles se guérissent sans traitement. Si les lésions sont profondes, si la peau est coupée, déchirée, les tendons lésés, des soins particuliers et des pansements bien dirigés sont devenus nécessaires. On traite la blessure d'abord avec des émollients, et, pour activer plus tard sa cicatrisation, on emploie des astringents, tels que l'extrait de saturne étendu d'eau, les dissolutions de sulfate de zinc, l'onguent égyptiac, etc.

ENCLOUURE. Lésion occasionnée dans le pied du cheval ou du bœuf par un clou qui a déterminé, par sa présence ou par la blessure qu'il a faite, une inflammation des tissus que recouvre la corne. Si l'enclouure est négligée, si elle n'est pas traitée à temps convenable, elle peut causer de grands ravages dans les pieds des animaux. En effet, l'inflammation des tissus dans la boîte cornée (sabot) qui les contient cause leur engorgement, et par conséquent une grande douleur, d'une part parceque ces tissus, étant comprimés, ne peuvent pas se dilater; de l'autre, parceque le pus qui se forme, ne pouvant pas percer la corne au point où il est, fuse, décolle l'ongle des chairs, et est obligé de se faire jour par la couronne des pieds. On conçoit, dès lors, tout le mal que peut faire une enclouure négligée.

Pour prévenir cet accident autant que possible, on doit déferrer l'animal au moment où l'on s'aperçoit qu'il témoigne de la douleur ou de la sensibilité; on cherche à reconnaître l'endroit où il a été encloué, ce qui n'est pas difficile à ceux qui ont un peu de pratique. On découvre le foyer du mal; on enlève la partie d'ongle décollée, et on panse la plaie avec un peu d'étoupe et d'eau-de-vie étendue d'eau. Ce simple moyen suffit ordinairement pour guérir les enclouures.

ENCLAVE. On donne le nom d'enclaves aux propriétés qui sont enclavées dans celles d'autrui. Rien n'est moins favorable aux progrès de l'agriculture que les enclaves. La culture des propriétés enclavées, en effet, est essentiellement subordonnée à celle des voisins. On est obligé en quelque sorte de suivre leur mode de cultiver, pour récolter en même temps qu'ils récoltent eux-mêmes; sans cela, le champ enclavé est exposé à tous les dommages que subit une récolte isolée au milieu de la campagne, surtout lorsque les bestiaux y pâturent. On devrait chercher autant que possible à désenclaver les terres par des échanges ; tous les propriétaires y gagneraient.

ENCLOS. Une terre entourée de murailles ou de clôtures, de quelque nature qu'elles soient, est appelée enclos. On cultive dans les enclos les produits qui excitent le plus la convoitise des maraudeurs, tels que les fruits divers, les légumes, les végétaux d'ornement livrés au commerce dans le voisinage des grandes villes. Dans les pays bien cultivés, riches par les produits du sol, les enclos sont assez communs ; ils sont rares, au contraire, dans les pays pauvres, parceque leur établissement est toujours plus ou moins dispendieux, et qu'on ne peut faire les dépenses qu'ils nécessitent que pour des terres qui sont en état de bien payer par leurs produits la rente du capital engagé. — V. *Clôture.*

ENCOLURE. (*Cou.*) L'étude de l'encolure des animaux offre à l'observateur un double intérêt. L'encolure doit être examinée, d'une part, sous le point de vue de la mécanique animale, et, de l'autre, sous celui des caractères qu'elle doit offrir en ce qui concerne les espèces laitières et de boucherie.

Au point de vue de la mécanique animale, l'encolure est un véritable balancier qui sert au déplacement du centre de gravité des animaux qui marchent ; son action est alors d'autant plus étendue que le levier qu'elle forme est plus long. Dans le cheval, par exemple, il est facile de se convaincre de ce que j'avance. La direction de l'encolure, ses mouvements, précèdent toujours ceux qui doivent être exécutés dans les courses à grande vitesse ; la tête et l'encolure sont tendues en avant, et forment une ligne presque droite pour faciliter la projection du corps. Un cheval qui veut ruer incline brusquement son encolure, pour déplacer en avant le centre de gravité de son corps, alléger le train postérieur, et faciliter ainsi la ruade par un mouvement de bascule sur ses membres antérieurs. Si, au contraire, l'animal veut se cabrer, il porte l'encolure en haut et en arrière, pour déplacer le centre de gravité vers le train postérieur, alléger l'avant-main et se dresser. Quand les chevaux courent, qu'ils jouent ensemble et qu'ils veulent changer brusquement de direction, l'encolure comme la tête se portent du côté vers lequel le mouvement doit être exécuté. Dans les diverses allures du manége, un écuyer habile agit toujours sur l'encolure au moyen de la bride, pour faciliter au cheval l'exécution des mouvements exigés. La méthode dite d'assouplissement n'est qu'un exercice raisonné, une sorte de gymnastique de ce balancier, pour le rendre plus apte à ses fonctions.

Pour être dans de bonnes conditions d'action, l'encolure d'un cheval doit être droite, bien musclée, pyramidale de sa base à son sommet, dépourvue de graisse et de tissu cellulaire, qui la surchargent inutilement. Lorsqu'elle forme une courbe à la région cervicale, c'est-à-dire à son bord supérieur, elle est rouée; elle est dite renversée lorsque, au contraire, cette courbe est à son bord trachilien ou inférieur; elle a le coup de hache lorsqu'elle est déprimée en avant du garrot; elle est dite de cygne quand, ayant le coup de hache, elle est rouée vers son tiers supérieur jusqu'à la nuque. Le bord trachilien ou inférieur de l'encolure doit être élargi dans son contour d'un côté à l'autre, chez le cheval. Ce caractère indique le volume de la trachée-artère, qui doit être grosse depuis le larynx jusqu'à son entrée à la poitrine. Un cheval qui a cette région amincie doit avoir la trachée petite, et par conséquent il a de petits poumons, la poitrine délicate et les naseaux rétrécis : c'est là une règle générale. —V. *Naseaux*.

L'encolure du cheval doit avoir la crinière fine et rare. Ses faces latérales seront exemptes de traces de sétons ou de vésicatoires; si ces traces existaient, elles indiqueraient que l'animal a été traité de quelque maladie plus ou moins grave, comme la fluxion périodique des yeux, la morve, etc.

Une encolure allongée n'a pas d'inconvénient; elle n'en est que balancier plus puissant, tandis qu'une encolure courte manque de souplesse comme d'élégance; elle est raide, et ne convient pas au cheval de selle surtout.

Dans le bœuf, la finesse de l'encolure est un caractère de finesse de race; une encolure grosse, épaisse, avec un fanon développé, ne caractérise jamais une espèce laitière et d'une bonne nature pour l'engraissement; elle coïncide avec une grosse ossature, une peau épaisse, de gros membres et une grosse queue. Ces animaux peuvent être propres au trait, mais ils sont de médiocre qualité pour le lait et la boucherie. Il en est de même de l'espèce ovine; chez elle aussi une encolure fine indique la forme de la race qui convient au point de vue de la facilité d'engraissement. D'un autre côté, l'encolure ne fournit qu'une viande de qualité médiocre, et, pour les animaux de boucherie, on doit chercher toujours à amoindrir les parties qui ne donnent que de la viande de qualité inférieure, au bénéfice des régions qui fournissent la viande de premier choix.

ENCOURAGEMENTS (*à l'agriculture*). Il n'est pas d'industrie qui mérite d'être plus encouragée que l'agriculture, parcequ'il n'en est pas qui soit plus en souffrance qu'elle ; mais le meilleur encouragement qu'on puisse lui donner, c'est de faciliter aux enfants des cultivateurs les moyens d'apprendre leur métier. Si l'agriculture est arriérée en France, si elle n'est pas honorée comme elle mérite de l'être, si la jeunesse intelligente et studieuse lui préfère d'autres carrières, des places salariées dans les villes, c'est que, les immenses ressources offertes par le sol n'étant pas comprises, elles sont mal exploitées. Malgré les énormes avantages qu'offrent ces ressources, les cultivateurs qui se créent une existence honorable par un travail de leur vie entière forment encore aujourd'hui l'exception dans nos campagnes. Voilà pourquoi les intelligences les abandonnent pour chercher des places dans les villes. C'est là un vice de notre société qui ne peut être détruit que par l'instruction professionnelle de l'agriculture. En dehors de cette instruction, tous les encouragements seront loin de remplir le but proposé; nous en avons acquis la preuve il y a longtemps déjà, et tous les jours nous l'avons sous les yeux.

ENDIGUEMENTS. Obstacles opposés au débordement des rivières, afin d'arrêter les eaux et de les contenir dans leurs lits. Les ravages causés par les inondations ont naturellement fait chercher les moyens de prévenir les débordements des rivières; les gouvernements comme les législateurs ont dû s'en occuper sérieusement. Des endiguements ont été indiqués et pratiqués sur plusieurs points. Opérés partiellement, ils ont pu protéger certaines régions, notamment des villes et villages. Sous ce rapport, ils peuvent rendre des services à des localités isolées qui représentent des intérêts majeurs à défendre; ils sont indispensables dans les canaux, comme aussi pour faciliter la navigation de fleuves ou rivières qui ne sont point naturellement encaissés. Mais au point de vue général, les endiguements ne sont qu'un moyen illusoire pour arrêter les ravages des inondations. Celles-ci, en effet, sont les conséquences d'une cause à laquelle il faudrait nécessairement remonter pour opérer judicieusement. Un bon système de canalisation détournerait, d'une part, les eaux des rivières et des fleuves pour des irrigations au bénéfice de l'agriculture; d'autre part, le reboisement et le gazonnement des montagnes, des terrains en pente, retenant les eaux des pluies, seraient le meilleur moyen de prévenir les inondations, que des endiguements toujours très dispendieux à faire et à entretenir n'arrêteront d'un côté que pour les rejeter sur un autre.

ENDOCARPE. De deux mots grecs qui signifient *en dedans* et *graine*. On a nommé endocarpe, en général, la membrane qui enveloppe les graines. Ainsi, le son dans les graminées serait l'endocarpe qui envelopperait l'endosperme ou périsperme. — V. ce dernier mot.

ENDOSMOSE. Propriété particulière qu'ont les liquides de densité différente de se mélanger et de se mettre en équilibre lorsqu'ils sont séparés par un diaphragme perméable. C'est à Dutrochet qu'est due la découverte de cette loi de la nature des liquides. Ses principes sont encore inconnus et inexpliqués; on ne connaît pas la cause de cet effet singulier.

ENDOSPERME. — V. *Périsperme*.

ENFLURE. Tuméfaction d'une partie du corps. L'enflure peut reconnaître plusieurs causes distinctes : une inflammation, une infiltration, un emphysème, peuvent la causer. — V. *Engorgement*.

ENFOUISSEMENT. Action d'enterrer à une certaine profondeur les cadavres des animaux. Des règlements de police sanitaire prescrivent l'enfouissement des animaux morts de maladies contagieuses qui peuvent se communiquer par le contact, telles que le charbon, la pustule maligne, etc. Dans de pareils cas, aussi dangereux pour les hommes que pour les animaux, on ne saurait prendre assez de précautions pour prévenir des malheurs dont on n'a que de trop fréquents exemples.

ENGORGEMENT. Tuméfaction qui est la conséquence de la présence anormale de sang ou de tout autre liquide dans une partie du corps. Les contusions, les inflammations locales, provoquent des engorgements par l'irritation, qui y appelle le sang en grande quantité. Certains organes sont souvent aussi engorgés par infiltration. Suivant leur nature, les engorgements sont combattus de diverses manières. Lorsqu'ils sont causés par des contusions, des piqûres, des inflammations, il y a douleur et augmentation de température. Dans ce cas, on emploie les bains, les cataplasmes, les onguents émollients. Lorsque les engorgements sont froids, insensibles, chroniques, on les traite par des frictions sèches ou faites avec des toniques, des excitants, des onguents vésicants. Enfin, quand ils sont la conséquence d'infiltrations, on emploie des scarifications, pour donner issue aux liquides qui les occasionnent.

ENGRAIS. Les engrais sont aux végétaux ce que la nourriture est aux animaux ; on conçoit donc toute l'importance qu'ils doivent avoir pour l'agriculture. Cependant, malgré la conviction des cultivateurs sur ce point, il se perd tous les ans, sous leurs yeux, des masses considérables d'engrais dans les villes, dans les rues des villages, dans les fermes, dans les étables, par défaut de soins, d'attention, ou par une négligence qui se perpétue sans cesse. Dans les neuf dixièmes de nos fermes, non seulement les purins se perdent dans les étables, mais encore les fumiers sont délayés par les eaux des pluies ; leurs sucs sont entraînés sans profit pour la culture. On néglige de recueillir les excréments humains, les détritus des cuisines, des jardins, les immondices de toute espèce, qu'on devrait ramasser avec soin pour augmenter la masse des fumiers. Les boues des villes, les résidus de boucherie, d'équarrissage ; les animaux morts ; les rognures de corne, de cuirs, de draps ; les poils et les plumes, les balayures, les os, etc., toute substance végétale ou animale enfin est un engrais qui augmente la fertilité du sol et la richesse du cultivateur. La question des engrais est tellement liée à celle de la prospérité de l'agriculture, que partout où elle est bien comprise, l'agriculture est riche ; elle est pauvre, au contraire, partout où elle est ignorée, sauf dans quelques sols privilégiés, qui forment de rares exceptions.

On a fabriqué une infinité d'espèces d'engrais, la plupart falsifiés par la mauvaise foi des fabricants. Les législateurs ont été obligés d'intervenir par une loi, afin de mettre fin aux abus dont les cultivateurs crédules étaient victimes. On falsifie le guano, le noir animal et la plupart des engrais qui prennent le nom de leurs prétendus inventeurs. On devra donc être toujours en garde contre le charlatanisme de certains fabricants d'engrais, dont le métier est de tromper la confiance de l'agriculture.

On donne le nom d'engrais vert à des végétaux enfouis au moment où ils sont en fleurs. Quelques légumineuses, le sarrazin et même le seigle, sont surtout employés dans ce but. — V. *Fumier*.

ENGRAISSEMENT. L'engraissement des animaux pour les livrer à la consommation est toujours une opération délicate, qui demande de la part du cultivateur non seulement de l'esprit d'observation et de la pratique, mais une connaissance approfondie de la constitution et de la nature des sujets. Il importe beaucoup, en effet, de connaître leur plus ou moins d'aptitude à s'engraisser, pour opérer avec le plus de bénéfice possible. Tel animal d'une nature et d'une conformation particulières s'engraissera, avec la même dépense, plus facilement et plus rapidement que tel autre. Il peut y avoir dans les bénéfices une différence d'un quart, d'un tiers et même de moitié. Le choix des animaux est donc de la plus haute importance pour la prospérité de l'industrie de l'engraisseur. Un animal étant considéré par nous comme une usine vivante, comme un appareil compliqué de chimie, propre à transformer en graisse et en viande les aliments végétaux qu'on lui administre, il s'agit de savoir reconnaître les caractères, les signes particuliers et généraux qui nous font distinguer les bonnes comme les mauvaises conditions des sujets choisis pour être engraissés.

Dans la constitution des mammifères, comme dans celle des oiseaux qu'on engraisse, il y a une sorte d'analogie de nature des tissus, de conformation générale et de tempérament, que l'observateur éclairé saisit parfaitement. Prenons pour type le bœuf; examinons celui dont les caractères anatomiques et physiologiques nous font reconnaître le plus d'aptitude à l'engraissement; comparons-le aux caractères d'un animal *vert*, comme on dit, dur à s'engraisser, et nous verrons ces caractères se reproduire en général dans les autres animaux.

Un bœuf qui a la tête petite, effilée; l'œil grand, bien ouvert;

l'oreille fine, amincie, souple, très mobile, couverte de poils rares et soyeux; la corne noire ou blanche, composée de fibres fines, serrées et compactes, aura généralement l'encolure amincie, le fanon rudimentaire ou nul, la peau mince, souple, moelleuse, bien détachée des tisssus sous-jacents, et le poil court et fin; sa queue et ses extrémités seront minces, fines; ses tendons seront bien marqués sous la peau. Si, avec ces caractères, l'animal a le dos et les reins larges et droits, la côte arrondie, les épaules bien musclées, la croupe large, charnue, les cuisses et les fesses bien descendues, le jarret bas et les membres courts, il aura les caractères d'un sujet d'une bonne nature et d'un engraissement facile.

Tout animal, au contraire, qui aura la tête grosse, osseuse; l'œil petit et recouvert; les oreilles et les paupières épaisses et poilues; la corne grosse, quelquefois verdâtre et d'une nature grossière; l'encolure grosse, courte, pourvue d'un fanon développé; une peau épaisse, dure à la main comme celle du bufle; le poil gros, long et rude; les membres gros, longs; la côte plate, la queue forte, sera dur à engraisser; il consommera beaucoup, pour rendre peu relativement.

Si nous examinons un mouton, nous retrouvons les mêmes caractères généraux. Tête petite, courte, fine; encolure mince, dos et reins larges et droits; épaules charnues, écartées l'une de l'autre; côtes arrondies, croupe large, gigot bien formé, queue mince; extrémités courtes, avec de petits os; œil vif et bien ouvert, mouvements prompts et brusques : tels sont les caractères d'un bon mouton d'engrais.

Le mouton dur à engraisser, en général, a la tête grosse et longue, l'encolure forte; le dos et les reins étroits et plus ou moins bien soutenus, quelquefois voûtés et tranchants, ou ensellés; la croupe étroite, anguleuse; la côte aplatie, les épaules serrées, le flanc creux, les membres allongés; l'œil petit, noyé et sans expression; ses mouvements sont lents et sans énergie. Un pareil animal n'est pas d'un engraissement facile.

Il en de même du porc. Tête petite et courte; oreille mince, peu développée; cou court, dos et reins larges, côtes arrondies, épaules charnues écartées, croupe large, peau fine et mince, soies rares et fines, queue amincie, membres grèles et courts, vivacité des mouvements : tels sont les caractères d'une bonne nature de porc d'engrais. Les caractères opposés sont une tête longue et forte; oreilles grosses, épaisses, longues; dos et reins voûtés et étroits, côtes plates; épaules maigres, serrées l'une contre l'autre; flanc long et creux; croupe étroite, courte; queue grosse, peau épaisse; soies grosses, dures, longues et nombreuses; membres gros et longs; mouvements lents et difficiles, opérés avec balancement du train postérieur. Un pareil animal est dur à l'engraissement.

En comparant les caractères des deux bœufs, des deux moutons et des deux porcs dont nous venons de parler, ne trouvons-nous pas une analogie de nature incontestable entre les individus de ces diverses espèces propres à l'engraissement et ceux qui ne le sont pas?

Pour compléter la preuve de ce que nous avons avancé à ce sujet, jetons un coup d'œil sur la volaille.

Une ménagère expérimentée choisira, pour l'engraisser, un sujet ramassé, au corps arrondi, avec le cou court, la tête petite, les pattes courtes et minces, noires ou jaunes, et la peau fine et blanche. Elle repoussera celui qui a une grosse tête, un long cou; les pattes longues, grosses et verdâtres; les ergots forts; la peau dure, granuleuse et de couleur foncée.

Ainsi donc, les caractères généraux auxquels on peut reconnaître un animal propre à un engraissement facile et lucratif sont communs à tous les animaux qu'on désire engraisser, et ils se résument ainsi : tissus pileux, cornés et tégumentaires, fins, souples, moelleux, relativement peu développés; système osseux mince, quoique d'un tissu compacte et dur; capacité de la poitrine considérable; colonne du dos et des reins élargie, droite, bien soutenue; croupe large; extrémités courtes; conformation générale arrondie, potelée, régulière et trapue.

Mais les bonnes conditions de la conformation générale des animaux, celles d'une bonne nature de leurs tissus, ne suffisent pas toujours pour déterminer dans le choix du sujet qu'on veut soumettre à l'engraissement; il faut, de plus, s'assurer de l'état de sa santé. Si cet état est mauvais, l'engraissement peut être non seulement difficile, mais impossible. Il faut aussi tenir compte de l'âge et de l'état de la dentition. Un animal vieux ou atteint d'une affection chronique s'engraisse difficilement, parceque ses fonctions de nutrition n'ont plus l'énergie de celles d'un animal en santé et dans la force de l'âge, pour bien assimiler les substances consommées. Une mauvaise dentition opère une mauvaise mastication, et des aliments mal triturés sont mal digérés; or les mauvaises digestions sont des obstacles à l'engraissement régulier. Il faudra donc repousser, pour l'engraissement, un bœuf amaigri, qui a le poil piqué et sec, la peau collée sur le dos, notamment sur les côtes, la membranne de la bouche pâle, les flancs creux, et quelquefois la colonne vertébrale voûtée. L'animal paraît alors languissant; il peut tousser, avoir la diarrhée, avoir les poumons ou le tube intestinal malades. Dans ce cas, l'engraissement est non seulement difficile, mais souvent impossible. La fatigue, l'usure d'un animal, doivent aussi être prises en considération. — V. *Usure.*

Le mouton n'est pas en bonne santé quand il a la conjonctive pâle, l'œil morne, la membrane de la bouche décolorée, les flancs creux, la peau pâle, la laine sèche et facile à arracher, les mouvements lents, quelquefois le dos voûté; souvent même, dans cet état, il a la diarrhée. Dans ce cas, lorsqu'on le saisit par une jambe de derrière, il ne cherche pas à s'échapper; les secousses qu'il donne sont flasques, molles, sans énergie musculaire; l'animal alors peut avoir une maladie soit des poumons, soit du tube intestinal; il pourrait même avoir la pourriture.

Lorsque le bœuf et le mouton doivent être engraissés aux pâturages, on n'oubliera pas d'examiner l'état de leurs incisives. S'il leur en manque, on en tiendra compte, parceque les animaux privés d'un ou plusieurs de ces organes se nourrissent mal; ils ne pincent pas l'herbe du pâturage avec la même facilité.

Quant aux porcs, comme on les engraisse ordinairement à l'âge d'un an, ils sont livrés à la consommation avant l'altération de leur système dentaire. Il n'y a donc pas à s'en occuper.

Tels sont les caractères généraux qui nous font distinguer dans chaque espèce les animaux les plus aptes à l'engraissement. C'est à ces signes que nous avons toujours eu recours, et ils nous ont rarement trompé dans la pratique, que nous les ayons étudiés dans les individus ou dans les espèces.

Un bon type d'engrais étant reconnu, il ne s'agit plus que de s'assurer de son âge, comme nous l'avons dit, et de l'état de sa santé, ce qui n'est pas bien difficile, pour peu qu'on ait l'habitude d'observer les animaux. — V. *Age*.

Les modes d'engraissement varient beaucoup en France, suivant les ressources dont on peut disposer, le genre de culture, d'industrie, d'habitude propre à chaque localité. Ainsi, en Normandie, où l'on engraisse d'immenses quantités de bœufs, comme dans le Nivernais, le Charolais, etc., l'engraissement se fait dans les herbages. Les animaux y sont abandonnés nuit et jour, jusqu'à ce qu'ils soient conduits au marché. Dans le Nord, où les fabriques de sucre de betterave sont nombreuses, l'engraissement se fait avec les résidus de ces usines et s'est étendu dans de grandes proportions depuis quelques années. On peut s'en convaincre dans les concours de bestiaux gras de Lille, qui sont sans contredit les plus considérables comme les plus beaux de France par l'immense quantité de beaux types qu'on y observe. Les résidus de brasseries, de distilleries, d'amidonneries, de féculeries, facilitent aussi les moyens d'engraisser les bestiaux, et c'est surtout dans le Nord qu'on observe cette industrie spéciale.

Dans les montagnes de l'Auvergne, on engraisse, sur les herbages qui les couvrent, de grandes quantités de moutons conduits dans les marchés pour la consommation des villes du Midi surtout. On y engraisse aussi des vaches. Mais il n'en est pas de même des bœufs; leur engraissement se fait généralement à l'étable, pendant l'hiver, et suivant un mode peu conforme aux bonnes règles de la physiologie dans les ruminants. Voici pourquoi ces règles sont mal observées. Dans ces pays, riches en prairies naturelles, le foin et la paille sont la base de la nourriture des animaux herbivores; ils n'en reçoivent pas d'autre en général. Or, comme la disposition des estomacs des ruminants rend ces animaux peu aptes à bien profiter d'une nourriture sèche en permanence, il en résulte que leur engraissement au foin, quelque bonne que soit sa qualité de choix, est non seulement lent, mais peu lucratif. Aussi, tout calcul fait, l'engraissement des bœufs dans ce pays est souvent onéreux, j'en ai fait l'épreuve à mes dépens. Lorsqu'on est dans de pareilles conditions, il vaut toujours mieux vendre les bœufs maigres pour les pays mieux favorisés pour les engraisser, et faire des élèves, ce qui, du reste, est la règle généralement suivie, dans la haute Auvergne surtout.

L'engraissement des porcs et de la volaille est aussi une industrie spéciale à certaines localités. Quand elle a lieu dans les fermes, ce sont surtout les ménagères qui sont chargées de la diriger généralement. Sous ce rapport, le porc offre des avantages spéciaux qui sont signalés au mot *Porc*.

De tous les animaux, les veaux sont ceux dont les modes d'engraissement sont les moins variés. C'est toujours le lait des mères qui forme la base de leur nourriture. Quelques œufs et des pâtées faites avec des farines sont ordinairement les seuls aliments auxiliaires qu'on leur donne, surtout lorsque la quantité de lait n'est pas suffisante pour les engraisser à point.

Le mode d'administration des aliments aux animaux à l'engrais est d'une importance que les observateurs n'ignorent pas. Le praticien, en effet, qui examine attentivement ces animaux à l'engrais, non seulement sait faire un choix raisonné de la nourriture qu'on leur administre, mais il sait la varier à propos, suivant le goût des sujets et leur période d'engraissement. Cette étude pratique, toute d'esprit d'observation, et qui ne se trouve pas toute faite dans les livres, est très importante pour l'industrie de l'engraissement; elle explique pourquoi dans certaines conditions on peut engraisser avec économie, et produire avec moins de dépense relative une grande quanté de viande et de graisse.

La castration, la manière dont elle a été pratiquée, exercent aussi une grande influence sur l'engraissement des animaux; il importe donc de s'assurer si cette opération a été faite dans de bonnes conditions sur les animaux choisis pour être engraissés. — V. *Castration*.

ENGRAVÉE. Mal de pied des animaux qui marchent longtemps sur des terrains caillouteux et sur les grandes routes. Les bœufs, les moutons, les porcs et même les chiens, sont sujets à l'engravée, qui se guérit par le repos. On ferre les bœufs pour prévenir cette affection, lorsqu'ils ont de longs voyages à faire.

ENSEIGNEMENT (*de l'agriculture*). — V. *Ecole, Ferme-Ecole.*

ENSELLÉ. Nom donné à un animal dont les reins et le dos mal soutenus sont plus ou moins fléchis. Cette conformation est un indice de faiblesse chez tous les sujets qui la présentent, notamment dans les bêtes de somme et le cheval de selle. — V. *Dos*, *Reins*.

ENSEMBLE. Lorsque la conformation d'un animal est régulière, que toutes les parties de son corps sont dans de bonnes proportions relatives, il a de l'ensemble : les animaux décousus, mal conformés, n'ont pas d'ensemble. — V. *Conformation*.

ENSEMENCEMENT. — V. *Semer*, *Semailles*.

ENTÉRITE. Nom donné aux inflammations des intestins des animaux. Suivant sa nature, l'entérite occasionne des coliques, des constipations, des diarrhées ou des dysenteries plus ou moins opiniâtres. Elles sont déterminées par une mauvaise alimentation, par des fourrages avariés, rouillés, par des substances vénéneuses, telles que certaines plantes, des renonculacées, des colchicacées, etc. Les travaux excessifs, les refroidissements subits et les pluies froides d'automne, comme les boissons froides et crues, causent aussi des entérites. On combat ces affections, suivant leur intensité, par les saignées, les boissons et lavements émollients, par un régime adoucissant et diététique, et par les soins hygiéniques généraux prescrits pour toutes les maladies. — V. *Coliques*, *Diarrhées*.

ENTIER. Cheval entier, qui n'a pas subi la castration. — V. *Étalon*.

ENTOMOLOGIE. Science qui s'occupe de l'étude des insectes. L'étude de l'entomologie devrait être plus répandue qu'elle ne l'est, au point de vue de la connaissance et de la destruction des insectes nuisibles à l'agriculture. — V. *Échenillage*, *Insectes*.

ENTORSE. Distension des ligaments articulaires par suite de chute ou d'efforts violents. Les entorses sont assez fréquentes chez les animaux de travail, et chez les chevaux surtout. Lorsqu'elles ont lieu aux membres, elles se caractérisent d'abord par une claudication plus ou moins intense, et ensuite par le gonflement de la partie malade. Les articulations des boulets sont les plus sujettes aux entorses, ce qui est dû à leur disposition et à l'étendue de leur travail et de leur jeu. Pour combattre les entorses, il faut d'abord le repos, c'est la première condition de traitement ; l'emploi des réfrigérants, des bains d'eau froide, préviennent les gonflements et calment les douleurs. Lorsque ces moyens n'ont pas suffi, on a recours aux émollients. Si la maladie passe à l'état chronique, on emploie les vésicants, et même quelquefois on applique le feu, pour faire disparaître les engorgements qui persistent. Dans ce cas, du reste, la guérison est souvent lente, ce qu'on observe ordinairement dans les maladies des tissus ligamenteux et tendineux. — V. *Engorgement.*

ENTOZOAIRES. Animaux parasites de forme et de volume variés, qui, dans certains cas morbides, se développent dans les tissus, dans les intestins ou d'autres cavités des animaux. Les vers trouvés dans les intestins, dans la vessie, dans le foie, les reins, dans les sinus frontaux ou les cavités nasales, sont des entozoaires. Dans les muscles et les autres tissus du porc, ils constituent la maladie connue sous le nom de ladrerie. Dans le crâne du mouton, ils causent quelquefois le tournis. — V. *Ladrerie, Tournis.*

ENTRAINEMENT. On a donné le nom d'entraînement à l'ensemble des procédés employés pour préparer un cheval de course à la lutte des hippodromes. Ces procédés consistent dans des mesures exceptionnelles prises pour faire développer chez les animaux toutes les conditions propres à favoriser la rapidité des allures. Pour parvenir à cette fin, les chevaux sont soumis à des exercices et à un régime qui tendent à les rendre aptes à parcourir avec la plus extrême rapidité un espace déterminé de deux ou quatre kilomètres. Le but de l'entraînement, en général, est donc d'obtenir de l'animal qui y est soumis une vitesse à outrance pendant quatre ou cinq minutes sur un terrain plat, uni et préparé à l'avance. Son tempérament doit être rendu nerveux et irritable, afin de dépenser en très peu de temps le plus possible d'action et d'énergie. L'entraînement, tel qu'il est pratiqué d'après la méthode anglaise pour les jeux d'hippodrome, est nuisible aux jeunes animaux surtout, parcequ'il exige des efforts que ne peut pas supporter leur constitution, non encore formée. Aussi plusieurs de ces animaux sont-ils tarés et quelquefois fatigués sur leurs membres au moment où ils ne devraient que commencer à être dressés pour les travaux ordinaires auxquels ils sont destinés. — V. *Courses.*

ENTRAINER (*un cheval*). Le préparer pour la course. — *Entraînement.*

ENTRAVES. Liens ou autres objets propres à embarrasser les animaux dans leur marche pour les empêcher de franchir les murs, les haies, ou les fossés de clôture. On nomme aussi entraves les lacs et entravons dont on se sert pour abattre les animaux qu'on veut opérer, et pour fixer leurs membres.

ENTRETIEN. En agriculture, on entend par le mot *entretien* l'usage des moyens employés pour entretenir les objets et prévenir leur dégradation. On entretient des bâtiments, des harnais, des instruments aratoires, des animaux, etc. Une terre, un objet, est d'un bon, d'un mauvais entretien, suivant que l'on est obligé de faire plus ou moins de dépense de temps ou d'argent pour l'entretenir. On dit qu'un animal est d'un bon entretien lorsqu'il se conserve en bon état avec un régime ordinaire. Il est d'un mauvais entretien lorsque, malgré les soins et la nourriture qu'on lui donne, il est maigre, en mauvais état. La ration d'entretien est celle qui est nécessaire à un animal pour l'entretenir en bon état; elle suffit aux besoins de son organisation. La ration d'engraissement diffère de celle d'entretien; elle doit faire plus qu'entretenir l'équilibre que l'on cherche à établir entre les déperditions de l'animal et la quantité d'aliments nécessaire pour les réparer; elle doit avoir un excédant de produit alimentaire employé à fournir la graisse.

ENTRURE. Enfoncement du soc de la charrue dans le sol. On donne plus ou moins d'entrure à la charrue suivant que l'on veut faire les labours plus ou moins profonds. On règle l'entrure au moyen d'un régulateur, d'après la nature du sol comme d'après celle du sous-sol. Si ce dernier est de mauvaise nature, s'il est composé de terre qui ne soit pas de bonne qualité, on règle l'entrure de manière à ne pas la ramener à la surface.

ENVASEMENT. Dépôt de vase laissé sur la surface des terres par les eaux troubles, à la suite des inondations. L'envasement est toujours un incident heureux sur les sols dont on a enlevé les récoltes, parcequ'il les engraisse par des terrains d'alluvion; mais, dans les prairies non fauchées, il est nuisible aux fourrages, si la vase y reste attachée, si elle n'est pas lavée par les pluies. Les fourrages vasés, en effet, conservent souvent de l'humidité, se rouillent quelquefois, et nuisent à la santé des animaux qui les consomment, par la rouille comme par la terre qu'ils contiennent. On lave ou on bat les fourrages vasés; on les asperge d'eau salée, pour neutraliser, autant que possible, leur mauvaise qualité. — V. *Moisissure, Rouille.*

ENVELOPPE. Tégument qui couvre, entoure un objet, pour le protéger. Dans la nature, tout ce qui a besoin de protection pour être conservé ou se perpétuer est pourvu d'une enveloppe ingénieusement disposée. Les graines sont entourées d'une enveloppe résistante qui protége le germe du végétal qu'elles doivent donner. Les bourgeons des arbres sont garantis contre les agents atmosphériques par des enveloppes écailleuses, souvent enduites de matières visqueuses, afin de prévenir l'action du froid ou de l'humidité : tels sont les bourgeons de peuplier, de marronnier, etc. Le fœtus a des enveloppes qui le contiennent dans l'utérus de la mère, d'une part, et qui, de l'autre, le mettent en communication avec elle, pour être alimenté et se développer jusqu'à sa naissance; ces enveloppes, expulsées en même temps que le jeune animal, sont connues sous le nom d'arrière-faix. Elles sont distinguées par les anatomistes sous les noms de placenta, de chorion, d'allantoïde, d'amnios. — V. ces mots, et *Cordon ombilical.*

Les œufs ont aussi leurs enveloppes, dont la plus externe est calcaire dans les œufs d'oiseaux. Les végétaux sont enveloppés par l'écorce; les animaux par la peau, souvent par des écailles (V. *Peau*), etc. Les organes de la vue, si délicats et si précieux, ont des enveloppes particulières, de nature et de disposition différentes.—V. *OEil, Paupière, Sclérotique.*

ENZOOTIE. Maladie qui se déclare sur plusieurs animaux d'un canton sous l'influence d'une cause locale. Ce genre d'affection diffère de l'épizootie en ce que celle-ci s'étend sans limites, au lieu d'être bornée. Les enzooties sont le plus souvent occasionnées par des agents locaux qu'il est important de rechercher et de détruire pour prévenir leurs ravages.

ENZOOTIQUE. Maladie enzootique. Affection qui se déclare dans un canton, soit accidentellement, soit périodiquement, suivant les causes qui la déterminent.

ÉPANCHEMENT. Accumulation anormale de liquide dans une partie du corps ou dans l'une de ses cavités. On observe des épanchements de sang sous la peau à la suite de coups, de violentes contusions. Les hydropisies de poitrine, de l'abdomen, des membres, etc., sont dues à des épanchements de sérosité ; les infiltrations des tissus ne sont que des épanchements de même nature. La bouteille observée sous le menton des moutons pourris n'est qu'un épanchement de sérosité dans la partie la plus déclive de la tête.—V. *Cachexie*.

ÉPANOUISSEMENT (*des fleurs*). Ouverture et développement des enveloppes florales lorsque la fécondation des plantes doit se faire. C'est au moment du plus complet épanouissement de la fleur que cette importante fonction a lieu. Quand elle est accomplie, les fleurs se flétrissent, et la nature ne s'occupe plus que de la formation de la graine qui doit perpétuer les espèces.

ÉPARVIN. Tumeur osseuse qui se développe à la partie supérieure et interne du canon du cheval. L'éparvin gagne quelquefois les os plats qui concourent à former l'articulation du jarret. Cette tumeur est plus ou moins volumieuse, et cause souvent des boiteries incurables. On ne connaît pas de moyen de guérir l'éparvin. On parvient, dit-on, à en borner les progrès par l'application du feu. Je n'ai pas eu occasion de bien observer ce fait.

On nomme *éparvin sec* un mouvement brusque opéré par la flexion du jarret dans quelques chevaux. Cette contraction spasmodique est observée quelquefois aux deux membres; souvent elle n'a lieu que d'un côté. On ne connaît pas plus aujourd'hui la cause qui la détermine que le remède à lui opposer.

ÉPAULE. L'épaule a pour base l'os scapulum, et sert à fixer le membre au tronc par des muscles puissants. La conformation de l'épaule, assez insignifiante par elle-même pour les animaux de boucherie, est importante à étudier dans le cheval, parcequ'elle a une influence directe sur la rapidité des allures. Une épaule courte, grosse et droite, caractérisera toujours un animal dont les allures sont raccourcies. Une épaule, au contraire, longue, oblique et aplatie, appartient aux animaux dont les allures sont rapides. On conçoit, en effet, que l'épaule, obliquement dirigée en avant, facilite au membre antérieur le moyen de se porter dans cette direction avec plus d'étendue. Aussi, les chevaux de sang, qui ont une grande vitesse d'allure, ont-ils les épaules inclinées et longues, tandis que les races communes spécialement destinées au trait les ont courtes, droites et charnues.

ÉPAUTRE. Espèce de blé plus petit que le froment. La culture de ce grain est peu répandue aujourd'hui.

ÉPERVIER. Oiseau de proie du genre faucon, très connu dans nos campagnes. L'épervier fait la guerre aux pigeons; il détruit aussi beaucoup de cailleteaux, de perdreaux, et tous les petits oiseaux qu'il peut saisir. On ne doit jamais manquer de détruire l'épervier comme oiseau nuisible.

ÉPERVIER. Les pêcheurs se servent d'un filet à mailles plus ou moins serrées, de forme conique, que l'on jette en lui imprimant un mouvement de rotation pour bien étaler son ouverture. Les bords de ce filet sont garnis de balles de plomb, pour l'entraîner rapidement au fond de l'eau. C'est surtout pendant la nuit ou à l'eau trouble que l'on jette l'épervier.

ÉPERVIÈRE. Genre de plante de la famille des composées. Les épervières sont très répandues et très communes. Elles sont aussi insignifiantes par leurs fleurs que comme fourrage, et elles offrent, par conséquent, peu d'intérêt à l'agriculture.

ÉPI. Nom donné à la disposition des fleurs sessiles placées autour d'un axe ou sur ses côtés. Les blés, le plantin, etc., offrent cette particularité. Toutes les fleurs ainsi disposées sont dites en épi ou portent le nom d'épi : telles sont les céréales, etc. On donne aussi le nom d'épi, dans les animaux, à la disposition de poils qui changent de direction naturelle, et forment divers dessins. Guénon a donné le nom d'écusson aux épis observés aux mamelles et au périnée des vaches laitières. — V. *Écusson*.

ÉPIDÉMIE. Maladie générale qui attaque l'homme. Ce genre d'affection correspond à l'épizootie dans les animaux. — V. *Épizootie.*

ÉPIDÉMIQUE (*Maladie*). Affection de l'homme qui a les caractères de l'épidémie.

ÉPIDERME. Couche superficielle de la peau des animaux. L'écorce des végétaux est aussi pourvue d'un épiderme qui se détache quelquefois par couches minces et grisâtres. L'épiderme des animaux, recouvert par le poil, est une sorte de vernis sec, étendu sur toute la surface de la peau pour en protéger la couche moyenne, nommée corps muqueux ou réticulaire. Celui-ci est le siége de la matière colorante qui fait différer les peaux de couleur. L'épiderme est dépourvu de vaisseaux et de nerfs; il a la plus grande analogie, par sa composition chimique, avec les poils et la corne. — V. *Derme, Peau.*

ÉPIERRER. On voit, dans certains pays, des champs couverts de pierres au point qu'on n'aperçoit pas la terre. J'en ai vu en Auvergne qui avaient une couche de pierrailles de plus d'un décimètre d'épaisseur. On épierre ces champs pour rendre leur culture plus facile et plus fructueuse, et on transporte ces pierres sur les chemins, où on les enfouit dans des fossés. — V. *Empierrement.*

ÉPIGLOTTE. Soupape de sûreté qui, dans les animaux, se rabat sur la glotte au moment où les aliments sont déglutis, pour fermer cette ouverture et empêcher des parcelles alimentaires de pénétrer dans la trachée. Lorsque, par accident, l'épiglotte ne ferme pas hermétiquement la glotte et que des parcelles d'aliments y pénètrent, les animaux toussent avec violence par suite de l'irritation qui en résulte dans le larynx, et chassent ainsi tout corps étranger qui pourrait s'introduire par la trachée dans les bronches.

ÉPILEPSIE (*Mal caduc*). L'épilepsie est une maladie jusqu'ici incurable, observée quelquefois dans les animaux, et classée par la loi de mai 1838 dans les vices rédhibitoires.

Un animal épileptique peut jouir de tous les signes d'une santé parfaite. Lorsqu'un accès le surprend, il tombe tout à coup brusquement; ses muscles entrent en contraction violente, et ses membres se raidissent comme son encolure. L'épileptique alors grince des dents ; ses yeux, dont la pupille est fortement dilatée, roulent dans les orbites ; la bouche est écumante, les naseaux sont dilatés, la respiration est laborieuse, et la sensibilité semble avoir complétement disparu. Lorsque l'accès est passé, l'animal se relève quelquefois mouillé de sueur ; il se met à manger, s'il a du fourrage devant lui, et des traces de la maladie il ne lui reste que les contusions qu'il a pu se faire en se débattant ou dans sa chute. Lorsqu'on observe cette affection sur un animal nouvellement acheté, on se mettra en mesure de le rendre au vendeur. Le délai de la garantie pour l'épilepsie est de trente jours.—V. *Vices rédhibitoires.*

ÉPILEPTIQUE (*Animal*). Atteint d'épilepsie. – V. *Epilepsie.*

ÉPILOBE. Genre de plantes de la famille des onagrariées. Quelques espèces de ce genre sont cultivées comme plantes d'agrément pour leurs fleurs. — V. *Onagre.*

ÉPINARD. Plante de la famille des chénopodées. L'épinard est cultivé dans nos jardins comme légume.

ÉPINE. Production ligneuse, aiguë, particulière à certains végétaux. Dans les arbres ou arbustes, les épines naissent du corps ligneux du bois, et elles varient en longueur comme en grosseur. Les arbustes ou arbrisseaux armés d'épines sont utilisés pour former des haies ou des clôtures : tels sont l'aubépine, le prunellier, l'épine-vinette, l'ajonc, etc.

Les épines diffèrent des aiguillons en ce que ces derniers, au lieu de naître du corps ligneux du bois, poussent sur l'écorce, comme on le voit sur l'églantier, sur les ronces, etc. Beaucoup de végétaux herbacés sont aussi pourvus d'épines, surtout dans la famille des composés : les chardons, les chausse-trappes, les cactus, etc. On en remarque sur les feuilles de houx. Celles qui terminent les feuilles de l'agavé ont la dureté du fer. On ignore l'utilité que les épines peuvent avoir dans la végétation. Il est dans la nature des secrets qu'il n'est pas toujours permis à l'homme de pénétrer.

ÉPINE-VINETTE. Arbrisseau de la famille des berbéridées. L'épinette-vinette donne un fruit acide dont on peut se servir pour faire des boissons acidulées, rafraîchissantes, et des confitures.

Cet arbrisseau, armé d'épines, serait apte à faire des haies; mais il est peu employé pour cet usage. Ordinairement il n'est pas cultivé. Les étamines de sa fleur ont une sensibilité bien marquée. Lorsqu'on les touche à leur base avec la pointe d'une épingle, elles se contractent et se rapprochent les unes des autres. On assure que les émanations des fleurs de l'épine-vinette occasionnent la rouille sur les blés qui sont à leur portée. Nous n'avons pas eu occasion d'observer ce fait.

ÉPIPHYSE. Éminence osseuse qui, dans les jeunes animaux, ne fait pas corps avec l'os. Dans les vieux sujets, les épiphyses sont soudées de manière à ne pas laisser de trace d'ancienne suture. — V. *Apophyse, Os.*

ÉPIPLOON. Toile formée par une expansion du péritoine. L'épiploon unit entre elles les anses d'intestins, et contient les vaisseaux chylifères, les lymphatiques, les artères et les veines qui se rendent aux intestins. Cette membrane est le siége d'une accumulation de graisse plus ou moins considérable, suivant le degré d'engraissement des animaux. C'est entre les lames de l'épiploon que se dépose dans le porc la graisse connue sous le nom de saindoux. — V. *Péritoine, Saindoux.*

ÉPISPERME. De deux mots grecs qui signifient *sur* et *semence*. On nomme épisperme l'enveloppe des graines des fruits. Cette enveloppe forme une pellicule plus ou moins dure, composée de plusieurs couches qui protégent le germe du végétal. — V. *Périsperme.*

ÉPIZOOTIE. Maladie générale qui attaque les animaux d'une ou plusieurs contrées, sous l'influence d'une cause souvent inconnue. Les épizooties ont de tout temps causé des ravages énormes dans tous les pays. Outre les maladies communes aux animaux, chaque espèce a des maladies épizootiques particulières et spéciales : telles sont, pour le mouton, la clavelée; pour le cheval, la morve, le farcin; pour le bœuf, la péripneumonie contagieuse, le typhus contagieux.

Qui peut connaître le chiffre énorme des pertes éprouvées en Europe par l'invasion des maladies épizootiques? Elles frappent périodiquement nos espèces bovines, chevalines, ovines, sans parler de la volaille, qui leur paie aussi un large tribut.

D'après des documents recueillis par le docteur Faust et François de Neufchâteau pendant son ministère (germinal an VII), la France et la Belgique seulement auraient perdu en cinquante ans environ, au siècle passé, pour près de deux milliards en bestiaux. Ce chiffre s'appuie de l'opinion de M. le professeur Delafond dans ses travaux sur les épizooties, notamment dans son traité de la police sanitaire. Aujourd'hui l'Europe est encore ravagée par une épizootie qui désole nos campagnes : je veux parler de la péripneumonie épizootique des bêtes à cornes. Cette affection est tellement meurtrière que, d'après les calculs de M. Loiset, ancien représentant du Nord, ce département aurait perdu pour environ cinquante millions de bestiaux en dix-neuf ans.

Les ravages faits par les épizooties ne sont pas une simple perte sèche pour l'agriculture et les malheureux cultivateurs qui en sont victimes; ils exercent de plus une double action désastreuse sur la prospérité de la production végétale et animale : d'une part, ils sont nuisibles à la fertilité du sol par la privation des engrais, qui résulte de la perte des bestiaux; de l'autre, ils bornent et empêchent quelquefois les travaux de l'agriculture, parceque les attelages ont été détruits ou décimés par la mortalité. Aussi les gouvernements devraient-ils toujours favoriser les moyens de prévenir les épizooties, sous quelque forme qu'elles se présentent.

Les maladies épizootiques ont souvent le caractère contagieux, et, sous ce rapport, elles sont très dangereuses. Elles se communiquent par contact médiat ou immédiat, par l'air, par les harnais, par les ustensiles d'écurie, quelquefois par les insectes. C'est dans ces cas que l'on doit user de circonspection pour prévenir la communication du fléau. Les administrations locales comme chaque citoyen doivent, dans ce cas, redoubler de zèle et de vigilance dans l'intérêt de tous. — V. *Clavelée*, *Farcin*, *Morve*, *Péripneumonie épizootique*, *Typhus*.

ÉPONGE. Les éponges sont des végétations animales qui poussent dans la mer. On a cru long-temps qu'elles appartenaient au règne végétal; mais on a reconnu que ces productions, quoique fixées au sol comme une plante, sont un zoophyte.—V. *Zoophyte*.

On a long-temps employé les éponges brûlées pour combattre les engorgements chroniques. Le principe qui agissait dans ce cas est l'iode qu'elles contiennent. Aujourd'hui la cendre d'éponge n'est plus en usage; on emploie directement l'iode en teinture ou en pommade. — V. *Iode*.

En art vétérinaire, on nomme éponge une tumeur molle développée au coude des chevaux qui se couchent *en vache*, c'est-à-dire les genoux pliés et les pieds sous le corps. Cette tumeur est causée par la pression de l'éponge du fer sur le coude. Elle acquiert souvent un volume considérable. Pour guérir l'éponge il faut d'abord remédier à la cause qui l'a produite, ce qu'on fait en empêchant le cheval de plier, en se couchant, le membre où elle existe. On y parvient au moyen d'une genouillère disposée à cet effet. On perce ensuite la tumeur, qui contient souvent de la sérosité dans le centre, et on la cautérise quelquefois avec le fer rouge. On panse la plaie, et l'éponge disparaît, si la cause qui l'a produite ne se renouvelle pas.

On nomme encore éponges les deux extrémités du fer à cheval.

ÉPOUVANTAIL. Mannequin placé dans les semis ou certaines récoltes pour effrayer les oiseaux et les empêcher de manger les graines. C'est surtout dans les chenevières qu'on place les épouvantails. On doit varier leur forme de temps en temps et les changer fréquemment de place, pour que les oiseaux maraudeurs ne s'habituent pas à les voir inoffensifs.

EPREUVE. Les reproducteurs de toutes les espèces qui se présentent dans les concours devraient être soumis, quand cela est possible, à des épreuves ou essais qui permettraient de constater leur force, leur fond et leur énergie relative; mais il faudrait des épreuves sérieuses, et non des spectacles tels que ceux des courses de deux ou trois minutes, avec un poids de 25 ou 30 kilog. Les épreuves au trot peuvent être utiles pour constater la vitesse des allures comme le fonds du cheval qui y est soumis d'une manière convenable. — V. *Course, Essai*.

ÉPUISEMENT. Le mot *épuisement* s'applique à l'état d'un sol dont la fécondité a été fatiguée par des récoltes épuisantes. Ainsi, on effrite les terres en leur refusant les engrais indispensables pour les entretenir en bon état de production. On les rend infertiles pour un temps plus ou moins long lorsqu'on ne leur rend pas les éléments qu'elles ont donné aux récoltes. — V. *Effriter*.

Un animal est dans l'épuisement lorsque, exténué de fatigue et privé d'une alimentation nécessaire pour réparer les pertes de son corps, il ne peut plus se soutenir. Il y a ici quelque analogie entre l'épuisement du sol et celui de l'animal : la même cause produit le même effet dans l'un comme dans l'autre.

ÉQUARRISSAGE. Exploitation des cadavres d'animaux morts ou abattus, pour livrer les diverses parties qui les composent aux industries qui les emploient. Au voisinage des grandes villes, il y a des clos d'équarrissage destinés surtout à recevoir les chevaux morts ou qui ne peuvent plus travailler. Les peaux de ces animaux sont vendues aux tanneurs; leurs muscles servent à nourrir des porcs, des volailles; les tendons font de la colle; la corne, les os, les crins, le sang, etc., tout enfin a une destination appropriée dans les arts et l'industrie.

L'équarrissage est inconnu dans nos campagnes. Quand un animal meurt, il est perdu pour l'industrie comme pour l'agriculture; son propriétaire n'en retire ordinairement aucun avantage; on l'abandonne, après l'avoir écorché, aux carnivores et aux oiseaux voraces. On pourrait cependant utiliser ces cadavres comme engrais en les dépeçant, et en faisant des composts avec leurs débris, leur sang, leurs intestins, etc. Le cadavre d'un bœuf ou d'un cheval contient plus d'éléments fertilisants que plusieurs voitures de fumier. Pourquoi ne pas en tirer parti pour la production ? Rien ne devrait être négligé pour en augmenter la quantité. — V. *Animaux morts*.

ÉQUERRINES. Classe de vaches laitières du cultivateur Guénon. Les équerrines sont caractérisées par un épi ou écusson qui, se terminant en pointe, forme une sorte d'équerre qui simule près de la vulve, une baïonnette au bout d'un fusil.

ÉQUISÉTACÉES. Famille de plantes qui croissent surtout dans les sols humides ou ombragés. Les racines des équisétacées sont vivaces; leur tige est cylindrique, fistuleuse, articulée et plus ou moins rameuse. Les équisétacées, qui comprennent les prêles (queue-de-renard, queue-de-cheval) dont se servent les ménagères pour frotter et nettoyer leurs ustensiles de cuisine, sont nuisibles dans les prairies ou les champs. Consommées par les animaux, elles causent des irritations du canal intestinal, et font diminuer la sécrétion du lait chez les vaches laitières. Les prêles sont de mauvaises plantes qu'il faut détruire par tout moyen. On a affirmé qu'elles faisaient avorter les brebis; mais je n'ai jamais eu occasion d'observer ce fait.

ÉQUITATION. Art de dresser les chevaux et de les monter. L'équitation, jadis si répandue, tend à se borner et à disparaître chaque jour de nos mœurs, à la suite du perfectionnement des voies de communication, qui rendent les relations si faciles. Il n'y a plus guère que quelques amateurs isolés, et les cavaliers de l'armée, qui montent à cheval. Les manéges, anciennement en prospérité dans plusieurs villes, et surtout à Paris, deviennent de plus en plus rares, à défaut d'écuyers et d'élèves. —V. *Manége*.

ÉQUIVALENTS (*nutritifs*). On nomme équivalents nutritifs, en agronomie, des aliments qui, ayant des qualités nutritives supérieures ou inférieures à d'autres, sont administrés en plus ou moins grande proportion, suivant les quantités relatives de substances alibiles qu'ils contiennent. Des expériences faites en Allemagne, en France, en Suisse, etc., ont fait établir des échelles de proportion dont on devrait sans doute tenir plus de compte qu'on ne le fait pour la nourriture des bestiaux chez nous. Ainsi, en prenant pour type de comparaison le foin de prairie naturelle, on a établi le tableau suivant, présentant l'échelle de la richesse en substance nutritive des aliments ci-après :

100 parties de bon foin de prairie naturelle correspondent à environ :

90 parties de foin de prairie artificielle,
109 — de son de seigle,
130 — de pailles de légumineuses qui ont fourni leurs graines, comme les pois, les vesces, les gesces, etc.,
130 — de paille d'orge,
170 — de parmentières cuites,
190 — de paille d'avoine,
200 — de parmentières crues,
280 — de topinambours,
300 — de carottes,
400 — de betteraves,
450 — de ruta bagas,
525 — de raves communes,
600 — de choux, etc.

A l'article *Fourrages*, nous donnons les diverses échelles de proportion de toutes les substances végétales administrées aux animaux. — V. *Fourrages*.

ÈRABLE. Arbre formant par ses variétés, un genre dans la famille des acérinées. Les érables croissent spontanément dans nos forêts. On les plante quelquefois pour former des haies, des allées, pour donner du bois de chauffage, du charbon de bonne qualité. Le bois de certains érables sert à faire des vases, des instruments aratoires, des sabots, et même des instruments de musique. Les ébénistes, les luthiers, les tourneurs, estiment l'érable commun, dont le bois est dur et prend un beau poli. Le cycomore est un érable de choix pour les allées des promenades; son beau feuillage et son port majestueux, l'ont fait adopter pour les parcs et les bois d'agrément. L'érable dit de Montpellier, est très rustique; il croît dans les sols arides; son bois est dur, et il a beaucoup d'analogie avec celui de l'érable commun.

ERGOT. Production cornée, allongée et aiguë qui pousse aux pattes des coqs. On nomme aussi ergots, les tubercules cornés et mous qu'on remarque derrière le paturon des chevaux. Les bœufs ont aussi des ergots correspondants aux phalanges, derrière chaque paturon.

ERGOT (*du seigle*). Altération particulière du grain du seigle qui s'allonge, se contourne et noircit. — V. *Seigle*.

ÉRICACÉES. Famille de plantes formant des arbrisseaux ou sous-arbrisseaux. Les bruyères, l'airelle, etc., appartiennent à cette famille.

ÉROSION. Petite excoriation avec perte de substance. Ulcération légère observée sur la peau ou les membranes muqueuses d'un animal.

ÉRUPTION (*des dents*). La sortie des dents se nomme éruption. On donne aussi ce nom, en art vétérinaire, à une sorte d'ébullition de la peau qui produit sur elle une grande quantité de boutons. — V. *Age*, *Dent*, *Échauboulure*.

ESCARGOT. Mollusque gastéropode terrestre, pourvu d'une

humides, les vignes et les prairies, etc. Les escargots, qui se multiplient avec une grande rapidité, font des ravages considérables dans les jardins potagers et les espaliers; ils dévorent les légumes, les fruits, les feuilles. On doit les détruire partout où on les trouve; dans beaucoup de lieux, on mange les escargots après les avoir préparés de diverses manières.

ESCAROLE. Espèce de chicorée. — V. *Chicorée.*

ESCARRE. Portion morte de la peau qui se détache peu à peu, et tombe en laissant une plaie qui ne tarde pas à se cicatriser. La pression des harnais, surtout de la selle, occasionne quelquefois des escarres. Les caustiques, les brûlures avec un fer chaud, produisent aussi des escarres qui laissent des cicatrices ineffaçables. Le poil n'y pousse jamais, parceque son bulbe a été détruit par la chute du fragment de peau qui a formé l'escarre.

ESCARROTIQUE. Caustique qui, mis en contact avec la peau ou les membranes muqueuses des animaux, occasionne des escarres. — V. *Caustique, Escarre.*

ESCOURGEON. Variété d'orge cultivée quelquefois comme fourrage vert. L'escourgeon se sème en automne, comme le blé.

ESPALIER. Arbre fruitier planté le long d'un mur. Les branches de l'espalier sont étalées en éventail et fixées régulièrement, de manière à ce que les fleurs, les feuilles et les fruits reçoivent également l'air et la lumière. L'exposition au midi ou à l'est est la plus recherchée pour les espaliers, surtout dans le Nord, où la chaleur est nécessaire à la maturité des fruits. La couleur blanche, qui répercute la chaleur, est essentiellement la plus convenable aux murs contre lesquels les espaliers sont établis.

ESPARCETTE. — V. *Sainfoin.*

ESPARGOUTTE. — V. *Spergule.*

ESPÈCE. Nom donné, en botanique comme en zoologie, à des groupes de sujets qui se distinguent par des caractères particuliers. Ainsi, dans les végétaux, on reconnaît plusieurs espèces de plants d'arbres, de fruits, de racines, de fleurs, comme on reconnaît plusieurs espèces de chevaux, de bœufs, de moutons, de coquille en hélice. Ce mullusque est très commun dans les lieux chèvres, de chiens, de lapins, etc. Les espèces se forment par des fécondations spéciales, des accouplements, des croisements dirigés par l'homme dans un but déterminé, suivant ses intérêts, ses caprices, les modes, les besoins de la consommation locale ou générale. Les conditions atmosphériques, climatériques ou culturales des pays, contribuent aussi beaucoup à ces modifications des espèces. Ainsi, tel genre de végétal cultivé dans tel sol où il réussit est abandonné dans tel autre qui ne lui convient pas. Pour les chevaux, on voit, dans certaines régions, élever des espèces pour la selle; dans d'autres, des espèces de trait léger; dans d'autres enfin des animaux de gros trait. Les pays secs et de montagnes conviennent particulièrement aux premiers; les pays plats, gras et humides, sont propres à l'élevage des derniers. Telle contrée élève des espèces bovines pour la production du lait, du beurre, du fromage; telle autre des espèces spécialement réservées à la boucherie. Toutes les espèces n'offrent pas les mêmes caractères de finesse, de bonne qualité, etc. Chacune d'elles se distingue par des signes particuliers que les praticiens éclairés n'ignorent pas. Ainsi, les individus qui ont la peau fine, le poil soyeux, les extrémités fines et bien dessinées, les yeux grands et bien fendus, le regard doux, la tête fine, la physionomie expressive, appartiennent généralement à des espèces distinguées; tandis qu'une grosse peau garnie de poils rudes, touffus, grossiers, de petits yeux couverts de grosses paupières, une grosse tête, de gros membres empâtés, de gros crins, de grosses cornes, etc., sont des caractères distinctifs d'espèces communes. — V. *Engraissement*, ***Peau***, *Vache*.

Lorsqu'on veut adopter une espèce végétale ou animale, il faut non seulement consulter les ressources, les conditions qu'on peut offrir à son élevage, mais encore s'assurer si elles conviennent à l'industrie locale, aux mœurs des habitants, des domestiques qui doivent les soigner, au commerce et aux débouchés de la contrée à laquelle on les destine. Tous ces détails pratiques sont essentiels à examiner, et plus d'un cultivateur a échoué dans des entreprises et dépensé beaucoup d'argent pour n'en avoir pas tenu compte. — V. *Croisement*, *Élevage*, *Perfectionnement*.

ESQUINANCIE. — V. *Angine*.

ESSAI. Épreuve à laquelle on soumet un animal pour s'assurer qu'il est apte au service auquel on le destine. Lorsque c'est possible, on ne devrait jamais manquer d'essayer les animaux, soit pour la selle, soit pour le trait, soit pour le bât; il est difficile, en effet, de juger d'une manière absolue de l'aptitude d'un individu si on ne le soumet à un essai sérieux. Dans les foires ou marchés, il n'est pas toujours facile d'essayer les sujets de travail; aussi combien d'acheteurs ne sont-ils pas trompés par les vendeurs!

D'autres essais de force de résistance ou de vitesse, plus ou moins bien raisonnés, sont réservés aux reproducteurs : telles sont les courses pour les étalons ou les poulinières. —V. *Courses, Épreuve.*

ESSAIM (*Groupe*). On nomme essaim un groupe de plusieurs milliers d'abeilles qui quittent, sous la conduite d'une mère-abeille, la ruche où elles sont nées, et émigrent pour former une nouvelle colonie. Un bon essaim est composé de trente à quarante mille abeilles, et pèse de trois à quatre kilog. (un kilog. par dix mille abeilles). On ne connaît pas la cause absolue de la formation des essaims. Sans chercher à la découvrir, nous croyons qu'elle se rattache à la loi générale de la multiplication des espèces dans tous les êtres vivants; tous tendent à se développer, à se reproduire, à se multiplier; l'abeille forme des essaims et émigre pour obéir à cet instinct universel de tous les individus qui font partie de la nature organisée.

Lorsqu'un essaim veut quitter la ruche où il est né, pour se fixer ailleurs, il traduit sa volonté par des signes que les apiculteurs connaissent parfaitement : l'abeille-mère de la ruche est agitée; elle parcourt l'habitation, cherche à détruire les abeilles-mères prisonnières dans leurs cellules dont elles ne sont pas encore sorties, et qu'elle regarde comme ses rivales; mais des factionnaires veillent sur celles-ci, ils les protégent avec une respectueuse énergie contre leur mère, forcée de se soumettre elle-même à la consigne. Son agitation se communique aux autres abeilles, mâles et ouvrières; toutes entrent et sortent avec précipitation de la ruche, voltigent autour d'elle et font entendre un bourdonnement inaccoutumé. La chaleur ordinaire de l'intérieur de la ruche, qui est de 28 à 29 degrés, monte à 31 et 32. Enfin, après deux ou trois jours de ce tumulte, la mère-abeille sort de la ruche, et elle est suivie par des ouvrières et des mâles en quantité suffisante pour former une nouvelle république.

On affirme qu'avant de se mettre en route, les abeilles prennent les précautions que nécessite le voyage plus ou moins long qu'elles vont entreprendre. Ainsi, après avoir pris des vivres pour trois jours dans leur estomac, elles enverraient, dit-on, des émissaires pour observer les lieux et étudier ceux où elles pourraient se réfugier. Enfin, le moment du départ arrivé, elles s'envolent en tourbillon, et se posent soit sur des branches d'arbres ou sur leurs troncs, soit sur des murs, des cheminées, des rochers ou des buissons, en formant une énorme grappe; quelquefois aussi, mais rarement, elles se posent à terre. Du reste, ces haltes dépendent de l'abeille-mère qui conduit la légion; partout où elle veut s'arrêter, l'essaim se repose.

Lorsque l'on s'aperçoit qu'un essaim veut partir, on doit le guetter, pour le suivre et le recueillir. On aura donc à l'avance bien nettoyé, bien approprié et disposé convenablement la ruche où l'on veut le loger. Si les abeilles se posent sur une branche d'arbre, on place la ruche sous l'essaim, et on le fait tomber dans son intérieur par une secousse brusque de la branche où il se trouve. On repose ensuite cette ruche sur un drap préalablement étendu par terre. Si la mère- abeille y tombe et y reste, la troupe qui l'accompagne s'y fixe avec elle, et tout rentre dans l'ordre; alors on porte la ruche, avec ses nouveaux hôtes, au rucher. Si, au contraire, la mère-abeille dédaigne la demeure qu'on lui offre, les abeilles imitent son exemple; elles la suivent partout où elle veut aller. Ici le dévoûment est absolu.

Lorsqu'une ruche a produit son essaim, elle n'a plus sa mère-abeille, qui est partie avec la nouvelle colonie. Alors les abeilles qui n'ont pas quitté leur ancienne demeure ouvrent la cellule d'une jeune-mère abeille prisonnière, et lui donnent la liberté. Lorsque celle-ci se trouve au milieu de la population qui la reconnaît pour son chef, on lui offre à manger, on la brosse, on la lèche; on a pour elle tous les soins, tous les égards, toute la déférence qu'on avait pour la mère-abeille qui est partie avec l'essaim. Mais souvent elle fait comme celle dont elle est appelée à remplir les fonctions, elle part à son tour à la tête d'une nouvelle colonie, et c'est ce qui explique comment une même ruche peut donner plusieurs essaims dans une saison. On procède pour ce dernier essaim comme pour le premier; mais un propriétaire ne doit pas le perdre de vue, car autrement il n'aurait pas le droit de le réclamer plus tard comme sa propriété sur le sol d'autrui. La loi est précise sur ce point. On doit donc, autant que possible, suivre l'essaim qui s'envole, si on veut avoir le droit de le recueillir.

On fait quelquefois des essaims artificiels. Plusieurs méthodes sont employées à cet effet : elles sont décrites dans les traités spéciaux, auxquels on doit recourir pour bien les connaître. M. le docteur de Bauvoys a donné à ce sujet des détails fort intéressants dans son *Guide de l'agriculteur*. — V. *Abeilles*.

ESSART. Nom donné dans quelque pays à un sol écobué. — V. *Écobuage, Écobuer*.

ESSARTER. Défricher un sol couvert de bois et de broussailles, et le débarrasser de toutes les racines qui entraveraient la marche de la charrue. Ordinairement on brûle sur place, on écobue les broussailles avec leurs racines pour les détruire. Les cendres qui en résultent fertilisent le sol et donnent un amendement aussi énergique que facile à obtenir.

ESSENCE. En agriculture, on désigne par le nom d'essence les espèces d'arbres qui peuplent une forêt. Ainsi on distingue les essences de chêne, de hêtre, de pin, etc. — V. *Arbre, Bois, Forêt*.

ESSENCES. On a donné le nom d'essences à des huiles volatiles qu'on obtient par la distillation, et qui ont l'odeur des corps dont elles sont extraites. Ainsi, les essences de rose, de jasmin, d'orange, de lavande, de térébenthine, etc., sont le produit de la distillation des corps qui les fournissent.

En médecine des animaux, on utilise les essences de lavande et de térébenthine comme révulsifs et irritants.

La première, connue sous le nom d'huile d'aspic, est employée pure ou mélangée avec l'ammoniaque, l'eau-de-vie ou le vinaigre. On frictionne avec elle des engorgements, des tumeurs articulaires indolentes, afin de provoquer leur résolution. L'essence de térébenthine est utilisée de la même manière et dans le même but.

ESSIEU. (*Axe.*) Pièce en bois ou en fer, pourvue à ses deux extrémités de bras arrondis qui traversent les moyeux des roues et permettent leur rotation. L'essieu supporte les voitures qui reposent sur lui. Sa force doit donc être subordonnée au poids dont il peut être chargé. Les essieux sont généralement en fer; leur durée est infiniment plus longue que celle des essieux en bois, d'une part; de l'autre, la surface du frottement de leurs bras, relativement plus minces, est moins grande, et donne par conséquent moins de tirage aux animaux. En tout cas, les bras des essieux devraient être toujours bien graissés, pour adoucir leur frottement et prolonger leur durée en les rendant plus glissants. D'un autre côté, un essieu bien graissé facilite le roulement des voitures, et donne ainsi moins de tirage.

ESTIVADE. Nom donné dans certains pays aux travaux agricoles exécutés pendant la campagne d'été. On fait une bonne ou mauvaise estivade, suivant qu'on a été bien ou mal traité par le temps.

ESTIVAL, LE. Le mot *estival* s'applique surtout aux phénomènes de la végétation qui ont lieu pendant la saison d'été : telles sont la floraison, la fructification, qui sont estivales, printanières, automnales, etc.

ESTOMAC. Réservoir dans lequel se rendent les aliments après leur mastication, pour y être soumis aux premiers phénomènes de la digestion. (V. *Digestion.*) Le cheval, l'âne, le porc, le chien, n'ont qu'un seul estomac simple. Les ruminants, tels que le bœuf, le mouton, la chèvre, ont de plus que l'estomac ordinaire (caillette) trois autres renflements qu'on a aussi improprement nommés estomacs : tels sont le rumen, le réseau ou bonnet, et le feuillet. La caillette, qui forme le quatrième renflement, est le véritable estomac, et correspond à celui des autres animaux. Les oiseaux granivores, la poule, le pigeon, le dindon, la pintade, le paon, le canard, etc., ont aussi plusieurs renflements nommés estomacs : le premier est le jabot, le second l'estomac succinturié, et le troisième le gésier, où les aliments sont triturés. Chez ces animaux, la digestion ne commence qu'après l'action du gésier. Toutes les opérations antérieures n'ont fait que préparer les aliments pour être assimilés. Pour plus de détails, V. *Caillette*, *Digestion*, *Estomac succinturié*, *Feuillet*, *Gésier*, *Jabot*, *Réseau*, *Rumen*.

ESTOMAC SUCCINTURIÉ. Nom donné par les anatomistes au renflement intestinal qui, dans les oiseaux, se rend du jabot au gésier. Cet estomac est pourvu d'une infinité de petites glandes qui sécrètent un suc abondant, analogue à la salive. Ce suc est destiné à imbiber les substances alimentaires, et à les ramollir pour être broyées plus facilement dans le gésier.—V. *Digestion.*

ESTRAGON. Plante de la famille des composées et du genre armoise. L'estragon est cultivé dans les jardins comme condiment. Son odeur et sa saveur aromatiques sont agréables. On fait souvent macérer cette composée dans le vinaigre, afin de lui en communiquer le goût.

ÉTABLE. Nom donné au logement destiné aux bœufs. Les étables exigent les mêmes conditions de salubrité que tous les lieux habités par les animaux, et que nous avons signalées au mot *Écurie*. — V. *Écurie.*

ÉTALON. Nom d'un animal mâle destiné à la fécondation des femelles. On dit un cheval étalon, un taureau étalon, un bélier étalon, etc. Le choix de l'étalon est de la plus haute importance pour le perfectionnement de nos races diverses. De bons étalons, en effet, peuvent être une source de richesses par les beaux produits qu'ils donnent, tandis que de mauvais étalons dégraderont les espèces et ruineront l'industrie qui les élève. On cite des étalons qui, en Angleterre, ont non seulement fait la fortune de leurs propriétaires, mais encore celle de l'industrie qui les a employés, eux et leurs produits. On affirme que le perfectionnement des races de chevaux anglais est dû surtout à l'étalon Godolphin, cheval arabe qui fut acheté, suivant la chronique, par un Anglais à un porteur d'eau de Paris Il était attelé, dit-on, à sa voiture. Les étalons Éclipse, Childers, Orville, etc., ont laissé en Angleterre des souvenirs qui se perpétuent par leurs descendants. En Normandie on se souvient toujours d'un étalon (Ratler) demi-sang d'une conformation et d'une nature puissantes. Ce reproducteur d'élite avait donné de très bons produits que j'ai étudiés sur place, et qui avaient un type de conformation et des qualités qui le feront toujours regretter des éleveurs de cette riche contrée. Ce qui est arrivé à la Normandie pour l'étalon Ratler est observé dans tous les autres pays d'élevage. On y conserve toujours le souvenir d'un étalon précieux par les produits qu'il a donnés ; on n'y oublie pas non plus les mauvais producteurs, qui n'ont laissé que de mauvais élèves et causé des déceptions à ceux qui les ont acceptés pour leurs femelles. Tantôt ils ont donné des maladies héréditaires, comme la fluxion périodique des yeux, des tares aux membres, le cornage ; tantôt ils n'ont laissé que des produits mal conformés, sans énergie et sans valeur commerciale.

Mais le choix d'un bon étalon n'est pas facile pour tout le monde. Il exige des connaissances spéciales sur la structure des animaux, des notions d'anatomie, de physiologie et de mécanique animale, malheureusement trop peu répandues parmi nos éleveurs. S'ils possédaient ces connaissances, ils seraient moins exposés à se tromper dans le choix qu'ils doivent faire des étalons pour leurs femelles.

Ce que nous disons de l'étalon de l'espèce chevaline s'applique à toutes les autres races d'animaux, notamment pour les espèces bovine et ovine. Après le perfectionnement du mouton par l'illustre d'Aubenton, et l'importation du mérinos en France, on a vu des béliers se vendre, à Rambouillet, jusqu'à 4,000 fr., pour être employés à la monte. Ce prix si élevé démontre quelle importance on attachait à l'étalon pour le perfectionnement des races mérinos. Pour plus de détail, V. *Appareillement, Conformation, Courses, Croisement, Haras, Perfectionnement.*

ÉTAMINE. Organe mâle des fleurs. Les végétaux comme les animaux se reproduisent par l'action réciproque des organes de la génération, c'est-à-dire par le rapprochement des sexes. Les plantes ont donc, comme les animaux, des individus mâles et des individus femelles. Les sexes, chez elles, sont ou séparés sur deux sujets différents (dioïque), ou réunis sur le même individu (monoïque). L'étamine correspond à l'organe sexuel mâle, et l'ovaire à l'organe sexuel femelle. L'étamine est formée de deux parties. L'une d'elles se nomme le filet ; elle supporte un corps glanduleux nommé anthère. Celui-ci renferme le pollen ou matière fécondante, qui, déposée dans l'ovaire, le féconde pour former l'œuf ; celui-ci (la graine), mis dans les conditions exigées d'*incubation*, donne naissance au nouvel individu, en tout semblable au végétal qui l'a produit. On peut voir facilement dans un lis, par exemple, les filets, au nombre de six, surmontés par un corps jaunâtre et mobile, qui est l'anthère. La poussière jaune qui se détache de ce corps ovoïde, un peu allongé, est le pollen ; et ce pollen, déposé sur le stigmate, est conduit à l'ovaire par le canal du style.

L'étamine, qui a toujours une anthère, peut ne pas avoir de filet. Dans ce cas elle est dite *sessile*.

Le nombre des étamines varie depuis une jusqu'à des quantités indéfinies. C'est sur leur nombre que repose une partie du système de classification de Linnée. Les étamines servent de base au système des familles naturelles de Jussieu, généralement adopté aujourd'hui par les botanistes.

Quelquefois les étamines se changent en pétales par la culture. C'est ainsi qu'on a obtenu les fleurs doubles, devenues naturellement inféconds. Elles ne donnent pas de graines. Les roses, les œillets doubles, etc., sont dans ce cas; mais l'expérience a démontré qu'abandonnées à elles-mêmes, sans culture, et sans autre soin que ceux de la nature, les fleurs doubles redeviennent simples, reprennent leur état sauvage et leur fécondité. Elles donnent par conséquent des graines qu'elles refusaient pendant qu'elles étaient privées de leurs étamines.

Les femelles des animaux, souvent inféconds par trop d'embonpoint, par des soins exceptionnels qui les éloignent trop de l'état de nature, n'ont-elles pas quelque analogie avec les plantes doubles, qui sont dans le même cas ? Nous sommes d'autant plus fondés à poser cette question qu'on rend fécondes les femelles en les faisan maigrir ou en les faisant travailler, pour les exercer et les rapprocher ainsi autant que possible des conditions dans lesquelles elles se trouvent à l'état de nature.

ÉTANG. Amas d'eau plus ou moins étendu, entretenu par les pluies, par des sources, par des ruisseaux ou par les eaux de la mer. Les étangs se forment naturellement dans des terrains creux, imperméables, qui reçoivent des eaux et les conservent sans les laisser filtrer. Dans certaines contrées, comme la Bresse, la Sologne, les étangs offrent des ressources à la pisciculture ; mais les bénéfices qu'ils peuvent donner sous ce rapport sont payés beaucoup trop cher par la santé des habitants des tristes régions marécageuses où ils se forment. Les eaux stagnantes, en effet, dont le niveau varie suivant les saisons et les circonstances atmosphériques, laissent dégager des miasmes pestilentiels qui, pendant les chaleurs surtout, causent des fièvres intermittentes et déciment les populations. Celles qui survivent sont chétives, étiolées; elles ne vieillissent pas, parceque leur santé, lentement altérée, ne leur permet pas une longue existence. Partout où l'on a détruit les étangs, les marécages, partout où l'on a pu soumettre à la culture le sol sur lequel ils étaient, les populations ont augmenté; leur force, leur énergie, leur santé, ont remplacé leur faiblesse, leur état habituel de souffrance et de maladie ; leur bien-être a remplacé leur pauvreté. Les desséchements des étangs, des marais et des marécages, devraient être pour l'autorité un devoir impérieux, et pour tous une œuvre de philanthropie, d'humanité, de charité. Qu'on ne vienne pas nous dire que des intérêts individuels sont inhérents à l'existence de pareils foyers d'infection et de mort ! Doit-on sacrifier des hommes à des poissons ? D'ailleurs, avec les nouveaux moyens d'empoissonnement de nos rivières mis en pratique par les deux modestes pêcheurs des Vosges, et qui tendent à être généralement adoptés sur tous les cours d'eau de la France, nous pourrons parfaitement remplacer le poisson des étangs. Créons des prairies à leur place, arrosons-les avec les eaux qui y croupissaient, et on fera de la viande et du pain : or la viande et le pain valent bien le poisson.

Que ce soit donc au point de vue hygiénique, à celui de l'humanité ou de la charité, comme au point de vue du produit, les étangs devraient être desséchés et mis en culture partout où c'est possible. Les heureux résultats obtenus dans les lieux où on l'a fait prouvent la vérité de ce que nous avançons ici. Dans la Bresse, on alterne souvent la culture avec la pisciculture. Pourquoi ne pas continuer la première et abandonner pour toujours la dernière ! Si on le faisait, l'exemple serait suivi, et les malheureuses populations des régions marécageuses cesseraient de subir les maux qu'elles souffrent depuis des siècles.

ÉTAUPINER. Répandre la terre des taupinières dans les prairies et les herbages. Les taupinières non seulement étouffent l'herbe qu'elles couvrent, mais elles sont un obstacle pour les faucheurs lorsqu'ils coupent le foin. On étaupinera donc autant que possible, ce qui est facile avec un simple hoyau ; on aura ainsi le double avantage de faciliter la fauchaison et d'améliorer le gazon en chaussant l'herbe avec la terre neuve des taupinières. Malgré tout ce qu'on peut dire sur l'utilité des taupes comme insectivores, nous croyons que le mal qu'elles font l'emporte sur les services qu'elles peuvent rendre, et qu'on fera bien de les détruire pour prévenir leurs dégâts dans les prairies comme dans les champs ou les jardins. — V. *Taupe*.

ÉTÉ. L'été, qui commence au 21 juin et finit au 21 septembre, est la saison la plus favorable aux travaux de l'agriculture. C'est en été qu'on fait les récoltes des céréales d'hiver, la plupart de celles du printemps, et celles des fourrages. Mais si les travaux des attelages sont actifs, multipliés à cette époque, ils provoquent des fatigues, des maladies, chez les animaux de travail. Aussi doit-on redoubler de soins et de précautions pour éloigner d'eux les causes qui peuvent altérer leur santé. On devra, autant que possible, ne pas les faire travailler pendant les grandes chaleurs ; on ne les exposerá pas aux insolations ; on ne leur laissera pas boire des eaux froides et crues pendant qu'ils ont chaud. On devra aussi avoir la précaution de tenir fraîches les étables, les écuries et les bergeries, en fermant les ouvertures exposées au midi et ouvrant celles qui sont au nord. Comme on doit toujours veiller à ce que les animaux fatigués puissent se reposer, on fera bonne litière, et on disposera les ouvertures des habitations de manière à n'avoir pas trop de lumière, ce qui empêche les mouches de tracasser les bestiaux. D'ailleurs, les animaux sont toujours plus disposés à bien se reposer dans les étables qui n'ont qu'un demi-jour que dans celles qui sont éclairées par toutes leurs ouvertures.

ÉTÊTER (*un arbre*). Couper la cime des arbres pour en faire des têtards. On étête de préférence les arbres dont les feuilles sont récoltées pour les donner aux bestiaux : tels sont le frêne, l'orme, le robinier, etc. Les branches des têtards sont exploitées en fagots, vendues au cent pour le chauffage, ou consommées dans les fermes pour le four ou les cheminées des cuisines. Ce sont surtout les arbres des environs des habitations qu'on étête pour les avoir mieux à portée d'exploitation.

ÉTHER. Produit obtenu par l'action des acides sur l'alcool à une température convenable. L'éther sulfurique est de tous les éthers le plus utilisé en médecine des animaux. On l'administre à l'intérieur, étendu d'eau, contre les coliques des animaux. Il donne aussi du ton à l'estomac dans les cas d'indigestion. Il agit sur les nerfs en les calmant. Il est donc utile pour modérer toutes les douleurs, qu'on l'administre en lavements, en boissons ou en lotions. On l'a donné aux ruminants dans les cas de météorisation, et ses effets ont été salutaires. — V. *Tympanite.*

ÉTHÉRISATION. On connaît aujourd'hui l'action sédative et narcotique produite par l'éther respiré. La découverte de cette singulière propriété est due au docteur Jackson. Les animaux soumis à l'éthérisation perdent leur sensibilité et s'endorment exactement comme l'homme. On peut, dans cet état, les opérer, les amputer, sans qu'ils témoignent la moindre sensibilité. Cependant on ne doit éthériser les animaux qu'avec beaucoup de prudence. Si on prolongeait l'éthérisation au delà de la perte de la sensibilité, la respiration s'arrêterait, les pulsations du cœur cesseraient, et la mort en serait la conséquence essentielle.

ÉTINCELLE ÉLECTRIQUE. Eclat de lumière produit par l'électricité. L'étincelle électrique s'échappe d'un corps chargé d'électricité pour se combiner avec l'électricité opposée d'un autre corps mis à portée convenable. — V. *Électricité.*

ÉTIOLÉ, E. Etat d'une plante qui a souffert de l'absence de la lumière et de la qualité de l'air nécessaire à son développement normal et à sa vigueur. Les plantes qui croissent dans l'ombre, les tiges des légumes qui poussent dans des eaux ou qu'on couvre de terre pour les faire blanchir, sont étiolées. C'est en les étiolant qu'on blanchit les salades, le céleri, la chicorée, la laitue. Les feuilles blanches des choux pommés sont étiolées. Les herbes et tous les végétaux, en un mot, privés de la lumière qui leur donne leur couleur verte, sont étiolés et perdent de leur vigueur comme de leurs qualités nutritives et de leur saveur naturelle. C'est pour modifier cette saveur et la rendre plus douce que les jardiniers étiolent les légumes. Ces produits deviennent aussi plus tendres par l'étiolement.

Les animaux élevés à l'ombre, dans des étables obscures, malsaines, sont aussi étiolés; ils n'ont jamais la vigueur de ceux qui sont élevés à l'air et au soleil. C'est par une sorte d'étiolement qu'on engraisse certaines volailles et qu'on provoque le développement extraordinaire de leur graisse et souvent de leur foie, connu sous le nom de foie gras. L'oie et le canard sont spécialement soumis à ce genre de spéculation.

ÉTIOLOGIE. Science d'observation qui s'occupe de l'étude des causes des maladies. Cette science ne devrait pas être inconnue des agriculteurs, qui ont souvent toute leur fortune dans leurs animaux. Si on connaissait les causes des pertes souvent énormes que fait l'agriculture sous ce rapport, si on savait les prévenir ou neutraliser leurs effets, que de misères n'éviterait-on pas, que de richesses on conserverait à la fortune privée comme à la fortune publique! On se plaint sans cesse de la pénurie des bestiaux; on voit chaque année des milliers de pauvres cultivateurs ruinés par leurs pertes, et pourtant on s'occupe si peu de les prévenir par l'étude des causes qui les provoquent! Aujourd'hui, par exemple, on sait que la péripneumonie épizootique des bœufs est contagieuse. Le fait a été si souvent constaté par des expériences et surtout par des agriculteurs victimes de ce fléau! Et cependant qu'a-t-on fait de sérieusement efficace pour arrêter ses ravages? Si la fatale cause de contagion qui l'a fait se répandre sur tout le territoire de la France, comme dans les autres nations de l'Europe, avait été recherchée, reconnue par l'autorité, aurions-nous vu tant de misères et tant de désespoir chez une infinité de malheureux cultivateurs de l'Auvergne, du Rouergue, de la Franche-Comté, de la Normandie, de la Flandre, etc.? La plupart du temps la perte de nos animaux est due à l'ignorance dans laquelle nous sommes sur l'étiologie des maladies qui les occasionnent. — V. *Épizooties*, *Péripneumonie*, *Typhus*.

ÉTIQUE. Animal étique, qui est d'une maigreur extrême. — V. *Maigreur*, *Marasme*.

ÉTOFFÉ. On dit qu'un animal est étoffé quand il est bien charpenté et bien musclé. Un cheval, un bœuf, etc., bien étoffés, de bonne nature et exempts de maladies, doivent bien remplir le but pour lequel on les destine. — V. *Conformation*.

ÉTOILE. V. *Pelote*.

ETOURNEAU. Oiseau de l'ordre des passereaux, de la grosseur d'un merle, d'un fond noirâtre brillant, avec des mouchetures. Il est très commun en Europe. Pendant la mauvaise saison, il émigre par bandes innombrables. Ces bandes sont si nombreuses en Afrique pendant l'hiver, qu'elles forment de véritables nuages d'une grande étendue. Les étourneaux sont utiles par les grandes quantités d'insectes qu'ils dévorent, et dont ils débarrassent l'agriculture, et surtout les animaux, qu'ils tourmentent pendant les chaleurs.

ETRANGUILLON. V. *Angine.*

ETRILLE. Instrument de pansage pour les animaux. L'étrille, dont on se sert pour panser les chevaux surtout, est en fer. On doit l'employer avec beaucoup de précaution quand on panse des animaux sensibles, de race noble. — V. *Pansage.*

EUMOLPE. Insecte coléoptère très nuisible à l'agriculture. Les deux variétés d'eumolpe qui font le plus de ravage sont l'eumolpe de la vigne (*gribouri*) et l'eumolpe de la luzerne, connu des naturalistes sous le nom d'eumolpe obscur. L'eumolpe de la vigne fait éprouver de grandes pertes aux pays vignobles; non seulement il ronge et fait périr les feuilles, les jeunes pousses et les grappes de raisin, mais encore sa larve, qui se développe au pied des souches, ronge leurs racines.

On n'a pas encore découvert de moyen général efficace pour détruire l'eumolpe de la vigne. Cependant, comme cet insecte ne fuit pas le danger, et qu'il fait le mort et se laisse tomber au contraire lorsqu'on secoue les souches où il se trouve, on a profité de cet instinct particulier pour lui faire la guerre. J'ai vu employer pour le détruire, dans les environs de Narbonne, un instrument simulant un grand entonnoir échancré, au fond duquel s'ajuste un sac. On engage les tiges des souches dans l'échancrure de cet entonnoir, et, en les secouant brusquement, on y fait tomber les eumolpes, qui coulent dans le sac. Il est ensuite facile de les détruire.

L'eumolpe obscur n'est pas moins redoutable par ses ravages dans les luzernes; dans le midi de la France surtout. On n'est pas encore plus avancé sur les moyens généraux de détruire cet insecte que sur ceux de détruire le gribouri de la vigne.

On a tour à tour préconisé l'emploi de la chaux vive en poudre semée sur les luzernières envahies par les insectes ; on a parlé de la cendre utilisée de la même manière ; mais ces procédés n'ont pas paru bien répondre au vœu des agriculteurs qui les ont pratiqués.

L'étude des mœurs de l'eumolpe obscur a donné l'idée d'employer un autre moyen de destruction de cet insecte dans le Midi. On s'assure de l'époque de l'éclosion de ses œufs ; les larves auxquelles ils donnent naissance paraissent généralement vers les premiers jours de mai. Si on retarde la première coupe de luzerne jusqu'au temps où ces larves affamées se disposent à commencer leurs ravages, et qu'on la fasse de manière à faner au moment où elles ont le plus besoin de manger pour se développer, elles manquent de vivres, parceque la luzernière n'a plus assez d'herbe pour les alimenter, et elles meurent de faim, si elles n'ont pas une autre luzernière voisine à leur disposition. Pour pratiquer ce mode de destruction, qui a paru efficace, il s'agirait donc d'étudier l'éclosion des larves des eumolpes et de subordonner le temps de la coupe de la luzerne à celui de la naissance de ces insectes. Il serait important d'étudier sérieusement ce moyen.

EUPATOIRE. Genre de plantes de la famille des composées. L'eupatoire à feuilles de chanvre (*cannabicum*) se fait remarquer dans nos bois humides, sur les bords des rivières et fossés, par la hauteur de sa tige et sa fleur terminale, disposée en corymbe rougeâtre. On lui a attribué des propriétés médicinales qu'elle n'a pas.

EUPHORBES. Genre de plantes de la famille des euphorbiacées. Les euphorbes (tithymales), qui ont des variétés nombreuses, croissent sous presque tous les climats, et sont âcres et vénéneuses ; leurs tiges, vertes, herbacées, contiennent un suc laiteux qui, mis en contact avec la peau, l'irrite et y provoque quelquefois un soulèvement de l'épiderme et des ampoules ; on en voit des exemples chez les enfants qui se mettent quelquefois le suc du *réveille-matin* sur la figure. Le suc laiteux des euphorbes est exploité dans certains pays ; on le laisse dessécher sur la plante, et il fournit une matière concrète qui est un purgatif drastique très violent. Les graines d'euphorbe ont aussi cette propriété, mais à un degré inférieur. La poudre d'euphorbe est employée en médecine vétérinaire comme irritante, et contre les maladies de la peau. On la mélange quelquefois avec certains onguents : tel est l'onguent vésicatoire, dans la composition duquel elle entre. Administrée à l'intérieur, elle irrite fortement le canal intestinal, et cause des purgations abondantes.

Les euphorbes sont des poisons plus ou moins violents. On doit donc les détruire partout où elles croissent, surtout dans les lieux où les animaux vont paître.

EUPHORBIACÉES. Famille de plantes très répandues, plus ou moins vénéneuses, arborescentes ou herbacées. Les euphorbes croissent sous tous les climats. — V. *Euphorbe.*

EUPHRAISE. Genre de plantes de la famille des scrophulariées. L'euphraise est assez insignifiante comme plante fourragère. Elle n'a pas de propriété médicinale ; elle croît dans les champs et quelquefois dans les prairies.

ÉVACUANT. — V. *Purgatif.*

EVAPORATION. Phénomène physique qui consiste dans la transformation de l'eau ou d'autres liquides en vapeur. C'est par l'évaporation de l'eau que les sols se dessèchent ; c'est par elle que se forment les brouillards, les nuages. C'est par l'évaporation de l'eau végétale qu'elles contiennent que les herbes coupées se dessèchent et forment les fourrages.

Comme les liquides ne peuvent s'évaporer que par l'action de la chaleur, ils en empruntent naturellement à tous les corps sur lesquels s'opère leur volatilisation. C'est ainsi que s'explique la sensation du froid que nous éprouvons lorsque nous avons la main mouillée, et surtout lorsque nous l'agitons dans l'air. Dans ce cas, en effet, l'évaporation est accélérée, et elle prend d'autant plus de calorique sur notre peau, qu'elle est plus rapide : on peut en faire l'expérience en mouillant les deux mains, et en agitant l'une tandis que l'autre est laissée en repos. L'évaporation très active de l'alcool, et surtout de l'éther, explique la sensation plus vive du froid produit par ces deux liquides, et surtout par le dernier.

La nature se sert de cette propriété de l'évaporation des liquides pour refroidir les corps, et les maintenir, lorsqu'il y a lieu, à une température au dessus de laquelle ils périraient. L'homme et les animaux ne vivent dans une atmosphère au dessus de leur température naturelle qu'en vertu de cette loi. Ainsi, la température du corps de l'homme et des mammifères, qui est en moyenne de 37 à 38 degrés, se maintient à cet état, à très peu de différence près, quoique la température atmosphérique soit de 40, 50 degrés et plus au dessus de zéro. Ce phénomène physique est dû au refroidissement que cause, sur toute la surface du corps, la transpiration qui s'évapore.

ÉVENTAIL (*Arbre en*). — V. *Espalier*.

EXCITANT. Stimulant. Nom donné à tout médicament qui stimule, excite les fonctions animales. Les excitants sont presque touts fournis par le règne végétal. Les spiritueux, tels que les vins, les alcools et eaux-de-vie, les bières, les cidres, sont des excitants plus ou moins actifs; les essences de lavande, de térébenthine; les décoctions de plantes aromatiques, telles que celles d'absinthe, de tanaisie, d'armoise, de menthe, etc., sont aussi des excitants employés pour stimuler les fonctions vitales des animaux, notamment l'action du tube digestif et de la circulation.

EXCRÉMENTS. Déjections alvines de l'homme et des animaux. Les excréments sont la base des engrais; ils sont les matières fertilisantes par excellence du sol. Partout on devrait les recueillir avec les mêmes soins, parceque partout ils produisent les mêmes effets. Partout où l'on sait bien les employer, ils sont une source de richesse et de bien-être pour le cultivateur. Certains pays comprennent parfaitement l'importance de l'action des excréments : dans le Nord, dans les environs de Lille, par exemple, où l'agriculture est si bien entendue, si riche, tout est soigneusement ramassé, dans les villes comme dans les campagnes; excréments solides ou liquides, tout est recueilli, transporté dans des citernes spéciales, pour être soigneusement conservé et employé en temps opportun sur les récoltes. Aussi, quelle abondance, quelles richesses ne produisent pas les terres de ce pays en plantes oléagineuses, textiles, saccarines, en grains de tout ordre, en fourrages, en herbages, en légumes, etc. ! Chose remarquable autant que déplorable, lorsqu'on étudie la marche des progrès agricoles et leur état dans les divers pays cultivés, on voit que ce sont justement les plus pauvres, ceux qui auraient le plus besoin de fumer leurs terres, qui laissent perdre le plus d'excréments. Non seulement ceux des villes ne sont pas ramassés, mais dans les villages et hameaux il n'y a pas de latrines, et les excréments humains, si riches en éléments fertilisants, sont perdus pour l'agriculture sur les lieux mêmes. Les excréments des animaux sont aussi mal ramassés; on en perd une grande quantité, soit insouciance ou apathie coupable, soit ignorance de leur valeur.

Les excréments de tous les animaux ne sont pas fertilisants au même degré. Ceux des oiseaux (*colombine*) sont les plus énergiques; afin de modérer leur action, on les mélange ordinairement aux autres fumiers. Les excréments humains sont aussi plus fécondants que ceux de nos animaux domestiques. Pour faire un bon engrais de touts les produits excrémentitiels, on les mélange, et on obtient ainsi un très bon fumier, qui produit toujours d'excellents effets. Le guano, employé avec tant d'avantage depuis quelques années, n'est qu'une masse d'excréments d'oiseaux entassés aux lieux où il s'est formé, couche par siècle. — V. *Guano*.

EXCRÉTION. Fonction par laquelle les matières qui doivent être éliminées des corps sont rejetées; excrétion des urines, des matières fécales. Ces excrétions s'opèrent par une attitude particulière des animaux qui les favorise, et par une compression exercée sur la vessie et les intestins au moyen de la contraction des muscles abdominaux qui les refoulent. — V. *Sécrétion*.

EXCROISSANCE. Production charnue qui se développe quelquefois sur la peau sans cause connue, ou sur des blessures. On détruit généralement les excroissances avec des escarotiques ou des caustiques, le plus souvent avec un fer chauffé à blanc. Les verrues, les cerises, les fongus, etc., sont des excroissances.

EXERCICE. Mouvement auquel se livre un animal. L'exercice est indispensable aux animaux, surtout dans leur jeune âge; aussi les voit-on courir, jouer entre eux, lutter, pour exercer leurs forces, développer leurs muscles. Chez eux, l'exercice est instinctif; il est ordonné par la nature, qui veille toujours à la conservation des espèces comme à leur croissance et à leur reproduction. Si on veut conserver la santé des animaux, il faut donc les livrer à un exercice convenable, lorsqu'ils ne sont pas soumis à un travail raisonné qui en tient lieu. Dans tous les cas, l'exercice ne devra jamais dégénérer en fatigue, surtout pour les jeunes animaux, qui ne pourraient pas la supporter sans inconvénient ; il doit donc toujours être gradué et être en harmonie avec l'âge et la force des sujets. L'exercice en liberté est le meilleur qu'on puisse permettre aux animaux, quand il est possible, parcequ'ils sont les meilleurs juges en pareille matière. Sauf quelques rares exceptions, dans les temps de rut, ils ne s'exercent pas au delà de leur besoin naturel.

EXFOLIATION. Chute de plaques d'écorce de certains arbres, tels que le platane, le chêne-liége. On nomme aussi exfoliation la chute de lames osseuses des os des animaux par suite de maladie.

EXHALAISON. Principes vaporeux, gazeux, qui se dégagent des corps organisés, végétaux ou animaux, lorsqu'ils sont en décomposition surtout. Les exhalaisons vicient souvent l'air, le rendent insalubre et causent des maladies. — V. ***Désinfection, Étang, Exhalation, Miasme.***

EXHALATION. Fonction des vaisseaux qui exhalent un liquide séreux. Ce liquide lubréfie les surfaces des corps sur lesquelles il est déposé. C'est en vertu de cette fonction que les membranes séreuses, comme le péritoine, les plèvres, sont toujours humectées de manière à rendre facile le glissement qui a lieu entre elles sur les surfaces des organes qu'elles recouvrent. C'est encore par l'exhalation que s'exécute la perspiration cutanée, la transpiration insensible qui s'effectue par la peau. — V. ***Peau, Perspiration.***

EXHIBITION. Exposition d'animaux dans les concours. On a fondé, depuis quelque temps, en France, des exhibitions, sur plusieurs points du territoire. Elles ont pour but de donner de l'émulation aux éleveurs, et de montrer les résultats que peuvent obtenir les soins éclairés, les bons accouplements ou les bons croisements, dans le but de perfectionner notre production animale. Nous comprenons parfaitement l'utilité incontestable des exhibitions des animaux reproducteurs : elles font connaître les bons types, et elles encouragent leurs producteurs; mais les exhibitions des animaux de boucherie sont loin de produire les mêmes résultats, pour deux raisons bien simples : la première, c'est qu'un animal engraissé pour la boucherie est perdu pour le perfectionnement comme pour la reproduction des espèces; il est vendu au boucher, et il n'en est plus question; la seconde, c'est que l'engraisseur, sauf le cas où il a fait lui-même l'animal engraissé, n'a pas, par le fait, grand mérite; il a fourni la matière d'engraissement. C'est l'éleveur qui a fait l'animal qu'on admire ou qu'on prime : à lui donc la plus grande part de l'honneur attaché à la prime, s'il ne profite pas de ses bénéfices.

EXOSTOSE. L'exostose est une tumeur osseuse qui se développe sur les os, et notamment sur ceux des membres du cheval. Suivant sa forme et la place qu'elle occupe dans le membre, cette tumeur prend divers noms. On la nomme *suros* lorsqu'elle est simple, plus ou moins arrondie sur les canons; *fusée* quand elle est allongée; elle est dite *en chapelet* lorsqu'elle est formée par de petits nœuds qui se suivent en forme de chapelet. Au jarret, l'exostose se nomme *courbe*, *éparvin*, *jarde*. Au paturon et au boulet, on la nomme *forme*. Dans tout cas, l'exostose n'a de gravité que lorsqu'elle est sur le passage des tendons ou des ligaments, qu'elle irrite par le frottement, ou lorsque, placée près d'une articulation, elle y détermine de la douleur ou en borne le jeu.

On traite les exostoses par des frictions toniques irritantes, par des vésicatoires intermittents, enfin par l'application du feu, quand les moyens ordinaires n'ont pas réussi. Le feu lui-même est souvent sans résultat heureux. — V. ***Courbe*, *Éparvin*, *Forme*, *Jarde*, *Suros*.**

EXOTIQUE. Un animal, un végétal, sont exotiques quand ils sont importés, et qu'ils ne sont pas indigènes. Malgré tout le savoir, tous les soins d'un agriculteur, il est des produits qu'il ne peut pas obtenir dans les conditions où il se trouve. Ces conditions sont le plus souvent dépendantes du climat. Quelques productions de luxe ou d'ornement peuvent seules être cultivées par des moyens artificiels, qui nécessitent des dépenses, des combinaisons exceptionnelles, afin d'avoir la chaleur et la lumière indispensables pour arriver au but désiré; mais ces moyens extraordinaires sont en dehors des cultures économiques qui doivent nous occuper ici. — V. *Acclimatation*, *Importation*, *Naturalisation*.

EXPÉRIENCE. Une science de faits a toujours besoin d'avoir pour guide et garantie l'expérience. L'agriculture, qui est une science de faits par excellence, a toujours besoin de l'expérience pour être bien exercée. Un cultivateur sans expérience est comme un aveugle qui, ayant perdu son chien, se trouve dans un chemin dont il ignore la direction; il lui est impossible de se conduire dans l'inconnu; s'il veut marcher quand même, il prouve qu'il manque de jugement, d'esprit d'observation, et sa ruine est assurée. Que d'exemples nous aurions à fournir à l'appui de ce que nous avançons ici!

EXPÉRIMENTATION. L'agriculture, qui est nécessairement une science pratique, doit toujours être une science d'expérimentation, surtout quand il s'agit d'un assolement à adopter, d'une plante inconnue à cultiver, d'un animal exotique à naturaliser. L'expérimentation devrait donc être la pierre de touche de toute opération agricole à son début; elle serait un guide assuré pour prévenir tant de déceptions, dont les théoriciens ont si souvent été victimes dans leurs débuts en agriculture.

EXPIRATION. Expulsion de l'air entré dans les poumons pendant inspiration. — V. *Respiration*.

EXPLOITATION. On désigne généralement par le mot *exploitation* l'ensemble de toutes les opérations mises en œuvre pour exploiter une industrie. L'exploitation d'une carrière, d'une mine, d'une forêt, etc., est donc l'emploi de tous les moyens mis en œuvre pour obtenir le revenu produit par ces immeubles. En agriculture on nomme vulgairement exploitation un domaine exploité. A chaque région, à chaque climat, à chaque nature de sol, etc., convient tel ou tel mode d'exploitation, qui dépend d'une infinité de circonstances inhérentes au sol, aux localités, au commerce, aux coutumes, aux mœurs d'un pays, à ses débouchés, etc. En Bourgogne, dans le Bordelais, etc., on exploite la vigne sur une grande échelle; dans la Beauce et la Brie, on exploite les céréales; dans le Nord, les exploitations produisent des plantes commerciales; dans les montagnes de l'Auvergne, elles s'occupent de l'élevage des bestiaux, des prairies, des fourrages. En Normandie, l'engraissement des animaux de boucherie et l'élevage du cheval sont un des plus grands produits des exploitations agricoles; les herbages de ces pays, en effet, sont très propres à l'engraissement des animaux comme à leur élevage.

EXPORTATION. Sortie de produits du territoire, vendus à l'étranger. Le chiffre des exportations de l'industrie manufacturière est infiniment plus élevé que celui des exportations de l'agriculture. Sauf quelques mulets que nous vendons en Espagne, quelques chevaux percherons, et nos vins et eaux-de-vie, les autres denrées exportées se réduisent à des proportions bornées, surtout si nous les comparons aux importations annuelles auxquelles nous obligent nos besoins. Cependant notre sol, mieux cultivé, pourrait très bien nous affranchir du tribut payé à l'étranger sous ce rapport. Nous pourrions faire assez de soies, assez de laines, assez de chevaux, assez de viande, de graisse, de cuirs, assez de cotons en Afrique, assez d'huile, pour nous suffire à nous-mêmes, si nous comprenions mieux les ressources de notre agriculture, si nous savions mieux exploiter nos terres. — V. *Agriculture*, *Amélioration*, *Assolement*, *École*, *Ferme régionale*.

EXPOSITION. Situation des sols en pente par rapport aux quatre points cardinaux. Les terrains en pente sont exposés au nord ou au midi, à l'est ou à l'ouest. Comme les végétaux cultivés réussissent mieux généralement au soleil, surtout dans le nord, l'exposition du midi est préférable; tous les végétaux originaires des pays chauds la demandent. Les espaliers de toute nature, les vignes et les treilles y donnent des fruits plus savoureux, plus gros et plus colorés. Le bois qui pousse au midi croît plus rapidement; il est préférable, en général, pour le chauffage, parcequ'il brûle mieux que celui qui est exposé au nord.

Du reste, c'est aux agriculteurs habiles à choisir pour leurs cultures variées, comme pour leurs habitations ou celles des animaux, les expositions qui conviennent le mieux ; elles doivent être d'ailleurs relatives à la nature des plantes cultivées, comme aux climats où se trouvent les agriculteurs qui les exploitent. — V. aussi *Exhibition*.

EXTENSEUR. Nom donné à tout muscle qui étend, par sa contraction, la partie où il s'insère. Les muscles extenseurs des membres, de l'encolure, étendent ces parties du corps ; ils sont les antagonistes des fléchisseurs, qui tendent au contraire à les fléchir. — V. *Muscle*.

EXTÉRIEUR. On appelle extérieur, en économie du bétail, l'ensemble de toutes les parties du corps qui déterminent la configuration d'un animal. L'étude de l'extérieur d'un sujet est celle de sa conformation bonne ou mauvaise, de ses tares, de ses qualités et de ses défauts. Pour bien connaître l'extérieur, il faut posséder l'anatomie, la physiologie, la mécanique animale, appliquées, et avoir le coup d'œil, l'esprit d'observation, sans lesquels on ne saura jamais bien choisir un animal. — V. *Conformation*.

EXTIRPATEUR. Instrument d'agriculture propre à déraciner les mauvaises herbes. Dans les sols où il convient, l'usage de l'extirpateur, sorte de herse à trois ou cinq petits socs triangulaires, rend de grands services : non seulement ces socs coupent sous terre les racines des plantes nuisibles, mais ils soulèvent, ameublissent la terre, sans la retourner, et la rendent plus moelleuse, plus perméable aux agents atmosphériques, plus convenable au développpement des racines traçantes des végétaux. L'utilité de cet instrument devrait être mieux appréciée.

EXTRAIT (*de saturne*). Acétate de plomb employé en art vétérinaire comme astringent contre les ophthalmies. On en fait usage aussi quelquefois contre les contusions récentes. Dans tout cas, l'extrait de saturne est toujours étendu d'eau, qu'il blanchit, et qui est connue sous le nom d'eau végéto-minérale. — V. *Acétate*.

EXUTOIRE. Moyen curatif employé pour établir une révulsion, afin de détourner une irritation. Les vésicatoires, les sétons, les cautères appliqués, sont des exutoires. Dans une infinité de maladies des animaux domestiques, on emploie les exutoires, et surtout les sétons, parceque ce mode de traitement est très économique. — V. *Cautère*, *Séton*, *Vésicatoire*.

F

FABRIQUE. L'agriculture est une immense fabrique; elle a pour atelier la terre, et pour produits toutes les substances qui nous nourrissent, nous vêtissent, etc. Elle alimente aussi toutes les manufactures, toutes les autres fabriques, en produisant les matières premières qu'elles préparent pour les livrer à la consommation. L'agriculture fabrique le blé, la viande, la graisse, le vin, les fruits de toute nature, les légumes secs et verts, la laine, les crins, la corne, les peaux, les huiles, les soies, les matières textiles, enfin toutes les productions essentielles à la vie, soit comme objets de première nécessité, soit comme objets de plaisir, de luxe. Pour obtenir ces produits de fabrication plus ou moins difficile, on ne se doute pas de la masse de connaissances, d'expérience et d'esprit d'observation, que doit avoir le fabricant cultivateur. Dans l'industrie manufacturière, on opère sur des produits spéciaux toujours les mêmes, et il n'est pas bien difficile de les obtenir quand une usine est bien montée et en bonne voie de fabrication; tandis que, dans la grande fabrique de la nature, les produits comme les moyens de se les procurer sont variés à l'infini. Cette fabrication exige donc des connaissances aussi variées que les productions le sont elles-mêmes; et, si ces connaissances ne sont pas répandues chez les fabricants agricoles, on comprend très bien l'état arriéré de leur art sur la plus grande étendue de notre territoire. Nous ne saurions assez le répéter, un bon apprentissage du métier de cultivateur nous sortira seul de l'état d'infériorité relative dans lequel se trouve, depuis des siècles, la fabrication de nos produits agricoles.— V. *Agriculture*, *Ecole*, *Ferme régionale*, *Institut*.

FACE. Partie de la tête des animaux qui a pour base les os du nez et les maxillaires supérieurs. Dans l'homme, comme dans tout le règne animal, le développement de la face comme celui de l'intelligence, sont commandés par celui du crâne. Lorsque cette cavité, qui contient le cerveau, a une grande capacité relative, la face est petite, l'intelligence est étendue ; dans le cas contraire, la face est grande, l'intelligence est bornée. Un animal, par exemple, qui a le crâne développé, les yeux placés bas, la face petite, est vif, intelligent ; s'il a le crâne petit, rétréci, les yeux placés haut, la face allongée, grande, il a l'air stupide, et il l'est en effet. — V. *Chanfrein, Tête.*

On appelle belle face, dans le cheval, la face qui a sur le chanfrein une tache blanche plus ou moins étendue, avec le fond de la robe d'une autre couleur.

FAÇON. Travail agricole qui a pour but de préparer la terre pour être ensemencée. Façonner un champ, c'est pratiquer sur lui toutes les opérations qui le rendent apte à recevoir le végétal qu'on lui destine, et à donner une bonne récolte. — V. *Hersage, Labour.*

FAIBLE. Animal faible, délicat, d'une constitution frêle et d'une mauvaise santé. — V. *Conformation, Tempérament.*

FAIM. Symptôme d'appétit, sentiment qui résulte du besoin de manger et de réparer les déperditions faites par le corps. Les animaux qui sentent la faim le témoignent de mille manières, par des cris, par l'agitation, l'impatience, l'inquiétude ; ils appellent leur maître, et ils ne cessent de faire connaître leur vif désir de manger que quand ils ont reçu leurs aliments. C'est surtout aux heures de leurs repas, quand on tarde à leur donner leur nourriture, que les animaux expriment les sensations que provoque la faim.

La boulimie, en terme de médecine, est la faim portée à son plus haut degré.

FAINE. Fruit du hêtre. La faîne forme un fruit triangulaire enveloppé d'une écorce de couleur marron, très coriace ; elle renferme une amande, et les enfants la recherchent volontiers dans les bois. Dans les pays où le hêtre est commun, on ramasse la faîne pour en faire de l'huile, consommée dans les ménages des campagnes. Les porcs et les bestiaux mangent ce fruit avec appétit; les volailles, et spécialement les dindons, recherchent aussi la faîne avec avidité; elle les engraisse rapidement. On peut conduire par troupeaux ces oiseaux de basse cour dans les bois de hêtre pour la ramasser.

FAISAN. Oiseau de l'ordre des gallinacés. Le faisan a été, dit-on, rapporté de temps immémorial de la Grèce, qui serait sa patrie originaire; il vit à l'état sauvage, en France, dans plusieurs parcs et forêts. On l'élève à demi sauvage dans des faisanderies, et même dans des cours, où il est parqué au moyen de grillages. Le faisan est un excellent gibier, très recherché pour les tables de luxe; il est en même temps un très bel oiseau d'ornement. Le faisan doré, l'argenté, sont d'une beauté qui fait toujours l'admiration de tous ceux qui les observent.

FAILLI (*Tendon*). On donne le nom de tendon failli, en extérieur du cheval, à l'étranglement dessiné par sa dépression sous le genou. Ce défaut est un indice de faiblesse; il est la conséquence du rapprochement des cordes tendineuses des muscles contre les rayons osseux des membres, ce qui est contraire à leur force comme à l'efficacité de leur action. — V. *Tendon*.

FALSIFICATION. Sophistication, altération des denrées de commerce par des moyens frauduleux. La falsification des objets de consommation est plus répandue que ne le pensent les gens de bonne foi. On falsifie les farines, les liquides, tels que le vin, le lait, les eaux-de-vie ; on les frelate de toute manière. On falsifie aussi les engrais, tels que le noir animal, la poudrette, la colombine, le guano; les médicaments vendus pour la médecine de l'homme comme des animaux ne sont pas même à l'abri des falsifications : l'avidité des gens de mauvaise foi n'a rien de sacré, pas même la santé, la vie de nos semblables. L'autorité devrait être d'une grande sévérité et infliger des punitions exemplaires contre la falsification, surtout quand il s'agit de médicaments et d'alimentation. Les falsifications des engrais vendus aux cultivateurs étaient telles, qu'une loi spéciale a été faite pour protéger l'agriculture contre les fraudeurs.

FALUN. Engrais calcaires déposés par les eaux sur les bords de la mer, et fournis par des coquillages ordinaires ou par des fossiles, dans certains sols. On exploite les faluns pour l'amendement des terres, comme les marnières; leur propriété fécondante est d'autant plus grande qu'ils contiennent souvent des substances animales en quantité notable.

FAGOT. V. *Fascine.*

FAMILLE. Nom donné, en botanique, à des groupes de plantes qui ont de l'analogie entre elles par leur forme, leur structure, leur port, souvent par la composition de leurs éléments, et toujours par des caractères communs dans leurs organes de reproduction. Ainsi la famille des labiées a des caractères communs bien tranchés qui séparent ces plantes des autres végétaux; leurs tiges, leurs fleurs, l'odeur qu'elles répandent, la disposition de leurs feuilles, etc., ne permettent pas de les confondre avec d'autres. Les familles des ombellifères, des composées, des graminées, des crucifères, des renonculacées, des conifères, etc , ont des caractères communs qui les font parfaitement distinguer et reconnaître par ceux qui les étudient. Par une heureuse coïncidence, les plantes d'un grand nombre de familles ont des propriétés communes, médicinales ou alimentaires: ainsi, la famille des malvacées donne des plantes émollientes; les solanées, les papavéracées, des narotiques; celle des labiées, des plantes qui ont des principes toniques. Les graminées, les légumineuses, fournissent des graines alimentaires, des fourrages; les crucifères produisent des feuilles, des racines alimentaires, de l'huile, etc.

FANAGE. V. *Fenaison.*

FANES. Terme de jardinage. Feuilles ou tiges de légumes : fanes de pommes de terre, de légumes, etc. On donne ordinairement les fanes aux bestiaux dans les campagnes, bien qu'ils les recherchent peu en général. On les mélange souvent aux fumiers pour en augmenter la quantité. Les jardiniers utilisent les fanes dans les jardins pour en faire du terreau.

FANER. Manipuler l'herbe fauchée, l'exposer à l'air et au soleil pour la faire sécher. On fane facilement les herbes des prairies naturelles. Pourvu qu'on les préserve de la pluie, de la rosée, de toute humidité, cette opération réussit généralement bien. Mais on ne fane pas aussi facilement les prairies artificielles; le trèfle, par exemple, demande, pour être bien récolté, des précautions sans lesquelles il perd beaucoup, en qualité comme en quantité. Lorsque le soleil est ardent et sèche vite ses tiges, les pétioles de ses feuilles deviennent très cassants : il est donc utile, pour prévenir la perte des feuilles, de ne pas agiter le trèfle dans cet état ; il vaut mieux attendre la fraîcheur du matin ou du soir pour le charger sur les chariots. Ordinairement, pour bien faner le trèfle, on le met, pendant qu'il est encore vert, en petits tas, qu'on fait sécher en les soulevant légèrement pour que l'air puisse bien les pénétrer ; on les charge ensuite sur les voitures. Par ce moyen on prévient la chute des feuilles, qu'il n'est pas facile d'éviter quand on n'a pas l'habitude de faner les prairies artificielles.

FANEUR. La fenaison est une opération qui demande toujours à être faite rapidement, lestement; aussi la présence du maître au milieu de ses faneurs est-elle indispensable. La moindre lenteur, lorsque le temps n'est pas au beau fixe, une pluie d'une demi-heure, peuvent non seulement retarder la rentrée des foins, mais altérer leur qualité par les conséquences qui en résultent. Aussi on n'attaque jamais la fenaison sans un peu de souci, et un cultivateur n'est jamais rassuré, lors même que le temps ne laisse rien à désirer ; il consulte toujours son baromètre, et il craint la pluie sans être menacé par elle. On doit bien payer, bien nourrir les faneurs, et beaucoup exiger d'eux; ce que l'on dépense d'un côté, d'ailleurs, pour eux, est bien gagné de l'autre, lorsque le fourrage est bien récolté et bien emmagasiné. — V. *Fenaison*.

FANON. Repli de la peau qui pend sous l'encolure du bœuf. Dans beaucoup de pays on repousse, comme manquant de qualités, les animaux dépourvus de fanon ; on recherche, au contraire, ceux qui en ont, et on les trouve d'autant plus beaux que ce pli est plus développé. Ici on manque d'esprit d'observation. A quoi sert le fanon dans le bœuf? Il ne lui est d'aucune utilité ; il caractérise ordinairement un animal sans finesse, sans qualités. On l'observe chez les animaux à peau dure, épaisse, à poil rude, à extrémités volumineuses, à tête forte, dont les cornes sont grosses, souvent verdâtres et d'une texture grossière. Ces individus, qui peuvent d'ailleurs être très propres au travail, sont de médiocre qualité pour la boucherie; ils appartiennent à de mauvaises espèces laitières. Les races fines, distinguées, ont peu ou point de fanon : telles sont les espèces anglaises perfectionnées, nos races cotentines, flamandes, toutes les variétés qui se font remarquer par leurs qualités laitières et leur finesse. — V. *Bœuf*, *Engraissement*, *Vache*.

On nomme aussi fanon, dans le cheval, les poils qui sont placés derrière le boulet. Ces poils forment un petit bouquet de soies dans les races nobles; dans les races communes, surtout dans celles de trait, ils sont, au contraire, plus ou moins longs, gros et nombreux, et ils remontent le long des tendons, quelquefois jusqu'au genou. Les chevaux élevés dans les lieux humides ont ordinairement les fanons très fournis, et les pieds grands, évasés et plats.

FARCIN. Nom donné à une maladie grave du cheval. Le farcin se caractérise par des engorgements plus ou moins volumineux des ganglions lymphatiques, formant le plus souvent de petites tumeurs sous la peau. Ces tumeurs sont quelquefois isolées, mais le plus souvent elles sont nombreuses et disposées les unes à la suite des autres en forme de chapelet, le long des veines sous-cutanées. On les observe à l'encolure, sur le trajet de la jugulaire, sur celui des veines des membres, du poitrail, du passage des sangles. Quelquefois un cheval qui n'a d'abord aucune trace apparente de farcin boite tout à coup par suite de l'engorgement de l'un des ganglions des aines ou des ars. On ne connaît pas immédiatement le siége de la boiterie; quelque temps après, des boutons farcineux viennent expliquer au praticien la cause d'abord inconnue de cette boiterie. Le farcin se présente sous des formes différentes. Il est dit cordé si les boutons farcineux sont disposés les uns à la suite des autres, comme une corde, sous la peau; volant, si les boutons isolés disparaissent sur un point pour reparaître sur un autre. Dans tous les cas, cette affection est toujours plus ou moins grave, et elle est souvent incurable. Le farcin est réputé maladie contagieuse, et, comme tel, il est classé dans les vices rédhibitoires prévus par la loi de mai 1838. On ne devra donc pas manquer d'exercer son recours contre le vendeur si l'on s'aperçoit d'un bouton de farcin pendant le délai de la garantie, qui n'est que de neuf jours. Le farcin donne lieu non seulement à la rédhibition, mais encore à des dommages-intérêts, comme maladie contagieuse, dans le cas où il y a lieu de faire valoir des griefs sous ce rapport.

Le farcin, observé dans le cheval, l'âne et le mulet, est rare dans les autres espèces d'animaux; les chevaux communs, lymphatiques, sont ceux qui y sont le plus exposés. On range parmi les causes qui le déterminent la contagion, les écuries malsaines, humides, les mauvais fourrages, les travaux excessifs, surtout lorsque l'alimentation est insuffisante; quelquefois cette maladie se déclare sans cause connue. Le traitement qu'on lui oppose consiste dans l'emploi des toniques et des excitants, dans une nourriture substantielle, dans l'application de vésicants, de fondants, sur les boutons farcineux. On extirpe souvent ces boutons, ou bien on les cautérise avec le fer rouge. Toutefois, le farcin est toujours une maladie dangereuse, surtout lorsqu'elle se complique de morve, ce qui n'est pas rare; dans ce cas, il est considéré comme incurable. Si on connaît des exceptions à cette règle, elles doivent être très rares

On a affirmé que le farcin pouvait se communiquer par contagion non seulement aux autres animaux de la même espèce, mais encore à l'homme. Dans ce cas, que d'ailleurs nous n'avons jamais eu occasion d'observer, on devrait prendre toutes les précautions que commande une circonstance aussi grave.

FARCINEUX. Cheval farcineux, tumeur, maladie farcineuse. — V. *Farcin*.

FARINE. Produit des grains réduits en poudre par les meules. La nature des farines, comme leur composition chimique, varie suivant les grains qui l'ont fournie. Le pain qu'elles servent à faire est aussi plus ou moins nutritif. Les farines qui contiennent beaucoup de gluten, relativement à leur quantité d'amidon, donnent un pain plus corsé, plus riche en matières nutritives. On réduit en farine non seulement les céréales, mais encore les graines des légumineuses, telles que les haricots, les pois, les fèves, les lentilles, etc., dont on fait des purées, des potages variés et très nourrissants.

Pour être bien conservée, la farine doit être dans des farinières ou dans des sacs placés dans des lieux bien secs. Les greniers sont généralement choisis pour cet usage.

On se sert de farines diverses de mauvais grains pour faire des boulettes données aux animaux à l'engrais ; ces boulettes sont d'une digestion facile et d'une bonne alimentation. On met aussi de ces farines dans les eaux grasses des cuisines, que l'on donne aux porcs. Pour les jeunes animaux, comme pour ceux qui sont très vieux, on devrait réduire en farine grossière les grains qu'on leur donne, afin de rendre leur mastication plus facile. On voit de vieux chevaux, surtout, rejeter avec leurs excréments de grandes quantités de grains d'avoine entiers, qui n'ont pas subi de digestion, et n'ont pas servi, par conséquent, à la nutrition.

Pour les animaux malades ou souffrants, on prépare des barbottages rafraîchissants et nutritifs avec la farine d'orge ; celle de graine de lin sert à faire des cataplasmes émollients.

FARINEUX. Corps farineux, qui contient de la farine. Les farineux servent tous à la nourriture de l'homme ou des animaux : tels sont les grains des céréales, des légumineuses, etc.

FAROUCH. Nom donné au trèfle incarnat. — V. *Trèfle.*

FASCINAGE. Ouvrage fait avec des fascines. Les fascinages sont surtout employés sur les bords des fleuves et rivières afin de protéger les terres contre les débordements des eaux et les inondations. Pour faire ces espèces de digues, on emploie des fascines disposées comme des murs, solidement fixées avec des pieux ; leurs gros bouts sont opposés aux eaux courantes. Ces procédés, très employés sur les bords du Rhin, réussissent bien et empêchent de grands ravages ; mais il faut avoir soin de bien fixer les fascines pour empêcher les digues qu'elles forment d'être emportées par les eaux, dont la force est incalculable, surtout pendant les grandes crues. — V. *Digue.*

FASCINE. Fagot employé pour faire des fascinages. Souvent, dans nos campagnes, on utilise les fascines, pour les mettre dans des ornières, et rendre accessibles, dans les bois surtout, certains chemins humides ou boueux qui seraient absolument impraticables sans elles. On s'en sert aussi pour drainer des sols humides et aqueux, en les plaçant au fond des fossés, et en les couvrant, à une certaine profondeur, de gazon ou de terre; on utilise ainsi des bois de peu de valeur.

FATIGUE. Le mot *fatigue*, en économie du bétail, est employé pour désigner un commencement d'usure des animaux de travail. Ainsi les molettes, les vessigons permanents, les engorgements, les déviations des boulets, les tuméfactions des tendons et ligaments articulaires, les défauts d'aplomb, etc., indiquent un état de fatigue plus ou moins avancée et un commencement d'usure.

Ces caractères, toujours fâcheux et qui font déprécier plus ou moins les animaux, suivant leur gravité, se remarquent non seulement dans les vieux animaux, mais trop souvent dans de jeunes sujets soumis à un travail mal raisonné, au dessus de leurs forces, bien avant d'être en état de les supporter; aussi sont-ils rapidement usés, et leur usure précipitée réagit de la manière la plus regrettable sur tout le reste de leur vie. Nous avons en France une infinité de jeunes animaux, notamment de l'espèce chevaline, déjà fatigués avant l'époque où on devrait commencer à les soumettre à un travail sérieux.

Le déplorable procédé de faire travailler les animaux trop jeunes devrait être proscrit; les intérêts de l'agriculture et du perfectionnement de nos races s'y rattachent directement. Nous devrions donc bien chercher à nous éclairer sur cette question capitale de l'élevage de nos animaux de travail. — V. *Age*, *Engraissement*, *Hygiène*, *Repos*.

FAUCHAGE. Action de couper avec la faux l'herbe des prés ou les céréales. — V. *Fenaison*.

FAUCHAISON. L'époque de la fauchaison varie suivant les climats et le temps. Dans tout cas, on doit faucher l'herbe pour faire les fourrages lorsque la majorité des plantes qui la composent ont acquis tout leur accroissement. — V. *Fenaison*, *Foin*.

FAUCHER. Couper l'herbe ou les céréales avec la faux. On fauche partout les prairies naturelles ou artificielles; mais il n'en est pas de même des céréales : pour elles on n'emploie la faux que rarement; et pourtant ne serait-ce pas le moyen le plus économique, le plus expéditif, et le plus avantageux sous tout rapport? Un faucheur exercé coupera avec sa faux, bien disposée, deux fois plus de paille, au moins, qu'un faucilleur. Quoique chaque faucheur ait besoin d'un ouvrier qui le suive pour faire les javelles, son procédé est encore très expéditif, condition précieuse dans le temps de la moisson, surtout lorsqu'une pluie, un orage, peuvent en contrarier la bonne exécution.

D'un autre côté, le faucheur peut couper la paille beaucoup plus près de terre, surtout lorsqu'on s'est servi du rouleau sur les semis. On a ainsi des chaumes plus courts, et de la paille plus longue, au bénéfice de la nourriture des animaux ou des litières.

FAUCHET. Espèce de rateau dont on se sert pour faner.

FAUCHEUR. Ouvrier employé au fauchage. Un bon faucheur doit être non seulement fort et robuste, mais adroit, intelligent, surtout pour bien entretenir son instrument. Nous pourrions dire que la première qualité d'un bon faucheur est son habileté à battre sa faux, à la bien aiguiser et à la bien emmancher. Dans ces conditions, cet instrument exige infiniment moins de force pour couper l'herbe, qui est mieux tondue, coupée plus près du gazon, et fournit, par conséquent, une plus grande quantité de fourrage. — V. *Faux*.

FAUCILLE. Instrument tranchant, à lame recourbée en croissant, et pourvu d'une poignée en bois, qui lui sert de manche. La faucille, qui varie beaucoup de dimension, est généralement employée à couper les céréales; elle sert aussi pour couper l'herbe dans les broussailles, sur les tertres. Dans beaucoup de lieux, la faucille est remplacée par la faux pour la moisson; l'action de ce dernier instrument est plus rapide, plus économique et plus avantageuse. — V. *Faucher*.

FAUCON. Le genre faucon comprend plusieurs oiseaux de l'ordre des rapaces diurnes; l'épervier, la cresserelle, etc., appartiennent à ce groupe. On a dressé diverses espèces de faucons pour la chasse; mais ce mode d'amusement est abandonné aujourd'hui en France.

Les faucons sont essentiellement des animaux malfaisants, qu'il faut détruire. Ils font la guerre aux pigeons, aux jeunes volailles des basses-cours, aux cailles, aux perdrix, etc.; aussi les chasseurs attachent-ils beaucoup de prix à leur destruction.

FAUVETTE. Joli petit oiseau commun dans nos campagnes et très connu des cultivateurs; son plumage est fauve, son chant est très agréable. La fauvette est très utile à l'agriculture par la grande quantité d'insectes qu'elle détruit pour sa nourriture et celle de ses petits. On devrait, autant que possible, favoriser la multiplication des fauvettes.

FAUX. Instrument qui sert à faucher. Une bonne faux, et une bonne pierre à aiguiser, sont deux objets précieux pour le faucheur. Bien repassée et bien battue, une faux rend le fauchage beaucoup plus facile, moins fatigant et plus profitable. Une bonne faux n'est pas facile à reconnaître avant d'avoir servi. Plus d'un praticien se trouve embarrassé pour faire un bon choix chez le marchand; malgré ses précautions, le hasard le sert souvent mieux que ses connaissances. Il en est de la faux comme de tous les instruments tranchants: il faut s'en servir pour les connaître et juger de leur bonté. Nous avons en France plusieurs fabriques de ces instruments; cependant on en importe encore de l'étranger; et, soit préjugé, soit supériorité réelle, beaucoup de faucheurs préfèrent les faux d'Allemagne aux faux indigènes.

La faux est employée pour faucher tous les fourrages destinés à faire des foins, et souvent à couper les céréales; elle offre, sous ce rapport, plusieurs avantages sur la faucille. — V. *Faucher*, *Faucheur*, *Faucille*.

FAUX. Contraire à la régularité. Un cheval a une fausse allure, il fait un faux pas, quand il bronche; il galope à faux lorsqu'il galope à droite, en tournant en cercle à gauche.

FÉCALES (*Matières*). — V. *Excréments*.

FÉCOND, DE. Terre féconde, qui produit beaucoup. Un producteur, une race d'animaux, sont féconds lorsqu'ils se reproduisent facilement. Les producteurs de toutes les races et de tous les sexes ne sont pas féconds au même degré: ainsi, on a remarqué, par exemple, que les vaches de l'espèce de Durham sont moins fécondes que nos races indigènes. Cela peut s'expliquer par leur disposition à s'engraisser; du reste, ce fait est observé dans les femelles de toutes les races qui ont des tendances à s'engraisser facilement; elles sont généralement moins fécondes que celles qui n'ont pas ce tempérament. On voit souvent des juments très grasses qui n'ont jamais pu être fécondées; cependant on parvient quelquefois à en faire des poulinières en les faisant travailler et maigrir avant de les présenter à l'étalon, ce qui est une preuve en faveur de ce que nous avançons ici.

FÉCONDATION. Action réciproque et génératrice de la matière fécondante du mâle et du germe de l'œuf de la femelle qui doit produire le nouvel individu. La fécondation a lieu dans les plantes comme dans les animaux. Les récoltes de nos céréales, de nos vignes, de nos fruits, dépendent des bonnes ou mauvaises conditions atmosphériques qui ont favorisé la fécondation des fleurs ou l'ont contrariée. On dit que la fleur d'un végétal a coulé lorsque la fécondation est mal faite ou qu'elle est nulle.—V. *Coulure*, *Etamine*, *Pistil*.

Les phénomènes de la fécondation offrent des faits bien intéressants pour les observateurs. On comprend que, chez les végétaux dont les fleurs contiennent les organes mâles et femelles de manière à être en contact, la fécondation soit facile; mais dans les plantes dioïques, qui ont les sexes séparés, c'est-à-dire les organes mâles sur un végétal isolé, et les organes femelles sur un autre, comment se fait la fécondation? La nature a tout prévu; elle a rendu en quelque sorte volatile la matière fécondante des mâles. A l'aide des vents et de l'air, le pollen, multiplié à l'infini et répandu dans l'atmosphère, rencontre l'organe femelle des fleurs et le féconde. C'est ainsi qu'a lieu la fécondation du palmier, du chanvre, etc. Lorsque, par suite d'incidents ou par l'éloignement trop grand des sexes, la fécondation ne peut pas s'opérer dans certains végétaux dont les fruits sont utiles à l'homme, on procède à une fécondation artificielle. C'est ce qui arrive pour le palmier-dattier. — V. *Datte*, *Palmier*.

FÉCONDITÉ. Condition, état d'un sol fécond, d'une race féconde. La fécondité du sol, qui, du reste, est toujours relative, dépend beaucoup de sa culture, de son assolement et des engrais qu'on lui donne. La facilité ou la difficulté de son entretien sont subordonnées à la composition et à la nature de la terre, d'une part, et, de l'autre, au genre de culture adopté, aux plantes qu'on obtient : les unes, épuisantes par leur nature, l'altèrent rapidement quand on n'y remédie pas par les engrais ; d'autres la favorisent, soit par leurs exigences culturales, comme quelques plantes sarclées, soit par le peu d'éléments qu'ils empruntent au sol, relativement à la quantité d'engrais ou amendements qu'on emploie pour les obtenir. — V. *Amendement, Engrais.*

FÉCULE. (*Amidon.*) Produit pulvérulent contenu dans la farine des grains, dans plusieurs fruits, dans le parenchyme de divers végétaux, et surtout dans leurs racines, comme dans celles de bryone, de colchique, d'arum, d'orchis, de rhubarbe. On extrait, notamment, la fécule de la parmentière pour les besoins culinaires et pour l'industrie manufacturière, qui l'emploie dans l'apprêt de certains tissus et pour fabriquer des empois ou des colles. La fécule de la parmentière, obtenue de sa pulpe par le lavage à grande eau, fournit, par la cuisson et sous plusieurs formes, un aliment sain et agréable ; on en fait des potages, des galettes, dans nos campagnes, et même du pain, en la mélangeant avec de la farine. Les pâtissiers se servent de la fécule pour diverses pâtisseries légères. Cette substance est aussi utilisée en médecine des animaux, dans les bains ou les lavements qu'on leur administre, et qu'elle rend émollients et adoucissants.

FÉCULENT, TE. Corps féculent, qui contient de la fécule ; nourriture féculente, principe féculent. — V. *Fécule.*

FEINDRE. Lorsqu'un animal est atteint d'une légère boiterie, on dit qu'il feint. Ainsi, un cheval feint quand il boite d'une manière peu sensible. — V. *Boiterie.*

FEMELLE. En botanique, on nomme fleur femelle celle qui ne renferme que le pistil ; fleur mâle, celle qui contient les étamines. Le chanvre, le maïs, le noisetier, etc., ont des fleurs mâles et des fleurs femelles. — V. *Étamines, Fleur, Pistil.*

FÉMUR. Os gros et long qui forme la base de la cuisse. — V. *Cuisse.*

FENAISON. La fenaison est l'ensemble des opérations agricoles mises en pratique pour la récolte du foin. Cette récolte doit être faite avec le plus de célérité possible. Pendant qu'elle a lieu, le temps est précieux, et on doit y employer le plus possible de bras. Quand l'herbe est coupée, un orage, quelques jours d'humidité ou de pluie, peuvent altérer les qualités des fourrages, et par conséquent compromettre la santé des animaux qui sont obligés de les consommer.

L'époque la plus convenable à la fenaison, d'ailleurs subordonnée au climat, ne saurait être déterminée d'une manière absolue; cependant, lorsque la généralité des plantes est en pleine floraison, et que quelques fleurs commencent à se flétrir, le temps de faucher est arrivé. Le végétal a toute sa croissance quand les organes sexuels des fleurs sont développés et que la fécondation a eu lieu. A partir de ce moment, la plante se dessèche et diminue peu à peu de volume, en donnant pour la formation de la graine une partie des principes qui la rendent plus nutritive et plus savoureuse. — V. *Foin*.

FENIL. Lieu où l'on emmagasine le foin. Le fenil doit avoir toutes les conditions de salubrité qu'exige la conservation du fourrage. Il doit donc être bien couvert et exempt d'humidité. — V. *Grange*.

FENOUIL. Genre de plante de la famille des ombellifères. Le fenouil donne des graines d'une odeur aromatique agréable et d'une saveur chaude légèrement sucrée. Employées comme toniques et excitantes en médecine humaine, ces graines sont peu utilisées en art vétérinaire.

FER. Métal connu depuis la plus haute antiquité. Le fer est de tous les métaux le plus répandu et le plus utilisé en agriculture, comme dans les arts et l'industrie. Que deviendrait un peuple qui manquerait de fer? Il serait privé d'un des éléments les plus puissants de la civilisation; ce métal ne peut être avantageusement remplacé par aucun autre. Les instruments aratoires, les différents outils de toute nature employés dans les arts et métiers, sont en fer, qu'on a souvent transformé en acier. Les armes qui servent à la défense des nations sont en fer. Aujourd'hui, on va plus loin : on emploie ce métal à faire des chemins (railways), des maisons que l'on monte et démonte comme une simple tente, des charpentes, etc. Le fer transformé en fils forme des treillages; l'industrie en fait des siéges, des fauteuils, des lits, des cages, des objets de luxe et de toilette, des bracelets, des bijoux. C'est au moyen de fils de fer qu'on transmet aujourd'hui la pensée avec la rapidité de la marche de l'électricité, non seulement de ville à ville, mais de nation à nation. La mer elle-même n'est pas un obstacle : un télégraphe électrique existe entre la France et l'Angleterre, et il est question d'en établir un communiquant de ce dernier royaume aux États-Unis ; il traversera donc l'Océan.

En médecine des animaux, on emploie les préparations de fer comme médicaments toniques, soit à l'extérieur, soit à l'intérieur. — V. *Ferrugineux*.

FER A CHEVAL. Bande de fer recourbée adaptée au moyen de clous sous les pieds des chevaux. La forme du fer à cheval varie suivant la conformation des pieds des animaux, suivant les maladies, les altérations dont ils sont le siége. Quelles que soient sa bonne confection et la méthode raisonnée avec laquelle on l'applique, l'action du fer à cheval est toujours nuisible à l'élasticité du pied des animaux et au jeu des organes qu'il contient. Son usage est indispensable en France par suite du le genre de travaux qu'on exige des chevaux ; mais il n'en est pas moins un mal nécessaire, qui provoque lentement des altérations plus ou moins profondes du pied, et notamment l'encastellure. — V. ce mot.

Dans les pays où le bœuf est employé au travail, on lui applique aussi une plaque de fer sous les onglons ; mais le pied de cet animal, dont la conformation diffère de celle du pied du cheval, ne subit pas les mêmes effets de l'action du fer. — V. ***Ferrure***, ***Pied***.

FERMAGE. — V. ***Bail***.

FERME. On donne le nom de ferme, en général, à une propriété rurale en exploitation. Une ferme est plus ou moins étendue suivant le morcellement du sol dans les pays où elle est située. Ainsi, tandis que, dans certaines contrées, la contenance des fermes ne dépasse guère vingt-cinq à trente hectares, comme dans le département du Nord par exemple, il en est d'autres qui ont plusieurs centaines d'hectares d'étendue, et sont subdivisées en plusieurs centres d'exploitation.

On a nommé fermes-écoles les établissements créés d'après le décret du 3 octobre 1848. Ces établissements d'apprentissage de l'état de cultivateur, d'enseignement professionnel de l'agriculture, sont appelés à rendre un immense service à l'agriculture française, si arriérée en comparaison de celle de l'Angleterre, de l'Allemagne, de la Suisse, etc. Les enfants de cultivateurs y sont admis dès l'âge de seize ans; des maîtres exercés leur enseignent les éléments théoriques et pratiques de toutes les connaissances indispensables au cultivateur praticien. Le personnel d'enseignement se compose ainsi : un directeur explique toutes les opérations agricoles et les raisons qui les ont fait adopter dans les lieux où elles s'exécutent; un chef de pratique enseigne la manière de se servir des instruments perfectionnés et abréviateurs, et dirige les élèves dans toutes les opérations manuelles, aux champs, aux prés, aux bois, aux étables, aux écuries et aux bergeries, etc.; un vétérinaire leur apprend l'hygiène des animaux, et leur fait connaître les caractères propres à une bonne ou mauvaise conformation, les bons procédés de perfectionnement et de multiplication des races, et les moyens de remédier à leurs maladies; un jardinier enseigne le jardinage, la greffe, la culture des arbres fruitiers, celle des légumes de tout ordre, et tout ce qui est relatif à son art; enfin, un surveillant-comptable tient la comptabilité de l'école et de la ferme, et l'apprend aux élèves, ainsi que les éléments de géométrie et d'arithmétique, pour la pratique du nivellement, de l'arpentage, du cubage, etc., connaissances indispensables à tout bon cultivateur. Soixante-dix fermes-écoles fonctionnaient depuis janvier 1850 jusqu'à la fin de 1852; à cette époque, plusieurs de ces établissements ont été supprimés. D'après le décret du 3 octobre 1848, il devait y avoir une ferme-école dans chaque arrondissement.

Les élèves qui sortiront des fermes-écoles feront de bons cultivateurs. Ceux qui sont fils de propriétaires opéreront pour leur compte; les autres feront d'abord de bons ouvriers cultivateurs, et plus tard de bons contre-maîtres de fermes, qui manquent aujourd'hui. Ils feront aussi de bons fermiers, qui sauront exploiter le sol suivant de bons principes, et augmenter ses produits dans des proportions que nul ne peut prévoir. Nous savons, par expérience, surtout depuis la fin du siècle passé, que, lorsque le savoir éclaire une industrie, il en augmente les produits et les bénéfices dans des proportions incalculables. — V. *Agriculture*.

FERMIER Cultivateur qui prend à bail une ferme pour l'exploiter. Un bon fermier doit être comme un bon industriel, un bon commerçant : il doit être éclairé, instruit sur son art, actif, vigilant, prudent dans ses opérations industrielles et commerciales; il doit, de plus, donner l'exemple de la probité et de la moralité à tout le personnel de cultivateurs qu'il a sous ses ordres. La moralité, en effet, est une des conditions qui font le plus aimer et estimer la vie rurale. — V. *Agriculteur*.

FERMENT. Principe souvent employé dans les arts et l'économie domestique pour activer la fermentation de certaines substances. Ainsi, c'est à l'aide du ferment de la levure qu'on fait fermenter l'orge employée à la fabrication de la bière. Le ferment du levain sert à faire fermenter la pâte pétrie pour obtenir le pain.

FERMENTATION. Opération chimique qui s'opère spontanément dans les corps organisés privés de vie, ou que l'on provoque par le ferment. (V. ce mot.) C'est par la fermentation alcoolique, qui produit de l'alcool, que le vin, d'une saveur si douce et sucrée en sortant du pressoir, devient âpre et spiritueux. C'est par la fermentation acétique que le vin, le cidre, forment du vinaigre; c'est par la fermentation de l'orge qu'on obtient la bière. La pâte fermente par le levain, et donne le pain par la cuisson.

La fermentation est toujours un commencement de décomposition des corps qui y sont soumis. Si on la laisse continuer, les substances se putréfient, forment des gaz divers qui se dégagent, des liquides qui s'épanchent ou se volatilisent, et des corps solides qui restent fixes. C'est ainsi que les corps organisés, animaux et végétaux, rendent au sol et à l'atmosphère les éléments qu'ils lui avaient empruntés dans leur rapide passage sur la terre pour naître, se développer, s'entretenir et se reproduire. Toutes les substances que nous consommons pour nous vêtir, nous alimenter, pour nos plaisirs, nos caprices ou nos goûts, ne sont qu'un emprunt restituable à échéance plus ou moins courte. Nous en payons chaque jour l'intérêt au moyen de nos déjections et de nos déperditions; quant au capital, nous le payons après la mort. La fermentation s'empare de notre corps comme de celui des végétaux; elle nous décompose, et chacun des éléments de notre matière est rendu à la nature, qui les prête de nouveau à ceux qui nous succèdent.

Voilà la vie physique et ses conséquences, dans toute la création organisée.

FERMENTESCIBLE. Qui est susceptible de fermentation. Tout corps animé est fermentescible après sa mort. — V. *Fermentation.*

FERRUGINEUX. Corps ferrugineux, qui contient du fer ou des préparations de ce métal. Les sols ferrugineux fournissent des plantes qui, sans être très développées, sont nutritives et toniques. Je ne serais pas éloigné de croire que les eaux légèrement ferrugineuses après avoir traversé des terrains qui contiennent du fer, ainsi que les fourrages produits par ces sols, contribuent beaucoup à donner l'énergie, la vigueur, dont font preuve les animaux dans certains pays. C'est une question que je me propose d'étudier à fond, au point de vue pratique, à la première occasion. Je suis persuadé que certaines races qui ont une réputation séculaire, telles que les ardennaises, par exemple, doivent cette renommée au sol ferrugineux sur lequel elles sont élevées. Il est un fait bien certain, c'est que la science d'observation a prouvé que les médicaments ferrugineux, les eaux ferrées, les boules de Nanci, donnent de la couleur, de la richesse au sang, et, par conséquent, du ton aux tissus; l'hématose se fait mieux, parcequ'il y a plus d'activité dans l'économie : aussi emploie-t-on avec succès les ferrugineux contre les maladies de langueur des jeunes filles, contre toutes les affections qui sont la conséquence d'une faiblesse dont la cause est dans l'appauvrissement du sang. Dans les animaux, on emploie les ferrugineux à l'intérieur contre la cachexie aqueuse (pourriture) et l'hydropisie, contre la ladrerie du porc, contre les maladies vermineuses, qui sont un indice de faiblesse, contre les diarrhées, contre la morve et le farcin, contre toutes les maladies, enfin, qui reconnaissent pour cause l'épuisement, l'affaiblissement du corps.

FERRURE (*du cheval et du bœuf*). Application d'une bande ou plaque de fer ajustée sous le pied du cheval ou du bœuf, pour prévenir l'usure de la corne qui le recouvre. On ne connaît pas l'époque à laquelle fut pratiquée pour la première fois la ferrure du cheval, ainsi que celle du bœuf. Quoi qu'il en soit, il nous est bien démontré par l'expérience qu'avec nos routes *ferrées*, avec les travaux qu'on exige aujourd'hui des animaux, il ne nous est pas possible de négliger cette opération. Dans le bœuf, la ferrure ne nuit pas sensiblement au développement du pied et à celui de son action ; le mode d'attache du fer, comme la forme de l'onglon lui-même et sa composition, le démontrent clairement. Mais, dans le cheval, il n'en est pas de même. En effet, le pied du cheval est une boîte cornée qui reçoit et protége les parties charnues, auxquelles il adhère d'un manière très solide (V. *Muraille*); et pour que ces parties charnues, molles et sensibles, ne soient pas comprimées au moment de l'appui, la nature a pourvu le sabot qui les contient d'une élasticité très sensible, et facilitée par une admirable disposition des parties qui le constituent (V. *Pied*). Cette élasticité, nécessaire au bon entretien des fonctions du sabot, est bornée ou neutralisée par la ferrure, suivant qu'elle est plus ou moins bien pratiquée. Il en résulte des maladies de pied d'autant plus difficiles à guérir, que la cause qui les a provoquées a agi sourdement, lentement. — V. *Encastellure*.

Dans certains pays où le sabot du cheval est dur et bien conformé, on ne pratique pas toujours la ferrure. J'ai long-temps monté, au corps des spahis, en Afrique, un cheval barbe, d'une grande énergie, qui n'avait jamais été ferré des pieds de derrière, il n'était ferré que de ceux du devant; cependant il faisait un service très actif, même dans les plus mauvais chemins, car nous étions toujours en campagne et en guerre. Les animaux qui portent des fardeaux ou traînent des voitures sur nos routes ou dans nos villes ne peuvent pas se passer de ferrure; l'usure de la corne de leurs pieds la rend indispensable. — V. *Fer à cheval*.

FERTILITÉ. Disposition du sol qui produit beaucoup, et à peu de frais relatifs. La fertilité comporte l'abondance, qui procure le bien-être; aussi les populations sont-elles dans l'aisance partout où règne la fertilité du sol. Dans l'acquisition d'une propriété territoriale, on ne saurait assez s'entourer des moyens propres à juger de sa fertilité. On doit examiner non seulement la nature du sol, celle du sous-sol, mais encore la force de végétation des récoltes, des arbres, de tous les végétaux annuels ou vivaces qui croissent sur la terre étudiée. On doit aussi observer le mode employé pour la culture, les instruments aratoires, l'état des animaux élevés sur les lieux, la nature des fourrages, les quantités de fumier exigées pour la culture, etc. : l'examen de toutes ces conditions tend à éclairer l'observateur, et lui sert à fixer son jugement sur la fertilité d'une terre.

FESSE. Région qui s'étend, dans les animaux, depuis les ischiums, sur les côtés de la racine de la queue, jusqu'à la naissance du jarret. Dans le cheval, le bœuf et le mouton, la fesse doit être bien fournie et bien descendue. C'est là sa meilleure conformation dans chaque animal, considéré soit au point de vue de la force ou de la vitesse, soit au point de vue de la boucherie. Un animal est bien culotté, bien gigoté, lorsque sa fesse, bien musclée, bien fournie, descend très bas. — V. *Cuisse, Jambe*.

FÉTIDE. Corps fétide, qui a une odeur désagréable et repoussante. Certaines plantes, comme la cynoglosse, par exemple, ont une odeur fétide. L'œuf pourri, la viande gâtée, ont une odeur fétide.

FÉTIDITÉ. Condition d'une odeur fétide. — V. *Fétide*.

FÉTUQUE. Genre de plante de la famille des graminées. Les fétuques donnent un excellent fourrage, mais elles durcissent en vieillissant. Aussi le nom de *duriuscule*, donné à l'une d'elles, a été bien appliqué; il caractérise parfaitement l'espèce. Les fétuques sont très rustiques. Quelques unes d'entre elles sont d'un vert glauque, et croissent par touffes sur des rochers escarpés. L'herbe connue sous le nom de *poil-de-bouc*, dans certains pays, est une fétuque. Ses feuilles sont minces, allongées, comme enroulées; elles donnent un fourrage fin, mais dur; les chèvres, comme les brebis, les recherchent volontiers. On trouve des fétuques partout, sur des rochers arides comme sur des sols fertiles, sur des terrains secs comme dans des marécages, dans les bois comme dans les sols découverts; mais les espèces sont différentes suivant les divers lieux.

FEU. En médecine des animaux, on nomme feu l'application du calorique à la cure de certaines maladies externes au moyen d'un fer chauffé au feu à des degrés différents. Les instruments dont on se sert pour l'emploi de ce puissant moyen thérapeutique se nomment cautères. (V. ce mot.) Lorsqu'il s'agit de tumeurs indolentes, d'engorgements, d'exostoses, de boiteries anciennes, d'efforts des reins ou des membres, etc., qui ont résisté aux moyens curatifs ordinaires, on applique le feu. On se sert pour cela d'un cautère chauffé que l'on promène sur la partie malade en y formant des dessins réguliers, de formes diverses, pour en rendre, d'une part, les traces moins disgracieuses, et, de l'autre, afin que le calorique agisse plus régulièrement sur la partie malade. L'action du feu est facile à expliquer par l'irritation que provoque son application. Il appelle le sang, la vie, vers la partie indolente qui en manquait; et cette activité vitale détermine souvent la guérison de la région du corps malade qui revient à son état normal. Souvent on ne se contente pas d'appeler sur la peau cette activité; on l'appelle au centre de la tumeur même par des pointes de feu qui percent la peau avec un fer rouge; on attaque ainsi la tumeur en la désorganisant d'une part, et en y activant la vie de l'autre. On applique encore le feu pour carboniser, détruire des chairs de mauvaise nature, changer le mode d'irritation d'une partie malade, et quelquefois pour arrêter des hémorrhagies, en carbonisant les extrémités des vaisseaux ouverts; on perce aussi certains abcès froids, chez les sujets lymphatiques surtout, avec un fer aigu et rougi au feu.

FEU (*Marqué de*). Un animal est dit marqué de feu quand, ayant une robe foncée, il a des taches de poils plus ou moins rouges et régulièrement disposées. On remarque ces taches autour des yeux, des naseaux, de la bouche, aux flancs, aux fesses, etc. On voit beaucoup de chevaux ou de chiens bruns ou marrons marqués de feu.

FEU SACRÉ, FEU SAINT-ANTOINE. Nom donné à certaines maladies cutanées ou charbonneuses qui attaquent surtout le porc.

FEUILLAGE. Disposition des branches feuillées d'un arbre. Le sycomore, le tilleul, l'orme, le platane, le marronnier, le hêtre, le robinier, etc., ont un beau feuillage. Ces arbres sont souvent cultivés pour former des allées et procurer un bel ombrage dans les promenades publiques ; leur feuillage les fait rechercher pour cette fin, et comme arbres d'ornement.

FEUILLAISON. Développement des bourgeons, qui se changent en feuilles au printemps. — V. *Feuille*.

FEUILLARD. Branchage d'arbres garnis de feuilles. En automne, lorsque l'herbe manque aux animaux, on leur donne des feuillards pour les alimenter. On coupe quelquefois ces feuillards sur les arbres dans les pâturages, pour être consommés sur place par les bestiaux ; souvent, après les avoir fait sécher, on les dispose en fagots qu'on met à couvert dans les granges comme fourrage. Les meilleurs feuillards sont ceux du frêne, du robinier, de l'orme; puis viennent ceux de noisetier, de bouleau, de peuplier, d'érable, etc. Nous ne comprenons pas bien, en France, l'importance des feuillards comme fourrages ; on pourrait en récolter d'énormes quantités, par coupes réglées, dans les tertres, dans les bois, et surtout sur leurs bords ; on en laisse perdre les feuilles par insouciance ou défaut de savoir.

FEUILLE. Expansion membraneuse qui naît des bourgeons, garnit les branches, les tiges, les décore et sert à la respiration des végétaux. Les feuilles poussent au printemps, lorsque la végétation entre en action, et tombent en automne, lorsque son travail est terminé. Les feuilles, dont la forme varie à l'infini, ont deux faces. L'une, supérieure, reçoit les rayons du soleil; elle est lisse, unie, luisante, comme vernissée, dans certains végétaux. L'autre, inférieure, est beaucoup moins unie ; elle est sans reflet brillant et presque terne. Ces deux surfaces sont dans des conditions de fonctions bien différentes ; la supérieure supporte impunément et sans s'altérer l'action de la lumière directe, les rayons du soleil, la pluie, l'humidité, tandis que l'inférieure en souffrirait. Aussi, lorsqu'on renverse une branche d'arbre de manière à renverser aussi les feuilles, celles-ci ne tardent pas à se retourner; si on les en empêchait, surtout dans un jeune sujet, cet arbre en souffrirait beaucoup, on affirme même qu'il en périrait.

L'étude des feuilles et de leurs fonctions est un des sujets les plus attrayants de la botanique. Dans quelques végétaux, elles jouissent d'une certaine irritabilité ; celles de la sensitive, par exemple, exécutent un mouvement bien caractérisé lorsqu'on les touche : ses folioles, rangées sur leur long pétiole, se rapprochent, se resserrent, comme pour se protéger mutuellement contre un ennemi.

Les feuilles, vertes ou sèches, servent, dans beaucoup de pays, à augmenter la récolte des fourrages ; on les donne en vert, ou on les fait sécher pour les faire consommer aux animaux pendant l'hiver. Aussi a-t-on donné le surnom de prairies aériennes aux arbres, qui les fournissent.

Certaines feuilles de végétaux sont médicinales, et on les emploie comme telles en art vétérinaire; de ce nombre sont surtout les feuilles de mauve, de guimauve, de bouillon blanc, qui sont émollientes. Celles de sauge, de romarin, d'armoise, de menthe, etc., sont toniques; celles de tabac, de belladone, de jusquiame, de morelle, sont narcotiques. Enfin, on se sert pour les besoins culinaires, et comme condiments, des feuilles de persil, de cerfeuil, de laurier, d'estragon, de serpolet, etc. Les feuilles d'oseille, de salade, de poireau, etc., celles de choux surtout, fournissent des légumes d'une grande ressource dans nos campagnes. — V. *Jardinage, Légume.*

Les feuilles, qui tombent des arbres en automne, sont souvent perdues pour les engrais; elles sont généralement emportées par les vents, par les eaux, disséminées sur les routes, dans les fossés, où elles pourrissent en pure perte pour l'agriculture. Il serait toujours important de les ramasser, soit pour en faire litière aux animaux, soit pour les faire pourrir en tas et en faire des composts. L'agriculture, en négligeant de ramasser les feuilles mortes, se prive, chaque année, d'un élément considérable de fécondité du sol.

FEUILLET. En anatomie, on nomme feuillet le troisième renflement observé dans les ruminants tout le long de l'œsophage, avant sa terminaison au quatrième estomac, qui est la caillette. Ce renflement ou troisième estomac sphérique contient, dans son intérieur, une infinité de lames minces, pourvues à leur milieu d'un système musculaire, faible il est vrai, mais qui ne provoque pas moins le mouvement de ces expansions membraneuses. Ces lames sont pourvues, sur leurs faces, de petits mamelons qui, par leur frottement, doivent avoir pour but de concourir à la division des substances alimentaires. Les fonctions du feuillet, quelle que soit leur importance, sont souvent altérées, pendant l'hiver, par la mauvaise habitude de nourrir toujours les ruminants avec des aliments secs : ces aliments, arrivés entre les lames de cet estomac disposées comme les feuillets d'un livre, s'y attachent souvent, y séjournent, durcissent, et causent naturellement des irritations et un trouble plus ou moins apparent et sérieux dans la digestion. On l'éviterait par une nourriture mélangée de vert et de sec. La culture des racines fourragères en donne la facilité à tous ceux qui veulent l'adopter ; ils y trouvent, sous tout rapport, des avantages incontestables. Non seulement la santé des animaux est mieux conservée dans ce cas, mais encore leur engraissement est plus facile, moins coûteux ; d'autre part, la quantité de lait qu'on obtient des vaches laitières, qui s'entretiennent en meilleur état par un mélange de nourriture verte et sèche bien combiné, est plus considérable.

Les ruminants ne devraient donc jamais être condamnés à une nourriture absolument sèche ; on doit mélanger leurs aliments avec des substances aqueuses, pour que la digestion puisse s'opérer dans les meilleures conditions possibles.—V. *Digestion, Fourrage*.

FÈVE. Genre de plante de la famille des légumineuses. La fève comprend plusieurs variétés, dont deux sont cultivées de préférence : l'une est connue sous le nom de fève des marais, l'autre sous celui de féverolle. L'une et l'autre de ces fèves sont cultivées soit pour leur graine, très nourrissante, et donnée aux bestiaux en grains ou en farine, soit comme fourrage vert mélangé à d'autres plantes, telles que les pois, la vesce, l'avoine ou le seigle. Semées ensemble, ces plantes donnent un fourrage vert abondant et recherché par les animaux. Les fèves de marais vertes et fraîches sont quelquefois consommées comme légume sur nos tables. On en vend beaucoup sur les marchés de Paris, où elles sont recherchées par les ménagères.

Les féverolles sont spécialement réservées aux animaux ; comme elles sont dures et d'une mastication difficile, on les concasse ou on les fait tremper dans l'eau avant de les donner au bétail, pour les ramollir. Elles sont très propres à l'engraissement des bestiaux, des volailles, et notamment à celui du porc.

La fève, qui aime les sols frais, est une des bonnes plantes que nous fournisse l'intéressante famille des légumineuses ; mais elle craint beaucoup la gelée, et sa culture est chanceuse dans les pays froids. Elle est souvent attaquée par les pucerons, qui se groupent aux cimes des tiges.

FÉVEROLE. V. *Fève.*

FÉVIER. Genre de la famille des légumineuses qui comprend plusieurs variétés d'arbres ou d'arbrisseaux. Les épines dont sont pourvus certains féviers les rendent très propres à former des haies de clôture. Le plus remarquable sous ce rapport est le févier *ferox*, dont les épines, très fortes et multipliées, le rendent très propre à la confection des clôtures.

FIBRE. Le corps des animaux, comme les diverses parties des végétaux, sont composés de filaments juxtaposés, feutrés ou collés les uns aux autres de diverses manières. Ces filaments se nomment fibres. Par leur arrangement, les fibres forment les divers organes, les différents tissus des corps organisés. Comme ces tissus varient de nature et d'usages, de texture et de composition, les fibres qui servent à les former varient aussi. Ainsi la fibre qui compose les muscles diffère de celle des tendons, celle du derme diffère de celle qui forme les membranes séreuses, les nerfs, etc. : il en est résulté les différentes dénominations de fibre musculaire, de fibre nerveuse, de fibre cellulaire. — V. *Muscle*, *Nerf*, *Tissu.*

FIBREUX. Tissu fibreux. Nom spécialement réservé en anatomie aux tendons, aux ligaments et aux aponévroses. Les tissus fibreux blancs, résistants et solides, servent, comme aponévroses, à fixer les muscles, à les entourer et à les contenir. Comme tendons, ils transmettent les efforts musculaires ; comme ligaments, ils attachent les os les uns aux autres et les fixent dans leurs articulations. Du reste, les tissus fibreux sont très résistants, très solides, et dépourvus d'élasticité, pour bien remplir leurs fonctions. S'ils avaient été élastiques, extensibles, ils se seraient allongés, et, cédant aux efforts des puissances qui agissent sur eux, le but de la nature n'aurait pas été atteint dans les mouvements exécutés.

On remarque dans les animaux un tissu fibreux jaune, d'une nature toute différente des tissus blancs inextensibles; ce tissu est très élastique, pour qu'il puisse céder et s'étendre suivant les besoins. Tels sont le ligament cervical et la tunique abdominale.

Les bois, les herbes, sont aussi fibreux. C'est à la nature de leurs fibres que les bois divers doivent leurs qualités plus ou moins recherchées dans les arts et l'industrie, pour les besoins de la consommation.

FIBRILLAIRE. Corps fibrillaire, composé de fibrilles de tout ordre. — V. *Fibre.*

FIBRILLE. Diminutif de fibre. Une fibre, quelle que soit sa ténuité, est composée de fibrilles, dans les animaux comme dans les végétaux. — V. *Fibre.*

FIBRINE. Principe constituant du corps des animaux. Ce principe entre dans la composition des organes, et notamment des muscles; on l'extrait facilement du sang. En lavant un caillot à un filet d'eau courante, on obtient une substance blanchâtre, élastique, qui est la fibrine. Il est probable que, contenue en grande quantité dans le sang, elle forme la base du corps des animaux, dont elle nourrit et entretient les organes. — V. *Sang.*

FIBRO-CARTILAGE. Tissu de texture feutrée, composé de fibres compactes qui ont de l'analogie avec le tissu cartilagineux. Les fibro-cartilages servent tantôt à fixer des os les uns aux autres, comme les vertèbres; et tantôt ils forment des coussinets pour amortir certaines compressions ou des contusions, comme aux articulations des maxillaires, à celle des fémurs avec les tibias.

FIC. Excroissance charnue qui se développe sur la peau des animaux, et quelquefois à leurs pieds, à la suite d'opérations. L'existence de ces excroissances, très vasculaires, sanguinolentes, n'a d'ailleurs rien de grave; on les fait ordinairement disparaître en leur appliquant un cautère fortement chauffé ou des caustiques. — V. *Caustique*, *Cautère.*

FICAIRE. Plante de la famille des renonculacées. La ficaire est l'une des plantes dont les fleurs sont les plus précoces au printemps; elle croît dans les prairies humides; du reste, elle offre peu d'intérêt à l'agriculture.

FIEL. Nom vulgaire donné à la bile contenue dans la vésicule biliaire. Les dégraisseurs se servent du fiel de bœuf (amer du bœuf) pour dégraisser les habits. — V. *Bile*, *Digestion*, *Foie*.

FIENTE. — V. *Excrément*.

FIÈVRE. État maladif d'un animal. Cet état est caractérisé ordinairement par l'accélération du pouls, par la chaleur et la rougeur des membranes muqueuses, par la chaleur de l'air expiré, l'accélération de la respiration, et quelquefois par la soif. Plusieurs espèces de maladies différentes du tube intestinal, de la poitrine, des organes urinaires, etc., peuvent causer ces symptômes généraux, ce qui a fait donner aux fièvres divers noms, suivant les organes malades et la nature de leur altération.

FIGUE. Fruit du figuier. On connaît plusieurs variétés de figues, cultivées surtout dans la Provence et le Languedoc; elles donnent lieu, dans ce pays, à un commerce d'exportation considérable, après avoir subi une préparation qui consiste à les faire dessécher de manière à pouvoir les conserver sans s'altérer. Les figues sont d'une grande ressource pour nos tables dans les saisons où les fruits de dessert sont rares. Pendant l'hiver, sur toutes les tables de luxe, dans tous les dîners, la figue a toujours sa place, et toujours elle y est estimée.

La figue dite de Barbarie sur les côtes d'Afrique, et qui n'est que le fruit d'un cactus, nourrit la population arabe une grande partie de l'année. Les Européens, comme nos soldats, la mangent aussi avec plaisir; elle est fraîche, succulente et d'un goût très agréable. On la consomme par quantités énormes, tant elle est commune et abondante. Les marchés d'Alger en sont souvent pourvus; mais c'est surtout dans la campagne qu'on la consomme sur place.

FIGUIER. Arbre qui produit la figue. Cet arbre, originaire des pays chauds, est précieux par les fruits qu'il produit. On en connaît plusieurs variétés, et il pousse dans les sols les plus secs; on le voit se développer frais et vigoureux sur des rochers arides, et même sur de vieux murs, quoiqu'il préfère les sols frais; on le plante surtout dans les vignes, sur les coteaux, dans les sols rocailleux et légers; l'exposition du midi est toujours celle qui lui convient le mieux. Le figuier craint beaucoup le froid : on doit donc le protéger en l'enveloppant de paille dans les pays où la température est basse pendant l'hiver.

FILAGO. Genre de plante insignifiante de la famille des composées. Les filagos se font remarquer par leurs tiges garnies d'un duvet cotonneux blanc.

FILAIRE. Ver intestinal qui se trouve assez communément dans les animaux domestiques. Ce ver, aminci, filiforme, se développe souvent dans l'abdomen du cheval.

FILASSE. On nomme filasse la partie de l'écorce du chanvre ou du lin qu'on détache des tiges de ces plantes après le rouissage. La filasse sert à faire des cordages, des tissus, des toiles de toute qualité, etc. — V. *Chanvre*, *Lin*.

FILET. Partie de l'étamine qui supporte l'anthère. Cet organe manque quelquefois. — V. *Etamine*.

On nomme aussi filet un bridon simple qui sert à conduire les chevaux.

FILETS. Tissus à mailles plus ou moins élargies, disposés de diverses manières pour la chasse ou la pêche; on fabrique diverses espèces de filets pour prendre les oiseaux, les poissons de toutes les dimensions. C'est surtout sur les bords de la mer que les filets jouent un grand rôle : ils sont souvent, avec les bateaux pêcheurs, les instruments de toute la fortune des marins qui vivent de la pêche.

FILTRATION. Lorsque les eaux qui servent de boisson à l'homme comme aux animaux sont troubles, bourbeuses, malsaines, il importe de les soumettre à la filtration pour les clarifier ou les purifier; c'est au moyen d'un filtre qu'on y parvient.—V. *Filtre*.

FILTRE. Les filtres employés pour clarifier ou purifier les eaux qui doivent servir de boisson aux hommes ou aux animaux sont des vases ou réservoirs de dimensions différentes, dans lesquels on a disposé des couches de sable fin et de charbon pulvérisé; les eaux, en traversant ces couches stratifiées, y déposent les corps qu'elles tenaient en suspens, et deviennent claires. Le charbon pulvérisé a surtout la propriété d'absorber les mauvaises odeurs, et de rendre toutes les eaux potables et saines. On pourrait assainir les eaux bourbeuses et corrompues des mares, pendant les chaleurs de l'été, en leur faisant traverser des tonneaux percés de petits trous et contenant des couches de sable et de charbon : ces eaux se trouveraient ainsi purifiées sans beaucoup de frais.

FISTULE. Conduit anormal qui se forme quelquefois dans diverses parties du corps des animaux, soit à la suite de maladies particulières, soit à la suite de blessures. Suivant la nature des liquides qui s'en écoulent, les fistules prennent différents noms : elles sont dites salivaires lorsqu'elles aboutissent aux glandes ou canaux salivaires; elles sont lacrymales, urinaires, stercorales, synoviales, suivant qu'elles partent des organes urinaires, du rectum, du canal lacrymal ou du sac d'une synoviale. On voit souvent des maladies des os, des cartilages, des ligaments, causer des fistules qui donnent écoulement à des matières purulentes ou sanieuses. Les fistules ont toujours plus ou moins de gravité : il en est qui sont incurables, d'autres exigent des opérations pour être guéries. Les injections irritantes, corrosives, qui changent la nature de l'irritation du foyer du mal et des parois des fistules mêmes, sont aussi employées; ces procédés réussissent quelquefois parfaitement, et guérissent les animaux.

FISTULEUX. Canal fistuleux, qui a de l'analogie avec une fistule. On nomme fistuleux les végétaux dont les tiges sont creuses, comme celles des pailles de céréales; les tiges des ombellifères, toutes les graminées, ont les tiges fistuleuses. Ce caractère général est commun à cette famille.

FLAGEOLER. Terme d'hippiatrique. On dit qu'un cheval flageole lorsque ses jarrets vacillent d'un côté à l'autre en marchant. Ce défaut dépend d'un mauvais mode d'articulation du membre, ou de la faiblesse des individus; beaucoup de poulains flageolent. Ce défaut, chez eux, disparaît à mesure qu'ils grandissent et prennent de la force.

FLAMAND. (*Races d'animaux flamands.*) La Flandre élève une race de gros chevaux de trait connue sous le nom de race flamande. Elle est la plus développée de toutes nos grosses espèces de travail; mais elle est loin d'avoir les qualités des boulonnaises, des percheronnes, des franches-comtoises. Le cheval flamand est d'un tempérament mou et lymphatique. Ses pieds sont larges, évasés; ses formes, massives, sont empâtées, et ses allures sont lentes.

La Flandre élève aussi des vaches qui tiennent le premier rang parmi les espèces laitières comme parmi nos types de boucherie. Les moutons flamands sont forts, à jambes longues, et pourvus de grandes oreilles. Leur laine est de médiocre qualité; leur viande est consommée dans le nord, où leur élevage est cantonné. Cette race ovine n'est généralement pas très estimée par les consommateurs, parceque sa viande n'est pas savoureuse.

FLAMME. Instrument de chirurgie, à une ou plusieurs lames, employé pour saigner les animaux, et notamment le cheval et le bœuf. Pour ouvrir la veine à laquelle on veut saigner, on place à son centre, et dans le sens de sa longueur, la pointe de la lame de la flamme, et on frappe brusquement, avec un petit bâton, sur la tige qui la supporte. On fait des flammes à ressort, dont l'usage est généralement peu répandu.

FLANC. Région du corps des animaux placée sur les côtés des reins, en arrière des côtes et en avant de la pointe de la hanche. L'étude du flanc offre de l'intérêt, dans le cheval surtout, en ce qu'elle donne une idée de la force, de la vigueur des animaux, et de l'intégrité ou du mauvais état de leur poitrine. Un flanc court, arrondi, caractérise un rein court aussi, et par conséquent la force et l'énergie; il coïncide avec la capacité de la poitrine, parceque plus les côtes se prolongent en arrière et gagnent sur les flancs, plus la cage qu'elles forment est grande. Or, comme les poumons remplissent toujours le thorax, il en résulte naturellement que plus la capacité de la poitrine est grande, plus les poumons sont développés, et plus la respiration est étendue et complète. Aussi un cheval, un animal quel qu'il soit, est-il toujours plus énergique, plus vif et plus fort, avec des flancs courts et arrondis, qu'avec des flancs longs, cordés, plus ou moins creux.

Lorsqu'un cheval est poussif, c'est surtout au mouvement de son flanc qu'on le reconnaît. — V. *Pousse*.

Le flanc du bœuf est toujours plus long que celui du cheval. C'est au centre du triangle qu'il forme, et du côté gauche, qu'on plonge le trocart, dans le cas de météorisation. Quand on n'a pas de trocart, on fait dans le flanc une ouverture au moyen d'un bistouri : on donne ainsi issue aux gaz du rumen, qui provoqueraient l'asphyxie des animaux, comme on le voit quelquefois après l'usage imprudent du trèfle ou de la luzerne.—V. *Trocart*, *Tympanite*.

FLANDRINES. Nom donné par Guénon à la première classe de ses vaches laitières. Cette classe est caractérisée par un écusson qui, partant du pis et des faces internes des cuisses, remonte sur le périnée, sans interruption, jusque sur les côtés de la vulve. Cet écusson diminue de largeur dans les ordres inférieurs de cette classe. Les flandrines sont les meilleures laitières, celles qui gardent le lait le plus long-temps.

FLÉAU. Instrument composé de deux bâtons articulés pour battre le blé. Le fléau, comme tous les instruments qui nécessitent les bras de l'homme dans le même but, disparaît peu à peu. Il est remplacé par les machines à battre, mises en mouvement par l'eau, par les animaux ou par tout autre moteur économique. — V. *Battage*, *Dépiquage*.

FLÉCHISSEUR. Nom donné aux muscles qui, dans les animaux, font opérer des flexions soit aux membres, soit à l'encolure, soit à toute autre partie du corps. Les muscles fléchisseurs sont les antagonistes des extenseurs. — V. *Muscle*.

FLÉOLE. Genre de plantes de la famille des graminées. Les fléoles se font remarquer par un épi cylindrique plus ou moins allongé; elles croissent dans les champs, dans les prairies de bonne nature, et donnent un très bon fourrage.

FLEUR. Partie du végétal qui contient ses organes sexuels, et dans laquelle a lieu la fécondation. Le résultat de cette fonction importante est la formation d'une ou plusieurs graines, qui servent à la multiplication de l'espèce. Les fleurs varient autant par leur développement que par leur forme et leur couleur; elles sont simples ou composées, solitaires ou multiples, isolées ou groupées, etc. Dans tous les cas, elles ont à leur centre les étamines et les pistils, réunis tantôt dans une même fleur, tantôt séparés sur deux fleurs dans le même végétal, et quelquefois dans deux sujets différents. Ainsi, par exemple, dans l'églantier (rose sauvage) la fleur est pourvue des organes mâles et femelles (étamines et pistil [V. ces mots]), et elle est dite hermaphrodite. Dans le maïs, le noisetier, la courge, etc., la fleur est unisexée (monoïque), parceque les organes mâles se trouvent dans une fleur, et les organes femelles dans une autre, sur la même tige. Lorsque les organes sexuels se trouvent séparés dans des fleurs appartenant à des sujets différents, comme dans le chanvre, le palmier, etc., elles sont dites dioïques.

Les fleurs, que les poètes ont considérées comme un lit nuptial où s'opère le mariage des plantes, sont souvent décorées des plus belles couleurs; elles sont ordinairement composées de pétales colorés de nuances différentes et d'un calice à une ou plusieurs divisions. Elles sont dites simples quand elles n'ont qu'une simple corolle, comme dans la tulipe ; elles sont composées quand elles sont pourvues d'un calice et d'une corolle, comme dans l'œillet, la rose, etc.

Par la culture on provoque le développement des étamines de manière à en changer la nature. Ces organes deviennent alors de véritables pétales. Les fleurs chez lesquelles ce phénomène se présente sont inféeondes, faute d'organes sexuels, et elles sont dites doubles. Ainsi, on obtient des roses doubles, des œillets doubles, des violettes doubles, etc. Abandonnées à elles-mêmes, les fleurs doubles redeviennent simples, comme elles l'étaient à l'état sauvage, et la nature reprend son empire et ses droits.

Certaines fleurs ont des propriétés médicinales et sont récoltées pour être employées au traitement de quelques maladies des animaux. C'est ainsi qu'on récolte les fleurs de sureau, de rose, pour faire des infusions contre les maladies des yeux. Les fleurs de certaines labiées, de quelques composées, telles que celles de sauge, de romarin, de serpolet, d'armoise, de tanaisie, d'absinthe, etc., sont employées comme toniques; celles de mauve, de guimauve, de bouillon-blanc, etc., servent comme émollientes.

FLEUR DE VIN. Lorsqu'on laisse le vin quelque temps en vidange dans un tonneau, il se forme à sa surface de petites moisissures qui surnagent: on les nomme fleurs du vin. Ces corps n'ont rien de dangereux; cependant on les sépare du vin, ce qui est facile quand on le met en bouteille.

FLEUR-DE-PÊCHER. (*Robe de cheval.*) V. *Aubère.*

FLEURISTE. Jardinier qui s'occupe spécialement de la culture des fleurs. L'art du jardinier fleuriste a fait, dans la multiplication des fleurs, des progrès aussi rapides qu'étendus et variés. Aux environs des grandes villes, la culture des fleurs en serres ou en plein vent est très considérable, et donne lieu à une branche d'industrie aussi agréable que lucrative. C'est surtout aux environs de Paris que les fleuristes ont obtenu de beaux résultats; on peut s'en convaincre dans les marchés aux fleurs comme dans les diverses expositions périodiques, visitées par un nombreux concours de curieux et d'amateurs.

FLEURON. Nom donné à chacune des petites divisions qui forment le centre des fleurs composées: ainsi, le centre de la fleur de l'héliante (grand soleil) est formé d'une infinité de petits fleurons serrés les uns contre les autres, et entourés par les demi-fleurons qui forment les rayons de l'ensemble de la fleur. Les reines-marguerites nous offrent aussi des exemples de fleurons nombreux qui composent leurs belles fleurs si variées.

FLORAISON. Epanouissement des boutons floraux pour la formation de la fleur. Il y a entre la floraison et la feuillaison une sorte d'analogie de but qu'il est utile de constater ici. La nature a pris toutes sortes de précautions pour empêcher le froid et l'humidité de pénétrer jusqu'au centre des boutons où se trouvent les germes des organes foliacés comme ceux des tiges: eh bien! dans les boutons qui contiennent les fleurs, la nature a pris les mêmes précautions pour protéger les organes qui, par leur action réciproque, doivent donner la graine. Ainsi les pétales des fleurs sont disposés d'une manière concentrique, et protégent les organes sexuels des fleurs, qui sont à leur centre. Ces pétales sont eux-mêmes le plus souvent recouverts par les divisions du calice, qui sont comme imbriquées, et admirablement ajustées les unes aux autres, afin de ne laisser pénétrer ni humidité, ni froid. Pour se convaincre de ce que je dis ici, on n'a qu'à disséquer le bouton d'une fleur: on sera assuré de la vérité que j'avance.

On voit donc que dans les boutons des bourgeons, comme dans ceux des fleurs, la nature a eu le même but de conservation de leur contenu, soit pour la croissance et la conservation des individus, soit pour la conservation et la multiplication des espèces. L'époque de la floraison varie pour chaque fleur : ainsi, tandis qu'on l'observe en février dans l'hellébore noir, on la voit aux premiers jours du printemps dans l'anémone des bois, le souci des marais, la stellaire (graminea), l'amandier ; dans d'autres cas, elle se présente en été ; le colchique, le dahlia, la reine-marguerite, etc., fleurissent en automne. Chaque saison a donc ses fleurs et ses fruits, suivant la nature des plantes qui les donnent.

FLORAL. Organe floral, qui appartient à la fleur. On nomme enveloppes florales celles qui entourent et protègent les fleurs ou leurs boutons. — V. *Floraison*.

FLORE. Traité des plantes d'un pays déterminé. *La Flore française* est un des ouvrages les plus complets qui aient été publiés sur la botanique, et ses auteurs, Lamarck et de Candolle, ont rendu, en publiant cet immense travail, un grand service à la science. Des Flores de la Normandie, de l'Auvergne, des environs de Paris, etc., ont été publiées séparément par divers auteurs. On nomme aussi flore la réunion des plantes qui composent la végétation d'une contrée.

FLOUVE (*odorante*). Plante qui forme un genre dans la famille des graminées. La flouve est une très bonne plante qui aromatise le foin. Les animaux la recherchent, et elle fournit un excellent fourrage. Les foins qui la contiennent abondamment sont généralement de bonne qualité, parcequ'elle croît dans les bons sols.

FLUIDE. Nom donné à tous les corps dont les molécules sont mobiles les unes sur les autres et indépendantes, de manière à se séparer et à se réunir suivant les circonstances. Tels sont les corps liquides et les corps gazeux. Les fluides ont été divisés en deux classes : les uns sont pondérés, les autres impondérés. Dans la première classe sont les liquides et les gaz ; dans la deuxième, le calorique, l'électricité et la lumière. — V. *Calorique, Électricité, Liquides, Lumière.*

FLUXION PÉRIODIQUE DES YEUX. La fluxion périodique des yeux (lune, maladie lunatique, etc.) est classée par la loi de 1838 au nombre des vices rédhibitoires. Cette affection, commune chez le cheval, rare dans l'âne et le mulet, est toujours grave, parceque, jusqu'à ce jour, elle a été considérée comme incurable, et qu'elle entraîne ordinairement la perte de la vue aux yeux qui en sont atteints. La fluxion périodique des yeux, rare dans certains pays, est très commune dans d'autres; ainsi, elle est fréquente sur les bords du Rhin, en Auvergne, en Limousin, dans la plaine de Tarbes, etc., tandis qu'elle est peu observée en Normandie, dans la Provence, etc. Les animaux qui y sont les plus exposés sont ceux qui ont la tête grosse, charnue, les yeux petits, couverts, avec les paupières épaisses, affectant une forme triangulaire à la partie supérieure, au lieu de dessiner une courbe régulière d'un côté à l'autre. Le jeune âge est celui qui paraît le mieux favoriser ses atteintes, surtout pendant le travail de la dentition.

Lorsque la fluxion périodique veut se déclarer chez un sujet, le globe de l'œil est le siége d'une inflammation qui le rend d'abord très sensible à la lumière. L'animal tient les paupières à demi fermées; il a des symptômes de fièvre; il perd l'appétit; son œil se trouble, il est larmoyant; sa chaleur augmente. La cornée lucide prend une teinte blanchâtre, opaline; enfin, les humeurs de l'œil deviennent troubles, floconneuses, et, lorsque l'intensité de la fluxion diminue, des flocons jaunâtres, de couleur de feuille morte, se précipitent au bas et en arrière de la vitre; enfin, ces flocons sont absorbés, ils disparaissent, et l'œil reprend son état de santé ordinaire, du moins en apparence. Souvent on ne voit d'accès de fluxion que d'un seul côté; les deux yeux sont rarement atteints simultanément. Enfin, d'autres accès de même nature se représentent à des époques plus ou moins éloignées, et entraînent le plus souvent la perte de l'œil malade. Ce fait s'observe aussi dans les deux yeux, lorsqu'ils sont atteints soit alternativement, soit simultanément.

On ne connaît pas bien les causes déterminantes de la fluxion périodique; mais ce qui paraît certain, ce que j'ai observé moi-même, c'est que l'hérédité joue un grand rôle dans son développement. Une poulinière ou un étalon fluxionnaires font souvent des produits fluxionnaires comme eux; les éleveurs ne l'ignorent pas. Les lieux bas et humides, les écuries mal tenues, mal éclairées et malsaines, les pâturages marécageux, une nourriture débilitante, sont considérés comme favorisant le développement de cette singulière maladie. La vue de l'âne et du mulet, plus robuste, est moins menacée par la fluxion périodique. On fait produire des mulets, sans inconvénient, à des juments borgnes ou aveugles à la suite de cette maladie, et c'est même, dans certains pays, le seul parti qu'on tire de ces poulinières.

L'Afrique française ne connaît pas la fluxion périodique. Pendant le séjour assez long que j'ai fait dans ce beau pays, je n'ai pas vu un seul cheval fluxionnaire, et les Arabes que j'ai interrogés à ce sujet disent ne l'avoir jamais observée. Il paraît que l'Espagne jouit des mêmes avantages, et que les fluxionnaires de France conduits de l'autre côté des Pyrénées y guérissent parfaitement et conservent leur vue.

Le délai de garantie pour la fluxion périodique est de trente jours. Lorsque, pendant cette époque, un cheval acheté en offrira des symptômes, on devra immédiatement se mettre en mesure de n'être pas victime de ses ravages.

Ordinairement, lorsqu'un œil a été malade de la fluxion périodique, il se rapetisse. On devra donc toujours se défier d'un cheval qui aura un œil plus petit que l'autre. La cataracte, qui résulte de l'opacité du cristallin, est le plus souvent causée par la fluxion périodique. On a pensé qu'on pourrait l'opérer, comme dans l'homme; mais l'opération n'a pas réussi, et on a été obligé d'y renoncer.

FLUXIONNAIRE. (*Lunatique.*) Cheval fluxionnaire, qui a la fluxion périodique. — V. *Fluxion*.

FOETUS. Lorsqu'un œuf, ayant subi l'action de la matière fécondante du mâle, se détache de l'ovaire, il tombe dans l'utérus, et forme l'embryon qui devient fœtus en se développant. Entouré de ses membranes, le nouvel individu se nourrit du sang de la mère, qu'il prend par la membrane externe de ses enveloppes sur la surface interne de l'utérus qui le contient; recevant ainsi sa nourriture, il n'a donc pas besoin de manger ni de respirer. Dans cet état, il croît jusqu'à l'époque de sa naissance, et la durée de sa vie fœtale varie suivant les espèces. — V. *Gestation*.

FOIE. Le foie, organe qui fabrique la bile, est contenu dans l'abdomen des animaux, près de l'estomac, en arrière du diaphragme. On le trouve plus ou moins développé dans presque tout le règne animal. Il paraît donc que cet instrument sécréteur est d'une grande utilité pour fournir la bile, réactif chimique indispensable à la digestion.

Lorsque le foie est malade, la bile sécrétée n'est pas essentiellement de bonne nature, et la digestion se fait mal. Cet organe est profondément altéré dans la pourriture du mouton, ce qui contribue beaucoup à rendre cette maladie lentement mortelle, si on n'y porte remède. — V. *Bile, Cachexie, Hépatite.*

FOIN. Herbe desséchée et préparée pour servir à la consommation des animaux. Le foin est produit soit par les prairies naturelles, soit par les prairies artificielles. L'herbe qui constitue le premier n'a pas besoin, comme le second, de culture ni d'ensemencement, elle pousse seule dans les prairies. On peut cependant en augmenter la quantité par l'irrigation quand elle est possible, et au moyen des engrais. Les prairies artificielles, généralement fournies par les légumineuses, notamment par le trèfle ordinaire, la luzerne, le sainfoin ou le farouch (trèfle incarnat), ont besoin d'être renouvelées. On les ensemence périodiquement, à des époques plus ou moins éloignées, suivant les circonstances et les assolements dans lesquels entre la culture.

Quoi qu'il en soit, les foins de tout ordre, naturels, artificiels, demandent à être bien récoltés. Ils ont besoin de soins particuliers pour prévenir leur altération. Formant l'une des principales richesses de l'agriculture, puisqu'ils sont la base de l'alimentation des bestiaux, on comprend tout l'intérêt qui se rattache à leur récolte et à leur bonne conservation.

Pour faire du bon foin, substantiel, d'une saveur agréable et d'une mastication facile, il importe de faucher *à point* l'herbe des prairies naturelles ou artificielles qui doit servir à le faire : ce point, trop inconnu dans nos campagnes, nous est naturellement indiqué par la physiologie végétale; nous allons expliquer comment.

Dans les végétaux herbacés, la nature ne s'occupe de la multiplication des plantes que lorsqu'elles ont acquis tout leur développement normal. C'est lorsqu'elles sont dans toute la force de la végétation et qu'elles n'ont plus à croître, que les fleurs s'épanouissent. Les organes de la génération, alors, se développent, se mettent en contact, et la fécondation s'opère pour la conservation et la multiplication des espèces. A partir de ce moment, le principal but de la nature est la formation de la graine, de l'œuf qui doit fournir le nouvel individu. Tout est sacrifié à cette fin dans la plante. Celle-ci, qui s'épuise pour nourrir la graine, s'amoindrit, se durcit, emprunte peu ou point d'éléments de nutrition à l'atmosphère, et perd naturellement de ses principes alimentaires comme fourrage, au bénéfice et pour la formation de la graine. Enfin, lorsque celle-ci est arrivée à son état de maturité, le brin d'herbe qui l'a fournie n'est plus qu'un brin de paille plus ou moins ligneuse; ses feuilles sont desséchées, blanchies ou jaunies; elles sont non seulement peu nutritives, mais dures et dépourvues de saveur.

D'après ce phénomène de physiologie végétale que nous avons tous les jours sous les yeux, on comprend que la méthode vicieuse qui consiste à laisser *mûrir le foin*, comme on dit, est nuisible non seulement à la bonne qualité du foin, mais encore à sa quantité et à la facilité de sa mastication, et par conséquent de sa digestion.

Quel est donc le moment indiqué par la raison et la pratique éclairée pour faucher les prairies? C'est celui pendant lequel les plantes, ayant tout leur développement, ne sont pas encore épuisées par la formation de la graine. Or, comme cette formation commence immédiatement après la fécondation, il en résulte, naturellement, que la faux doit entrer dans le pré lorsque la majorité des plantes est en fleur : je dis la majorité des plantes, parceque, leur floraison n'ayant pas lieu en même temps, on doit se guider sur la moyenne indiquée par la plus grande quantité de fleurs épanouies; du reste, avec un peu de pratique et d'esprit d'observation, la question du moment propre au fauchage n'est pas difficile à résoudre.

Ainsi donc, en coupant l'herbe des prairies naturelles ou artificielles au moment où la majorité des plantes qui la composent sera en fleurs, on aura un foin plus abondant, parceque c'est le moment du plus grand développement des végétaux herbacés qui le donnent; il sera plus tendre, plus succulent, parcequ'il ne sera pas épuisé par la formation de la graine, et qu'on ne l'aura pas laissé durcir sur pied.

Établissons ici une comparaison facile à saisir. Coupez une botte de paille de blé, ou d'avoine, ou d'orge au moment de la floraison, faites-la sécher pour la conserver comme fourrage; coupez-en une deuxième lorsque la graine aura mûri, destinez-la aussi à être donnée comme fourrage à un animal : ne trouverez-vous pas qu'il y a, sous ce rapport, une différence énorme? Eh bien! l'animal qui consommera l'une et l'autre trouvera la différence bien plus grande encore. On nous objectera peut-être que la graine formée dans la céréale compensera la perte faite par la paille ; mais les graines du foin perdues dans les fenils, sur le pré ou au fond des mangeoires, et qui, mélangées aux fumiers, vont salir les récoltes, compensent-elles l'épuisement qu'elles ont causé aux herbes qui les ont produites? La question ainsi posée est résolue; elle n'a pas besoin d'autre discussion.

J'ai insisté exprès sur ce point essentiel de la fauchaison des foins, parcequ'il n'est généralement pas compris, surtout pour les prairies naturelles, qui nous fournissent l'immense majorité des foins que nous récoltons. Leur coupe, trop tardive, sous le prétexte malheureux et irréfléchi de leur maturation, fait éprouver des pertes immenses à l'agriculture française pour trois raisons principales. La première est dans l'atteinte qu'elle porte à la qualité comme à la quantité du foin; la seconde est dans celle qu'elle porte à la quantité du regain, parceque la fauchaison tardive ne permet pas aux secondes coupes d'être aussi développées; troisièmement enfin, les sols s'épuisent toujours davantage lorsque les végétaux qu'ils fournissent mûrissent leurs graines, et les végétaux empruntent relativement à l'atmosphère moins d'éléments qui servent à leur développement.

Les foins diffèrent par leur nature. Ils sont bons, aromatisés, succulents, fins, composés de bonnes graminées, de bonnes légumineuses dans les bons fonds, dans les prairies saines, élevées; le foin des montagnes, par exemple, est plus nutritif, plus tonique, que celui des vallées : il porte, comme on dit vulgairement, son avoine avec lui. Les animaux qui le consomment sont mieux nourris, plus énergiques, plus vifs.

Les foins des prairies basses, humides, marécageuses, donnent des foins grossiers, composés en grande partie de cypéracées, de renonculacées, de quelques ombellifères, de joncacées, plantes non seulement peu nutritives, mais dures, d'une mastication difficile, et, par conséquent, d'une digestion laborieuse. Les animaux élevés dans les lieux qui les produisent sont communs, leurs tissus sont grossiers, leur peau épaisse, leurs poils gros et abondants, leurs pieds plats et larges, leurs formes empâtées; leurs mouvements lents caractérisent des individus lymphatiques, peu énergiques et de peu de valeur.

Mais ce n'est pas seulement par les plantes qui les composent que les foins varient de qualité; ils diffèrent aussi, sous ce rapport, par la manière dont ils ont été conservés et récoltés. Des foins exposés à l'humidité, mal garantis de la pluie, s'altèrent, se moisissent et deviennent malfaisants. La moisissure est due au développement de champignons, et les fourrages ainsi avariés non seulement nourrissent mal les animaux, mais encore altèrent leur santé en les empoisonnant. Il faudra donc repousser à tout prix les foins moisis, rouillés, vasés, etc. De pareils fourrages causent souvent des épizooties meurtrières qui portent la désolation dans les campagnes.

Le foin nouveau, emmagasiné soit en meules, soit aux fenils, ne tarde pas à entrer en fermentation. Sa température, pendant ce phénomène chimique, monte à un degré très élevé, et d'autant plus qu'il a été récolté moins sec. Après cette fermentation, qui dure environ de quarante-cinq à soixante jours, le fourrage peut être administré sans crainte pour les animaux; avant son développement, son usage cause des indigestions, des maladies, des coliques, qu'il est bien facile d'éviter. Le foin trop vieux a aussi perdu de ses qualités; il est devenu cassant, poudreux et moins nutritif.

Un bon foin est d'une odeur aromatique et douce. Il se compose de plantes graminées fines, souples, d'une saveur légèrement sucrée, mélangées de plantes légumineuses, telles que des trèfles, la minette dorée, etc., de composées et autres plantes, comme la chicorée, le pissenlit, la pimprenelle, la spergule, etc.

Tout fourrage qui contient des renoncules, des colchiques, des varaires, des plantes grossières, étiolées, vénéneuses, ne peut donner qu'un mauvais chyle, une alimentation médiocre. Mais, quelle que soit sa composition, on repoussera toujours, comme mauvais, les foins avariés, et qui ont été fauchés ou récoltés dans de mauvaises conditions. Nous avons fait connaître les résultats fâcheux de leur usage, aux mots *Fourrage*, *Moisissure*, *Rouille*, etc.

FOLIACÉ. Corps foliacé, qui a de l'analogie avec les feuilles. Toute partie foliacée d'un végétal, sans être une feuille, peut avoir de l'analogie avec elle; on en voit des exemples dans quelques calices dont les divisions sont écailleuses, dans certains bourgeons, dans les stipules, les bractées, etc. — V. *Bractée*, *Stipule*.

FOLIOLE. Petite feuille qui sert, avec d'autres, à former des feuilles composées. Ainsi, la feuille du trèfle est composée de trois folioles; le frêne, le robinier, etc., ont des folioles qui, s'articulant avec le pétiole commun, forment les feuilles.

FOLIOLÉE (*Feuille*). Nom donné aux feuilles composées de folioles. Les feuilles du frêne, celle du robinier, etc., sont foliolées.

FOLLICULE. Petite cavité observée dans le tissu de la peau. Les membranes muqueuses forment, sur divers points, de véritables petits sacs qui sécrètent des liquides ou des humeurs plus ou moins grasses ou onctueuses. C'est dans ces follicules que sont sécrétés le castoréum dans le castor, la civette dans l'animal qui porte ce nom, le musc dans la variété de chevrotin qui fournit cette matière.

En botanique, on donne le nom de follicules à des espèces de capsules ayant de l'analogie avec les gousses, mais ne s'ouvrant que d'un côté, comme on peut l'observer dans le fruit de l'hellébore, etc.

FOLLICULEUX. Pourvu de follicules. — V. *Follicule*.

FOMENTATION. Lotion prolongée; sorte de bain local, maintenu sur une partie malade, au moyen d'une éponge, d'étoupes ou de linges trempés dans un liquide, à une température convenable au but proposé. Les fomentations peuvent être émollientes, narcotiques, astringentes, toniques, etc., suivant les substances médicamenteuses en suspension ou en dissolution dans le liquide employé pour les faire.

FONCIER. Impôt foncier, amélioration foncière. Les améliorations foncières, bien comprises et bien exécutées, ont souvent les résultats les plus heureux pour la prospérité de l'agriculture. Tels sont les assainissements, le drainage, les desséchements, les défoncements, etc. — V. *Amélioration.*

FONCTION. On nomme fonction, en physiologie végétale ou animale, l'action particulière d'un ou plusieurs organes concourant au même but. Ainsi, la digestion, la circulation, la respiration, les sécrétions et excrétions, la génération, etc., sont des fonctions plus ou moins simples ou compliquéés, suivant la manière dont elles sont exercées chez les animaux ou les végétaux. — V. *Circulation*, *Digestion*, *Génération*, *Respiration*, *Sécrétion*, *etc.*

FONDANT. Nom donné, en médecine vétérinaire, aux médicaments que l'on emploie pour fondre, dissoudre, combattre des engorgements chroniques, des glandes indurées. Les préparations d'iode sont un fondant par excellence; l'onguent vésicatoire est aussi souvent employé comme fondant; le sublimé corrosif et la térébenthine mélangés composent un fondant très énergique.

FONDRIÈRE. Dans certaines localités, et notamment dans les pâturages, on observe quelquefois des ramollissements du sol qui sont dus à des sources souterraines dont les eaux ont délayé la terre, et qu'on appelle fondrières. Lorsqu'on passe sur les gazons qui les recouvrent, on sent sous les pieds une sorte de fluctuation qui s'étend souvent à plusieurs mètres autour de soi. On a vu des animaux s'enfoncer dans ces *mollières,* et avoir beaucoup de difficultés pour en sortir; quelquefois même ils y périssent, quand on ne les aide pas à s'en retirer.

On doit faire disparaître les fondrières des lieux fréquentés par les animaux surtout; on y parvient facilement par le desséchement au moyen d'aqueducs, de fossés, ou du drainage.

On nomme aussi fondrières les excavations que font les roues dans les chemins non empierrés, et dont le sol est ramolli par les eaux; on remédie à ces dégradations par un bon empierrement, et quelquefois par des fascines, quand on n'a pas d'autres matériaux à portée.

FONDS. (*Terrain.*) Le mot *fonds* est souvent synonyme de sol; ainsi, une propriété est dite d'un bon ou mauvais fonds, suivant la qualité de sa terre. On améliore un mauvais fonds par des amendements, par des engrais ou des travaux bien ordonnés. — V. *Amélioration.*

FONGOSITÉ. Espèce d'excroissance charnue de nature spongieuse, molle, et qui se développe sur des plaies ulcéreuses, de mauvaise nature. La présence des fongosités contrarie toujours la guérison des parties malades, et on est obligé, pour activer la cicatrisation, de combattre ces excroissances par les caustiques, ou de les inciser.

On observe assez fréquemment des fongosités, connues sous le nom de champignons, qui se développent à la suite de l'opération de la castration du cheval, lorsqu'elle ne réussit pas bien. — V. *Champignon.*

FONTAINE. V. *Source.*

FONTE. La fonte est du fer impur, qui n'a point encore été affiné On l'obtient par la fonte du minerai de fer dans les hauts-fourneaux. Ce métal est d'un usage très répandu en agriculture et en économie domestique; l'industrie en fait des vases de formes diverses, des marmites, des fourneaux économiques pour les cuisines; on en fait des étançons, des versoirs, des socs, pour les charrues; des boîtes d'essieux pour les roues de charrettes, etc. Dans ces derniers temps, on a trouvé le moyen de rendre la fonte malléable, ductile, au lieu d'être dure et cassante; cet avantage est immense pour l'économie domestique. Au lieu de forger des objets, ce qui coûte toujours très cher, on pourra les couler en fonte, que l'on traitera ensuite par des procédés chimiques, au moyen desquels on peut en faire du véritable fer. — V. *Fer.*

FORCE. Puissance, faculté d'agir énergiquement. La force est une condition essentielle recherchée chez les animaux de travail. Leur force, leur vigueur, en effet, sont une source d'économie. Un animal fort et robuste, peut non seulement faire plus de travail dans un temps donné, mais il le fait mieux.

La force d'un animal dépend moins de sa taille, de son développement général et des dépenses qu'il fait, que de sa nature énergique, et de celle de sa conformation régulière, pourvue de bonnes conditions mécaniques. Un animal, en effet, petit et d'apparence peu robuste, peut surprendre par sa force musculaire, et l'emporter, sous ce rapport, sur un autre plus gros et plus grand que lui : c'est cette différence qui distingue les races vigoureuses, énergiques et sobres, des races molles, lymphatiques et d'un entretien dispendieux. Un petit bœuf ou une petite vache du Morvan, comme des montagnes de l'Auvergne, d'apparence frêle, auront plus de force, plus de résistance, plus d'énergie, que les grandes espèces bovines de la vallée d'Auge, de la Flandre, etc. Un petit cheval arabe aura une force relative infiniment plus grande qu'un grand flamand.

Un homme d'une taille moyenne, bien conformé et d'un caractère énergique, aura plus de force souvent qu'un autre d'une grande taille et plus gros que lui. On en voit des exemples tous les jours.

La force dépend donc plutôt de la conformation des sujets, et de leur nature que de leur taille et des frais qu'entraîne leur entretien; il est très important pour le cultivateur de savoir choisir les animaux de travail, les chevaux surtout, ce qu'il ne peut faire qu'après une étude approfondie de leur organisation. — V. *Conformation, Montagne.*

FORÊT. Espace de terre plus ou moins étendu couvert d'arbres exploités pour le chauffage ou les constructions de toute nature. Les déboisements irréfléchis, les inondations périodiques, la sécheresse du sol, la rareté des sources des pays déboisés, font apprécier aux esprits observateurs les avantages des forêts; non seulement elles fournissent du bois en quantité pour le chauffage, les constructions rurales, urbaines et maritimes, mais elles concourent à l'assainissement des contrées en décomposant les gaz miasmatiques qui vicient leur atmosphère; les arbres absorbent l'humidité par les racines dans les lieux marécageux, et entretiennent la fraîcheur par leur ombrage dans les sols de nature sèche et aride. Les forêts protègent, de plus, les récoltes de régions entières contre les vents; dans les pentes des montagnes élevées, elles empêchent les avalanches et y retiennent les terres entraînées par les eaux pluviales : aussi, les montagnes déboisées sont-elles généralement ravinées, dégarnies de gazons, et montrent le triste aspect des rochers et des sols arides et improductifs.

La France est un des pays d'Europe les moins riches en forêts; les statistiques estiment qu'elles n'occupent chez nous qu'un sixième de l'étendue du sol environ, quantité bien insuffisante à nos besoins; les puissances du nord, qui nous vendent des bois de construction, ont un tiers, un quart de leur superficie en sylviculture. En France, nos cultivateurs sont toujours prêts à abattre des arbres, ils ne songent pas à les remplacer; il leur serait pourtant si facile d'avoir un coin de terre où ils pourraient faire des semis des essences qui conviennent le mieux à la localité, pour avoir de jeunes sujets qu'ils planteraient périodiquement. La culture des arbres est certainement la plus négligée dans nos campagnes. L'administration devrait en propager le goût : elle rendrait ainsi au pays un service inappréciable. Si l'on consulte les auteurs qui ont écrit sur cette matière, on voit que, de tout temps, la France n'a fait que se plaindre de manquer de bois, et n'a pas su remédier à ce déficit; il serait pourtant facile et peu dispendieux de le faire. — V. *Arbres, Plantations.*

FORFICULE. V. *Perce-oreille.*

FORGER. En terme d'hippiatrique, on dit qu'un cheval forge lorsque, pendant le trot, il touche les fers de ses pieds de devant avec ceux des pieds de derrière; on entend facilement le bruit produit par leur choc. Les jeunes chevaux, qui n'ont pas encore acquis toute leur force, forgent souvent; ce défaut, d'ailleurs peu grave, disparaît généralement à l'âge où ils jouissent de toute leur vigueur. On voit aussi quelquefois de bons chevaux adultes forger au trot allongé; on peut, jusqu'à un certain point, y remédier par une ferrure raisonnée et bien entendue.

FORME. (*Fourme.*) On donne le nom de forme ou de fourme, dans le Cantal, aux gros fromages qui se fabriquent dans ces montagnes, et qui sont exportés dans tout le midi de la France; ces fromages gras, qui pourraient être d'une très bonne qualité si leur fabrication était mieux comprise, pèsent jusqu'à 50 et 60 kilog. — V. *Fromage, Fromagerie.*

FORME. En art vétérinaire, on nomme formes les exostoses qui se développent autour de la couronne des pieds des chevaux. Lorsque ces tares se trouvent sur le trajet des tendons ou sur celui des ligaments, elles sont un vice grave en ce qu'elles peuvent y déterminer une douleur qui cause des boiteries souvent incurables. Les formes, en effet, quelquefois moitié cachées par la partie supérieure de la corne du sabot, sont difficiles à traiter, plus difficiles encore à guérir; cependant on essaie de les combattre par des boutons de feu et des irritants sur la couronne; le ples souvent, ces moyens sont sans résultat heureux.

FOSSÉ. Tranchée plus ou moins profonde creusée autour des héritages, soit pour les préserver de l'envahissement d'eaux pluviales, soit pour les clore. En Normandie, on fait des clôtures infranchissables au moyen de doubles fossés, dont la terre, jetée entre les deux tranchées, forme des tertres plantés d'essences diverses et soumises périodiquement à une coupe en taillis.

FOSSE D'AISANCES. V. *Latrines*.

FOSSE A FUMIER. Le choix du lieu où doit être placée la fosse à fumier dans une ferme n'est pas sans importance. Les fumiers, en effet, doivent être placés dans un lieu frais, à l'abri du soleil autant que possible, et ils doivent être disposés de manière à ce que les eaux pluviales n'entraînent pas leurs purins. Les fosses à fumier ombragées par des arbres plantés autour d'elles et exposées au nord, derrière les étables, les écuries ou des murs, sont celles qui conviennent le mieux à la bonne conservation des fumiers comme à leur préparation.

FOSSILE. Produit d'un corps organisé conservé au sein de la terre. L'étude des fossiles et les recherches curieuses qu'elle a provoquées ont fait découvrir des types d'animaux et de végétaux qui ont été détruits par les révolutions du globe, et dont il ne reste plus de trace vivante. A notre époque, G. Cuvier a élevé cette belle science, du néant, au degré de perfection où elle est aujourd'hui. Elle offre au penseur le champ le plus vaste qu'il puisse désirer pour ses profondes recherches. Il n'est pas de sujet plus digne de son imagination, puisqu'il fait découvrir par la pensée et les faits qui l'appuient une création nouvelle, inconnue jusque alors pour lui.

FOUDRE. V. *Electricité, Paratonnerre.*

FOUGÈRES. Plantes nombreuses qui composent une famille très répandue sur toute la surface du globe. Les fougères ne sont d'aucune utilité comme plantes, en agriculture. Les bestiaux ne les consomment pas, et elles salissent les récoltes sur les sols où elles se trouvent. Leurs racines profondes les rendent difficiles à détruire. Dans tout cas, on devrait toujours ramasser les fougères qui poussent dans les champs comme dans les sols vagues et dans les bois, pour en faire des litières aux animaux, et augmenter ainsi la masse des fumiers. On les laisse perdre et sécher sur pied, dans beaucoup de lieux, par insouciance et apathie.

FOUILLEUR. Nom donné à un instrument agricole qui remue la terre sans la retourner. Le fouilleur, pourvu d'un soc sans versoir, peut être employé avec avantage pour ameublir le sous-sol sans ramener la terre à la surface. Pour faciliter son action, on lui fait suivre la raie ouverte par la charrue qui le précède. Par ce moyen il fouille la terre assez profondément.

FOUINE. Petit animal de l'ordre des carnassiers et du genre marte. Les fouines, assez communes dans les campagnes, sont les ennemis les plus cruels de la volaille et des pigeons. Quand elles peuvent pénétrer dans un volailler, dans un colombier, elles les dévastent et égorgent tout ce qu'elles peuvent saisir. On prend les fouines avec des piéges; on les chasse aussi dans les granges, dans les habitations, avec des chiens bassets, et les chasseurs, postés au dehors, les tuent avec le fusil, quand elles sortent de l'intérieur des bâtiments pour trouver un refuge dans les campagnes.

FOULURE (*d'une articulation*). Les foulures sont généralement la conséquence d'une distension des ligaments articulaires à la suite de quelque violent effort; elles se font surtout remarquer chez les animaux de travail. On combat ces affections de la même manière que les distensions. — V. ce mot, et *Entorse.*

FOUR. Construction en maçonnerie disposée pour cuire le pain. Les meilleurs fours sont construits en briques qui reçoivent et conservent la chaleur de manière à bien cuire le pain sans le brûler. Dans les villages, il y a souvent des fours communs qui sont au service de tous les habitants. Ces fours sont économiques ; une fois chauffés, il faut peu de combustible pour les fournées qui suivent. Comme il faut beaucoup plus de bois à la première fournée, les villageois *mettent en train* le four à tour de rôle.

Le chauffage d'un four particulier, dans un domaine isolé, est plus dispendieux, parcequ'on est obligé de *mettre en train* ce four pour une ou deux fournées comme pour plusieurs, ce qui devient assez coûteux. On opérera donc avec économie quand on pourra faire cuire le pain dans un four communal, surtout dans les pays où le bois est rare.

FOURBU. Cheval fourbu, atteint de fourbure. — V. *Fourbure.*

FOURBURE. La fourbure est une maladie des pieds, qui se fait remarquer dans le cheval surtout ; elle est assez rare dans le bœuf. La gravité de cette maladie, toujours plus ou moins intense dans le cheval, est la conséquence d'un effet physique facile à comprendre. Toutes les fois qu'une inflammation se déclare sur une partie du corps des animaux, le sang y afflue en abondance ; il y a gonflement, fluxion. Lorsque la partie enflammée est plus ou moins élastique, dilatable, la douleur peut être plus ou moins aiguë, mais elle est supportable ; lorsqu'au contraire, cette partie n'est pas dilatable, lorsqu'il y a compression, étranglement, la douleur peut devenir très aiguë, insupportable, réagir sur le cerveau, et par conséquent sur toute l'économie, et causer la mort. Eh bien ! c'est ce qui arrive dans la fourbure intense, chez le cheval surtout. En effet, le sabot est une boîte cornée, solide, qui, par la disposition de son mécanisme, est élastique pendant l'appui du pied sur le sol ; mais elle ne l'est que d'une manière insensible, insuffisante, dans des cas d'inflammation des tissus qu'elle contient. Il y a donc alors étranglement, compression puissante des tissus du pied, et c'est ce qui explique la vive douleur qui en résulte. Supposons, pour comprendre ce phénomène morbide chez le cheval, que nous ayons une inflammation au pied et qu'il soit étroitement serré dans une botte ou dans une enveloppe dure qui ne permette pas de dilatation des tissus malades : on jugera du mal qui doit en résulter pour les animaux. Lorsque nous avons une légère écorchure, nous savons que la chaussure est insupportable; la première chose à faire, c'est de s'en débarrasser. Si on pouvait agir de même chez le cheval, la fourbure serait comme toute autre inflammation; mais on ne peut pas lui ôter sa chaussure, car le remède serait pire que le mal lui-même.

On comprendra donc facilement pourquoi la fourbure est si dangereuse et si grave, pourquoi elle a des conséquences souvent si funestes. Il faut donc la prévenir en évitant les causes qui la produisent.

Les causes de la fourbure sont un travail excessif, long-temps prolongé, surtout au trot ou au galop, sur les pavés, sur les routes ferrées. Les chevaux de poste, de diligences, qui trottent et battent les pavés de Paris ou des routes des environs, y sont les plus soumis. Une nourriture trop substantielle, le blé, qui fournit beaucoup de sang très fibrineux, un repos absolu, chez les animaux fortement nourris surtout, prédisposent à la fourbure.

Lorsque cette maladie se déclare, il faut se hâter d'employer tout procédé qui empêche le sang de se porter avec trop de force dans le sabot. Ainsi, les saignées générales et locales sont indiquées pour dégorger le pied; on emploie aussi les réfrigérants, tels que les bains de pieds froids, à l'eau courante surtout. La neige, la glace, tout ce qui tend à resserrer, à empêcher l'abord du sang, est utile dans ce cas.

La fourbure se caractérise par la sensibilité des pieds d'abord, par leur chaleur anormale, par la difficulté ou l'impossibilité de la marche, suivant son intensité, par la fièvre, par l'agitation des flancs, par l'inappétence et les symptômes généraux qui trahissent des souffrances aiguës. Sa terminaison laisse quelquefois des traces ineffaçables d'autant plus graves qu'elles réduisent de beaucoup la valeur des animaux qui en ont été atteints. — V. *Croissant, Fourmilière.*

La fourbure du bœuf, beaucoup plus rare que celle du cheval, offre d'ailleurs des caractères morbides infiniment moins intenses; elle reconnaît les mêmes causes, et on lui oppose le même traitement. Le but est le même : il s'agit d'empêcher le sang de se porter avec trop d'abondance dans les tissus internes, dans les onglons. Du reste, chez le bœuf, il n'y a quelquefois qu'un seul onglon de malade, ce qui simplifie beaucoup l'accident.

FOURCHE. Instrument à deux ou plusieurs dents plus ou moins allongées pour remuer ou charger les pailles, les fourrages ou les fumiers. Les fourches sont en bois ou en fer; celles-ci, généralement plus petites, servent surtout à charger les bottes de foin ou de paille dans les charrettes.

FOURCHET. Lorsqu'on dissèque un pied de mouton, on trouve entre les deux onglons un petit canal tortueux, nommé canal biflexe; l'inflammation de la peau qui forme ce canal se nomme fourchet. Cette maladie se déclare à un ou plusieurs pieds à la fois; elle fait boiter les animaux, qui souvent maigrissent par la douleur qu'ils éprouvent. On combat le fourchet par des lotions ou des cataplasmes émollients; quelquefois, pour obtenir la guérison, on est obligé d'enlever le canal biflexe lui-même.

FOURCHETTE. Partie du sabot du cheval formée par une corne molle, élastique; cette corne s'élargit vers les talons et affecte la forme d'un coin dont la pointe s'avance vers le milieu de la sole, qui la reçoit et l'encadre dans une échancrure qui figure un V. La fourchette recouvre le coussinet plantaire du pied, cède sous la pression au moment de l'appui du membre, s'élargit, et contribue ainsi à l'écartement des talons et à l'élasticité du pied. Le rôle de la fourchette est très important; aussi, lorsqu'elle est malade, sèche, amaigrie, elle indique ordinairement l'altération générale du pied.

Les maréchaux-ferrants ont la mauvaise habitude, en ferrant, de parer la fourchette; cette pratique est vicieuse en ce qu'elle tend à amoindrir cet organe essentiel, et à exposer sa substance à l'air, qui la dessèche peu à peu et l'altère. Un ouvrier intelligent, qui comprend bien les fonctions de la fourchette, ne doit jamais y toucher que pour en enlever les parties de corne filandreuses qui s'en détachent quelquefois.

Lorsque les chevaux n'ont jamais été ferrés, et que le pied, sain, dans de bonnes conditions de conformation, n'a jamais été malade, la fourchette est forte, bien nourrie, élargie, souple sous la pression du doigt, surtout à sa base; quand l'élasticité du pied, au contraire, a été long-temps bornée par la ferrure, lorsque l'animal est menacé d'encastelure, la fourchette est sèche, dure, petite et racornie. — V. *Encastelure*.

FOURMILIÈRE. La fourmilière est une maladie du pied du cheval qui a pour cause le décollement de la muraille et de l'os du pied ; la désunion partielle de ces deux organes provoque le déplacement du premier phalangien. Cette maladie, qui est le plus souvent la conséquence d'une fourbure grave, est très grave elle-même, en ce qu'elle est incurable, quand elle est fortement caractérisée surtout. Le déplacement de l'os occasionne le croissant, qui complique la fourmilière, et nécessite des opérations chirurgicales dont les résultats ne sont pas toujours heureux, même dans les meilleures conditions ; ces opérations ne peuvent que pallier les effets d'une maladie qui ne guérit pas. — V. *Croissant*, *Fourbure*.

FOURMI. Insecte de l'ordre des hyménoptères. Les fourmis sont toujours, dans nos campagnes, des voisins fort incommodes par les ravages qu'ils font dans les jardins, notamment sur les arbres fruitiers et dans les maisons des fermes ; lorsqu'elles s'y introduisent, on les trouve dans tous les garde-manger, surtout s'il y a des aliments sucrés ; l'odeur du sucre, comme son goût, celle des fruits, du miel, etc., en attirent des myriades dans les armoires, où elles désolent, par leurs dégâts et leur présence, les ménagères, qui ne savent comment s'en débarrasser.

Les mœurs des fourmis ont de l'analogie avec celles des abeilles : comme elles, ces hyménoptères se font des habitations, où elles vivent en société, en y accumulant les provisions nécessaires à leur existence ; les fourmis ont aussi leurs individus mâles et femelles pour la multiplication de l'espèce, et leurs neutres ou travailleuses pour veiller à la conservation des jeunes sujets, et pourvoir à leur alimentation et à leur élevage.

Malgré la guerre permanente faite aux fourmis des jardins des maisons, et on parvient difficilement à les détruire ; et parmi tous les moyens indiqués pour les anéantir ou les éloigner, on n'en a pas encore trouvé, que nous sachions, d'absolument efficaces. On a préconisé la poudre de charbon, la fleur de soufre, la poudre à canon, la suie de cheminée, la chaux vive en poudre, le sucre pulvérisé mélangé à l'arsenic, etc., pour les éloigner ou les détruire. On a dit qu'en disséminant ces corps en poussière dans les lieux où vont les fourmis, on les fait fuir.

Nous croyons que le meilleur moyen de s'en débarrasser, c'est de découvrir leurs nids et de les attaquer dans leurs demeures mêmes, afin de les y détruire avec leurs œufs par le feu ou l'eau bouillante. Par ce moyen, on cuit ou on brûle les œufs avec les fourmis. Mais tant qu'on ne remontera pas à la cause, tant que les fourmis pourront paisiblement se reproduire et se multiplier dans leurs nids, on prendra telle mesure que l'on voudra, on ne s'en débarrassera jamais, pas plus dans les jardins que dans les maisons.

Pour s'en préserver autant que possible, les ménagères emploient, dans les garde-manger et les fruitiers, un moyen simple qui réussit assez bien : elles placent soit sur une petite table, soit sur des planches soutenues par des tréteaux, ou tout autre objet supporté par des pieds, les fruits ou objets sucrés attaqués par les fourmis; puis on place sous chaque pied de support une assiette remplie d'eau qui contient de la mine de plomb. Les fourmis, arrêtées par l'eau, qui les noie ou les empoisonne, ne peuvent pas gagner le pied de support, et monter jusqu'aux objets qui les attirent. Par ce moyen on s'en préserve ; mais il ne faut pas pour cela négliger la recherche des nids et les détruire. Le meilleur moyen de remédier à un effet, c'est toujours de s'adresser directement à la cause.

Les fourmis sont dévorées par plusieurs animaux, par des oiseaux et d'autres insectes. Ainsi, les pics consomment beaucoup de fourmis. Ils les prennent en plongeant la langue dans les fourmilières et en la retirant : les fourmis s'y collent, et ils les avalent. Les fourmis-lions dévorent aussi beaucoup de fourmis, qui tombent dans les piéges qu'ils leur tendent au fond de leur entonnoir de sable ou de terre fine. Les œufs des fourmis sont recherchés par les jeunes perdreaux et les petits faisans. On ramasse ces œufs pour les leur donner dans les faisanderies.

FOURNEAU. Les fourneaux, trop peu usités pour la cuisson dans nos campagnes, sont un moyen d'économiser de grandes quantités de combustible. Aujourd'hui l'art du fumiste est porté à un tel degré de perfection, que, dans les cuisines ordinaires, on peut facilement, au moyen d'un bon fourneau, gagner en peu de temps l'argent dépensé pour en faire l'acquisition. Les fourneaux économiques en brique ou en fonte rendraient dans nos campagnes d'immenses services, non seulement dans les cuisines des fermes pour les besoins ordinaires de la nourriture des ouvriers, mais encore pour la cuisson des légumes ou racines fourragères que l'on destine à l'alimentation des animaux, notamment à leur engraissement. Dans nos fermes, les fourneaux économiques devraient partout faire partie du matériel des cuisines ou buanderies, pour les besoins du ménage et des bestiaux.

FOURRAGE. Nom donné à toute substance végétale employée à la nourriture des herbivores domestiques. Les fourrages sont de plusieurs espèces, de plusieurs natures. Ils sont verts ou secs, substantiels ou relativement peu nutritifs, bien ou mal récoltés, d'une bonne ou mauvaise conservation. Leur action sur l'économie animale doit donc varier suivant leurs bonnes ou mauvaises qualités, leur puissance tonique ou nutritive, la nature de leur composition, etc. C'est ainsi que les fourrages récoltés sur des sols de bonne qualité, secs, situés dans des pays élevés, où les plantes aromatiques dominent, sont plus substantiels, plus toniques, plus nourrissants que ceux qui sont récoltés dans des sols gras, humides, situés dans le fond des vallées. Dans ces dernières conditions, les plantes acquièrent un plus grand développement; mais leurs qualités sont inférieures à celles des plantes produites par des terrains élevés et secs. — V. *Montagnes*.

De toutes les substances fourragères, les grains sont celles qui contiennent le plus d'éléments nutritifs: ainsi, le blé, l'orge, le seigle, l'avoine, le maïs, le sarrazin, les pois, les fèves et féverolles, sont infiniment plus nutritifs que les foins, quelle que soit leur qualité, que les pailles et les racines fourragères de toute nature, et que les feuilles vertes et sèches. Plusieurs observateurs, en Angleterre, en Suisse, en France, ont fait des expériences et des recherches chimiques sur les valeurs nutritives de plusieurs fourrages. 100 kilog. de foin de prairie naturelle première qualité et bien récolté donnent une quantité relative de principes nutritifs qui ont été comparés à ceux de plusieurs autres fourrages verts ou secs, en racines, en grains ou en farines. Voici les résultats généraux et approximatifs obtenus par Thaër, Crud, Meyer, Mathieu de Dombasle, Boussingault, etc.

Voici le tableau comparatif qui a été dressé à ce sujet :

Tableau des quantités relatives de principes nutritifs contenus dans divers fourrages.

100 kilog. de foin de prairie naturelle, premier choix, équivalent à environ :

90 kilog. de foin de trèfle.
90 de foin de luzerne.
90 de foin de sainfoin.
90 de foin de spergule.
90 de foin de vesces.

Pour les racines fourragères.

215 de parmentières crues.
170 de parmentières cuites.
240 de rutabaga.
250 de topinambours.
250 de betteraves.
260 de carottes.
520 de raves.

Pour les grains.

40 de froment.
40 de fèves.
40 de pois.
40 de haricots.
45 de maïs.
45 de seigle.
50 d'orge, de sarrasin ou d'avoine.

Pour les fruits secs.

50 de châtaignes.
50 de marrons d'Inde secs.
60 de glands secs.

Pour les pailles.

120 de paille de trèfle.
125 de paille de spergules.
125 de paille de lentilles.
150 de paille de vesces.
150 de paille de pois.
150 de paille de millet.
200 de paille de maïs.
220 de paille de féverolles.
200 de paille d'avoine.
250 de paille d'orge.
280 de paille de froment.
350 de paille de seigle.
600 de paille de sarrasin.

Pour les feuilles sèches.

105 kilog. de feuilles de frêne.
110 de feuilles d'érable.
110 de feuilles d'orme.
110 de feuilles de robinier (faux-acacia).
110 de feuilles de peuplier.
110 de feuilles de tilleul.

Pour les fourrages verts.

150 d'ajonc.
250 de jarosse.
275 de maïs.
325 de spergule.
350 d'avoine.
350 d'orge.
360 de sainfoin.
370 de vesces.
380 de pois.
425 de trèfle commun.
325 de millet.
325 de sarrasin.
430 de seigle.
430 de froment.
450 d'herbe des prés.
450 de luzerne.
475 de colza.
475 de topinambours.
500 de rutabaga.
600 de feuilles de betterave.
600 de feuilles de choux.

Pour les résidus des huileries, sucreries, feculeries, amidonneries.

50 de tourteaux de lin.
50 de tourteaux de colza.
80 de tourteaux de pavot.
100 de tourteaux de chènevis.
100 de tourteaux de cameline.
150 de résidu d'amidonnerie.
300 de résidu de sucreries.
300 de résidus de féculeries.

Telles sont à peu près les proportions qui ont été indiquées par les expérimentateurs de l'Allemagne et de la France. On conçoit que cette évaluation ne saurait être absolument rigoureuse, les quantités d'éléments nutritifs de tous les fourrages, secs, verts ou en graines, variant suivant une infinité de circonstances inhérentes aux sols, aux modes de culture, aux pays, aux années pluvieuses ou sèches pendant lesquelles ils ont été récoltés. Mais elle donnera cependant une idée générale de leurs propriétés nutritives relatives, ce qui sera utile pour les changements de ration des animaux.

Dans la majeure partie de la France on comprend mal la question de l'alimentation du bétail, et notamment de l'espèce bovine. Les vaches laitières et les bœufs de travail sont nourris de la même manière. Ils consomment de l'herbe en été, du foin en hiver; et cependant la constitution des ruminants, les dispositions de leur appareil digestif, indiquent que les aliments aqueux leur sont essentiels. On devrait donc tenir compte de ce besoin de leur nature, et ne pas les condamner à une nourriture sèche pendant tout l'hiver. On peut se convaincre du bien que leur font les fourrages verts lorsqu'au printemps on les mène aux pâturages. En peu de jours leur état a changé; leur poil est devenu luisant; les animaux, tristes et amaigris avant le vert, sont gais et dans un embonpoint qu'ils n'auraient pas acquis avec la continuation du sec. On peut tenir les chevaux à ce dernier régime. La disposition de leur appareil digestif indique qu'ils sont organisés pour le supporter; mais il n'en est pas de même des ruminants. Il faudrait leur administrer toujours pendant l'hiver une ration mélangée de vert et de sec, et ce serait facile avec la culture des racines fourragères, si l'on voulait l'adopter partout. Non seulement les animaux en seraient bien mieux portants, mais leur rendement serait plus grand, les vaches laitières donneraient plus de lait. On peut s'en convaincre par une expérience bien simple. On n'a qu'à comparer le produit d'une vache pendant qu'elle est nourrie exclusivement avec du fourrage sec, et pendant qu'on le lui donne mélangé avec des betteraves, des raves, des topinambours, des navets, des feuilles de choux, etc., et on sera facilement convaincu de la vérité de ce que nous disons ici. — V. *Digestion*, *Equivalent*, *Foin*.

FOURRAGÈRE. Plante fourragère, racine fourragère, culture fourragère, etc. La culture fourragère n'est généralement pas assez étendue en France; ses proportions relatives sont de beaucoup inférieures à celles de plusieurs autres nations, de l'Angleterre surtout. Avec des fourrages on a du bétail, avec du bétail on a du fumier, et avec du fumier on a tout ce qu'on veut; sans lui on n'a rien ou peu de chose. Le travail sans fumier ne donne pas le tiers du bénéfice qu'il pourrait produire : le tiers d'un champ bien fumé, en effet, donne plus que tout le champ sans fumure; il y a donc deux tiers d'économie de travail et de semence. Le jour où l'agriculture pourra être convaincue de ce fait incontestable, elle sera sur la voie du bien-être, qu'elle attend toujours.

FOURREAU. On nomme fourreau la gaîne cutanée qui enveloppe le pénis de tous les animaux domestiques. Cette partie du corps offre peu d'intérêt à l'étude du cultivateur.

FOURRIÈRE. Lorsqu'un animal est atteint d'un vice rédhibitoire, et que l'action en rédhibition est exercée, l'autorité judiciaire ordonne qu'il soit mis en fourrière, c'est-à-dire en pension chez une personne étrangère aux parties intéressées. Le temps de la fourrière dure jusqu'à la solution de la question en litige.

L'autorité administrative ou judiciaire fait aussi mettre en fourrière tous les animaux en contravention ou saisis pour dettes, jusqu'à ce qu'il ait été statué sur ce qu'il y a lieu de faire ultérieurement.

FOURRURE. Peau de certaines espèces d'animaux, ordinairement originaires des pays froids, dont le poil, fin, soyeux et fourré, la rend propre à être employée comme vêtement chaud ou de luxe. C'est pendant l'hiver, et surtout dans le nord, que l'on utilise les fourrures. La Russie est un des pays qui en fournissent le plus au commerce, comme elle est aussi l'un des pays où l'en en fait le plus d'usage.

Parmi les animaux de nos climats qui fournissent des fourrures, nous comptons le renard, la martre, le lièvre, etc.

FRACTURE. La rupture d'un os constitue une fracture. Dans les animaux, toutes les fractures ne sont pas également faciles à constater : celle d'un membre, par exemple, est frappante, il n'y a pas à s'y tromper; mais celle d'un fragment osseux, d'un os contenu dans le sabot du cheval, par exemple, celle de la tête du fémur, qui occasionnent une boiterie plus ou moins intense, suivant l'importance du jeu de la partie fracturée, ne sont reconnues souvent qu'avec beaucoup de difficulté. Dans tous les cas, lorsque la fracture est patente, il faut la réduire immédiatement; cependant on ne réduit guère les fractures que pour les chiens ou les animaux précieux destinés à la reproduction, tels que quelques étalons, ou les femelles dont on veut conserver l'espèce. Pour les animaux de boucherie, il y a toujours plus d'avantage à vendre au boucher un sujet qui a un membre fracturé; quant aux chevaux qui ont des membres brisés, on les abat généralement. Les fractures sont non seulement difficiles à bien guérir, mais, pour les animaux de travail, la guérison même ne prévient pas des boiteries qui les rendent très souvent impropres au service auquel ils sont destinés. On évitera donc des dépenses inutiles de traitement et de nourriture en sacrifiant les sujets blessés; en tout cas, on devra toujours tirer partie de leur viande, soit comme nourriture, si c'est possible, soit comme engrais du sol. En agriculture, toute économie est une nécessité: on est exposé chaque jour à tant de pertes, à tant de non-valeurs, qu'il faut employer tout moyen d'en atténuer les résultats.

FRAGON. (*Petit houx*, *Myrte épineux.*) Genre de plante de la famille des aspéraginées. Le fragon est un beau petit arbrisseau toujours vert. Ses feuilles, petites et hérissées d'épines, supportent les fleurs. Ses fruits, rouges, sont mûrs en hivers. Le fragon pousse dans les haies, dans les bois, et à l'ombre des arbres. On le recherche comme plante d'agrément pour les bosquets; mais il n'est d'aucune utilité pour l'agriculture.

FRAI. On nomme frai les œufs des poissons. Le frai a donné lieu, dans ces derniers temps, à des études et à des expériences sérieuses sur son emploi à la multiplication des poissons La science zoologique s'en est emparée, et nous espérons qu'elle arrivera à d'heureux résultats. L'empoissonnement des étangs, des rivières, et même de nos côtes maritimes, a attiré l'attention du gouvernement. Des savants ont été envoyés par lui sur les lieux pour étudier les meilleurs moyens de le favoriser. La méthode de prendre des femelles de poissons pleines de frai, et de les faire pondre artificiellement pour féconder les œufs avec la laitance (matière fécondante du mâle), avait été pratiquée depuis long-temps déjà ; mais elle n'était pas entrée dans la pratique ordinaire. Deux modestes pêcheurs des Vosges, *Géhin* et *Rémi*, ont attiré l'attention sur ce point. Des expériences se font à ce sujet dans plusieurs régions de la France. Nous avons lieu d'espérer que, lorsqu'elles seront définitivement concluantes, des mesures administratives seront prises dans les départements pour l'empoissonnement des ruisseaux ou rivières, aujourd'hui ravagés par l'avidité ou l'incurie, souvent par des empoisonnements à la chaux, malgré les peines correctionnelles que provoquent ces délits. — V. *Empoissonnement, Pisciculture*.

FRAICHEUR. Etat d'humidité du sol propice à la végétation. Une terre fraîche, bien ameublie, bien fumée, et qui reçoit l'action de la chaleur, est toujours apte à fournir de bonnes récoltes. Toutes les opérations des instruments d'agriculture, celles des amendements, tendent à ameublir la terre, et à lui conserver le plus possible la fraîcheur qui favorise si bien le développement des végétaux cultivés. — V. *Humidité*, *Irrigations*, *Végétation*.

FRAISIER. Genre de plante de la famille des rosacées. Le fraisier est commun dans les bois et les montagnes, et fournit un fruit recherché pour nos tables. On a obtenu, par une culture bien combinée, une infinité de variétés de fraisiers qui donnent des fruits plus ou moins gros et succulents. On cultive ces diverses variétés de fraisiers aux environs des grandes villes pour l'approvisionnement des marchés. Les environs de Paris surtout en produisent de grandes quantités qui ont toujours un débouché certain, et donnent annuellement un revenu considérable.

Les fraisiers se multiplient avec une grande rapidité au moyen de leurs stolons ou coulants, qui rampent sur le sol et prennent racine.

FRAMBOISIER. Arbrisseau de la famille des rosacées. Le framboisier, qui croît spontanément dans presque toute la France, surtout dans les terrains montagneux et rocailleux, fournit un fruit recherché pour son odeur et sa saveur agréables. On s'en sert pour aromatiser les confitures et le vin. On cultive dans les environs des grandes villes, et notamment de Paris, le framboisier, comme le fraisier, pour l'approvisionnement des marchés, mais en moins grande quantité que ce dernier, dont les variétés sont infiniment plus nombreuses.

FRANC, FRANCHE. Terre franche. On dit vulgairement, en agriculture, qu'une terre est franche lorsque, se trouvant dans de bonnes conditions de composition, elle est d'un travail facile et d'un bon rapport. Dans ce cas, elle n'a pas rigoureusement besoin d'amendements, d'addition de substances minérales, dont elle est naturellement pourvue. Les Allemands se servent d'une expression qui rend bien l'idée que l'on a d'une terre franche bien préparée pour recevoir la semence : ils disent qu'elle est *amoureuse*.

On appelle franc un arbre produit par une graine, et dont on fait un sujet destiné soit à produire des fruits sans greffe, soit à être greffé, afin d'en perfectionner les produits. Les francs diffèrent des sauvageons en ce qu'ils proviennent de graines de fruits déjà cultivés. — V *Greffe*, *Sujet*.

FRANC-COMTOIS. V. *Comtois*.

FRAUDE. V. *Falsification*.

FRELATÉ, E. Aliments, médicaments, vins frelatés, falsifiés avec des substances étrangères souvent nuisibles. — V. *Falsification*.

FRÊNE. Arbre de la famille des jasminées. Le frêne est un des plus beaux et des meilleurs arbres de notre arboriculture. Non seulement il embellit le paysage par son développement, son port et son beau feuillage, mais encore il donne un des meilleurs bois de charronnage, de menuiserie et de chauffage, que nous ayons. Les tourneurs et les sabotiers le recherchent aussi et le travaillent avec avantage. La feuille de cet arbre précieux tient le premier rang comme fourrage vert ou sec ; elle est recherchée avec avidité par les animaux, et par les ruminants surtout.

Le frêne est très rustique ; il ne craint ni le froid, ni les gelées d'hiver. Pourvu que le sol sur lequel il pousse ait du fond, il se développe avec force et assez rapidement, surtout pendant son jeune âge. Les cantharides sont très friandes de ses feuilles. On secoue les branches des arbres qui contiennent ces insectes pendant qu'ils sont engourdis par la fraîcheur du matin, pour les faire tomber et les récolter. Lorsque les frênes sont près des abreuvoirs, les cantharides peuvent y tomber. On devra veiller à ce que les animaux ne soient pas incommodés par leur présence dans les eaux, et, pour prévenir tout accident, on aura grand soin de les débarrasser de ces insectes.

FRICHE. On donne le nom de friches à des sols incultes. Ces sols sont ordinairement couverts de ronçes, de buissons ou broussailles. On n'en retire souvent qu'un mauvais produit en pacage pour les moutons.

FRICTION. Frottement opéré sur une partie du corps d'un animal, soit avec la main, soit avec un instrument dont elle est armée. Les frictions sont sèches ou médicamenteuses. Dans le premier cas, elles sont faites simplement par frottement; dans le second, on se sert d'une substance médicamenteuse, le plus souvent tonique ou excitante, qu'on cherche à faire pénétrer dans les pores de la peau.

On fait des frictions pour activer la circulation du sang, soit dans la peau, soit dans les tissus sous-jacents, afin d'y exciter l'action vitale pour la guérison d'engorgements froids passés à l'état chronique. C'est aux engorgements des membres surtout qu'on les pratique, et elles produisent souvent de bons effets; mais il faut qu'elles soient long-temps continuées, surtout lorsqu'elles sont sèches, parceque leur effet est généralement lent.

FRIGORIFIQUE. On donne ce nom à un mélange de substances qu'on emploie comme moyen thérapeutique, en médecine vétérinaire, pour empêcher le gonflement à la suite d'une contusion, d'une entorse, etc. Le sel qu'on met dans l'eau tend à la refroidir en se fondant, et forme un frigorifique. La neige et le sel, mélangés ensemble, forment aussi un mélange frigorifique très énergique.

FRISON (*Cheval*). Race de chevaux hollandais propre au carrosse. Le cheval frison, qui jadis avait la tête busquée, la côte plate, le ventre retroussé, etc., a été modifié par des croisements de types de sang. C'est dans cette race que se trouvent les chevaux hartdrawers, si rapides au trot. Ces animaux, ordinairement de couleur noir mal teint, ont les formes anguleuses, la croupe avalée, l'encolure mince, les jarrets droits, la tête sèche, et une conformation générale peu gracieuse.

FROID. Le froid est souvent nuisible non seulement aux végétaux, mais encore aux animaux ; il fait quelquefois périr des récoltes entières en empêchant la fécondation, et par la congélation des fleurs. Une température basse retarde la végétation, cause des affections catarrhales aux animaux, etc. — V. ***Bise***, ***Dégel***, *Gelée*, *Température*.

FROID, DE. (***Épaules froides.***) Dans le cheval, l'épaule froide est celle qui jouit de peu de mouvement. Un animal qui a les épaules froides a naturellement les allures raccourcies.

Un animal est froid quand il a besoin d'être stimulé au travail. Les étalons sont quelquefois froids et paresseux à la monte ; on cherche à les exciter par une nourriture substantielle et tonique, et par un exercice bien approprié.

FROMAGE. Préparation particulière du caillé du lait conservé pour la consommation de la table. Il est peu de produits agricoles aussi variés de qualité, de goût, etc., que le fromage. Chaque pays de laitage prépare son fromage à sa façon. On le fait soit avec du lait de vache, écrémé ou non écrémé, soit avec du lait de brebis pur, ou mélangé avec du lait de chèvre, soit avec du lait pur de cette dernière. Le fromage est dit maigre ou gras suivant qu'il a été frabriqué avec du caillé provenant de lait écrémé ou non écrémé.

Le commerce du fromage donne souvent lieu à une industrie très étendue et qui forme une des principales richesses de certains pays. Le roquefort offre une grande ressource à la contrée de l'Aveyron qui le fabrique ; le fromage de l'Aubrac, dans le même département, est aussi un des principaux revenus des montagnes qui le produisent. Les montagnes de l'Auvergne expédient une immense quantité de fromages dans tout le midi de la France, où il est connu sous le nom de fourme. Le Mont-d'Or lyonnais, la Brie, la Normandie, la Franche-Comté, etc., sans parler de la Suisse, de l'Allemagne, de l'Italie, de l'Angleterre, de la Hollande, etc., fabriquent des fromages consommés dans notre pays; et, pour notre marine, nous avons souvent recours à l'étranger, surtout à la Hollande, dont les produits se conservent facilement.

La qualité des fromages dépend plus du mode de leur fabrication que du lait qui fournit le caillé. Dans le même pays, dans le même village, avec la même espèce d'animaux consommant la même nature d'aliments, on voit des ménagères, des fromagers, des vachers, faire des fromages de beaucoup supérieurs à ceux de leurs voisins. Il y a, soit pendant la fabrication, soit avant, soit après, un soin particulier, un procédé spécial, un *tour de main*, comme on dit vulgairement, qui dans la pratique donne la supériorité au produit. Du reste, ce n'est pas dans la fabrication seule du fromage qu'on l'observe, c'est dans tout produit possible, obtenu soit à la ferme, soit ailleurs.

La fabrication du fromage, au point de vue théorique, est fort simple à comprendre. Lorsqu'on fait du fromage maigre, on écrème d'abord le lait pour faire le beurre; puis, on met dans le lait écrémé, qu'on fait tiédir devant le feu, la présure pour faire le caillé. Afin de favoriser l'action de la présure, et pour qu'elle se mélange bien avec tout le liquide, on remue le lait très doucement et avec précaution, au moyen d'une cuillère en bois, ou d'une espèce de planchette disposée à cet effet. Lorsque le caillé est formé, on le fait égoutter dans un moule en bois ou en terre, percé de petits trous à son fond et sur les côtés. On le comprime légèrement pour bien en exprimer le petit lait; puis, on le sale, on le met dans des moules toujours percés, et on exerce sur lui, au moyen d'un poids, une pression pendant un ou deux jours; on le retire ensuite du moule, et on le met sécher sur une claie garnie de paille. On le dépose ensuite, quand il est bien égoutté, dans une cave, où il mûrit. On a bien soin de le tenir proprement et d'empêcher les moisissures de végéter sur la croûte qui se forme sur la surface.

Pour faire le fromage gras, on procède absolument de la même manière; seulement, on n'écrème pas le lait avant de faire le caillé, dont on provoque la précipitation par la présure, immédiatement après la traite.

Voilà, en raccourci, le procédé général employé pour faire le fromage. Viennent ensuite les détails de préparation et de soins spéciaux à chaque pays, pour faire *mûrir* le fromage et le livrer à la consommation.

Dans les montagnes de l'Auvergne, par exemple, où l'on fait de grandes quantités de fromage gras, exporté par pains de 40 à 50 kilog., voici comment on procède : Un fromager, connu sous le nom de *vacher*, a l'administration absolue d'un vacherie plus ou moins nombreuse, sur la montagne où il réside pendant toute la belle saison. Suivant le nombre de ses vaches, il a un ou deux aides, nommés *valets*, et un pâtre pour garder la vacherie, qui vit à l'état demi-sauvage. Pendant toute la saison, cette vacherie est parquée dehors au moyen de claies. Après la traite, qui se fait matin et soir dans le parc, le lait est apporté au buron (fromagerie), où il est caillé au moyen de la présure. Le caillé, une fois obtenu, est pressuré, comprimé en tous sens, par un procédé qu'on aurait dû réformer depuis long-temps, quoi qu'on en dise. On le sale, on le met dans un moule percé de petits trous, et on le comprime sous une grosse pierre soulevée au moyen d'un levier spécial. Quand la *fourme* est bien égouttée sous le pressoir, on la met sur un rayon de planches à la cave. Là, le vacher est plein d'attention pour la laver, la nettoyer, la frotter, de manière à obtenir une croûte blanche d'abord, puis jaunâtre, mais toujours très lisse et très propre. Le fromage est ainsi traité jusqu'à l'automne, époque où il est vendu au poids à des marchands qui l'expédient dans le midi de la France, surtout depuis le Var jusqu'à l'Océan.

Si le fromage du Cantal était bien fabriqué, il serait d'une très bonne qualité, parceque les pâturages des montagnes où il est produit sont de première qualité comme nature, et que le lait donné par les vaches qui y paissent est exquis; mais la routine séculaire seule préside à sa fabrication, et il n'est pas, que je sache, un seul procédé qui ait été éclairé par la science dans ce pays. Un seul propriétaire a eu l'idée de faire venir de Gex un fromager qui fait, m'a-t-on assuré, un fromage de très bonne qualité, dont le prix est plus élevé que celui du fromage ordinaire. Le Cantal offre des ressources considérables à l'industrie fromagère, et, quand on voudra s'en occuper d'une manière sérieuse et raisonnée, on pourra en retirer des avantages infiniment supérieurs à ceux qu'on a pu obtenir jusqu'à ce jour.

Lorsque le caillé avec lequel on fait le fromage est obtenu du lait non écrémé, on met le petit-lait dans des baquets. La crème que contient encore ce liquide monte à sa surface : on en fait un beurre commun, consommé dans le pays ; le petit-lait est ensuite donné à des porcs, qu'il sert à engraisser ou à élever, ce qui est une branche d'industrie assez importante pour le Cantal.

FROMAGERIE. On nomme fromagerie le lieu où l'on fabrique le fromage. Dans les contrées où l'on entretient des vacheries nombreuses pour la fabrication des fromages, chaque vacherie a son fromager et sa fromagerie : telles sont les montagnes de l'Auvergne, de l'Aveyron. Dans d'autres pays, où les vaches sont en petit nombre chez chaque cultivateur isolé, c'est ordinairement la ménagère qui fait elle-même son fromage. En Suisse et sur la frontière, comme en Franche-Comté, etc., il existe de temps immémorial des fromageries publiques, qui se nomment fruitières, où chaque propriétaire apporte son lait ; un fromager commun est chargé de le recevoir, d'en déterminer la qualité et la quantité, qui sont consignées dans des registres. Après la campagne, le fromage est vendu, et chaque propriétaire reçoit ce qui lui revient dans le produit de la vente en raison de la quantité de lait qu'il a livrée au fromager, après que tous les frais d'exploitation sont couverts. Cette méthode de fabrication du fromage en commun offre de grands avantages. Isolés, les propriétaires ne peuvent pas monter leur fromagerie avec la même économie, ou ne peuvent pas non plus, dans un ménage où la ménagère est obligée de veiller à tout, donner à cette fabrication tous les soins exigés pour un bon produit. Il serait facile de faire ailleurs ce qu'on fait dans les départements frontières de Suisse, tels que le Doubs, le Jura ; il ne faudrait que la ferme volonté d'imiter ces pays.

Les fromageries des montagnes de l'Auvergne sont pour ce pays une source de revenus considérables ; si la fabrication du fromage laisse à désirer au point de vue des qualités qu'il serait facile de lui donner et qui lui manquent encore, leur débouché n'en est pas moins toujours assuré de temps immémorial dans le midi de la France. Les résidus des fromageries dans ces pays, surtout en petit-lait, servent à élever ou à engraisser des porcs qui sont vendus dans le pays même, pour la consommation des ménages des campagnes, qui les font saler. — V. *Fromage*.

FROMENT. Genre de plantes de la famille des graminées. Le genre froment comprend plusieurs espèces cultivées et sauvages; parmi ces dernières, on reconnaît le froment rampant ou chiendent, si nuisible aux récoltes, et qui fait, par sa racine, le désespoir du cultivateur.

Le froment cultivé comprend aussi diverses variétés, obtenues sans doute d'un même type par la culture; les principales sont: le blé commun, dont l'exploitation est la plus répandue; le blé de mars, semé au printemps; le blé richelle; les blés d'Odessa, de Flandre, de Pologne, de Hongrie, etc.

Le froment est un des produits végétaux dont la culture est le plus multipliée, le plus estimée, dans les pays civilisés; il est connu depuis la plus haute antiquité, et sa production a toujours vivement intéressé la société. Cette production, en effet, forme généralement la base de la nourriture de l'homme. Dans les temps reculés, où la culture, moins avancée qu'à notre époque, ne connaissait que le blé pour toute consommation végétale, sa pénurie causait des disettes, des famines, qui étaient toujours des calamités publiques, de véritables fléaux; aujourd'hui, la culture de plantes tuberculeuses, et notamment de la parmentière et d'autres grains, tels que le sarrasin, l'orge, le seigle, le maïs, les pois, les fèves, les haricots, etc., modifie les effets d'une mauvaise récolte en froment. D'autre part, l'élevage des animaux de boucherie fournit de la viande, et l'alimentation de l'homme a moins à souffrir d'une disette de blé.

On n'a jamais pu connaître la variété sauvage du genre froment qui nous a donné les diverses espèces de blé cultivé. La science de la botanique comme celle de l'agriculture l'ignorent complétement. Un habitant du midi de la France vient d'obtenir le froment de l'*œgilops ovata*, et quelques personnes pensent que cette graminée est le type sauvage qui a fourni ce grain. Du reste, ce fait, qui peut piquer la curiosité des savants, est peu important dans la pratique; mais ce qu'il ne faut pas ignorer, c'est le choix de la variété de froment qui réussit le mieux dans le sol que l'on cultive; quelques expériences, sur une petite échelle, doivent être tentées sur les différentes variétés à adopter, pour se fixer sur celles qui peuvent le mieux convenir.

Le froment ne sert pas seulement à faire du pain ; on extrait son amidon pour le livrer au commerce. Cette substance est utilisée pour faire de l'empois, de la colle, et pour apprêter certains tissus. Le gluten du blé sert à faire des pâtes connues sous le nom de pâtes d'Italie, vendues sous le nom de vermicelle, etc., pour faire des potages, ou de macaroni, etc. On fait aussi avec la farine de froment, dans les ménages, des bouillies, des galettes, des crêpes, qui dans nos campagnes sont des auxiliaires puissants pour la nourriture des ouvriers. Dans l'art culinaire, on emploie la fleur de la farine de froment pour faire des gâteaux, et pour donner de la consistance aux sauces des ragoûts.

Le froment est sujet à plusieurs maladies, telles que la carie, la rouille, le charbon, etc. On prévient ces altérations par le chaulage ou le sulfatage ; ces moyens sont employés avec beaucoup de succès. — V. *Carie*, *Céréales*, *Charbon*, *Sulfatage*.

FROMENTAL. (*Fenasse, Avoine fromentale*). On donne le nom de fromental à l'avoine élevée, plante graminée qu'on sème comme fourrage. Le fromental convient surtout lorsqu'on veut mettre une terre en prairie ; il donne du foin d'assez bonne qualité et en quantité ; il est, du reste, commun dans nos prairies naturelles. On mélange ordinairement avec le fromental d'autres plantes, telles que la lupuline, le trèfle des prés, la pimprenelle, le raigras. Toutes ces plantes, semées ensemble, donnent un bon fourrage.

FRONT. Région de la tête des animaux bornée supérieurement par la nuque, inférieurement par le chanfrein. Le front doit toujours être large, dans le cheval surtout : il caractérise alors une race de sang, intelligente et énergique. Un front rétréci, bombé, est observé dans les espèces communes, molles ; il coïncide le plus souvent avec un chanfrein et des naseaux rétrécis, et une poitrine délicate. — V. *Tête*.

Le front du bœuf doit aussi être large, pour la même raison, d'abord que dans le cheval, et pour présenter plus de surface aux jougles qui servent à fixer le joug sur la tête des animaux.

FRONTAL. Os de la tête qui sert de base au front. Dans le bœuf, le frontal fournit les mandrins osseux contournés qui supportent les cornes de chaque côté du chignon.

FRUCTIFICATION. Le mot *fructification* est pris dans un sens collectif. Il s'entend de toutes les fonctions des organes des fleurs qui concourent à la formation du fruit : ainsi le calice, la corolle, les étamines et les pistils des plantes, sont des organes de la fructification. Leurs fonctions ont pour résultat la fructification elle-même, c'est-à-dire la production du fruit. Cette fonction multiple est la plus importante de la végétation, en ce qu'elle assure la multiplication de l'individu et la conservation des espèces ; aussi la nature a-t-elle pris les plus admirables dispositions afin qu'elle s'opère avec avantage. — V. *Anthère, Calice, Corolle, Dissémination, Étamines, Pistil, etc.*

Au point de vue économique, la fructification a toute l'importance qui s'attache à la production des fruits de la terre pour les subsistances. Sous ce rapport, l'intérêt qu'offre cette grande fonction de la vie des végétaux est bien autrement grave que ne peut l'être celui qui nous est présenté par la simple étude de la physiologie végétale. — V. *Fruit.*

FRUGIVORE. Animal frugivore, qui aime les fruits, qui se nourrit de fruits. L'homme, le singe, le porc, le blaireau, l'ours, et tous les herbivores en général, sont frugivores. La disposition du système dentaire, surtout des dents molaires, de ces animaux, indique facilement aux naturalistes quelle est la nature de leur alimentation.

FRUIT. Le fruit est l'œuf fécondé des végétaux. Qu'il soit simple ou multiple, enfermé dans une enveloppe particulière plus ou moins charnue, épaisse, tendre ou dure, ligneuse ou pulpeuse, c'est le fruit qui contient le germe du nouvel individu ; la nature a soin de le mettre dans des conditions convenables à son éclosion, par la dissémination, souvent opérée d'une manière aussi ingénieuse que prévoyante. — V. *Dissémination, Germination.*

Les fruits des végétaux sont une immense ressource pour la nourriture de l'homme. Tantôt ils forment des graines farineuses qui contiennent des principes alimentaires, comme les céréales, un grand nombre de légumineuses ou polygonées : tels sont le blé, le seigle, l'orge, l'avoine, le maïs, les pois, les haricots, les lentilles, les fèves, le sarrasin. Tantôt ils forment des graines ou fruits huileux qui servent à faire de l'huile, comme l'olive, les amandes, les noix et les noisettes, les graines de colza, de chènevis, de pavot, la faine, etc. D'autres fois enfin ils forment des fruits proprement dits, rendus exquis par la culture : tels sont la pomme, la poire, la pêche, la prune, l'abricot, les groseilles, les melons, les oranges, les citrons, etc.

On conçoit, d'après ces divers usages, combien les fruits varient de composition, de principes alimentaires, de forme et de volume. Le fruit du tabac, par exemple, dont la graine est tellement tenue qu'il faut presque une loupe pour la bien voir, diffère d'une manière prodigieuse de la citrouille, qui acquiert quelquefois un volume énorme. Il est des fruits délicieux et nourrissants ; il en est d'autres qui sont âcres, qui sont un véritable poison. Dans tous les cas, les fruits sont l'objet principal de la culture des végétaux, soit sous forme de grains, de drupe, de graines, de siliques ou de gousse, etc., et, au point de vue de la nourriture de l'homme, ils sont la partie la plus intéressante de toute la production végétale. Dans l'art du confiseur, les fruits donnent lieu à une industrie très étendue et très lucrative. On les traite d'une infinité de manières, pour leur conservation, d'une part, et de l'autre pour mieux faire ressortir leur saveur, ou les rendre plus agréables, par des procédés bien étudiés. Le moyen le plus simple de conserver les fruits, après leur récolte, est la dessiccation, à des degrés différents, suivant leur nature. On les conserve aussi dans l'eau-de-vie, dans l'huile, le vinaigre, l'eau salée. On en fait des pâtes, des marmelades. Le sucre joue souvent un grand rôle dans les différents procédés employés pour la conservation ou la préparation des fruits, à l'usage des tables de luxe surtout.

FRUITIER. Lieu où l'on place les fruits pour les conserver. La température des fruitiers doit être à peu près comme celle des caves, c'est-à-dire invariable : aussi, a-t-on soin de les construire à l'exposition du nord, et avec de petites ouvertures, et de les clore de manière à les mettre à l'abri des rats, des loirs, etc. On doit souvent visiter les fruits placés sur les rayons des fruitiers et bien espacés, afin de prendre chaque jour ceux qui sont bons à consommer. On veillera surtout à ce qu'ils ne se pourrissent pas ; s'il en est qui se ramollissent sur un point, on ne les laissera pas dans le fruitier avec les autres : ils pourraient contribuer à les faire *passer* plus rapidement.

FRUITIÈRE. V. *Fromagerie.*

FUCHSIA. Arbrisseau d'ornement, de la famille des onagres, cultivé depuis quelques années. La culture des fuchsias s'est très répandue en peu de temps. Sa fleur pendante est une de plus agréables de nos parterres ; le calice, rougeâtre, laisse sortir de son centre les divisions de la corolle, bleuâtre, disposées en espèces de cornets enchâssés et d'un très bel effet. On a obtenu par la culture plusieurs espèces de fuchsias, différentes par le développement de leurs fleurs comme par leurs couleurs.

FUCUS. (*Varechs*, *Goémon.*) Plante marine que la mer rejette sur les rivages en assez grande quantité. Les cultivateurs du littoral de la Flandre, de la Normandie et de la Bretagne surtout, emploient les fucus pour engraisser leurs terres ; cet engrais est une véritable richesse pour le défrichement des landes. On se sert des varechs pour faire, par l'incinération dans des fourneaux spéciaux établis sur les bords de la mer, des soudes naturelles du commerce. L'agriculture réclame contre cette pratique, qui lui enlève des quantités immenses d'engrais. La Bretagne, qui en a tant besoin pour la mise en culture de ses landes, a le plus à souffrir de la fabrication des soudes naturelles.

On extrait aussi des varechs de notables quantités d'iode.

FUMADE. Nom donné, dans les montagnes de l'Auvergne, à la partie d'un herbage qu'on a eu soin de fumer. On fait les fumades au moyen du parcage des vaches ; mais ce procédé pourrait être rendu infiniment meilleur par le moyen que voici : Lorsque les vaches ont passé la nuit dans l'herbage, on se contente de changer le parc qui les contenait, et de mettre le nouveau à côté de celui de la veille. On ne s'occupe plus des bouses, qui, d'une part, se dessèchent au soleil, et perdent au moins le tiers, si ce n'est la moitié, de leurs propriétés fertilisantes ; de l'autre, elles étouffent l'herbe qu'elles recouvrent, et qui ne repousse que la deuxième ou la troisième année. Si l'on arrosait la surface des parcs lorsque les vaches en sortent, soit avec de l'eau transportée dans un tonneau, soit en y dirigeant les eaux d'une source ou d'un réservoir, ce qui est souvent possible dans les montagnes ; si on délayait ainsi, avec un rateau ou un fort balai, les bouses, leur suc pénétrerait dans le sol, et l'on doublerait au moins par ce procédé, si on ne le triplait, le produit des fumades. Il y a bientôt quatorze ans, j'ai indiqué ce procédé dans le *Propagateur agricole du Cantal*, que je rédigeais dans le pays même, à la ferme de Peyrusse, et j'ignore si ce conseil a été suivi dans les montagnes d'Auvergne.

FUMER (*un sol*). L'engraisser au moyen des fumiers.—V. *Fumier, Fumure.*

FUMIER. Produit des excrétions animales pures ou mélangées à d'autres substances. On a dit que l'argent est le nerf de la guerre ; le fumier est le nerf de l'agriculture. Avec lui on peut faire tout, ou beaucoup ; sans lui on ne fait rien, ou peu de chose. Le fumier est la base de la fécondité du sol ; il est donc celle de la richesse du cultivateur, celle de l'abondance de la production des récoltes ; et si nous suivons la conséquence de son emploi jusqu'à ses dernières limites, nous trouverons qu'il contribue, bien plus que ne le pense le vulgaire, au bien-être, à la véritable richesse des nations.

Partant de ce principe, dont l'exactitude est incontestable pour tout homme qui le comprend, on doit voir de quel intérêt sont les fumiers, combien le cultivateur doit étudier les moyens de les produire, de les soigner, d'en augmenter la quantité par tous les procédés que peuvent lui fournir son intelligence et son savoir. Tout cultivateur qui néglige ses fumiers doit être ou un ignorant ou un paresseux ; il ne peut donc pas être un bon cultivateur ; il doit se ruiner, ou travailler à la ruine de ceux qui lui ont confié leurs intérêts agricoles.

Lorsqu'un propriétaire confie la culture de ses terres à un régisseur, il doit examiner de suite comment cet employé traite les engrais. S'il les soigne mal, c'est un mauvais cultivateur ; il peut être probe, mais à coup sûr il ne sait pas son métier, ou il veut le mal faire. Dans l'un et l'autre cas, il faut prendre un parti radical. Avant de traiter définitivement avec un pareil employé, on devra toujours réserver des clauses conditionnelles, et avoir la faculté de s'en débarrasser à temps, si on ne veut pas compromettre ses intérêts et ceux de sa famille.

La qualité d'un fumier varie suivant l'espèce d'animal qui l'a fourni, et même suivant les conditions des animaux d'un même genre. Ainsi les animaux à l'engrais, ceux qui sont bien portants et bien nourris, donnent un fumier infiniment supérieur à celui des animaux chétifs, malades, souffrants, ou mal nourris. Le fumier des pigeons et volailles, nommé *colombine*, est le plus énergique; celui des moutons et des chèvres vient ensuite; celui du cheval, plus chaud, plus sec, que celui du bœuf, convient mieux à certains terrains froids, humides; celui du bœuf, au contraire, est préféré dans les sols élevés, d'une nature sèche; quant aux qualités fertilisantes relatives de ces fumiers, elles n'ont pas été bien déterminées par la pratique. Les qualités du fumier de porc varient suivant la nourriture de cet animal. On conçoit, en effet, que lorsqu'il est nourri avec des substances farineuses, azotées, animales, il doit être plus fécondant que lorsqu'il vit d'herbe, de feuilles de choux ou de salade. En tout cas, ce fumier n'est pas classé, dans la pratique, au point de vue de ses qualités relatives, et on le mélange généralement avec les autres engrais.

Le fumier provenant d'excrétions humaines est peut-être le meilleur de tous; mais malheureusement il se perd au moins dans les neuf dixièmes des campagnes, et les villes, sauf de rares exceptions, ne sont pas mieux inspirées. Il est rare de trouver dans nos villages des latrines bien conditionnées et propres à bien ramasser les excréments humains. La perte presque générale de cet excellent engrais dans nos campagnes nous prouve que la question des fumiers y est encore mal comprise, et que par conséquent les progrès de l'agriculture sont loin d'être arrivés au degré de perfection exigé par les besoins du pays.

Pour obtenir de l'uniformité dans les fumiers, pour équilibrer leurs qualités relatives, la pratique a démontré qu'il est avantageux de les mélanger dans les tas. Ceux qui sont trop secs, qui sont sujets à fermenter rapidement, à se moisir, à prendre du *blanc*, comme on dit vulgairement, sont humectés, rafraîchis, par ceux qui sont plus humides. La moyenne qui en résulte donne un fumier gras, onctueux, consistant, qui a toutes les apparences et les conditions d'un bon engrais.

Le choix de l'emplacement des tas de fumiers doit toujours fixer l'attention du cultivateur ; il faut autant que possible qu'ils ne soient pas exposés à l'ardeur du soleil, qui les dessèche, ni aux courants des eaux de pluie, qui les délaient et entraînent leurs purins. On choisit ordinairement une plate-forme ombragée, pavée ou garnie de glaise, dont la surface est légèrement bombée au lieu d'être creuse, pour donner écoulement aux purins sur les côtés. On entoure les plates-formes d'une rigole qui aboutit à un puisard destiné à recevoir les liquides dont on se sert pour arroser les tas de fumiers, soit au moyen d'une pompe, soit par tout autre procédé, et l'on rend ainsi aux engrais les parties liquides qu'ils laissent écouler.

FUMIGATION. Exposition de certains corps à la fumée, à des gaz ou à la vapeur, pour les conserver, les désinfecter, etc. Les fumigations sont aussi employées pour traiter certaines maladies des animaux domestiques.

En économie domestique, on expose à la fumée des cheminées des viandes salées, notamment celles des porcs, les jambons, les saucisses, le lard, etc. Par ce procédé, on les fait sécher ; souvent on les fait aussi pénétrer par des principes volatils de végétaux aromatiques, et on leur donne une saveur particulière qui les fait rechercher des amateurs. On peut préparer par des fumigations toutes les viandes, telles que celles de bœuf, de mouton, de chèvre, de volaille, et les chairs de poissons divers, tels que les harengs, les saumons, etc., pour les conserver.

L'art de préparer les viandes fumées n'est pas toujours exercé d'une manière aussi simple que dans les cheminées de nos campagnes. L'industrie a des appareils spéciaux, au moyen desquels non seulement on active l'opération, mais encore on la rend plus complète et plus fructueuse, en donnant aux conserves des fumets estimés, des qualités spéciales.

Pour assainir des appartements, des écuries, ou masquer certaines mauvaises odeurs, on fait des fumigations avec des baies de genièvre, avec des plantes aromatiques; on se sert aussi de l'eau de Cologne, du sucre brûlé, des résines, des acides, etc. Mais les fumigations les plus énergiques pour désinfecter les écuries et les logements empestés par des miasmes sont celles du chlore. Ce gaz agit chimiquement en décomposant les miasmes; il les détruit complétement. — V. *Chlore*.

On fait des fumigations émollientes ou toniques, narcotiques ou irritantes, suivant les besoins; et, dans certains cas de maladie des animaux, on se sert souvent de la vapeur d'eau pour les pratiquer. Ainsi, on dirige des vapeurs émollientes vers les naseaux, dans les cas d'irritations des voies aériennes, etc.

FUMURE. Opération qui consiste à fumer un sol. L'exécution de la fumure, sa force, comme l'époque où elle doit être pratiquée, sont subordonnées à la nature de l'assolement adopté. Dans la culture routinière, mal comprise, mal exécutée dans ses combinaisons, on fume sans distinction toutes les plantes. Il en résulte toujours des herbes qui salissent les végétaux semés. Avec un pareil procédé, il est impossible d'avoir des terres nettoyées, des cultures propres. Le fumier apporte toujours avec lui ses graines de mauvaises herbes, qui poussent malgré le cultivateur, malgré ses soins. Pour prévenir cet inconvénient et éviter des frais de sarclage, il faut adopter un assolement qui commence par une plante sarclée. On fume fortement cette première sole, qui doit être de parmentières ou de betteraves, de carottes, de rutabaga, etc. Les graines des fumiers germent; elles sont arrachées par le sarclage et les binages exigés par les plantes sarclées; une fois détruites, elles ne se représentent plus. On peut donc avoir, après cette récolte sarclée, une terre propre, bien ameublie, bien fumée, prête à recevoir la prochaine récolte, qui peut être en céréales. — V. *Assolement*.

Une bonne fumure combinée avec un bon assolement peut engraisser le sol pendant trois, quatre et cinq ans. Si les cultures l'exigent, on peut donner une demi-fumure, à laquelle on fait succéder ordinairement une plante fourragère consommée en vert, ce qui détruit les mauvaises herbes produites par les fumiers, et l'on continue ensuite la rotation de l'assolement jusqu'à sa fin. On le recommence alors par une forte fumure et les plantes sarclées.

La fumure doit varier naturellement dans sa quantité suivant la qualité du sol, la nature de l'assolement, l'étendue du temps de son intermittence, et l'espèce des végétaux cultivés. Il est donc difficile de déterminer la quantité de fumier qu'elle doit comporter, et qui est toujours subordonnée aux conditions culturales et industrielles du cultivateur.

FURET. Petit carnassier du genre marte, élevé en France à l'état domestique. Le furet est employé à la chasse des lapins, qu'il poursuit dans leurs terriers. Pour l'empêcher de les étrangler et de s'endormir après s'être gorgé de leur sang, les chasseurs lui mettent ordinairement une muselière.

Tout le monde connaît la chasse au furet. On tue le lapin avec le fusil quand il sort du terrier, ou on le prend dans des bourses, espèces de filets disposés d'avance à l'ouverture des clapiers.

FURONCLE. (*Clou.*) Tumeur phlegmoneuse, circonscrite, dure, plus ou moins douloureuse, qui se déclare à la peau des animaux, notamment aux membres. Son caractère spécial est d'avoir au centre un bourbillon, qui se produit quand le furoncle s'abcède. La chute de ce bourbillon indique la fin de la maladie, et la plaie qui en est résultée sur la peau ne tarde pas à se cicatriser.

Lorsque le furoncle se déclare aux membres du cheval, notamment à la couronne, il prend le nom de *javart cutané.* — V. ce mot.

FUSAIN. Plante de la famille des célastrinées. Le fusain, remarquable par sa tige tétragone et ses fruits rouges en bonnet carré, croît dans les haies. Il est cultivé comme plante d'agrément dans les parcs et bosquets. Cet arbrisseau n'offre que fort peu d'intérêt à l'agriculture.

FUSÉE. On donne le nom de fusée à des suros qui affectent aux membres une forme allongée. — V. *Exostose*, *Suros*.

FUTAIE. Bois ou forêt composée d'arbres plus ou moins élevés, et exploités pour la charpente, les constructions ou le chauffage. Les arbres qui composent les futaies varient de développement comme de durée, suivant leur nature et celle du sol sur lequel ils poussent. Il en est qui se couronnent à quatre-vingts ans et même plus tôt; d'autres poussent jusqu'à cent cinquante ans, et ne se couronnent pas même à deux cents ans et plus. Lorsque la terre a du fonds, que les racines peuvent s'y plonger profondément, les futaies croissent, vivent long-temps et prennent des proportions étendues; elles sont bornées, au contraire, lorsque le fonds manque. Aussi, tous les sols ne leur sont-ils pas convenables, et on est obligé de les exploiter en taillis d'autant plus jeunes qu'ils trouvent moins de moyens de se développer. — V. *Taillis.*

D'après ce qui précède, on peut voir qu'il est impossible de limiter l'âge auquel on doit abattre les futaies ; la nature seule l'indique. Lorsqu'un arbre ne croît plus, et surtout lorsqu'il se couronne, le temps de l'abattre est arrivé. A partir de cette époque, il dépérit, et il occupe le sol non seulement sans profit, mais avec perte.

Suivant qu'elles ont quarante ou soixante, cent et deux cents ans, les futaies sont dites sur taillis, jeunes futaies ou vieilles futaies. On nomme ordinairement haute futaie celle dont les arbres ont acquis leur accroissement normal dans un bon fonds.

FUT, FUTAILLE. Vase en bois, cerclé, destiné à contenir des vins ou autres liqueurs fermentées. — V. *Tonneau.*

G

GABELLE. Nom donné anciennement à l'impôt perçu sur le sel marin. Cet impôt frappait surtout l'agriculture, qui fait du sel un usage très étendu, tant pour la nourriture de l'homme que pour celle des animaux. C'est au moyen du sel qu'on rend les fourrages avariés moins nuisibles aux animaux ; c'est avec cette substance que l'on sale, pour les conserver, les viandes de porc, de bœuf, de mouton et de chèvre. Dans les campagnes de certaines contrées pauvres, on égorge quelquefois des chèvres, dont on sale la viande pour la consommation des ménages. — V. *Sel.*

GADOUE. Produit mélangé des excrétions humaines. Les gadoues, toujours sous forme plus ou moins liquide, sont un engrais très puissant; on les emploie ordinairement étendues d'eau pour l'arrosage, surtout dans le nord, où elles sont recueillies avec soin dans les latrines. On les mélange aussi avec la terre ou avec d'autres fumiers, auxquels elles donnent une puissance fertilisante qu'ils n'ont pas. On neutralise la mauvaise odeur des gadoues par l'emploi du sulfate de fer, dont une partie se décompose pour former un sulfate d'ammoniaque fixe. — V. *Sulfate de fer.*

GAIAC ou GAYAC. Arbre de la famille des rutacées, qui croît dans quelques îles du golfe du Mexique et dans l'Amérique méridionale. Le bois et la résine de gayac sont employés en médecine humaine comme excitants et sudorifiques; ils sont peu utilisés par la médecine des animaux.

GAILLET. (*Caille-lait.*) Plante de la famille des rubiacées. Les gaillets sont généralement des végétaux grimpants, à tiges grêles, anguleuses et rudes; ces tiges, comme leurs feuilles, sont armées d'aspérités, qui les font s'accrocher aux vêtements de laine, aux toisons des moutons. Les graines arrondies et petites de cette plante se fixent aux toisons de la même manière. On trouve les gaillets le long des haies, dans les bois et les broussailles. Ces plantes ne sont d'aucune utilité en agriculture. La garance appartient à la même famille que les gaillets.

GAINE. Expansion membraneuse qui forme quelquefois le pétiole des feuilles. On en trouve des exemples dans les graminées, dont les feuilles engaînantes embrassent la tige de la paille et la fortifient au dessus des nœuds.

Dans les animaux, on trouve des gaînes dans lesquelles glissent les tendons, fixés par elles de manière à ce qu'ils ne puissent pas se déplacer. C'est surtout aux membres qu'on rencontre cette heureuse disposition anatomique.

GAINIER. (*Arbre de Judée.*) Le gaînier, qui fait partie de la famille des légumineuses, est cultivé comme arbre d'agrément; il donne, au printemps, de nombreuses fleurs en grappes roses. Son bois, assez dur et veiné, peut être employé à des ouvrages d'ébénisterie. Cet arbre offre à l'agriculture peu de ressources, et on ne le trouve que dans quelques parcs ou bosquets.

GALACTOMÈTRE. V. *Lactomètre.*

GALACTOPHORE. Nom donné aux vaisseaux ou réservoirs

qui contiennent le lait dans les mamelles des animaux domestiques.

GALE. Maladie de la peau des animaux qui fait tomber le poil et cause des démangeaisons. La malpropreté, la mauvaise nourriture et la contagion sont les causes de la gale.

Le cheval est un des animaux qui sont le plus sujets à cette maladie ; quelques vieux chevaux entiers mal soignés l'ont souvent en permanence à la crinière, où elle prend le nom vulgaire de *rouvieux*. On combat la gale du cheval par des préparations sulfureuses, par des pommades qui contiennent de l'onguent mercuriel et des cantharides, du goudron, etc.

Pour le mouton, on se sert d'un bain arsenical dans lequel on met du sulfate de fer. Ce moyen est aussi employé pour les chiens galeux ; cependant, comme l'emploi de l'arsenic, sous quelque forme que ce soit, est toujours dangereux, la dose qu'il convient de mettre dans les bains des animaux doit toujours être prescrite avec la plus grande prudence, et par des hommes spéciaux. La gale du porc se traite ordinairement par des décoctions de tabac et des dissolutions de sulfure de potasse.

GALÉGA. Plante de la famille des légumineuses. Le galéga est cultivé quelquefois comme plante d'agrément. Sa feuille verte et abondante a fait penser qu'on pourrait l'utiliser comme fourrage ; cependant je l'ai souvent offerte à des animaux, qui l'ont refusée. Peut-être serait-il possible de la faire consommer sèche en hiver, comme celle de frêne ou de robinier. Ce serait une expérience à faire, et que je recommande aux agriculteurs qui ont le galéga à leur disposition.

GALÉOPE. (*Galéopsis.*) Plante de la famille des labiées. Les galéopes sont communs ; ils poussent dans les champs, dans les lieux incultes, et ils offrent peu d'intérêt à l'agriculture.

GALÉRUQUE. Insecte coléoptère qui exerce ses ravages sur les arbres, et notamment sur l'orme. Les galéruques sont quelquefois si nombreuses qu'elles dévorent toutes les feuilles des arbres, de manière à les en dépouiller complétement. Ce fait a été remarqué notammeut au parc de Saint-Cloud. Comme tous les insectes nuisibles, les galéruques devraient attirer l'attention des savants comme celle de l'administration. On devrait chercher les moyens de les détruire, et de prévenir ainsi leurs ravages. — V. *Insectes.*

GALLE. V. *Noix de galle.*

GALLINACÉS. Ordre d'oiseaux du plus grand intérêt, en ce qu'il nous a fourni la plupart de nos oiseaux de basse-cour. La poule, le dindon, la pintade, le paon, sont des gallinacés déjà domestiques dans nos basses-cours. Le faisan est élevé dans nos faisanderies; les hoccos sont aussi à l'état domestique sur plusieurs points. Les perdrix, les cailles, les gélinottes, les coqs de bruyères, etc., sont des gallinacés.

La chair de tous les gallinacés, privés ou sauvages, est d'un goût savoureux; elle est toujours recherchée. Le prix élevé de celle de quelques individus, tels que le faisan, le coq de bruyère, etc., fait qu'elle est le plus souvent réservée pour les tables de luxe.

De tous les gallinacés, la poule est celui qui rend le plus de services à l'agriculture comme à nos subsistances par ses œufs et par sa chair. — V. *Poule.*

GALLIQUE (*Acide*). L'acide gallique est contenu dans plusieurs substances végétales, notamment dans l'écorce de chêne. Plusieurs fruits contiennent aussi de l'acide gallique, qui se combine avec l'oxyde de fer, et forme un gallate de couleur noire. C'est à cette combinaison que l'on doit la couleur noire de l'encre; c'est encore le gallate de fer qui se forme lorsqu'on coupe certains fruits, tels que les poires, les pommes, etc., avec un couteau qui noircit.

Lorsqu'on plante des clous dans du chêne, on ne tarde pas à s'apercevoir que le bois noircit à leur contact, ce qui est dû à la présence de l'acide gallique combiné avec le fer du clou oxydé.

GALOP. Le galop est l'allure la plus rapide des animaux. Dans le cheval au galop, on entend ordinairement trois battues. La première est opérée par un pied postérieur; la deuxième, par le pied postérieur opposé et le pied de devant qui lui correspond en diagonale, et la troisième par le pied antérieur qui n'a pas encore frappé le sol. Dans les manéges, on dresse des chevaux au galop à quatre temps.

Le galop naturel est toujours à trois temps, même celui de course, que l'on a dit à tort être à deux temps.

La projection du corps en avant par le galop exige de grands efforts musculaires, surtout de la part du train postérieur des animaux. Ce sont, en effet, les muscles de la croupe et ceux des membres postérieurs qui sont chargés de lancer en avant le corps, dont l'impulsion est supportée par les membres antérieurs. — V. *Croupe*, *Jarrêts*.

GALVANISME. Électricité qui se développe par le contact de deux corps hétérogènes. Le télégraphe électrique n'agit qu'en vertu de la force de l'électricité galvanique. La lumière électrique, qui éclairera peut-être un jour nos villes, est produite par la combustion d'une préparation de charbon sous l'influence de l'action de la même électricité. Le galvanisme est appelé à rendre à la science des services que nul ne peut prévoir. — V. *Électricité*.

GALVANOMÈTRE. Petit instrument qui sert à mesurer la quantité d'électricité galvanique produite par des piles voltaïques, par des appareils galvaniques.

GALVANOPLASTIE. Opération chimique au moyen de laquelle un sel métallique dissous dans un liquide est décomposé par le galvanisme: le métal se précipite sur des corps disposés à cet effet. C'est par ce procédé que l'on obtient des couverts, des vases, etc., métalliques, qui imitent si bien l'or, l'argent, au moyen du métal qu'on a fait précipiter sur eux. L'usage des vases, surtout des couverts obtenus par la galvanoplastie, est très répandu aujourd'hui; il donne lieu à une industrie déjà importante.

GANACHES. Région de la tête qui a pour base les branches du maxillaire inférieur. Pour être belles, les ganaches seront bien accentuées; les muscles qui les recouvrent doivent être bien accusés sous la peau, au lieu d'y être confondus, noyés; l'écartement des branches du maxillaire caractérise ordinairement les têtes carrées, les fronts larges. Les chevaux orientaux, à forte poitrine, à naseaux grands et dilatés, ont les ganaches écartées l'une de l'autre, pour bien loger le larynx, sans le comprimer. Pour plus de détails, V. *Naseaux, Poitrine, Tête*.

GANGLION. On observe quelquefois sur le trajet des tendons des membres du cheval de petites tumeurs arrondies, insensibles, qui sont ordinairement un signe de fatigue; lorsque ces tumeurs deviennent volumineuses et engorgées, le cheval boite d'une manière plus ou moins tranchée; on cherche à les faire disparaître par des frictions irritantes', et même par l'application du feu.

On nomme aussi ganglions lymphatiques, en anatomie, de petites glandes blanchâtres ou brunâtres, quelquefois d'un gris jaunâtre, qui se trouvent à la ganache, aux aines, aux ars, aux aisselles, etc. Ces ganglions s'engorgent et grossissent dans les maladies farcineuses; l'engorgement de ceux de l'auge est un des caractères de la maladie connue sous le nom de morve, dans les chevaux. — V. *Morve*.

GANGRÈNE. Le mot *gangrène* signifie mort d'une partie malade du corps. La gangrène est donc la conséquence la plus grave d'une affection; elle entraîne toujours la mort des animaux quand elle se déclare dans un organe essentiel à la vie. Son traitement est toujours difficile quand, après s'être déclarée sur un point, elle tend à s'emparer des parties voisines, et à se généraliser.

Une partie gangrénée se reconnaît à son insensibilité, à l'abaissement de sa température, à une crépitation qui se fait quelquefois entendre sous la peau à la pression du doigt, ce qui est dû à un dégagement de gaz dans le tissu cellulaire sous-cutané. Souvent une odeur fétide du point gangréné indique l'état de putridité qui commence ou qui est déjà avancé. Une humeur sanieuse s'écoulant des plaies sphacélées augmente les caractères distinctifs de la maladie; d'autre part, le pouls des animaux est petit et fréquent, les membranes muqueuses sont décolorées; les malades sont faibles, abattus; ils offrent les symptômes qui trahissent des maladies graves.

Lorsque la gangrène se déclare dans des organes intérieurs, elle est souvent méconnue, et on ne s'assure de son existence qu'à l'ouverture des cadavres.

On traite une gangrène reconnue à l'extérieur par des scarifications sur la partie malade. On y plonge quelquefois un fer rouge pour tâcher d'y rappeler la vie et de donner écoulement aux liquides sanieux qui y sont contenus. On lotionne avec du chlorure de chaux dissous dans l'eau, des décoctions d'absinthe, de gentiane, de quinquina, la teinture d'aloès, l'eau-de-vie camphrée, etc. On emploie les toniques à l'intérieur, et on donne à l'animal tous les soins hygiéniques qui peuvent concourir à sa guérison.

GARANCE. Genre de plantes de la famille des rubiacées. La garance des teinturiers est cultivée en France dans plusieurs départements. Le département de Vaucluse est celui qui en produit le plus, et il en retire un revenu considérable. La récolte de la racine de garance ne se fait que tous les trois ou quatre ans, afin de lui laisser le temps de se développer. Sa culture exige un sol bien ameubli et qui ait beaucoup de fonds. Les terres défoncées et de bonne qualité sont celles qui lui conviennent le mieux.

GARANTIE. Assurance acquise de posséder une chose; sûreté donnée par la loi, ou par une convention spéciale, à un acquéreur pour un objet acquis. La loi de mai 1838 détermine les vices qui donnent lieu à l'action rédhibitoire pour les animaux domestiques, et en règle la garantie. — V. *Loi*, ***Rédhibitoire***.

GARDE CHAMPÊTRE. Rien n'est plus commun dans nos campagnes que les délits commis par les maraudeurs ou les bestiaux. Nos bois, nos champs, nos prairies, nos jardins, nos vignes, nos vergers, tous nos produits, sont exposés aux convoitises des gens sans aveu, aux dégâts des animaux mal gardés. Combien ne voyons-nous pas, dans nos campagnes, de malheureux, de vagabonds, de paresseux, ne vivre qu'aux dépens de la propriété d'autrui? Une bonne organisation d'un corps de gardes champêtres, bien choisis, bien disciplinés et bien commandés, pourrait rendre de grands services à l'agriculture, en la protégeant contre tout ce qui tend à la déposséder de ses produits. Il est pénible de voir combien tout ce qui se rattache à l'agriculture est difficile à organiser. Les administrations communales ont dès long-temps senti la nécessité de l'institution d'un bon régime protecteur de la propriété rurale, et cependant, au milieu des progrès de toute nature qui caractérisent notre époque, nous n'avons pas pu organiser encore un corps de gardes champêtres qui serait si utile dans nos campagnes. La police des villes est généralement bien faite : pourquoi nos villages, nos récoltes, n'ont-ils pas le même avantage? N'y ont-ils pas autant de droits? Nous avons un corps de gendarmerie qui remplit bien ses devoirs; un corps de gardes champêtres serait aussi utile dans son genre, aussi digne de l'administration générale du pays, puisqu'il aurait pour mission et pour but la protection et le développement de la richesse nationale.

GARENNE. Enceinte destinée à élever des lapins. La condition essentielle d'une garenne est d'être bien close, pour empêcher les lapins de sortir et de faire des dégâts dans les récoltes. On doit aussi empêcher les chats, les fouines, les renards, etc., d'y pénétrer et d'y dévorer les lapereaux. Aujourd'hui on voit peu de garennes : est-ce parceque l'élevage du lapin serait peu profitable à une bonne spéculation? Dans le sud-est de la France, dans les départements qui se trouvent sur les bords de la Méditerranée, où l'on a peu ou point de volaille, parcequ'on y cultive peu de grains, certains propriétaires élèvent des lapins pour la consommation de leur table. C'est un moyen facile, dans une campagne isolée, de se procurer un plat de viande, quand on en a besoin.

GAROU. Nom donné à l'écorce du daphné. Le garou a une propriété irritante qui le fait employer comme vésicant en médecine humaine. En médecine vétérinaire on se sert du garou pour faire des trochisques (V. ce mot), ou pour animer les sétons auxquels on veut donner une propriété plus irritante. Dans certaines maladies du bœuf, surtout, on met du garou sous la peau du fanon pour y déterminer une révulsion plus ou moins puissante. — V. *Daphné.*

GARROT. Région du corps des animaux bornée en avant par l'encolure, en arrière par le dos. Le garrot a pour base les apophyses supérieures des premières vertèbres dorsales. Dans le cheval, le garrot doit être élevé et très prolongé en arrière. Cette disposition le rend plus apte à bien remplir ses fonctions, d'une part, et, de l'autre, elle caractérise ordinairement les espèces de sang noble. La hauteur du garrot est toujours une beauté, surtout pour les chevaux de selle; elle facilite le port de la tête, favorise l'élégance de l'encolure, et concourt à maintenir la selle à la position la plus convenable.

Les blessures du garrot (mal de garrot) sont plus ou moins graves, en raison de la nature comme de la disposition anatomique des parties qui le composent. On devra donc porter la plus grande attention sur les moyens de les prévenir.

Chez le bœuf, au lieu d'être élevé et tranchant, le garrot doit être large d'une épaule à l'autre, et former une ligne droite avec le dos : cette disposition indique un développement plus considérable de viande dans cette région. La disposition du garrot du mouton doit être la même que celle du bœuf.

GASCONNE (*Race de bœufs*). La race la plus remarquable des bœufs gascons est la race agenaise. Dans le Gers, et jusque dans la plaine de Tarbes, on remarque une autre espèce de bœuf, plus petit que l'agenais, mais très énergique au travail. Plusieurs individus de cette espèce ont la tête brune; le poil de la face est de couleur alezan brûlé. Cette race sert à l'agriculture du pays et aux charrois. — V. *Agenais*.

GASTRITE. Maladie de l'estomac. La gastrite est assez commune chez les animaux, surtout chez ceux de travail. Les fourrages avariés, les foins nouveaux qui n'ont pas encore fermenté, ceux qui sont moisis, rouillés, vasés, les plantes irritantes et vénéneuses, les indigestions, les refroidissements subits pendant la transpiration, peuvent causer la gastrite. Dans le cheval, cette maladie se complique quelquefois de symptômes vertigineux. (V. *Vertige*.) On combat la gastrite par la diète, par les boissons mucilagineuses, par les saignées, les lavements émollients, et par le repos à l'étable. On doit couvrir les malades avec une couverture de laine, pour faciliter l'action de la peau.

GAUDE. Plante de la famille des résédacées. La gaude, qui croît à l'état sauvage dans beaucoup de lieux, est cultivée pour faire de la teinture en jaune. C'est surtout dans les environs des manufactures de drap, de soieries ou de tissus de coton, que l'on se livre à la culture de cette plante, d'ailleurs très simple et bien connue.

En Franche-Comté, on donne le nom de *gaude* à la bouillie faite avec du maïs. Cette bouillie, que j'ai eu quelquefois occasion de manger dans le pays même, est saine, nourrissante, et d'une saveur assez agréable.

GAULER. Dans certains pays, on se sert de gaules pour faire tomber les fruits des arbres. On *gaule* surtout les noyers. Ce procédé est toujours mauvais, parcequ'il se fait le plus souvent sans soin, et que l'on casse ou l'on meurtrit beaucoup d'extrémités des branches.

GAYAC. V. *Gaïac*.

GAZ. On nomme gaz tout fluide aériforme qui jouit des mêmes propriétés mécaniques que l'air, et ne se réduit pas en liquides, comme les vapeurs, par un simple abaissement de température.

Les gaz sont indécomposés ou composés. L'oxygène, l'azote, l'hydrogène, le chlore, sont des gaz indécomposés, tandis que l'acide carbonique, l'hydrogène sulfuré, l'ammoniaque gazeux, l'acide sulfureux, l'hydrogène phosphoré, etc., sont des gaz composés.

La densité des gaz varie beaucoup : ainsi, tandis que le gaz acide carbonique, l'un des plus lourds, se trouve sur la surface du sol, parcequ'il pèse plus que l'air, le gaz hydrogène, au contraire, tend toujours à monter, parcequ'il est plus léger que l'atmosphère, et c'est ce qui le fait employer pour les aérostats.

Les gaz agissent diversement sur l'économie animale. Les uns entretiennent la vie, comme le mélange d'oxygène et d'azote qui compose l'air; les autres agissent comme de véritables poisons, ils étouffent les animaux instantanément : tels sont l'acide carbonique, l'azote, le chlore, etc. C'est sous forme de gaz ou de vapeurs que les miasmes sont transportés, contenus dans l'air, et causent des maladies plus ou moins graves, difficiles à guérir ou mortelles.

Certains gaz sont plus ou moins solubles dans l'eau, dont ils modifient l'action sur l'économie. Ainsi, on voit des eaux dites minérales qui doivent leurs propriétés médicinales tantôt à l'acide carbonique, tantôt à l'hydrogène sulfuré, etc., qu'elles contiennent. Le chlore, l'ammoniaque liquides, ne sont que des dissolutions de ces gaz dans l'eau qui les contient. Dans tous les cas, la pression atmosphérique est indispensable à la conservation des dissolutions gazeuses. On les conserve facilement dans des bouteilles bien bouchées ; mais, à l'air libre, les gaz dissous ne tardent pas à se dégager.

Les eaux gazeuses obtenues artificiellement ne sont que des dissolutions gazeuses, conservées dans des bouteilles par la pression qu'exercent les bouchons sur le liquide.

GAZELLE. La gazelle est l'un des antilopes les plus jolis et les plus gracieux que l'on connaisse. Dans le nord de l'Afrique, elle vit par troupes, et l'on s'en procure facilement en Algérie, où elle est privée facilement. Je ne serais pas étonné de voir domestiquer un jour la gazelle dans nos possessions d'Afrique, non comme animal d'un grand produit, mais comme individu d'ornement. Du reste, la gazelle est un bon gibier ; elle a quelque analogie, sous ce rapport, avec le chevreuil ou le chamois.

GAZEUX. Corps gazeux, qui est à l'état de gaz.

GAZOMÈTRE. Instrument employé pour mesurer les gaz, et notamment pour connaître la quantité de gaz hydrogène carboné consommée pour l'éclairage dans les villes.

On appelle compteur le gazomètre dont on se sert pour mesurer la quantité de gaz consommée pour l'éclairage.

GAZON. Surface du sol couverte d'herbe. La nature du gazon a une grande influence sur celle des fourrages et sur leur quantité. — V. *Foin*, *Pelouse*, *Prairie*.

GEAI. Le geai appartient au genre corbeau, de l'ordre nombreux et varié des passereaux. Cet oiseau a la plus grande analogie, par sa conformation et sa taille, avec la pie ; mais il est moins nuisible qu'elle. Il est souvent utile à l'agriculture par la grande quantité d'insectes, de vers, de larves et de chenilles, qu'il détruit, soit pour se nourrir, soit pour donner à ses petits. Cependant il mange des fruits, surtout les cerises, les prunes, les abricots, etc. ; mais le mal qu'il fait sous ce rapport n'est pas très considérable, et, en somme, cet oiseau nous paraît plus utile que nuisible. La chair de ses petits est bonne à manger, mais celle de l'adulte n'est pas estimée.

Le geai est très criard de sa nature, et très pétulant. On le prend assez facilement à la pipée, où il appelle les autres par ses cris, quand il se sent saisi par les ailes ou par les pattes. Pris jeune, il s'apprivoise facilement, et il apprend même à parler; on l'élève souvent en cage dans les campagnes.

GÉLATINE. (*Gelée.*) Principe animal qui forme la base des tissus de certains organes, comme les tendons, les ligaments, la peau, le tissu cellulaire, etc. Une ébullition prolongée dissout la gélatine. On l'extrait ainsi des tissus animaux qui la contiennent, pour en faire la colle-forte employée par l'industrie dans le collage des bois, des placages, etc.

GÉLATINEUX. Substance gélatineuse, qui a des caractères analogues à ceux de la gélatine.

GELÉE. Les froids, qui occasionnent les gelées, peuvent être favorables ou défavorables aux récoltes de toute nature. Ils sont favorables pendant la saison de l'hiver, notamment en janvier, février, et durant les premiers jours de mars, tant pour détruire beaucoup d'insectes nuisibles que pour contenir la végétation dans son engourdissement. Lorsque la température de février et de mars est douce, et qu'il ne gèle pas, la végétation commence à marcher dans une infinité de végétaux. Sur plusieurs arbres fruitiers, la fleur s'épanouit; et si, dans cet état, une gelée survient, leur récolte est perdue, parceque les organes de la génération sont gelés, et que la fécondation ne peut plus s'opérer. Le bois lui-même en souffre, parceque les feuilles, encore tendres, sont brûlées par le soleil qui les surprend à l'état de congélation. Dans les sols humides, la surface de la terre se congèle et forme une couche qui se soulève, déracine les blés, et les fait périr. Les plantes cultivées dont les racines sont traçantes ont en général beaucoup à souffrir de l'action alternative de la gelée et du dégel; elles se déchaussent, se déracinent et sont détruites en grand nombre. — V. *Dégel*.

GELÉE BLANCHE. Lorsque, par les nuits fraîches du printemps et de l'automne, la rosée se forme, et que la température descend au dessous de zéro, l'eau se congèle sur l'herbe par petits cristaux blancs, et c'est cette congélation particulière que l'on nomme *gelée blanche*. Cette gelée, observée sur les gazons, sur l'herbe des pâturages, a la singulière propriété de faire avorter les vaches à des époques plus ou moins éloignées de la cause qui a provoqué leur accident. J'ai eu occasion d'être témoin de ce phénomène pathologique sans pouvoir m'en rendre compte. On l'observe fréquemment dans les montagnes de l'Auvergne, et il mérite toute l'attention des cultivateurs; aussi, ceux qui ont été victimes de ce fait inexplicable ont-ils soin de ne conduire les animaux aux pacages que lorsque le soleil a fait disparaître la gelée blanche. Nous avons signalé, spécialement au mot *Avortement*, les précautions à prendre pour prévenir l'action de la gelée blanche sur les vaches en état de gestation. — V. *Avortement, Rosée.*

GÉLINOTTE. V. *Tetras.*

GÉLIVURE. Maladie des arbres causée par la gelée. La gélivure est caractérisée par des fentes circulaires qui se produisent du centre à la circonférence entre les cornets formés par les couches annuelles. Le chêne offre d'assez fréquents exemples de gélivure, et, quelque belle que soit une pièce de bois qui en est atteinte, elle est impropre à la charpente comme à la menuiserie; elle donne même un assez mauvais bois de chauffage.

La gélivure est sans remède; comme l'arbre qu'elle attaque n'est pas propre aux constructions, on pourra l'abattre quand on le jugera convenable pour le chauffage.

GEMME. Partie d'une plante qui peut se reproduire sans le secours de la graine. Les boutures, les marcottes, les bulbes et oignons, les bourgeons, etc., sont des gemmes.

On appelle sel gemme le sel, plus ou moins impur et coloré, qui se tire des mines. On trouve des bancs de sel gemme dans la Lorraine.

GEMMULE. Partie de la graine qui doit fournir la tige du végétal. La gemmule est supportée par la tigelle, qui la sépare de la radicule. Placée dans les conditions nécessaires à son développement, la gemmule ne tarde pas à sortir du sol et à donner la tige du végétal, qui fournira plus tard les graines semblables à celles dont elle émane. — V. *Germer, Germination.*

GENCIVE. Membrane muqueuse de la bouche qui couvre les parties libres des maxillaires, enveloppe et assujettit les dents. Le tissu des gencives est généralement dense, très résistant et peu sensible; de couleur rosée dans les jeunes animaux, il devient pâle, et même jaunâtre, chez les animaux avancés en âge.

GÉNÉRATION. Fonction qui a pour but la reproduction des êtres organisés, végétaux ou animaux. La génération est le privilége de la nature organisée. C'est par elle que les individus se reproduisent, que les espèces se perpétuent et se conservent. Par la génération, l'être vivant, végétal ou animal, donne une partie de sa substance, qui, placée dans des conditions spéciales, produit un nouvel individu semblable à ceux dont il émane. C'est ainsi que la nature assure la continuation de l'existence des corps organisés, sans laquelle l'univers ne serait plus qu'un désert aride.

La génération s'opère toujours par le contact des matières fécondantes du mâle et des ovules de la femelle; mais cette rencontre n'a pas toujours lieu dans les mêmes conditions. Dans les mammifères, par exemple, l'œuf est fécondé dans le sein de la mère. Il est pondu dans une cavité spéciale (utérus), où il est couvé. Le jeune sujet y est alimenté par le sang de la mère, et s'y développe jusqu'à l'époque fixée par la nature pour sa sortie.

Dans les oiseaux, l'œuf, fécondé dans le sein de la mère, est pondu au dehors, et reste isolé jusqu'à ce qu'il soit dans les conditions de température naturelle ou artificielle qui doit faire développer le sujet qu'il contient. C'est une véritable graine, renfermant le germe du nouvel individu, qui se forme dans son intérieur, et d'où il ne sort que pour être alimenté par ses parents, ou se nourrir lui-même. Les femelles qui, après la fécondation, nourrissent dans leur sein les jeunes sujets jusqu'à ce qu'ils naissent, sont dites vivipares; celles au contraire qui ne les nourrissent pas et font des œufs, *des graines*, sont dites ovipares.

Dans les végétaux, la génération produit une graine, un véritable œuf, qui contient les éléments, les principes de vie du jeune sujet. Placé dans des conditions convenables, l'œuf-graine éclot, et donne la vie au végétal, qui prend racine, respire dans l'air, se nourrit, se reproduit en temps et lieu par la génération, et meurt à son tour comme tout être vivant.

C'est ainsi que marche et se reproduit la nature vivante, de génération en génération.

En agriculture, la question de la génération se rattache à la multiplication des produits végétaux comme des produits animaux, et au perfectionnement de ces derniers. — V. *Accouplement, Croisement, Fécondation, Gestation, Perfectionnement.*

GENET. Arbrisseau de la famille des légumineuses. Le genre genêt comprend plusieurs variétés, qui croissent spontanément dans tous les sols, et sans culture. Quelques uns d'entre eux peuvent fournir une filasse commune propre à faire des toiles grossières. Tous peuvent être employés pour faire de la litière et augmenter la quantité des engrais ; on peut aussi les employer comme engrais verts. Enfin on se sert du genêt quelquefois comme de la paille, pour faire des toitures de hangars, d'abris, de cabanes ; on fait aussi des balais de genêts de diverses variétés.

Le genêt le plus utilisé est le genêt commun ; il prend beaucoup de développement, et il croît spontanément dans les sols incultes, dans les fentes des rochers, dans les bois ; c'est avec lui surtout qu'on fait les balais dans nos campagnes, et quelquefois des toitures ; il peut aussi servir pour faire des liens pour lier les fagots, les vignes.

Le genêt d'Espagne est souvent cultivé comme plante d'ornement. On le taille en boule, et ses fleurs jaunes sont d'un bel effet. Ses rameaux, assez gros et cylindriques, ressemblent assez à des tiges de jonc. On pourrait les employer, comme l'osier, pour lier la vigne, les espaliers.

On cultive dans certains lieux le genêt des teinturiers, qui sert à faire une teinture jaune.

Enfin, il paraît que quelques genêts ont été employés à la nourriture du mouton. Je n'ai pas observé ce fait ; dans tous les cas, ce ne pourrait être que lorsque les pousses sont jeunes et fraîches : elles deviennent, plus tard, dures, coriaces et très amères.

On ramasse quelquefois, avant leur épanouissement, les fleurs de genêt pour les faire confire dans le vinaigre. On s'en sert comme condiments sur nos tables.

GENÉVRIER. Arbrisseau de la famille des conifères. Le genre genévrier comprend plusieurs espèces qui croissent spontanément dans les sols arides, dans les bruyères, dans les clairières des bois. Le genévrier répand une odeur résineuse assez agréable, et on le brûle quelquefois pour masquer de mauvaises odeurs. Son fruit, connu sous le nom de baie de genièvre, est mangé par les oiseaux, et surtout par les grives, à la chair desquelles il donne un goût recherché par les gourmets. Ce fruit est employé comme médicament en médecine vétérinaire; il a des propriétés toniques et excitantes. On le donne notamment aux moutons menacés ou affectés de la pourriture. Dans ce cas, on le concasse et on le mêle avec de l'avoine ou d'autres grains, en y ajoutant un peu de sel. Les animaux mangent ce mélange avec assez d'appétit.

On fait aussi avec des baies de genièvre des fumigations aromatiques pour purifier l'air, dans les habitations des hommes comme dans celles des animaux.

Dans certains pays, les baies de genièvre sont employées pour faire une liqueur connue sous le nom de genièvre. Le genièvre de Hollande est très estimé.

GÉNISSE. (*Véle.*) On nomme génisse un veau femelle jusqu'à sa première portée. La génisse qui a fait un veau prend le nom de vache. — V. *Vache.*

GÉNITAL. Organe génital, qui a rapport à la génération; appareil génital du mâle ou de la femelle. — V. *Génération, Pénis, Testicules, Utérus, Vulve.*

GENOU. Partie du membre antérieur formée par les articulations de l'os de l'avant-bras, des os carpiens, du canon et des péronés. Un beau genou doit être large, en forme d'olive, bien soudé et sans déviation. Un genou maigre, rétréci, aminci, est sans force; s'il est dévié en avant, en arrière ou sur les côtés, il nuit aux aplombs. Il doit être sans excoriation ni blessure, ce qui pourrait être un indice de sa faiblesse. — V. *Aplomb, Arqué, Brassicourt, Couronné, Panard.*

GENOUILLÈRE. On nomme genouillère une pièce en cuir ajustée de manière à être fixée aux genoux des chevaux au moyen de courroies, pour les empêcher de se couronner. C'est surtout aux chevaux de course que l'on met des genouillères, dans les promenades. On en met aussi à beaucoup de chevaux de luxe.

GENRE. Dans la classification des règnes de la nature, les naturalistes ont fait des divisions et subdivisions propres à faciliter l'étude des corps et à aider la mémoire à les bien reconnaître. Ces règnes, divisés par classes, par ordres, par familles, par genres, par espèces, par variétés, ont des caractères spéciaux qui les font distinguer entre eux. Un genre est formé par un groupe d'individus appartenant à un ordre, à une classe ou à une famille par des caractères généraux ; mais ces individus ont des caractères spéciaux qui les ont fait grouper ensemble. Ainsi, dans les végétaux, les genres brome, paturin, fétuque, etc., de la famille des graminées, diffèrent des genres froment, avoine, orge, par des cararctères particuliers. Dans le règne animal, les genres chat, chien, qui appartiennent à l'ordre des carnassiers, diffèrent des genres ours, marte. Le genre bœuf, de l'ordre des ruminants, diffère du genre cerf, etc.

GENTIANE. Genre de plantes de la famille des gentianées. Ce genre comprend plusieurs variétés qui croissent sur les sols secs et élevés. L'espèce de ce genre qui intéresse le plus est la grande gentiane ou gentiane jaune, qui croît sur les hautes montagnes de la France. Sa racine, réduite en poudre, est très employée en médecine des animaux comme tonique. On l'administre en extrait ou sous forme d'électuaire, de bol ou de boisson, contre les altérations chroniques des voies digestives, contre les maladies de langueur, les diarrhées, la pourriture du mouton, les hydropisies.

La poudre de racine de gentiane offre le double avantage d'être commune et à bon marché, et d'être un excellent médicament pour les animaux.

GENTIANÉES. Famille de plantes herbacées, nombreuses, qui ont toutes des propriétés toniques. Leur saveur est amère, et leurs racines, particulièrement, sont employées, en poudre ou en extrait, comme médicament tonique. — V. *Gentiane*.

GÉOLOGIE. La géologie est une des sciences qui intéressent le plus l'agriculture ; elle s'occupe de l'étude du globe, des corps minéraux qui le constituent, et de leur disposition réciproque. L'étude des diverses natures de sols, des amendements minéraux, sont de son domaine. Il est regrettable qu'elle ne soit pas plus répandue qu'elle l'est dans nos campagnes. La première condition des ouvriers, des fabricants intelligents, est de connaître de quelles nature et qualité sont les matières sur lesquelles ils exercent leur industrie : la terre est le chantier perpétuel du laboureur. Doit-il être toujours dépourvu de toute connaissance qui lui apprenne comment il doit la traiter, modifier la constitution du sol, l'amender, lui donner ce qui lui manque ? Il est impossible qu'un homme qui ignore les premiers éléments de la science de la terre puisse l'exploiter d'une manière raisonnable et fructueuse. Les éléments de minéralogie et de géologie devraient donc être enseignés aux jeunes laboureurs qui se destinent à la culture du sol. L'un des géologues qui ont le plus insisté pour faire comprendre la nécessité de l'étude de la géologie agricole est M. Nérée-Boubée, qui, depuis plusieurs années, poursuit cette idée avec fruit et avec un zèle dont les agriculteurs devraient lui être reconnaissants. Mon honorable ami M. Caillat, sous-directeur de Grignon, a aussi rendu de grands services à l'agriculture, sous ce rapport, tant dans ses cours de géologie agricole à Grignon que par ses travaux publiés sur ce sujet.

GÉRANIÉES. Famille de plantes qui fournit plusieurs variétés de fleurs cultivées dans nos jardins. Les géraniées offrent peu d'intérêt à l'agriculture, mais l'art du fleuriste a créé une infinité de variétés de fleurs de cette famille, qui donnent lieu à un commerce assez étendu sur les marchés de la capitale.

GÉRANIUM. Genre de plantes de la famille des géraniées. Les géraniums, qui fournissent un nombre considérable de plantes d'ornement, se reconnaissent facilement à leurs capsules qui s'allongent plus ou moins en bec de grue. Ils croissent le long des fossés humides, dans les prairies, sur les bords des chemins et des haies. Au point de vue agricole, les géraniums n'offrent pas d'intérêt sérieux.

GERBE. Les céréales coupées sont disposées en javelles d'abord, et puis liées en gerbe. Pour être bien faite, une gerbe, dont la grosseur varie suivant les habitudes des diverses régions, doit toujours être bien serrée, solidement liée, au point de vue de la mise en meule et de la facilité des transports. Une meule ne peut jamais être bien faite avec des gerbes qui se délient entre les mains de ceux qui les placent ou qui les transportent.

GERBÉE. On nomme gerbée, dans certains pays, le fourrage de légumineuses ou de céréales mélangées, et dont les graines sont demi-mûres. On sème quelquefois de l'avoine, du seigle, des pois et des vesces, qu'on donne aux animaux, surtout au temps des semailles, sous le nom de *mêlée* dans certaines contrées, et de *gerbée* dans d'autres. Ce fourrage, très nourrissant, est très utile dans un moment où l'herbe des prairies n'est qu'en regain, et ne donne pas aux animaux de travail la force et l'énergie dont ils ont besoin pour des travaux pénibles et pressants, comme ceux des ensemencements et les labours d'automne.

GERBIER. Lieu destiné à mettre les gerbes à couvert. C'est surtout dans le nord que l'on fait des hangars qui servent de gerbiers. Dans le midi, on bat les grains après la moisson, et l'on fait des meules. Les gerbiers sont quelquefois de véritables granges où se trouvent l'aire ou les machines à battre. Dans ce cas, on bat les blés en hiver, lorsque le temps ne permet pas d'autres travaux.

GERÇURE. (*Crevasse.*) Les mamelons des vaches laitières ont quelquefois des gerçures causées par la malpropreté dans les étables mal tenues; les mamelles sont souvent douloureuses dans ces cas, et les vaches se défendent à la traite. Le moyen d'y remédier est de détruire d'abord la cause qui a produit ces petites crevasses; de bien nettoyer, de laver les pis gercés avec de l'eau tiède émolliente, et de mettre sur les gerçures du cérat saturné ou de l'onguent populéum. La guérison est assez prompte par l'emploi de ce moyen thérapeutique bien simple.

On observe quelquefois aux paturons des chevaux de fortes gerçures qui prennent le nom de crevasses. — V. *Crevasse.*

GERMANDRÉE. Genre de la famille des labiées. Les germandrées forment un groupe de plantes qui offrent peu d'intérêt en général à l'agriculture. Cependant elles contiennent des principes toniques comme la plupart des labiées, et, sous ce rapport, elles pourraient être utilisées en médecine du bétail. La germandrée, *petit chêne*, est celle qui est la plus employée comme remède tonique. La médecine humaine en fait sous ce rapport un assez fréquent usage.

GERME. Principe de reproduction d'un nouvel être, végétal ou animal, condition essentielle de son développement. Le germe d'un végétal est contenu dans sa graine. Placé dans les conditions favorables, il se développe et produit un individu semblable à celui dont il procède.

Dans les animaux, le germe est dans l'œuf fécondé, soit que cet œuf reste dans le sein de la mère pour y être couvé, soit que son incubation ait lieu en dehors de lui, comme on le voit dans les oiseaux. — V. *Embryon*, *Fécondation*, *Fœtus*, *Graine*, *OEuf*.

GERME-DE-FÈVE. En terme d'hippriatique, on nomme germe-de-fève le point noir qu'on remarque au milieu de la table d'une dent incisive de cheval, et qui est formé par la cavité du cornet dentaire externe. Dans les chevaux âgés chez lesquels ce point a disparu, les maquignons cherchent à le simuler en burinant, en *contre-marquant* la dent; mais cette fraude est facile à découvrir. — V. *Age*.

GERMER. Toute graine mûre exposée à l'humidité, à l'air et à la chaleur, est disposée à germer. Lorsque les céréales sont mûres, et que le mauvais temps empêche de les récolter, leur grain germe, soit sur pied, soit en javelle. Ce phénomène déplorable fait le désespoir du cultivateur, qui voit en quelques jours ses récoltes compromises perdre un tiers, la moitié de leur valeur, et plus. Le seul moyen d'empêcher autant que possible les grains de germer en épis, c'est de provoquer leur dessiccation le plus possible. Pour cela, on tourne et retourne les javelles, afin de les exposer à l'air ou au soleil, et on les lie lorsqu'elles sont suffisamment sèches.

Voici, au sujet de la germination du grain en épis, un fait qui s'est passé sous mes yeux en 1852. L'été fut pluvieux, et la récolte des grains fut très difficile. Pour ne pas laisser mon blé en javelle, je le faisais lier à mesure qu'il était coupé, et je le faisais mettre immédiatement en petites meules pour qu'il fût à couvert de la pluie. Au premier rayon du soleil qui paraissait, je faisais dépignonner, pour exposer à son action les gerbes placées debout les unes à côté des autres. J'employais à cette opération le plus de monde possible. Je ne permettais aux moissonneurs de couper le blé que quand les épis n'étaient pas mouillés. Par ce moyen, mes blés ne germèrent pas; mais mes voisins n'imitèrent pas mon exemple : ils opérèrent suivant leur routine. Leurs javelles restèrent sur le sol pendant long-temps. Ils les tournaient et retournaient pour les faire sécher ; mais la moindre ondée les mouillait encore, et le blé germa à tel point qu'ils furent obligés d'en acheter pour semer, ou de se servir du blé de l'année précédente ; leurs pertes, dans cette circonstance malheureuse, furent considérables. Les blés germés, en effet, ont fourni au germe qu'ils ont produit une partie de leur farine, ils sont plus légers, et loin de valoir les grains non germés. — V. *Germination.*

GERMINATIF. Graine germinative, qui est dans les conditions exigées pour la germination. La faculté germinative des graines dépend de la fécondation de la plante qui l'a donnée, de son état de maturité et de son mode de conservation. Il est des graines qui conservent la faculté de germer pendant de longues années, quand elles sont dans de bonnes conditions de conservation; d'autres perdent cette faculté assez rapidement, surtout lorsqu'elles sont exposées à l'action alternative de la sécheresse et de l'humidité. On voit des graines se conserver dans la terre, au point de germer après des années, et même après des siècles. On peut s'en convaincre tous les jours, lorsqu'on creuse des fossés ou des fondements de maisons. On rapporte que des grains de blé extraits de tombeaux de momies d'Egypte ont germé après plusieurs siècles.

GERMINATION. Fonction par laquelle une graine placée dans des conditions convenables donne naissance au végétal qu'elle doit produire. Après les phénomènes de la génération, ceux de la germination sont les plus intéressants de la vie des végétaux. Pour que la germination d'une graine puisse s'effectuer, trois conditions lui sont indispensables : il lui faut de l'humidité, de l'air et de la chaleur. Si l'un de ces trois agents manque, la germination n'a pas lieu. Une graine ne germe pas dans le vide, ni dans la neige et la glace, pas plus que si elle est conservée à l'état sec. Mais lorsqu'elle est exposée à l'humidité et à une température convenable, bientôt elle se gonfle, elle s'ouvre d'un côté, et l'on voit sortir deux parties essentielles de son germe. Ces parties sont d'abord la radicule, et ensuite la gemmule. La première se dirige tout de suite vers le sol, pour s'y plonger, y prendre racine, s'y fixer, et y puiser la nourriture du nouvel être; la gemmule, au contraire, se dirige vers le ciel, pour respirer, pour s'approprier les principes nutritifs contenus dans l'atmosphère, et fournir la tige du végétal qui doit plus tard donner les fleurs et les fruits.

On conçoit que la radicule est la première à croître pour fixer la plante au sol qui l'alimentera. La nature devait assurer d'abord au sujet naissant sa nourriture, pour qu'il pût vivre, se développer, se reproduire plus tard, jusqu'à sa rentrée dans le néant. C'est la loi éternelle et immuable de tout ce qui vit.

Cependant la radicule à son début ne saurait suffire seule à la nourriture du nouvel individu au moment de sa naissance: aussi, pour y subvenir, la nature a-t-elle eu soin de pourvoir la graine elle-même de substance nutritive propre à alimenter d'abord le jeune végétal, afin de lui donner assez de force pour pouvoir vivre ensuite de lui-même. A cet effet, une graine est pourvue de matière féculente nutritive, qui alimente le jeune sujet qu'elle produit, jusqu'à un certain degré de son développement On voit tous les jours des grains de blé, etc., fournir une tigelle assez grande sans être en contact avec le sol: la farine contenue dans la graine a servi à la nourrir. Cette précaution n'a-t- elle pas été prise de la même manière pour les animaux? L'œuf, qui n'est pas autre chose qu'une graine, n'a-t-il pas son état de germination aussi? Ne renferme-t-il pas des substances alimentaires pour commencer à nourrir le jeune sujet, jusqu'à ce que la mère puisse l'alimenter ou qu'il s'alimente lui-même après avoir rompu ses enveloppes? Le petit poisson sorti de l'œuf n'a-t-il pas sa petite vessie nutritive adhérente à son ventre, pour se nourrir jusqu'à ce qu'il puisse prendre lui-même sa nourriture?

Dans les végétaux comme dans les animaux, la fécondation est fondée sur le même principe; nous voyons que la germination a aussi de l'analogie dans les uns et les autres. — V. *Embryon, Graine, OEuf.*

GÉSIER. Le gésier est le troisième estomac des oiseaux. Dans les granivores, tels que la poule, le paon, le dindon, la pintade, cet estomac, pourvu d'une membrane muqueuse très forte et très résistante, contient des graviers au moyen desquels l'animal peut triturer ses aliments. Or voici comment s'opère cette trituration. L'oiseau granivore avale, suivant sa taille, des graviers plus ou moins gros, qui se rendent au gésier et y restent jusqu'à ce qu'ils soient usés par le frottement. Lorsque les grains, qui ont subi un commencement de ramollissement pendant leur séjour dans le jabot, ont traversé l'estomac succincturié, ils arrivent, déjà imbibés et ramollis, dans le gésier, et se mêlent aux graviers qui s'y trouvent. Un appareil musculaire très puissant, qui entoure la muqueuse de cet estomac, se contracte itérativement avec énergie, comprime les graviers et les grains qu'il contient, et, par un frottement continué, opère la trituration des grains, moins durs que les graviers. Cependant ces derniers s'usent peu à peu par leur frottement entre eux, et les oiseaux les renouvellent à mesure des besoins.

Les oiseaux de proie, qui se nourrissent de chair, n'ont pas la même disposition du gésier. Chez eux, cet estomac est simple et dépourvu de l'appareil musculaire des granivores; ne se nourrissant pas de grains, ils n'avaient pas besoin d'un organe propre à les triturer, à les moudre. — V. *Digestion.*

GESSE. Plante de la famille des légumineuses. Le genre gesse comprend plusieurs variétés qui croissent spontanément dans les champs, les haies, les prairies, etc. L'une de ces espèces, la gesse cultivée, est adoptée dans plusieurs points de la France comme fourrage. On la fait consommer aux bestiaux en vert ou comme fourrage sec. On la mélange souvent en la semant avec d'autres plantes, telles que le seigle, l'avoine, et même le sarrazin, en petite quantité. Cette plante donne, ainsi mélangée, un fourrage vert abondant et de très bonne qualité. La gesse est d'une grande ressource dans les assolements. On peut la cultiver sur une fumure, sans craindre les mauvaises herbes, puisqu'on les coupe avec elle quand elles ont poussé. On peut alors lui faire succéder un blé.

La gesse odorante est cultivée dans les jardins sous le nom de pois de senteur; sa fleur est très belle et d'une odeur très agréable.

GESTATION. L'espace de temps qui s'écoule depuis la fécondation des femelles jusqu'à la parturition se nomme gestation. Son étendue varie dans les différentes espèces. Dans le cheval et l'âne, la gestation est de onze mois à un an ; elle estde neuf mois dans la vache, de cinq dans la brebis et la chèvre, de quatre dans la truie, de deux dans la chienne, et de la même durée environ dans la chatte ; enfin la femelle du lapin porte trente jours, et celle du cochon d'Inde environ vingt-deux jours. — V. *Part*.

Pendant la gestation, les femelles domestiques ont besoin de soins hygiéniques exceptionnels pour prévenir les accidents. — V. *Avortement*.

GEVROLLES. (*Bergerie.*) La bergerie de Gevrolles (Côte-d'Or) a été fondée il y a peu de temps encore. Le but de sa création fut surtout de faire des essais sur les croisements de la race soyeuse de Mauchamp avec celle de Rambouillet. Ce croisement, qui avait déjà été commencé à Alfort et à Lohayveaux (Vosges), a réussi ; la sous-race qui en est résultée donne des laines qui unissent aux qualités soyeuses le tassé qui manque aux purs Mauchamps.

GIBBOSITÉ. Tumeur causée sur le trajet de la colonne vertébrale par sa déviation. Les gibbosités, assez communes chez l'homme, se font rarement remarquer dans les animaux.

GIBIER. Tous les animaux sauvages, mammifères et oiseaux, sédentaires ou de passage, qui servent à l'alimentation de l'homme, composent le gibier. Les animaux inoffensifs qui ne causent pas de dommages à nos récoltes méritent d'être protégés dans leur multiplication, et la loi sur la chasse n'a pas d'autre but ; mais on doit faire la guerre au gibier nuisible. Le sanglier, qui fait des dégâts considérables dans nos champs ; le lapin, qui se multiplie en excès dans les forêts voisines des cultures, doivent être chassés, détruits, sans ménagement ; mais il ne doit pas en être de même du lièvre, assez inoffensif, surtout de la perdrix, de la caille, de la grive, et d'une infinité d'oisillons, tels que les becfigues, les ortolans, les alouettes, les rouge-gorge, etc.

Les cerfs, les chevreuils, faisaient jadis des dégâts assez considérables dans les récoltes voisines des forêts, où ils se multipliaient en très grand nombre ; mais aujourd'hui leur multiplication est assez réduite pour qu'ils ne soient pas très nuisibles.

Les diverses variétés d'oies, de canards sauvages, les pluviers, les vanneaux, les bécasses, etc., fournissent un excellent gibier de passage, très estimé et très nutritif.

GIGOT. Partie du membre postérieur des animaux, formée par la cuisse et la jambe. Le gigot, qui fournit toujours une viande de première qualité dans les animaux de boucherie, devra être bien fourni, bien musclé. — V. *Cuisse, Fesse, Jambe.*

GINGEMBRE. Plante exotique de la famille des amomées, cultivée dans l'Inde, en Chine et en Amérique, pour sa racine. Cette plante est employée dans ces pays comme aromate pour la préparation des aliments.

Le gingembre est peu utilisé en Europe. On a conseillé de l'administrer comme médicament tonique aux animaux; mais il est peu employé sous ce rapport.

GIROFLE (*Clou de*). Le clou de girofle est formé par la fleur, récoltée avant son épanouissement, d'un arbre de la famille des myrtacées. Cet arbre, nommé giroflier, croît spontanément dans les îles Moluques et aux Antilles. Il fut d'abord exploité par les Hollandais, qui en avaient le monopole.

Vers 1770, Poyvre, intendant de l'Ile-de-France, importa le giroflier dans la colonie; il s'y multiplia, et il fut envoyé ensuite à Cayenne et dans d'autres colonies, où il a réussi.

Le clou de girofle dont on fait un usage si répandu dans l'art culinaire peut être employé comme tonique pour les animaux; mais son prix élevé ne permet pas d'en faire usage sous ce point de vue.

GIROFLÉE. Plante de la famille des crucifères. La giroflée, qui croît spontanément sur les rochers et les vieux murs, a une fleur jaune qui répand une très bonne odeur. Elle est cultivée comme plante d'agrément dans nos parterres, sous le nom de ravenelle, de violier jaune, etc.

On cultive encore une giroflée rouge comme plante d'ornement, sous le nom de violier rouge, ou giroflée arcane. Cette variété est assez commune dans nos parterres; elle donne une belle fleur rouge, connue aussi sous le nom de quarantin.

GITAGE. V. *Nielle.*

GIVRE. Le givre ne diffère de la gelée blanche que par une plus grande quantité de glaçons qui recouvrent les végétaux. C'est surtout sur les branches d'arbre que le givre est quelquefois abondant en hiver. Du reste la théorie de sa formation est exactement la même que celle de la gelée blanche. — V. *Gelée blanche*, *Rosée*.

GLACE. Eau solidifiée par le froid. La formation de la glace dans les plantes, et sa fonte subite au soleil, sont souvent très nuisibles à la végétation et aux récoltes. — V. *Dégel*, *Gelée*.

GLAISE. V. *Argile*.

GLANAGE. Le glanage, qui consiste à ramasser les épis que les moissonneurs laissent tomber sur le sol, a, de tout temps, préoccupé la philanthropie des législateurs. Cet usage existe de temps immémorial; il était connu dans l'antiquité. Une ordonnance royale de 1261 l'autorise; mais les abus commis sous prétexte de glanage, firent modifier le droit d'usage qui y était relatif. Une ordonnance du 2 novembre 1554 interdisait le glanage à tout individu valide qui pouvait gagner sa vie en travaillant.

Cependant le droit de glaner n'existait pas moins, et favorisait le vol par les glaneurs de mauvaise foi, valides ou non valides.

En 1790, la Constituante, tout en considérant le glanage comme une aumône en quelque sorte acquise aux malheureux, voulut cependant que la propriété fût respectée et protégée. Dans le décret du 28 septembre 1791, il est spécifié à l'article 21, titre II, que les glaneurs ne pourront entrer dans les champs que lorsque les gerbes en auront été enlevées.

Enfin l'article 471 du Code pénal dit : « Seront punis d'une » amende depuis un franc jusqu'à cinq francs inclusivement ceux » qui, sans autres circonstances, auront glané, ratelé ou grappillé dans les champs non encore entièrement dépouillés et » vidés de leurs récoltes, ou avant le moment du lever ou après » celui du coucher du soleil. »

Du reste le glanage est interdit dans les lieux clos, d'après la loi du 23 thermidor an IV. En cas de contravention, la punition peut être de trois jours d'emprisonnement et d'une amende de trois journées de travail.

GLAND. Fruit du chêne. Les glands, dont le porc est très avide, sont utilisés pour la nourriture des animaux et pour leur engraissement, comme pour celui de la volaille. On peut les faire consommer immédiatement après la récolte, ou les faire sécher pour les conserver secs et les donner plus tard concassés.

La saveur du gland doux, qui n'a pas d'amertume, se rapproche beaucoup de celle de la châtaigne; on le fait cuire pour le manger en nature, ou bien on le fait torréfier pour en faire une sorte de café au lait. Il est connu en ce cas, dans le commerce, sous le nom de café de gland doux.

Cependant on vend sous cette dénomination une poudre d'orge torréfiée qui n'a du gland doux que le nom. Il ne serait pas difficile au consommateur de préparer de l'orge par la torréfaction, de la moudre dans un moulin à café, et de se soustraire ainsi au procédé employé par le commerce, qui exploite sa crédulité en lui vendant une substance pour une autre.

Les glands servent pour faire des semis dans les sols qu'on veut peupler de chênes. Dans ce cas, on doit choisir les plus gros et les mieux nourris.

GLANDE. On nomme glande, en anatomie, certains organes qui pour la plupart sécrètent des liquides particuliers dont les usages dans l'économie animale sont variés. Ainsi les glandes salivaires sécrètent la salive, tandis que les lacrymales sécrètent les larmes. Le foie est une glande qui sécrète la bile; le pancréas secrète le suc pancréatique; les reins, l'urine; les testicules, le sperme; les mamelles, le lait.

Les fonctions de la rate, considérée aussi comme une glande; celles du thymus, que l'on trouve dans les jeunes animaux vers la base de la trachée, et que l'on connaît sous le nom de *riz de veau* en terme de boucherie; celles des glandes thyroïdes, sont encore un secret pour la physiologie. Les glandes lymphatiques sont traversées par la lymphe, qui doit y subir une sorte de modification.

Le musc, le castoréum, la civette, sont des produits sécrétés par des glandes particulières au castor, au chevrotin porte-musc et à la civette. Ce sont encore des glandes particulières qui sécrètent le venin de certains serpents, celui des abeilles, des guêpes, etc.

Les végétaux ont aussi, comme les animaux, leurs glandes qui sécrètent des substances souvent odorantes et inoffensives, quelquefois âcres et vénéneuses, etc. Ainsi, l'écorce d'orange est parsemée de petites glandes qui contiennent une huile essentielle, et lui donnent leur odeur caractéristique; les plantes aromatiques ont sur leurs feuilles et leurs tiges des glandes qui fournissent des huiles essentielles bien connues. Les glandes de l'ortie sécrètent un liquide irritant qui cause sur la peau une douleur plus ou moins aiguë.

GLANDÉ. Un cheval qui a les ganglions lymphatiques de l'auge engorgés est dit glandé. Ce caractère est un de ceux qui font distinguer la morve chez cet animal. — V. *Auge*, *Morve*.

GLANDÉE. Nom donné à la récolte des glands. Cette récolte se fait à la main, ou au moyen des animaux, qui consomment les glands sur place. On dit, dans ce cas, que l'on conduit les animaux à la glandée.

GLAUQUE. Nom donné à la couleur vert blanchâtre remarquée sur certains fruits, et que l'on distingue sous le nom de fleur. Cette couleur, très délicate, disparaît au moindre contact. On l'observe surtout dans la prune, sur la feuille de certains choux. Lorsque les prunes n'ont pas cette nuance, on les dit déflorées.

GLOBE (*de l'œil*). Nom donné à l'œil, abstraction faite de ses parties accessoires, telles que les paupières, les muscles, etc.— V. *OEil*.

GLOBULE. Nom donné à des corpuscules en suspension dans les liquides qui circulent dans les végétaux et les animaux. Ces corpuscules forment un caractère spécial aux corps organisés, et ils paraissent être les éléments de composition de leurs divers organes. La forme et le volume des globules varient dans les végétaux comme dans les animaux. On peut s'en convaincre au moyen d'un microscope. Cette différence de forme et de volume est-elle commandée par la nature des tissus que chacun de ces corpuscules doit concourir spécialement à former? Nous le pensons; cependant la science n'a pas encore résolu ce problème d'une manière absolue, elle n'a fait que constater cette particularité. Dans le sang des animaux, les globules qui paraissent composer la fibrine varient de volume comme de forme, suivant les espèces. Les études physiologiques faites à ce sujet expliquent pourquoi la transfusion du sang n'a pas réussi comme on l'avait pensé, lorsqu'elle a été faite pour la première fois. — V. *Sang*, *Transfusion.*

GLOSSANTHRAX. Le glossanthrax est une maladie charbonneuse qui se déclare à la langue des animaux, et notamment chez l'espèce bovine. Cette affection est connue des vachers des montagnes de l'Auvergne, qui la regardent comme mortelle quand on n'y porte pas un prompt remède. Elle se caractérise par la tristesse de l'animal qui en est atteint, par la salive abondante et baveuse qui s'échappe de sa bouche, par la tuméfaction de la langue, et par des phlyctènes, sortes de grosses ampoules qui s'y développent et renferment un liquide sanguinolent. Les vachers s'empressent de percer ces ampoules, de donner écoulement au liquide qu'elles contiennent, en prenant bien garde que les animaux ne l'avalent, ce qui serait un poison mortel, suivant leur opinion; puis ils détergent et grattent la plaie avec une pièce de cinq francs. Ils la lotionnent ensuite avec de l'eau salée ou vinaigrée, et ils mettent dans la bouche de l'animal un mastigadour pour le faire saliver. Par ce procédé très simple, que j'ai vu appliquer moi-même sur mes bestiaux, les animaux guérissent assez facilement du glossanthrax.

GLOTTE. On donne le nom de glotte, dans les animaux, à l'ouverture du larynx; elle forme donc l'ouverture supérieure de la trachée-artère, qui porte l'air aux poumons. Au moment de la déglutition, la glotte est fermée par l'épiglotte, qui empêche ainsi les aliments de s'y introduire, et d'irriter par sa présence le conduit aérien, dont l'ouverture est d'une sensibilité extrême. Nous pouvons nous en convaincre lorsqu'en mangeant ou en buvant, nous avalons *de travers*, comme on dit vulgairement. La glotte, dans ce cas, n'est pas bien couverte par l'épiglotte, et le contact des aliments sur la muqueuse cause la toux convulsive qui en résulte et qui finit par opérer leur expulsion.

GLU. Substance végétale tenace, visqueuse, dont se servent les oiseleurs pour prendre les oiseaux à la pipée. On fabrique la glu avec l'écorce de houx ou de gui, battue, écrasée, et lavée à un courant d'eau. La partie végétale et ligneuse est entraînée, et la glu reste aglutinée.

GLUME. On donne le nom de glume aux bractées ou écailles qui servent de calice aux fleurs du blé, et protégent son grain. Dans l'avoine, la glume prend le nom de balle. — V. *Balle*.

GLUTEN. La farine du blé est composée de deux principes, qui sont l'amidon et le gluten. On obtient facilement ce dernier en lavant de la pâte à un filet d'eau courante. L'eau entraîne l'amidon, et le gluten reste sous forme molle, élastique, glutineuse, de couleur jaunâtre, ayant quelque ressemblance avec la fibrine du sang.

Le gluten fournit à l'analyse chimique à peu près les mêmes éléments que les matières animales; il est naturellement la partie la plus nutritive du blé. Aussi les blés riches en gluten donnent-ils un pain plus nourrissant que ceux qui contiennent des quantités d'amidon relativement plus grandes.

Le gluten forme la base des préparations alimentaires connues sous le nom de pâtes d'Italie. Tels sont les vermicelles, les macaronis, etc. C'est à lui que ces substances doivent la propriété élastique qui les distingue quand elles sont humectées, et leur fragilité lorsqu'elles sont sèches.

GLYCINE. Plante de la famille des légumineuses. La glycine compte plusieurs espèces exotiques. Celle qui a été naturalisée en France est une des plus belles conquêtes que nous ayons faites sur le règne végétal, pour l'ornement de nos jardins. Elle forme des berceaux, des guirlandes, admirables par les belles fleurs en grappes bleuâtres qui les garnissent. Au Jardin des Plantes de Paris, partout où elle est cultivée pour orner des maisons ou des berceaux, elle fait l'admiration de tous ceux qui la voient en fleurs.

GNAPHALE. Genre de plantes de la famille des composées. Les gnaphales, dont les tiges et les feuilles sont souvent cotonneuses, offrent peu d'intérêt au point de vue agricole. Quelques gnaphales sont cultivés comme plantes d'agrément, sous le nom d'immortelles.

GNEISS. Roche primitive, souvent très friable, composée à peu près des mêmes éléments que les granits. Les terrains formés par les détritus des gneiss sont classés parmi les sols granitiques, et ils ont les mêmes propriétés que ces derniers. Ils sont généralement peu fertiles. Les montagnes formées par des gneiss sont peu productives. Elles conviennent à la culture du bois, et notamment des arbres résineux. Le bouleau y croît aussi assez bien. — V. *Granit*.

GOBBE. V. *Bézoard, Égagropyle.*

GOÉMON. V. *Fucus.*

GOITRE. Le goître, assez commun chez l'homme, dans certaines contrées, est très rare dans les animaux domestiques; on l'observe quelquefois dans le chien. Il est dû à un développement extraordinaire des glandes thyroïdes. Les hommes spéciaux qui se sont occupés de la cause du goître ont cru devoir l'attribuer à des eaux qui contiennent en dissolution de la magnésie, au détriment du calcaire indispensable à la nutrition du système osseux. Le rôle joué par l'élément calcaire dans la nutrition de l'homme et des animaux n'a pas été observé comme il mérite de l'être. Avec un peu d'étude et d'esprit d'observation, on y trouverait peut-être la solution de problèmes trop négligés sur la santé, la constitution, le développement physique de l'homme, comme sur la taille des animaux et le volume des végétaux. — V. *Calcaire*, *Chaulage*.

On nomme quelquefois goître la tumeur molle qui se développe sous le menton du mouton atteint de la cachexie. — V. *Bouteille, Cachexie.*

GOMME. Principe mucilagineux produit par la sécrétion de certains végétaux, tels que le cerisier, le prunier, et quelques autres sujets de diverses familles, de celle des légumineuses surtout.

Les gommes sont contenues dans toutes les parties du végétal qui les produit ; mais c'est surtout par les tiges qu'elles s'écoulent spontanément sous forme de gouttelettes qui se dessèchent et se durcissent. On peut s'en convaincre par celles qu'on remarque quelquefois sur les cerisiers, les pruniers, les amandiers, les abricotiers, les pêchers, etc. ; elles sont connues sous le nom de gommes du pays.

Toutes les gommes ont des propriétés émollientes qui les font employer surtout en médecine humaine. La gomme arabique, la plus usitée, donne lieu à un commerce très étendu ; elle est produite par un acacia cultivé en Arabie, en Egypte, et surtout au Sénégal : elle n'intéresse donc sérieusement, comme produit agricole, que l'agriculture de ces pays. En médecine, elle est employée comme remède adoucissant, surtout contre les bronchites.

GONFLEMENT. V. *Tuméfaction*, *Tympanite*.

GORGE. On nomme gorge vulgairement, dans les animaux, la région du larynx. Cette région doit être large, bien développée, et sa partie qui s'engage entre les maxillaires doit y être logée facilement et sans être comprimée. Du reste, la gorge doit être exempte d'engorgements et de tumeurs qui pourraient être la suite de quelque maladie plus ou moins grave. — V. *Encolure*, *Gourme*, *Larynx*, *Maxillaires*, *Morve*, *Trachée*.

GOSIER. Le gosier est la région de l'encolure qui fait suite à la gorge. Comme elle, et pour le même motif, le gosier doit être élargi d'un côté à l'autre. — V. *Encolure*, *Trachée*.

GOUDRON. Produit résineux, liquide, obtenu par la distillation des bois résineux réduits en charbon. Pour faire le goudron, on dispose des fours particuliers sous lesquels se trouve un récipient qui reçoit cette substance quand elle coule du bois traité dans ce but, comme pour être carbonisé.

Le goudron est un produit qui trouve toujours un immense débouché. Non seulement on l'emploie dans la marine pour goudronner les bâtiments et les cordages, mais encore dans l'industrie agricole, pour goudronner des pieux, des claies, des treillages, des planches qui forment des toits ou des clôtures, des barrières ou des palissades, etc., afin de les préserver de l'humidité et prolonger leur durée.

En médecine vétérinaire, on emploie le goudron contre les maladies de la peau, et notamment contre la gale. Dans ce cas, on le mélange quelquefois avec des onguents psoriques, des graisses ou des huiles. — V. *Gale.*

GOUET. (*Arum*, *Pied-de-veau.*) Genre de plantes de la famille des aroïdes. Le gouet offre peu d'intérêt pour l'agriculture. Sa racine contient une assez grande quantité de fécule.

GOURA. Oiseau de la nombreuse et intéressante famille des colombes. Ce bel oiseau, de la grosseur d'une forte poule, pourrait être facilement acclimaté et domestiqué en France. Il s'est reproduit au Muséum d'histoire naturelle de Paris, qui en possède plusieurs. M. Is. Geoffroy Saint-Hilaire le regarde non seulement comme un des plus beaux oiseaux d'ornement, mais comme un très beau type d'oiseau alimentaire.

GOURMAND. Nom donné à une pousse d'arbre fruitier qui croît avec une vigueur exceptionnelle aux dépens des autres branches. En peu de temps un gourmand grossit et s'allonge de manière à dominer bientôt toutes les autres branches de l'arbre qui le fournit. On taille les gourmands des arbres fruitiers afin de les empêcher d'épuiser les branches qui doivent produire des fruits. — V. *Taille.*

GOURME. On nomme gourme, dans le cheval, une maladie de la gorge qui se fait surtout remarquer chez les jeunes animaux pendant le travail de la dentition. Cette affection se caractérise par l'inflammation de la bouche, l'engorgement de l'auge et l'empâtement général des parties qui l'avoisinent. Suivant son intensité, la gourme occasionne une fièvre plus ou moins active. Si le cas l'exige, on saigne les malades, on les soumet à la diète, on les tient chaudement; on met de l'onguent populéum sur les engorgements, qu'on recouvre avec une peau de mouton garnie de laine, et on leur fait des fumigations émollientes aux naseaux. Les animaux gourmeux bavent, ont de la peine à déglutir; ils jettent par les naseaux des matières purulentes plus ou moins liquides et de diverses couleurs. Enfin les tumeurs s'abcèdent quelquefois, l'intensité des symptômes diminue, et les malades reviennent peu à peu à la santé.

Les caractères de la gourme ne sont pas toujours aussi graves; ils se bornent quelquefois à une légère toux et à un simple empâtement de l'auge. En tout cas, le jeune animal devra être tenu chaudement, et soumis à un régime adoucissant et diététique.

La terminaison de la gourme n'est pas toujours heureuse; quelquefois la tuméfaction des muqueuses des voies respiratoires obstrue le passage de l'air, et l'asphyxie menace de faire périr les animaux. On est obligé, dans ce cas, de faire la trachéotomie (V. ce mot). Dans d'autres circonstances, la maladie, lente dans sa marche, passe à l'état chronique, et dégénère en morve. La complication alors est sérieuse, et c'est aux hommes du métier à prendre le parti le moins onéreux pour le cultivateur, tant sous le rapport de la continuation du traitement que sous celui de la conservation ou de l'abandon de l'animal malade.

GOURMETTE. Chaînette placée au mors de la bride pour en régulariser l'action et former le point d'appui fixe des branches du mors. On gradue l'effet de la gourmette de manière à la mettre en harmonie avec la sensibilité de la bouche du cheval. — V. *Barres, Bouche, Mors.*

GOUSSE. Le fruit des légumineuses est appelé gousse. Il est formé de deux valves soudées auxquelles sont fixées les graines, comme les pois, les haricots, les lentilles, etc. — V. *Légumineuses.*

GOUT. Le sens du goût, au moyen duquel les animaux jugent de la saveur des corps, est d'une grande importante pour leur conservation. Beaucoup de plantes âcres, vénéneuses, capables d'irriter leur canal intestinal, sont rejetées après avoir été goûtées. Si l'odorat est quelquefois en défaut pour le choix des aliments, surtout chez les sujets gloutons, le goût y supplée, et les animaux rejettent, après les avoir goûtés, les aliments qui ne leur conviennent pas.

La langue est le principal siége du sens du goût; mais, dans l'espèce bovine, la composition de la muqueuse qui couvre la face supérieure de la langue doit rendre le sens du goût plus obtus que dans le cheval, le mouton et le porc; aussi, le bœuf a-t-il l'habitude de se servir de l'odorat plus souvent et plus longtemps que les autres animaux pour le choix de ses aliments. Un bœuf ne prend pas une poignée d'herbe ou toute autre substance de la main de l'homme, quelle que soit d'ailleurs la confiance qu'elle lui inspire, sans flairer. La première bouchée est surtout, de sa part, l'objet d'une attention toute particulière. J'ai eu bien souvent occasion de me convaincre de ce fait.

GOUTTE. Les animaux sont infiniment moins sujets à la goutte que l'homme. Pour mon compte, je ne l'ai jamais observée chez eux. On assure pourtant que certains individus en ont été atteints, et qu'elle est assez commune chez les oiseaux. Quelques observateurs prétendent que la volaille exposée à l'humidité contracte assez communément cette maladie.

GOUTTE SEREINE. V. *Amaurose.*

GOUTTIÈRE (*de l'encolure*). Dans le cheval et le bœuf, on remarque sur les côtés de l'encolure, et en arrière de la trachée-artère, un sillon qui s'étend depuis la tête jusqu'au poitrail. C'est dans ce sillon que se trouve la grosse veine jugulaire à laquelle on saigne ordinairement les animaux avec la flamme. — V. *Jugulaire, Saignée.*

GRAIN. Fruit des céréales. — V. *Céréales.*

GRAINE. Les graines sont les œufs des végétaux. Lorsqu'elles sont placées dans les conditions nécessaires à leur incubation, elles éclosent à leur manière, comme les œufs des animaux. Comme eux, elles donnent naissance à un nouvel individu, qui vit, se développe, se reproduit, et meurt dans un temps plus ou moins éloigné, absolument comme nous, comme les autres animaux, comme tous les individus de la création animée.

De même que dans les œufs, nous distinguons dans la graine, son enveloppe plus ou moins dure et résistante, nommée épisperme, son germe, et l'amande, véritable magasin alimentaire qui correspond au jaune et au blanc d'œuf, et qui, comme eux, sert à nourrir le jeune végétal en attendant qu'il puisse s'alimenter lui-même. Ce phénomène est absolument le même que dans les ovipares. Le petit poisson sorti de son œuf n'a-t-il pas aussi son amande, son petit magasin de vivres collé à son ventre, et que les pisciculteurs ont appelé *vésicule alimentaire*. Comme dans les plantes, cette vésicule sert à nourrir le jeune sujet jusqu'à ce qu'il puisse s'alimenter lui-même.

. Le point de la graine qui adhère à son support, appelé trophosperme, se nomme hile ou ombilic. Le trophosperme est un véritable cordon ombilical, au moyen duquel la graine a reçu du végétal qui l'a produite la nourriture nécessaire à son développement.

Le germe de la graine est composé de la radicule et de la gemmule ou plumule, qui doivent former, la première les racines, la deuxième la tige.

Les graines sont farineuses ou huileuses. Les premières sont cultivées pour la nourriture de l'homme ou des animaux, et quelquefois pour faire des prairies artificielles, par les tiges qu'elles produisent : telles sont les graines des céréales, de quelques légumineuses et polygonées. Les autres sont exploitées pour la production de l'huile, dont l'économie domestique et l'industrie font une immense consommation : telles sont les graines de certaines crucifères, de quelques papavéracées, urticées, composées, etc. — V. *Chènevis, Colza, Madia, Navette, OEillette.*

Les graines oléagineuses, cultivées en grand, indiquent toujours une agriculture avancée, plus ou moins perfectionnée. Le département du Nord, le mieux cultivé de toute la France, est celui qui en produit le plus. — Certaines graines sont employées comme médicaments, en médecine des animaux. La graine de moutarde moulue sert à faire des sinapismes, et celle de graine de lin est utilisée pour des cataplasmes émollients.

Les graines varient autant de volume que de forme et de nature ; plusieurs d'entre elles sont pourvues d'ailes, de parachutes, d'aigrettes, qui facilitent leur transport, leur dissémination au loin, par les vents. — V *Dissémination, Germination, OEuf.*

GRAISSE. Corps gras, onctueux, fusible, plus ou moins consistant ou huileux, suivant les animaux qui le produisent. La graisse est employée soit dans les arts ou l'industrie, soit dans l'économie domestique, pour l'éclairage ou les besoins culinaires. Celle des ruminants, tels que le bœuf, la chèvre, le mouton, est la plus blanche et la plus consistante; connue sous le nom de suif, elle sert à faire la chandelle et des bougies, après avoir subi une préparation chimique au moyen de laquelle on en extrait la partie huileuse. La graisse de cheval, jaunâtre, plus liquide, sert à l'éclairage, à graisser des harnais, des cuirs, à la saponification. Celle du porc est la plus utilisée dans nos campagnes pour préparer les aliments, faire la soupe, assaisonner les légumes. La graisse d'oie est la plus fine; elle sert aux mêmes usages que la graisse de porc; les cuisinières l'estiment beaucoup.

Toutes les graisses ont des propriétés émollientes. On s'en sert en médecine vétérinaire pour faire des pommades, des onguents, plus ou moins adoucissants, résolutifs, narcotiques, et quelquefois irritants, suivant les substances avec lesquelles on les mélange; elles sont, sous ce rapport, d'une grande utilité pour le traitement de certaines maladies des animaux domestiques.

La formation de la graisse a donné lieu à des contestations de la part de divers chimistes. Les uns ont prétendu qu'elle est formée dans les végétaux, et que les animaux n'ont qu'à s'en emparer; elle n'est, suivant eux, que tamisée en quelque sorte par leurs tissus, qui la reçoivent toute fabriquée. Les autres, au contraire, ont soutenu qu'elle est le résultat d'une sécrétion particulière des animaux, et que ce sont eux, et non les végétaux, qui la fabriquent. Chacun paraît être resté convaincu dans son opinion, et l'art d'engraisser les animaux n'a pas trouvé un élément de progrès réel dans cette savante polémique des chimistes français et allemands. Cependant il paraît que les théories en faveur de la fabrication de la graisse par les végétaux ont perdu aujourd'hui de leur crédit. L'opinion généralement admise est favorable à la théorie de la fabrication spéciale de la graisse par les animaux au moyen de leurs aliments. — V. *Adipeux*, *Engraissement*.

GRAMINÉES. Famille nombreuse de végétaux très répandus. Les graminées sont de tout le règne végétal la famille qui offre le plus d'intérêt au point de vue de l'alimentation de l'homme et des animaux. Ce sont elles qui nous fournissent les diverses espèces de céréales que nous consommons. Les blés, les seigles, les orges, les avoines, les maïs, les riz, sont des graminées; le sucre de canne est aussi produit par un individu de cette famille.

Les prairies naturelles, les herbages, sont, en général, presque exclusivement formés de graminées, et, dans tous les cas, elles y sont toujours en très grande majorité. Toutes les plantes de cette famille peuvent être consommées par les animaux sans danger pour leur santé.

Les graminées, répandues sur toute la surface du globe, dans les pays les plus chauds comme les plus froids, partout où la végétation est possible, ont une ressemblance, un air de famille qui les fait toujours distinguer. Ainsi, malgré l'énorme différence de taille qui existe entre la fétuque ovine, par exemple, et la canne à sucre ou le bambou, le port de la tige, articulée dans l'une et l'autre plante, celui de l'épi comme sa conformation, la disposition des racines fibreuses, les feuilles simples et alternes, engaînantes, partant des nœuds, dans toutes les graminées, ne permettent pas de les confondre avec d'autres plantes.

Les graminées ne donnent pas toutes les mêmes qualités de fourrages; ces qualités varient non seulement suivant les genres auxquels appartiennent les plantes, mais suivant les lieux mêmes où croissent ces plantes : ainsi, les genres fétuque, pâturin, etc., par exemple, pourront donner un fourrage différent, suivant qu'ils croîtront sur des prairies basses ou des prairies hautes; dans ces deux circonstances les conditions nutritives des fourrages varient, et il est important d'y faire attention pour la nourriture des bestiaux. — V. *Foin*, *Fourrage*, *Montagne*, *Prairie*.

GRAMME. Unité de poids du système métrique des poids et mesures adopté aujourd'hui en France. Le gramme représente la cinq-centième partie de la livre, la millième partie du kilogramme. — V. *Métrique*.

GRANGE. Les granges sont les bâtiments généralement destinés à contenir les gerbes et à les battre. Dans beaucoup de pays, elles servent de fenils et de gerbiers en même temps, et elles sont construites de manière à être au premier étage; le rez-de-chaussée sert d'étable ou d'écurie.

Les conditions de bonne construction des granges consistent à avoir des couverts convenables et des ouvertures suffisantes pour les bien aérer et les éclairer ; cependant il est d'autres précautions dont il importe de tenir compte dans le choix des lieux où l'on se propose de construire des granges. Ainsi ces bâtiments doivent être séparés des habitations, des fours, des buanderies, de tous les lieux où l'on fait du feu. Il faut éviter toujours avec le plus grand soin tout ce qui pourrait provoquer des incendies, qui sont la ruine du cultivateur. On voit souvent des granges construites sur des lieux élevés incendiées par la foudre, surtout dans les pays de montagnes. On choisira donc, autant que possible, pour construire ces bâtiments, les lieux où ils ne formeront pas des cimes. Les planchers des granges devront être bien joints pour empêcher la poussière, les graines de foin, de tomber sur les animaux, et afin d'arrêter les miasmes, les vapeurs des étables, qui pénètrent les foins, les pailles, et altèrent leurs qualités. Lorsque les granges auront des abat-foin, on aura toujours soin de les fermer avec une trappe, pour le même motif d'abord, et pour prévenir les accidents. — V. *Abat-foin.*

GRANIT. Roche grenue, formée par la réunion du feldspath, du quartz et du mica, dans des proportions différentes, mais dans lesquelles le feldspath domine. Le granit est une roche primitive, qui forme la masse la plus considérable du globe terrestre ; le sol qu'il sert à composer par ses détritus est léger, peu liant, comme les terrains sablonneux ; il se laisse facilement traverser par les eaux qui entraîneraient rapidement les engrais ; il ne conserverait pas d'ailleurs la fraîcheur, si favorable à la végétation, s'il n'était pas amendé par des terrains argileux et marneux : aussi les terrains granitiques ont-ils toujours besoin d'amendements pour être portés à un degré de fertilité désirable.

GRANITIQUE (*Terrain*). V. *Granit.*

GRANIVORE. Nom donné à tout animal qui se nourrit de grains. Le mot *granivore* est spécialement appliqué aux oiseaux ; tous nos oiseaux de basse-cour, les perdrix, les cailles, les pigeons, etc., sont granivores. Un oiseau granivore est toujours facile à distinguer par la structure de son bec, et notamment par celle de son gésier. — V. *Digestion, Gésier.*

GRAPPE. Nom donné à la disposition de fleurs ou de fruits réunis sur un pédoncule commun et pendant. Les fleurs du robinier, de la glycine, etc., sont réunies en grappes; les fruits du raisin, du groseillier, offrent aussi la même disposition.

On remarque quelquefois à la couronne et au paturon de certains chevaux et mulets des excroissances granuleuses auxquelles on a aussi donné par analogie le nom de grappes; ces excroissances se développent souvent à la suite des eaux aux jambes; du reste, leur traitement est aussi difficile que leur guérison. — V. *Eaux aux jambes.*

GRAPILLAGE. Le grapillage, comme le glanage et le chaumage, est une atteinte portée à la propriété; il favorise les dégâts dans les vignes : les grapilleurs brisent les échalas, mutilent les souches et les ceps. Cet abus, qui est trop souvent comme un droit acquis à la paresse, et on pourrait presque dire au vagabondage et à la maraude, qui reçoit une espèce de protection par la loi du 28 septembre 1791, devrait être non seulement prohibé, mais sévèrement puni. — V. *Glanage.*

GRAS. Corps gras, onctueux, extrait des animaux ou des végétaux. Les corps gras servent tantôt à l'éclairage, tantôt à la fabrication de produits divers; on les utilise aussi dans l'économie domestique, l'art culinaire, et la médecine des animaux. — V. *Adipeux, Engraissement, Graisse, Huile.*

GRASSET. Région du corps des animaux qui comprend la rotule et le pli de la peau placé en avant de son articulation. Dans le bœuf, une assez grande quantité de graisse se dépose dans ce pli, ce qui lui a fait donner le nom de grasset. On s'en sert comme de critérium pour juger de l'état de graisse des individus. Le grasset est quelquefois le siège d'un accident assez grave dans le cheval : je veux parler de la luxation de la rotule. Si cette région portait les traces du feu, on s'assurerait de la cause qui a nécessité son application. — V. *Luxation, Rotule.*

GRASSULACÉES. Famille de plantes grasses, annuelles, bisannuelles ou vivaces. Les grassulacées croissent sur les rochers, sur les vieux murs, et surtout sur les vieux toits en chaumes : la joubarbe, le sédum, etc., en fournissent des exemples. Les grassulacées offrent peu d'intérêt à l'agriculture.

GRAVELEUX. V. *Sablonneux*.

GRAVELLE. Maladie causée par de petits calculs graveleux qui, dans certains cas, se développent dans la vessie des animaux. On remarque quelquefois la gravelle dans le bœuf. Les graviers qui en résultent ressemblent à du gros plomb de chasse, et ont une couleur tantôt dorée, tantôt argentée.

GRAVIER. Mélange de cailloux et de sable déposé par les eaux. Les bords des fleuves et rivières contiennent quelquefois de grandes quantités de graviers. Dans les inondations, des masses de graviers sont souvent transportés dans les champs ou les prairies inondées, et causent des dommages considérables, surtout dans ces dernières dont il faut les enlever.

GREFFE. Opération qui consiste à enter sur un arbre une petite branche, ou un ou plusieurs boutons d'un autre sujet, en vue d'une amélioration de produits, ou de leur modification. Par ce procédé, d'un arbre sauvage qui donnait souvent des fruits détestables on obtient les fruits les plus exquis. L'idée de ce moyen ingénieux, dont la pratique remonte à des temps inconnus, a sans doute été donnée par la nature elle-même. Lorsque deux arbres ou deux branches se rencontrent, et qu'ils restent en contact, on les voit quelquefois se souder si intimement que l'on peut parfaitement couper l'un des deux sujets au dessous de la suture de leurs parties collées, sans interrompre le cours de leur végétation. Les branches qui resteront seront parfaitement alimentées au moyen de la tige qui les supportera, et elles feront partie désormais de l'arbre sur lequel elles se seront greffées naturellement. Le même phénomène se passe exactement de la même manière dans le règne animal et dans certaines conditions. Si deux doigts de l'homme, par exemple, sont excoriés, et que les points blessés soient mis en contact immédiat et à demeure, ils se colleront l'un à l'autre; et, après la suture, on pourrait parfaitement couper l'un des deux doigts au dessous d'elle, sans causer la mort de l'extrémité soudée. Les chirurgiens sont tellement persuadés de ce fait par expérience, que dans des cas de blessures graves des doigts, dans les fortes brûlures, ils ont bien soin d'isoler les phalanges l'une de l'autre pour les empêcher de se coller; c'est encore sans doute ce phénomène qui a donné l'idée de l'opération qu'on nomme la *rhinoplastie*, et qui consiste à greffer un lambeau de chair sur une face qui manque de nez, pour en simuler un. Lorsque la suture est opérée, on coupe le pédoncule de peau du lambeau soudé, qui vit parfaitement dans sa nouvelle condition.

On greffe les arbres de plusieurs manières; mais, quel que soit le procédé adopté, la première condition de la réussite est dans le rapport qui doit exister entre le liber et l'aubier des sujets greffés. Il faut toujours que ce rapport soit tel, que la sève du sujet greffé puisse couler dans la branche ou le bourgeon de la greffe qu'on lui confie.

Ainsi donc, la réussite de la greffe dépend toujours de la transmission de la sève du végétal qui adopte au végétal adopté, quel que soit le moyen employé pour les mettre en rapport, et qui n'est que secondaire.

On reconnaît divers procédés pour greffer; mais les plus usités dans nos campagnes sont : la greffe par approche, la greffe en fente, la greffe en couronne, la greffe en écusson, et enfin la greffe en flûte.

La greffe par approche se fait assez rarement. Elle consiste à rapprocher deux branches, à faire à chacune une entaille correspondante, et à les rapprocher en les fixant de manière à ce que le liber et l'aubier de l'une et de l'autre soient bien en rapport. La sève de l'une des branches peut ainsi passer dans l'autre, et réciproquement, et il en résulte une suture. On pourrait ainsi obtenir une branche qui aurait deux troncs, en coupant au dessus de la suture celle qu'on voudrait éliminer.

La greffe en fente est la plus usitée. Elle consiste à couper en travers la branche d'un sujet, à la fendre dans son milieu, et à maintenir la fente ouverte avec un petit coin. On taille la petite branche que l'on veut greffer en coin allongé, et de manière à ce que le côté qui doit être interne soit plus aminci, *plus maigre* que l'externe. On ajuste avec soin son écorce, afin que son feuillet soit bien en rapport avec celui du sujet. On retire ensuite le petit coin qui tenait la fente écartée. En se resserrant, cette fente comprime et fixe les branches ajustées. On entoure le tout avec de la terre glaise et de la mousse, ou avec de la résine, et, si l'opération a été bien faite, on ne tarde pas à voir pousser les boutons de la greffe, ce qui est un signe de sa réussite.

On pratique quelquefois une variété de greffe qui a de l'analogie avec la greffe en fente. On la nomme greffe à la *Huart*, parcequ'on affirme que c'est un jardinier nommé *Huart* qui l'a imaginée. Ce genre de greffe consiste à enlever au sujet un coin de bois de manière à lui faire une entaille en forme de V. On dispose une branche à greffer, et de même dimension que celle du sujet, en forme de coin, de manière à ce qu'elle puisse bien s'adapter à l'entaille qui doit la recevoir. Après l'avoir bien ajustée, bien disposée, on la fixe convenablement avec une ligature, et on traite ensuite la greffe comme celle qui a été pratiquée en fente ordinaire. Ce genre de greffe est surtout employé pour les arbres résineux, pour ceux qui sont toujours verts. On l'emploie aussi pour les citronniers, les orangers, etc.

La greffe en couronne se pratique sur des branches d'arbres déjà vieux et trop grosses pour être fendues. On les scie, on écarte leur écorce sur plusieurs points de la circonférence de la coupe, et on y fiche, entre l'écorce et le bois, les greffes, qu'on a eu soin de tailler en bec de plume et de manière à ce que leur liber soit bien en rapport avec l'aubier du sujet. Ce mode est quelquefois employé pour rajeunir, en quelque sorte, de vieux arbres.

La greffe en écusson consiste à enlever un lambeau d'écorce sur lequel se trouve un ou plusieurs boutons de l'arbre que l'on veut enter. On enlève un lambeau d'écorce de même forme et de même dimension sur la tige nourrice, et l'on applique à sa place celui qu'on veut greffer. On le fixe ordinairement avec un fil de laine blanche, et l'opération est terminée. La préférence que l'on donne dans ce cas à la laine blanche n'est pas irrationnelle. De toutes les couleurs, la couleur blanche est celle qui accepte le moins de calorique rayonnant. Il y a donc là une considération physique et physiologique en même temps. Le fil de laine blanc est adopté de préférence pour tâcher de conserver le plus de fraîcheur possible à l'écusson, afin de favoriser sa réussite.

On insère quelquefois l'écusson sur le sujet d'une autre manière. On fait à l'écorce de ce dernier une fente transversale; on en pratique une autre verticale, de manière à former un T. On écarte avec le greffoir les deux angles de l'écorce qui en résultent, et on glisse entre elle et le bois l'écusson à greffer, de manière à ce que l'œil ne soit pas couvert et reste libre. On rapproche ensuite l'écorce écartée contre l'écusson; on la fixe et on abandonne le tout aux soins de la nature.

La greffe en écusson est pratiquée deux fois dans l'année; au printemps d'abord : elle est dite alors à œil poussant, parceque l'œil pousse en effet par l'action de la végétation printannière. Lorsqu'on attend la fin d'août pour la faire, elle est dite à œil dormant, parceque l'œil ne pousse qu'au printemps suivant. Il dort en effet avec la végétation pendant la rigueur de la saison.

La greffe en flûte est basée sur la même théorie que la greffe en écusson; elle est en effet pratiquée au moyen d'une sorte d'écusson circulaire, au lieu d'être circonscrit. Pour faire cette greffe, on coupe la branche à greffer; par une incision circulaire, on lui enlève un anneau de son écorce avec des boutons; on enlève ensuite un pareil anneau d'une branche de même dimension du sujet nourricier, et on le remplace par celui de l'arbre que l'on veut greffer. Cette espèce de greffe est très simple et facile à pratiquer.

La greffe offre d'immenses avantages, quel que soit le point de vue sous lequel on l'envisage. Non seulement nous lui devons les fruits exquis livrés à la consommation, mais une infinité d'arbres, d'arbustes d'ornement, des fleurs de variétés diverses, qui embellissent nos promenades publiques, nos parcs, nos jardins et nos parterres. Par la greffe on peut obtenir sur des sols qui ne les auraient pas adoptées des essences précieuses greffées sur des sujets indigènes qui les nourrissent admirablement. Certains arbres résineux précieux, par exemple, sont greffés et réussissent bien sur des espèces qui croissent dans des terrains ingrats qui n'auraient pas produit les nouveaux individus greffés, si on les leur avait confiés avec leurs racines et sans les greffer. On peut donc ainsi tromper la terre, en quelque sorte, et lui faire adopter et produire malgré elle des végétaux qu'elle refuse d'alimenter, des fleurs et des fruits qu'elle ne veut pas nous donner, au moyen d'un intermédiaire qu'elle a accepté et produit de tout temps.

L'étude de la greffe est un des sujets les plus intéressants de l'art de faire produire le sol. Cette question offre au physiologiste, au penseur comme au philosophe, le plus riche sujet de méditations qu'il puisse désirer dans l'examen de la vie des végétaux, et dans celui des produits qu'ils procurent à l'alimentation de l'homme.

GREFFOIR. Couteau pourvu d'une petite spatule en os ou en ivoire, employé à greffer.

GRÊLE. Globules de glace, glaçons plus ou moins gros, formés par la pluie congelée dans les hauteurs de l'atmosphère. La grêle, dans les pays qui y sont sujets, est un véritable fléau, qui détruit en quelques minutes des récoltes sur des étendues immenses. Rien ne peut garantir le cultivateur contre ce sinistre, si ce n'est l'assurance par association, comme cela se pratique dans quelques pays.

La théorie de la formation de la grêle a long-temps occupé les physiciens. Il n'est pas douteux que les glaçons plus ou moins volumineux qui en résultent sont la conséquence de la superposition de couches de glace sur le noyau central qui est le premier formé. Mais comment se forment ces couches? Les glaçons grossissent-ils dans le trajet supposé qu'ils font d'un nuage à l'autre, par suite de l'action de l'électricité de nature différente dont sont chargés les nuages? ou bien leur augmentation de volume est-elle la conséquence de la condensation de la vapeur d'eau qu'ils rencontrent sur leur trajet dans l'humidité de l'air, depuis leur point de départ jusqu'au sol? La physique ne nous a encore rien démontré de positif à ce sujet.

GRÉMIL. (*Lithosperme.*) Le grémil est une plante qui appartient à la famille des borraginées; elle est remarquable par la nature de ses graines, luisantes et dures: ces graines ressemblent à de petites pierres précieuses très polies et brillantes. Du reste, le grémil est insignifiant au point de vue agricole; il n'a d'intérêt que pour les botanistes.

GRENADIER. Le grenadier, très commun dans nos possessions d'Afrique, fournit un fruit rafraîchissant; il est cultivé dans le midi de la France, où il réussit assez bien. Sa racine donne une écorce employée comme vermifuge, surtout contre le ténia (ver solitaire) de l'homme. Cette racine est peu utilisée en art vétérinaire.

GRENIER. Lieu destiné à contenir les grains. Les greniers sont toujours un lieu de convoitise pour la vermine. Les rats, les souris, sont sans cesse attirés vers ces magasins de vivres. On les construira de manière à ce que les chats puissent circuler librement dans des couloirs alentour, sans y pénétrer, pour qu'ils ne puissent pas salir les grains par leurs ordures. On peut ainsi préserver les grains d'être dévorés, d'une part, et souillés, de l'autre, dans nos greniers.

GRENOUILLE. La grenouille, qui appartient aux reptiles batraciens, est connue de tout le monde. Elle est utile à l'agriculture, parcequ'elle se nourrit d'une infinité de vers, de larves et d'insectes plus ou moins nuisibles, et qui dévorent les végétaux cultivés dans nos champs comme dans nos jardins potagers.

Dans nos campagnes, on connaît une variété de grenouille verte, petite, qui grimpe quelquefois sur les arbres, et que l'on croit capable de prévoir la pluie ou le beau temps ; or, voici de quelle manière on s'en sert comme baromètre : on remplit d'eau une bouteille à large goulot ; on y place une petite échelle, et on y met une grenouille verte. Suivant que ce petit reptile monte à l'échelle ou descend au fond de la bouteille, on pense qu'il indique le beau temps ou la pluie. J'ai vu quelquefois de ces petits batraciens ainsi emprisonnés ; mais je n'ai pas eu occasion de vérifier s'ils ont réellement l'instinct qu'on leur attribue.

La chair de la grenouille est saine et de facile digestion; on en mange ses cuisses, et on en fait même du bouillon que l'on dit convenir aux estomacs fatigués ou délicats.

GRENOUILLETTE. Nom vulgaire donné à la renoncule bulbeuse. On appelle aussi grenouillette une tumeur qui se développe sous la langue des animaux. Cette tumeur est la conséquence de l'accumulation de la salive dans le canal salivaire, lorsque, par suite de quelque accident, l'ouverture de ce canal est obstruée. On incise généralement cette tumeur, ou on la cautérise pour la guérir ; cette maladie est d'ailleurs sans gravité.

GRÈS. Roche grenue qui, dans beaucoup de pays, sert à paver les routes, les rues, les cours, etc. — Les meules à aiguiser les instruments tranchants dans nos campagnes, comme la plupart des pierres à repasser les faux, les faucilles, les couteaux, sont en grès plus ou moins dur.

GRÈVE. V. *Gravier, Sable.*

GRIBOURI. V. *Eumolpe.*

GRIFFES. Nom donné à certains appendices au moyen desquels certains végétaux s'accrochent aux rochers, aux murailles, aux arbres. C'est au moyen de griffes que le lierre adhère aux corps qui l'environnent. Ces appendices, du reste, poussent toujours du côté où ils doivent s'accrocher, de quelque manière qu'on retourne la tige qui les produit.

Dans les animaux, on donne le nom de griffes aux appendices cornés, recourbés et aigus, qui arment leurs extrémités. Ces espèces de crochets, qui sont le produit d'une sécrétion particulière des organes qui les forment, servent quelquefois d'armes défensives et agressives très redoutables, surtout pour les animaux qui se nourrissent de proie vivante : tels sont les animaux du genre chat, dans les mammifères, et les oiseaux de l'ordre des rapaces, comme l'aigle, le vautour, le hibou, le milan, l'épervier, etc.

Quand on observe la nature, on la voit toujours employer, pour les fins identiques, des moyens analogues. Elle a donné aux mammifères, comme aux oiseaux qui se nourrissent d'animaux vivants, des griffes, des crochets, pour les saisir dans leur fuite ou les réduire quand ils font des efforts afin de se soustraire au sort qui les attend. Les oiseaux granivores, les herbivores, sont dépourvus de ces armes, parceque leur proie ne fuit pas à leur aspect et ne cherche pas à se défendre.

GRILLON. Insecte orthoptère très connu dans nos campagnes par le bruit qu'il fait au moyen du frottement de ses élitres l'un contre l'autre.

On connaît deux espèces de grillons. Les uns vivent dans les champs, et surtout dans les prairies, où ils creusent de petits trous qui leur servent de demeure; les autres sont domestiques et se tiennent aux lieux où l'on fait du feu. On les entend surtout dans les cheminées des cuisines de nos campagnes.

GRIMPANT, TE. Plantes grimpantes, qui grimpent sur les corps à leur portée. La clématite, la brione, le convolvulus, le lierre, etc., sont des plantes grimpantes.

GRIMPEURS. Genre d'oiseaux qui grimpent sur les troncs et les branches d'arbres, sur les murs, etc. Le caractère spécial des grimpeurs est d'avoir aux pattes deux doigts en avant et deux doigts en arrière. Les perroquets, les coucous, les pics, etc., sont des grimpeurs. Dans nos campagnes, on fait la guerre aux pics, parceque, dit-on, ils percent les arbres. Ces oiseaux rendent service, au contraire, par la destruction des insectes qui dévorent nos plantations; ils sont donc utiles, loin d'être nuisibles, et l'on devrait moins chercher à les détruire.

GRIS. Nuance de robe fournie dans les animaux domestiques par le mélange de poils de couleur claire et de couleur foncée. Dans le cheval surtout, le gris est ordinairement formé par le mélange de poils blancs et noirs, dans des proportions différentes.

Suivant que l'une ou l'autre de ces nuances domine, on reconnaît le gris clair ou le foncé, l'ardoisé, le tourdille, etc.

Le gris est dit pommelé quand ses nuances forment des espèces de rosaces; il est dit truité lorsque des mouchetures rouges le compliquent, et vineux lorsque des poils rouges lui donnent une sorte de nuance vineuse claire. Le gris est dit souris lorsqu'il a une nuance cendrée qui se rapproche de la couleur de la souris. Le gris ardoisé a un reflet qui se rapproche de celui de l'ardoise. — V. *Signalement*.

GRIVE. Oiseau de l'ordre des passereaux et du genre merle. La grive comprend plusieurs variétés. Elle est un excellent gibier, très estimé des gourmets, surtout lorsqu'en hiver elle se nourrit de baies de genièvre, qui lui donnent un fumet exquis. On prend les grives au filet, dans les campagnes, ou on les tue à l'affût lorsqu'elles vont manger le raisin, les fruits des arbres, notamment le sorbier, en automne et en hiver.

GROIN. Museau du porc. — V. *Boutoir*.

GROS-BEC. Oiseau de l'ordre des passereaux. Cet oiseau, dont le bec est très fort, fait quelques ravages au printemps dans les vergers, en brisant des boutons d'arbres fruitiers. On doit donc le détruire quand l'occasion s'en présente.

GROSEILLE. Fruit du groseillier. La groseille rouge cultivée dans nos jardins est un des fruits les plus utiles; non seulement on la sert au naturel sur nos tables, mais encore on en fait des sirops et des confitures très bonnes. La groseille dite à maquereau est moins répandue; celle qu'on appelle cassis sert à faire une liqueur stomachique assez estimée. — V. *Cassis*.

GROSEILLIER. Genre d'arbrisseaux de la famille des ribésiacées. Le groseillier comprend trois espèces cultivées dans nos jardins. La première, la plus répandue et la plus estimée, est le groseillier rouge; son fruit sert à faire des sirops et des confitures très recherchées. Le groseillier noir ou cassis fournit un fruit noir, d'une odeur aromatique agréable; on s'en sert pour faire une liqueur connue sous le nom de cassis. Le groseillier épineux ou à maquereau produit un fruit d'une saveur agréable; il est cultivé aux environs de Paris pour ses produits, vendus sur les marchés.

GROSSULARIÉES. Famille de végétaux qui comprend les groseilliers. — V. *Ribésiacées*.

GRUAU. On nomme ainsi le grain des céréales mondées. On peut faire du gruau avec toute sorte de grains, qu'on décortique par une mouture particulière; dans plusieurs pays, on fait surtout du gruau avec de l'avoine. On le consomme dans les ménages des campagnes sous plusieurs formes, et notamment sous celle de bouillie. On affirme que les Ecossais en font une grande consommation dans leurs montagnes. Le *couscoussou* des Arabes n'est, dit-on, que du gruau de blé cuit à la vapeur.

Le pain appelé de gruau est ordinairement fait avec de la farine de blé, dans laquelle la fécule domine au détriment du gluten. Ce pain est très blanc, mais il est moins nourrissant que celui qui est fait avec de la farine riche en gluten, partie la plus nutritive du blé.

GRUE. Oiseau de passage de l'ordre des échassiers. La grue n'est pas indigène en France; elle se nourrit, comme la cigogne, de reptiles et d'insectes: elle offre donc peu d'intérêt au point de vue agricole.

GRUME. (*Bois en grume.*) Le bois en grume est celui qui est coupé, conservé avec son écorce, et destiné à des travaux de charpente, de menuiserie, de charronnage, etc.

GRUYÈRE (*Fromage de*). Variété de fromage de vache fabriqué en Suisse et dans les montagnes du Doubs et du Jura. Ce fromage se fait généralement par associations nommées fruitières. — V. *Fromage, Fruitière.*

GUANO. Engrais composé d'excréments d'oiseaux de mer accumulés couche sur couche, pendant des siècles, dans des lieux inhabités, sur plusieurs points du globe.

Il n'y a que peu de temps encore que la découverte de cette espèce de colombine a été faite; elle a été d'abord importée en Angleterre, puis en France. Elle fournit un engrais très énergique. Les points sur lesquels on trouve le guano sont les côtes du Labrador, le Chili, le Pérou, les côtes sud-ouest de l'Afrique. On transporte cet engrais puissant en grandes quantités en Europe, et on en trouve des dépôts à Paris comme dans différents ports de mer. La colombine est une espèce de guano; mais celui-ci, composé d'excréments d'oiseaux de mer qui ne se nourrissent que de substances animales, notamment de poissons, doit être plus azoté, et par conséquent contenir relativement plus de principes fertilisants que la colombine, fournie par des granivores qui ne se nourrissent en général que de substances végétales. — V. *Colombine.*

GUÊPE. Insecte hyménoptère très connu dans nos campagnes. On distingue plusieurs variétés de guêpes, qui toutes sont très nuisibles, non seulement par leurs piqûres très douloureuses, mais par les fruits qu'elles dévorent et dont elles se nourrissent. On doit donc toujours détruire les guêpes, surtout les nids où elles se reproduisent.

GUI. Plante parasite de la famille des loranthacées. Le gui pousse sur les branches des arbres de diverses essences, et surtout sur les arbres fruitiers. Son mode de dissémination est trop remarquable pour être passé sous silence. Les fruits du gui forment des espèces de baies blanchâtres de la grosseur d'un petit pois environ. Ils sont recouverts d'une substance visqueuse qui les fait se coller partout où ils tombent. Les oiseaux mangent ces baies, qui traversent leur estomac et leur tube intestinal sans perdre leur viscosité. Rendues avec leurs excréments, elles se collent aux branches sur lesquelles elles tombent; elles y germent et y poussent des racines qui s'implantent dans l'écorce du bois et y prennent nourriture.

Tel est le mode de propagation et de multiplication du gui, si commun dans certaines contrées, et qu'on devrait détruire comme plante parasite.

GUIMAUVE. Genre de plantes de la famille des malvacées. La guimauve, qui fournit plusieurs espèces émollientes, est employée comme médicament mucilagineux en médecine vétérinaire. On fait avec sa racine réduite en poudre, et mélangée avec du miel, des électuaires employés contre les affections de poitrine des animaux. On cultive dans les jardins comme plante d'ornement une variété de guimauve connue sous le nom de rose trémière.

On fait avec les guimauves des cataplasmes et des décoctions émollientes employées soit comme lotions, soit comme lavements.

GYMNASTIQUE. Art d'exercer les animaux de manière à bien développer leurs organes divers, surtout leurs muscles. Les animaux élevés en liberté font de la gymnastique naturelle. On les voit s'ébattre, jouer ensemble, pendant qu'ils sont jeunes, courir, bondir, franchir des haies, des murs, des fossés, etc.; mais il n'en est pas de même de ceux qui sont retenus dans les étables ou écuries. Pour eux, on est obligé de combiner des moyens d'exercice propres à suppléer à la gymnastique à laquelle ils se livrent naturellement. Mais, dans ce cas, il importe de subordonner l'exercice à leur force, à leurs moyens. — V. *Course*, *Exercice*.

GYMNOTE. Poisson électrique qui a la propriété de donner des commotions électriques très violentes. Par ce moyen, la gymnote se défend de ses ennemis, tue ou engourdit à sa volonté la proie dont elle veut se nourrir.

GYPSE. Pierre à plâtre, chaux sulfatée. Le gypse est une chaux sulfatée dont on fait le plâtre par la calcination. On en connaît plusieurs variétés, qui se distinguent par des aspects différents : tantôt il se présente en masses blanches, grises ou jaunâtres; tantôt en lames ou feuillets incolores (pierre à Jésu). C'est avec des gypses blanc de neige, connus sous le nom d'albâtres, qu'on fait des vases, des socles de pendule, des statuettes d'un blanc si éclatant. Ces albâtres viennent ordinairement de Voltera, en Toscane.

Le plâtre produit par la calcination du gypse est une substance précieuse pour les constructions, et aussi pour l'agriculture : en plâtrant les prairies artificielles on en augmente les produits dans des proportions très remarquables. —V. *Plâtre*, *Plâtrage*.

H

HABITATION. Le mot *habitation*, en histoire naturelle, est adopté comme synonyme de climat, de contrée; ainsi l'on dit que les régions froides sont habitées par les rennes, les ours blancs, etc., tandis que les lions, les antilopes, etc., habitent les climats chauds; l'oranger, l'olivier, habitent les pays chauds; les sapins, les lichens, etc., croissent et se multiplient dans les régions froides. Chaque habitation climatérique comporte donc ses animaux, ses végétaux. Cependant la conformité des climats, ou les combinaisons spéciales du génie de l'homme, ont favorisé la naturalisation des plantes, comme des animaux, transportés partout où nous sommes établis.

Pris dans son acception rigoureuse, le mot *habitation* signifie maison, construction faite pour loger l'homme ou les animaux.

Les habitations que l'homme a su construire pour lui, pour les animaux domestiques et la conservation de ses provisions, ont été d'un immense secours pour sa multiplication sur tous les points du globe. Avec elles, il brave tous les climats, toutes les températures; il se crée le milieu qui convient à son existence et à sa conservation. Ainsi sous les pôles glacés, comme sous la zone torride, il peut pourvoir à ses besoins physiques, soit pour son alimentation, soit pour les autres conditions sans lesquelles il ne saurait vivre, telles qu'une température convenable, l'air, la lumière, etc.

Mais ce n'est pas pour l'homme seul que les habitations sont indispensables, surtout dans ses conditions de civilisation avancée; elles concourent de plus à la naturalisation, à la domestication des animaux, comme à leur perfectionnement, à leur multiplication. Sans les habitations, la plupart de nos animaux domestiques ne sauraient vivre et se reproduire dans les conditions climatériques où nous les avons placés, et qui sont quelquefois si peu semblables et même si opposées à celles de leur patrie originaire. Pour avoir ces animaux et pour les conserver, nous avons donc été obligés de les mettre en quelque sorte dans les mêmes conditions que nous-mêmes; nous leur avons fait des habitations pour les protéger contre les éléments auxquels ils n'auraient pu résister dans leur patrie adoptive.

Mais si l'homme a su construire, par son génie inventif, des habitations propres à le protéger, lui et les animaux qu'il a soumis à sa domination, contre les intempéries et les conditions climatériques indispensables à leur existence commune, il est loin d'avoir toujours observé les règles hygiéniques qui garantissent la salubrité des logements. La science des détails de l'architecture rurale surtout lui a souvent manqué; sans plus de frais ni de travail, il pouvait construire des habitations plus salubres, plus commodes, mieux éclairées, plus en harmonie, enfin, avec les besoins de sa nature comme de celle des animaux. L'air et la lumière sont les premiers éléments de la vie; plus une habitation en est pourvue, plus elle est salubre, mieux elle est propre à la conservation de la santé et à prévenir les maladies. Eh bien! dans la grande majorité des habitations de nos campagnes, surtout dans celles qui sont destinées aux animaux, pouvons-nous dire que les règles de l'hygiène ont été convenablement observées? On voit des étables et écuries dans lesquelles non seulement l'air n'est pas renouvelé et manque aux malheureux animaux qu'on y entasse, mais encore qui sont empestées par les miasmes qui s'exhalent des fumiers et des urines corrompues qu'on y laisse croupir. Joignons à cela l'insuffisance de lumière, l'insalubrité naturelle d'un lieu mal choisi, humide, et l'on comprendra parfaitement que les animaux sont exposés, dans de pareilles habitations, à des maladies de toute sorte, et notamment de la poitrine, des yeux et de la peau. La salubrité devrait être toujours et partout la première condition de toute habitation, pour l'homme comme pour les animaux; et malheureusement l'on voit, dans une infinité de cas, que non seulement on n'y a pas songé, mais qu'on a négligé, par je ne sais quelle fatalité, de profiter des circonstances toutes naturelles qui pouvaient favoriser le but bien compris de toute construction raisonnée. Et pourtant, quand on bâtit une maison, une étable, une écurie, une bergerie, une porcherie, en coûte-t-il plus de faire des ouvertures plus grandes, de les bien disposer pour le renouvellement de l'air? Non, certes; et si, dans nos villages, nous voyons des constructions si mal ordonnées, des habitations si insalubres, nous devons l'attribuer au défaut de connaissances en hygiène. L'instruction sur ce sujet important fera seule modifier le triste état de nos constructions rurales, pour les hommes comme pour les animaux. Les écoles d'agriculture surtout rendront sous ce rapport d'immenses services à la société. — V. *Écurie*, *Étable*.

HABITUDE. État particulier d'un individu, acquis par des actes répétés. Les animaux ne sont pas plus que l'homme exempts d'habitudes, dont on ne doit pas négliger de tenir compte, surtout dans les acquisitions. Il est toujours désavantageux, par exemple, d'acheter des animaux habitués à être bien nourris et à ne rien faire, pour les soumettre au travail, surtout avec une nourriture inférieure à celle qu'ils ont reçue : on est toujours sûr, dans ce cas, d'une déception. Un agriculteur expérimenté ne se procurera jamais un animal sans s'informer de ses conditions hygiéniques antérieures, pour les comparer à celles qu'il peut lui offrir. Il pourra être trompé par les renseignements du vendeur, il est vrai, mais il tâchera d'en avoir d'autres; c'est dans ce cas que ses connaissances spéciales, son esprit d'observation et son jugement peuvent lui être utiles. Un bon connaisseur n'est pas facile à séduire par des assertions inexactes; à l'état de l'animal, à son tempérament, à sa nature, à son âge, comparés à ce qu'on lui affirme, il pourra juger des habitudes antérieures d'un sujet, au point de vue du travail surtout.

Il est d'autres habitudes des animaux qu'il n'est pas inutile de connaître, sous le rapport de leur hygiène comme sous celui de la manière de les traiter ou de les conduire. Certaines vaches laitières, par exemple, ont l'habitude de recevoir une pincée de sel, un morceau de pain, ou toute autre friandise, au moment de la traite ; si on l'ignore, si on ne leur donne pas ce qu'elles ont l'habitude de recevoir, elles le demandent, elles se tracassent, se défendent, et deviennent quelquefois très difficiles à traire. Le cultivateur qui observe ses animaux découvre chez eux des habitudes particulières qu'ils contractent soit pendant le travail, soit dans d'autres circonstances. Quelquefois des bœufs attelés au joug ont la malheureuse habitude de lutter en se poussant l'un contre l'autre, au point de se fatiguer ainsi en pure perte bien plus que par le travail lui-même; cette habitude est telle chez ces animaux, qu'il est souvent impossible de la leur faire perdre, et qu'on est obligé de les engraisser et de les vendre au boucher alors que par leur âge, par leur belle conformation, leur force et leur santé, ils auraient pu travailler long-temps encore. Le tic de l'ours, chez le cheval, est une habitude contractée à l'écurie. L'habitude qu'ont certains animaux de se cabrer, de mordre, de frapper, de se défendre, se contracte souvent soit par suite de la maladresse de leur conducteur, soit par l'effet des mauvais traitements qu'ils reçoivent; on en acquiert la preuve par l'habileté de ceux qui les délivrent de ces vices et les en guérissent.

Les habitudes des animaux, malgré l'importance de leur étude, ne sauraient être décrites ici dans tous leurs détails. C'est au cultivateur intelligent à prévenir celles qui sont mauvaises, à les combattre à leur début, de manière à ne pas porter préjudice à la valeur des sujets disposés à les contracter.

HACHE-PAILLE. Instrument de formes diverses, propre à couper les fourrages en fragments plus ou moins tenus. La paille, comme tous les fourrages, hachés, divisés, offrent des avantages qui ne sont pas assez appréciés par les cultivateurs. La physiologie en rend l'explication bien simple. Pour qu'un animal puisse extraire le mieux possible tous les éléments nutritifs d'un végétal ou de toute autre substance alimentaire, il faut qu'il les digère facilement et bien. La condition essentielle d'une bonne digestion, c'est la division des aliments, opérée soit par une bonne mastication, soit par tout autre moyen mécanique. Or, comme un fourrage haché, qui a déjà subi un commencement de division, est d'une mastication moins fatigante pour l'animal, et beaucoup plus facile, il en résulte une trituration moins laborieuse. Les aliments plus divisés sont mieux imbibés par la salive, par les sucs gastriques; ils sont plus accessibles à leur action chimique, plus facilement décomposés, mieux digérés, et par conséquent relativement plus nutritifs.

Un fourrage haché offre le triple avantage d'être 1° d'une mastication moins fatigante, ce qui est d'une grande importance pour les vieux animaux surtout; 2° de rendre la digestion plus facile; 3° de fournir une quantité relative de substances alibiles plus grande.

Un hache-paille est donc d'une grande utilité dans une exploitation; il est regrettable que son usage ne soit pas plus répandu qu'il ne l'est dans nos campagnes.

HAIE. Clôture formée d'arbres ou arbustes pour clore, borner ou défendre les héritages contre les bestiaux ou la maraude. Les haies sont appelées vives lorsqu'elles sont faites avec des végétaux vivants, mortes quand elles ne sont que temporaires et faites avec des bois morts, des branchages, des buissons fichés dans le sol.

Si, faute de matériaux, on ne peut souvent clore les héritages avec des murs, il est presque toujours possible de le faire par des haies vives. Ces clôtures offrent le double avantage de protéger les récoltes et de donner périodiquement un bois de chauffage très utile dans nos campagnes, surtout dans les pays déboisés. Suivant la nature des végétaux employés pour les clôtures, on peut même en récolter des fourrages au moyen des feuilles qu'ils produisent : telles sont les haies de robinier, d'ajonc, etc.

Les bois les plus usités pour clore les héritages sont l'aubépine, le prunellier, l'épine-vinette, le houx, l'églantier, le robinier, l'ajonc, le groseillier épineux, le saule, le charme, le noisetier, l'érable, le poirier et le pommier sauvages, le néflier, l'aune, le sureau, le bouleau, etc.

Les haies formées de végétaux épineux, comme l'aubépine, le houx, etc., sont plus propres à se défendre par leurs piquants. On peut aussi rendre plus défensables celles qui n'ont pas les mêmes avantages en les entremêlant d'églantiers, de ronces, dont on peut diriger les pousses de manière à armer régulièrement les haies avec leurs aiguillons.

Un fossé pratiqué en dehors des haies multiplie de beaucoup, s'il ne les double pas, leurs conditions de défense : d'une part, il empêche les animaux d'en dévorer les pousses et les feuilles, s'il est suffisamment large et profond; de l'autre, il les rend infranchissables. En Normandie, pays d'herbages, on fait des haies que nul animal ne peut franchir, et elles fournissent du bois en quantité considérable. Or voici comment on procède pour les construire :

Deux larges fossés, d'un mètre environ de profondeur, sont creusés parallèlement à la ligne sur laquelle on veut élever une haie; l'espace compris entre les deux fossés est calculé de manière à pouvoir contenir la terre qu'on en retire, et former un monticule qui les sépare; ce monticule est planté en bois de toute essence, destiné à faire un taillis. Ce mode de former des haies a le multiple avantage de clore les herbages d'une manière impénétrable aux animaux, et de leur fournir en même temps des abat-vent, des abris et de l'ombrage; de donner beaucoup de bois pour le chauffage, et d'embellir le paysage. Nous ne saurions assez recommander ce mode de haie partout où il est praticable

Les haies mortes sont faites ordinairement avec des bois épineux fichés dans le sol; elles ne sont que temporaires, et souvent on les emploie pour protéger de jeunes haies vives que les animaux dégraderaient facilement si on ne les garantissait pas. Du reste, ces haies sont de médiocres clôtures; des palissades soutenues par des pieux seraient préférables si on avait à sa disposition des bois pour les faire.

HALAGE. Remorque de bateaux sur une rivière ou un fleuve. Les chevaux, les bœufs, sont employés au halage; les premiers surtout servent sur le Rhône, la Loire, la Seine, etc. On exige de ces animaux une grande taille et beaucoup de force. Les bateaux à vapeur et les chemins de fer ont énormément réduit le halage aujourd'hui; peut-être ce moyen de transport finira-t-il par disparaître quand les réseaux de chemins de fer qui suivent les vallées et les rivières navigables seront terminés.

Du reste, le service du halage est très pénible pour les animaux. Exposés aux intempéries, au froid, à la chaleur, ils traversent les rivières tout couverts de sueur, et contractent ainsi une infinité de maladies, notamment le farcin : presque tous les équipages de halage du Rhône ont des chevaux farcineux, sans qu'on s'occupe le plus souvent de leur affection.

La fatigue qu'éprouvent les animaux de halage exige l'administration d'une nourriture très nutritive. L'expérience semble avoir démontré que la luzerne est le fourrage qui convient le mieux dans ce cas; le foin naturel ne remplit pas le même but, du moins dans la vallée du Rhône.

HALE. Effet, sur le sol et les végétaux, d'une grande chaleur et de la sécheresse de l'atmosphère, augmenté par le vent. Le hâle enlève non seulement l'humidité de l'air et du sol, mais il fait périr souvent des plantes, en les desséchant, lorsque son action prolongée ne peut pas être neutralisée par l'arrosage; dans ce cas, l'herbe des prairies se flétrit, les céréales se rabougrissent, et toute la végétation est en souffrance. C'est dans nos possessions d'Afrique surtout qu'on a occasion d'observer l'action brûlante du hâle.

HALEINE. Air expiré. L'air qui a servi à la respiration est toujours vicié. Il contient de l'eau fournie par la perspiration pulmonaire et de l'acide carbonique provenant du sang noir changé en sang rouge au contact de l'air inspiré dans les poumons. Cette condition de l'haleine explique la nécessité de changer l'air, de le renouveler à mesure qu'il est vicié par la respiration de l'homme comme des animaux.

On dit qu'un animal est court d'haleine, qu'il a l'haleine courte, lorsque sa respiration n'est pas profonde, prolongée, lorsqu'au moindre exercice cette fonction est précipitée, saccadée. De semblables animaux sont non seulement peu propres au travail, mais ils peuvent être atteints de maladies plus ou moins graves d'un ou plusieurs organes thorachiques, malgré leur apparence de bonne santé. On examinera donc attentivement un animal court d'haleine pour pouvoir juger de l'état de sa poitrine.

HALETER. Respirer avec précipitation. C'est surtout pendant les grandes chaleurs de l'été, lorsque l'air est raréfié, que les animaux, notamment ceux de travail, halètent. Les bœufs alors laissent souvent pendre la langue, *tirent la langue*, comme on dit vulgairement, dans le sillon ou sur les routes et chemins. Les moutons, les chiens, haletent sans marcher, surtout s'ils ne sont pas à l'ombre, et le cheval halète au point d'être hors d'haleine après une violente course à la chaleur.

Ce phénomène physiologique est facile à expliquer. Lorsque l'air est dilaté, très raréfié par la chaleur, les poumons ont besoin d'en recevoir une plus grande quantité pour hématoser le sang qu'ils reçoivent; il faut donc que les animaux respirent avec plus de précipitation pour le fournir en suffisante quantité à ces organes.

D'un autre côté, lorsque les animaux travaillent ou marchent, la circulation est d'autant plus active que l'action musculaire est plus énergique et plus long-temps soutenue. Les poumons sont donc traversés alors par une quantité relative de sang plus grande, ce qui nécessite l'action d'une plus grande quantité d'air sur ce liquide, afin que son hématose puisse se faire convenablement. Or, comme l'air se trouve dilaté, raréfié, par la chaleur, il doit en résulter rigoureusement une précipitation de respiration, sans laquelle l'animal tomberait asphyxié; dans ce cas, il arrive souvent un moment où, la respiration ne pouvant plus suffire à l'hématose, malgré sa précipitation, l'animal est obligé de s'arrêter. Il tombe même quelquefois, et meurt d'apoplexie pulmonaire quand il ne s'arrête pas à temps, ou qu'il est forcé de continuer son travail. C'est surtout le cheval qui nous offre des exemples de ce fait pendant les grandes chaleurs de l'été. — V. *Apoplexie*, *Asphyxie*.

HAMPE. Pédoncule qui supporte les fleurs de certains végétaux. La hampe forme une sorte de tige simple, plus ou moins allongée, sans feuilles ni divisions, qui naît au collet de la racine ou de l'aisselle d'une feuille. La primevère, le narcisse, etc., sont portés sur des hampes.

HAMSTER. Petit mammifère de l'ordre des rongeurs. Dans nos contrées, l'agriculture a pour ennemi les souris et les rats, les mulots, les insectes nuisibles, etc. Le hamster est un ennemi tout aussi redoutable pour les cultivateurs du nord de l'Europe. Ce rongeur qui, comme le loir, s'endort pendant l'hiver, se creuse des souterrains, de véritables magasins, des silos, qu'il remplit de grains. Muni de poches, d'abajoues, comme certains singes, il s'en sert pour transporter les grains qu'il prend dans les champs, et chaque hamster peut ainsi soustraire des quantités considérables de grain, ce qui cause des pertes énormes dans les pays où il est, comme en Russie, en Pologne, en Allemagne. — V. *Abajoue*, etc.

HANCHE. Partie de la croupe qui a l'angle externe de l'ilium pour base. La hanche est quelquefois très saillante par suite du développement de sa partie osseuse. Au lieu d'être nuisible, cette condition ne peut qu'être favorable à l'action musculaire, comme toutes les éminences osseuses. Le cheval qui a les hanches saillantes est dit cornu ; il est déhanché lorsque l'une d'elles est plus basse ou moins marquée que l'autre, ce qui est dû à la luxation de l'épiphyse de l'ilium dans le jeune âge. Cet accident peut arriver aux jeunes animaux qui entrent ou sortent avec précipitation de l'écurie, et se frappent avec violence la pointe des hanches contre les angles des portes. — V. *Déhanché.*

Les animaux dont le système osseux est anguleux, ce qui est un indice de force musculaire, ont les hanches saillantes. Les races d'animaux de travail qui ont les hanches saillantes, comme toutes les éminences osseuses, sont généralement douées de beaucoup de force et d'énergie. — V. *Anguleux*, *Conformation.*

HANGAR. Remise économique, abri qui sert dans les fermes à protéger les instruments agricoles, les charrettes, les tombereaux, etc., contre la pluie et le soleil. Les hangars sont indispensables dans une ferme bien tenue. Celles qui en sont dépourvues indiquent de la part du cultivateur une négligence qui fait mal augurer de son aptitude ou de son zèle ; rien n'altère plus le matériel d'exploitation d'une ferme que l'action alternative de la pluie et du soleil sur le bois qui a servi à leur confection.

HANNETON. Insecte coléoptère qui est un des fléaux de l'agriculture, non seulement par lui-même, mais encore par ses larves, connues sous les noms de *ver blanc*, de *maon* ou *man*, etc. Les hannetons sont quelquefois en si grande abondance, qu'ils dépouillent les arbres et les vignes de leurs feuilles, et causent ainsi des dégâts incalculables. Il faudrait faire à ces insectes une guerre incessante, et une loi devrait en ordonner la destruction, ce qui ne serait pas bien difficile : il s'agirait tout simplement de secouer tous les matins les arbres, pendant que ces insectes sont engourdis ; ils tombent facilement alors, et on pourrait les ramasser, pour les donner à la volaille ou aux porcs, après les avoir échaudés à l'eau bouillante. On a conseillé de les piler avec des substances végétales, telles que des parmentières cuites, du son mouillé, afin d'en faire une pâte très nutritive, pour les volailles surtout.

La triste habitude qu'on a de laisser pulluler les hannetons leur permet de faire des myriades innombrables d'œufs. Déposés par les femelles dans le sol, ces œufs y forment les mans, qui dévorent pendant trois ou quatre ans les racines des végétaux. Nul ne peut calculer les ravages de ces larves, aussi immondes que voraces. J'ai vu, en **1842**, les herbages de la Normandie, surtout dans les arrondissements d'Alencon et d'Argentan, détruits par les mans. Les racines des gazons étaient détruites de telle manière, qu'on les enlevait par plaques énormes en saisissant l'herbe, absolument comme on enlèverait une toison étendue sur un plancher. Les racines des cultures, notamment celles des légumes, les racines des arbres fruitiers dans les jardins, rien n'est épargné par la larve hideuse du hanneton, qui désole le jardinier plus encore que le cultivateur. Rien ne devrait être négligé pour purger le sol d'un pareil ennemi, et comme il est très difficile de le chercher dans sa retraite, le meilleur moyen de s'en préserber, c'est de détruire le hanneton qui le procrée..

HANOVRE (*Races du*). Le Hanovre élève diverses espèces de chevaux de carrosse et de selle, exportés dans plusieurs états du nord de l'Europe, notamment en Allemagne et en France. Beaucoup de chevaux hanovriens ont été croisés avec du sang anglais, qui a modifié leurs caractères communs aux races du Nord.

HARAS. La question des haras a toujours été l'une des plus controversées de l'économie rurale, chez nous. — Depuis deux siècles surtout, elle intéresse au plus haut degré l'agriculture et les éleveurs. Tous les gouvernements qui se sont succédé depuis Louis XIII ont attaché la plus grande importance au perfectionnement de nos espèces chevalines, et spécialement de celles qui remontent notre cavalerie; il est donc important d'entrer dans quelques détails relatifs à l'état actuel de nos races de chevaux, notamment de nos chevaux légers, et aux moyens de les perfectionner.

Lorsqu'on étudie la marche qui a été suivie de tout temps chez nous pour perfectionner nos chevaux, lorsqu'on examine les lois, les règlements, les ordonnances multipliées, qui ont été publiés à ce sujet, on ne peut pas être surpris de l'infériorité de la France en matière de production de chevaux légers. En effet, les documents officiels publiés nous démontrent que l'organisation administrative a toujours été le principal point de départ, la base de toutes les améliorations désirées; mais l'étude de la science pratique du perfectionnement des chevaux, l'appréciation des lois de la nature, des circonstances d'économie agricole, qui s'y rattachent, ont été mal comprises ou traitées de manière à entretenir des doutes qui sont loin d'être éclaircis aujourd'hui. Cependant, lorsque des problèmes si ardus et si divers ont été résolus dans toutes les industries, dans tous les arts, depuis l'impulsion donnée aux progrès des connaissances humaines par la République et l'Empire, il est impossible que celui du perfectionnement du cheval ne soit pas résolu à son tour.

Louis XIII fut le premier roi de France qui essaya de fonder, en 1639, des haras aux frais de l'état, mais il ne réussit pas. Louis XIV fut plus heureux; Colbert formula, en 1665, un système de perfectionnement du cheval qui fut accepté et mis à exécution. La base de ce système reposait surtout sur l'industrie privée, encouragée et soutenue par l'état. La Constituante de 1790 ne voulut pas d'administration des haras, et la supprima. Malgré les abus signalés alors, nous croyons que le mode de reproduction qui avait été suivi pendant cent vingt-quatre ans offrait des avantages économiques qui n'auraient pas dû être négligés. Nous considérons la désorganisation des haras, en 1790, comme un fait regrettable pour la France. Si les modes d'encouragement avaient été maintenus tels qu'ils étaient, nous aurions fait, malgré leur insuffisance, bien des économies, nos chevaux français se seraient au moins conservés avec leurs qualités pour la guerre, et nos anciennes espèces légères n'auraient pas été dégradées ou détruites par l'influence malheureuse de procédés de croisement qui ont été loin de répondre au but proposé.

Comme rouage administratif, le système économique sur lequel reposait la marche des haras avant 1790 était peu onéreux pour le trésor. Il aurait offert cependant de grandes ressources à l'armée comme au commerce. L'état, en effet, n'avait pas à sa charge, comme aujourd'hui, un grand nombre d'établissements d'étalons, ni le personnel indispensable au mode des haras actuels; l'industrie privée entretenait la plus grande partie des types reproducteurs, moyennant quelques priviléges ou des primes qui s'élevaient à environ 300 fr. par tête de cheval. Avec le système actuel, l'entretien de chaque étalon ne coûte pas moins de 1,000 à 1,200 fr. à l'état, ce qui fait une différence de sept à huit cents francs par tête.

Nous venons de dire que, dans les discussions qui ont eu lieu sur les haras, l'étude raisonnée des faits, la science de la nature, avaient fait défaut. Voyons si ce ne serait pas là la cause principale des plaintes fondées qui se sont élevées de tout temps au sujet du perfectionnement du cheval.

La question des haras se divise en deux parties bien distinctes: l'une est purement mécanique, l'autre est essentiellement scientifique.

La première s'occupe uniquement de l'administration du personnel et du matériel des haras; elle a trait à l'ordre qui doit régner dans les dépenses et les recettes budgétaires, à l'exécution régulière des ordonnances et règlements, à tout ce qui regarde enfin la marche du rouage administratif.

La deuxième partie n'a rien de commun avec la première; elle ne s'occupe que de l'étude des lois de la nature, des règles de la science qui doivent présider au perfectionnement des animaux et le diriger. C'est donc une question d'histoire naturelle à étudier et à résoudre au point de vue de la pratique et de la théorie de tous les faits qui se rattachent au perfectionnement de la production animale en général, et à celui du cheval en particulier. Voyons si jusqu'à ce jour cette double question a été résolue comme elle doit l'être.

Lorsque Louis XIV appela Colbert aux affaires pour donner au commerce et à l'industrie française l'impulsion qui leur était nécessaire, le grand ministre n'oublia pas qu'il ne pouvait rien sans le secours de l'intelligence fécondée par le savoir; aussi appela-t-il près de lui les illustrations, les intelligences qui avaient fait leurs preuves dans leurs spécialités. Van Robais, Hindret, Huyghens, Winslow, Cassini, Roëmer, etc., furent les principaux savants praticiens dont il utilisa les talents. Vingt ans après la France rivalisait avec les autres puissances par la beauté de ses produits industriels.

Nous savons à quel degré de perfectionnement sont parvenus aujourd'hui nos produits manufacturés et les moyens indiqués par les sciences appliquées pour les obtenir.

Mais si le ministre de Louis XIV fut si heureux dans les moyens rationnels qu'il employa pour faire fleurir le commerce et l'industrie manufacturière en France, il fut loin d'obtenir le même succès pour l'industrie de notre production animale, parcequ'il n'eut pas recours aux mêmes procédés. Ce qu'il fit pour les chevaux ne suffisait pas pour répondre à tout ce qu'exigeaient nos besoins. Colbert, en effet, privé de la science des haras, confia la direction du perfectionnement du cheval à de grands dignitaires, à des écuyers, à des intendants des provinces, qui pouvaient être d'excellents administrateurs, mais qui ne se doutaient pas des principes, des règles de la pratique agricole raisonnée, dont l'application pouvait seule provoquer les succès désirés. Lorsqu'on lit tout ce qui fut écrit, publié, sur ce sujet, on reste convaincu que la question administrative fut, au fond, seule en cause: elle était l'objet de toute la sollicitude du gouvernement, qui la faisait étudier sous toutes ses faces; mais l'instruction pratique, l'application des sciences naturelles au perfectionnement du cheval et à l'agriculture, qui s'en occupait, manquaient complétement. L'état sentait de plus en plus la nécessité d'arriver à son but; il croyait en trouver les moyens dans le rouage administratif; il le modifiait presque d'année en année, et tous ces changements, tous ces efforts inutiles, ne prouvaient qu'une chose, c'est qu'on n'était pas alors, pas plus qu'aujourd'hui, sur le véritable terrain du progrès.

Nous devons dire cependant que, malgré le défaut de lumières suffisantes pour éclairer la question du perfectionnement du cheval, le système administratif des haras appliqué avant 1790 avait produit des résultats aussi heureux qu'il était possible de l'espérer de ce mode de procéder. L'industrie privée, encouragée par des primes, entretenait des étalons auxquels nous devions les races françaises, qui eurent une grande réputation, et qui offrirent tant de ressources aux armées de la république et de l'empire pour résister aux luttes terribles qu'ils eurent à soutenir contre l'Europe coalisée à l'extérieur, et la guerre civile à l'intérieur!

Suivant le rapport présenté par Eschasseriaux jeune au conseil des Cinq-Cents, le 28 fructidor an VI, sur la réorganisation des haras, la France avait, avant 1789, 3,239 étalons, répartis de la manière suivante :

DIVISIONS.	ETALONS			TOTAL par division.
	NATIONAUX		APPROUVÉS	
	en dépôt.	confiés à des gardes.	appartenant aux gardes.	
Généralité de Paris	40	127	126	293
Normandie	41	125	112	378
Bretagne	4	40	500	544
Poitou	15	134	136	385
Auvergne et Limousin	68	174	109	351
Bigorre	27	23	89	139
Généralité d'Auch	24	7	88	119
Lyonnais	4	28	73	105
Berry	»	15	112	127
Franche-Comté	4	77	538	619
Lorraine	138	»	141	279
TOTAL	365	750	2,124	3,239

Sur 3,239 étalons, l'état n'en avait donc dans les dépôts que

365. L'industrie privée en entretenait 2,874, qui, à 300 fr. par tête, ne coûtaient à l'état que 862,200 fr., tandis que les 1,237 étalons que nous avons, et les 381 individus primés avec une prime moyenne de 140 fr., dépensent aujourd'hui 2,500,000 fr. environ. On peut voir quelles économies offrit ce système au trésor, quelles sont celles qu'il nous est facile de réaliser au moyen des ressources que nous offre l'agriculture.

Nous avons vu comment l'état avait compris et appliqué le système du perfectionnement du cheval de guerre avant 1790; nous en avons signalé les avantages comme les inconvénients. Voyons ce que nous avons fait avec le système actuel.

Lorsque les haras furent détruits en 1790, le gouvernement de la république ne tarda pas à s'apercevoir qu'il était impossible que l'élevage et le perfectionnement du cheval de guerre pût se passer de l'intervention de l'état. Ce cheval, en effet, est onéreux pour l'agriculture, parcequ'il travaille rarement avant l'époque ordinaire de sa vente (de 4 à 5 ans), et qu'il ne gagne rien; d'un autre côté, le commerce lui offre aujourd'hui peu de débouchés, ce qui n'a pas peu contribué à en borner la production. Tout le monde voyage maintenant en voiture ou en chemin de fer; et lorsqu'un cheval de selle n'est pas propre au service de l'armée, ce qui arrive souvent, il est sans valeur, parceque, tel qu'il est fait aujourd'hui, son usage est très borné. Cependant, une question de défense du pays se rattache à l'industrie de son élevage, et l'état ne peut pas le laisser abandonner par l'agriculture. Il faut qu'il l'encourage par tous les moyens possibles; il s'agit de choisir ceux qui peuvent réussir.

L'empereur Napoléon comprit par où avait manqué l'administration des haras avant sa dissolution. Aussi, en la réorganisant, il voulut remédier au mal par l'instruction professionnelle; il n'oublia pas l'indispensable nécessité de l'application de la science à l'industrie de la production animale. On lit en tête de son décret du 4 juillet 1806 : « Art. 1er. Il y aura six haras, trente dépôts d'étalons, deux écoles d'expériences. » Ces deux établissements devaient être créés, l'un à l'école d'économie rurale et vétérinaire d'Alfort, l'autre à celle de Lyon. Mais les événements de l'empire et les difficultés de l'époque ne permirent pas l'exécution du nouveau projet, qui n'eut pas de suite.

C'est là, à notre avis, le motif pour lequel la réorganisation des haras n'a pas répondu aux besoins. Nous allons en fournir la preuve ; nous démontrerons qu'après 1806, comme avant 1790, le perfectionnement du cheval a marché d'incertitudes en incertitudes; nous verrons que, malgré la bonne volonté de l'administration, nous sommes encore dans une voie qui ne peut conduire au but désiré.

Lorsque les haras furent réorganisés, il fallut se procurer des étalons. Au lieu de faire étudier les pays où l'on voulait les placer, au lieu d'examiner avec attention toutes les conditions qui pouvaient être favorables ou nuisibles à leur action sur les races qu'ils étaient destinés à perfectionner, on fit exactement comme avant 1790. On fit venir de tout pays des reproducteurs qu'on plaça au hasard, sans se préoccuper du principe posé sous l'empire, ni des études et expériences qu'il avait été ordonné de faire dans deux écoles.

Vers 1807, un inspecteur général des haras et un vétérinaire furent envoyés en Espagne pour se procurer des étalons. Ces animaux furent répartis dans diverses localités, où ils ne réussirent pas : on aurait dû le prévoir. L'empereur donnait lui-même quelques étalons de ses écuries, et nos armées nous en envoyèrent de tous les points où elles portaient la guerre, sans que nos races en fussent améliorées.

La restauration prit les haras tels que l'empire les avait organisés ; elle n'y changea rien. Nous avions alors 1109 étalons de toutes espèces. Vers 1818, deux employés des haras furent envoyés en Orient pour ramener quelques chevaux arabes, qui furent employés avec avantage sur divers points de la France. On a remarqué, d'ailleurs, que le type oriental, bien choisi, a toujours réussi avec nos races de chevaux légers.

Depuis 1815 jusqu'à notre époque, les haras ont fonctionné à peu près comme sous l'empire, et on se plaint encore de leur insuffisance pour régénérer nos races. Cependant, vers 1830, on adopta une idée qui aurait pu être fructueuse si elle avait été suivie d'une exécution judicieuse et raisonnée; mais, faussée dans son principe, elle l'a été dans son application. Nous voulons parler des courses, telles qu'elles sont toujours encouragées par l'état, et des chevaux élevés pour ce genre d'amusement, considérés à tort comme les producteurs les plus capables de perfectionner nos races.

A notre avis, la marche suivie jusqu'à ce jour pour perfectionner nos races de chevaux légers ne saurait répondre aux besoins de l'époque, notamment pour les remontes de notre cavalerie. Or, voici quelle serait notre opinion à ce sujet, opinion qui, du reste, fut formulée dans un rapport que j'eus l'honneur d'adresser à la Constituante, en mars 1849, au nom des comités de l'agriculture et de la guerre, réunis pour étudier la question du perfectionnement de nos chevaux d'armes.

D'abord, et avant l'emploi de tout procédé considéré comme propre à améliorer nos races, il importerait de faire étudier les différentes contrées de la France ; il faudrait connaître quelles sont les ressources de l'industrie agricole, dans chaque région, pour l'élevage d'une race déterminée de chevaux de service ou de guerre. Il faudrait savoir si l'espèce qui s'y trouve est susceptible d'être perfectionnée par elle-même, et, dans le cas contraire, quel serait le type qui pourrait se marier le mieux avec elle sous tous rapports. Ce travail n'a jamais été fait, et c'est là une des principales causes de l'obscurité qui a toujours régné et qui règne encore en France sur le perfectionnement de nos chevaux. Un étalon, quelle que soit l'espèce à laquelle il appartient, ne devrait jamais être envoyé dans un pays sans des notes explicatives bien circonstanciées sur les motifs qui ont guidé l'administration dans son choix officiel. Les éleveurs feraient leurs réflexions ; l'état comme le trésor y trouveraient leur compte, parcequ'on éviterait ainsi des dépenses inutiles causées par des essais malheureux.

Lorsque ces études seraient faites, elles seraient publiées pour être soumises au contrôle de l'opinion publique, et être modifiées s'il y avait lieu, par suite des observations fondées des éleveurs et de la représentation agricole de chaque région. Il importerait aussi d'examiner tous les reproducteurs, pour savoir s'ils seraient bien placés aux lieux où ils se trouveraient. On réformerait impitoyablement tous les mauvais types, et il y en a malheureusement encore beaucoup dans les établissements des haras.

Après ces précautions, prises avec discernement et conscience, on mettrait en pratique le système d'entretien des étalons par l'industrie privée. Des primes d'entretien suffisantes seraient fixées suivant la valeur et la nature des étalons; un règlement spécial déterminerait le mode d'administration de ce service et la nature du personnel qui en serait chargé par le gouvernement. Les établissements des haras actuels pourraient être conservés partout où l'industrie privée n'offrirait pas les ressources nécessaires au bon entretien des étalons; ils seraient supprimés, ou leur importance serait diminuée, partout où ces conditions seraient garanties.

Pour motiver la marche actuelle de l'administration, qui croit de bonne foi être dans la voie du progrès, on a dit que l'industrie agricole était incapable de satisfaire aux besoins de la France pour l'entretien des étalons. L'agriculture ne saurait accepter cette défiance peu flatteuse pour elle. Comment! lorsqu'il y a deux siècles elle répondit aux vues du gouvernement, dans la sphère de ses ressources, lorsqu'elle entretenait dans le meilleur état, et pour la somme d'environ 300 par tête, 2,874 étalons, auxquels nous devions nos excellentes races françaises avant 1790, les éleveurs français n'entretiendraient pas aujourd'hui des producteurs avec une prime d'environ 500 fr. en moyenne! Mais, d'après un rapport officiel adressé par M. A. Fould au ministre de l'agriculture, le 20 juin 1848, au nom d'une commission nommée à cet effet, on avait trouvé des agriculteurs qui entretenaient des étalons pour une prime ridicule de 140 fr.; et si on a rencontré assez de dévoûment dans l'agriculture pour entretenir des étalons à ce prix, pouvons-nous supposer, de bonne foi, qu'avec une prime qui offrirait des avantages assurés, nous manquerions d'éleveurs pour accepter des propositions raisonnables? Poser cette question c'est la résoudre, et je suis convaincu que l'agriculture française répondrait à l'appel du gouvernement dans toutes les contrées de la France. Du reste, le ministre de l'agriculture l'avait parfaitement compris lorsque, dans son rapport au chef du pouvoir exécutif, le 12 décembre 1848, il offrait des primes de 100 à 800 fr. Il ne s'agit que de mettre en pratique franchement, loyalement, ce système, avec toute l'étendue que commande impérieusement le besoin de la France. Des primes raisonnables accordées aux propriétaires d'étalons, comme aux dépositaires des reproducteurs de l'état, offriraient de grandes économies pour le trésor, et seraient bien autrement favorables au perfectionnement des races que le système malheureux qui les a détruites ou dégradées.

Mais pour agir avec toute l'efficacité désirable, il ne suffit pas de primer des étalons, il faut aussi primer des poulinières. C'est surtout sur elles que nous comptons pour refaire nos races convenables à chaque pays, par les reproducteurs de tout sexe qu'elles donneront. Voici donc la marche qu'avait proposé de suivre immédiatement la commission des comités de la Constituante.

Le décret du chef du pouvoir exécutif du 12 décembre fixait les primes des étalons de 100 à 800 fr. Ce dernier chiffre fut accepté par la Commission ; mais le premier lui parut beaucoup trop faible, beaucoup trop insuffisant. Quel est l'éleveur, en effet, qui voudrait entretenir un étalon de choix (et il ne doit pas y en avoir d'autre de primé) pour la somme de 100 fr.? La Commission fixa le minimum du chiffre des primes à 300 fr., le maximum à 800 fr. 300 fr., en effet, sont suffisants pour les étalons qui sont employés aux travaux de l'agriculture, et qui sont aptes à perfectionner nos races de chevaux de guerre ; ils peuvent ainsi gagner une partie de leur nourriture. Le dépositaire de l'étalon, trouvant quelque avantage dans ce genre d'industrie, s'y livrerait avec goût, et il traiterait les animaux qui lui seraient confiés de manière à être jugé digne de les conserver. La prime de 800 fr. ne serait accordée qu'aux étalons de sang, qui ne pourraient donner à leurs détenteurs d'autres bénéfices que ceux des saillies, dont le nombre serait déterminé par un règlement spécial. Trop précieux pour être employés à des travaux qui ne peuvent convenir à leur nature, ces animaux exigent des soins exceptionnels et des frais qui doivent être couverts par une prime suffisante.

Or voici le mode que la Commission des comités de l'agriculture et de la guerre proposa :

Le nombre des primes des étalons devait être de mille, celui des juments de deux mille, réparties de la manière suivante :

PRIMES DES ÉTALONS.

100 primes à 800 fr.	80,000 fr.
200 id. à 600 fr.	120,000
A reporter. . . .	200,000 fr.

	Report.	200,000 fr.
200 primes à 500 fr.		100,000
300 id. à 400 fr.		120,000
200 id. à 300 fr.		60,000
	Total.	480,000

La moyenne des primes des étalons devait donc être de 480 fr., au lieu d'être de 140 fr. comme elle l'avait été d'après le rapport officiel de M. Fould.

PRIMES DES POULINIÈRES.

500 primes à 400 fr.		200,000 fr.
500 id. à 350 fr.		175,000
500 id. à 300 fr.		150,000
500 id. à 250 fr.		125,000
	Total.	650,000

La moyenne des primes des juments devait être de 325 fr.

D'après ce système économique, l'état aurait pu primer sur les divers points de la France trois mille reproducteurs de tout sexe pour la somme de 1,130,000 fr., ainsi divisés :

Pour 1,000 étalons..		480,000 fr.
Pour 2,000 poulinières.		650,000
	Total.	1,130,000

Supposons maintenant que l'état aurait eu deux cents étalons dans les établissements aux lieux où l'industrie privée n'aurait pas pu répondre à l'appel qui lui aurait été fait de les entretenir : ils n'auraient pas dépensé plus de 1,000 fr. par tête, en y comprenant le traitement des employés, si on avait administré avec économie. Ajoutons 24,000 fr. de frais de surveillance des animaux primés : c'eût été 224,000 fr. additionnés aux 1,130,000 fr. des primes accordées, c'est-à-dire 1,354,000 fr. Or, comme le budget des haras était de 2,654,000 fr. pour 1849, il en résultait une économie de 1,300,000 fr.

Ainsi, avec 1,300,000 fr. d'économie sur 2,654,000 fr. la France pouvait avoir d'abord douze cents beaux étalons bien entretenus, plus deux mille poulinières qui auraient exercé une influence énorme sur la régénération de nos races perdues.

Tel est le mode de perfectionnement de nos espèces chevalines proposé en 1849 par les comités de l'agriculture et de la guerre réunis, à la Constituante. Ce système nous a paru bien raisonné, et nous le trouvons aujourd'hui parfaitement applicable à nos besoins. Nous sommes d'autant plus assuré qu'il produirait d'heureux résultats, que l'instruction donnée dans les établissements d'agriculture a commencé à faire comprendre l'intervention de la science pour la solution de la question du perfectionnement de nos races d'animaux en général, et que jamais l'agriculture française n'a offert, sous ce rapport, autant d'éléments de réussite. — V. *Appareillement*, *Cheval*, *Course*, *Croisement*, *Dégénération*, *Étalon*, *Perfectionnement*.

HARICOT. Genre de plante de la famille des légumineuses. Les haricots, originaires des contrées chaudes, ont été naturalisés chez presque tous les peuples civilisés du globe. En France, ils donnent lieu à une culture productive assez répandue, surtout dans certaines contrées où ils ont acquis des qualités qui les font rechercher, comme dans le Soissonnais. Dans nos jardins, dans nos champs, plusieurs variétés de haricots offrent d'immenses ressources à nos subsistances. On consomme leurs gousses vertes comme leurs grains; on en fait des conserves pour l'hiver. Les haricots secs sont préparés de diverses manières pour la consommation. On les mange au naturel, seuls ou avec de la viande; on les accommode en salades, en purées; on les met dans les soupes, avec les rôtis, et toujours ils fournissent un aliment sain, nutritif et agréable. Dans nos villes comme dans nos campagnes, et dans toutes les saisons, ils offrent des ressources alimentaires aussi variées qu'abondantes. Leur conservation est facile; jusqu'ici ils ont résisté à l'attaque des insectes dans les magasins.

Suivant le développement que prennent leurs tiges, qui filent ou restent basses, on a divisé les haricots en deux grandes sections : les uns sont appelés grimpants, et les autres nains ou non grimpants.

Parmi les espèces grimpantes, soutenues au moyen de rames autour desquelles elles s'enroulent en spirale, on compte le haricot commun, le plus répandu dans nos jardins potagers; le haricot de Soissons, si renommé par les qualités que lui donnent les terrains du Soissonnais; le haricot rond, le rouge d'Orléans; le haricot d'Espagne, dont les tiges énormes servent à garnir des berceaux : on cultive ce dernier comme plante d'agrément, par rapport à ses fleurs rouges, de la nuance des fleurs de grenadier, etc.

On distingue parmi les haricots nains et non grimpants le haricot gris hâtif mangé vert, parcequ'il est précoce et qu'il se vend bien comme primeur sur les marchés; le haricot blanc hâtif, connu dans quelques pays sous le nom de *mongette*; le haricot de Laon, nommé flageolet à Paris : ce haricot est très cultivé dans les environs de la capitale, où il est recherché par les ménagères; le haricot jaune, etc.

La culture du haricot devrait être plus répandue qu'elle ne l'est dans nos campagnes, surtout depuis la désastreuse maladie des pommes de terre; elle offrirait des ressources alimentaires qui préviendraient bien des misères, surtout dans les mauvaises années. Comme ces légumes secs sont d'une conservation facile, ils pourraient fournir une réserve précieuse lorsque les grains des céréales manqueraient brusquement, ce que nous avons vu en 1846 et en 1853.

HARMONIE. En agriculture comme dans toute industrie, il faut qu'il y ait harmonie, c'est-à-dire accord, correspondance entre toutes les combinaisons agricoles d'une exploitation. Ainsi, il faut qu'il y ait harmonie entre la production des fourrages et celle des autres denrées, entre la production du bétail et celle des végétaux qui doivent les alimenter, entre les plantes sarclées et les céréales. Cette corrélation doit être réglée par une bonne administration. Il faut surtout qu'il y ait harmonie, rapport convenable entre la production des engrais et les cultures, quelle que soit leur nature. Sans engrais suffisants, les cultures sont souvent improductives, et les profits sont absorbés par les frais de main-d'œuvre, qui sont les mêmes pour les terres fumées ou non fumées. Du reste, l'harmonie dans toutes les conditions où peut se trouver le cultivateur est une question de tact, de jugement et d'esprit d'observation pratique, qui ne saurait se résoudre par des développements théoriques.

Dans l'étude de la conformation des animaux domestiques, le mot *harmonie* s'entend de l'accord, de la correspondance qu'il y a entre les diverses parties du corps d'un individu : ainsi, les différentes régions du corps d'un cheval manquent d'harmonie quand elles sont disproportionnées, quand des jambes longues et frêles supportent un gros tronc, lorsqu'une grosse tête lourde est péniblement soutenue par une encolure grêle et allongée, etc. Un cultivateur instruit et habile voit d'un coup d'œil s'il y a harmonie dans les parties du corps d'un animal, s'il est *décousu*, comme on dit vulgairement, ou dans de bonnes conditions de conformation. — V. *Conformation*.

HARNAIS. Appareil, plus ou moins simple ou compliqué, ajusté sur les animaux de travail. Le harnais se compose de plusieurs parties, telles que le collier, la selette, la bricolle, l'avaloire, la dossière, la sous-ventrière, la bride, le bridon, la selle, etc. Pour le bœuf, on distingue le joug et les jougles ; lorsque cet animal est attelé avec un collier, il est pourvu des autres pièces du harnais dont on se sert pour le cheval de trait.

La première qualité d'un harnais est d'être bien ajusté sur les animaux, de leur être adapté de manière à ne pas les blesser, et d'être léger pour ne pas les charger inutilement. La seconde est d'être bien entretenu pour qu'il soit toujours dans de bonnes conditions de service et de durée. On voit trop souvent des animaux meurtris, blessés, par les harnais mal confectionnés, mal ajustés, ou mal tenus. Les colliers trop petits, trop étroits, compriment la base de l'encolure, et surtout la trachée-artère, de manière à faire corner fortement les animaux. On a même vu des chevaux tomber dans les montées par suite de cette compression, et avoir tous les symptômes de l'asphyxie par privation d'air.

Les harnais devront donc être toujours nettoyés, notamment aux parties appliquées sur les animaux, pour empêcher la sueur ou la poussière d'y former une crasse qui s'endurcit et occasionne des blessures ; on devra aussi les graisser pour entretenir leur souplesse et empêcher l'humidité de les pénétrer. Les cuirs qui les composent deviennent durs, raides et cassants, lorsqu'ils subissent l'action alternative de l'humidité et de la sécheresse.

HARPER. On dit qu'un cheval harpe lorsque, atteint du vice nommé éparvin sec, il fléchit brusquement les jambes de derrière. On ne connaît pas encore la cause de ce singulier mouvement de flexion brusque et saccadée, observé tantôt aux deux membres, tantôt sur un seul. — V. *Eparvin sec.*

HART. Lien fait avec une branche ou une pousse tordue d'osier, de châtaignier, de chêne, de coudrier, etc. On emploie surtout les harts pour lier les fagots; les cultivateurs des pays boisés font un usage aussi fréquent que varié des harts, qui leur fournissent des liens très solides.

HATIF. Terme de jardinage appliqué à un végétal qui fournit des fleurs ou des fruits précoces. Les espèces hâtives sont surtout recherchées par les maraîchers, qui vendent leurs produits plus cher sous le nom de primeurs. On obtient artificiellement des fruits ou des légumes hâtifs au moyen de couches, de bâches, de serres, de cloches, de châssis, etc., et même par la chaleur produite au moyen de calorifères dans les serres; mais jamais les produits ainsi obtenus n'ont le goût, la saveur ni les qualités de ceux qui croissent naturellement au soleil. Des procédés artificiels, quelque bien exécutés qu'ils soient, ne sauraient remplacer ceux que la nature emploie pour la préparation des récoltes qu'elle nous donne. Si on est obligé d'agir artificiellement sur certains végétaux pour les rendre comestibles, c'est pour modifier leurs qualités, la disposition de leurs tissus, afin de les rendre plus tendres, d'une digestion plus facile, ou d'une saveur moins accentuée; mais ces cas sont exceptionnels, et l'on n'en agit guère ainsi que dans l'horticulture.

HAUT-CHAUSSÉ. En terme d'hippiatrique, une balzane est haut-chaussée, dans le cheval, quand elle monte plus ou moins haut vers les genoux, vers les jarrets, ou les dépasse. — V. *Balzane.*

HAUT-CRU. On nomme races de haut-cru quelques espèces de bœufs élevées dans des pays de montagnes. Cette dénomination rend mal l'idée qu'on y attache vulgairement : on désignait par le mot de *haut-cru* les animaux qui offraient des caractères de types de travail, avec le cuir épais. de gros membres, de grosses cornes, avec tous les signes enfin d'un animal rustique, mais d'une nature manquant de finesse, et d'un engraissement difficile. Les bœufs du Salers étaient considérés comme des animaux de haut-cru parcequ'ils étaient élevés sur les montagnes, et pourtant ils ne manquent, malgré leur rusticité, ni de finesse, ni d'aptitude à l'engraissement et au travail ; plus d'une race dite de nature leur est bien inférieure sous ce rapport. L'expression de haut-cru doit donc être bannie du langage de l'éleveur, comme rendant mal l'idée qu'on y attache dans les races diverses. — V. *Bœuf*.

HAUT-MONTÉ. Tout animal perché sur de longues jambes, ordinairement minces, est dit haut-monté. Ce caractère n'indique pas généralement de bonnes qualités, surtout pour les animaux de travail ; un sujet haut-monté n'a jamais la force ni la vigueur d'un animal près de terre, rablé. Ce n'est pas seulement dans les individus d'une même race que ce fait physiologique est remarqué par les observateurs, mais dans les différentes espèces d'animaux. Ainsi la girafe, par exemple, dans les mammifères, perchée sur ses longues jambes, ne saurait avoir la puissance musculaire du bœuf, du buffle, du rhinocéros, etc. ; le flamant, le héron, la cigogne, etc., dans les oiseaux, n'ont pas à leurs membres abdominaux la même vigueur que le coq, le faisan, la perdrix, que les oiseaux de proie, dont les pattes sont raccourcies et fortes. Si les praticiens savent qu'un cheval ou un bœuf à jambes longues et grêles, et long-jointées, sont inférieurs en force à ceux qui ont les membres courts, fortement articulés, les ménagères savent aussi que les volailles à courtes jambes, près de terre, ont ordinairement plus de qualités que celles qui sont haut perchées ; c'est là, en quelque sorte, une loi générale, dans les mammifères surtout. Les membres courts et bien musclés sont un indice de force, de résistance et de durée au travail ; des membres grêles, allongés, caractérisent une nature opposée, c'est-à-dire la faiblesse.

HECTARE. Mesure de superficie qui veut dire cent ares ou dix mille mètres carrés.

Le système métrique appliqué au mesurage de toute nature est une des plus heureuses découvertes des temps modernes : il simplifie toutes les opérations par l'unité de mesure, la même partout, au lieu de différer souvent d'un village à l'autre, ce qui était une véritable confusion dans les relations commerciales. Toutes les nations civilisées devraient adopter le système métrique, dont l'honneur de la découverte appartient à la France. — V. *Métrique*.

HECTIQUE ou ÉTIQUE. Animal hectique, maigre, décharné. — V. *Maigreur*.

HECTISIE. État d'un animal hectique. L'hectisie est le plus souvent la conséquence de longues maladies, soit du tube intestinal, soit de la poitrine. La phthisie, surtout, cause l'hectisie. Toutes les vaches attaquées par la pommelière deviennent dans un état extrême d'hectisie aux derniers périodes de la maladie. — V. *Phthisie*, *Pommelière*, *Tubercule*.

HECTO. Mot dérivé du grec, et qui veut dire *cent*. Dans le système métrique des poids et mesures, on se sert du mot *hecto* pour indiquer des unités composées de cent parties, désignées par le mot qui le suit. Ainsi un hectare veut dire cent ares ; un hectolitre, cent litres ; un hectogramme, cent grammes ; un hectomètre, cent mètres, etc.

HÉLIANTHE. Genre de plantes intéressantes de la famille des composées. Ce genre comprend le topinambour, cultivé pour ses tubercules, et l'héliante, *tournesol* ou *soleil*, cultivé pour l'ornement de nos jardins. On a essayé de faire de l'huile avec la graine du tournesol ; mais il paraîtrait que les résultats n'ont pas été favorables, puisqu'on a renoncé à ce genre d'exploitation. Cependant on a utilisé la graine de tournesol pour la nourriture de la volaille.

HÉLIOTROPE. Genre de plantes de la famille des borraginées. Les héliotropes comprennent des plantes herbacées et ligneuses. Quelques unes d'entre elles sont cultivées comme plantes d'agrément. L'héliotrope du Pérou, importé vers 1740, est une des plus estimées par son odeur suave.

HELLÉBORE. Genre de plantes de la famille des renonculacées. Les hellébores sont des plantes vénéneuses qui causent des diarrhées aux animaux, et même la mort, quand il les mangent. Heureusement leur odeur repoussante et leur saveur âcre les font ordinairement rejeter. La végétation des hellébores est très précoce, et leurs fleurs verdâtres ou quelquefois rougeâtres s'épanouissent quelquefois à la fin de janvier, en février ou au commencement de mars. Les feuilles de ces renonculacées sont généralement d'un vert obscur et d'une odeur vireuse et désagréable. En médecine vétérinaire on se sert de la racine d'hellébore comme cautère, pour déterminer une révulsion ; c'est sutout au fanon du bœuf qu'on la place, dans ce cas. Son âcreté y détermine une tuméfaction qu'on scarifie, et qui produit un dérivatif puissant.

Réduite en poudre et administrée avec beaucoup de prudence, la racine d'hellébore pourrait servir de purgatif dans certains cas. Elle est employée quelquefois avec celle d'euphorbe dans la préparation de l'onguent vésicatoire. Une décoction de racine d'hellébore, surtout d'hellébore blanc (varaire), dans laquelle on fait infuser des grains de blé, de sarrazin, etc., empoisonne la volaille. Dans les campagnes on se sert quelquefois de ce moyen dans les semis des jardins pour se débarrasser des pigeons ou des poules des voisins qui les ravagent.

HELMINTHE. V. *Vers intestinaux.*

HÉMATOSE. Nom donné à l'action de l'air qui, dans la respiration, change le sang veineux en sang artériel. Ce phénomène est un des plus importants de la vie animale. Sans l'hématose, l'animal est asphyxé et meurt immédiatement La pureté de l'air respirable concourt aux bonnes conditions de son exécution. Lorsqu'il est vicié, au contraire, cette fonction est incomplète, et cause par conséquent l'altération de la santé des animaux, des maladies graves et difficiles à guérir. La cause qui les a produites, en effet, a été lente, insidieuse, et ses résultats ne sont souvent apercevables que lorsqu'il n'est plus temps d'y remédier. — V. *Respiration.*

HÉMATURIE. V. *Pissement de sang.*

HÉMIONE. Le genre cheval, auquel appartient l'hémione, comprend six espèces différentes, dont trois sont originaires de l'Asie, et trois de l'Afrique. Les espèces qui sont originaires d'Asie, sont le cheval, l'hémione et l'âne. Celles d'Afrique, sont le zèbre, le dauw et le couagga. Le cheval et l'âne ont été seuls soumis à la domination de l'homme de temps immémorial; l'hémione, au contraire, le zèbre, le dauw et le couagga, sont restés sauvages. A quoi devons-nous attribuer cette particularité?

M. Isidore Geoffroy Saint-Hilaire, qui a acclimaté et élevé au Muséum d'histoire naturelle les hémiones que nous y avons étudiés, pense que l'insouciance, d'une part, l'état de barbarie de l'autre, ont été les causes principales de ce fait.

« Si on se demande, dit-il, pourquoi ces quatre espèces ont » échappé au joug de l'homme, on trouve d'abord les éléments » d'une réponse assez satisfaisante dans quelques circonstances » particulières, par exemple, pour les espèces propres à l'Afri» que, dans leur habitation exclusive vers le sud et vers l'ouest » de cette vaste partie du monde, c'est-à-dire dans des régions » plongées, de toute antiquité, et jusqu'à ces derniers temps, » dans la barbarie la plus complète. Quant aux peuples civilisés, » qui maintenant ont porté leurs recherches et étendu leur do» mination, ou au moins leur commerce, sur une si grande par» tie de l'Asie et de l'Afrique, s'ils n'ont encore enrichi l'Europe » ni de l'hémione, ni de ses congénères africains, on pourrait se » borner à en accuser cette incurie dont ils ont malheureuse» ment donné bien d'autres et de plus fâcheuses preuves en né» gligeant l'introduction de tant d'espèces encore sans analogues » dans notre économie domestique et notre industrie. »

Lorsqu'on consulte l'histoire, on voit combien l'esprit humain a été de tout temps indifférent ou réfractaire aux nouvelles idées comme aux nouvelles découvertes, même les plus utiles. Sans remonter bien loin dans le passé, sans rappeler ici les faits nombreux que nous pourrions citer, n'avons-nous pas l'exemple récent de Parmentier en matière de naturalisation des végétaux? n'avons-nous pas celui de Daubenton sur l'acclimatation du mérinos, considérée jusqu'à lui comme impossible en France?

Le cheval est, des six espèces qui composent son genre, le type le plus tranché, celui qui, par son développement, par les dispositions particulières de sa charpente et par sa constitution générale, a pu être le mieux approprié aux besoins divers de l'homme; il n'est pas probable qu'il puisse jamais être remplacé pour la selle, surtout pour le service de nos armées. Mais, suivant nos connaissances actuelles sur l'aptitude des espèces du genre cheval, l'hémione serait peut-être, après le cheval, l'animal qui pourrait le mieux répondre à nos besoins, si nous en jugeons par sa conformation comme par la condition spéciale de son tempérament. Aussi, bien qu'il n'ait été étudié jusqu'à ce jour qu'à l'état sauvage, les naturalistes ont-ils classé l'hémione le second dans son genre, le premier après le cheval, parcequ'il est, du genre même, celui qui semble s'en rapprocher le plus. Mais, nous dira-t-on peut-être, l'hémione est une espèce d'âne, et, puisque nous avons ce dernier, pourquoi chercher à réduire le premier, qui lui est peut-être inférieur pour notre service.

Si cette objection est facile à faire, il n'est pas difficile d'y répondre. Tout naturaliste qui s'est occupé de la conformation des animaux considérés comme locomotives animées; les hommes qui ont étudié la disposition de leur charpente, celle des muscles qui la font mouvoir, la nature de leur tempérament, saisissent rapidement la différence qui existe entre l'hémione et l'âne. Si celui-ci a une constitution, une nature spéciales, qui caractérisent sa sobriété, sa rusticité, sa résistance et sa force, surtout comme bête de somme, il n'est pas organisé pour la rapidité des allures comme son congénère. L'hémione, en effet, a non seulement tous les caractères qui indiquent la vigueur, l'énergie, la sobriété et la rusticité de l'âne, mais il a de plus que lui l'organisation des animaux coureurs. Dans ce moment il est facile de se convaincre de ce que j'avance ici au muséum d'histoire naturelle de Paris; on peut étudier dans cet établissement l'onagre d'Abyssinie (âne sauvage) qui a été envoyé à la ménagerie par M. Delaporte, consul de France au Caire. Cet animal a le corps ramassé, trapu, avec de forts membres, bien articulés, mais dont les rayons raccourcis sont disposés d'une manière peu favorable à une progression rapide.

Pour bien faire ressortir la différence qu'il y a entre l'hémione et l'onagre, examinons les caractères physiques, la constitution des animaux coureurs, en général; comparons-les à ceux des animaux dont la vitesse des allures est bornée, il nous sera plus facile ensuite de conclure.

Les caractères spéciaux propres à l'organisation des animaux coureurs sont : la direction plus ou moins horizontale de la tête et de l'encolure pendant la course. Deux considérations physiologiques nous rendent compte de la nécessité de cette disposition. La première nous fait comprendre l'importance du redressement de l'angle formé pendant le repos par la tête et l'encolure, afin que le canal aérien qui conduit l'air aux poumons affecte autant que possible une ligne droite. La colonne d'air peut ainsi librement circuler sans rencontrer des angles qui seraient un obstacle pour elle, et gêneraient la respiration, qui doit avoir la plus grande liberté d'action dans les allures rapides.

La seconde de ces considérations nous fait comprendre le besoin que l'animal éprouve de déplacer son centre de gravité le plus en avant possible, pour que son corps soit chassé horizontalement avec énergie, par l'action des muscles de la croupe et la détente des jarrets.

Pour favoriser le libre passage de la plus grande quantité d'air dans les poumons, il faut, de plus, que l'animal ait les naseaux grands, largement ouverts, très mobiles et très dilatables. C'est surtout dans le genre cheval que ce fait est important. Le cheval et ses congénères, en effet, ne peuvent jamais respirer par la bouche comme le font les ruminants, les chiens, etc.; il en résulte que lorsque l'ouverture de ses naseaux ne suffit pas pour le passage de la grande quantité d'air nécessaire à la respiration accélérée par les violents efforts exigés dans les grandes allures, il manque d'haleine et ne peut pas continuer sa course. Des naseaux largement ouverts sont donc une condition indispensable aux animaux du genre cheval destinés à des services qui nécessitent une vitesse plus ou moins rapide ; l'obliquité des épaules, l'étendue de leur jeu ; le développement de la poitrine, celui des muscles du dos et des reins, qui transmettent à l'avant-train des animaux l'action de leur arrière-train ; la puissance musculaire de la croupe et des cuisses, la largeur des jarrets et l'étendue de jeu de cette articulation si importante pour la progression, sont les principaux agents physiques dont le travail simultané favorise la rapidité des allures.

A ces caractères de conformation spéciale, joignons un tempérament sanguin et nerveux, ardent; une constitution peu disposée à l'engraissement; la densité de tous les tissus en général, notamment des organes de la locomotion, comme les os, les muscles, les tendons, un abdomen peu volomineux, souvent levretté : tels sont les caractères généraux de l'organisation des animaux coureurs, observés non seulement dans les sujets d'un même genre, mais dans les divers ordres qui composent les mammifères. Des naseaux rétrécis, au contraire, peu dilatables; une tête lourde, portée verticalement et formant pendant la progression un angle avec une encolure courte et grosse; des épaules charnues, empâtées, noyées sous la peau et peu mobiles; un ventre volumineux, une poitrine peu spacieuse, des membres dont les rayons raccourcis forment des angles très ouverts; une croupe courte, se terminant en pointe vers les fesses, et indiquant ainsi peu de développement musculaire de cette région; des cuisses grêles, amaigries; des jarrets relativement étroits; un tempérament froid, qui manque d'ardeur; des tissus flasques, dont les fibres ont peu de densité; une constitution lymphatique, disposée à l'engraissement : tels sont les caractères distinctifs des animaux qui ont peu de force et peu de vitesse dans les allures.

L'hémione a de l'analogie de structure, et surtout de tempérament, avec le premier des deux types que nous venons de décrire rapidement; l'âne se rapproche du second par sa conformation générale comme par sa nature.

L'hémione, en effet, a les naseaux larges, très dilatables et très ouverts, quand il est en action ; sa tête est placée comme celle du cheval de sang; elle tend à se porter en avant, de manière à se redresser sur l'encolure. Cet animal porte le nez au vent; son dos est droit, bien musclé; son épaule jouit d'une grande étendue de mouvement, elle nous a même paru plus mobile que celle du cheval; sa croupe est arrondie, bien musclée à la région des fesses. Ses cuisses sont fortes, bien gigottées; son jarret est puissant, sec, large, bien constitué. Sa poitrine est bien conformée, et son ventre, peu volumineux, est comme celui des chevaux de sang. Ses membres, dont les rayons sont allongés, se trouvent bien d'aplomb, dans une bonne direction; ils sont bien musclés, solidement articulés; leurs cordes tendineuses sont bien détachées, bien dessinées, fortement tendues derrière les canons, ce qui fait paraître cette partie des membres aplatie d'un côté à l'autre, large d'avant en arrière, caractère distinctif de force et de résistance.

L'hémione a un autre genre de conformation propre aux animaux de course. Sa croupe est plus élevée que son garrot, c'est-à-dire que cet animal est plus haut de derrière que de devant, conformation qui est très favorable à la vitesse. Les chevaux de vitesse anglais, les premiers chevaux coureurs connus, ont ce caractère distinctif, dû à une plus grande longueur relative des membres postérieurs, qui peuvent ainsi embrasser plus d'espace à chaque foulée, en s'engageant fortement en avant. Les membres postérieurs du lièvre, animal essentiellement coureur, sont beaucoup plus longs que les membres antérieurs, et favorisent sa vitesse par la grande étendue de leur détente au galop. Cette disposition est, de plus, favorable à l'impulsion horizontale du corps. Les animaux qui ont la croupe basse et l'avant-train élevé n'offrent pas les mêmes avantages pour la vitesse : nous en avons pour exemple les chevaux andalous.

Si nous examinons maintenant le tempérament de l'hémione, nul herbivore n'en offre un qui caractérise mieux la vigueur, l'énergie, la vitesse des allures. Nous n'en connaissons pas qui ait plus de vivacité, plus de pétulance, plus d'agilité que lui. On peut le considérer comme un animal de pur sang au premier chef, toujours disposé à l'action, toujours prêt au départ. Ses muscles, bien nourris, ont la dureté du marbre, et ils ressemblent, sous ce rapport, à ceux des chevaux de pur sang habilement entraînés et en condition de course. Lorsque l'hémione adulte mâle qu'on observe au Muséum d'histoire naturelle est dans son enclos, on ne le voit jamais rester à la même place; il s'agite, il se promène sans cesse. Quand son gardien l'appelle, il s'approche toujours de lui avec vivacité, au trot ou au galop, rarement au pas. Lorsqu'on le contrarie, il trahit son mécontentement par une agitation brusque ou par des ruades d'une vigueur extraordinaire. Quand il fait entendre sa voix, le son qu'elle produit n'est ni le hennissement du cheval, ni le braire de l'âne; c'est une sorte de sifflement sauvage et énergique, qui trahit une grande puissance de poumons. Tout ce que fait l'hémione, en un mot, est l'expression de la force unie à une vigueur incontestable. Les voyageurs rapportent généralement que l'hémione est d'une rapidité telle dans sa course, que les chevaux qui courent le mieux ne peuvent l'atteindre. M. Dussumier affirme que des Anglais ont essayé de poursuivre ces animaux dans l'Inde, où ils vivent à l'état sauvage, avec des chevaux de grande vitesse, sans avoir jamais pu les joindre. « Ce sont des coursiers, dit Sonnini, plus rapides que les meilleurs chevaux; ces animaux seraient les meilleurs bidets du monde, s'il était possible de les soumettre à la domesticité. » (*Nouveau dictionnaire d'histoire naturelle*, 1803, tome VII.)

L'âne est bien au dessous de l'hémione sous ces divers rapports. Ses naseaux sont rétrécis; sa tête est lourde, portée verticalement, et forme un angle plus ou moins fermé avec l'encolure, même pendant l'action. Son dos, généralement voûté, tranchant, amaigri, et ses reins, sont loin d'offrir un appareil musculaire dorso-lombaire aussi développé que chez l'hémione. Sa croupe est courte, ses fesses se terminent en pointe, ses cuisses sont plates, mal gigottées; tout son train postérieur manque de puissance, et prouve que le corps de cet animal ne peut pas être énergiquement chassé en avant par l'appareil musculaire chargé de donner l'impulsion. Joignons à ces caractères des membres raccourcis, dont les mouvements manquent d'ampleur, un corps trapu et ramassé, rabougri, un ventre volumineux, et notre opinion aura tous les éléments nécessaires pour être fondée.

Toute la constitution physique de l'âne, les dispositions de sa charpente comme de son système musculaire, indiquent un animal propre à la somme, mais qui n'est pas organisé pour la vitesse. Quant au tempérament de cet animal, on peut dire qu'il est, en quelque sorte, diamétralement opposé à celui de l'hémione. Il en est de même de ses habitudes : loin d'être vif, alerte, pétulant, comme les animaux de sang, il est au contraire froid, calme; on peut même dire qu'il est nonchalant et paresseux. S'il n'est pas dérangé, il reste long-temps à la même place sans remuer. Si son maître l'appelle, il n'y répond pas, ou il s'approche de lui mollement; il mange avec lenteur. On ne lui voit que rarement témoigner de l'impatience, tant il semble docile et résigné. Si on veut lui faire accélérer son allure, il faut le menacer ou le frapper; souvent même, au lieu de se soustraire, par la fuite, à un mauvais traitement, il cherche à dérober aux coups la partie de son corps menacée, en la fléchissant, sans pour cela accélérer sensiblement son allure ordinaire. On peut dire enfin que, pour la vivacité, l'énergie, la vitesse, l'âne est dans des conditions diamétralement opposées à celles de l'hémione.

Maintenant, mettrons-nous en parallèle la sobriété, la rusticité, des deux animaux que nous comparons, pour en établir la différence ? Si l'âne a fait ses preuves pour ces deux qualités, l'hémione étudié au Muséum d'histoire naturelle ne paraît pas lui être inférieur. En effet, quoique de petite taille, l'onagre du Jardin-des-Plantes consomme presque autant que l'hémione, bien plus fort et bien plus grand que lui. Quant à la rusticité, une femelle d'hémione avec son jeune poulain ont supporté, sans paraître s'en apercevoir, depuis octobre passé, les rigueurs de l'hiver, dans un petit parc qui avait pour tout abri une cabane dont la porte n'était jamais fermée. Ces deux animaux ont donc subi, sans en être incommodés, toutes les rigueurs de la température de cette année (1854), preuve évidente de la force de leur tempérament et de leur rusticité. Enfin, l'hémione nous paraîtrait apte à remplacer l'âne ; celui-ci, au contraire, ne remplacerait pas l'hémione. C'est là notre conviction actuelle, que la pratique ne fera que confirmer, j'en ai la certitude. M. Isidore Geoffroy Saint-Hilaire a cherché à obtenir des mulets d'hémiones avec des ânesses, et il y est parvenu. Deux hybrides de ce genre, un mâle et une femelle, sont aujourd'hui au Jardin-des-Plantes ; ils sont tous deux d'une grande force ; le mâle surtout, connu sous le nom de *Polka*, avait été dressé pour la selle ; il est d'une énergie et d'une vigueur extraordinaires. Sa conformation, du reste, est dans les meilleures conditions possibles de structure mécanique et physiologique.

On a pensé que la nature énergique de l'hémione rendrait sa domestication comme son dressage difficiles. L'expérience a déjà répondu à cette objection. La domestication de cet animal a été faite sans difficulté au Muséum par M. Is. Geoffroy Saint-Hilaire. Depuis près de vingt ans, plusieurs hémiones ont été aussi dressés sans beaucoup de peine pour la selle comme pour le trait, soit au Muséum même, soit à l'institut de Versailles, où une femelle d'hémione était attelée à une voiture. M. de Pontalba, qui a l'habitude de monter à cheval, fait dresser dans ce moment à sa terre de Mont-l'Evêque des hémiones qui lui ont été confiés par le Muséum d'histoire naturelle, et ces animaux ne lui paraissent pas plus difficiles à dompter que des chevaux. Nous avons vu nous-même, à Mont-l'Evêque, les domestiques de M. de Pontalba harnacher une hémione femelle adulte sans la moindre difficulté, quoiqu'il n'y ait pas bien long-temps qu'elle soit soumise au dressage. Nous avons vu cette charmante monture se laisser conduire sans résistance et porter son cavalier sans mauvaise volonté, sans la moindre défense, ni sans chercher à le renverser. Ramenée à l'écurie, après avoir été montée, elle était aussi calme, aussi docile qu'avant sa promenade, ce qui nous prouva qu'elle n'avait nullement été contrariée ni irritée par l'exercice auquel elle venait d'être soumise. Caressée après qu'on l'eût débarrassée de son bridon et de sa selle, elle nous lécha les mains. Nous pouvons donc affirmer que l'hémione n'offre pas plus de difficulté au dressage que les chevaux élevés dans nos pâturages et dressés vers l'âge de quatre ou cinq ans.

M. de Pontalba, qui a bien étudié le caractère des hémiones, affirme que ces animaux, très intelligents, sont très sensibles, très nerveux et irritables, et qu'on doit les conduire avec adresse et douceur; les mauvais traitements réussiraient mal et les rendraient peut-être méchants ou rétifs.

Pour conclure, nous disons qu'à notre époque, où la rapidité des communications est devenue une nécessité, une sorte de loi sociale adaptée aux besoins de notre civilisation, l'hémione doit attirer l'attention de l'agriculture. Il mérite d'être étudié sous le double rapport de sa production sans mélange et de son hybridation, soit avec la jument mulassière, qui pourrait donner avec lui d'excellents mulets de sang et de vitesse, soit avec l'ânesse, pour étudier ses produits avec elle et les services qu'ils pourraient rendre. — V. *Onagre*.

HEMIPLÉGIE. Paralysie qui frappe la moitié du corps d'un animal. — V. *Paralysie*.

HEMIPTÈRES. Ordre d'insectes suceurs qui vivent en suçant les liquides des végétaux ou des animaux. Les cochenilles, les cigales, les punaises, etc., sont des hémiptères.

HÉMOPTYSIE. Hémorrhagie pulmonaire caractérisée par un écoulement plus ou moins abondant de sang par la bouche ou le nez. L'hémoptysie reconnaît plusieurs causes, qui décèlent une altération du poumon. Le sang qui en provient est rouge, spumeux ; l'animal le rend par gorgées, à mesure qu'il tousse. Quelle que soit la cause qui occasionne cette affection, on saigne ordinairement les animaux pour la combattre ; on leur donne des boissons froides, et on peut même leur faire des injections réfrigérantes par la bouche. Une diète sévère et le repos absolu doivent être prescrits quand cette maladie se déclare.

HÉMORRHAGIE. Ecoulement de sang, soit spontané, soit à la suite de quelque blessure. Les hémorrhagies sont assez rares dans les animaux, surtout sur la surface du corps. Elles ont lieu quelquefois dans le tube intestinal, par suite d'une violente inflammation de l'une de ses parties. On l'observe quelquefois dans les coliques *rouges*, qui font si subitement périr les animaux. On remarque aussi des hémorrhagies nasales. Le remède à employer dans ce cas est la saignée plus ou moins abondante et réitérée, suivant l'âge et l'état pléthorique de l'animal.

Lorsque les hémorrhagies sont causées par des blessures, par l'ouverture de quelque gros vaisseau, il faut d'abord en faire la ligature ou pratiquer sur eux une compression suffisante pour arrêter le sang, ce qui ne peut être exécuté que par un homme expérimenté ; on fait ensuite des lotions réfrigérantes astringentes, avec des dissolutions d'alun, de sulfate de fer, de zinc, d'acétate de plomb, etc.

HENNISSEMENT. Cri particulier que fait entendre le cheval pour exprimer les sentiments qu'il éprouve. Le cheval hennit lorsqu'il languit ; la poulinière, surtout, pousse des hennissements continuels quand on lui enlève son poulain. On distingue, avec un peu d'esprit d'observation, le hennissement de la colère, celui du désir, du besoin, de la douleur, de la joie, etc. Le cheval exprime ces divers sentiments d'une manière assez tranchée pour qu'on puisse les reconnaître.

HÉPATITE. Nom donné aux maladies inflammatoires du foie des animaux. Ces maladies sont souvent obscures et difficiles à reconnaître. L'un des symptômes par lesquel elles se trahissent est la couleur jaunâtre des membranes muqueuses de la bouche, des naseaux et de la conjonctive. L'hépatite demande un traitement spécial, suivant la nature et la cause dont elle n'est qu'un effet. Un homme expérimenté, seul, peut prescrire d'une manière rationnelle les moyens à opposer à cette maladie.

HERBACÉ, E. Nom donné aux plantes qui ne sont pas ligneuses. Les céréales, les graminées qui composent les prairies, sont des plantes herbacées.

HERBAGE. Pâturage destiné à faire paître les animaux. Quand ils sont fertiles, les herbages sont réservés à l'engraissement des animaux, notamment de l'espèce bovine, comme en Normandie, dans le Charolais, le Nivernais, où ils prennent le nom d'embouches. Quelquefois ils servent simplement à la dépaissance des animaux qu'on n'engraisse pas, lorsqu'ils ne sont pas assez abondants ni assez gras pour cette fin, tels que ceux des montagnes de l'Auvergne, du Rouergue, des Pyrénées, des Alpes, etc.

Dans le département du Nord, où l'agriculture est si perfectionnée, on fait des pâturages gras en étendant les bouses des animaux et en les faisant imbiber avec de l'eau. On porte cette pratique, sur quelques points, à un état de perfection tel, que certaines pâtures grasses rendent tout ce que l'on peut attendre de l'art le plus raffiné de soigner les herbages ou les embouches. — V. *Embouche.*

HERBAGER. Agriculteur qui se livre spécialement à l'exploitation des herbages. — V. *Herbage.*

HERBE. Tiges et feuilles des végétaux herbacés qui poussent à chaque printemps et se dessèchent en hiver. Les graminées, les crucifères, les ombellifères, les composées, etc., toutes les plantes herbacées enfin des diverses familles qui forment nos prairies, nos gazons, nos herbages, constituent dans leur ensemble l'herbe que consomment les animaux, soit comme fourrage vert, soit comme fourrage sec. Suivant la nature des lieux et celle des végétaux qui la composent, l'herbe est fine ou grossière, plus ou moins nutritive, substantielle. L'herbe des prairies humides, ombragées, est aqueuse, et souvent grossière ; elle n'a pas les qualités toniques et nutritives de celle des prairies élevées, saines et bien exposées. L'herbe des prairies, des vallées bien arrosées, prend un grand développement, donne beaucoup de fourrage, qui n'a jamais la finesse, l'arome, des foins produits sur les montagnes. Il est facile de se convaincre de ce fait par les animaux qui la consomment. — V. *Montagne*.

On nomme mauvaises herbes, dans les cultures, celles qui salissent les sols, telles que le chiendent, l'arrête-bœuf, etc. On détruit les mauvaises herbes par le binage ou le sarclage, et l'on prévient leur développement par de bons assolements. — V. *Assolement*.

HERBIER. Collection de végétaux préparés pour être conservés secs et servir à l'étude de la botanique. Pour préparer un herbier, on cueille les plantes au moment de leur floraison, afin d'avoir, autant que possible, leurs organes floraux. On les fait dessécher à l'ombre, entre des feuilles de papier brouillard qui s'imbibe de leur eau de végétation; on change ce papier à mesure qu'il se mouille, et on le fait sécher pour le faire servir encore, jusqu'à ce que la plante soit complétement sèche elle-même; on la fixe alors sur une feuille, et on la dispose avec ordre à la place qu'elle doit occuper dans sa famille, pour l'étudier au besoin.

HERBIVORE. Nom donné à un animal qui se nourrit d'herbe. Le bœuf, le mouton, les chevaux, etc., sont des herbivores. Par la disposition de leurs divers estomacs, les ruminants sont, de tous les mammifères, ceux qui ont le caractère d'herbivore le plus tranché. — V. *Bœuf, Cheval, Mouton*, etc.

HERBORISTE. Marchand d'herbes médicinales. L'industrie de l'herboriste est bornée aux villes populeuses; elle est inconnue dans nos campagnes : chaque ménage se procure dans les champs les herbes, les fleurs médicinales, employées comme remèdes simples, pour les utiliser au besoin, soit pour l'homme, soit pour les animaux.

HÉREFORD. (*Race de bœufs.*) Le bœuf héreford est un type de race anglaise dont on a importé quelques individus. Les résultats de leurs croisements sont encore inconnus en France.

HÉRISSON. Mammifère de l'ordre des carnivores et de la famille des insectivores. Le hérisson, loin de nuire à l'agriculture, lui est utile par la destruction qu'il fait des insectes. On devrait faciliter sa multiplication, au lieu de le détruire. Cet insectivore est hivernant : en automne, il s'engourdit et il reste dans cet état pendant tout l'hiver; au printemps, lorsque la rigueur de la saison fait place à une douce température, il se réveille et reprend sa vie ordinaire. Quand il s'endort, en automne, il est très gras, et pendant l'hiver son corps se nourrit de sa graisse. Après sa léthargie et lorsqu'il se réveille, il est dans un état de maigreur bien caractérisé.

Le hérisson n'a pour ennemi que l'homme; quant aux animaux, il n'a rien à craindre d'eux : lorsqu'il est menacé, il se roule, et son corps forme ainsi une boule armée de piquants qui le mettent à l'abri de toute atteinte; il ne se déroule que lorsqu'il est tranquille et qu'il se croit à l'abri de tout danger, ou lorsqu'on le plonge dans l'eau: dans ce cas, il est obligé de nager pour en sortir et ne pas être asphyxié.

HERMAPHRODISME. État de l'hermaphrodite.

HERMAPHRODITE. Plante ou animal pourvu en même temps d'organes de la génération mâles et femelles. L'hermaphrodisme, dans le règne animal, ne s'observe que dans les individus des dernières classes, tels qu'un grand nombre de mollusques; les escargots, les limaces, etc., sont de ce nombre. On peut facilement s'en convaincre dans la campagne. Quant aux végétaux, l'hermaphrodisme est commun; l'immense majorité des plantes ont dans leurs fleurs les étamines et les pistils. — V. ces mots.

HERMINE. Petit mammifère de l'ordre des carnassiers et du genre martre. L'hermine a la conformation de la belette. Son pelage blanchit en hiver, sauf l'extrémité de la queue, qui reste noire. Sa peau fournit une fourrure de luxe très estimée, et donne lieu, dans le nord de l'Europe, à un commerce considérable; les peaux d'hermine les plus estimées viennent, dit-on, de Sibérie, de Laponie, de Norwége, etc. Du reste, les mœurs de ce petit animal sont communes avec celles des individus de son espèce : ces animaux sont voraces, destructeurs; ils font la guerre aux rats, aux souris, aux oiseaux, exactement comme les belettes.

HERMINÉ, E. On se sert du mot *herminé* pour signaler des taches noires, arrondies, qui se trouvent souvent autour de la couronne chez les chevaux pourvus de balzanes. Il y a donc des balzanes herminées, c'est-à-dire mouchetées de noir au bas du paturon.

HERNIAIRE. On nomme tumeur herniaire une grosseur occasionnée au ventre des animaux par la sortie d'une partie d'intestin et qui fait saillie sous la peau. Cette tumeur, due à une déchirure des parois de l'abdomen, est facile à reconnaître, en ce qu'elle disparaît lorsqu'on fait rentrer par la pression l'intestin dans le ventre. Une tumeur herniaire est toujours grave, parcequ'elle est le plus souvent incurable; il faut la contenir par un bandage si on tient à la conservation de l'animal qui en est affecté. Dans tous les cas, un pareil sujet ne saurait être soumis au travail, tout effort tendant à augmenter le volume de sa hernie.

HERNIE. (*Descente*, *Effort.*) Sortie d'une partie d'intestin, faisant saillie sous la peau. Les hernies sont le plus souvent causées par des efforts ou des contusions qui occasionnent aux parois de l'abdomen des déchirures par lesquelles passent des anses d'intestins. Suivant les points où elles se trouvent, les hernies prennent les noms d'ombilicales, inguinales, etc. Ces dernières sont les plus fréquentes; elles résultent de la descente d'une anse d'intestin dans le cordon testiculaire à travers l'anneau inguinal. On peut guérir assez facilement ce genre de hernie par la castration. Lorsque l'intestin est comprimé, la hernie est dite étranglée; dans ce cas, elle cause des douleurs très aiguës. Si elle n'est pas réduite à temps opportun, la mort des animaux en est la conséquence.

HÉRON. Oiseau de l'ordre des échassiers. Le héron est en France oiseau de passage. Il se nourrit, comme la cigogne, de reptiles et de poissons; on le trouve surtout dans les pays entrecoupés de fleuves ou de rivières, d'étangs ou de marécages.

HERPÉTIQUE (*Maladie*). Nom généralement donné aux affections dartreuses de la peau des animaux. — V. *Dartre*.

HERSAGE. Opération de culture faite avec la herse. On pratique les hersages après les labours, pour briser les mottes, ameublir, aplanir le sol, et le disposer à recevoir les semences. Souvent même on couvre les grains par un hersage, surtout pour les ensemencements du printemps, qui n'ont pas besoin d'être aussi profonds que ceux d'automne.

HERSE. Instrument d'agriculture simulant une espèce de cadre formé de pièces de bois parallèles unies au moyen de traverses et armées de dents en fer ou en bois. La herse est quelquefois triangulaire; mais on a reconnu à la herse en losange une supériorité qui l'a fait adopter dans la grande culture perfectionnée, tant pour la rapidité du travail que pour sa bonne exécution. Le poids des herses, la longueur et la multiplicité de leurs dents, varient suivant la force des attelages, la nature du sol à herser, et le but qu'on se propose. Dans les défrichements, on est quelquefois obligé de charger les herses pour bien faire pénétrer leurs dents dans les bandes de gazons retournées par la charrue, afin de les déchirer. Sans cette précaution, elles glissent souvent sur les mottes sans les attaquer. Du reste, de forts attelages sont indispensables pour cette opération, qui donne souvent beaucoup de tirage.

HÉTÉROGÈNE. Corps hétérogène, de nature différente. Tout corps composé contient des substances hétérogènes, qui, séparées les unes des autres, ne se ressemblent pas. Ainsi, l'air est un mélange de deux gaz d'un genre différent: l'un est de l'azote, l'autre de l'oxygène. L'eau est également composée de deux gaz hétérogènes, dont l'un est l'hydrogène, l'autre l'oxygène.

HÊTRE. Genre d'arbre de la famille des cupulifères. Le hêtre est un des arbres qui prennent le plus de développement dans nos forêts. Son bois, très estimé pour le chauffage et pour la fabrication du charbon, est exploité par l'industrie sous plusieurs formes. Réduit en plaques amincies plus ou moins larges, on le contourne pour en faire des mesures de capacité, telles que des litres, des boisseaux, des cercles, des cribles, des tamis, des hottes, des boîtes. Le bois de hêtre sert aussi à faire des planches, des tables de cuisine, des égrugeoirs et des salières, des sabots, des galoches, des cuillères employées dans nos campagnes, des sebiles, des écuelles, des moules à fromages, des pelles de toutes sortes, des attelles de colliers, des bois de sellettes, des jantes de roues, etc. Il n'est pas de bois plus utilisé pour la fabrication d'objets divers que celui du hêtre. Le feuillage de cet arbre est d'un beau vert; et ses feuilles servent dans beaucoup de campagnes à remplir les paillasses de lits. Son fruit, appelé faine, est recherché par la volaille, les porcs, et on en fait une huile assez estimée dans les ménages. Enfin, le hêtre est une de nos richesses forestières les plus précieuses.

HIBERNANT. Nom donné aux animaux qui passent l'hiver dans l'engourdissement, comme la marmotte, le hérisson, la chauve-souris, le loir. — V. ces mots.

HIBOU. Espèce du genre chouette, appartenant à l'ordre des oiseaux de proie nocturnes. Le hibou est un oiseau utile en ce que, ne chassant que pendant la nuit, il ne peut prendre que les rats, les souris, les mulots, dont il fait sa nourriture principale. Tous les rapaces nocturnes sont dans le même cas, et ils diffèrent ainsi des rapaces diurnes, qui font la guerre à nos oiseaux de basse-cour, à nos pigeons, etc.

HIÈBLE. Plante herbacée, de la famille des caprifoliacées et du genre sureau. L'hièble croît dans les bons fonds, surtout quand la terre est fraîche. Cette plante donne une graine noire dont les enfants de nos campagnes font quelquefois de l'encre. Après l'avoir fait cuire dans un chaudron, ils en expriment le jus, qu'ils renferment dans des bouteilles pour s'en servir.

La présence de l'hièble indique généralement une terre de bonne qualité, parcequ'il ne prospère bien que dans les bons sols.

HILE. Ombilic de la graine. Le hile du haricot est très distinct et très caractérisé. C'est par ce point que toutes les graines reçoivent du végétal qui les produit la nourriture qui les fait se développer. Il correspond à l'ombilic des animaux. — V. *Graine*, *Ombilic*.

HIPPIATRE. Médecin de chevaux. — V. *Vétérinaire*.

HIPPIATRIQUE. Médecine des chevaux, médecine vétérinaire. — V. *Vétérinaire.*

HIPPOBOSQUE. Espèce de mouche que l'on observe souvent sur les chevaux et les bœufs, dans les herbages. Les hippobosques se tiennent aux parties dénudées de poils. Ainsi, on les trouve souvent autour de l'anus du cheval et du bœuf; les ânes, comme les chiens, craignent beaucoup les hippobosques, et les enfants, par espièglerie, s'amusent quelquefois à leur en mettre sur le corps. Ces animaux s'agitent alors, se tracassent jusqu'à ce qu'ils en soient débarrassés. Les chevaux et les bœufs, au contraire, sont habitués à les avoir, et semblent ne pas s'occuper de leur présence.

HIPPODROME. Espace de terrain préparé pour les courses des chevaux. — V. *Course.*

HIPPOLOGIE. L'hippologie est la science qui traite du cheval. Cette science, essentiellement basée sur l'anatomie, la physiologie, la mécanique animale, l'hygiène, etc., exige, pour être bien comprise, des connaissances approfondies en histoire naturelle. Liée à l'agriculture, dont elle n'est qu'une dépendance, l'hippologie s'occupe naturellement des ressources de la production végétale. Cette production, en effet, doit régler le mode de reproduction, d'amélioration et de multiplication des chevaux demandés par le commerce, et utilisés dans l'industrie comme dans l'armée.

L'hippologie est l'une des sciences naturelles appliquées dont l'étude est le plus délicate, parceque, de tous les animaux domestiques, le cheval est le plus difficile à bien produire. — V. *Courses, Croisement, Dégénérescence, Haras, Perfectionnement.*

HIRONDELLE. Le genre hirondelle comprend plusieurs espèces; il est composé d'un groupe des plus intéressants oiseaux qui passent la belle saison dans nos climats. Deux espèces de ce genre, l'hirondelle de fenêtre et celle des cheminées, sont surtout connues des agriculteurs. Les premières nichent sous les toits, au haut des croisées; les autres, aux plafonds des maisons, notamment dans les étables; et les cultivateurs se gardent bien de les maltraiter, de les contrarier dans leur multiplication. Les hirondelles, en effet, rendent de grands services à l'agriculture par l'énorme quantité d'insectes qu'elles détruisent pour se nourrir, elles et leurs petits; elles prennent ordinairement au vol les mouches qui tracassent les animaux pendant les chaleurs. Je considère la présence des hirondelles de toute espèce, surtout de celles qui nichent sous les toits et dans les habitations, comme un véritable bienfait, non seulement en raison de ce que ces charmants oiseaux détruisent les insectes, mais parcequ'ils animent, par leur gazouillement et leur vol gracieux, les lieux où ils se trouvent.

Lorsque les hirondelles volent en rasant le sol ou la surface des eaux, on assure qu'elles annoncent la pluie ou un orage.

HISTOIRE NATURELLE. Science qui a pour objet l'étude des règnes de la nature. On peut donc juger de son importance par l'immensité de son étendue. Il n'est pas de science plus féconde, plus attrayante, plus digne des méditations de l'homme, que l'histoire naturelle. C'est elle qui nous révèle la création et toutes ses merveilles. Elle nous fait connaître l'harmonie qui règne dans l'univers entier, non seulement dans l'ensemble de son organisation, mais encore dans ses détails les plus minimes. L'homme qui n'a pas une idée de cette science est privé d'un des éléments d'instruction les plus dignes de sa vie morale et les plus utiles pour sa vie physique. Après un livre d'instruction religieuse, le premier à mettre entre les mains d'un enfant pour lui enseigner à lire, devrait être un livre d'histoire naturelle. C'est par lui qu'il apprendrait à juger, à admirer les œuvres du Créateur. Rien ne lui donnerait une plus grande idée de son origine et du rôle qu'il est appelé à remplir sur cette terre que l'étude de la nature, celle de lui-même. Sous ce rapport, l'éducation de l'enfance est complétement tronquée, nulle, illogique. On apprend aux enfants de nos campagnes à connaître Dieu, à l'adorer, à l'admirer, comme le maître souverain du monde, et on leur laisse ignorer ses œuvres, qui sont ce qui pourrait présenter de la manière la plus frappante à leur imagination la puissance divine qui nous a créés et qui nous gouverne.

Par l'histoire naturelle, non seulement on moraliserait les populations en leur faisant bien comprendre leur dignité, leurs devoirs envers le Créateur, envers leurs semblables, envers elles; mais on trouverait dans son étude les moyens d'en faire l'application à leur bien-être. Et que de souffrances morales et physiques cette étude leur éviterait en leur dévoilant les ressources immenses que Dieu a mises à leur disposition! La culture de la terre, nourrice universelle de tout ce qui vit, ne peut progresser, prospérer, suivant les besoins des peuples civilisés, que par l'étude des sciences naturelles appliquées. Tant qu'elles ne seront pas vulgarisées dans nos campagnes au point de vue agricole, ne comptons pas sur un progrès général et réel, nous en avons la triste preuve à chaque pas. — V. *Agriculture*, *Amélioration*, *Ecole*, *Ferme*, *Institut*, *Muséum*, *Perfectionnement*.

HIVER. L'hiver est le temps de repos de la végétation; on pourrait peut-être dire aussi qu'il est celui du repos de la terre. Ce repos serait-il nécessaire à l'une comme à l'autre après leur travail pendant les autres saisons? L'hiver a aussi son utilité pour l'agriculture : il détruit des myriades d'insectes nuisibles; il rend à la terre son humidité, aux sources leur activité; il émiette et ameublit, par les gelées qui les soulèvent, les terres labourées en automne. L'expérience démontre aux cultivateurs combien les hivernages sont féconds et avantageux pour leurs semailles de printemps surtout. D'un autre côté, le temps de l'hiver n'est pas perdu pour l'agriculture : on emploie les attelages à épierrer les champs, à charrier les bois de chauffage; on transporte les fumiers pour les avoir plus à portée quand le temps des fumures est arrivé, ainsi que des matériaux, des terres, des marnes, etc.; on rigole les prés, on y traite les eaux suivant les nécessités et les conditions que l'expérience a sanctionnées; on cure les fossés, on émonde les arbres, on fait les coupes des taillis, des futaies; on nettoie les tertres, on taille les haies; on confectionne les instruments agricoles faits à la ferme, on répare ceux qui en ont besoin; on soigne les animaux d'engrais, les jeunes sujets qui naissent; on fait la guerre aux animaux nuisibles, pour les détruire; on tend des piéges aux loups, aux renards, aux blaireaux; on y prend les fouines, les putois, qui dévastent les volaillers, les pigeonniers; enfin on dispose tout le matériel de manière à ce qu'il soit en bon état, et toujours disponible, dès les premiers beaux jours, pour recommencer la campagne agricole, sans interruption jusqu'à l'hiver suivant.

La saison de l'hiver n'est donc pas une saison perdue pour l'agriculture. L'agriculteur intelligent et instruit sait l'utiliser pour se livrer à des travaux dont il ne lui est plus permis de s'occuper, sans préjudice, pendant les opérations agricoles de la belle saison.

HIVERNAGE. Le mot *hivernage* a plusieurs significations en agriculture. Dans certains pays, on l'applique aux labours d'automne, toujours très avantageux par l'action que l'hiver exerce sur eux; dans d'autres, il est synonyme de provision fourragère de toute nature, faite pour l'hiver.

HIVERNANT. V. *Hibernant.*

HOCCO. Oiseau de l'ordre des gallinacés. Le hocco, qui a presque la taille du paon ou d'un petit dindon, fera peut-être un jour partie de nos oiseaux de basse-cour; il est considéré comme tel par M. Isidore Geoffroy Saint-Hilaire. Déjà ce gallinacé a été élevé avec succès en Hollande et en Angleterre. Dans une note lue à une séance de la Société zoologique d'acclimatation, en mai 1854, M. Barthélemy La Pommeraye, l'un de ses membres, a signalé un fait très remarquable d'acclimatation et de multiplication de hoccos, observé à Marseille en 1825.

Il paraît d'ailleurs que la chair du hocco est de très bonne qualité, et qu'elle est préférée par les gourmets, selon M. Barthélemy La Pommeraye, à celle du dindonneau, du jeune paon et de la pintade.

HOCHE-QUEUE. V. *Bergeronnette.*

HOLLANDAIS. Race d'animaux. La Hollande n'a pas une grande réputation pour ses races chevalines; mais ses espèces bovines sont d'une très bonne qualité, comme laitières surtout. Dans le nord de la France, à Lille, on remarque des vaches hollandaises, de robe pie noire, d'une conformation admirable, et elles offrent le plus souvent tous les signes des meilleurs types laitiers. Ces vaches sont aussi très bien conformées comme type de boucherie; d'après la nature de leurs tissus et leur finesse, on peut les ranger parmi nos meilleures espèces bovines d'Europe, pour la productiou du lait et de la viande.

HOLSTEIN (*Races du*). Le cheval du Holstein est très estimé; on le considère comme un des meilleurs produits des races du nord de l'Allemagne. Les marchands de chevaux français en introduisent qui sont employés pour la selle et pour les voitures de luxe, quand ils ont assez de taille pour ce service.

HOMOGÈNE. De deux mots grecs qui signifient *semblable* et *genre*. Un corps homogène est celui dont toutes les parties sont semblables; c'est le contraire du corps hétérogène.

HONGRE. Animal hongre, qui a subi la castration. — V. ce mot.

HORLOGE DE FLORE. On sait que certaines fleurs s'épanouissent à des heures déterminées. Les botanistes, et le grand Linnée surtout, ont songé à utiliser ce phénomène comme objet de curiosité, pour déterminer les différentes heures du jour. Il y a dans cette idée plus de poésie que de réalité pratique.

HORTENSIA. Arbrisseau originaire de la Chine et du Japon. L'hortensia est cultivé en Europe comme plante d'agrément; il donne de belles fleurs en corymbes touffus, changeant de nuance successivement à mesure qu'elles vieillissent. Cette plante aime l'ombre et la fraîcheur.

HORTICULTEUR. V. *Jardinier*.

HORTICULTURE. Art de cultiver les jardins. L'horticulture est bien comprise, bien pratiquée, aux environs des grandes villes, surtout aux environs de Paris. Là, cette industrie offre des ressources immenses, soit à nos subsistances, soit à ceux qui l'exercent; mais elle est trop ignorée dans nos campagnes. Dans nos villages, on pourrait avoir des légumes en abondance, des fruits de très bonne qualité, et on semble ne pas se douter des grands avantages que nos cultivateurs trouveraient en toute saison dans la culture de ces produits alimentaires. Avec une bonne horticulture rurale on aurait, en été, de gros légumes, tels que des pommes de terre hâtives, des carottes, des navets, des choux, des haricots verts, des pois, des salades de toute espèce, etc.; tous ces végétaux augmenteraient les subsistances et seraient d'un secours immense, surtout pendant les mauvaises années. En hiver, on aurait des choux de variétés diverses, qui se conservent très bien, des courges, qui avec les autres légumes des champs, tels que les parmentières, les haricots secs, les pois, etc., fourniraient une nourriture végétale aussi saine que substantielle. Il faudrait, de toute nécessité, que l'art de l'horticulture fût enseigné, répandu, dans nos campagnes. Sous ce rapport, les fermes-écoles sont appelées à rendre des services immenses au pays : elles formeront de jeunes agriculteurs, qui, connaissant l'horticulture, pourront, dans des moments perdus, s'occuper des jardins des fermes, dont les produits offriront des ressources qui leur manquent aujourd'hui. — V. *Ferme-école*.

HOTTE. Sorte de panier conique, le plus souvent en osier, utilisé surtout par les jardiniers pour transporter les légumes, les fruits, etc. Quand les hottes sont faites avec des douves, elles peuvent contenir des liquides.

HOUBLON. Genre de plantes sarmenteuses et grimpantes, de la famille des urticées. La culture a formé plusieurs variétés de houblons exploités, dans quelques provinces du nord surtout, pour la fabrication de la bière, qui est la boisson ordinaire de ces pays. C'est au principe amer contenu notamment dans la lupuline, espèce de poussière jaunâtre formée sur les bractées de sa fleur, que l'on doit la propriété tonique et amère de cette plante. C'est ce principe qui donne à la bière l'une de ses qualités les plus recherchées.

Le houblon est quelquefois employé pour ombrager des berceaux. On peut manger ses jeunes pousses, préparées comme les asperges.

HOUE. Petit instrument à main qui sert pour la culture des jardins, de la vigne et des champs. La houe, munie d'une douille à laquelle s'adapte un manche, varie de forme suivant les pays et les usages qu'on en fait.

La houe à cheval est un instrument en bois muni de plusieurs pieds en fer terminés par des courbures horizontales tranchantes, afin de biner les plantes sarclées et de couper les racines des mauvaises herbes. Cet instrument, traîné par un cheval ou un bœuf, est très répandu dans la grande culture.

HOUILLE. (*Charbon de terre*.) La houille est un charbon qui a l'aspect d'un minéral cristallisé. Ce charbon provient de la carbonisation à une température très élevée de végétaux entassés et recouverts par la terre, sans doute pendant les révolutions du globe. La formation de la houille, et surtout la disposition de la texture des couches qu'elle forme, n'est pas facile à expliquer; mais il est probable qu'elle est une véritable cristallisation de carbone impur, à la suite d'une élévation de température dont le degré est inconnu. Le charbon de terre est employé comme combustible dans l'économie domestique; il est utilisé pour les forges, pour les machines à vapeur de tout ordre, sur mer et sur terre, pour la fabrication du gaz hydrogène carboné employé à l'éclairage des villes. Par ses usages très répandus la houille rend des services immenses au monde civilisé sur toutes les parties du globe. — V. *Charbon*.

HOULQUE. Genre de la famille des graminées. Ce genre comprend deux variétés : l'une est la houlque laineuse, l'autre la houlque molle. Les houlques sont de bonnes plantes fourragères, trés recherchées des bestiaux; elles donnent un excellent fourrage. — V. *Graminées*.

HOUPPE (*du menton*). Nom donné à la partie centrale et proéminente que l'on remarque au menton des animaux du genre cheval. Dans les chevaux de sang, dans l'âne et le mulet, la houppe du menton est bien marquée. Dans les races communes, elle est noyée, confondue, en arrière de la lèvre inférieure, avec les tissus qui l'entourent.

HOUSSE. Pièce de drap ou de cuir adaptée aux selles pour couvrir les flancs des chevaux. La housse empêche l'habit du cavalier de se salir par son frottement contre la peau du cheval, surtout lorsqu'il est en sueur; elle est en même temps une sorte d'ornement. Les housses en beau drap sont quelquefois ornées de larges galons d'or, d'argent ou de soie.

Dans la cavalerie, la housse est remplacée par la schabraque, qui recouvre en même temps toute la selle.

La housse des colliers n'est le plus souvent qu'une peau de mouton préparée avec sa laine, de couleur naturelle, ou teinte en bleu, etc.

HOUX. Arbrisseau toujours vert de la famille des célastrinées. Le houx croît spontanément dans nos forêts ; il est quelquefois cultivé comme plante d'agrément dans nos bosquets. Ses feuilles, armées de piquants, le rendent propre à former des haies vives ; il prend quelquefois les dimensions d'un arbre assez élevé. Son bois, très compacte et très dur, est employé par les tourneurs. On fait des cannes avec ses jeunes pousses. Les oiseleurs font avec son écorce de la glu pour prendre les oiseaux.

HOUX (*Petit*). V. *Fragon.*

HOYAU. Espèce de forte houe à long manche dont on se sert pour émotter les terres, curer et faire les rigoles des prés, pratiquer les écobuages, défoncer, etc. Le hoyau est un des instruments les plus usités dans la petite culture. Lorsqu'il est muni d'une crête, on l'emploie spécialement au rigolage des prairies dans les montagnes.

HUILE. Corps gras plus ou moins liquide et onctueux contenu dans les végétaux, notamment dans leurs fruits ou leurs graines, et dont on l'extrait. On a divisé les huiles en plusieurs classes, suivant leurs qualités et leurs usages. Les unes sont légères, très fluides, odorantes, et se volatilisent facilement, en répandant l'odeur des végétaux qui les contiennent ; elles se nomment essences ou huiles essentielles : telles sont les essences de térébenthine, de lavande, de menthe, etc. Les autres, extraites des tiges des végétaux par une sorte de distillation, sont nommées empyreumatiques : telle est l'huile de cade, employée en médecine des animaux. Enfin les huiles fixes, grasses, servent dans les usages domestiques, dans les arts et l'industrie, et sont extraites des fruits ou des graines des végétaux qui les fournissent.

Les plantes oléagineuses, cultivées pour la production des huiles, sont très répandues dans certaines régions ; lorsqu'elles ont pour but une spéculation commerciale, elles indiquent toujours une culture plus ou moins avancée. Le département du Nord est sans nul doute celui qui produit le plus d'huile ; il est aussi celui dont l'agriculture est la plus avancée et la plus lucrative. Le colza, le pavot, le chènevis, etc., fournissent des huiles communes et en abondance pour le commerce. Les fruits de l'olivier, du noyer, de l'amandier, du hêtre, du noisetier, donnent aussi des huiles, dont les qualités et les quantités relatives varient. L'huile d'olive tient le premier rang parmi elles; elle est la meilleure et la plus usitée pour les usages domestiques et les besoins culinaires. Sa production se borne à une partie sud-est de la France, et la culture de l'arbre qui la produit tend à se restreindre. L'Afrique pourra un jour en fournir des quantités immenses, si l'agriculture peut y être faite avec sécurité et avec tous les avantages offerts par ce riche pays.

Les huiles de colza, de pavot, d'œillette, de noix, de faîne, sont aussi employées dans nos campagnes pour les usages domestiques, pour la cuisine, pour l'éclairage; celles de chènevis et de lin ne servent qu'à l'éclairage, ou dans les arts et l'industrie, surtout pour la fabrication des savons et des toiles cirées.

Dans tous les cas, tous les fois qu'un sol est propre à la culture des plantes oléagineuses, on fera bien d'exploiter ces végétaux dans des proportions convenables avec les autres cultures. L'huile est toujours d'une vente assurée, et se tient généralement à des prix raisonnables, parceque la France n'en produit pas en quantité suffisante pour sa consommation.

Les huiles sont très employées comme remèdes en médecine des animaux. Chargées de substances médicamenteuses, telles que le camphre, les cantharides, l'ammoniaque, le soufre, l'opium, etc., elles sont employées en frictions pour adoucir, calmer la douleur, ou pour irriter certaines parties du corps, afin d'y établir un révulsif, ou de les tonifier, etc.

Les huiles de cade et empyreumatiques sont employées contre la gale et diverses maladies de la peau des animaux. On les donne aussi quelquefois, mais avec circonspection, comme vermifuge. L'huile de ricin est surtout employée pour cet usage, et comme laxatif.

HUMÉRUS. Nom donné à l'os qui forme la base du bras. Distinct dans l'homme, l'humérus est, chez les animaux, noyé dans les muscles, et confondu avec l'épaule. C'est son articulation avec l'os de l'épaule qui forme l'angle nommé pointe de l'épaule. Dans les animaux de races distinguées, notamment dans les chevaux, dont les allures sont libres, étendues et rapides, l'humérus est long et très incliné. Il est court et peu incliné, au contraire, dans les races communes, dans les espèces de chevaux de trait surtout. Du reste, le degré d'inclinaison de l'humérus coïncide toujours avec celui de l'épaule. — V. *Épaule*.

HUMEUR. On a donné le nom général d'humeurs à tous les liquides contenus dans les corps des animaux. Ces liquides varient autant par leur composition, leur couleur, leur consistance et la manière dont ils sont formés, que par leurs usages. Répandues dans toutes les parties de l'organisme, dans des proportions différentes, les humeurs forment la plus grande partie du poids total des corps qui les contiennent. On peut se convaincre de cette vérité par les corps desséchés, tels que ceux des momies d'Egypte. Les fonctions des humeurs, aussi variées que multipliées, jouent un rôle de la plus haute importance dans l'économie animale

On donne particulièrement le nom d'humeurs aux liquides contenus dans l'œil, où ils forment l'instrument d'optique le mieux perfectionné qu'il soit possible au génie humain d'imaginer. — V. *Liquides*, *OEil*.

HUMIDE. Pourvu d'humidité. L'air, la terre, une habitation, sont plus ou moins humides, suivant qu'ils contiennent plus ou moins d'eau en vapeur ou à l'état liquide. — V. *Humidité*.

HUMIDITÉ. État d'un corps humide. L'humidité dans le sol, si utile à la végétation quand elle est dans de bonnes proportions, est toujours plus ou moins funeste à la santé des animaux quand elle existe dans leurs habitations; celle de l'air leur est aussi peu favorable. Les races des pays humides peuvent prendre du développement, comme les végétaux qui y croissent; mais elles n'ont jamais la santé, la vigueur, l'énergie, de celles qui habitent les pays secs, élevés. On dirait que leurs tissus sont ramollis, relâchés par l'humidité de l'atmosphère dans laquelle ils vivent; aussi leur tempérament est-il généralement lymphatique, disposé à la cachexie, aux maladies chroniques. — V. *Montagne*.

HUMUS. Terreau formé par des détritus végétaux. La science n'a pas encore expliqué d'une manière satisfaisante l'action de l'humus sur la végétation. Ce qu'il y a de positif, c'est que les cultivateurs ont constaté, sans l'expliquer, son heureuse influence sur les récoltes; on en a la preuve dans les engrais végétaux et dans les défrichements des bois où l'humus a été formé en quantité pendant de longues années par la décomposition des feuilles et des bois pourris. L'humus a été trouvé insoluble dans l'eau, ce qui a fait penser qu'il n'était pas absorbé par les végétaux; mais des observations faites par des chimistes tendent à démontrer que ce corps réagit sur l'air de manière à s'emparer d'une partie de son oxygène, pour former de l'acide carbonique dont profiterait la végétation en le décomposant pour s'approprier son carbone. Ce fait est-il rigoureusement exact? L'agriculture attend les travaux des savants pour avoir une explication plus satisfaisante.

HYALOIDE. Nom donné à la membrane, très mince et très diaphane, qui contient l'humeur vitrée de l'œil des animaux domestiques. — V. *OEil*.

HYBRIDATION. Mélange d'individus d'espèces différentes produisant des mulets. Le mariage du chardonneret avec le serin, de l'âne et de la jument, du chien et du chacal, celui de divers végétaux, dont on obtient tant de variétés de fleurs, sont une hybridation. Cette opération se fait quelquefois naturellement. Souvent elle est provoquée pour remplir un but proposé. Les fleuristes ont trouvé dans l'hybridation un moyen aussi simple que facile d'obtenir une infinité de variétés de fleurs de toute espèce. — V. *Fécondation*, *Infécond*, *Mulet*.

HYBRIDE. (*Métis.*) Nom d'un sujet provenant de producteurs d'espèces différentes. Dans nos animaux domestiques, nous ne connaissons d'hybride que le mulet, si utile à l'agriculture comme à l'industrie. Cet hybride ne peut généralement pas se reproduire, tandis qu'il n'en est pas de même de ceux qui appartiennent au genre chien; le loup avec le chacal, par exemple, et celui-ci avec le chien, se reproduisent très bien, et leurs mulets sont féconds. J'ai vu moi-même plusieurs exemplaires de ces hybrides qu'on élève comme sujets d'expérience au Muséum d'histoire naturelle de Paris.

On a aussi obtenu dans ce bel établissement des hybrides de l'hémione avec l'ânesse, qui sont d'une grande force et d'une remarquable beauté. Dans ce moment, une femelle hybride d'ànesse est en expérience pour savoir si, quoique mule, elle produira avec l'hémione. — V. *Hémione*, *Mulet*.

HYDATIDES. D'un mot grec qui signifie *eau*. Nom donné à des vers qui ressemblent à des vésicules aqueuses plus ou moins grosses, développées dans le corps des animaux. Ce sont des hydatides qui, dans le cerveau du mouton, causent le tournis; dans la chair du porc, ils causent la ladrerie.

C'est surtout sous l'influence de l'humidité que les vers hydatides se forment. Ils sont plus communs dans les animaux atteints de la cachexie aqueuse, de la pourriture, que dans les autres maladies. — V. *Cachexie*, *Ladrerie*, *Tournis*.

HYDRAULIQUE. Machine hydraulique, appareil employé dans les jardins, et quelquefois dans l'agriculture, sur les bords des canaux et rivières, pour y puiser de l'eau destinée soit à l'usage domestique, soit à l'arrosage. Une machine hydraulique peut être mise en mouvement par l'homme, par les animaux, par le vent ou par un courant d'eau.

On nomme chaux hydraulique une chaux grasse, argileuse, qui a la propriété de se durcir dans l'eau. On l'emploie dans les constructions des ponts et des murs faits dans l'eau.

HYDROGÈNE. (*Air inflammable.*) Corps indécomposé, gazeux, qui, en se combinant avec l'oxygène, forme l'eau. L'hydrogène est abondamment répandu dans la nature; il est combiné à d'autres corps, dont il se dégage souvent par leur décomposition. Il forme, avec le carbone, le gaz hydrogène carboné utilisé pour l'éclairage. Avec l'arsenic, le soufre, l'hydrogène forme les gaz hydrogène arséniqué, et hydrogène sulfuré qui causent rapidement la mort aux animaux qui les respirent.

HYDROMEL. Boisson faite avec de l'eau et du miel. On peut faire dans les campagnes un hydromel très simple. On fait cuire dans de l'eau un dixième environ de miel jusqu'à évaporation d'environ un quart de tout le liquide, qu'on verse ensuite dans un tonneau ou qu'on met en bouteilles. Dans le temps des chaleurs, lorsque les ouvriers altérés boivent beaucoup d'eau dans les pays où les boissons vineuses sont d'un prix élevé, l'hydromel peut être très utile.

HYDROPHOBIE. V. *Rage.*

HYDROPISIE. Maladie caractérisée par une grande quantité de sérosité épanchée dans les tissus des animaux ou dans leurs cavités splanchniques, telles que la poitrine, l'abdomen, le crâne. Les hydropisies sont dangereuses, en ce qu'elles ne sont le plus souvent qu'un symptôme d'une maladie dont le siége n'est pas toujours connu. — V. *Anasarque.*

HYDROTHORAX. On donne le nom d'hydrothorax aux hydropisies de poitrine. Cette maladie, toujours plus ou moins grave, est difficile à guérir. — V. *Hydropisie.*

HYGIÈNE. D'un mot grec qui signifie *santé.* L'hygiène est une branche de l'économie du bétail qui s'occupe des moyens de tirer le meilleur parti possible des animaux, soit en les préservant de maladies, soit en les gouvernant de manière à donner le plus de bénéfice possible. Sur ce point, l'hygiène des animaux diffère de celle de l'homme. Pour lui, l'unique but est la conservation de la santé. Pour les animaux, il y en a un autre qui domine toujours les opérations du cultivateur : ce but, c'est le bénéfice. Dans le gouvernement des bestiaux, il faut même quelquefois négliger leur santé pour obtenir le plus de produit possible de l'élevage des sujets. Les vaches laitières, par exemple, exclusivement destinées à la production du lait, sont quelquefois tenues dans des étables dont la température et les conditions atmosphériques favorisent la sécrétion de leur lait au détriment de leur santé. Dans ces étables, la phthisie (pommelière) se développe souvent sous l'influence de causes maladives bien connues; cependant on les entretient avec soin, en vue d'un bénéfice plus avantageux. Le cultivateur ne les ignore donc pas; mais, tout calcul fait, il trouve plus de profit à se défaire de temps en temps d'une vache qui commence à tousser, et à la vendre au boucher, que d'avoir une étable dans de bonnes conditions de salubrité et qui favoriserait moins la fabrication du lait. Lorsqu'on engraisse des moutons, on les conduit quelquefois dans des pâturages humides, où ils contracteront, à coup sûr, la pourriture; mais l'unique but dans ce cas est leur engraissement et leur vente au boucher; on ne tient donc aucun compte de leur santé future. Tous les animaux à l'engrais sont dans les mêmes conditions. On cherche les meilleures méthodes d'engraissement; on les applique sans aucune espèce d'égard pour leur état sanitaire. En Alsace, en Gascogne, on élève des oies, des canards, pour leur donner une maladie du foie qui les ferait essentiellement périr; mais on a obtenu le produit désiré, c'est tout ce qu'on a voulu.

Cependant s'il en est ainsi pour les animaux de rente, il n'en est pas de même pour ceux de travail, et notamment pour le cheval. Ce précieux animal n'étant pas destiné à la consommation, on doit faire tout ce que prescrit une bonne hygiène, non seulement pour lui conserver la santé, mais pour le rendre fort, agile, sobre, robuste, résistant aux fatigues, et propre à rendre de longs services. Les soins hygiéniques auxquels on le soumet doivent tendre tous à ce but. Dans ce cas, ces soins ne doivent pas se borner à l'individu, aux précautions qu'on a de le ménager pendant le travail, de lui donner le repos indispensable à sa santé, comme à sa durée dans son service; on doit recourir, de plus, au choix des espèces, à celui des races. Il faut donc entrer ici dans le domaine de la zootechnie générale pratique, dans celui des opérations qui concernent l'accouplement, le croisement, le perfectionnement, la multiplication, la domestication, le dressage, le repos des animaux, leur conformation. — V. ces mots.

HYGIÉNIQUE. Soins, régime hygiéniques. — V. *Hygiène*.

HYGROMÈTRE. De deux mots grecs qui signifient *humide* et *mesure*. Instrument propre à mesurer l'humidité de l'atmosphère. L'hygromètre le plus usité est celui de Saussure; il est basé sur la propriété qu'ont certaines substances animales, telles que la corne, les crins et les cheveux, d'absorber l'humidité et d'accuser son existence. On leur adapte une échelle graduée ou un cadran, pour qu'on puisse mieux se rendre compte de leur action et de la quantité d'humidité accusée.

HYGROMÉTRIE. Science qui s'occupe de l'humidité de l'atmosphère, et des variations qu'elle éprouve. — V. *Humidité*.

HYMÉNOPTÈRES. De deux mots grecs qui signifient *membrane* et *aile*. Nom donné à un ordre d'insectes qui ont les ailes membraneuses. Les abeilles, les guêpes, etc., sont des hyménoptères.

HYPÉRICINÉES. Famille de plantes offrant peu d'intérêt à l'agriculture. Le mille-pertuis appartient à cette famille.

HYPERTROPHIE. Développement considérable et anormal d'un organe ou d'une partie du corps des animaux.

HYSOPE. Plante de la famille des labiées. L'hysope, qui était en grande vénération dans l'antiquité, est quelquefois cultivée dans les jardins pour des bordures. Son odeur aromatique est assez agréable. Au point de vue de l'art vétérinaire, cette plante jouit à peu près des mêmes propriétés que les autres labiées, telles que la sauge, le romarin, etc.

FIN DU PREMIER VOLUME.

www.ingramcontent.com/pod-product-compliance
Ingram Content Group UK Ltd.
Pitfield, Milton Keynes, MK11 3LW, UK
UKHW020236180726
13839UKWH00001B/10